Metodologias de Pesquisa em Ciências: análises quantitativa e qualitativa

CB037053

Grupo
Editorial
Nacional

O GEN | Grupo Editorial Nacional – maior plataforma editorial brasileira no segmento científico, técnico e profissional – publica conteúdos nas áreas de ciências humanas, exatas, jurídicas, da saúde e sociais aplicadas, além de prover serviços direcionados à educação continuada e à preparação para concursos.

As editoras que integram o GEN, das mais respeitadas no mercado editorial, construíram catálogos inigualáveis, com obras decisivas para a formação acadêmica e o aperfeiçoamento de várias gerações de profissionais e estudantes, tendo se tornado sinônimo de qualidade e seriedade.

A missão do GEN e dos núcleos de conteúdo que o compõem é prover a melhor informação científica e distribuí-la de maneira flexível e conveniente, a preços justos, gerando benefícios e servindo a autores, docentes, livreiros, funcionários, colaboradores e acionistas.

Nosso comportamento ético incondicional e nossa responsabilidade social e ambiental são reforçados pela natureza educacional de nossa atividade e dão sustentabilidade ao crescimento contínuo e à rentabilidade do grupo.

Metodologias de Pesquisa em Ciências: análises quantitativa e qualitativa

2ª Edição

MAKILIM NUNES BAPTISTA

DINAEL CORRÊA DE CAMPOS

Travessa do Ouvidor, 11
Rio de Janeiro, RJ — CEP 20040-040
Tels.: 21-3543-0770 / 11-5080-0770
Fax: 21-3543-0896
faleconosco@grupogen.com.br
www.grupogen.com.br

Capa: Thallys Bezerra
Editoração Eletrônica: ALGO MAIS Soluções Editoriais

CIP-BRASIL. CATALOGAÇÃO NA PUBLICAÇÃO
SINDICATO NACIONAL DOS EDITORES DE LIVROS, RJ

B174m
2. ed.

Baptista, Makilim Nunes, 1970-
Metodologias de pesquisa em ciências : análises quantitativa e qualitativa / Makilim Nunes Baptista, Dinael Corrêa de Campos. - 2. ed. - [Reimpr.]. - Rio de Janeiro : LTC, 2019.
il. ; 28 cm.

Inclui bibliografia e índice
ISBN 978-85-216-3044-9

1. Ciência - Metodologia. 2. Pesquisa - Metodologia. 3. Redação técnica. I. Campos, Dinael Corrêa de, 1965-. II. Título.

15-28829   CDD: 001.54

                                  CDU: 001.8

À Adriana, minha esposa, companheira e excepcional mãe,
por me dar força e compreensão nesta jornada maravilhosa que é a vida.

À Luria, que veio ao mundo para nos dar ainda mais alegria, vontade de viver e de amar as pessoas.

Ao Daenam, que me ensina, a cada dia, que os melhores momentos da vida são aqueles que
passamos em família.

Ao Luiz Fernando de Lara Campos (*in memoriam*), professor dedicado, que se tornou amigo
e modelo de compromisso com a ciência.

Aos amigos da família que sempre estão por perto nas horas difíceis.

Aos meus pais e irmãos, que me ensinaram e ainda ensinam o valor das virtudes.

A Mone, Wel-wel, Ana, Tatá, Iaiá e Nine, pela amizade e pelo amor que nutrem para
conosco, mas, principalmente, pelos nossos filhos.

MAKILIM NUNES BAPTISTA

Eu fiz uma promessa, [...]
e não pretendo desistir...
Irei até onde for preciso...

e

aos meus pais
João e Lusia Corrêa de Campos,
motivos de todo o meu caminhar,
exemplos de superação,
amores da minha vida!

DINAEL CORRÊA DE CAMPOS

AGRADECIMENTOS

Aos colaboradores deste livro — Acácia, Adriana, Altemir, Ana Paula, Anna Elisa, Claudette, Cláudio Capitão, Cleia, Cristian, Danielle, Evely, Fabián, Francisco, Iria, Lélio, Lucas, Luciana Marina, Marivânia, Paulo, Rodolfo, Sandra e Sylvia — por fazerem do trabalho acadêmico e científico o marco de seus objetivos.

Ao agente literário Ramilson Almeida, pela viabilização desta obra e por trabalhar em prol da divulgação de informações.

À Editora LTC — Livros Técnicos e Científicos, por acreditar nesta obra e torná-la viável.

A todos os nossos alunos e colegas de trabalho, que sempre nos motivam a aprender mais e, por vezes, nos mostram quão pouco sabemos.

Agradecimento especial à Universidade São Francisco, à Universidade Paranaense e ao Centro Universitário de Araras Dr. Edmundo Ulson (Unar) pelo apoio à pesquisa.

Aos colegas do Programa de Pós-Graduação *Stricto Sensu* em Psicologia da USF, que, como uma família científica, nos propiciam suporte emocional, social e acadêmico.

OS AUTORES

APRESENTAÇÃO

"… e, a cada vez que Luria pegava um simples objeto, com suas delicadas mãozinhas, olhava-o em todos os ângulos, com olhos atentos, sem se cansar, como se sempre houvesse uma nova descoberta a fazer. Todos somos cientistas natos e usamos metodologias diversas para descobrir o mundo, desde bebês. Por que alguns perdem esta capacidade quando crescem?"

Amarre dois pássaros pelos pés e dê a eles liberdade para voar para qualquer parte que queiram... E verá que, se não houver um compromisso de ambos para um objetivo em comum, eles não sairão do lugar, ou mesmo baterão cabeças e todo o plano de voo sucumbe.

Assim é escrever um livro de metodologia a quatro mãos. É uma tentativa de dois autores que, imbuídos pelos mesmos objetivos e plano de voo, oferecem um ponto comum de reflexão entre duas metodologias que têm como objetivo último a compreensão dos fenômenos humanos.

Assim foi escrever este livro com tantas mãos que vieram ao nosso encontro para podermos produzir um livro que não tem a pretensão de ser uma obra acabada, mas sim uma obra que, inacabada, suscite em outras tantas mãos o desejo de contribuição para o avanço da ciência através da ética e da reflexão.

Antecipadamente agradecemos aos nossos companheiros de caminhada que aceitaram a difícil tarefa de bater asas para um mesmo objetivo. Foi assim que reunimos neste espaço autores de diversas instituições de ensino do país, públicas e privadas. Foi com esse intuito integrativo que optamos por escrever um livro que pudesse oferecer um espaço para o debate de questões quantitativas e qualitativas, sem privilegiar uma ou outra metodologia, ou mesmo um ou outro método. Nossa intenção, como organizadores, foi justamente possibilitar o encontro de ideias que, embora possam parecer divergentes, em sua essência são convergentes.

A proposta primeira do livro é justamente esta: possibilitar a convergência para uma sinergia de ideias e valores. Não foi fácil — nunca é —, mas é um exercício que não devemos nos furtar de realizar: a compreensão de pontos de vista, de linguagem e, por vezes, até visões de mundo diferentes... Mas foi uma experiência única para a prática do ouvir, do enxergar visões opostas, mas não contrárias. É claro que, se colocássemos todos os autores em uma mesma sala para discutirmos metodologias, pela diversidade de opiniões e pela "paixão" naquilo em que acreditam, deveríamos ter a postos urgências médicas, serviço de resgate e, por que não, também um batalhão de choque, a fim de preservarmos a integridade física e intelectual dos debatedores. Brincadeiras à parte, esta seria uma interessante atividade acadêmica que poderia se transformar em um congresso futuro (quem sabe?).

Nesse sentido, a **Parte I**, intitulada **Ciência e Pesquisa**, tem como objetivo facilitar a inserção e propiciar os primeiros passos do iniciante que se propõe a fazer pesquisa. Aborda questões referentes à ciência: os dilemas do presente; como se inicia uma pesquisa; conhecimentos básicos sobre referências e citações; como operacionalizar construtos de pesquisa; a confecção do Trabalho de Conclusão de Curso; relação entre metodologia e avaliação psicológica; como apresentar sua pesquisa (defender); e, por fim, algumas dicas para a publicação da pesquisa realizada.

Na **Parte II**, intitulada **Métodos Quantitativos**, descrevem-se diversos delineamentos de pesquisa que utilizam a análise quantitativa, alguns dos quais são bem conhecidos, como os desenhos de levantamento, correlação, quase experimental e experimental. Outros delineamentos são emprestados e adaptados de outras áreas, tais como a epidemiologia, os delineamentos de caso-controle e de coorte. Também são abarcadas nessa parte características de pesquisa envolvendo animais em laboratórios e a utilização da estatística nesses métodos, além de demonstrar a importância da revisão sistemática na pesquisa científica.

Finalizando a obra, na **Parte III**, intitulada **Métodos Qualitativos**, encontram-se as descrições de alguns métodos qualitativos. Sabemos que há tantos outros, ou tantas outras formas de se fazer ciência, mas optamos por mostrar os métodos fenomenológicos, da produção de sentidos, de estudo de caso, da pesquisa cartográfica, da análise de conteúdo e da etnometodologia, precedidos de uma reflexão sobre a contemporaneidade em que se privilegia o olhar qualitativo.

Por fim, como todo final abre possibilidades para um novo começo, podemos afirmar que, embora tenha havido situações em que nem sempre encontramos "céu de brigadeiro", sempre é melhor voar acompanhado, aprendendo a respeitar o tempo do outro, a visão do outro, pois os objetivos foram os mesmos. E, quando havia falta de vento... Bem, chegamos onde queríamos e esperamos que você, leitor, se sinta mitigado a procurar sempre mais, pois o conhecimento é infindável.

OS AUTORES

SOBRE OS ORGANIZADORES

DINAEL CORRÊA DE CAMPOS
Doutor em Psicologia, como Profissão e Ciência pela Pontifícia Universidade Católica de Campinas/PUC-Campinas. Mestre em Psicologia Clínica pela Pontifícia Universidade Católica de Campinas/PUC-Campinas. Bacharel com Licenciatura em Psicologia pela Universidade Metodista de Piracicaba/Unimep. Foi coordenador do programa de pós-graduação *lato sensu* do mestrado em Psicologia Social e da Personalidade entre PUC-RS e Universidade Paranaense/Unipar. Especialista em Psicologia Organizacional e do Trabalho pelo Conselho Federal de Psicologia. Foi Supervisor de Estágio nas áreas Clínica, Educacional e do Trabalho e Coordenador do Curso e da Clínica de Psicologia da Universidade São Francisco (USF) no Campus São Paulo. Atualmente é Coordenador, Professor e Supervisor de Estágio dos Cursos de Psicologia da Universidade Estadual Paulista "Júlio de Mesquita Filho" – Unesp/Bauru. Autor do livro *Atuando em Psicologia do Trabalho, Psicologia Organizacional e Recursos Humanos*.

MAKILIM NUNES BAPTISTA
Doutor em Ciências pelo Departamento de Psiquiatria e Psicologia Médica da Universidade Federal de São Paulo – Escola Paulista de Medicina (Unifesp); Mestre em Psicologia Clínica pela PUC-Campinas; Psicólogo Clínico; Docente do Curso de Psicologia e do Programa de Pós-Graduação *Stricto Sensu* em Psicologia da Universidade São Francisco-Itatiba/SP; Ex-Editor da Revista *Psico-USF*; Organizador dos livros: *Suicídio e Depressão – atualizações* (Editora Guanabara Koogan); *Psicologia Hospitalar – teoria, aplicações e casos clínicos* (Editora Guanabara Koogan) e autor do livro *Depressão na Adolescência – uma visão multifatorial* (Editora E.P.U.), dentre outros.

SOBRE OS COLABORADORES

ACÁCIA APARECIDA ANGELI DOS SANTOS
Doutora em Psicologia Educacional e do Desenvolvimento Humano pelo Instituto de Psicologia da USP; Psicóloga; Docente do Curso de Psicologia e do Programa de Pós-Graduação *Stricto Sensu* em Psicologia da Universidade São Francisco-Itatiba/SP; Conselheira do Conselho Federal de Psicologia – gestão 2004/2006; Editora da Revista *Psicologia: Ciência e Profissão*; Bolsista Produtividade do CNPq.

ADRIANA CRISTINA BOULHOÇA SUEHIRO
Psicóloga pela Universidade São Francisco (USF). Doutora em Psicologia pelo Programa de Pós-Graduação *Stricto Sensu* em Psicologia da Universidade São Francisco e docente da Universidade Federal do Recôncavo da Bahia – Santo Antônio de Jesus. Membro do Grupo de Estudos e Pesquisas em Psicopedagogia (Gepesp-Unicamp) e Pós-doutoranda Júnior do CNPq em Educação pela Faculdade de Educação da Unicamp.

ALTEMIR JOSÉ GONÇALVES BARBOSA
Doutor em Psicologia, Ciência e Profissão pela PUC-Campinas; Mestre em Psicologia Escolar; Psicólogo escolar; Coordenador de Núcleos de Pesquisa da Universidade São Judas Tadeu – USJT e Docente e Supervisor de estágio em Psicologia Escolar da USJT.

ANA PAULA PORTO NORONHA
Doutora em Psicologia, Ciência e Profissão pela PUC-Campinas; Psicóloga; Docente do Curso de Psicologia e do Programa de Pós-Graduação *Stricto Sensu* em Psicologia da Universidade São Francisco-Itatiba/SP; Membro da Diretoria do IBAP (Instituto Brasileiro de Avaliação Psicológica – gestão 2003-2005); Editora da Revista do IBAP; Bolsista Produtividade do CNPq.

ANNA ELISA VILLEMOR-AMARAL
Pós-Doutora pela Universidade de Savoia, França; Doutora em Ciências pela Escola Paulista de Medicina da Universidade Federal de São Paulo (Unifesp); Mestre pela Unifesp; Docente do curso de Psicologia e do Programa de Pós-Graduação *Stricto Sensu* em Psicologia da Universidade São Francisco de Itatiba-SP; Docente da Faculdade de Psicologia da PUC-SP; Psicóloga; Presidente da Associação Brasileira de Rorschach e Métodos Projetivos; e Membro do Instituto de Psicanálise da Sociedade Brasileira de Psicanálise de São Paulo.

CLAUDETTE M. M. VENDRAMINI
Doutora em Educação pela Universidade Estadual de Campinas-Unicamp; Estatística; Docente do Curso de Psicologia e do Programa de Pós-Graduação *Stricto Sensu* em Psicologia da Universidade São Francisco-Itatiba/SP; Bolsista Produtividade do CNPq.

CLÁUDIO GARCIA CAPITÃO
Pós-Doutorado em Psicologia Clínica pela PUC-SP; Doutor pela Unicamp; Mestre em Psicologia Clínica pela PUC-SP; Especialista em Psicologia Clínica e Hospitalar; Psicanalista; Docente e Psicólogo Clínico do Instituto de Infectologia Emílio Ribas; Membro fundador do Cetec – Centro de Estudos da Teoria dos Campos.

CLÉIA MARIA DA LUZ RIVERO

Doutora em Educação pela Universidade Metodista de Piracicaba – Unimep. Entre 1989 e 1996 concluiu o Mestrado e atuou como assessora na municipalização de ensino em prefeituras do estado de São Paulo. É formada em Filosofia pela UFP/RS e em Pedagogia pela Funba/RS. Professora e pesquisadora pelo Programa de Mestrado da Universidade Sagrado Coração – USC. Coordenadora dos Programas de Pós-Graduação *Lato Sensu* e Iniciação Científica do Centro Universitário Unar. Publicou, como organizadora, os livros *Interfaces da Gestão Escolar* (1999), *Educação Profissional — caminhos na formação de professores* (2004) e *A Formação de Professores na Sociedade do Conhecimento* (2004).

CRISTIAN ZANON

Doutor em Psicologia pela Universidade Federal do Rio Grande do Sul, com estágio de doutoramento sanduíche na University of Massachusetts na área de Psicometria; Psicólogo pela Universidade Federal de Santa Maria; Docente no Programa de Pós-Graduação da Universidade São Francisco.

DANIELLE JARDIM BARRETO

Doutora em Psicologia e Sociedade pela Unesp/Assis-SP; Psicóloga; Coordenadora e Docente do curso de Psicologia da Universidade Paranaense-Unipar.

EVELY BORUCHOVITCH

Psicóloga pela Universidade Estadual do Rio Janeiro (Uerj). Ph.D. em Educação pela University of Southern California. Professora Titular do Departamento de Psicologia Educacional e do Programa de Pós-Graduação em Educação da Faculdade de Educação da Universidade Estadual de Campinas (Unicamp). Membro do Grupo de Estudos e Pesquisas em Psicopedagogia (Gepesp-Unicamp). Bolsista produtividade do CNPq.

FABIÁN JAVIER MARÍN RUEDA

Doutor em Psicologia pela Universidade São Francisco; Psicólogo; Docente do Curso de Psicologia e do Programa de Pós-Graduação *Stricto Sensu* em Psicologia da Universidade São Francisco-Itatiba/SP; Presidente da Associação Brasileira de Editores Científicos de Psicologia (gestão 2012–2014). Bolsista Produtividade do CNPq.

FRANCISCO BAPTISTA ASSUMPÇÃO JÚNIOR

Livre-Docente em Psiquiatria pela Faculdade de Medicina da Universidade de São Paulo (FMUSP); Doutor em Psicologia pela Pontifícia Universidade de São Paulo (PUC-SP); Diretor Técnico do Serviço de Psiquiatria da Infância e Adolescência do Instituto de Psiquiatria do Hospital das Clínicas da Faculdade de Medicina da Universidade de São Paulo (SEPIA-Ipq-HC-FMUSP); Psiquiatra da Infância e Adolescência.

IRIA APARECIDA STAHL MERLIN

Doutora em Psicologia, Ciência e Profissão pela Pontifícia Universidade Católica de Campinas (PUC-Campinas); Mestre em Psicologia da Educação pela PUC-Campinas; Psicóloga; Docente do Curso de Psicologia da Universidade Estadual de Londrina (UEL).

LÉLIO MOURA LOURENÇO

Professor Doutor Associado do Programa de Pós-Graduação em Psicologia da Universidade Federal de Juiz de Fora (UFJF); Coordenador e Líder do Núcleo de Estudos em Violência e Ansiedade Social-Nevas.

LUCAS DE FRANCISCO CARVALHO

Doutor em Psicologia pela Universidade São Francisco (USF), tendo realizado sanduíche na Universidade de Toledo (OH). Atualmente é docente do Programa de Pós-Graduação *Stricto Sensu* da Universidade São Francisco; é editor associado do periódico *Psico-USF* e parecerista *ad hoc* do Sistema de Avaliação de Testes Psicológicos (Satepsi) e de periódicos de referência em psicologia no contexto nacional.

LUCIANA XAVIER SENRA

Psicóloga Doutoranda e Mestre em Processos Psicossociais e Saúde pelo Programa de Pós-Graduação em Psicologia da Universidade Federal de Juiz de Fora (UFJF); pesquisadora membro no Núcleo de Estudos em Violência e Ansiedade Social-Nevas e Professora Adjunta da Faculdade de Minas – Faminas Muriaé-MG.

MARINA STAHL MERLIN

Mestranda pelo Departamento de Psiquiatria e Psicologia Médica da Universidade Federal de São Paulo – Escola Paulista de Medicina (Unifesp); atuação em psicologia clínica e psicologia da saúde; formação em Psicologia pela PUC-Campinas, residência não médica em Neuropsicologia pela Unicamp; integrante do Grupo de Atendimento Psicológico do Instituto de Psiquiatria de Campinas no Programa de Trauma; e Docente do Centro Universitário-Uniararas.

MARIVANIA CRISTINA BOCCA

Mestre em Psicologia Social e da Personalidade pela PUC-RS; Psicóloga Clínica; Docente do curso de Psicologia da Universidade Paranaense (Unipar).

PAULO ROGÉRIO MORAIS

Mestre em Psicobiologia da Universidade Federal de São Paulo – Escola Paulista de Medicina (Unifesp); Psicólogo e Docente das Universidades Braz Cubas (UBC), Ibirapuera (UNIb) e Cruzeiro do Sul (UnicSul).

RODOLFO AUGUSTO MATTEO AMBIEL

Psicólogo, Doutor em Psicologia pela Universidade São Francisco. Atualmente é docente do Programa de Pós-Graduação *Stricto Sensu* em Psicologia da Universidade São Francisco (área de concentração em Avaliação Psicológica), *campus* Itatiba, e dos cursos de graduação e pós-graduação *Lato Sensu* de Psicologia da mesma universidade. Tem experiência na área de Psicologia, com ênfase em Fundamentos e Medidas da Psicologia e Orientação Profissional.

SANDRA LEAL CALAIS

Doutora em Psicologia pela Pontifícia Universidade Católica de Campinas (PUC-Campinas); Professora–assistente–doutora da Universidade Estadual Paulista (Unesp) – Bauru/SP.

SYLVIA MARA PIRES DE FREITAS

Mestre em Psicologia Social e da Personalidade pela PUC/RS; Especialista em Psicologia do Trabalho pela CEUCEL/RJ; Formação em Psicoterapia Existencial pelo Núcleo de Psicoterapia Vivencial–NPV/RJ; Psicóloga; Docente dos cursos de Psicologia da Universidade Estadual de Maringá (UEM) e da Universidade Paranaense (Unipar).

PRÓLOGO À SEGUNDA EDIÇÃO

Publicamos, há oito anos, que escrever um livro de Metodologia de Pesquisa não é tarefa fácil... Imaginem nossa surpresa ao recebermos o convite de publicarmos, revendo e ampliando, uma segunda edição. Certamente nos foi uma grata surpresa, e devemos esse acontecimento primeiramente aos nossos colegas, que, ao aceitarem compartilhar conosco e com o público que teve acesso à primeira edição do livro seus conhecimentos, possibilitaram que ele merecesse uma segunda edição.

Sim, em oito anos muitas outras obras foram lançadas no mercado editorial brasileiro, mas recebemos alguns *feedbacks* que nos encorajaram e reforçaram nosso objetivo: o de escrever uma obra de fácil compreensão, mas, principalmente, que pudesse suscitar nos leitores o desejo e a consciência de que fazer e escrever pesquisa e ciência não é "coisa de outro mundo".

De fato, pudemos reler os escritos de anos atrás e atualizá-los, mas não mexemos na "espinha dorsal" da obra, que era — e ainda é — uma escrita rápida, simples, sem rodeios, para que os docentes, mas principalmente os discentes, possam desempenhar suas atividades acadêmicas tendo uma base. Além das revisões e atualizações dos capítulos antigos ainda foi possível autores diferentes reescreverem capítulos e acrescidos outros vários para que a obra pudesse ser ampliada e melhorada ainda mais. A decisão desses capítulos novos foi justamente baseada no fato de recebermos alguns retornos de colegas, professores e profissionais da pesquisa. Logo, quando há uma interação com o leitor, todos saem ganhando.

Também estivemos preocupados em inovar. O leitor poderá observar uma seção nova ao final do livro, na qual os próprios autores de cada capítulo se empenharam em destacar trechos os quais eles consideram mais relevantes. Assim, o leitor poderá ter uma noção dessas informações destacadas condensadas em uma única seção.

Agradecemos também às pessoas que adotaram nosso livro como referência básica para suas disciplinas e aos ex-alunos que, ao assumirem a nobre missão da docência, nos deixaram muito felizes ao fazerem de *Metodologias de Pesquisa em Ciências — análises quantitativa e qualitativa* livro-base.

Em oito anos muitos são os acontecimentos que nos impelem a outras tantas opções, mas não nos desviamos daquilo em que mais acreditamos: a ciência é realmente inebriante... E, tendo a consciência de tal fato, podemos sim enfrentar o canto das sereias, que se empenham em nos desencorajar a fazer uma ciência ética, de princípios, mas principalmente comprometida com a melhoria da qualidade de vida das pessoas que nos cercam.

Somos gratos a todos que nos apoiaram.

OS AUTORES

SUMÁRIO GERAL

SUMÁRIO

Parte I

CIÊNCIA E PESQUISA

Os dilemas do presente

DINAEL CORRÊA DE CAMPOS

Conhece-te a ti mesmo.
ORÁCULO DE DELFOS, 1000 A.C.

Ao escrevermos sobre o papel da Ciência, ou, mais precisamente, sobre o papel que é delegado à Ciência na contemporaneidade, temos que voltar nosso olhar primeiro para a Antiguidade para que, ao aprofundarmos o olhar sobre as fontes do passado, possamos adquirir outra visão e uma nova tomada de consciência para lidarmos com os dilemas atuais.

Iniciamos então pelo dilema mais antigo que a humanidade conhece — as três perguntas clássicas: quem somos? De onde viemos? Para onde vamos? O fato é que o Homem busca através dos tempos essas respostas para a sua existência.

Como pesquisadores, nos propomos entender o discurso do Outros, estando em um lugar privilegiado da observação, temos que ter clareza de que nosso compromisso com a produção científica é muito grande. Temos que ter claro que toda produção científica interfere no cotidiano das pessoas, que buscam se livrar do incomensurável mal-estar de que julgam estar possuídas, e que pode estar levando a humanidade a um estado de distopia.

A produção científica pode ser vista, então, como uma cavilha e que, configurando-se tal visão, nós, pesquisadores, não devemos assumir uma posição pan-óptica, mas ao contrário, devemos estar inseridos na sociedade contemporânea, compreendendo-a e apontando as situações especiosas em que vivemos. Se a nossa sociedade tem se tornado espúria, cabe à Ciência, em particular a Ciência Psicológica, apontar, alardear, questionar e medrar as possíveis idiossincrasias.

É nesse sentido que o "conhece-te a ti mesmo" torna-se uma jornada árdua para a humanidade, pois desde os gregos habita em nós a necessidade de aprender a conciliar Apolo e Dioniso. Permita-me explicar.

Sou levado a pensar que só mudaram as paisagens à nossa volta, não os conceitos; que a Acrópole do Homem grego se configura hoje nas grandes metrópoles, com seus arranha-céus majestosos, com seus vidros e armações de ferro. Fico pensando que a *Ágora* pudesse se fazer presente em nossos debates acadêmicos, artigos publicados, pesquisas compartilhadas.

Parece haver no ser humano duas grandes pulsões, dois grandes movimentos: para dentro, em busca do conhecimento de si próprio, e para fora, na conquista de suas aspirações. A Ciência, como é feita pelos homens, também segue esses movimentos.

Para uns, esse movimento é a chave da própria consciência humana; para outros, é a chave da infelicidade: a tensão entre aquilo que se julga ser e aquilo que se deseja ser, e tal reflexão cabe tanto ao Homem quanto para a Ciência. Essa questão remonta à aurora da história do Homem.

Apolo foi o deus da justa medida e do comedimento. De seu oráculo em Delfos, seu preceito máximo atravessou os milênios e se transformou no ideal da civilização ocidental: *"Conhece-te a ti mesmo."* Apolo tinha um irmão, *Dioniso*, seu oposto, o deus da transformação, da ultrapassagem dos limites, do entusiasmo... A própria palavra, inclusive, nós devemos a ele. *Entusiasmo*, em grego, é ter deus em si. É o que o aventureiro Dioniso propunha aos homens: escalar o monte Olimpo, ascender às suas mais altas aspirações, tornar-se um deus.

Tamanha oposição entre os dois irmãos só poderia ter como resultado, o combate. E, de fato, Apolo e Dioniso talvez representem a mais terrível conflagração mitológica.

Heráclito se faz presente para nos explicar que "é preciso entender que a guerra é justa, e o combate necessário, porque tudo nasce para o devir pela oposição dos contrários", a tensão entre aquilo que se julga ser e aquilo que se deseja; a justa medida, o comedimento oposto à ultrapassagem dos limites, do entusiasmo; o movimento para dentro de si, oposto ao movimento para fora de si — a conquista de aspirações.

Deslumbrados, fascinados, paralisados, os mortais assistiam aos fabulosos movimentos dos elementos em fúria: o entrechoque dos deuses. E essa guerra, o confronto do qual depende a própria essência da vida, é eterna.

A guerra dura até hoje. O combate vive em nós. Apolo e Dioniso são movimentos em nós. Como então assistir a esse espetáculo aterrador se nós é que somos o palco? Como não sucumbir a ele? Voltemos à Grécia.

Em Delfos, as profecias do Oráculo de Apolo eram transmitidas por uma sacerdotisa, a *Pitonisa*. Para dizer as palavras do deus, era preciso que essa mulher fosse tomada pela loucura divina, por Dioniso. Então, por mais contraditório que pareça, Apolo só falava aos homens pela voz de seu louco irmão. O deus magnífico não revelava ou escondia, apenas indicava: *"Conhece-te a ti mesmo."* Notemos que, proferida com fervor dionisíaco, essa máxima se transforma em enigma: na voz da Pitonisa em transe, não estaríamos então ouvindo: os contrários se unem, quando souberes quem és, terás galgado o Olimpo. É o que sugere a maravilhosa palavra de Heráclito: ao mudar ele repousa — o que equivale a dizer o inverso: ao nos conhecermos, nos transformamos.

O domínio pessoal se configura na atualidade como de suma importância para que possamos nos entender; saber quem de fato somos, ou o que nos tem tornado o que somos. Precisamos e necessitamos urgentemente compreender a tensão estabelecida entre aquilo que somos e o desejo de ir além, de ultrapassar a nós mesmos e realizar nossos sonhos. Essa tensão pode ser criativa e construtiva — gerando crise, nos remetendo ao caos — ou emocional e destrutiva. Mas temos de admitir que conhecer-se e superar-se são conquistas simultâneas de um mesmo gesto.

O homem contemporâneo está diante de um grande desafio: individualizar-se! — e, em o fazendo, precisará continuar a participar de uma sociedade, grupos, instituições e organizações que muitas vezes o empurram para se tornar nada.

O homem contemporâneo, mais do que em qualquer outra época histórica, precisa ter consciência de que a sociedade, os grupos, as instituições e organizações a que pertence só serão diferentes se ele, individualmente, e com seus pares, com quem mantém vínculos afetivos, conseguir conciliar Dioniso e Apolo — pois, por mais ambíguo que pareça, na calada da noite, longe do olhar assustado dos homens, Apolo e Dioniso dão-se as mãos. Os deuses irmãos são uma conjugação de opostos, um híbrido, um novo ser. Esse ser somos nós!

E a Ciência nesse palco?

Bem sabemos que os gregos forneceram a maioria das bases teóricas para as revoluções científicas que ocorreram, desde que Copérnico forjou seu novo paradigma — "a Terra não é o centro do Universo" —, possibilitando que também Galileu pudesse expor seus pensamentos.

Os gregos, por sua vez, tinham as explicações para as questões humanas nos deuses; tudo era governado por e para os deuses e a humanidade nada mais era que as peças nesse grande tabuleiro chamado Terra.

Com o advento da Igreja, as ideias gregas foram sendo esquecidas, rechaçadas, e foram substituídas pelos dogmas da Igreja Católica Apostólica Romana. Já não éramos mais filhos dos deuses, mas de um Deus; não íamos mais, após nossa morte, ter a graça de ascendermos ao Olimpo, mas, se fôssemos bons aqui na Terra, poderíamos herdar o céu; nossa existência não era mais uma dádiva concedida pelos deuses, mas fomos forjados do barro, e viemos da costela de Adão.

A Igreja se apropriou de muitos conhecimentos gregos e os transformou em sua nova doutrina. As respostas às questões humanas agora tinham novos ensinamentos, postulados novos e novas crenças a serem disseminadas. Tudo ia bem para o domínio da Igreja até o triunfo do secularismo, quando, finalmente, a mente humana pode compreender como "funcionava" a mente divina, quais seriam as leis que regeriam a criação, como se daria a relação criador-criatura...

A concórdia inicial entre a Ciência que estava nascendo através das contestações dos filósofos do século XVI e a Igreja estava ruindo, o "novo" Cosmos era muito diferente do proposto pela Igreja, indo de encontro à criação divina proposta pelas escrituras sagradas. Newton e suas ideias também balançam os pilares que até então sustentavam a Igreja e seus dogmas, pois, no Cosmos proposto por Newton, céu e inferno perderam suas localizações físicas e os milagres estavam todos sendo questionados. Igual relevância adquire a teoria darwiniana, que desacreditou por completo a narrativa da criação que trazia o Gênesis, fazendo com que a crença nas escrituras se tornasse "problemática".

O homem que antes acreditava que os deuses guiavam sua vida na Terra e passou a acreditar que era Deus quem determinava seus desígnios, agora se vê, mais uma vez, com o advento da Ciência, sem referenciais palpáveis, e a fé cristã em um Deus estava sendo cada vez mais questionada. Agora, eram os dados científicos que indicavam as respostas — o homem não era mais filho dos deuses, nem mais feito do barro, era agora a evolução de um primata! O que a Ciência estava fazendo era condenar o *modus operandi* com que a Igreja pregava a divindade judaico-cristã, que não cabia mais no mundo real descoberto pela Ciência. É fácil presumirmos que, com a vitória e aceitação das ideias de Darwin, a Ciência nascente consegue obter sua independência em relação à teologia; agora não mais se poderia dizer "Foi Deus quem quis", pois o homem deve assumir sua posição perante o Cosmos e sua existência passa a ser determinada, então, por suas escolhas e renúncias. Os primeiros filósofos escolásticos, ao romperem com a Igreja, manifestam suas inclinações deístas, valendo agora a experiência concreta, palpável, passando o homem a ser visto como uma máquina orgânica e hedonista. Um ciclo se fecha: o homem havia perdido inteiramente a fé na Igreja e no Deus pregado por ela, porém consegue encontrar uma nova fé, agora posta na Ciência e, por consequência, no próprio homem.

Observa-se a necessidade de o homem se sentir servil, e valho-me do pensamento de Birman (1998, p. 8ss):

> na medida em que o homem se vislumbrou pela primeira vez como potência constituinte do mundo, pelo trabalho incansável da razão e da ciência, conseguindo se libertar da tutela divina e do aprisionamento teológico, aquele se representou então pela marca da servidão voluntária.

Por servidão entenda-se, não a renúncia do homem pela liberdade, mas sim sua necessidade de submeter-se a uma autoridade; nesse momento histórico da humanidade, é a Ciência que adquire esse *status* de agora ser a detentora da felicidade possível. Porém, não dá para entender como a questão da servidão se faz presente, uma vez que a Ciência pregava exatamente o contrário, a liberdade do homem, e não um estado de servidão, seja uma servidão voluntária ou involuntária. O fato é que a Ciência não levou em consideração que a relação do homem com a liberdade e mesmo com a questão da servidão era, e é, muito mais complexa do que se possa supor.

A Ciência na modernidade nascia para emancipar o homem de todas as amarras que o impediam de tornar-se o que quer que fosse, pois "tudo o que era sólido estava se desmanchando no ar"; os velhos conceitos estavam todos vindo por terra; as referências da humanidade estavam todas dúbias, as verdades científicas cada vez mais propunham ao homem que ele era ilimitado, que ele podia tudo.

Diante desse panorama, não foi difícil ao homem tomar uma posição demiúrgica. Parafraseando Paul Valéry, podia a mente humana dominar o que a mente humana estava criando? Com o nascimento da Ciência, as algemas e as amarras que impediam o homem de avançar para o infinito, e que o limitavam a esse espaço e esse tempo, já não mais existiam, pois uma nova redefinição de poderes se fazia presente no cotidiano da humanidade. Com a Ciência colocando em cheque todos os conhecimentos de até então, as primeiras "vítimas" foram, como expõe Bauman (2000), "as instituições existentes, as molduras que circunscreviam o domínio das ações-escolhas possíveis".

A Ciência assumia, então, um papel que até então estava contestando, impondo ao homem suas verdades e seus saberes que, como afirma Bauman (2000, p. 13),

> ...as pessoas foram libertadas de suas velhas gaiolas apenas para ser admoestadas e censuradas caso não conseguissem se realocar, através de seus próprios esforços dedicados, contínuos e verdadeiramente infindáveis, nos nichos pré-fabricados da nova ordem [...]. A tarefa dos indivíduos livres era usar sua nova liberdade para encontrar o nicho apropriado e ali se acomodar e adaptar[-se] seguindo fielmente as regras e modos de conduta identificados como corretos e apropriados para aquele lugar.

O fato é que a ciência não levou em consideração que, com a desintegração da ordem social vigente, impondo ao homem a obrigatoriedade de ser livre, fez com que a humanidade perdesse de foco o engajamento social. De fato, a humanidade passou a propagar os princípios de desengajamento e a arte da fuga. O desengajamento se dava justamente pelo fato de que agora as instituições — Igreja, Família, Governo — estavam todas em descrédito, estavam sob a tutela da Ciência. A ideia de comunidade, de pertencimento não combinava com o espírito científico de livre, leve e solto, e qualquer laço social de estreitamento era visto como retrógrado, paralisante. Fugia-se então de qualquer situação que pudesse levar a algo paralisante, a que o outro pudesse exercer qualquer tipo de poder sobre o homem.

Podemos nos perguntar: como a Ciência assumiu tamanho vulto sobre o homem, tornando-se aquilo que ela condenava?

A resposta pode ser encontrada em Fromm (1974, p. 52):

> quando cada indivíduo deve ir em frente e tentar sua sorte; ele tem que nadar ou afundar, a busca compulsiva da certeza se instala e começa a desesperada busca por soluções capazes de eliminar a consciência da dúvida; o que quer que prometa assumir a responsabilidade pela certeza é bem-vindo.

O que é colocado em cheque com o advento da Ciência é a questão da identidade coletiva do homem, que não mais se dá na coletividade, na comunidade, mas sim agora é produzido por um complexo processo de escolhas e adequação desse homem à nova ordem, científica, baseada na ruptura da tradição, o que o levou a um desamparo, não lhe restando mais nada a não ser servir. O homem estava fascinado com a nova ciência e as novas oportunidades de existir; agora ele também poderia ter as virtudes teologais do deus judaico-cristão, agora ele poderia ser onipresente, onipotente, onisciente...

De fato, o mundo se tornou "uma coleção infinita de possibilidades", onde nada pode ser perdido, tudo *tem* que ser aproveitado. Aprecio a analogia de Bauman (2000, p. 75):

> o mundo cheio de possibilidades é como uma mesa de bufê com tantos pratos deliciosos que nem o mais dedicado comensal poderia esperar provar de todos [...]; a mais custosa e irritante das tarefas que se pode pôr diante de um consumidor é a necessidade de estabelecer prioridades [...]; a infelicidade dos consumidores deriva do excesso e não da falta de escolha.

Segundo o exposto, o homem passa a ser cada vez mais individualista, perdendo-se no mar das possibilidades que agora a Ciência lhe proporcionava. Filósofos e pensadores como Locke, Hume, Kant, Descartes, La Metirie possibilitaram que o homem adquirisse uma "certa" personalidade deísta e mesmo hedonista.

Essa nova personalidade do homem é baseada agora em uma nova fé que a Ciência dá ao homem que se fundamenta não só no conhecimento científico, mas em si mesmo. Com isso, a realização do homem está alicerçada na inteligência, na sofisticação, na prosperidade, na felicidade e na liberdade. Nasce o que Nietzsche denominou "super-homem".

Contudo, a ciência, que teve sua época dourada no século XIX e início do século XX, passa a ser questionada em relação aos seus objetivos. A confiança na ciência que estava atada ao aperfeiçoamento contínuo do conhecimento, ao aprimoramento das questões da saúde e à promoção do bem-estar, já não mais iludia a humanidade. Embora a Ciência estivesse mostrando um mundo mais realista, dois fatos, segundo Tarnas (1991, p. 381ss), contribuíram para que a Ciência fosse cada vez mais inquirida em seu real objetivo: a contestação dos postulados científicos até então reinantes e o lançamento da bomba sobre Hiroshima e Nagasaki. A Ciência não era tão neutra quanto se postulava e, como afirma Tarnas (1991, p. 389),

> em meados do século XX, o novo mundo da ciência moderna começara a sujeitar-se a uma crítica ampla e severa: a tecnologia estava tomando o poder e desumanizando o homem, colocando-o em um contexto de substâncias e bobagens artificiais em vez de uma vida natural. [...] a individualidade parecia cada vez mais tênue, desaparecia sob a produção de massa [...] com uma interminável corrente de inovações tecnológicas, a vida moderna estava sujeita à mudança de rapidez desorientadora e sem precedentes.

A Ciência, então, entrando em crise, leva consigo as crenças de que os dilemas da vida humana poderiam ser todos resolvidos por meio dela, de que os métodos até então apregoados poderiam dar ao homem as certezas de que ele precisa para viver, ou ao menos sobreviver. Mas não foi esse o caminho que a humanidade trilhou. Com o desamparo da Ciência a humanidade foi (e, por que não dizer, está) se individualizando cada vez mais, perdendo com isso a sua identidade que, como sabemos, remete a três ideias essenciais: permanência (de referências seguras, que a Ciência destruiu para libertar o homem de todas as amarras que não o deixavam crescer), a ideia de unidade (que implica uma coesão totalizante) e a ideia de similaridade (identificação do outro). O fato é que a Ciência não consegue dar respostas ao que o homem contemporâneo está sofrendo, ou seja, como bem coloca Touraine (1997, p. 71), "o indivíduo [...] sofre ao se ver dividido, sentindo o seu mundo vivencial tão desintegrado com a ordem institucional [...] que já não sabemos quem somos".

Talvez a Ciência, em sua jornada para possibilitar ao Homem um vasto conhecimento, tenha deixado de levar em consideração os processos psicossociais que fazem com que a humanidade se sinta humana, ou seja, talvez a Ciência tenha negado ao Homem as condições necessárias para que ele, como escreve Pirandello (2001), deixasse de se sentir "nenhum", mas, ao mesmo tempo, não fosse "cem mil", ele que, de fato, queria ser "um". Talvez esteja na hora de a Ciência, por meio de seus pesquisadores, promover uma nova revolução científica, aqui compreendida pela definição de Kuhn (1962, p. 125), de que as revoluções científicas são "aqueles episódios de desenvolvimento não cumulativo nos quais um paradigma mais antigo é total ou parcialmente substituído por um novo, incompatível com o anterior".

O que quero expor aqui é que não podemos mais admitir que a Ciência permaneça separada da sociedade, precipitando cada vez mais o que Sennett (1974, p. 21) define por "O declínio do homem público", pois o que percebemos é que, "nessa sociedade, as energias humanas básicas do narcisismo são mobilizadas de modo a penetrarem sistematicamente nas relações humanas".

Todo avanço científico serviu para dar ao homem mais longevidade e bem-estar. Estamos vivendo mais, tempo e espaço são percorridos instantaneamente, as fronteiras são superadas em segundos, fomos a Marte, construímos arranha-céus, mas todo esse "avanço", contudo, não possibilitou ao homem buscar sua identidade. Por isso, a pergunta de Sennett (1999, p. 27) é pertinente e incomodativa: "como pode um ser humano desenvolver uma narrativa de identidade e história de vida em uma sociedade composta de episódios e fragmentos?"

Talvez seja devido a questões como essa que os serviços da Psicologia vêm sendo cada vez mais requisitados. Ou seja, pode a Psicologia possibilitar ao homem uma nova fé ou, melhor dizendo, um caminho para a "cura da alma", possibilitando a ele uma não alienação, um novo alento, uma nova chance para o encontro da humanidade consigo mesma?

Eis agora um novo desafio para a ciência: proporcionar ao homem oportunidade de encontrar resposta para três perguntas básicas: quem sou? De onde vim? Para onde vou? Tocqueville (1835) talvez tenha razão:

> cada pessoa, mergulhada em si mesma, comporta-se como se fora estranha ao destino de todas as demais. Seus filhos e seus amigos constituem para ela a totalidade da espécie humana. Em suas transações com seus concidadãos, pode misturar-se a eles, sem no entanto vê-los; toca-os, mas não os sente; existe apenas em si mesma e para si mesma. E se, nessas condições, um certo sentido de família ainda permanecer em sua mente, já não lhe resta sentido de sociedade.

Que rumos podemos — nós — dar à Ciência?

REFERÊNCIAS

BAUMAN, Z. **Modernidade Líquida**. Rio de Janeiro: Zahar, 2000.

BIRMAN, J. **Mal-Estar na Atualidade: a psicanálise e as novas formas de subjetivação**. Rio de Janeiro: Civilização Brasileira, 1998.

FROMM, E. **O Medo à Liberdade**. Rio de Janeiro: Zahar, 1974.

FURTADO, A. P. et al. **Fascínio e Servidão**. Belo Horizonte: Autêntica, 1999.

KUHN, T. S. **A Estrutura das Revoluções Científicas**. 8ª ed. São Paulo: Perspectiva, 1962.

PIRANDELLO, L. **Um, Nenhum e Cem Mil**. São Paulo: Cosac Naify, 2001.

SENNETT, R. **A Corrosão do Caráter — consequências pessoais do trabalho no novo capitalismo**. 5ª ed. São Paulo: Record, 1999.

_____. **O Declínio do Homem Público — as tiranias da intimidade**. São Paulo: Companhia das Letras, 1974.

STENGERS, I. **A Invenção das Ciências Modernas**. São Paulo: Editora 34, 1993.

TARNAS, R. **A Epopeia do Pensamento Ocidental — para compreender as ideias que moldaram nossa visão de mundo**. Rio de Janeiro: Bertrand Brasil, 1991.

TOCQUEVILLE, A. de **A Democracia na América**. 3ª ed. (orig. 1835). São Paulo: Abril Cultural, 1985.

TOURAINE, A. **Podemos Viver Juntos? — iguais e diferentes**. Petrópolis: Vozes, 1997.

Iniciando uma pesquisa: dicas de planejamento e execução

MAKILIM NUNES BAPTISTA, PAULO ROGÉRIO MORAIS E DINAEL CORRÊA DE CAMPOS

Este capítulo reunirá as experiências de três profissionais que trabalham diretamente com orientação de Trabalhos de Conclusão de Curso, os tão temidos, amados e/ou odiados TCCs, e fornecerá dicas e alguns "macetes" que poderão ser úteis para aqueles que estão iniciando sua vida como pesquisadores.

Quase todos os alunos de graduação em Psicologia, e também de outras áreas, têm seu primeiro contato com a produção de uma pesquisa segundo o rigor científico quando fazem o seu primeiro TCC. Para alguns, tal atividade é realizada com entusiasmo e satisfação, mas para uma parte dos alunos o TCC é motivo de insônia, discussões com colegas e com o orientador, e é realizado somente como mais uma das muitas exigências da vida acadêmica. A crítica que os autores fazem é que muitos acadêmicos veem a realização do TCC como mais uma "matéria" que eles têm de cumprir para tirar nota, não dando a si mesmos a oportunidade de aprender e estudar com prazer.

Embora a realização de uma pesquisa científica envolva passos cuidadosamente planejados e exija habilidades bastante complexas, estas podem ser exercitadas em atividades aparentemente banais. Pode-se citar como exemplo o fazer o planejamento de uma festa, o arrumar uma mala para uma viagem ou mesmo preparar uma feijoada. Na verdade, é bastante simples e vamos utilizar o exemplo da mala de viagem fazendo uma analogia com o planejamento de uma pesquisa.

Em primeiro lugar, quando se prepara uma mala para qualquer viagem, deve-se ter em mente para onde se vai e quanto tempo se ficará fora, ou seja, por analogia, qual o objetivo da pesquisa e quanto tempo ela vai durar. Mesmo que você não saiba ao certo quanto tempo demorará a viagem, saberá o seu objetivo e poderá trabalhar com hipóteses na preparação da mala. É o que também ocorre com o planejamento de uma pesquisa (expresso no Capítulo 4, Construção de Instrumentos de Avaliação: Operacionalizando Construtos para Pesquisa). Quando se elabora um projeto de pesquisa, está se aprendendo a planejar, ou seja, pensar antecipadamente nas mais variadas situações e possibilidades que poderão ser enfrentadas durante o desenvolvimento da pesquisa e, apesar de ser um momento maçante para alguns, este exercício geralmente nos proporciona um aprendizado que extrapola o projeto e a execução da pesquisa, a qual nos poderá ser útil quando depararmos com experiências profissionais futuras (e até estritamente pessoais) na vida, fora do ambiente acadêmico. Portanto, planejar uma pesquisa é um ótimo treino para a profissão como um todo.

Quando você entra em um estágio novo, poderá ter de coletar dados, o que pode ser feito por meio de observação sistematizada, de questionários ou de qualquer outro meio, para então planejar a sua ação, o que é muito parecido com a pesquisa. Quando você é convidado para estagiar em um hospital, por exemplo, é importante saber com antecedência em que serviço atuará, quantos profissionais trabalham no departamento, quantos são da sua área e quantos atuam em áreas de convergência, quem é atendido pelo serviço, quais as características desse serviço, qual a média de atendimento exercido pelos profissionais, quais os tipos de atendimento que estão disponíveis para os pacientes, qual ou quais a(s) linha(s) teórica(s) de base dos profissionais da sua área, quem é quem, entre outras tantas informações. Estamos, portanto, mais uma vez falando de planejamento e de pesquisa.

Da mesma forma, quando você é chamado para uma entrevista em uma organização, deve ir preparado para o encontro tendo o máximo possível de informações sobre ela, como, por exemplo, qual é o seguimento de mercado que ela cobre, quantos funcionários possui, a reputação no mercado de trabalho, qual o perfil dos funcionários etc. Com essas informações você pode causar uma melhor impressão no seu entrevistador, bem como evitar comentários irreais ou descontextualizados. Planejar, portanto, é uma importante ferramenta na vida das pessoas, pois aquele que conhece as variáveis do problema pode ter mais chances de articulá-las no sentido de avaliar melhor os problemas enfrentados nos diferentes ambientes e responder a eles de maneira mais eficaz.

As pessoas com grande capacidade de planejamento geralmente são aquelas que mais conseguem chegar aos melhores cargos, ao *status* e salários mais altos em uma sociedade competitiva e que oferece uma gama infindável de informação. Da mesma forma, os pesquisadores mais bem-sucedidos são aqueles que desenvolvem, no decorrer da sua prática, uma boa capacidade de planejar suas pesquisas, além de criticidade, concentração, determinação, espírito investigativo, entre outras dezenas de qualidades que um pesquisador de qualidade deve ter. Inclusive, saber separar as informações mais relevantes também faz parte de um bom planejamento, o que também ocorre com a pesquisa, pois, a partir do momento em que o pesquisador está delimitando o seu tema, deverá saber separar as pesquisas mais confiáveis daquelas cuja metodologia é duvidosa; isso requer prática e conhecimento do tema que se vai pesquisar. Mesmo que seja a primeira pesquisa que você irá desenvolver, e mesmo que você não tenha prática nem conhecimento, seu orientador poderá ajudá-lo (dependendo do objetivo, da visão teórica e das hipóteses) a separar autores mais conhecidos e mais confiáveis no meio científico, bem como artigos indexados em bases de dados e/ou artigos que foram publicados em periódicos de prestígio.

TCC: MARTÍRIO OU PRAZER

Nos últimos anos, as diversas modificações nas grades curriculares proporcionaram mudanças profundas no perfil da maioria dos cursos de graduação. Em algumas universidades, foram desenvolvidas e/ou remodeladas disciplinas no intuito de fornecer ao aluno uma base mais sólida sobre o planejamento e a execução de uma pesquisa. Em alguns cursos, esse exercício pode começar já no primeiro ano e ser desenvolvido ao longo da formação, até a elaboração de um relatório final ou de um artigo a ser avaliado por uma banca examinadora. Em outros cursos, pode-se observar a existência de matérias específicas para o desenvolvimento de um projeto, mas ao final, o aluno não necessita passar por uma banca, basta entregar o relatório final, que será avaliado por professores que podem ser escolhidos pelo orientador em conjunto com o orientando ou será submetido a outras formas de avaliação paralelas.

Em algumas universidades, o aluno poderá ter um único orientador, que desenvolve, desde o início, o planejamento do projeto de pesquisa e acompanha o aluno até o relatório final. Nem sempre, porém, funciona dessa maneira, pois se pode observar cursos em que o aluno faz o anteprojeto em uma matéria, com um professor e a coleta de dados, a análise e o relatório final acabam sendo desenvolvidos com outro docente. Isso pode gerar muita confusão e estresse para o aluno durante todo o processo. Ainda há sistemas de escolha de orientador por meio de algum processo de sorteio, ou muitas vezes os docentes têm linhas de pesquisa que são disputadas pelos alunos. Algumas universidades permitem que o TCC seja realizado em dupla, ou em grupos de três e até quatro alunos; já em outras o trabalho deve ser desenvolvido individualmente. Em alguns cursos, permite-se que o aluno realize o TCC como uma pesquisa bibliográfica, e em outros é exigido o trabalho de campo. Como visto, são inúmeras as maneiras de se desenvolver um TCC durante um programa que exige um Trabalho de Conclusão de Curso e obviamente todas elas apresentam pontos positivos e pontos negativos. Seja como for, em algumas instituições o processo é mais organizado e mais igualitário do que em outras.

Uma grande questão é que o Trabalho de Conclusão de Curso veio a se tornar, principalmente na última década, uma atividade obrigatória. É justamente aí que o problema começa, pois muitos alunos acreditam não terem aptidão, enquanto outros simplesmente demonstram não gostar de pesquisa, dizendo não terem afinidade com a tarefa, desgostarem de seus orientadores e acreditarem que o TCC não lhes servirá de nada em sua carreira profissional. Por sua vez, os docentes muitas vezes também se colocam em situações desgastantes como, por exemplo, ter de orientar um número excessivo de projetos ao mesmo tempo, orientar projetos que não fazem parte do seu arcabouço teórico e prático, ter de dar conta de um volume muito grande de leitura e, muitas vezes, ter que realizar o trabalho sem o auxílio de monitoria.

É desejável que estejamos apaixonados por aquilo que fazemos, pela nossa profissão, e a realização e a orientação de pesquisas são meios de escolher e se relacionar com parceiros bons de trabalho, de planejar situações, de brincar com uma quantidade grande de dados, de desenvolver senso crítico, de auxiliar os alunos mais ávidos por conhecimento a planejarem suas pesquisas, de incentivar alunos a procurarem uma carreira acadêmica, através do encaminhamento de projetos para processos seletivos de mestrado e/ou doutorado, enfim, acabam sendo, para o orientador que gosta do que faz, tarefas maravilhosas. Além disso, quando se depara com alunos dispostos a trabalhar, o orientador ensina e aprende ao mesmo tempo em que tem possibilidade de desenvolver relacionamentos profissionais e pessoais gratificantes.

Mas, independentemente de ser um trabalho que será realizado como uma obrigação ou por uma paixão, o TCC precisa ser planejado, executado e, na maioria das vezes, apresentado (o que comumente se denomina defesa do TCC). Desta forma, essa etapa na vida acadêmica, de paixão ou aversão, poderá ser uma oportunidade para você não só aprender a planejar e conduzir uma pesquisa com rigor metodológico, mas também a chance de adquirir autodisciplina, maior tolerância, julgamento crítico da informação, capacidade de articulação de ideias, além de maior conhecimento acerca tanto do seu tema de pesquisa como também de assuntos transversais ao tema.

Na verdade, não são todos os alunos que possuem habilidades básicas ou motivação para trabalhar com pesquisa, assim como nem todos têm habilidades para jogar futebol ou dançar, mesmo porque não se espera que isso ocorra. Mas também é verdade que não são todos os professores que possuem habilidades para orientar projetos.

Muitos alunos descrevem a realização do TCC como uma das fases mais estressantes de sua vida. Como já está bem estabelecida na literatura, o aspecto estressante da nossa experiência está mais relacionado com a maneira como a avaliamos do que com os estímulos a ela relacionados. Deste modo, podemos avaliar a realização do TCC de muitas maneiras. Uma delas, por exemplo, é acreditar que se trata de uma "matéria" chata, sem sentido, e fazer apenas o necessário e, além disso, malfeito. Mas é possível transformar a obrigação em uma tarefa gratificante, que pode trazer bons frutos e reconhecimento por parte do corpo docente e dos colegas do curso, além de possibilidades para a futura carreira. Os alunos de destaque geralmente são motivo de orgulho de seus professores e muitas vezes podem ser convidados a participar em projetos de pesquisa, bolsas de iniciação científica (quando existe esse tipo de programa na instituição) ou mesmo ser incentivados a realizar o mestrado e seguir a carreira docente.

Carl Sagan (falecido em 1996), um dos mais respeitáveis cientistas e divulgador da ciência de nossa época, estudioso de Astronomia e Ciências Espaciais, nos presenteia com uma obra de leitura obrigatória para aqueles que estão começando a lidar com pesquisa. Em seu livro *O mundo assombrado pelos demônios* (1998), o autor apresenta algumas questões importantes em ciência, relatando, entre outras coisas, que, para poder ser neutra em suas investigações, a Ciência requer um ceticismo vigoroso, e acrescenta que todos nós, quando crianças, podemos ser considerados cientistas natos, pois a noção da descoberta e da ciência está profundamente associada ao ser humano. As crianças são cientistas natas, formulam e testam hipóteses quase na totalidade do seu tempo, principalmente na mais tenra idade (Sagan, 1998).

Dito tudo isso, nosso objetivo é poder contribuir com algumas dicas práticas para quem está começando a se deparar com o TCC ou qualquer outra atividade de pesquisa, esperando com isso poder auxiliar o estudante nesta tarefa que, embora árdua, não precisa ser necessariamente encarada como um martírio, mas, ao contrário, pode ser bastante gratificante.

ALGUMAS DICAS PARA VOCÊ PLANEJAR E EXECUTAR BEM O SEU TCC

A seguir, são apresentadas dicas para o planejamento e execução de um trabalho de pesquisa. Inicialmente apresentamos dicas gerais que poderão ser úteis e facilitar todo o processo de realização de uma pesquisa:

- *Tente transformar obrigação em prazer.* Como já dissemos, a realização do TCC é uma exigência em muitos cursos de graduação, mas nem toda obrigação precisa ser tratada como tal. Aproveite a chance de aprender a fazer ciência, mesmo que você não pretenda seguir carreira como pesquisador. Você só poderá dizer que não gosta de algo quando realmente conhece aquilo que critica. Você pode aprender a se apaixonar também por pesquisa e, mesmo que não se apaixone por esse tipo de atividade, a realização de uma pesquisa certamente lhe trará diversos benefícios secundários. Para isto, basta estar aberto.

- *Fazer pesquisa é treino.* Todo começo é difícil. Quando você começa a ler textos científicos, parece impossível compreendê-los, pois geralmente são escritos em uma linguagem mais objetiva e, muitas vezes, são acompanhados de tabelas, números e tratamentos estatísticos que parecem impossíveis de entender. Mas você pode driblar esses problemas: pergunte aos professores o que são os cálculos realizados pelo pesquisador, tente ler e entender em vez de desistir logo no começo, seja perseverante com seus objetivos. Sinceramente, às vezes só aprendemos a escrever tecnicamente quando já estamos no mestrado, depois de sermos muito criticados por professores. Não se dê por vencido; continue, pois um dia você poderá escrever da mesma maneira, ou até melhor, que seus mestres. A primeira pesquisa geralmente é sofrível na escrita, na análise, nos resultados, na discussão; mas, com o treino, vamos nos aperfeiçoando. É como ginástica: no primeiro dia você não consegue fazer mais do que dez minutos de corrida mas, com o passar de um ano de treinamento, já pode se dar ao luxo de correr quilômetros sem ter de parar.

- *Saiba receber críticas.* A crítica vinda de pessoas que entendem de pesquisa pode ser muito importante, pois pode vir acompanhada de sugestões e dicas relevantes para a confecção do trabalho. É preciso aprender a não levar as críticas de modo pessoal, mesmo que, às vezes, isto possa ocorrer na relação entre orientador e orientando.

- *Pesquisa de campo e pesquisa bibliográfica.* Qual é a melhor pesquisa: a de campo ou a teórica? Não existe superioridade da pesquisa de campo (aquela que consiste em coleta de dados) sobre a pesquisa bibliográfica (teórica). É um mito pensar que uma se sobrepõe à outra, pois ambas têm objetivos diferentes. Uma pesquisa feita somente com revisão da literatura pode ser tão boa quanto ou melhor do que uma pesquisa feita com dados, tratamento estatístico ou análise qualitativa.

- *TCC não é mestrado.* Tanto o aluno quanto o professor devem entender que o TCC não é um mestrado, apesar de ser um ótimo treino para tal. Também deve estar claro que, se o aluno for bom, o orientador poderá exigir um pouco mais dele. Muitas vezes orientamos trabalhos de graduação que estão mais bem elaborados do que muitas dissertações por nós avaliadas como membros de banca examinadora, o que traz para o orientador uma sensação de orgulho pelo seu aluno. O aluno também, orientado pelo seu mentor, deve saber que geralmente o tempo de preparo, coleta e redação de relatório final de um TCC são menores do que um mestrado ou doutorado, o que deve ser levado em consideração no planejamento. Às vezes o aluno tem ideias ótimas, que todavia não são viáveis dentro do cronograma de trabalho. Muitas vezes, a função do orientador é ir cortando partes ou reduzindo objetivos mais amplos que o aluno apresenta. Se isto estiver ocorrendo com você, não se sinta invadido, pois na maioria das vezes o orientador está tentando poupá-lo de uma frustração futura, como, por exemplo, não conseguir entregar o relatório final.

- *Nem sempre é possível fazer o que a gente quer.* Muitas vezes, o aluno começa a pensar em um tema de pesquisa muito difícil de ser realizado no prazo estipulado para a entrega do relatório final, ou mesmo quer pesquisar algo impossível de ser realizado. Certa vez, em um encontro com uma turma de TCC, ao perguntarmos sobre o que cada um gostaria de pesquisar, uma aluna respondeu que gostaria de provar a existência de Deus. Após alguns segundos pensando no que responder e em como auxiliá-la, respondemos que seria uma excelente pesquisa — pois, se fosse possível realizar esta façanha, provavelmente seríamos coautores de um dos maiores achados da Ciência e talvez até fizéssemos jus a um prêmio Nobel por isto. A ciência só se ocupa de questões que podem ser mensuradas e a sugestão foi que a aluna pudesse desenvolver uma pesquisa que avaliasse, em primeiro lugar, se as pessoas acreditavam na existência de Deus. Foi elaborado um questionário com algumas perguntas sobre como uma amostra específica de pessoas, cada qual com suas crenças, comprovaria a existência de Deus, o que se tornou um trabalho muito original e charmoso.

- *Cuidado para não transformar o TCC em uma batalha.* Não há dúvida de que temos objetivos e devemos buscá-los, mas o TCC é apenas uma maneira de fazer com que você aprenda a raciocinar cientificamente ou mesmo a desenvolver um protocolo científico. Muitos alunos ficam altamente decepcionados quando seus orientadores não comungam da mesma ideia do tema que é proposto. Muitas vezes, porém, se houver flexibilidade de ambas as partes, é possível ceder um pouco e tentar pesquisar temas mais próximos do desejo tanto do aluno como do orientador, mesmo que não seja exatamente aquilo que se queria inicialmente. Em alguns casos, inserir-se em uma pesquisa que de início não era atraente para você pode parecer enfadonho, mas você também pode desenvolver interesse por um tema que não lhe havia passado pela cabeça.

- *O orientador não é um especialista no tema.* Nem sempre o seu orientador será um especialista no assunto que você propõe, e esse dado pode atrapalhar um pouco a qualidade da sua pesquisa. Por isso é que geralmente os cursos que trabalham com linhas de pesquisa dispõem de um pouco mais de possibilidades de realizar pesquisas promissoras, pois, em geral, o orientador tem mais condições teóricas e técnicas de desenvolver pesquisas em uma determinada área ou tema. No entanto, mesmo que não seja um especialista, o orientador geralmente pode dar grandes contribuições na parte metodológica do seu trabalho, ou você poderá procurar (com a anuência do orientador) auxílio de outros docentes que entendam mais do seu tema.

- *Você não vai inventar a roda.* Dificilmente você conseguirá, no TCC, desenvolver uma pesquisa inédita ou uma nova teoria. Cuidado com planos muito grandiosos! Alguns alunos acreditam que podem planejar uma pesquisa inédita e revolucionária. Guardadas as devidas proporções, como aprendizes da ciência, devemos ter muita parcimônia. É muito mais adequado um projeto mais conservador e restrito, mas benfeito, do que um projeto extravagante e de difícil execução. Por mais criativos que sejamos, poderá haver alguém que já pensou sobre a nossa ideia e publicou sobre o assunto.

- *Inglês, estatística e computação.* Noções de inglês e bons conhecimentos de metodologia e estatística são importantes. Se você pretende fazer um trabalho de qualidade ou mesmo quer continuar pesquisando no seu mestrado, é bom saber inglês, pois o volume de pesquisas publicadas em língua inglesa é monstruoso em comparação com o volume de pesquisas nacionais, portanto aquela pesquisa ou tema sobre os quais você não encontra nada em nossa língua poderá estar disponível em inglês. Quando temos facilidade com a língua inglesa, o nosso horizonte de possibilidades aumenta vertiginosamente — mesmo porque, se o seu objetivo é publicar sua pesquisa posteriormente, é aconselhável que você tenha tido contato com publicações estrangeiras. Principalmente para quem decide trabalhar com análise quantitativa, ter boas noções de estatística também é aconselhável, pois esse aprendizado poderá ser de grande utilidade quanto aos objetivos propostos pela sua pesquisa. Além disso, para o bom planejamento de uma pesquisa, são necessários conhecimentos sólidos sobre os tipos de metodologias, limitações e aplicações (o que você poderá encontrar nos capítulos que compõem as Partes II e III deste livro). Em geral se observa que, devido à restrição de tempo dos TCCs, o aluno pode querer limitar-se à análise qualitativa de uma amostra pequena ou mesmo utilizar mais os delineamentos de levantamento ou correlação. Dificilmente há tempo hábil para o desenvolvimento de uma pesquisa quase experimental ou experimental, ou seja, para delineamentos mais complexos e longitudinais (aqueles em que se necessita de medições dos fenômenos durante determinado espaço de tempo).

- *Trabalhe com empenho.* Faça um trabalho para publicar e não simplesmente para cumprir uma obrigação. Se você decidir encarar o desafio, trabalhe duro e em comum acordo com seu orientador, decida sobre a possibilidade de publicar o material, mesmo que seja na forma de painéis de congresso. É muito gratificante ver uma pesquisa nossa publicada nos Anais (os livros de resumos) de um congresso.

- *Evite o plágio.* Às vezes, quando nos sentimos incapazes de realizar uma tarefa e/ou temos pouco tempo para efetuá-la, cedemos à tentação de copiar algum material para servir de introdução teórica do nosso trabalho. É claro que a citação copiada é aceita em uma introdução, desde que citada corretamente pelas normas técnicas, entre aspas ou com tabulação específica.[1] No entanto, há alunos que copiam literalmente uma introdução inteira de um artigo científico ou de um livro, no intuito de fraudar o trabalho. Antes de tudo, é preciso lembrar de que, apesar de todas as dificuldades, que variam de um indivíduo para outro —, todos os alunos são capazes de realizar um trabalho científico. É preciso também não esquecer que o plágio é crime e pode levar o infrator a perder o semestre, o ano ou até mesmo, no futuro, a credibilidade como profissional. Se você, aluno, se "sentir vitorioso" em fraudar um TCC, seja copiando integralmente ou em parte uma introdução, seja inventando dados, seja comprando um TCC, desculpe-nos, mas a sociedade não precisa de você, e menos ainda a Psicologia. Se você tem esse perfil não ético na sua vida, talvez seja melhor pensar em desistir do curso em vez de prejudicar a área. Agora, se você assume seus erros e é sincero, mesmo que muitas vezes acabe sendo punido, então você será um ótimo pesquisador e profissional. Como componentes de bancas, já tivemos o desprazer de reprovar algumas pessoas por plágio. Pior que a reprovação é o fato de que essas pessoas ficam altamente desmoralizadas em seus ambientes, o que pode marcá-las pelo resto da vida e trazer consequências profissionais desastrosas.

- *Defina o construto.* Muitas vezes um conceito pode ter variantes em suas definições, segundo escolas psicológicas e/ou autores diferentes. Veja, por exemplo, o conceito de depressão. Quando você realiza uma pesquisa sobre depressão, é importante que defina exatamente o que está chamando de depressão, uma vez que se pode falar em transtorno depressivo maior, distimia, episódio depressivo, entre outros, isto se levarmos em consideração apenas as definições propostas pelos manuais psiquiátricos.

PLANEJAMENTO DA PESQUISA

Como já foi citado, o planejamento da pesquisa pode ser uma fase crucial para todo o trabalho subsequente. É comum alunos desejarem iniciar a pesquisa o mais cedo possível. Afinal de contas, no caso de um TCC, o tempo urge, é exíguo, escasso e diminuto. Mas toda essa pressa, em geral, é quase invariavelmente contida pelos professores orientadores, a contragosto dos alunos. No entanto, uma pesquisa executada sem o planejamento adequado pode ser como preparar a mala para viagem com os olhos vendados e sem saber qual o destino.

Vale lembrar que todas as decisões, tomadas ou não quando se está planejando a pesquisa terão, mais cedo um mais tarde, consequências. Um planejamento mal conduzido pode comprometer todo o trabalho, da mesma forma que um bom planejamento poderá evitar muitos contratempos. Tenha em mente que o tempo gasto em fazer o planejamento dificilmente será um tempo perdido.

Em algumas instituições existem linhas de pesquisa já preestabelecidas; em outras, o aluno deve fazer a pesquisa de acordo com pesquisas já desenvolvidas pelo seu professor orientador; e, em outras, o aluno escolhe seu tema de pesquisa. Seja como for, um momento decisivo para uma pesquisa é a escolha do tema. Por isso, na escolha do tema da pesquisa há a necessidade de pensar antecipadamente em uma série de questões relacionadas com a execução da pesquisa.

---

[1] Para saber mais, veja as normas da Associação Brasileira de Normas Técnicas — ABNT ou da American Psychological Association — APA.

Existe uma série de fatores que influenciam na escolha do tema e podem ser divididos (didaticamente) em internos e externos. Podemos chamar de fatores internos aqueles relacionados mais fortemente com as características pessoais do pesquisador, e de fatores externos aqueles ligados a questões que o pesquisador tem pouca ou nenhuma possibilidade de modificar.

Ao pensar na escolha de um tema de pesquisa, lembre-se de:

- *Escolher um tema que lhe agrade.* Normalmente, um TCC é feito ao longo de um ano. Imagine-se fazendo um trabalho sobre um tema que não lhe desperte nenhum interesse pessoal ou com o qual você não tenha a menor afinidade. Para você fazer um bom trabalho é preciso que este lhe traga um mínimo de prazer. É certo que o trabalho de pesquisa poderá ser desgastante e até mesmo estressante em alguns momentos, mas o fardo do TCC ficará bem mais leve se o tema lhe agradar. No entanto, nem sempre isto será possível de ocorrer, pois dependerá de uma série de variáveis, tais como: se existem linhas de pesquisa por orientador, a flexibilidade do seu orientador, entre outras.

- *Pensar no tempo que você pretende despender na pesquisa.* Mesmo que você escolha um tema com o qual tenha profunda afinidade pessoal, pesquisar alguns temas pode exigir de você mais tempo do que dispõe ou está disposto a gastar na pesquisa. Por exemplo, se você pretende fazer uma pesquisa sobre diferenças nos níveis de estresse de trabalhadores de diferentes turnos de serviço, isso poderá lhe custar algumas noites e fins de semana coletando dados. Além disso, você terá de conciliar as atividades da pesquisa com outras atividades acadêmicas e pessoais.

- *Fazer uma estimativa de quanto dinheiro você poderá gastar na pesquisa.* São relativamente raros os TCCs que recebem algum tipo de subsídio financeiro; por isso, é interessante escolher temas que não estejam além das suas reservas. Pense nos gastos que você teria se seu tema de pesquisa fosse a avaliação das características psicológicas de índios do Xingu... Não só você teria que gastar bastante dinheiro, como também dispor de bastante tempo para fazer tal pesquisa. Além disso, mesmo que você disponha de alguma bolsa de iniciação científica ou apoio financeiro para realizar a pesquisa, tanto a bolsa como o apoio têm limites e você não poderá extrapolá-los.

- *Alinhar sua bagagem teórica com o tema.* Não adianta muito escolher um tema apaixonante, mas sobre o qual você não disponha de informação teórica alguma ou cuja investigação seja incompatível com sua visão de mundo. Imagine um pesquisador com inclinações comportamentalistas tentando fazer uma pesquisa acerca da expressão de comportamentos relacionados com o complexo de Édipo freudiano ou um pesquisador que tenha afinidade com as ideias da fenomenologia fazer um estudo sobre os procedimentos adotados por terapeutas comportamentalistas para tratar transtorno obsessivo-compulsivo. A realização de tais pesquisas não é inviável, mas certamente será mais trabalhosa do que se os pressupostos teóricos dos pesquisadores forem coerentes com os temas. Do mesmo modo, a escolha de um tema sobre o qual você tem pouca ou nenhuma bagagem teórica poderá resultar em um gasto de tempo (geralmente escasso) para se familiarizar com aspectos teóricos relevantes ao tema, o que será evitado se você escolher um tema com o qual já esteja familiarizado, pelo menos quanto aos principais aspectos teóricos. Uma saída para quem não pretende entrar em méritos teóricos seria pesquisar um construto que não tenha, pelo menos diretamente, relação com alguma linha teórica. Por exemplo, você pode realizar uma pesquisa de levantamento sobre ideação suicida sem necessariamente abordar as explicações de alguma linha teórica para o fenômeno.

Além desses fatores que são fortemente ligados ao pesquisador, existem outros que são situacionais e com os quais o pesquisador terá que lidar, queira ou não. Ao contrário dos citados anteriormente, na maioria das vezes, o aluno pesquisador tem pouca ou nenhuma condição de modificar os fatores apontados a seguir. Por isso, é bom pensar cuidadosamente em aspectos como:

- *Perfil pessoal do orientador.* É péssimo, mas é não raro ocorrer (principalmente em nível de graduação) que o aluno se veja "obrigado" a fazer uma pesquisa sob a orientação de um profissional que não tem a mesma orientação teórica que ele, ou que tem interesses de pesquisa que não combinam com os seus. Este tipo de situação apresenta vantagens e desvantagens. Uma das vantagens é que, *a priori*, o orientador terá, nesses casos, muito mais interesse e condições de fazer contribuições substanciais para a pesquisa, já que a pesquisa abordará um tema que é do seu escopo teórico e profissional. A principal desvantagem talvez seja o aluno ter que "engavetar" aquele tema que tanto lhe interessa e deixar para pesquisar sobre ele em outro momento. É natural, quando se apresentam temas sobre os quais o orientador não dispõe de conhecimentos suficientes para orientar, que os temas sejam postergados para o mestrado ou que o aluno busque a coorientação de alguém que domine e tenha interesse pelo tema. Caso esta seja uma condição que você tenha de enfrentar, a melhor maneira de fazer isso é encará-la como uma oportunidade de aprender coisas diferentes, novos modos de pensar e até mesmo passar a gostar de um tema que não lhe ocorrera. É sempre interessante tentar evitar atrito nas relações, ainda que isto não seja possível todas as vezes. Isto porque você pode também "bater o pé" e decidir, mesmo contrariando seu orientador, fazer o que bem entender — ciente de que não pode esperar colaboração substancial da parte dele.

- *Significado e relevância do tema.* Há temas de pesquisa que são bastante interessantes mas sobre os quais já existem tantas pesquisas feitas, que a realização de mais uma seria como "chover no molhado" ou tentar reinventar a roda. Há também temas que são atraentes para o pesquisador mas que não são vistos como relevantes pela maioria das pessoas. Exemplos interessantes de pesquisas não tão populares que são realizadas, até mesmo por pesquisadores renomados, podem ser encontrados entre os premiados anualmente pelo Prêmio IgNobel, uma versão bem-humorada do famoso Prêmio Nobel. Entre as pesquisas "laureadas" com tal prêmio consta o primeiro relato de necrofilia homossexual entre patos, ou os efeitos da música *country* sobre o suicídio, ou pesquisadores japoneses que investigaram as características químicas de uma estátua de bronze que não atraía pombos.[2] Independentemente das nossas concepções sobre a ciência como uma atividade do homem em busca de conhecimento acerca da natureza, um trabalho de iniciação científica não é o melhor espaço para se investigar temas impopulares.

- *O tempo disponível para a conclusão do trabalho.* Uma pesquisa — de TCC, de mestrado ou de doutorado — deve ser realizada dentro de limites claros de tempo, ou seja, o pesquisador não dispõe de tempo ilimitado para entregar sua pesquisa pronta. Por este motivo, na escolha do tema este é um fator que deve ser muito bem avaliado, pois um mau dimensionamento do tempo para a realização da pesquisa pode gerar mais estresse do que o necessário, ou mesmo resultar em uma eventual reprovação. Quando a pesquisa precisa respeitar prazos, é interessante escolher um tema e propor objetivos de pesquisa passíveis de serem alcançados dentro do prazo. Em um TCC, é muito mais viável fazer uma pesquisa transversal (uma coleta) do que propor uma avaliação longitudinal (várias coletas de dados em um espaço de tempo).

- *Disponibilidade de material teórico sobre o tema.* Assim como não é interessante tentar reinventar a roda com sua pesquisa, não é interessante que seu tema seja tão novo a ponto de não haver estudos sobre ele. Não é proibitivo fazer pesquisas sobre assuntos novos, mas para quem está começando a lidar com pesquisa é mais seguro escolher um tema de pesquisa que disponha de material para ser consultado. Alguns temas são tão pouco explorados que o pesquisador se vê obrigado a buscar informações em fontes que podem exigir certa experiência com pesquisa bibliográfica, e também proficiência em língua inglesa, já que a maior parte das publicações se encontra nesta língua. Quando o material bibliográfico disponível é escasso, o pesquisador pode necessitar de dinheiro extra para comutar (pedir para trazer) dissertações ou teses de outros estados. Em relação a esse ponto, é interessante lembrar que o aluno pode pedir para trazer um artigo ou dissertação ou tese de uma biblioteca de outro estado (se a biblioteca fizer parte dos convênios), por meio de serviços como o Comut (Programa de Comutação Bibliográfica) ou o Bireme/BVS (Biblioteca Regional de Medicina/Biblioteca Virtual de Saúde), que cobram uma taxa específica por número de páginas do material encomendado.

---

2   Você poderá conferir outros exemplos de pesquisas bem insólitas em (www.improb.com).

Depois de escolhido o tema, você deve problematizá-lo, ou seja, estabelecer quais serão exatamente as perguntas acerca do tema que a sua pesquisa irá responder. Por exemplo, se seu tema de pesquisa for "o consumo de bebidas alcoólicas por universitários", você deverá encontrar questões referentes a este tema que ainda precisam ser respondidas. Será que é interessante gastar tempo para verificar se o consumo de bebidas alcoólicas é maior entre rapazes ou moças? Ou será mais interessante investigar se o ingresso na universidade teve algum efeito sobre o padrão de consumo de bebidas? Para saber quais questões acerca do tema justificam uma pesquisa, você precisa conhecer ao máximo o tema, inclusive, e principalmente, saber quais questões outros pesquisadores já se deram o trabalho de responder e como eles obtiveram a resposta — ou seja, que método utilizaram para investigar o assunto. Para isso, você deverá buscar informações confiáveis sobre o tema, fazendo uma cuidadosa revisão da literatura.

A revisão da literatura é importante tanto para você se familiarizar com os aspectos mais importantes relacionados com o tema, saber o que outros autores já escreveram sobre o assunto, conhecer os métodos empregados para abordá-lo, bem como obter informações que contribuam para que você justifique a realização da sua pesquisa e redija a introdução do seu próprio trabalho. Na revisão da literatura você pode se utilizar de dois tipos de fontes de informação. São eles:

- **Fontes primárias de informação**: são trabalhos originais e publicados pela primeira vez pelos próprios autores da pesquisa. São fontes primárias de informação as dissertações e teses, os resumos publicados em anais de congressos e outros eventos técnico-científicos, relatórios técnicos e artigos de pesquisa publicados em periódicos. Esses materiais são também chamados de "literatura cinzenta".
- **Fontes secundárias de informação**: são textos nos quais um ou mais autores citam, revisam, discutem ou interpretam estudos originais feitos por outros pesquisadores. Livros-texto, artigos de divulgação científica, artigos de revisão, tratados, enciclopédias, entre outros tipos de material produzidos a partir de fontes primárias de informação.

Uma estratégia que ajudará você a economizar tempo é buscar inicialmente as fontes secundárias de informação. Fazendo isso, você irá poupar tempo não lendo material de pouca relevância para o tema e também terá contato com diferentes maneiras que foram utilizadas para abordar um mesmo tema. A principal desvantagem dessa estratégia é que, normalmente, livros-texto e artigos de revisão contêm informações relativamente antigas e até mesmo defasadas ou já falseadas sobre o tema. No entanto, começando a revisão por fontes secundárias você certamente terá mais condições de fazer uma busca mais direcionada para as fontes primárias.

A popularização dos computadores domésticos e da Internet tornou muito mais tranquila a empreitada de encontrar material bibliográfico sobre os mais diversos temas. Diferentes bases de dados podem ser consultadas rapidamente e fornecer informações acerca de pesquisas e textos produzidos no Brasil e no exterior. Por esse motivo, é essencial conhecer as principais bases de dados disponíveis para se fazer o levantamento bibliográfico.

Uma queixa bastante comum trazida por alunos ao longo do processo de orientação de TCC é a inexistência de material bibliográfico que trate do tema escolhido. No início da revisão da literatura, também é interessante conversar com seu professor orientador, com outros professores e com colegas, a fim de conseguir indicações de textos básicos sobre o tema.

Vale lembrar que a revisão da literatura é uma atividade que não acaba enquanto o trabalho não estiver concluído e for apresentado (quando for o caso). Quanto maior a quantidade de textos e autores que você conseguir encontrar, melhor será sua compreensão sobre o que está pesquisando. A partir das informações obtidas com a revisão da literatura, você poderá estabelecer um problema de pesquisa que deve ser passível de ser respondido e, preferencialmente, não tão investigado (se uma determinada questão acerca do tema que você escolheu já foi exaustivamente investigada por outros pesquisadores, talvez esse não seja um bom problema para a sua pesquisa).

Voltando ao exemplo da pesquisa sobre consumo de bebida alcoólica por jovens universitários, em sua revisão da literatura você poderá verificar que são muitas as pesquisas que mostram que o consumo de álcool é maior entre os rapazes do que entre as garotas, mas são relativamente poucas as pesquisas que tentam avaliar a influência do ingresso no ensino superior sobre o consumo de bebidas alcoólicas, ou se há mudanças nesse padrão de consumo ao longo do curso superior. Sabendo disso, você terá condições, em parceria com seu orientador, de estabelecer objetivos de pesquisa que se justifiquem pela originalidade e/ou pela importância. Para fins didáticos, vamos estabelecer os seguintes objetivos:

- *Objetivo geral*: verificar se o ingresso na faculdade teve alguma influência no consumo de bebidas alcoólicas, segundo a percepção de jovens universitários.
- *Objetivos específicos*: (1) verificar se houve alteração na frequência do consumo de bebidas alcoólicas; (2) verificar se houve alteração na quantidade de bebida ingerida; (3) comparar o padrão de consumo (frequência, quantidade e tipo de bebida consumida) entre grupos de estudantes em diferentes estágios do curso superior (início, meio e final do curso).

A determinação do objetivo geral é indissociável do problema de pesquisa, ou seja, ao determinar o problema você também estabelece seu objetivo geral e, a partir deste, poderá estabelecer quais serão seus objetivos específicos. Os objetivos específicos são desmembramentos do objetivo geral, questões menores que exploram particularidades contidas no objetivo geral.

Ao estabelecer os objetivos (geral e específicos), é importante que você não tente abraçar o mundo, ou seja, tente estabelecer objetivos simples (não confundir com simplórios), claros e passíveis de serem alcançados no tempo determinado. Embora seja comum uma certa empolgação para se investigar o máximo possível, objetivos de pesquisa muito amplos podem fazer com que, em determinado momento, você se sinta perdido em meio a tantas informações existentes. O ideal, principalmente em um trabalho de iniciação científica ou TCC, é estabelecer objetivos bastante restritos. Três a cinco objetivos específicos são mais do que suficientes para uma pesquisa desse porte. Ter muitos objetivos de pesquisa pode gerar resultados pouco claros (difíceis de serem interpretados) ou pouco confiáveis (podem ser questionados quanto ao rigor com que foram obtidos).

Depois de escolhido o tema (ainda o exemplo do consumo de bebidas por universitários) e estabelecidos os objetivos da pesquisa, o planejamento da pesquisa está realmente começando. Agora você deve pensar nas questões práticas para a execução da pesquisa, tais como:

- Quais informações são necessárias para você responder ao problema?
- Como tais informações podem ser obtidas?
- Quem pode fornecer as informações necessárias?
- Que características os elementos que irão compor a amostra devem ter (critérios de inclusão) para fornecer respostas confiáveis?
- Quais características, se algum elemento as tiver, tornarão sua informação imprecisa ou difícil de ser interpretada (critérios de exclusão)?
- Os participantes serão alocados em grupos diferentes? Caso a resposta seja afirmativa, como será feita a alocação dos diferentes elementos nos grupos de estudo?
- Que cuidados éticos serão necessários tomar para se realizar a coleta dos dados?
- Onde será feita a coleta dos dados?
- Como será feita a coleta dos dados?
- Quais são as hipóteses de trabalho, ou seja, quais as respostas possíveis para o problema pesquisado?
- Que tratamentos (quantitativo, qualitativo ou ambos) os dados receberão?

Estas e muitas outras questões devem ser consideradas e, sempre que possível, respondidas durante o planejamento da pesquisa. Da mesma maneira que não podemos pensar em tudo que pode acontecer durante a nossa viagem no momento em que preparamos nossa mala, também não podemos planejar rigorosamente tudo para a nossa pesquisa. Mas, quanto mais pensarmos, menos contratempos teremos ao longo da execução da pesquisa. Assim, é sempre bom ter na mala um agasalho, mesmo que nossa viagem seja no verão.

Depois de um cuidadoso planejamento, vem a execução daquilo que foi planejado.

A EXECUÇÃO DA PESQUISA

A execução da pesquisa é a prova de fogo para o seu planejamento. A partir do momento em que seu planejamento foi benfeito, a probabilidade de você realizar uma pesquisa sem grandes problemas está quase garantida. Dizemos "quase" porque, na hora de ir a campo coletar dados, podem acontecer imprevistos. Por esse motivo, é bom estabelecer um projeto cujo planejamento permita certa flexibilidade para sofrer eventuais alterações decorrentes de eventos que só conheceremos no momento em que ocorrerem.

A execução daquilo que foi planejado não tem grandes segredos e envolve mais as questões éticas do que propriamente técnicas, além da observação cuidadosa do cumprimento dos prazos estabelecidos em um cronograma.

A seguir, são apresentadas algumas dicas que poderão ser úteis para a execução da sua pesquisa.

- **Faça um estudo-piloto.** O estudo-piloto é uma investigação preliminar, de dimensões menores que as da pesquisa originalmente proposta, e tem como objetivo verificar a viabilidade prática da realização, ou não, da pesquisa, e a adequação, caso seja necessária, do método escolhido ao objeto a ser estudado. Estudos-piloto geralmente são realizados quando o pesquisador, a fim de localizar possíveis falhas em um instrumento elaborado especificamente para sua pesquisa, vai a campo para verificar se a linguagem utilizada é apropriada ao nível sociocultural dos participantes, se o instrumento novo de coleta de dados está adequado. Embora o tempo disponível para a realização de uma pesquisa de iniciação científica ou de um TCC seja limitado, fazer um esforço para realizar um estudo-piloto pode ser muito útil e evitar muitos problemas e gastos desnecessários.

Imagine que, para o exemplo proposto do consumo de bebidas alcoólicas por universitários, o pesquisador tenha um questionário com cerca de 30 questões dispostas em cinco páginas impressas. Ele faz um determinado número de fotocópias dos questionários e aplica seu questionário coletivamente em sala de aula de uma universidade. No momento de fazer a tabulação dos dados para análise posterior, o pesquisador percebe que o questionário contém questões que podem ser interpretadas de maneira dúbia e que não há uma questão que identifique o gênero do participante. Caso as respostas para as questões dúbias e o gênero dos participantes sejam informações fundamentais para a realização da análise, todo o tempo e dinheiro gastos terão sido praticamente "jogados fora", pois os dados coletados podem não ter nenhuma utilidade e é possível que a coleta de dados tenha que ser feita novamente.

- **Tenha cuidado com questões éticas.** Algumas pesquisas, em sua fase de execução, podem envolver questões éticas divididas em dois grandes grupos:

  a. *Aspectos éticos relacionados com os participantes.* Tanto as pesquisas feitas com seres humanos quanto as pesquisas realizadas com animais devem obedecer a princípios e normas nacionais e/ou internacionais de conduta que visam a preservar a integridade do participante. No Brasil já existe uma resolução que estabelece normas de conduta que deverão ser respeitadas por pesquisadores que pretendam realizar pesquisas com seres humanos, a resolução 466/2012 do Conselho Nacional de Saúde. A leitura cuidadosa e uma discussão constante dessa resolução com seu orientador, tanto no planejamento da pesquisa quanto no decorrer da coleta dos dados, devem ser atividades rotineiras.

  b. *Aspectos éticos relacionados à fidedignidade dos dados.* A atividade científica só produz conhecimento válido quando realizada de maneira honesta. A fraude em pesquisa caracteriza-se por condutas que, deliberadamente, poderão redundar em resultados que não representam de modo fidedigno a realidade. De acordo com Goldim (2002), a fraude pode acontecer em todas as fases da pesquisa, desde o planejamento até a divulgação dos resultados. Durante a coleta e análise dos dados, existem muitas maneiras de fraudar os resultados finais de uma pesquisa, tais como:

- Utilizar propositalmente de amostras de conveniência enviesadas. Exemplos citados por Huff (1954) mostram que você pode conseguir provar qualquer coisa em sua pesquisa, bastando para isso buscar os elementos que forneçam as respostas que você deseja. Por exemplo, se seu desejo é mostrar que a incidência de sintomas de depressão em idosos é alta, basta que a coleta dos dados seja feita principalmente de indivíduos de aparência tristonha ou que se queixem de tristeza.

- Inventar os dados. Goldim (2002) cita que o pesquisador pode, deliberadamente, criar dados que nunca foram de fato coletados, ou mesmo forjar dados a partir de uns poucos casos efetivamente coletados.

- "Maquiar" os dados. Um pesquisador pode deliberadamente se utilizar de recursos não muito lícitos para tornar seus dados mais apresentáveis. Por exemplo, é sabido que dados obtidos de amostras homogêneas são mais confiáveis do que dados oriundos de amostras heterogêneas, por isso o pesquisador pode optar por apresentar a variabilidade da idade de sua amostra não pelo desvio padrão das idades, mas sim pelo erro padrão da média,[3] o que dá a impressão de haver uma variabilidade menor para esta variável.

- Inclusão ou exclusão de dados de acordo com os pressupostos teóricos do trabalho (Goldim, 2002). Ao fazer isso, o pesquisador poderá ter em mãos resultados que, embora inválidos, são mais fáceis de discutir. Imagine que você vá fazer uma pesquisa para verificar se existe correlação entre suporte familiar e quantidade de álcool ingerida por adolescente e que, ao fazer a revisão da literatura, você observa que diferentes autores já verificaram que, quanto maiores a quantidade e a frequência de consumo de bebida alcoólica por adolescente, mais pobres são as suas relações familiares. É mais fácil discutir resultados que estejam em concordância com outros estudos já realizados do que buscar explicações alternativas para uma eventual discordância entre seus resultados e os dados da literatura.

- Análise enviesada dos dados. Mesmo que os dados tenham sido obtidos da maneira mais honesta possível, ainda assim um pesquisador mal-intencionado poderá modificar seus resultados fazendo uma análise propositalmente inadequada dos seus dados. É sabido que, pelas mais diversas questões, é muito difícil um pesquisador conseguir publicar um trabalho no qual não haja a tal diferença estatisticamente significante em seus resultados (o famoso $p < 0,05$). Por isso, o pesquisador pode optar por utilizar provas estatísticas variadas para fazer seu teste de hipóteses, mesmo sabendo que seus dados não obedecem aos critérios necessários a tais provas. Da mesma maneira, o tratamento de dados qualitativos também pode ser feito de modo deliberadamente equivocado e gerar resultados que vão ao encontro dos pressupostos teóricos do pesquisador, como, por exemplo, não adotar corretamente o julgamento cego.

Para os casos de fraude em pesquisa, vale o provérbio popular: "a mentira tem pernas curtas." Mais cedo ou mais tarde, as fraudes tendem a ser descobertas, o que resulta em grandes prejuízos acadêmicos, profissionais e morais para todos os envolvidos. Além disso, gastar tempo e inspiração para forjar dados e resultados pode trazer benefícios imediatos, mas em nada contribuem para o crescimento pessoal e profissional do pesquisador, muito menos para o aumento do conhecimento acumulado em uma determinada área. Um dos pilares que sustentam o aprendizado científico é a honestidade. Imagine uma situação em que você foi orientado em uma pesquisa e o seu orien-

---

[3] O desvio padrão é uma medida de dispersão utilizada para descrever os limites de variabilidade dos dados de uma amostra e empregada na fórmula do Coeficiente de Variabilidade, que indicará se os dados são homogêneos ou não. Quanto maior o valor do desvio padrão em relação à média, menos homogêneos são os dados da amostra. O erro padrão da média é uma medida que teoricamente descreve a variabilidade dos dados de uma população. A obtenção do erro padrão se dá pela divisão do valor do desvio padrão pela raiz quadrada de n (tamanho da amostra). Nem sempre que emprega o erro padrão da média para representar a variabilidade de seus dados o pesquisador quer mascarar a real variabilidade; ele pode fazer isso por desconhecer Estatística.

tador propõe a publicação. Depois da publicação, seu orientador e você recebem uma intimação para prestarem contas de cópia de material (de ideias), e mesmo que o orientador tenha acompanhado de perto a pesquisa, o orientador acreditou na sua integridade científica. Você poderá ser processado por plágio, pelo autor do artigo ou livro original que foi copiado, e também pelo seu próprio orientador, que pode se sentir enganado, além das consequências morais para você, para o seu orientador e para a universidade. Pense nisto.

- **Prepare todo o material para a coleta dos dados.** No momento da coleta dos dados não é nada elegante, além de poder alterar o teor das respostas dos participantes, você não ter em mãos todo o material necessário para a coleta de dados. Imagine ir aplicar um questionário coletivamente em sala de aula e o número de cópias do questionário não ser suficiente para o número de alunos presentes em sala, ou então ter que interromper a aplicação de um teste porque se esqueceu de pegar um cronômetro. Uma boa maneira de evitar esses pequenos aborrecimentos é fazer uma lista especificando o tipo e a quantidade de todos os materiais necessários para a coleta de dados e fazer a checagem de tal lista antes de sair a campo para coletar dados.
- **Padronize a coleta dos dados.** O teor das respostas dadas pelos participantes e até mesmo o comportamento de animais de laboratório podem sofrer grande influência pelo modo como o pesquisador se comporta, pelas suas características físicas e por outros aspectos que podem facilmente ser controlados para evitar a geração de dados pouco confiáveis. Por esse motivo, é recomendável que as pessoas que serão responsáveis pela coleta de dados sejam treinadas, que as instruções para o preenchimento dos questionários sejam sempre as mesmas, e que outras variáveis (sexo, idade, tipo de roupa, entre outras) sejam controladas para evitar que influam nos resultados. Existem pesquisas mostrando a decisão de médicos em prescrever ou não medicamentos ansiolíticos devido à influência do gênero do paciente e mulheres tendem a receber mais prescrições de calmantes do que homens que apresentam as mesmas queixas e semelhante quadro clínico.
- **Evite "terceirizar" as atividades que não exigem conhecimento específico acerca do tema da pesquisa (coleta, tabulação e análise estatística dos dados).** Mesmo que, para fins de aprendizado, seja de fundamental importância acompanhar todas as etapas da produção de uma pesquisa, muitas vezes a escassez de tempo, ou a simples comodidade, pode levar o pesquisador iniciante a contratar os serviços de outras pessoas para executarem as tarefas "braçais" da pesquisa. De fato, algumas atividades que compõem a produção de uma pesquisa científica não exigem nenhum conhecimento específico acerca do que está sendo pesquisado e outras ainda sequer requerem formação específica. A coleta de dados, por exemplo, é uma atividade que não exige formação ou conhecimentos específicos. Por esse motivo, é uma etapa da pesquisa que poderá ser "terceirizada", ou seja, o pesquisador poderá delegar essa tarefa a outras pessoas especialmente treinadas para isto. Esta estratégia poderá ser útil quando a quantidade de dados a serem coletados é demasiadamente grande, ou quando o pesquisador dispõe de pouco tempo para realizar as demais atividades relacionadas com a pesquisa, tais como ler material bibliográfico e redigir partes do trabalho que não exigem a existência de dados, como a introdução, por exemplo. Vale lembrar que as pessoas que irão coletar os dados devem ter muito claros os aspectos éticos relacionados com a coleta de dados, tanto no que se refere aos cuidados com os participantes quanto no que diz respeito à importância da fidedignidade dos dados obtidos. De maneira geral, é sempre interessante que haja um treino de quem irá coletar os dados, pois muitas dúvidas podem ser sanadas nesse treinamento, evitando consequentes problemas na coleta. É interessante lembrar que você poderá utilizar um instrumento válido e fidedigno; no entanto, se a coleta de dados for feita de maneira inadequada, de nada valerão as qualidades psicométricas do seu instrumento (ver o Capítulo 6, "Relação entre metodologia e avaliação psicológica").

Da mesma maneira, a tabulação é uma tarefa que pode ser delegada a uma pessoa que tenha conhecimentos básicos de informática, uma vez que se poupa muito tempo fazendo a tabulação dos dados diretamente em alguma planilha eletrônica. Mesmo que você não terceirize esta tarefa, não é recomendável fazer a tabulação dos dados sozinho, pois é grande a probabilidade de cometer erros de digitação que podem comprometer a fidedignidade dos seus resultados. Sugerimos que você convide um amigo para auxiliá-lo nesta empreitada. Enquanto um digita, o outro dita os dados que devem ser inseridos na planilha.

Outra tarefa que geralmente consome tempo e exige conhecimentos consistentes em Estatística é a análise estatística dos dados. Como você deve saber por experiência própria, é relativamente raro um estudante ou profissional de Psicologia que goste de cálculos, de números e tudo mais que lembre Matemática ou Estatística. No entanto, como se pode constatar no Capítulo 17, "Estatística e delineamentos de pesquisa", a Estatística é uma ferramenta indispensável para a análise dos dados. Somente após ter submetido os dados coletados a alguma prova estatística o pesquisador saberá qual a probabilidade de estar cometendo um erro em suas conclusões.

Por esse motivo, é bastante comum que mestrandos, doutorandos e pesquisadores experientes deixem a análise estatística de seus resultados por conta de um estatístico ou algum outro profissional que saiba escolher e aplicar provas estatísticas aos dados. Essa prática apresenta vantagens e desvantagens. As principais vantagens são a economia de tempo e a confiança em que os resultados estarão corretos. (Se você não domina a análise estatística, é muito provável que cometa algum erro, tanto na escolha e/ou execução da prova estatística quanto na interpretação do resultado de tal prova.) Como desvantagens podemos citar o custo (uma análise estatística não é barata) e a falta de aprendizado para situações futuras (se você paga a outra pessoa para fazer a análise estatística dos seus resultados, você não aprende nada relacionado com essa atividade e, portanto, precisará recorrer a terceiros sempre que precisar analisar dados de pesquisas).

- **Invente meios de conhecer o histórico dos dados coletados**. Um conceito empregado em sistemas de qualidade (ISO 9000, por exemplo) pode ser bastante útil também em pesquisas científicas. Estamos nos referindo ao conceito de rastreabilidade. A rastreabilidade refere-se ao emprego de técnicas que possibilitem conhecer e, se necessário, reconstruir a história de um produto ou serviço por meio do registro de informações importantes em relação a cada uma das etapas de sua produção/execução. Imagine que você tenha coletado dados de um grupo de adolescentes para sua pesquisa que tem como objetivo avaliar a prevalência de sintomas de depressão nessa população e, ao fazer a mensuração dos questionários, encontre um questionário no qual o indivíduo, além de apresentar sintomatologia severa de depressão, ainda relate a elaboração de planos para se matar. Em tal situação, será de importância vital conseguir dar uma devolutiva para o indivíduo ou aos seus responsáveis. Mas como fazer isso, se a única informação que você tem do participante são suas iniciais? Portanto, é importantíssimo que você tenha meios de conhecer a história do questionário que você está mensurando, ou dos dados que você está digitando em uma planilha eletrônica. Para isso, podemos tratar os dados de uma pesquisa também como um produto que tem uma história. Devemos ter informações que nos permitam, se necessário, reconstruir todas as etapas para a obtenção de dados. Algumas informações são fundamentais para a rastreabilidade dos dados coletados:
  - Onde o dado foi coletado?
  - Quem forneceu o dado?
  - Quem coletou o dado?
  - Quando o dado foi coletado?
  - Ocorreu algum evento inusitado durante a coleta?

Tais informações não são úteis somente para circunstâncias extremas como a citada, mas também para outras situações em que é importante conhecer a história de uma dada informação.

- **Guarde com cuidado os dados coletados.** Depois de coletados, os dados devem ser devidamente identificados e guardados em local seguro. Não é raro que pesquisadores iniciantes relatem problemas relativos à perda de questionários preenchidos ou a dificuldades de localizar um determinado questionário no meio de todos coletados. Uma estratégia é atribuir uma identificação numérica a cada um dos elementos que compõem a amostra, escrevendo o número de identificação do participante em todos os questionários e outros materiais referentes aos seus dados. Além disso, sempre que os dados forem coletados em locais ou momentos diferentes, é recomendável manter os materiais arquivados juntos. Por exemplo, se os dados forem coletados em duas escolas diferentes (escola A e escola B), você poderá guardar os materiais da escola A em uma pasta e os da escola B em outra. Além disso, alguns periódicos exigem que os materiais originais contendo os dados da pesquisa sejam armazenados por um período de até cinco anos. Por isso, é interessante ter os materiais bem guardados e preservados, tanto durante a realização como também após o término da pesquisa.

- **Respeite o cronograma de pesquisa.** No planejamento da pesquisa, você deverá estipular prazos para a execução das diversas atividades que compõem a execução de uma pesquisa científica. Esses prazos não são meras formalidades; o rigoroso cumprimento dos prazos certamente evitará dores de cabeça no final. É comum que não nos preocupemos com pequenos atrasos na execução de uma ou outra tarefa, mas tais atrasos tendem a se acumular e, no final, o já escasso tempo para a conclusão da pesquisa poderá estar comprometido. Por isso, evite atrasos e, sempre que for possível, adiante a execução de alguma tarefa listada no cronograma de pesquisa.

Por mais interessante que seja o seu problema de pesquisa, por mais vasta que tenha sido a sua revisão teórica ou por mais que você domine o seu tema de pesquisa, nada disso terá valor se você não executar de fato a pesquisa. Um bom projeto de pesquisa não tem muito valor se a pesquisa não for realizada.

A REDAÇÃO DO TRABALHO

Escrever o trabalho, dar forma aos dados coletados, é a tarefa que materializa todo o trabalho que você teve para planejar e executar a sua pesquisa. Embora "escrever" seja um verbo que nos lembra uma habilidade adquirida tão precocemente e que tanto utilizamos nas mais diversas situações do dia a dia, a ponto de acharmos que é uma ação automática, escrever um trabalho de pesquisa não é simplesmente "escrever". É escrever obedecendo às regras ortográficas e gramaticais que aprendemos nos ensinos fundamental e médio, e também criar um texto inédito.

Existem no mercado muitos manuais de redação científica que poderão ser úteis a você ao redigir o seu relatório de pesquisa. Por esse motivo, não iremos aqui abordar aspectos formais da redação de um relatório de pesquisa, tais como o que deve conter um texto introdutório, ou como devem ser apresentados os resultados. Buscaremos apresentar questões pertinentes ao labor de escrever cientificamente.

O texto científico tem características bastante distintas dos textos literários, jornalísticos ou publicitários. De modo geral, só temos contato com textos científicos quando ingressamos em um curso universitário. Antes disso, os textos que lemos e dos quais reproduzimos o estilo quando somos solicitados a escrever muito pouco se parecem com os estilos de redação utilizados em relatórios de pesquisa ou em artigos que relatam pesquisas.

Dadas as especificidades da redação científica, mesmo pessoas que desenvolveram uma ótima redação durante os ensinos fundamental e médio podem sentir certo desconforto quando se põem a escrever um texto científico.

Certamente você já ouviu alguém dizer que "só escreve bem quem lê muito". De fato, parece existir uma correlação positiva entre o montante de leitura e a qualidade da redação. Esse aforismo também se aplica à redação de um texto científico, ou seja, quanto mais textos científicos você ler, maior será sua familiaridade com esse estilo pouco comum de redação e mais fácil será redigir um texto nos mesmos moldes.

Antes de começar a redigir o relatório da sua pesquisa, é importante saber por que essa tarefa é tão importante para os cientistas. Afinal, por que um cientista faz o relato escrito de suas pesquisas? Algumas características da atividade científica ajudam a responder a esta questão:

a. *A pesquisa de qualquer pesquisador não terá utilidade se não for divulgada.* Mais do que qualquer outro tipo de conhecimento produzido pela nossa espécie, o conhecimento científico é um conhecimento público por natureza. A comunicação dos resultados de uma pesquisa faz parte do "ciclo vital" da pesquisa. Da mesma maneira que os seres vivos nascem, crescem, reproduzem-se e morrem, uma pesquisa também segue um ciclo: o pesquisador formula seu problema de pesquisa e faz o planejamento; executa a pesquisa e interpreta os resultados; e, finalmente, divulga os resultados. Uma pesquisa realizada e não divulgada é como uma gigantesca árvore que viveu durante décadas no meio da floresta, morreu e se decompôs sem nunca ter sido vista por ninguém. Pense da seguinte maneira: você irá despender um tempo razoável e energia na realização de uma tarefa. Por que, então, não fazer uma tarefa com qualidade, que poderá ser divulgada (publicada) para a comunidade científica? Nunca teríamos ouvido falar em Einstein, Pavlov, Skinner, Freud ou qualquer outro estudioso se eles fizessem suas pesquisas e não as divulgassem. Como em qualquer outra profissão, o reconhecimento só vem se forem divulgados os resultados do que foi feito.

b. *O pesquisador precisa ter certeza de que suas descobertas são válidas.* O conhecimento produzido em uma pesquisa não vai se consolidar caso não seja avaliado minuciosamente por outros cientistas e pelo púbico em geral. Somente o que é tornado público pode ser avaliado por outros pesquisadores. Os cientistas quase sempre avaliam o trabalho de um colega de profissão ou têm seu trabalho avaliado por outros cientistas, de maneira "cega" — ou seja, o consultor de uma revista científica, que avalia artigos para serem, ou não, aceitos para publicação, desconhece quem é o autor do trabalho.

c. *A ciência é uma atividade social.* Apesar de o cientista ser apresentado muitas vezes como um ser isolado em seu laboratório, nada pode estar mais longe da realidade. É certo que existem algumas pessoas que se dedicam à ciência e cabem nesse molde, mas essa não é a regra. A atividade científica normalmente envolve fortes questões de cunho social. Após concluir uma pesquisa, em geral, os pesquisadores a submetem à apreciação pública em congressos, em que seu trabalho será visto por outros pesquisadores que irão fazer críticas, elogios e/ou sugestões acerca do que foi descoberto e também do método empregado para chegar a tal descoberta. A partir daí se poderá optar por uma publicação; no entanto, nem sempre trabalhos publicados foram apresentados em congressos.

d. *O pesquisador precisa "fazer currículo".* Se você perguntar a diferentes pesquisadores qual foi a maior exigência feita pelas instituições que financiam suas pesquisas, certamente ouvirá a seguinte resposta: "publicação". E mais, publicações em veículos que sejam conceituados. O número de publicações é o principal meio utilizado pelos órgãos que fomentam a pesquisa para avaliar a produtividade de um pesquisador. De nada adianta um pesquisador ficar 14 horas por dia e sete dias por semana fazendo pesquisas e mais pesquisas se elas não forem tornadas públicas. Para isso, o pesquisador tem que publicar, seja um resumo para um congresso, seja um artigo completo para uma revista ou o capítulo de um livro. A ascensão na carreira acadêmico-científica tanto no local de trabalho (geralmente uma universidade) como na comunidade científica se dá com base na produtividade do pesquisador, ou seja, na comunicação das pesquisas que ele realizou. A moeda do cientista é a publicação que ele realiza, e pode-se considerar que a sua riqueza é o reconhecimento que ele tem no meio acadêmico-científico.

O objetivo de escrever um relatório de pesquisa não é simplesmente cumprir uma formalidade ou obter pontos para o currículo: é também atrair a atenção do leitor para que considere seu texto digno de ser lido e sirva como um divulgador da sua pesquisa, citando-a em seus trabalhos.

De acordo com Borkowski e Anderson (1981), um texto científico deve preencher os seguintes requisitos:

- *Legibilidade*: certamente esta não é uma exigência que se aplica somente a um texto científico. Um relatório de pesquisa precisa ser escrito de uma maneira que torne a leitura e a compreensão do texto tarefas fáceis e agradáveis. Geralmente, um texto científico contém termos e expressões que são de difícil compreensão para alguém que não seja familiarizado com o tema da pesquisa; imagine se, além disso, o texto também for redigido em estilo pouco claro e desinteressante.
- *Acurácia*: o texto deve ser escrito de modo a possibilitar que outros pesquisadores sejam capazes de reproduzir sua pesquisa. Um texto só terá valor científico se apresentar um nível de detalhamento, objetividade e exatidão que permita a outro leitor minimamente treinado em ciência replicar seu estudo.
- *Concisão*: embora deva apresentar um alto nível de detalhamento das informações nele contidas, o texto científico não deve ser prolixo — ou seja, deve ser breve e compacto. Se você já iniciou o planejamento de sua pesquisa ou já realizou alguma pesquisa, deve saber por experiência própria que não há tempo para ler textos extensos. Um texto organizado logicamente, com sentenças e parágrafos curtos, sem redundâncias, sem o uso de palavras desnecessárias para a compreensão, obedece à exigência da concisão. De modo geral, as revistas e congressos prezam pelo poder de concisão dos trabalhos, pois espaço é dinheiro nos meios de comunicação. Aqui, faz-se necessária uma discussão sobre quantidade e qualidade. Algumas vezes os alunos se preocupam em escrever muito, o que não significa necessariamente escrever bem. Uma introdução bibliográfica bem organizada em 15 laudas (folhas), por exemplo, pode ser muito melhor do que uma introdução desorganizada que ocupe 50 laudas.

Lacaz-Ruiz (2005) oferece as seguintes dicas que podem ser proveitosas no momento de redigir o seu relatório de pesquisa, ou qualquer outro texto de cunho acadêmico:

- Organize um roteiro em que conste o que deve aparecer no texto e quando devem aparecer.
- Escreva em ordem direta.
- Escreva frases curtas e apresente-as de maneira ordenada e com lógica (evite "colchas de retalhos").
- Evite usar adjetivos, advérbios e metáforas.
- Prefira frases afirmativas.
- Não deixe seu texto com ecos (por exemplo, verifica*ção* da altera*ção* na avalia*ção* da depress*ão* no cidad*ão*) e cacófatos ("... uma por cada sintoma...", não equivale a uma porcada).
- Não utilize gírias, regionalismos ou jargões.
- Após redigir:
  - leia o parágrafo cinco vezes;
  - verifique se está tudo na ordem direta e faça as modificações necessárias;
  - procure repetições, ecos, cacófatos, orações intercaladas e elimine-os;
  - localize e elimine todas as palavras desnecessárias, adjetivos, advérbios e metáforas;
  - procure e corrija erros de grafia, gramaticais e de digitação;
  - verifique se as informações estão corretas e claras. Avalie se você está adivinhando pelo contexto a informação de uma frase mal redigida.
- Leia o texto final três vezes:
  - observe se o texto está organizado segundo um plano lógico e coerente;
  - verifique se os parágrafos estão bem integrados entre si ou se estão parecendo um "colcha de retalhos";
  - cheque todas as informações (valores numéricos, datas, numeração de figuras, tabelas e anexos, citações e referências, entre outras).

Além disso, vale lembrar que, embora as normas da ABNT, por exemplo, sejam únicas, você deve prestar atenção às regras específicas da instituição ou órgão ao qual o relatório está sendo submetido. De modo semelhante, é bom saber que, mesmo no campo da saúde, diferentes áreas do conhecimento podem utilizar outras normas de referência bibliográficas (veja o Capítulo 3, Conhecimentos básicos sobre referências e citações).

Como afirmam Borkowski e Anderson (1981), um bom escritor em ciência não nasce pronto: se faz com muito estudo, com prática e com paciência. Então, desejamos a você muito estudo e mãos à obra.

REFERÊNCIAS

BORKOWSKI, J. G.; ANDERSON, D. C. **Psicologia Experimental**. São Paulo: Cultrix, 1981.

FREITAS, M. E. Viver a Tese É Preciso! Reflexões sobre as aventuras e desventuras da vida acadêmica. **Revista de Administração de Empresas,** *42*(1): 88-93, 2002.

GOLDIM, J. R. **Fraude em Pesquisa Científica**. Disponível em: <http://www.bioetica.ufrgs.br/fraude.htm>. Acesso em: 25 de janeiro de 2005.

HUF, D. **How to Lie with Statistics**. New York: W. W. Norton, 1954.

LACAZ-RUIZ, R. **Notas e Reflexões sobre Redação Científica.** Disponível em: <http://www.hottopos.com.br/vidlib2/Notas.htm>. Acesso em: 29 de janeiro de 2005.

SAGAN, C. **O Mundo Assombrado pelos Demônios**: a ciência vista como uma vela no escuro. São Paulo: Companhia das Letras, 1998.

3

Conhecimentos básicos sobre referências e citações

ADRIANA CRISTINA BOULHOÇA SUEHIRO E EVELY BORUCHOVITCH

CONSIDERAÇÕES PRELIMINARES

A necessidade de se comunicar é inerente ao ser humano. Desde os tempos mais remotos, "passar" uma informação, "contar" sobre os acontecimentos, "dar" notícias se faziam exclusivamente pela tradição oral, através dos arautos, dos contadores de história, que, na maioria das vezes, relatavam os fatos sem a preocupação de mencionar sua origem ou fonte. Com o surgimento da linguagem escrita, a especialização e o aprofundamento das ciências em torno do universo humano, no entanto, tornaram o registro das mensagens mais permanente e deram lugar de destaque às atividades gráficas, já que se tornou impossível transmitir pela fala todos os conhecimentos adquiridos pela humanidade. Assim, o surgimento dessas atividades e a intensificação da veiculação de informações por meio delas, especialmente a partir do século XIX, sobretudo com o advento da Internet, tornaram cada vez mais necessária a citação dessas fontes de informação como forma de consulta e verificação dos acontecimentos descritos.

Diferentemente do senso comum ou do cotidiano, na ciência a transmissão das informações e dos conhecimentos construídos requer clareza, concisão, eficiência, universalidade e outras habilidades que, com os avanços científicos e tecnológicos, culminaram na necessidade de sistematização de normas e diretrizes capazes de garantir não apenas o reconhecimento e a compreensão desses registros, mas também sua recuperação rápida e precisa, apresentação e desenvolvimento. Destarte, tal sistematização tem por objetivos amenizar os aspectos subjetivos envolvidos na produção científica do texto e possibilitar a verificação, a reprodução e a confrontação dos resultados e conclusões a partir dele gerados, permitindo, assim, que eles sejam incorporados ao campo do conhecimento em questão. Tais objetivos justificam a necessidade e relevância da referenciação dos autores utilizados para o desenvolvimento do texto produzido. Para além desses aspectos, há que se ressaltar questões relativas ao direito autoral e à propriedade intelectual. O direito autoral, regido por leis internacionais, está respaldado na Lei n.º 9.610 de 19/02/1998, que regulamenta e descreve detalhadamente sua aplicabilidade e limites. Dentre eles, destacam-se a importância do respeito à autoria e a necessidade de se evitar o plágio.

O plágio consiste na utilização de palavras ou ideias de outro(s) autor(es), de forma direta ou indireta, sem que se identifique a devida autoria (autor original). De modo semelhante, o autor não deve apresentar seu próprio trabalho, já publicado, como se fosse resultante de um novo conhecimento (autoplágio). Tais práticas, além de criminosas, afetam a credibilidade e a confiabilidade do(s) autor(es) que as cometeram, desvalorizam o trabalho produzido pela fonte original e, inevitavelmente, enfraquecem o debate acadêmico e o desenvolvimento científico. Portanto, tal qual enfatizado na edição anterior deste capítulo,

...citar autores cujas ideias ou palavras foram incorporadas na produção, seja na forma de crítica, conceitualização, ironia ou reverência; fornecer os dados que permitam que outros pesquisadores investiguem, confirmem ou aprofundem suas conclusões; respeitar ideias apresentadas por outros autores, essas são as motivações éticas que permeiam os sistemas de referenciação adotados pela produção científica no mundo, em suas diversas variedades.

Diante do exposto, conhecimentos básicos sobre referenciação e citações são essenciais para qualquer produção científica, seja ela um artigo, um capítulo de livro ou uma tese. Assim, este capítulo pretende oferecer subsídios básicos para a compreensão e a elaboração de referências e citações segundo as duas normas mais empregadas no Brasil, quais sejam, ABNT e APA. Ele não esgota as possibilidades de referenciação existentes, mas apresenta um guia de seus principais empregos. Ao lado disso, faz-se necessário salientar que cada área do conhecimento e instituição adota uma forma de sistematização de suas produções, o que potencializa a necessidade de atenção e cuidado do autor no momento de referenciar suas produções.

CONCEITUAÇÃO DE REFERÊNCIA

As *Referências* podem ser definidas como um conjunto padronizado de informações agrupadas em elementos descritivos retirados de um documento, que possibilitam sua identificação, no todo ou em parte, e a localização de documentos impressos ou eletrônicos citados na pesquisa e ordenados criteriosamente, segundo uma norma específica. Constituem-se em uma seção insubstituível e imprescindível de qualquer texto acadêmico por permitirem não apenas a ampliação do conhecimento sobre o assunto em foco mediante a consulta às fontes empregadas nos estudos, mas também a verificação e análise das afirmações do autor da pesquisa sobre os trabalhos de outros autores. Do mesmo modo, quando apresentam todas as informações necessárias no documento, facilitam o acesso a trabalhos sobre determinado assunto em fontes impressas e/ou eletrônicas, uma vez que aparecem listadas em conjunto.

Dentre as formas de disponibilização de informações, a eletrônica tem ganhado destaque por diversos motivos. O primeiro e mais óbvio está relacionado ao fato de que o mundo tem vivenciado um acesso crescente aos recursos tecnológicos, dentre os quais o computador e os *tablets*. Outro dado, não menos importante, são as facilidades promovidas pelo seu advento e, especialmente, pela Internet, que não apenas disponibiliza *Informações Eletrônicas*, mas o acesso a essas informações praticamente em tempo real.

Esse tipo de informação depende do computador, *tablet* ou similar para ser lido e acessado, no entanto sua versão não é necessariamente gerada eletronicamente. Portanto, um documento eletrônico, suporte físico no qual as informações eletrônicas são armazenadas, pode dispor de diferentes formatos e/ou tipos que vão desde os antigos disquetes, fitas magnéticas, discos rígidos, discos ópticos, passando por CD-ROM e canais eletrônicos (*hypertext transfer protocol* – http, *world wide web* – www, *file transfer protocol* – ftp), até mensagens eletrônicas (lista de discussão, anotações ou comentários técnicos e pessoal – *e-mail*).

Independentemente do tipo de fonte ou documento consultado, tais como livros, periódicos, normas técnicas, materiais cartográficos, gravações sonoras e em vídeo, fotografias, selos, arquivos magnéticos e eletrônicos, jogos, entre outros, deve-se atentar sempre para a parte do documento na qual as informações para a confecção das referências serão obtidas. Sempre que possível, os *elementos essenciais e secundários* para a lista de referências devem ser retirados da folha de rosto de documentos impressos, tais como livros, monografias, periódicos, entre outros; de etiquetas e invólucros de disquetes, fitas de vídeo, fitas cassete, discos e similares (DVD); de molduras e materiais explicativos de *slides*, transparências e similares; do próprio documento, quando este se constitui em uma única parte, como globos, cartões-postais, cartazes, selos similares; e da página principal de sítios na rede mundial de computadores.

São considerados *elementos essenciais* para a construção de uma listagem de referências dados que são obrigatórios e indispensáveis à identificação de um documento, como autor, título, local, editor ou produtor, ano de publicação/produção e, no caso da internet, da data da consulta. Esses elementos são vinculados ao suporte documental no qual são veiculados e variam conforme o tipo de documento.

Já os *elementos complementares* são opcionais e, quando acrescidos aos essenciais, possibilitam uma melhor caracterização do documento referenciado, o que aumenta as chances de sua localização. São elementos complementares subtítulo da obra, nome do tradutor, número de páginas e/ou volumes completos, título e número da série, International Standard Book Number (ISBN), indicação de tipo de fascículo, e, ainda, dimensões da obra, quando tratar-se de resenhas. Isso é importante porque apenas o conhecimento acerca do que seja uma referência e de seus elementos essenciais não é suficiente para a elaboração de um trabalho científico de qualidade. A confiabilidade das informações, especialmente as veiculadas eletronicamente por meio da internet, e a atualização das referências devem fazer parte dos cuidados e precauções que qualquer autor deve ter em relação a sua produção.

Tal qual ressaltado na edição anterior deste capítulo, as informações veiculadas pela internet nem sempre seguem os mesmos rigores e procedimentos adotados por um livro ou uma revista científica, que dispõem de um processo de seleção das suas publicações que, por sua vez, envolvem o trabalho de profissionais qualificados em suas revisões. Nesse sentido, a utilização de textos divulgados na rede mundial de computadores necessita de um cuidado maior que deve levar em consideração desde a investigação das credenciais acadêmicas do(s) autor(es) no campo do conhecimento em questão, a validade científica do material disponibilizado, até a aceitação do texto como referência pela comunidade científica, o que pode ser facilmente obtido na própria rede, seja pelo acesso imediato a currículos, publicações e informações institucionais ou a bases de dados e *sites* confiáveis de trabalhos científicos, como as revistas acadêmicas, os portais (Scielo (www.scielo.br) e o PePSIC (http://pepsic.bvsalud.org), por exemplo), ou as associações profissionais.

Do mesmo modo, destaca-se a relevância de se verificar se a informação utilizada é a mais atual, uma vez que a ciência dá um passo adiante a todo momento e, para que a contribuição do trabalho que está sendo produzido seja frutífera e agregue novos conhecimentos, é necessário que se busque por referências atualizadas e compatíveis com o desenvolvimento da ciência e/ou da tecnologia.

FORMAS DE ENTRADA PARA REFERENCIAÇÃO

As "entradas" para referenciação são expressões ou palavras que apresentam uma informação e determinam sua localização em índices, catálogos e bibliografias. São apresentadas via Autor, Edição, Imprenta e Coleção.

Autor – último sobrenome (com exceção para os autores de língua espanhola ou hispano-americana, que se faz pelo penúltimo sobrenome) ou sobrenome do autor principal. No caso de autoria múltipla, utiliza-se vírgula entre o sobrenome e o prenome do autor da obra.

Em casos nos quais há trabalhos múltiplos do mesmo autor, tais estudos devem ser citados em ordem cronológica, da produção mais antiga à mais recente. Já em obras de autoria desconhecida, entidades coletivas ou institucionais, a entrada é feita pelo título da publicação, exceto anais de congressos e trabalhos de cunho administrativo e legal, cuja entrada é pela entidade ou nome do congresso.

Edição – quando consta do documento, deve ser referenciada em algarismos arábicos, seguidos de ponto final e da abreviatura da palavra edição na língua do documento referenciado. No caso de 1.ª edição, esta não deve ser aludida.

Imprenta – composta por informações como local, editora e data da publicação. O local diz respeito à cidade onde a obra foi publicada. No caso de homônimos, acrescentam-se o estado, o país e, na ausência desse elemento, indica-se entre colchetes [s.l.].

A Editora é a responsável pela reprodução editorial e deve ser indicada de forma que os prenomes sejam abreviados e suprimindo elementos de natureza jurídica ou comercial. Se o nome do editor não aparecer na publicação, coloca-se entre colchetes [s. n.]. No caso da data da publicação, deve-se referenciar o ano da publicação em algarismos arábicos, sem espaço ou pontuação entre eles. No caso de periódicos, acrescenta-se o mês ou mês e dia. Nomes de meses com mais de quatro letras devem ser abreviados no idioma original da publicação. As abreviaturas em inglês e alemão têm letra inicial maiúscula. Se a data não aparece na publicação, coloca-se entre parênteses a data provável: [2005?] ou aproximada [ca.2005]. Na ausência da data de publicação usa-se [s.d.].

Séries e Coleções – o título da série ou coleção deve ser acompanhado de sua numeração, tal como estiver mencionado na publicação e entre parênteses. Publicações com mais de um volume são referenciadas indicando-se em algarismo arábico a quantidade de volumes seguida da abreviatura "v".

É importante lembrar que a pontuação da referência deve ser rigorosamente seguida de acordo com o padrão adotado. Deve-se observar atentamente onde colocar vírgula, ponto, dois pontos, parênteses, entre outros. *Colchetes* devem ser usados para informações identificáveis, porém que não constam da publicação, e o *Hífen*, entre os números das páginas. *Reticências* são utilizadas somente quando se suprimem palavras do título.

DIVERSIDADE DE NORMAS DE REFERENCIAÇÃO

A recuperação da informação só será possível na medida em que a referência estiver correta. Para elaborar corretamente uma referência, existe uma normalização internacional para o registro de todas as formas de pesquisa, divulgada no Brasil pelo Instituto Brasileiro de Bibliografia e Documentação (IBBD) e pela Associação Brasileira de Normas Técnicas (ABNT).

Embora as normas técnicas propostas pela ABNT sejam as recomendadas para uso em território nacional, algumas áreas, pela especificidade de suas publicações, requerem a adoção de padrões internacionais das revistas indexadas, tais como as de Ciências da Saúde, que utilizam a padronização denominada *Vancouver Style*, elaborada pelo Comitê Internacional de Editores de Revistas Médicas, recomendada pelo *Index Medicus/MEDLINE*, ou, ainda, como nas áreas de Microbiologia, Bioquímica, Biologia e Psicologia, que adotam o formato de referência apresentado pela *American Psychological Association (APA)* e pela *Modern Language Association* (MLA) recomendado pelo *Chemical Abstract*.

Além dessas, outras variantes nacionais são exigidas para usos específicos, como a publicação em periódicos científicos. O estilo *Chicago* é o mais solicitado em publicações norte-americanas e canadenses nas Ciências Humanas e Sociais Aplicadas, enquanto nas publicações inglesas e de diversas partes do antigo império, como a Austrália, a Índia, entre outros países, solicitam conformidade com o padrão de referências elaborado pela Universidade de Harvard.

O uso de um ou outro padrão tem constantemente gerado controvérsias. Tendências e iniciativas correntes, por parte dos editores de revistas científicas, em criar um padrão unificado de referenciação ainda não produziram resultados práticos, embora continuem em pauta.

A ideia neste capítulo é orientar o pesquisador provendo-o de normas e de um padrão para a elaboração das referências de acordo tanto com a norma elaborada pela ABNT quanto com a recomendada pela APA. Atende-se, assim, tanto à especificidade de um campo de conhecimento quanto às determinações nacionais, pois ambas são regras que permitem a recuperação da informação na íntegra, objetivando complementar os conteúdos descritos no texto, facilitar a localização no corpo do trabalho, permitir conhecimento da literatura consultada pelo autor, de forma precisa e ágil, atendendo às necessidades do pesquisador.

CITAÇÃO NO TEXTO E SUA REFERENCIAÇÃO

Embora o desenvolvimento deste trabalho esteja direcionado a orientar os pesquisadores sobre a elaboração de referências, entende-se que são necessários esclarecimentos sobre como inserir a citação de outros autores no texto. Portanto, tratar brevemente das formas de citação empregadas pelas normas mais frequentemente utilizadas nos documentos produzidos pelos cursos de graduação, programas de pós-graduação e periódicos científicos brasileiros, quais sejam, ABNT e APA, parece ser uma temática relevante para este capítulo, uma vez que *todos* os autores *citados no corpo do trabalho* devem constar impreterivelmente na seção ou item de *Referências*. Como os padrões de formatação e normalização ABNT e APA apresentam algumas diferenças, ambos serão comparativamente tratados, a seguir.

Sendo assim, o primeiro passo para se trabalhar a citação de autores é saber o que significa uma citação e qual é a sua finalidade. A ***Citação*** diz respeito a informações advindas de fontes que foram consultadas e que, portanto, devem ser mencionadas no decorrer da obra com o objetivo de dar sustentação teórica ao tema abordado e reiterar o pensamento ou ideia do autor.

Existem dois tipos de citação, quais sejam, a *direta* e a *indireta* ou *livre*. Na **citação direta**, ocorre a transcrição exata, literal, de um texto de outro autor, ou de parte dele, o que significa que houve uma "cópia" do original, com a mesma grafia e pontuação. Nesse caso deve-se apresentar o texto citado sempre **entre aspas,** acompanhado do(s) sobrenome(s) do(s) autor(es), ano da publicação e número da página onde aparece.

As *citações diretas* podem ser classificadas, ainda, em *citação direta curta* ou *citação direta longa*. A *citação direta curta* é composta de, no máximo, três linhas (ABNT) ou aproximadamente quarenta palavras (APA), mantendo-se o mesmo tipo e tamanho de fonte utilizados no texto onde está localizada.

Exemplo:

ABNT

"A depressão é caracterizada como um transtorno de humor multifatorial que envolve aspectos afetivos, motivacionais, cognitivos e neurovegetativos que devem ser levados em conta em sua avaliação e tratamento" (LEMOS; BAPTISTA; CARNEIRO, 2011, 22).

APA

"A depressão é caracterizada como um transtorno de humor multifatorial que envolve aspectos afetivos, motivacionais, cognitivos e neurovegetativos que devem ser levados em conta em sua avaliação e tratamento" (Lemos, Baptista & Carneiro, 2011, 22).

Já a *Citação direta longa* (ABNT) é caracterizada por quatro ou mais linhas. Nesse caso, a transcrição se faz em parágrafo independente, com recuo de 4 cm da margem esquerda, com entrelinhas simples e fonte de tamanho menor, deixando-se uma linha em branco entre a citação e os parágrafos anterior e posterior.

Exemplo:

> Focalizando apenas os instrumentos nacionais, pode-se observar uma concentração na área de leitura e aprendizagem de conteúdos acadêmicos, não tendo sido encontrado um instrumento que incluísse itens referentes à metacognição aplicada em outros contextos do dia a dia, como aqueles relativos a atividades corriqueiras, feitas em casa e atividades de lazer. As atividades não acadêmicas também envolvem o uso de habilidades metacognitivas. Assim, uma criança que se questiona se entendeu o que assistiu em um programa na televisão ou que pensa em diferentes maneiras para brincar com um jogo e escolhe a melhor se vale de habilidades metacognitivas. Vale ressaltar que a ênfase dos instrumentos tende a recair sobre o uso de estratégias metacognitivas. A proposta da escala, cuja análise das evidências de validade de conteúdo é apresentada no presente estudo, tem como ideia subjacente a avaliação da metacognição em termos de conhecimento e autorregulação metacognitivos (Pascualon-Araujo; Schelini, 2013,150).

No caso da APA, a Citação direta longa ocorre quando a citação excede 40 palavras, sendo a transcrição realizada em parágrafo independente, com recuo de 5 toques a partir da margem esquerda, empregando-se a mesma fonte, tamanho e entrelinhas do texto.

Exemplo:

> Focalizando apenas os instrumentos nacionais, pode-se observar uma concentração na área de leitura e aprendizagem de conteúdos acadêmicos, não tendo sido encontrado um instrumento que incluísse itens referentes à metacognição aplicada em outros contextos do dia a dia, como aqueles relativos a atividades corriqueiras, feitas em casa e atividades de lazer. As atividades não acadêmicas também envolvem o uso de habilidades metacognitivas. Assim, uma criança que se questiona se entendeu o que assistiu em um programa na televisão ou que pensa em diferentes maneiras para brincar com um jogo e escolhe a melhor se vale de habilidades metacognitivas. Vale ressaltar que a ênfase dos instrumentos tende a recair sobre o uso de estratégias metacognitivas. A proposta da escala, cuja análise das evidências de validade de conteúdo é apresentada no presente estudo, tem como ideia subjacente a avaliação da metacognição em termos de conhecimento e autorregulação metacognitivos (Pascualon-Araujo & Schelini, 2013,150).

O outro tipo de citação, a **indireta** ou **livre**, envolve a reprodução das ideias de outro autor, porém sem transcrição literal. Nela o sentido original do texto é preservado, sem que haja distorção de seu conteúdo. Deve ser escrita **sem aspas**, utilizando-se o mesmo tipo e tamanho de fonte e entrelinhas adotados no trabalho e vir acompanhada do(s) sobrenome(s) do(s) autor(es) e ano de publicação.

A exemplo da *citação direta*, a *citação indireta* ou *livre* pode ser apresentada sob dois tipos, quais sejam, a *citação indireta em forma de paráfrase* e a *citação indireta condensada*. A *citação indireta em forma de paráfrase* é construída quando o autor do trabalho interpreta a ideia, conceito ou expressão da fonte original e, mediante uma redação própria, a reescreve, mantendo fidelidade ao teor e ao tamanho do texto original.

Exemplo:

> Segundo Pascualon-Araujo e Schelini (2013), há uma concentração de instrumentos nacionais na área da leitura e de aprendizagem de conteúdos acadêmicos. Consideram as autoras que existe uma lacuna de instrumentos que mensurem a metacognição em situações do dia a dia, já que ela está inegavelmente presente nessas situações. As crianças utilizam habilidades metacognitivas mesmo quando estão assistindo a um programa de televisão ou jogando, ao se questionarem a respeito do programa que assistiram ou da melhor estratégia a adotar para alcançarem os resultados almejados num jogo. Destacam ainda que os instrumentos existentes enfatizam o emprego das estratégias metacognitivas. Assim, propõem uma escala que avalia a metacognição em termos de conhecimento e autorregulação metacognitivos, para a qual apresentam, em seu estudo, evidências de sua validade de conteúdo.

A *citação indireta condensada*, por sua vez, é garantida quando a ideia, conceito ou expressão interpretado pelo autor do trabalho é expresso preservando a ideia da fonte original, porém de maneira resumida.

Exemplo:

> Pascualon-Araujo e Schelini (2013) afirmam a necessidade de escalas de habilidades metacognitivas que considerem outros contextos além da leitura e da aprendizagem de conteúdos acadêmicos, como os relacionados às atividades do dia a dia, e propõem um instrumento que avalia a metacognição em termos de conhecimento e autorregulação metacognitivos, apresentando evidências de sua validade de conteúdo.

Todas as fontes documentadas no corpo do trabalho devem ser formatadas considerando o sobrenome do autor, a data das fontes e o número da página, quando for o caso de citação direta. Quando o(s) nome(s) do(s) autor(es) faz(em) parte da frase, coloca-se unicamente o ano da publicação em questão entre parênteses (**Exemplo 1**). Já quando o(s) autor(es) não compõe(m) parte formal da frase, o(s) sobrenome(s) do(s) autor(es) e o ano de publicação são citados entre parênteses, separados por vírgula (**vide Exemplo 2**).

Exemplos:

> **Exemplo 1.** Corso e Salles (2009) explicam que é na rota lexical que ocorre a acessibilidade imediata ao significado a partir das letras impressas.
>
> **Exemplo 2.** Diversos estudos têm apontado para a forte relação existente entre a leitura e a escrita (Cunha, 2006; Cunha & Santos, 2010; Gidetti & Martinelli, 2007; Lima, 2012; Lima & Santos, 2009a; Lima & Santos, 2009b; Lima Mognon & Santos, 2009; Suehiro, 2008; Suehiro & Santos, 2012).

Existem, ainda, regras específicas para *citações, diretas ou indiretas (livres),* ao se considerar o quantitativo de autores das informações que serão utilizadas para dar suporte teórico ao texto produzido e sua localização no texto. No caso da citação de um trabalho com dois autores, os sobrenomes de ambos são incluídos em todas as citações subsequentes, utilizando-se, para tanto, as expressões "e", nas normas ABNT e APA, quando os sobrenomes compõem a frase (**Exemplo 1**). Quando os sobrenomes não fazem parte integrante da frase e são citados entre parênteses, faz-se uso de ";" na ABNT e de "&" na APA (**vide Exemplo 2**).

Exemplos:

> **Exemplo 1**
>
> **ABNT e APA**
>
> Troop-Gordon e Kopp (2011) realizaram um estudo longitudinal com alunos do quarto e quinto anos do Ensino Fundamental e verificaram correlações, em ambos os tempos, entre características da relação professor-aluno (proximidade, dependência e conflito), níveis de vitimização e níveis de agressão. De acordo com Troop-Gordon e Kopp (2011), a relação de proximidade foi suficiente para predizer alterações apenas nos índices de agressão física, enquanto a relação de dependência com o professor foi capaz de predizer níveis elevados de vitimização física ou relacional. Já o relacionamento conflituoso com o docente, por sua vez, não representou um preditor relevante para agressão.

> **Exemplo 2**
>
> **ABNT**
>
> Percebe-se que, nos diferentes níveis de ensino, professores se queixam de alunos desmotivados (Tapia, 2003; Tapia; Fita, 2006).
>
> **APA**
>
> Percebe-se que, nos diferentes níveis de ensino, professores se queixam de alunos desmotivados (Tapia, 2003; Tapia & Fita, 2006).

De três a cinco autores, todos os sobrenomes são incluídos na primeira vez que o trabalho é citado e, em citações subsequentes, o sobrenome do primeiro autor é seguido pela expressão "et al.", tanto nas normas da ABNTquanto nas da APA.

Exemplos:

> **ABNT e APA**
>
> No artigo de Joly, Santos e Sisto (2005), a discussão sobre barreiras à criatividade e personalidade refere-se exclusivamente à população de universitários. Joly et al. (2005) acreditam que uma avaliação inicial no momento do ingresso favoreça a criação de programas de caráter preventivo e remediativo, facilitando o processo de formação profissional.

Para citações de obras com seis ou mais autores, coloca-se entre parênteses o sobrenome do primeiro autor, seguido de "et al." (ABNT e APA) para cada citação, inclusive na primeira.

Exemplo:

> **ABNT**
>
> O foco principal do desenvolvimento da criança volta-se para o processo de escolarização, e a partir dos seis anos ou terceira infância inicia-se a aprendizagem formal por meio da aquisição de habilidades básicas como leitura, escrita e cálculo, sobre as quais se apoiarão todos os conhecimentos a serem incorporados posteriormente, os quais são necessários para as aprendizagens que se processarão em cada etapa desse processo (Tonelotto et al., 2005).
>
> **APA**
>
> O foco principal do desenvolvimento da criança volta-se para o processo de escolarização, e a partir dos seis anos ou terceira infância inicia-se a aprendizagem formal por meio da aquisição de habilidades básicas como leitura, escrita e cálculo, sobre as quais se apoiarão todos os conhecimentos a serem incorporados posteriormente, os quais são necessários para as aprendizagens que se processarão em cada etapa desse processo (Tonelotto et al., 2005).

Por fim, outra possibilidade de citação de um texto é a **citação de citação**. Nela o autor do trabalho faz a transcrição, direta ou indireta (livre), de informações contidas em fontes secundárias, sem ter tido acesso à fonte original. Faz-se necessário, no entanto, destacar que esse tipo de citação deve ser evitada, procurando-se ao máximo sempre citar fontes realmente lidas.

Exemplo:

ABNT

Martinelli e Genari, apud Rueda e Monteiro, 2013

APA

Martinelli e Genari, citados por Rueda e Monteiro, 2013

Independentemente do tipo de citação adotada, destaca-se novamente que *todos* os autores *citados no corpo do trabalho* devem constar na seção ou item de *Referências*. A listagem de *Referências* deve ser construída de acordo com a norma adotada, cujos formatos estão exemplificados no tópico seguinte.

USOS MAIS FREQUENTES E EXEMPLOS DE REFERENCIAÇÃO

Os elementos que compõem uma referência cumprem uma sequência padronizada, de acordo com a norma adotada, que deve ser considerada em toda a extensão do trabalho. A ausência de um elemento quando da citação da informação no corpo do texto pode gerar inconsistências e erros em sua referenciação, o que, certamente, acarretará dificuldades em sua localização.

De maneira geral, as publicações impressas devem conter elementos como: a identificação do(s) autor(es), pelo sobrenome, seguido da(s) inicial(is) do(s) prenome(s), título da obra em destaque (negritado, sublinhado ou em itálico) ou do capítulo, quando for o caso, (sem destaque), título do periódico (com destaque), dados da imprenta e ainda da série ou coleção, quando pertinente. De modo semelhante, as referências disponibilizadas eletronicamente devem conter os mesmos dados, quais sejam, identificação do autor, da obra, da imprenta (quando possível), data do acesso à informação e o endereço eletrônico em que foi disponibilizada.

A seguir serão apresentados descrições e exemplos relativos às duas normas mais frequentemente utilizadas em trabalhos científicos da ciência psicológica. Ressalta-se, no entanto, que os exemplos aqui abordados não têm a pretensão de esgotar a temática, mas sim mostrar as situações mais frequentes. Situações não contempladas no presente capítulo poderão ser consultadas em obras especializadas e em páginas específicas na Internet, tais como:

http://www.utp.br/normastecnicas/;

http://www.apastyle.org;

http://owl.english.purdue.edu/handouts/research/r_apa.htm; lhttp://issuu.com/bibliotecasua/docs/manualestiloapa6ed

FONTES IMPRESSAS

LIVRO (livro na íntegra)

ABNT

SOBRENOME(S) DO(S) AUTOR(ES), Prenome(s) ou inicial(is). *Título do livro*. Edição. Local de publicação: Editora. Data de publicação. Paginação (opcional). (Coleção ou série).

Exemplo:

> BORUCHOVITCH, E.; SANTOS, A. A. A.; NASCIMENTO, E. *Avaliação psicológica nos contextos educativo e psicossocial*. São Paulo: Casa do Psicólogo, 2012. 334 p.

APA

Sobrenome do autor, Inicial(is) do(s) prenome(s). (Ano da publicação). *Título do livro: subtítulo*. (Edição. Volume). Local de publicação: Editora.

Exemplo:

> Boruchovitch, E., Santos, A. A. A., & Nascimento, E. (2012). *Avaliação psicológica nos contextos educativo e psicossocial*. São Paulo: Casa do Psicólogo.

CAPÍTULO DE LIVRO

ABNT

SOBRENOME(S) DO(S) AUTOR(ES), Prenome(s) ou inicial(is). Título do capítulo: subtítulo. In: SOBRENOME(S) DO(S) AUTOR(ES), Prenome ou iniciais. *Título do livro: subtítulo*. Edição. Local de publicação: Editora, ano de publicação, páginas inicial-final do capítulo.

Exemplo:

> CARVALHO, L. F.; PRIMI, R. Uma perspectiva integrativa e evolutiva da personalidade. In: Couto, G.; Pires, S. D.; Nunes, C. H. S. S. (Orgs.). *Os contornos da psicologia contemporânea: temas em avaliação psicológica*. São Paulo: Casa do Psicólogo, 2012. p. 11-20.

APA

Sobrenome(s) do(s) autor(es), Inicial(is) do(s) prenome(s). (Ano da publicação). Título do capítulo. In Inicial(is) do(s) prenomes(s) e sobrenome(s) do(s) autor(es) (Eds.), *Título do livro: subtítulo*, (edição) página inicial-final do capítulo). Local de publicação: Editora.

Exemplo:

Carvalho, L. F., & Primi, R. (2012). Uma perspectiva integrativa e evolutiva da personalidade. In G. Couto; S. D. Pires; C. H. S. S. Nunes (Eds.). *Os contornos da psicologia contemporânea: temas em avaliação psicológica.* (p. 11-20). São Paulo: Casa do Psicólogo.

PERIÓDICOS CIENTÍFICOS

ABNT

SOBRENOME(S) DO(S) AUTOR(ES), Prenome(s) ou inicial(is). Título do artigo: subtítulo. *Título da revista*, local de publicação, volume, número, página inicial-final do artigo, mês/ano da publicação.

Exemplo:

CARDOSO, H. F.; BAPTISTA, M. N. Escala de Suporte Laboral (ESUL): construção e estudos das qualidades psicométricas. *Avaliação Psicológica (Impresso)*, São Paulo, v. 11, n. 1, p. 23-35, 2012.

PACICO, J. C.; BASTINELLO, M. R.; ZANON, C.; REPPOLD, C. T.; HUTZ, C. S. Adaptation and validation of the Brazilian version of the Hope Index. *International Journal of Testing*, Philadelphia, v.13, n. 3, p. 193-200, 2013.

APA

Sobrenome(s) do(s) autor(es), Inicial(is) do(s) prenome(s). (Ano da publicação). Título do artigo: subtítulo. *Título do Periódico, volume* (número ou suplemento), página inicial-final do artigo. Doi.

Exemplo:

Cardoso, H. F., & Baptista, M. N. (2012). Escala de Suporte Laboral (ESUL): construção e estudos das qualidades psicométricas. *Avaliação Psicológica (Impresso), 11*(1), 23-35.

Pacico, J. C., Bastinello, M. R., Zanon, C., Reppold, C. T., & Hutz, C. S. (2013). Adaptation and validation of the brazilian version of the Hope Index. *International Journal of Testing, 13*(3), 193-200. Doi: 10.1080/15305058.2012.664833.

ARTIGOS DE JORNAIS

ABNT

SOBRENOME(S) DO(S) AUTOR(ES), Prenome(s) ou inicial(is). Título do artigo: subtítulo. *Título do Jornal*, local de publicação, data de publicação. Seção, Caderno ou parte do jornal, página.

Exemplo:

POLYCARPO, C. Demanda por geógrafo é grande. *Correio Popular*, Campinas, 23 agosto 2013. Cenário XXI, A8.

APA

Sobrenome(s) do(s) autor(es), Inicial(is) do(s) prenome(s). (Ano, dia e mês da publicação). Título do artigo. *Título do jornal*, página inicial-página final.

Exemplo:

Polycarpo, C. (2013, 23 agosto). Demanda por geógrafo é grande. *Correio Popular*, A8.

MONOGRAFIA, DISSERTAÇÃO DE MESTRADO E/OU TESE DE DOUTORADO

ABNT

SOBRENOME(S) DO(S) AUTOR(ES), Prenome(s) ou inicial(is). *Título*. Local. Nível acadêmico, Instituição, data.

Exemplo:

ROBBI, D. M. P. *Compreensão leitora e desempenho e matemática e escrita: estudo com alunos do ensino fundamental I*. Itatiba. Dissertação de Mestrado, Universidade São Francisco, 2013.

APA

Sobrenome(s) do(s) autor(es), Iniciais do(s) prenome(s). (Ano de publicação). *Título do trabalho* (Nível acadêmico). Instituição, Local.

Exemplo:

Robbi, D. M. P. (2013). *Compreensão leitora e desempenho e matemática e escrita: estudo com alunos do ensino fundamental I* (Dissertação de Mestrado). Universidade São Francisco, Itatiba.

OBRA NO PRELO

ABNT

SOBRENOME(S) DO(S) AUTOR(ES), Prenome(s) ou inicial(is). Título do trabalho. *Nome do periódico e/ou Instituição*. No prelo.

Exemplo:

> ROSARIO, P.; NUNEZ, J. C.; VALLE, A.; PAIVA, O.; POLYDORO, S. A. J. Approaches to teaching in high school when considering contextual variables and teacher variables. *Revista de Psicodidáctica.* No prelo.

APA

Sobrenome(s) do(s) autor(es), Inicial(is) do(s) prenome(s) do(s) autor(es) (no prelo). *Título do trabalho.* Nome do Periódico.

Exemplo:

> Rosario, P., Nunez, J. C., Valle, A., Paiva, O., & Polydoro, S. A. J. (no prelo). *Approches to teaching in high school when considering contextual variables and teacher variables.* Revista de Psicodidáctica.

TRABALHOS APRESENTADOS EM EVENTOS (resumo com publicação)

ABNT

SOBRENOME(S) DO(S) AUTOR(ES), Prenome(s) ou inicial(is). Título do trabalho apresentado: subtítulo. In: Evento, Ano, Local de realização. *Título da publicação.* Local: Editora, data da publicação. Páginas inicial-final do trabalho.

Exemplo:

> SILVA, C. P.; ALENCAR, E. M. L. S. Percepção de professores de língua portuguesa sobre práticas pedagógicas que promovem a criatividade. In: V Colóquio de Psicologia Escolar do Distrito Federal, 2013, Brasília. V Colóquio de Psicologia Escolar do DF Anais 2013. Brasília: Laboratório de Psicologia Escolar, Universidade de Brasília, 2013. p. 66-66.

APA

Sobrenome do autor, Inicial(is) do(s) prenome(s). (Ano da publicação). Título do trabalho. In Inicial(is) do(s) prenomes(s) e sobrenome(s) do(s) autor(es) (Eds.), *Título do livro: subtítulo,* (edição) (páginas inicial-final do resumo). Local de publicação: Editora.

Exemplo:

> Silva, C. P., & Alencar, E. M. L. S. (2013). Percepção de professores de língua portuguesa sobre práticas pedagógicas que promovem a criatividade. In *V Colóquio de Psicologia Escolar do DF Anais 2013,* (p. 66-66). Brasília: Laboratório de Psicologia Escolar, Universidade de Brasília.

TRABALHOS APRESENTADOS EM EVENTOS (sem publicação)

ABNT

SOBRENOME(S) DO(S) AUTOR(ES), Prenome(s) ou Inicial(is). *Título do trabalho*. Evento. Local, data.

Exemplo:

> BORUCHOVITCH, E. *Como motivar alunos? Considerações para professores do ensino superior*. V Fórum de Professores do Ensino. São Paulo, 01/08/2013.

APA

Sobrenome do autor, Inicial(is) do(s) autor(es). (Ano, mês). Título do trabalho. In *Evento*. Nome da Organização, Local.

Exemplo:

> Boruchovitch, E. (2013, agosto). Como motivar alunos? Considerações para professores do ensino superior. In: V Fórum de Professores do Ensino. São Paulo.

ENTIDADES INSTITUCIONAIS

Entidades coletivas, como órgãos governamentais, empresas, instituições, congressos, devem ser referenciadas com entrada pelo título.

ABNT

TÍTULO DA ENTIDADE. *Título da obra*. Local de publicação: editora, data.

Exemplo:

> CONSELHO FEDERAL DE PSICOLOGIA. *Avaliação psicológica: diretrizes na regulamentação da profissão*. Brasília: CFP, 2010.

APA

Título da entidade (Ano de publicação). *Título da obra*. Local: editora.

Exemplo:

> Conselho Federal de Psicologia (2010). *Avaliação psicológica: diretrizes na regulamentação da profissão*. Brasília: CFP.

FONTES ELETRÔNICAS *ON-LINE*

ARTIGOS EM PERIÓDICOS DISPONIBILIZADOS EM MEIO ELETRÔNICO

ABNT

SOBRENOME(S) DO(S) AUTOR(ES), Inicial(is) ou prenome(s). Nome do artigo. *Nome do periódico* (online), ano de publicação. Disponível em: <endereço da internet>. Acesso em: data da consulta.

Exemplo:

> MAZER, S. M.; MELO-SILVA, L. L. Identidade profissional do psicólogo: uma revisão da produção científica no Brasil. Psicologia: Ciência e Profissão (online), 2010. Disponível em:< http://www.revistacienciaeprofissao.org/index_04_02.htm>. Acesso em 11/07/2013.

APA

Sobrenome(s) do(s) autor(es), Inicial(is) do(s) prenome(s). (Ano da publicação, mês). Título do artigo. *Título do periódico, volume* (número). Recuperado de URL. Doi.

Exemplo:

> Mazer, S. M, & Melo-Silva, L. L. (2010). Identidade profissional do psicólogo: uma revisão da produção científica no Brasil. Psicologia: Ciência e Profissão (online), *30*(1), Recuperado de http://www.revistacienciaeprofissao.org/index_04_02.htm. Doi: 10.1590/S1414-98932010000200005

DOCUMENTOS ELETRÔNICOS NÃO PERIÓDICOS (Livros, eventos e base de dados)

ABNT

SOBRENOME(S) DO(S) AUTOR(ES), Prenome(s) ou Inicial(is) do(s) autor(es). *Título da obra*. <Disponível em: endereço eletrônico>. Acesso em: data da consulta.

Exemplo:

> VYGOTSKY. L. S. *Pensamento e linguagem*. Disponível em: <http://ebookbrowsee.net/livro-vygotsky-pensamento-e-linguagem-pdf-d368346308>. Acesso em 08/08/2013.

APA

Sobrenome(s) do(s) Autor(es), Inicial(is) do(s) prenome(s). (Ano da publicação). *Título da obra*. Volume. Local: Editora. Recuperado de URL. Doi.

Exemplo:

> Vygotsky. L. S. (2002). *Pensamento e linguagem*. Recuperado de http://virtualbooks.terra.com.br/freebook/colecaoridendo/Pensamento_e_Linguagem.htm.

CD-ROM com autoria

ABNT

SOBRENOME(S) DO(S) AUTOR(ES), Prenome(s) ou Inicial(is) do(s) autor(es). *Título do CD-ROM*. Local: Editora, número, data da publicação. Tipo de informação.

Exemplo:

> LIMA, T. H.; MOGNON, J. F.; SANTOS, A. A. A. XV Encontro de Iniciação Científica, VIII Encontro de Pós-Graduação, IV Encontro de Extensão Universitária. Campinas: Universidade São Francisco, 2009. CD-ROM·

APA

Sobrenome(s) do(s) autores, Inicial(is) do(s) prenome(s). (Ano). *Título do CD*. Local: Editora.

Exemplo:

> Lima, T. H., Mognon, J. F., & Santos, A. A. A. (2009). XV Encontro de Iniciação Científica, VIII Encontro de Pós-Graduação, IV Encontro de Extensão Universitária. Campinas, Universidade São Francisco. CD-ROM.

BIBLIOGRAFIA CONSULTADA

American Psychological Association (2012). *Manual de publicação da American Psychological Association*. 6. ed. Porto Alegre, Penso.

Associação Brasileira de Normas Técnicas (2002). *NBR 6023; informação e documentação: referências: elaboração*. Rio de Janeiro, ABNT.

BOURDIEU, P. (1998). *A economia das trocas linguísticas; o que falar quer dizer*. São Paulo: Editora da Universidade de São Paulo.

BORUCHOVITCH, E. (2013, agosto). *Como motivar alunos? Considerações para professores do ensino superior*. In V Fórum de Professores do Ensino. São Paulo.

BORUCHOVITCH, E., Santos, A. A. A., & Nascimento, E. (2012). *Avaliação psicológica nos contextos educativo e psicossocial*. São Paulo: Casa do Psicólogo.

CARDOSO, H. F., & Baptista, M. N. (2012). Escala de Suporte Laboral (ESUL): construção e estudos das qualidades psicométricas. *Avaliação Psicológica (Impresso), 11*(1), 23-35.

CARVALHO, L. F., & Primi, R. (2012). Uma perspectiva integrativa e evolutiva da personalidade. In G. Couto; S. D. Pires; C. H. S. S. Nunes (Eds.). *Os contornos da psicologia contemporânea: temas em avaliação psicológica*, p. 11-20. São Paulo: Casa do Psicólogo.

Conselho Federal de Psicologia (2010). *Avaliação psicológica: diretrizes na regulamentação da profissão*. Brasília: CFP.

Coordenação de Aperfeiçoamento de Pessoal de Nível Superior – CAPES (2011). *Orientações Capes: combate ao plágio*. Recuperado de http://capes.gov.br/images/stories/download/diversos/OrientacoesCapes_CombateAoPlagio.pdf.

CORSO, H. V., & SALLES, J. F. de. (2009). Relação entre leitura de palavras isoladas e compreensão de leitura textual em crianças. *Letras de Hoje, 44*(3), 28-35.

CUNHA, N. B. (2006). *Instrumentos para avaliação da leitura e escrita: estudos de validade* (Tese de Doutorado). Universidade São Francisco, Itatiba.

CUNHA, N. B., & SANTOS, A. A. A (2010). Estudos de validade entre instrumentos que avaliam habilidades linguísticas. *Estudos de Psicologia (Campinas), 27*(1), 305-31.

DINIZ, D., & MUNHOZ, A. T. M. (2011, jan./jun.). Cópia e pastiche: plágio na comunicação científica. *Argumentum, 1*(3). Recuperado de http://periodicos.ufes.br/argumentum/article/view/1430/1161.

GUIDETTI, A. A., & MARTINELLI, S.C. (2007). Compreensão em leitura e desempenho em escrita de crianças do ensino fundamental. *PSIC – Revista de Psicologia da Vetor Editora, 8*(2), 175-184.

JOLY, M. C. R. A., SANTOS, A. A. A., & SISTO, F. F. (2005). *Questões do cotidiano universitário*. São Paulo: Casa do Psicólogo.

LEMOS, V. A., BAPTISTA, M. N., & CARNEIRO, A. M. (2011). Suporte familiar, crenças irracionais e sintomatologia depressiva em estudantes universitários. *Psicologia: Ciência e Profissão (Impresso), 31*(1), 20-29.

LIMA, L. B. V. (2012). *Depressão infantil, compreensão de leitura e escrita: um estudo com criança do ensino fundamental* (Dissertação de Mestrado). Universidade São Francisco, Itatiba.

LIMA, T. H., Mognon, J. F., & Santos, A. A. A. (2009). Estudo da compreensão em leitura e da escrita em alunos do ensino fundamental. Em XV Encontro de Iniciação Científica, VIII Encontro de Pós-Graduação, IV Encontro de Extensão Universitária [CD-ROM]. Universidade São Francisco, Campinas.

LIMA, T. H., & SANTOS, A. A. A. (2009a). O teste de Cloze como instrumento de avaliação do desempenho escolar. Em XV Encontro de Iniciação Científica, VIII Encontro de Pós-Graduação, IV Encontro de Extensão Universitária [CD-ROM]. Universidade São Francisco, Campinas.

LIMA, T. H., & SANTOS, A. A. A. (2009b). O Teste de Cloze e sua relação com o desempenho escolar. Em IV Congresso Brasileiro de Avaliação Psicológica; V Congresso da Associação Brasileira de Rorschach e Métodos Projetivos; XIV Conferência Internacional de Avaliação Psicológica: Formas e Contextos [CD-ROM]. Instituto Brasileiro de Avaliação Psicológica, Campinas.

MAZER, S. M, & MELO-SILVA, L. L. (2010). Identidade profissional do psicólogo: uma revisão da produção científica no Brasil. Psicologia: *Ciência e Profissão (online), 30*(1), Recuperado de http://www.revistacienciaeprofissao.org/index_04_02.htm. Doi: 10.1590/S1414-98932010000200005

MUNHOZ, A. T. M., & DINIZ, D. (2011, jan./jun.). Nem tudo é plágio, nem todo plágio é igual: infrações éticas na comunicação científica. *Argumentum, 1*(3). Recuperado de http://periodicos.ufes.br/argumentum/article/view/1434/1162.

PACICO, J. C., BASTINELLO, M. R., ZANON, C., REPPOLD, C. T., & HUTZ, C. S. (2013). Adaptation and validation of the Brazilian version of the Hope Index. *International Journal of Testing, 13*(3), 193-200. Doi: 10.1080/15305058.2012.664833.

PASCUALON-ARAUJO, J. F., & SCHELINI, P. W. (2013). Escala de Avaliação da Metacognição Infantil: evidências de validade e análise semântica. *Avaliação Psicológica (online), 12*(2), 147-156.

Pontifícia Universidade Católica do Rio Grande do Sul (2005). *Referências conforme Vancouver*. Recuperado de http://www.pucrs.br/biblioteca/vancouver.htm.

ROBBI, D. M. P. (2013). *Compreensão leitora e desempenho e matemática e escrita: estudo com alunos do ensino fundamental I* (Dissertação de Mestrado). Universidade São Francisco, Itatiba.

ROSARIO, P., NUNES, J. C., VALLE, A., PAIVA, O., & POLIDORO, S. A. J. (no prelo). Approaches to teaching in high school when considering contextual variables and teacher variables. *Revista de Psicodidáctica*.

ROTHER, E. T., & BRAGA, M. E. R. (2001). *Como elaborar sua tese; estrutura e referências*. São Paulo, [s.n.].

RUEDA, F. J. M., & MONTEIRO, R. M. (2013). Bateria Psicológica para Avaliação da Atenção (BPA): desempenho de diferentes faixas etárias. *Psico-USF (Impresso), 18*(1), 99-108.

SANTOS, A. R. (2002). *Metodologia científica: a construção do conhecimento.* 5. ed. Rio de Janeiro: DP&A.

SBARDELINE, E. T. B., & DENIPOTI, C. (2007), Referências, citações e seus usos. In M. N. Baptista, & D. C. Campos (Eds.), *Metodologias de Pesquisa em Ciências: Análises Quantitativa e Qualitativa* (p. 25-37). Rio de Janeiro: LTC.

SEVERINO, A. J. (2007). *Metodologia do trabalho científico.* 23. ed. São Paulo: Cortez.

SILVA, C. P., & ALENCAR, E. M. L. S. (2013). Percepção de professores de língua portuguesa sobre práticas pedagógicas que promovem a criatividade. In V Colóquio de Psicologia Escolar do DF Anais 2013, (p. 66-66). Brasília: Laboratório de Psicologia Escolar, Universidade de Brasília.

SUEHIRO, A. C. B. (2008). *Processos fonológicos e perceptuais e aprendizagem da leitura e escrita: instrumentos de avaliação* (Tese de Doutorado). Universidade São Francisco, Itatiba.

SUEHIRO, A. C. B., & SANTOS, A. A. A. (2012). Validade concorrente entre instrumentos de avaliação da compreensão em leitura e da escrita. *Psicologia Argumento (PUCPR-Online), 30*(1), 131-138.

TONELOTTO, J. M. F., FONSECA, L. C., TEDRUS, G. M. S. A., MARTINS, S. M. V., GILBERT, M. A. P., ANTUNES, T. A., & PENSA, N. A. S. (2005). Avaliação do desempenho escolar e habilidades básicas de leitura em escolares do ensino fundamental. *Avaliação Psicológica, 4*(1), 33-43.

TROOP-GORDON, W., & KOPP, J. (2011). Teacher-child relationship quality and children's peer victimization and aggressive behavior in late childhood. Social Development, 20(3), 536-561. Doi:10.1111/j.1467-9507.2011.00604.x.

Universidade Federal do Paraná (2000). *Referências.* Curitiba: Editora da Universidade Federal do Paraná.

Universidade Tuiuti do Paraná (2003). *Normas técnicas: elaboração e apresentação de trabalho acadêmico científico.* Curitiba: Universidade Tuiuti do Paraná.

VASCONCELOS, S. (2011) Plágio em ciência. Oficina de divulgação para cientistas. Rio de Janeiro: Instituto de Ciências Biológicas, Universidade Federal do Rio de Janeiro. Recuperado de http://www.icb.ufrj.br/cgi/cgilua.exe/sys/start.htm?infoid=624&si.

VYGOTSKY. L. S. (2002). *Pensamento e linguagem.* Recuperado de http://virtualbooks.terra.com.br/freebook/colecaoridendo/Pensamento_e_Linguagem.htm.

Construção de instrumentos de avaliação: operacionalizando construtos para pesquisa

LUCAS DE FRANCISCO CARVALHO E RODOLFO AUGUSTO MATTEO AMBIEL

Quando o estudante ou profissional de Psicologia se depara com a necessidade de realizar uma pesquisa, algumas decisões são demandadas. Por exemplo, deve-se definir o objetivo, se pensar nas hipóteses e delimitar a amostra, além de cuidar dos procedimentos éticos. Seguindo essa lógica, um dos aspectos importantes ao se planejar uma pesquisa é a decisão pelo instrumento que o pesquisador usará para coletar os dados.

O instrumento de coleta de dados é uma parte essencial do delineamento de uma pesquisa, uma vez que os resultados que serão reportados como contribuições ao conhecimento sobre determinado assunto derivam diretamente das informações levantadas junto à amostra. Em outras palavras, ainda que um pesquisador componha uma introdução teórica detalhada e aprofundada, que os objetivos e as hipóteses sejam promissoras acerca da contribuição do trabalho à ciência e que os participantes sejam selecionados com base em critérios claros e muito bem definidos, se o instrumento de coleta de dados não for capaz de levantar os dados de forma eficiente e segura, os resultados serão, irreversivelmente, frágeis.

Levando isso em conta, este capítulo traz à baila uma situação que não raramente acomete pesquisadores —, iniciantes e experientes, que é o fato de, eventualmente, não haver instrumentos prontos disponíveis para avaliar o construto ou variável que se pretende. E quando isso acontece, o que fazer? Mudar de tema? Escolher outra variável ou construto? O objetivo deste texto é apresentar uma solução possível para esse impasse, que é a decisão de construir um instrumento.

SELEÇÃO DE INSTRUMENTOS: QUANDO OPTAR POR CONSTRUIR?

Uma primeira questão a se discutir neste tópico é que, em pesquisa, se trabalha com variáveis ou construtos específicos, algo que, provavelmente, o leitor já tenha discutido com professores e colegas em algum momento. Por exemplo, considere que um estudante precise fazer uma pesquisa e redija o seguinte objetivo: verificar se há diferença entre professores e estudantes universitários em relação à saúde mental. Possivelmente, um primeiro questionamento que poderia ser feito é: mas o que exatamente está sendo chamado de saúde mental? Como o estudante poderia coletar os dados dos participantes visando descrevê-la? Dentro da ideia de "saúde mental", é possível que exista tantas variáveis que não seria possível enumerá-las neste capítulo — quiçá neste livro! Portanto, é bem capaz que o pesquisador fosse convidado a pensar um pouco mais, com a indicação de que deveria tentar especificar, deixar mais objetiva sua proposta.

Uma saída para esse problema é pesquisar nas bases de dados que disponibilizam artigos de pesquisa, tais como a Scientific Electronic Library (Scielo) e o portal de Periódicos Eletrônicos de Psicologia (PePSIC), e verificar o que já se pesquisou sobre saúde mental e, então, tentar especificar mais o objetivo. Possivelmente, o estudante, ao querer estudar a "saúde mental" de colegas e de professores, de fato, queira estudar o nível de neuroticismo (Hutz, Zanon & Brum Neto, 2013), o estresse (Servilha, 2005), o bem-estar subjetivo, as percepções de vínculos familiar e social (Fukuda, Garcia & Amparo, 2012), a ansiedade, a depressão (Benedetti, Borges, Petroski & Gonçalves, 2008; Glina, Rocha, Batista & Mendonça, 2001; Matsudo, Matsudo & Barros Neto, 2000), entre tantas outras questões relacionadas. Assim, ao escolher uma dessas variáveis, o objetivo ficará mais estreito e, por conseguinte, a pesquisa se tornará mais viável para ser realizada.

A necessidade de formulação de um instrumento para coleta de dados, portanto, aparecerá quando, ao especificar seu objetivo, o pesquisador se der conta de que não existe nenhum outro já disponível para sua coleta de dados. Ou, na existência de instrumentos disponíveis, existam críticas importantes a eles. O exemplo dado referiu-se a construtos psicológicos, cujos instrumentos para avaliação se caracterizariam como instrumentos de avaliação psicológica ou testes. Contudo, em outras oportunidades, a necessidade se refere à formulação de ferramentas mais simples, tais como questionários para levantamento de informações a respeito do nível socioeconômico, características demográficas ou educacionais, hábitos de estudo e alimentares, de uso de internet, de álcool, drogas, entre outros.

Portanto, a especificação do objetivo de uma pesquisa permite a escolha adequada de um instrumento de coleta de dados — seja um já disponível ou um a ser desenvolvido. No último caso, é importante também se definir qual o formato que ele terá.

TIPOS DE INSTRUMENTOS

Há muitos anos acontece a discussão sobre a categorização dos instrumentos de avaliação psicológica, em tipos ou grupos formados de acordo com suas características estruturais, finalidades ou em relação ao construto que avaliam. Por exemplo, Anastasi (1977) dividia os instrumentos em Testes de desenvolvimento intelectual geral, Testes de aptidões isoladas, Testes de personalidade, Medidas de interesses e atitudes e Técnicas projetivas. Já Anastasi e Urbina (2000) didaticamente agruparam os instrumentos em Testes de habilidades, Inventários de personalidade de autorrelato, Testes de interesses e atitudes e Técnicas projetivas. Seguindo a mesma tradição, Urbina (2007) focou na finalidade dos testes ao agrupá-los em três categorias, quais sejam, Testagem padronizada no contexto educacional (testes de realização acadêmica e de aptidão escolar), Testagem de pessoal e orientação vocacional (testes de aptidão e habilidades especiais, baterias de aptidões múltiplas e testes de interesses) e Testagem clínica (inventários de personalidade, técnicas projetivas e testes neuropsicológicos).

Já Cronbach (1996) partiu de outra perspectiva. Esse autor afirma que os testes podem ser entendidos como de desempenho máximo, nos quais se espera a melhor resposta possível do respondente, e de desempenho típico, nos quais não ocorrem julgamentos das respostas como certas ou erradas, boas ou ruins. As informações provindas dos testes, por conseguinte, podem ser entendidas em um *continuum*, com os estilos psicométricos e expressivos nos extremos. Segundo Cronbach (1996), os instrumentos pendentes para o lado psicométrico seriam mais úteis para medir certas características, visando responder perguntas mais específicas sobre determinado funcionamento. Já os testes de estilo impressionista seriam mais úteis para descrições individualizadas, detalhadas, em geral, do funcionamento da personalidade, tipicamente em situações clínicas.

Especificamente a respeito da avaliação da personalidade, Meyer e Kurtz (2006) defendem que classificações demasiadamente fechadas, tais como instrumentos objetivos *versus* projetivos, tendem a prestar um desserviço a toda a área de interesse da avaliação da personalidade. Esse tipo de nomenclatura traz consigo concepções que na maioria das vezes são errôneas. Por exemplo, de que os instrumento objetivos são garantidamente precisos, ou que os projetivos são de uso exclusivo de profissionais com inclinação psicodinâmica, pela confusão com o conceito de projeção como mecanismo de defesa do ego, de acordo com Freud.

Para os objetivos deste capítulo, o foco será na construção de instrumentos que visem o levantamento de opiniões ou de certas características pessoais psicológicas, bem como verificar o grau de concordância com determinadas afirmações ou o quanto a pessoa acha que uma frase a descreve. Esses instrumentos, que podem ser chamados de inventários, escalas ou questionários, em geral, apresentam em sua estrutura itens com possibilidade de resposta fechada, que podem ser dicotômicos (por exemplo, "sim" ou "não"), ou escala Likert, que, apesar de existir em diversos tamanhos, o mais comum é de cinco pontos. Essa escala caracteriza-se pela possibilidade de três ou mais categorias de respostas para as questões, geralmente organizadas de maneira gradual. Por exemplo, se estiver sendo avaliada a concordância sobre um determinado assunto, o ponto 1 significará "discordo totalmente" e o 5, "concordo totalmente", sendo o 3 algo do tipo "nem concordo, nem discordo". A definição do formato do instrumento ou da chave de resposta é diretamente dependente do construto ou da variável que se pretende avaliar. É sobre esse aspecto o tópico a seguir.

DEFINIÇÃO DO CONSTRUTO — À GUISA DE INSTRUMENTO

Para os casos em que se decide pela construção de um instrumento de avaliação, um primeiro passo essencial refere-se ao estabelecimento do construto a ser avaliado. É de suma importância que o construto subjacente ao instrumento seja claramente definido, não somente o construto em questão, mas a definição e a perspectiva de base para o mesmo. No caso de instrumentos psicológicos em que há um manual de referência, e/ou no caso de publicações (artigos científicos, teses, entre outras) tratando da construção do instrumento, as informações acerca do construto avaliado pelo teste e da perspectiva subjacente devem ser apresentadas.

O estabelecimento do construto a ser avaliado deve servir como guia norteador principal àquele que desenvolve a ferramenta de avaliação. A decisão por desenvolver um instrumento para avaliação de determinado construto parte do interesse ou da necessidade do profissional, mas nem um nem outro são suficientes para possibilitar que esse profissional desenvolva a ferramenta de maneira adequada. Para além disso, é de fundamental importância que o profissional tenha conhecimentos mínimos em avaliação psicológica, estatística, psicometria e especificamente nos procedimentos para o desenvolvimento de testes psicológicos, e evidente conhecimento no construto a ser avaliado, bem como na literatura científica já existente tratando sobre a avaliação desse construto.

Uma vez garantidos tais conhecimentos, faz-se também relevante que o profissional não trabalhe sozinho no desenvolvimento da ferramenta, sem o olhar de outros profissionais com conhecimento na área. O estabelecimento de um grupo de discussão (ou estudo) para o desenvolvimento de uma ferramenta visa, além do enriquecimento natural derivado dos diversos olhares, uma minimização de possíveis vieses relacionados à experiência de um único profissional.

A depender do construto que será avaliado, além de uma clara definição, em grande parte das vezes também é necessário estabelecer em que faixa o construto será avaliado via teste a ser desenvolvido, ou seja, se o teste será mais fácil ou mais difícil, ou se avaliará traços saudáveis ou patológicos, por exemplo. No geral, dificilmente uma única ferramenta avaliativa é capaz de avaliar todo o *continuum* de um construto. Por exemplo, se extroversão[1] for o construto subjacente ao instrumento que será desenvolvido, sendo essa a dimensão da personalidade relacionada com a intensidade e quantidade de interações interpessoais (Costa & McCrae, 2010; Nunes, Hutz & Nunes, 2010), é provável que o teste não seja capaz de avaliar níveis variando entre extremamente baixo e extremamente alto nesse construto. Níveis muito baixos de extroversão podem estar relacionados com frieza emocional, evitação social, submissão, passividade, embotamento e anedonia, enquanto níveis muito altos podem dizer respeito a uma necessidade exagerada de estar entre outras pessoas, agressividade e tendência a exibir comportamentos exagerados (Widiger & Lowe, 2008). Entre os dois polos, são encontradas características tipicamente relacionadas com o quanto comunicativas, falantes, ativas, assertivas, responsivas e gregárias são as pessoas, em níveis baixos, moderados e altos.

---

[1] Extroversão é uma das dimensões típicas do modelo dos Cinco Grandes Fatores (CGF) da personalidade. Para mais detalhes, vide McCrae e Costa (2009), por exemplo.

A faixa de amplitude e foco do instrumento deve depender do contexto e público-alvo a que ele se dirige. Continuando a utilizar a extroversão como referência, considerando os diversos níveis (muito baixo, baixo, moderado, alto e muito alto), para o caso de seleção de pessoas em empresas, por exemplo, no geral, a faixa de abrangência deve considerar níveis baixos, médios e altos, mas não níveis extremos, já que o pretendido é conhecer o perfil do avaliado, e não verificar a existência de características extremas, algumas vezes consideradas como patológicas. Já para o contexto clínico, é de importância que as faixas extremas do *continuum* estejam representadas.

Assim, até este momento do desenvolvimento do instrumento, fica evidente a importância de um adequado estabelecimento do construto que será avaliado e em que faixa se pretende realizar a avaliação. Para tanto, além dos conhecimentos teóricos e técnicos anteriormente citados, é também importante a clareza sobre o contexto em que o instrumento será utilizado e o público-alvo.

Em meio à determinação e da faixa do construto, é de igual importância que o profissional que irá desenvolver o instrumento escolha pelo formato mais adequado para avaliação daquele construto em determinado contexto considerando um dado público-alvo. Conforme já mencionado, os formatos dos instrumentos psicológicos estão intimamente ligados ao formato de resposta ao teste. Alguns instrumentos implicam o relato sobre o próprio comportamento (ou funcionamento) ou o relato sobre os comportamentos (ou funcionamento) de outras pessoas; e outros demandam a resolução de problemas (geralmente implicando respostas certas e erradas) ou de tarefas (desenhar, contar histórias, verbalizar o que está vendo a partir de determinado estímulo, entre outros). Em ambos os casos, as respostas dadas pelo respondente podem ser mais fechadas, estabelecidas em escalas graduais, tipicamente nomeadas de escalas tipo Likert, nas quais o respondente deve apontar o quanto um determinado comportamento é ou não presente; ou estabelecidas em formato dicotômico (sim ou não, por exemplo), sem a implicação de níveis. Também as respostas dadas pelo respondente podem ser mais abertas, em casos em que há nenhuma ou pouca restrição à resposta dada por aquele que responde o teste.

A definição do formato de resposta do instrumento é de grande importância, já que os erros de avaliação estão tipicamente relacionados com esses formatos. Todos os formatos implicam erros, de modo que o objetivo do profissional não deve ser eliminar o erro, mas diminuí-lo e evitar erros de mensuração já conhecidos que prejudicam o uso da ferramenta em determinados contextos. Exemplo disso é o uso de testes que avaliam construtos que implicam desejabilidade social no contexto de seleção de pessoas. *Fico frequentemente irritado com as pessoas ao meu redor* pode representar o conteúdo de um item avaliando a dimensão neuroticismo (especificamente, a faceta Hostilidade Raivosa) também do modelo CGF (Costa & McCrae, 2009). Em um contexto em que o respondente está sendo avaliado para ser ou não contratado por uma empresa, é bastante provável que esse respondente não seja sincero ao responder esse item, em casos em que a resposta verdadeira seria a afirmativa.

Portanto, para o contexto de seleção de pessoas, o uso de instrumentos avaliando construtos com desejabilidade social em um formato de autorrelato (isto é, o indivíduo descreve os próprios comportamentos) em escalas Likert ou dicotômicas apresenta limitações que não devem ser ignoradas por quem desenvolve a ferramenta. Vale ressaltar que para o caso de testes de autorrelato existem propostas na literatura para lidar com a desejabilidade social, por exemplo, por meio do formato de escolha forçada, no qual o respondente é obrigado a optar entre duas ou mais frases com carga alta de desejabilidade social.

Em suma, a determinação do formato do instrumento deve ser ponderada de acordo com o construto a ser avaliado, para o contexto e o público a que se pretende o uso da ferramenta. Deve-se ressaltar que a própria concepção do construto a ser avaliado pode implicar mudanças expressivas no formato considerado mais adequado para o teste. A inteligência emocional pode ser utilizada para exemplificar essa questão, já que, dependendo da concepção desse construto, como mais próximo de características da personalidade ou mais como uma habilidade cognitiva, o formato mais adequado será via relato de comportamentos ou por meio da resolução de problemas, respectivamente.

OPERACIONALIZAÇÃO DO CONSTRUTO

Uma vez definidos o construto e a sua faixa para ser avaliado, o contexto, o público-alvo e o formato do teste, o passo seguinte é propriamente a operacionalização do construto em estímulos compondo o instrumento de avaliação. Os estímulos que compõem um teste psicológico são comumente referidos como itens, e o modo de apresentação desses estímulos é bastante variável. Os itens de um teste podem ser frases às quais o respondente deve manifestar-se quanto à sua concordância ao conteúdo, podem ser figuras às quais o respondente deve responder perguntas, podem ser tarefas a ser executadas (fazer desenhos, completar figuras, relacionar elementos, entre outros) e assim por diante.

O desenvolvimento dos itens deve ter como base, assim como as etapas anteriores, também a literatura na área do construto que será avaliado, servindo como passo inicial para se conhecer como o construto é tipicamente mensurado. Além disso, o acesso à literatura permite conhecer as críticas aos instrumentos já existentes, o que possibilita ao profissional não os repetir, caso sejam conhecidos procedimentos e técnicas para eliminar os problemas atrelados às críticas. Por exemplo, a avaliação da inteligência fluida em crianças por meio de frases implica a capacidade de compreensão em leitura da criança, o que pode ser um viés importante para o construto que se quer mensurar. Assim, o uso de figuras, isto é, de procedimentos não verbais de avaliação, pode ser um mecanismo adequado, diminuindo ou eliminando a problemática da compreensão em leitura.

Os procedimentos para operacionalização de construtos em itens são inúmeros, mas têm como objetivo comum tornar mensurável algo abstrato (construto). Em todos os casos é necessário um grande domínio acerca do construto a ser avaliado e conhecimento nos modos avaliativos já existentes naquele campo da mensuração. Recomenda-se que o estudante, o profissional ou a equipe de profissionais que está desenvolvendo a ferramenta monte um banco de itens, possibilitando tanto o treino e aprimoramento dos estímulos criados como também a escolha dos melhores estímulos para o instrumento em questão.

VERIFICAÇÃO DAS PROPRIEDADES PSICOMÉTRICAS

Uma vez que o conjunto de itens tenha sido determinado para composição do instrumento, ele deve ser submetido à verificação de sua adequação. A adequação de um teste psicológico é investigada pela óptica da psicometria; especificamente, busca-se conhecer as propriedades psicométricas do instrumento. Nesse contexto, é esperado que um teste apresente propriedades psicométricas adequadas relativas à fidedignidade, evidências de validade, padronização e normatização (Urbina, 2007).[2] Vale ressaltar que este capítulo é baseado nos pressupostos típicos da Teoria Clássica dos Testes (TCT) dentro da psicometria e não abrange outros modelos matemáticos.

Um elemento central em psicometria é a fidedignidade, que está relacionada com a capacidade do instrumento em avaliar prioritariamente um único construto. Essa propriedade pode ser expressa pela fórmula, X=T+e. Essa fórmula retrata um importante pressuposto da TCT, qual seja, o de que toda e qualquer avaliação realizada implica erro. Desse modo, quando um profissional utiliza o instrumento para avaliação de um determinado construto, o nível verdadeiro (escore verdadeiro) do sujeito no construto não é acessado, já que há sempre uma quantidade de erro implicada. O nível verdadeiro do indivíduo em determinado construto é representado na fórmula pela letra "T" (*true score*), e a letra e retrata o erro, indicando que há sempre um erro atrelado à avaliação de T no processo avaliativo. Por isso, o que o profissional obtém é o "X", que se refere ao nível observado (escore observado) do indivíduo no construto.

O tamanho do erro (e) determina o quanto se chegou próximo ao nível verdadeiro do sujeito no construto, de modo que quanto maior for o tamanho do erro, mais o nível observado do sujeito estará afastado de seu nível verdadeiro. Considerando-se a fórmula apresentada, a fidedignidade deve ser compreendida como o grau em que as pontuações obtidas em um teste são livres

---

[2] Para mais detalhes acerca da verificação das propriedades psicométricas de instrumentos psicológicos, veja o Capítulo 6 "Relação entre Metodologia e Avaliação Psicológica" nesta obra.

de erro de medida (AERA, APA, NCME, 1999; Urbina, 2007). Nesse sentido, o erro de medida configura-se como tudo aquilo que o instrumento avalia, mas que não faz parte do construto-alvo do instrumento. Por isso, os índices de fidedignidade devem ser considerados indicadores de que o instrumento avalia prioritariamente um determinado construto nos casos em que está suficientemente livre de erros de medida.

Garantida uma quantidade de erro aceitável a partir do uso do instrumento psicológico desenvolvido, indicando que, predominantemente, se está avaliando um construto, é necessária a investigação (ou a confirmação) acerca de qual o construto avaliado pelo instrumento. O desenvolvimento de um instrumento para avaliação de um construto específico não garante que o instrumento avalia, de fato, o construto desejado, portanto, são necessárias investigações empíricas acerca dessa questão. As evidências de que um teste psicológico avalia o que se pretende são verificadas por meio da adequação das interpretações realizadas às respostas que os sujeitos dão à ferramenta em questão, tipicamente nomeadas de evidências de validade (AERA, APA, NCME, 1999).

A busca por essas evidências visa determinar se o instrumento realmente avalia determinado construto. Somente nos casos em que se verifica que o teste avalia o construto pretendido pode-se concluir que as interpretações que o profissional faz acerca das respostas de indivíduos a esse instrumento são adequadas. Além disso, a verificação das evidências de validade, além de possibilitar a determinação do construto subjacente à ferramenta, permite determinar a extensão e os limites em que o instrumento avalia o construto. Como no exemplo anteriormente utilizado neste capítulo, é pouco provável que um único teste avaliando extroversão cubra todas as características relacionadas com essa dimensão da personalidade e em todas as faixas do *continuum* do construto. Assim, tão importante quanto conhecer qual construto está sendo avaliado é também conhecer como esse construto está sendo avaliado (isto é, que elementos do construto e em quais níveis).

O instrumento deve funcionar como uma ponte entre o construto que se pretende avaliar e as interpretações realizadas. Nesse sentido, buscar por evidências de validade refere-se a investigar o quão adequadas são as interpretações realizadas a partir da resposta obtida por uma pessoa que respondeu um instrumento de avaliação. São diversos os modos (fontes) de se buscar evidências de validade para as interpretações realizadas utilizando um instrumento; são elas com base no conteúdo, com base na estrutura interna, com base nas relações com variáveis externas, com base no processo de resposta e com base nas consequências da testagem (para aprofundamento em cada uma das fontes, veja AERA, APA, NCME, 1999; Anache, 2011; Primi, Muniz & Nunes, 2009).

Uma vez que se tenha acumulado evidências demonstrando que o instrumento avalia prioritariamente determinado construto, sendo esse o construto pretendido, é necessário que se estabeleçam normas para que os respondentes sejam localizados em determinado nível do construto com base no teste desenvolvido. Nesse sentido, é necessário que se estabeleça um procedimento padronizado que possibilite localizar em que faixa do construto avaliado se encontra o sujeito (Urbina, 2007). Por exemplo, ao avaliar o nível de extroversão do respondente, busca-se verificar em que faixa ele se encontra do construto. A propriedade psicométrica que está relacionada com esse processo é a normatização.

O processo de normatização dos testes psicológicos se refere ao estabelecimento de uma escala métrica que possibilite localizar o sujeito em determinada faixa do construto latente, e pode ser realizado com base em diferentes referenciais. A normatização é geralmente realizada com base em um dos três procedimentos: referência à norma e referência ao critério, ambas frequentemente utilizadas em avaliação psicológica, e referência ao conteúdo, usualmente empregada na área educacional (Cronbach, 1996).

A referência à norma compara as pontuações obtidas pelo sujeito com as pontuações obtidas por um grupo de referência (chamado de grupo normativo). A partir disso é possível verificar o local em que o sujeito se encontra em relação ao grupo normativo. A referência ao critério confere significado ao escore relacionando-o com alguma outra medida que se queira prever, chamada critério externo (Primi, 2004; Urbina, 2007). E a referência ao conteúdo é utilizada quando o conjunto de problemas presente no instrumento pode ser considerado uma amostra representativa do universo de problemas de um determinado conteúdo (ou domínio).

Com base na normatização, os manuais dos testes psicológicos apresentam as tabelas normativas, que são tabelas para consulta, nas quais o profissional transforma a pontuação bruta do indivíduo (isto é, a pontuação dele no teste) em uma pontuação padronizada. Essa transformação permite verificar a localização do sujeito em relação ao grupo considerado como normativo e, assim, determinar a faixa do sujeito no construto subjacente ao instrumento.

Além da verificação das propriedades psicométricas apresentadas, é também de importância o estabelecimento de procedimentos de padronização para o instrumento psicológico desenvolvido. A padronização está relacionada com a uniformidade no uso das ferramentas avaliativas. Tipicamente, a padronização se refere ao momento da aplicação dos testes. Isto é, diz respeito ao grupo de regras estabelecidas para determinar como um teste deve ser utilizado e, mais especificamente, aplicado. Por exemplo, se a aplicação do teste deve ser realizada individualmente, de maneira coletiva, se há tempo para aplicação e assim por diante. A padronização, portanto, trata sobre como um instrumento de avaliação deve ser utilizado no momento de aplicação.

Considerando as informações presentemente discutidas, na sequência é apresentado um caso hipotético ilustrando os procedimentos relatados neste capítulo para a operacionalização de construtos.

CASO HIPOTÉTICO ILUSTRATIVO

Um grupo de estudantes da área de saúde mental necessita realizar uma pesquisa, relativa ao seu Trabalho de Conclusão de Curso (TCC), na qual será feito um levantamento sobre sintomas de Dismorfia Muscular (ou Vigorexia) dos alunos do primeiro semestre do curso de Educação Física de uma determinada universidade. Para tanto, em um primeiro momento os alunos buscaram a literatura sobre a psicopatologia em questão. Com base na literatura acessada, a definição para Vigorexia adotada pelo grupo foi: psicopatologia caracterizada por uma preocupação excessiva sobre o corpo não ser suficientemente musculoso (o foco da preocupação está em ter um corpo pouco musculoso ou inadequadamente musculoso), incluindo excessiva atenção para dieta e exercícios musculares; possível abandono de atividades sociais e/ou ocupacionais para manter a dieta e exercícios físicos; esquiva de situações nas quais o corpo é exposto; desconforto significativo em relação à crença de inadequação do próprio corpo; não interrupção da dieta e exercícios físicos mesmo diante do conhecimento de consequências prejudiciais (Pope Jr., Phillips & Olivardia, 2000).

Após a clareza sobre o construto a ser avaliado, os estudantes estabeleceram também o contexto e o público-alvo para os quais o instrumento estava sendo desenvolvido. Para o caso, o público-alvo foram estudantes universitários, e o instrumento foi desenvolvido especificamente para o contexto de pesquisa. Além disso, considerando que o foco do levantamento era no funcionamento desadaptativo (ou disfuncional), os alunos determinaram que o instrumento a ser desenvolvido deveria ser capaz de avaliar níveis patológicos do construto.

Considerando o construto, o contexto e o público-alvo implicados, os estudantes também determinaram o formato do instrumento e a escala de resposta para o instrumento: um inventário de autorrelato, no qual cada sujeito deve informar sobre si, com itens que devem ser respondidos em uma escala tipo Likert composta por 4 pontos (1 – não me descreve; 2 – descreve-me pouco, 3 – descreve-me muito; 4 – descreve-me totalmente). A partir dos elementos estabelecidos, o grupo de estudantes iniciou o processo de operacionalização.

Para o processo de operacionalização do construto, isto é, dos sintomas típicos da Vigorexia, os estudantes se basearam estritamente na definição adotada, apresentada anteriormente. A partir dela foi desenvolvido um banco de itens, e, com base nesse banco, posteriormente foram selecionados os itens considerados mais representativos do construto, além de se caracterizarem por serem claros e de fácil compreensão. Exemplos de itens selecionados: "Comer alimentos gordurosos me deixa extremamente incomodado", "Nunca terei tanta massa muscular quanto gostaria"; "Prefiro passar horas exercitando meu corpo a sair com amigos"; e "Tenho vergonha do meu corpo e prefiro escondê-lo".

Na sequência, os estudantes optaram por enviar o grupo de (40) itens selecionados para três especialistas em transtornos da autoimagem, procedimento no qual solicitaram que os especialistas atribuíssem uma pontuação entre zero e dois (0 – não representa; 1 – representa moderadamente;

2 – representa totalmente) para cada item, indicando o quanto os itens eram representativos da Vigorexia. Os especialistas foram escolhidos por trabalharem em ambulatórios especializados em transtornos da autoimagem e por terem publicações científicas na área. Como critério, os estudantes estabeleceram que cada item somente seria mantido se pelo menos dois especialistas atribuíssem 2 e nenhum especialista atribuísse 0 ao item.

Quando o material foi enviado de volta para o grupo de estudantes, estes verificaram que os 40 itens haviam passado pelo critério estabelecido, e, por isso, todos foram mantidos. Esse dado conferiu evidências de validade com base no conteúdo para o instrumento, como o leitor pode já ter observado (considerando o conceito desse tipo de validade). Assim, os estudantes montaram um *layout* para o instrumento, começando pelas instruções, e apresentaram os itens que deveriam ser respondidos.

Outros estudos poderiam ser levados a cabo visando ampliar a gama de evidências de validade e estimativas de fidedignidade (precisão) do instrumento construído. Por exemplo, ele poderia ser aplicado em uma amostra clínica, composta de pessoas que sabidamente (por meio de um diagnóstico anterior) apresentam o transtorno, e comparado o desempenho delas com uma amostra de controle. Também os estudantes poderiam aplicar o instrumento em uma amostra e reaplicá-lo, cerca de um mês depois sem oferecer intervenção, para verificar se a medida apresenta estabilidade temporal. Por fim, os autores poderiam aplicar em uma amostra maior e estabelecer critérios de interpretação das pontuações e estabelecimento de pontos de corte. Se a intenção dos autores for oferecer um instrumento para utilização clínica, a continuidade das pesquisas seria essencial. Contudo, para a pesquisa que precisam fazer, o instrumento já pode começar a ser utilizado.

CONCLUSÃO

Como se pode perceber, a tarefa de construir um instrumento não é fácil. Independentemente do tipo ou do construto/variável que estiver sendo avaliado, o domínio do assunto, bem como de técnicas e conhecimentos de psicometria e avaliação psicológica, é de importância ímpar. Apesar disso, infelizmente, é bastante comum que instrumentos sejam desenvolvidos em estudos específicos e, apesar de promissores, acabem sendo subutilizados pela não continuidade dos estudos ou por não haver divulgação suficiente. A lógica da ciência é de um senso de acúmulo de conhecimento, no sentido de que cada novo estudo contribua com um novo pequeno passo sobre o assunto pesquisado, mas isso só é possível quando o trabalho é amplamente divulgado.

Um instrumento que possa ajudar na sua pesquisa pode ser de interesse de outros pesquisadores e, eventualmente, até mesmo de profissionais que estão na prática. Dependendo da qualidade do seu trabalho e dos estudos que continuarem sendo realizados, o instrumento desenvolvido para uma pesquisa poderá se transformar em um teste psicológico, comercializado e distribuído para uso de psicólogos em todo o Brasil.

Por fim, é importante relembrar que a opção de construir um instrumento atende a diversos interesses. Do ponto de vista da ciência, um novo instrumento pode significar um avanço, uma contribuição efetiva para se progredir no conhecimento sobre algum construto psicológico. Do ponto de vista editorial, pode significar um novo produto que venha a atender demandas de profissionais inseridos na prática. Já do ponto de vista particular do pesquisador, essa decisão, que pode ter sido motivada por uma necessidade concreta e pontual, certamente significará uma quantidade grande de trabalho. E poderá, no futuro, ser considerada a grande obra da carreira de um pesquisador.

REFERÊNCIAS

American Educational Research Association, American Psychological Association, Nacional Council on Measurement in Education. **Standards for educational and psychological testing.** Washington, DC: American Educational Research Association, 1999.

ANACHE, A. A. Notas introdutórias sobre os critérios de validação da avaliação psicológica na perspectiva dos direitos humanos. Em: **Conselho Federal de Psicologia, Ano da avaliação psicológica: textos geradores.** Brasília: Conselho Federal de Psicologia, 2011.

ANASTASI, A. **Testes psicológicos.** São Paulo: E.P.U., 1977.

ANASTASI, A.; URBINA, S. **Testagem psicológica.** Porto Alegre: Artmed, 2000.

BENEDETTI, T. R. B.; BORGES, L. J.; PETROSKI, E. L.; GONÇALVES, L. H. T. Atividade física e estado de saúde mental de idoso. **Revista de Saúde Pública, 42**(2), 302-307, 2008.

COSTA JR., P. T.; MCCRAE, R. R. **NEOPI-R - Inventário de Personalidade NEO Revisado - Manual.** São Paulo: Vetor, 2009.

COSTA JR., P. T.; MCCRAE, R. R. Bridging the gap with the Five-Factor Model. **Personality Disorders: theory, research and treatment,** 1 (2), 127-30, 2010.

CRONBACH, L. J. **Fundamentos da testagem psicológica.** Porto Alegre: Artes Médicas, 1996.

CRONBACH, L. J. **Fundamentos da testagem psicológica.** 5. ed. Porto Alegre: Artes Médicas, 1996.

FUKUDA, C. C.; GARCIA, K. A.; AMAPRO, D. M. Concepções de saúde mental a partir da análise do desenho de adolescentes. **Estudos de Psicologia, 17**(2), 207-214, 2012.

GLINA, D. M. R.; ROCHA, L. E.; BATISTA, M. L.; MENDONÇA, M. G. V. Saúde mental e trabalho: uma reflexão sobre o nexo com o trabalho e o diagnóstico, com base na prática. **Cadernos de Saúde Pública, 17**(3), 607-616, 2001.

HUTZ, C. S.; ZANON, C.; BRUM NETO, H. Adverse working conditions and mental health illness in poultry saughterhouses in Southern Brazil. **Psicologia: reflexão e crítica, 26**(2), 296-304, 2013.

MATSUDO, S. M.; MATSUDO, V. K. R.; BARROS NETO, T. L. Efeitos benéficos da atividade física na aptidão física e saúde mental durante o processo de envelhecimento. **Atividade Física & Saúde, 5**(2), 60-76, 2000.

MEYER, G. J.; KURTZ, J. E. Advancing personality assessment terminology: time to retire "objective" and "projective" as personality test descriptors. **Journal of Personality Assessment, 87**(3), 223–225, 2006.

NUNES, C. H. S. S.; HUTZ, C. S.; NUNES, M. F. O. **Bateria Fatorial de Personalidade (BFP): Manual técnico.** São Paulo: Casa do Psicólogo, 2010.

POPE JR., H. G.; PHILLIPS, K. A.; OLIVARDIA, R. **O Complexo de Adônis, obsessão masculina pelo corpo.** Rio de Janeiro: Campus, 2000.

PRIMI, R. Avanços na interpretação de escalas com a aplicação da teoria de resposta ao item. **Avaliação Psicológica, 3**(1), 53-58, 2004.

PRIMI, R.; MUNIZ, M.; NUNES, C. H. S. S. Definições contemporâneas de validade de testes psicológicos. Em: C. S. Hutz (Org.). **Avanços e polêmicas em avaliação psicológica.** São Paulo: Casa do Psicólogo, 2009.

SERVILHA, E. A. M. Estresse em professores universitários na área de fonoaudiologia. **Revista de Ciências Médicas de Campinas, 14**(1), 43-52, 2005.

URBINA, S. **Fundamentos da testagem psicológica.** Porto Alegre: Artmed, 2007.

WIDIGER, T. A.; LOWE, J. R. 2008. A dimensional model of personality disorder: proposal for DSM-V. **The Psychiatric Clinics of North America, 31**(3):363-78.

Composição de um trabalho de conclusão de curso (TCC)

IRIA APARECIDA STAHL MERLIN E MARINA STAHL MERLIN

HISTÓRICO E DEFINIÇÃO

O uso do Trabalho de Conclusão de Curso (TCC) foi regulamentado pela Resolução n.º 11/84 do Conselho Federal de Educação com o intuito de proporcionar maior aprofundamento de um tema ao aluno. Este capítulo tratará especificamente de vários aspectos do TCC, do qual a monografia é um dos formatos. É um trabalho geralmente interdisciplinar, realizado no final de um curso para demonstrar o conhecimento adquirido. Cada instituição e cada curso fazem a escolha do trabalho final que seu aluno deverá fazer. A temática estudada no currículo acadêmico pode gerar um trabalho de pesquisa e tornar-se um relatório, um *paper*, artigo científico, relatório de estágio, trabalho de graduação interdisciplinar (TGI) ou monografia.

A Monografia é o tipo de trabalho mais comumente utilizado nos níveis de educação superior, e se refere a todo trabalho científico que aborda apenas um assunto ou problema, conduzindo o pesquisador a olhar e pensar realidades comuns a partir de uma apropriação de conhecimento. Essa forma de trabalho tem sido exigida como necessária para a concretização e formalização da escolaridade superior, iniciando o estudante no caminho da pesquisa (Sampierre, Collado e Lucio, 2013).

Para se entender melhor o conceito, deve-se refletir sobre a origem da palavra monografia. Seu sentido etimológico é dado pelo radical *mónos* (um só) e a palavra *graphein* (escrever), designando o ato de dissertar sobre um único assunto. A origem desse sentido está ligada ao trabalho de Le Play, engenheiro de minas, por ocasião de seus estudos sobre a vida de operários subordinados às influências do solo e do clima. Habituado aos estudos dos fenômenos mineralógicos, ele transportou para os estudos das famílias operárias a técnica da descrição minuciosa do gênero de vida e a preocupação de um estudo que focalizando apenas os processos de uma única família de cada vez. Os fenômenos sociais ganharam, a partir dessa experiência realizada em 1855, com a publicação de *Les ouvriers européens*, uma nova contribuição para seus estudos que evidenciou uma investigação científica de caráter pessoal e relevante para a ciência. Passou-se então a utilizar a experiência da construção de um texto, resultado de um estudo profundo do tema e com tratamento científico especificado, como um tipo de trabalho científico chamado monografia (Salomon, 1993).

Há três tipos básicos de trabalhos monográficos: tais como as monografias de conclusão de curso, as dissertações de mestrado e as teses de doutorado. Este capítulo tratará especificamente de vários aspectos do TCC. A distinção entre as três maneiras de se escrever sobre um tema específico é evidenciada quando se consideram o nível de profundidade, a extensão e originalidade do estudo do tema. Ou seja, a monografia de conclusão de curso trata o tema de maneira mais superficial do que uma dissertação. Esta, por sua vez, estuda menos intensamente um tema quando comparada a uma tese de doutorado (Sampierre, Collado e Lucio, 2013; Lakatos & Marconi, 2010; Cruz & Ribeiro, 2004).

Os **relatos de pesquisa** ou **de estágio acadêmico** também podem ser considerados trabalhos monográficos, já que oferecem dados para a compreensão de uma realidade vivida pelo aluno, possibilitando a reflexão constante e o redimensionamento da prática da pesquisa, assim como da compreensão da realidade no caso dos estágios. Para Pádua (1996), os relatos de estágio ou relatórios de pesquisa podem ser realizados com funções diferentes, tais como relacionar a teoria e a prática propondo uma constante revisão da teoria, permitindo a interpretação da situação real com base no conhecimento científico; ser um modo de avaliar a eficiência de programas de intervenção; e introduzir pontos de vista de outras áreas profissionais através de discussões interdisciplinares.

A monografia é entendida hoje como sendo o produto intelectual do pesquisador a partir das leituras, reflexões e interpretações do tema de interesse. A produção de um texto científico da qualidade de uma monografia exige, portanto, do pesquisador uma precisa ordenação de ideias e dados. A questão mais evidente é a busca por uma lógica explicativa dos problemas a partir do referencial teórico, das análises, sínteses, interpretações e comentários das ideias. Nesse contexto, a monografia é um documento científico por meio do qual o estudante deve organizar ideias racional e logicamente utilizando-se de clareza, objetividade e sistematização das informações através de interpretações, argumentações e apreciações críticas sobre o tema abordado (Sampierre, Collado e Lucio, 2013; Martins & Lintz, 2000).

O caráter criativo e original do trabalho monográfico deve ser considerado e preservado, seja pela escolha de temas inéditos (o que raramente ocorre em um trabalho de monografia para conclusão de curso devido à complexidade requerida nesse tipo de investigação), seja pela interpretação original de conteúdos já estudados. Assim, a originalidade do TCC parece estar mais relacionada com a escolha de temas atuais e relevantes, interpretados de forma criativa pelo estudante, do que com a escolha de temas inéditos.

Embora o valor da criatividade deva ser enfatizado, a pesquisa que estrutura uma monografia não pode ser resultado apenas da intuição do estudante, mas deve se submeter a procedimentos de métodos, recursos e técnicas. Para Severino (1996), a monografia na formação universitária possibilita e atualiza a aprendizagem e oferece oportunidade para o amadurecimento intelectual e iniciação metodológica necessários para o futuro profissional.

A MONOGRAFIA E OS TIPOS DE PESQUISA

A monografia pode utilizar-se de diferentes tipos de investigação científica que exigem metodologias específicas para orientar a coleta e a elaboração do trabalho. Podem ser experimentais, observacionais ou pesquisas bibliográficas, todas requerendo essencialmente um tratamento reflexivo sobre as ideias encontradas. A reflexão dos dados encontrados garante que as investigações sejam pertinentes e não se tornem descrições de procedimento de pesquisas ou ainda a compilação de obras alheias (Sampierre, Collado e Lucio, 2013; Cruz & Ribeiro, 2004).

A definição do tipo de investigação e dos métodos de coleta e análise dos dados ocorre a partir da proposta do estudo, ou seja, da definição do tema, do problema de pesquisa e da formulação das hipóteses. O detalhamento da abordagem metodológica é característica essencial para a organização das explicações encontradas pela investigação do problema. Portanto, uma escolha metodológica não acontece *priori* a delimitação do problema. Assim, após a delimitação da proposta do trabalho, os tipos de estudo monográfico podem ser agrupados da seguinte forma (Sampierre, Collado e Lucio, 2013; Fazenda, 2002; Pádua, 1996; Rudio, 1986 & Ruiz, 1982):

1ª) De acordo com a forma de coleta e análise dos dados:

    a. pesquisa quantitativa

    b. pesquisa qualitativa

2ª) De acordo com a natureza das estratégias de investigação ou recursos técnicos:

    a. pesquisas experimentais ou de laboratório

    b. pesquisas observacionais (descritivas ou analíticas)

    c. pesquisas documentais e bibliográficas ou de levantamento

Os procedimentos técnicos e estratégicos de investigação descritos devem auxiliar o estudante a coletar os dados de sua pesquisa na medida em que estabelecem correspondência e adequação com as formas de análise dos dados. A título de exemplificação, podemos idealizar um projeto de trabalho que envolva o comportamento de crianças em atividades de jogos em sala de aula e o pesquisador possui como interesse avaliar os pensamentos que se constroem durante o desafio do jogo. O tema escolhido solicita uma análise de dados de pesquisa qualitativa, pois necessita registrar e avaliar a linguagem das crianças na formulação de suas soluções. Na escolha das estratégias de investigação podemos optar por uma pesquisa de campo, do tipo observacional e por pesquisa bibliográfica, que irá possibilitar o levantamento de informações sobre o tema. Podemos analisar melhor essa colocação a partir das definições a seguir.

A pesquisa quantitativa pode ser denominada pesquisa convencional, e a pesquisa qualitativa, pesquisa não convencional. Uma distinção fundamental entre esses dois tipos de pesquisa é demonstrada por Soares e Fazenda (1992) quando esclarecem a diferença entre a função do pesquisador, a forma de tratar os dados da pesquisa e o meio de divulgação dos mesmos na construção de pesquisas convencionais e não convencionais.

Nas pesquisas convencionais, os dados empíricos são processados quantitativamente após uma coleta objetiva e um tratamento também objetivo. A pesquisa deve ser neutra, o pesquisador deve fazer um levantamento do referencial teórico apontado pelo tema e, em seguida, definir as hipóteses e os procedimentos para testá-las. Os dados devem revelar a informação que se pesquisa, pois são os responsáveis pelo conhecimento. O pesquisador deve ocultar-se, buscando a não interferência durante o processo de coleta de dados. O relato desse tipo de pesquisa possui um discurso dissertativo e impessoal, com uma linguagem em voz passiva, especialmente destinada à comunidade científica.

O aparecimento das **pesquisas não convencionais ou qualitativas** relaciona-se historicamente com os movimentos políticos mundiais que também provocaram movimentos nas ideias das ciências e na educação. A democratização proposta pelos anos 1970 acentuou a necessidade de um novo olhar para o formalismo e a tradição de como o ensino e a educação aconteciam. Passou-se a acreditar mais em um discurso simples e com menor exigência vocabular do que no passado. A necessidade dessa nova interpretação trouxe novas formas de investigação do real na direção do não convencional em ciência. Surgiram a pesquisa participante e a pesquisação sob a influência das metodologias etnográficas (que estudam valores, crenças e comportamentos em grupo), fenomenológicas (que descrevem a historicidade dos fenômenos individuais ou grupais) e históricas (que consideram as evoluções histórico-culturais relacionadas com determinados fenômenos).

Enquanto na pesquisa convencional o ponto de partida é uma teoria sob a qual se levantam hipóteses que deverão ser comprovadas ou negadas, na pesquisa não convencional a investigação não deve ser subordinada a uma teoria, mas, a partir da investigação da prática, estabelecer um processo de confirmação ou reformulação da teoria existente. Busca-se analisar o fato para que ele "fale por si mesmo".

Para Soares e Fazenda (1992), o novo modelo, não convencional, passa a considerar a subjetividade como fonte de informação, invertendo a função da neutralidade reconhecida para uma valorização da não neutralidade. O pesquisador assume o papel daquele que fala dos dados e que se reconhece como individualidade, que se mistura ao outro da pesquisa. O pesquisador passa a descrever sua pesquisa de um discurso mais simples, para todos os tipos de leitores, e não mais através de textos com regras rígidas de estruturação acadêmica como vinham sendo descritos os estudos científicos.

Atualmente um novo paradigma define-se como sendo um *continuum* entre o convencional e o não convencional, no qual o caminho da pesquisa é uma opção do pesquisador como resultado de sua interpretação metodológica. Os pesquisadores já aprenderam a conjugar suas abordagens conforme a necessidade de seus dados, observando que, em determinado momento, a pesquisa concentra-se em um problema e a sua análise determina um procedimento diferenciado, mais apto ao trabalho da pesquisa. Ou seja, inúmeras vezes os procedimentos caracterizam uma investigação quantitativa ou qualitativa e requerem uma **análise mista** (quantitativa *e* qualitativa) para garantir o aproveitamento dos dados coletados de forma satisfatória. Por exemplo, considere um estudo de levantamento cujo objetivo seja aplicar questionários e entrevistas aos funcionários de um hospital, como o intuito de compreender o grau de satisfação como o emprego. Nesse estudo, os resultados podem ser analisados de forma quantitativa, através da tabulação dos escores do questionário, e pela categorização das respostas das entrevistas dos funcionários se faz uma análise qualitativa, através da análise do discurso das respostas, levantando os indicativos de satisfação ou insatisfação, com base em um conhecimento teórico adotado anteriormente pelo pesquisador. A escolha da análise adotada é decorrente dos interesses do pesquisador e dos seus objetivos de pesquisa (Laville & Dionne, 1999).

A investigação social trouxe ao campo da pesquisa a possibilidade da reunião, em uma única investigação, de diferentes métodos e técnicas de coleta e de análise de informação. A literatura já evidencia a "triangulação" como uma estratégia de investigação na qual diferentes formas metodológicas são combinadas, formando metodologias por "métodos mistos", "modelos mistos" ou "métodos múltiplos".

A combinação entre as metodologias de investigação é uma tendência crescente, principalmente na área da saúde e das ciências sociais, pois possibilita o uso de duas ou mais estratégias de investigação que podem ser implementadas concomitantemente ou sequencialmente. Os pesquisadores necessitam, como procedimento fundamental, reconhecer e respeitar os referenciais teóricos integrantes do estudo, estabelecendo diálogo entre diferentes áreas do saber, na difícil construção da interdisciplinaridade. Esse procedimento de utilizar mais de um recurso para argumentar uma hipótese foi utilizado por Denzin em 1970 e, em face das críticas, ultrapassou a visão ortodoxa e sugeriu outros tipos diferentes de "triangulação": de dados (uso de várias fontes no mesmo estudo), do investigador (quando mais de um autor analisa o fenômeno em um mesmo estudo), teórica (uso de diferentes teorias para interpretação dos dados coletados) e metodológica (uso de métodos qualitativos e quantitativos na análise dos dados) (Duarte, 2009; Driessnack, 2007; Minayio, Assis & Souza, 2005).

Em relação à natureza dos recursos utilizados, as **investigações experimentais** ou **de laboratório** são aquelas nas quais as variáveis estudadas são, de alguma forma, manipuladas pelo investigador, e o objetivo é a compreensão dos efeitos dessas manipulações. As variáveis são mensuráveis, o instrumental é estatístico e a experiência provocada configura uma situação ambiental de controle cerrado para a execução da pesquisa. Essas investigações têm uma abordagem muito particular da construção do saber junto às metodologias das ciências naturais como a Física, a Química, a Matemática e a Medicina. Em um estudo experimental cujo objetivo seja verificar em camundongos a ação de um determinado antidepressivo no cérebro, a variável manipulada seria a medicação (ou uso do antidepressivo pelos sujeitos do estudo), sendo esta denominada variável independente. A variável dependente seria o fenômeno específico que se deseja estudar — neste caso, o que acontece no cérebro após a utilização da medicação (Laville & Dionne, 1999; Abramson, 1990).

Os **estudos observacionais** são aqueles que descrevem fenômenos. Para os pesquisadores das ciências físicas e naturais, a descrição deve ser feita sem que haja interferência do investigador. É feita uma coleta sistemática das informações e estas podem ser apenas descritas, caracterizando a investigação observacional **descritiva**, ou analisadas, de modo a tentar explicar a relação entre as variáveis observadas. Neste segundo caso, o estudo observacional teria um caráter **analítico**, ou seja, tentaria explicar uma situação. Um exemplo de investigação observacional descritiva seria relatar a distribuição de crianças obesas nas creches municipais de Campinas. Um estudo observacional analítico poderia ser ilustrado pelo estudo sobre a correlação entre a presença de antecedentes paternos para obesidade e obesidade nas crianças das creches. A descrição dos dados coletados pode sugerir um tipo de relação positiva ou negativa entre as duas variáveis, ou ainda sugerir hipóteses (apenas sugerir) a respeito da relação causa-efeito, como tentativa de explicar o fenômeno (Abramson, 1990), lembrando que os delineamentos mais propícios para responderem sobre a relação causa-efeito são o experimental e o quase experimental (ver estes delineamentos na Seção 2).

Em estudos de observação que integram uma pesquisa social e com características qualitativas, o observador deve fazer parte da própria situação de pesquisa, e a neutralidade é impossível. A ação e também os efeitos resultantes dessa observação constituem elementos de análise qualitativa. Temos então uma situação de pesquisação e de pesquisa participante. Com intuito ilustrativo, podemos citar um estudo cujo o objetivo seja observar o comportamento de desenho de alunos de arquitetura, e no qual, inicialmente, foram feitas observações da sala de aula para definir o comportamento a ser pesquisado e para que o pesquisador aperfeiçoasse a interação com a situação estudada. No convívio com os alunos, o pesquisador coletou os dados de interesse e posteriormente os analisou (Lakatos & Marconi, 2010; Thiollent, 2004).

As **investigações documentais e bibliográficas** ou **de levantamento** procuram utilizar o conhecimento disponível em material publicado nos diferentes meios de registros. Esse tipo de pesquisa auxilia o pesquisador na compreensão das contribuições teóricas do tema. A **pesquisa documental** restringe-se à utilização de fontes primárias de informação, tais como documentos, censos, contratos etc. A **pesquisa bibliográfica** ou **de levantamento** pode sustentar uma pesquisa documental e frequentemente é parte de outras modalidades de pesquisa, uma vez que todas as áreas de pesquisa exigem uma investigação prévia do assunto. Nesta investigação são utilizadas fontes secundárias de informação, como artigos, livros, relatórios de pesquisas. Assim, seja como processo de levantamento de dados para subsidiar a produção de outro tipo de trabalho, seja como fim de pesquisar sobre determinado tema, a pesquisa de levantamento mostra-se essencial no processo de produção de conhecimento (Lakatos & Marconi, 2010; Cruz & Ribeiro, 2004). As investigações bibliográficas permitem melhor compreensão da situação atual do problema central do estudo científico, e permitem a colocação mais precisa dos objetivos e hipótese de trabalho. Após esse mapeamento do conhecimento já produzido, torna-se mais fácil a escolha das técnicas de coleta de dados.

Ainda em relação aos desenhos metodológicos das pesquisas, os estudos podem ser **transversais**, quando os dados são coletados em um momento específico do tempo, ou **longitudinais**, quando os dados são coletados ao longo de um período. Estudar a frequência de sintomas de ansiedade em estudante de psicologia que cursam o 1º ano de graduação pode originar um estudo transversal, se os dados forem coletados em um determinado dia do ano letivo, ou originar um estudo longitudinal, se os dados forem coletados a cada três meses durante o ano letivo (Abramson, 1990; Fletcher, Fletcher & Wagner, 2003).

Podemos também utilizar um **grupo controle**, caracterizando um **estudo controlado** que utiliza um método de comparação entre grupos, no qual o grupo com o evento de interesse é comparado com o grupo sem o evento de interesse, com a finalidade de identificar qual fator de exposição, ou fator de risco, pode estar associado ao evento estudado. Por exemplo, comparar a frequência de doenças cardíacas (evento de interesse) em pessoas que apresentam hábitos saudáveis de alimentação (grupo controle) com pessoas que não apresentam hábitos saudáveis (grupo de casos, ou seja, aqueles que apresentam os fatores de risco). Os resultados desse estudo podem sugerir uma relação entre hábitos alimentares e a frequência de doenças cardíacas (Fletcher, Fletcher & Wagner, 2003).

A PRÁTICA DA PESQUISA

Fazer uma pesquisa requer do estudante uma série de quesitos que precisam ser cumpridos para que o êxito da investigação seja satisfatório, como, por exemplo, a revisão da literatura, a organização lógica do trabalho e a elaboração do texto monográfico.

O primeiro passo para a realização de uma monografia é a **delimitação do assunto e do tema** a ser pesquisado. Para isso é importante que o aluno seja coerente com seus próprios interesses, pois a motivação para a realização de um trabalho científico torna-se mais eficiente quando há aspectos pessoais nessa escolha. Pelo fato de os TCCs terem caráter obrigatório para a conclusão de curso de graduação, muitos alunos engajam-se na atividade de produção de forma desinteressada e sem comprometimento científico. Nesse sentido, a escolha de um tema agradável e instigador cujo significado para o pesquisador seja considerado, parece ser uma estratégia benéfica para que a pesquisa seja realizada adequadamente até o final do trabalho. A delimitação de um assunto pertinente à escolha profissional do aluno, ou aquele ainda, que possa ampliar suas habilidades profissionais contribuem para a motivação do estudante durante a produção do seu trabalho (Martins & Lintz, 2000).

Após a escolha do assunto, é importante que o aluno observe/pesquise sobre o fenômeno que ele pretende abordar. Considerando seus conhecimentos prévios, o senso comum, suas experiências pessoais, discussão com especialistas, participação em eventos (seminários, palestras etc.), busca na internet e a observação documental, ou seja, o levantamento de informações publicadas a respeito do tema, possibilitará ao aluno maior a especificidade do assunto que lhe interessa, elaborando um tema para seu trabalho.

A **revisão da literatura** permite o conhecimento do que já foi escrito sobre a temática escolhida e, ao mesmo tempo, possibilita o surgimento de novas ideias sobre a mesma pesquisa ou outras novas. A revisão da literatura, ou **estudo exploratório**, é um ponto de partida obrigatório de uma pesquisa, e esse processo de conhecimento das ideias de diferentes autores e teorias legitima as ideias que serão defendidas no novo estudo científico. Rother & Braga (2001) propõem uma classificação do material literário de acordo com sua utilidade para o pesquisador. Assim, podemos categorizar os textos extraídos da literatura como:

- *material de primeira linha*: aqueles textos cujo tema e cuja metodologia são iguais aos da pesquisa que se pretende realizar;
- *material de segunda linha*: são as pesquisas cuja temática é igual, porém o objetivo e a metodologia diferem da proposta do pesquisador;
- *material de terceira linha*: constituído por textos básicos que auxiliam teoricamente na elaboração da introdução do trabalho científico.

As três fontes de informação bibliográfica são importantes na construção científica, seja como modelos de procedimentos realizados em pesquisas semelhantes, seja como informações que respaldem a formulação do problema de pesquisa a ser estudado, ou ainda como auxiliares na elaboração de hipóteses a serem verificadas durante o processo investigatório.

A determinação mais exata do tema pode ser conhecida como **formulação do problema de pesquisa**. Esse processo requer conhecimento prévio do assunto e deve indicar uma dificuldade (prática ou teórica) sobre o assunto estudado (Gonçalves, 1996; Martins & Lintz, 2000). Como exemplo, pode-se citar um aluno que decide estudar o Transtorno do Pânico (assunto), inicia a busca de informações e, nesse processo de conhecimento mais aprofundado sobre o assunto percebe que há divergências sobre a consideração da situação de vida dos portadores, na ocasião da eclosão da sintomatologia do transtorno, como sendo favorável ou desfavorável. O aluno decide, então, verificar na prática a relação entre a eclosão da sintomatologia do Transtorno do Pânico e situações de vida dos seus portadores (problema de pesquisa), considerando a hipótese de que existe alguma relação entre as situações estressantes de vida e a eclosão da sintomatologia do Transtorno do Pânico.

Após a delimitação do tema, a etapa seguinte refere-se à **justificativa** dessa escolha. Seria a fase de definir os propósitos pessoais, sociais, institucionais e científicos do estudo. Nessa etapa, deve-se refletir sobre a contribuição que o trabalho pode promover tanto na sociedade quanto na comunidade científica, ou ainda para o crescimento pessoal do pesquisador e da instituição à qual está filiado. Considerando-se o exemplo anterior do aluno que decidiu estudar a relação entre eclosão do Transtorno do Pânico e eventos de vida estressantes, as possíveis justificativas poderiam ser o interesse pessoal do estudante em aprofundar seus conhecimentos sobre o tema; a relevância social poderia ser o auxílio que os profissionais poderiam ter com essa informação, a fim de realizarem intervenções preventivas na prática profissional; a relevância científica seria justificada pela contribuição de conhecimento desenvolvido por meio de pesquisa científica.

Assim como as justificativas da escolha do tema são fundamentais para garantir a importância da monografia, a viabilidade do trabalho também deve ser considerada. A viabilidade refere-se à possibilidade de se executar a pesquisa e, assim, abrange tanto questões de definição do problema a ser estudado quanto o custo, prazos de entrega, capacidade e disponibilidade do pesquisador (Martins & Lintz, 2000).

É importante que o tema esteja relacionado com fatos observáveis e/ou atingíveis pelo pesquisador. Estudar o subconsciente e o inconsciente, que são fenômenos não observáveis diretamente, é mais complicado do que estudar os sintomas comportamentais apresentados por pacientes esquizofrênicos. Estudos de fenômenos não atingíveis pelo pesquisador de forma direta podem ser pesquisados de modo menos objetivo. No entanto, devem-se criar meios para se obter "dicas" através das quais possamos inferir o fenômeno de interesse. Ao estudar o amor, atemo-nos às manifestações comportamentais ou verbais desse sentimento, já que não temos acesso direto a ele. Em ambas as situações o amor estaria sendo investigado a partir de dados objetivos, respectivamente, comportamentos e o discurso dos sujeitos. Problemas que não podem ser atingíveis direta ou indiretamente pelo pesquisador caracterizam uma pesquisa inexequível e, portanto, irrelevante, já que seus resultados indicarão especulações do pesquisador e não o retrato da realidade (Laville & Dionne, 1999).

A delimitação do tema resulta da definição dos objetivos e dos propósitos do trabalho, ou seja, simultaneamente ao processo de definição do problema de pesquisa, o pesquisador abaliza a finalidade do seu trabalho por meio da problematização que pretende verificar com o estudo. Todo problema de pesquisa deve ser seguido de uma **formulação de hipótese** cujos dados coletados durante os procedimentos do estudo possibilitarão a verificação da sua veracidade ou invalidarão sua proposta.

No entanto, nas análises qualitativas é comum não haver hipótese *a priori*, ou seja, define-se o tema, elaboram-se uma ou mais perguntas disparadoras e, a partir dos relatos, se constrói a discussão baseada na teoria utilizada. No exemplo citado anteriormente, cujo assunto a ser investigado é o Transtorno do Pânico, a hipótese poderia considerar que existe alguma relação entre as situações estressantes de vida e a eclosão da sintomatologia do Transtorno de Pânico (para uma pesquisa com metodologia quantitativa) ou simplesmente visar compreender a relação entre a eclosão da sintomatologia e as situações específicas de vida dos seus portadores através do questionamento dos pacientes, sem considerar uma hipótese sobre essa relação antes de os dados serem coletados.

A elaboração da hipótese sucede à definição do problema a ser estudado e direciona o esboço dos procedimentos no sentido de esclarecer as prováveis explicações para o fato estudado. As hipóteses seriam, nesse sentido, tentativas provisórias de explicar o que ainda se desconhece cientificamente e, portanto, são elaboradas a partir de conhecimentos do senso comum, observações, comparações entre diversas informações, experiências pessoais, deduções lógicas etc. É necessário que a hipótese seja claramente especificada, passível de verificação e que demonstre relação com alguma teoria, de forma a possibilitar o direcionamento da investigação, ou seja, deve ser formulada a partir de informações disponíveis. A hipótese deve esclarecer o que o estudo pretende demonstrar, ou seja, indicar o objetivo do estudo. No entanto, estudos de levantamento bibliográfico geralmente não têm hipótese, já que o próprio procedimento implica o objetivo do trabalho, ou seja, fazer uma revisão bibliográfica sobre determinado assunto (Lakatos & Marconi, 2010; Laville & Dionne, 1999; Cruz & Ribeiro, 2004).

A **verificação da hipótese** engloba a etapa de coleta de dados do estudo, seja um estudo de campo ou não. Nessa fase do trabalho são determinados os procedimentos de coleta de dados para que esses sejam avaliados, analisados e interpretados em comparação com a hipótese (Laville & Dionne, 1999).

Na estipulação dos procedimentos de coleta de dados é incluída a **delimitação da amostra**. A amostra é uma representação da população que se pretende estudar. É uma população definida, sendo um subconjunto da população universal com as características que se deseja pesquisar (Fletcher,

Fletcher & Wagner, 2003). Por exemplo, no estudo sobre o comportamento de desenho dos estudantes de arquitetura, os sujeitos que compuseram a amostra foram definidos como sendo de determinados ano e faculdade, como representantes de todos os estudantes de arquitetura existentes, já que a pesquisa com todo o universo desses estudantes é inexequível.

Vale ressaltar que a amostra, ou ainda, o objeto de estudo da pesquisa, pode ser constituída por produtos químicos, animais, documentos, leis etc., além de pessoas (pacientes, populações específicas), como é comum nos estudos realizados em ciências sociais e em ciências naturais.

A caracterização dos participantes em um trabalho deve garantir que suas características peculiares sejam referidas, capacitando o leitor a compreender as especificidades dos mesmos para os quais os resultados obtidos no estudo são aplicados. Por exemplo, em um estudo cujo objetivo seja analisar a presença de sintomas depressivos, é relevante delimitar a faixa etária, o sexo, a gravidade dos sintomas etc. dos participantes, já que essas variáveis podem interferir diretamente na manifestação de sintomas depressivos. Estudos científicos esclarecem que a idade e o sexo são variáveis diretamente relacionadas com o fenômeno depressão, como, por exemplo, a partir da adolescência refere-se maior prevalência de sintomas depressivos em mulheres (Kaplan, Sadock e Greeb, 1997), e portanto, devem ser descritos no tópico Participantes. Contudo, independentemente da especificidade do tema abordado, é interessante que o estudo caracterize minimamente a amostra em termos de dados sociodemográficos.

O problema de pesquisa, a hipótese prévia (no caso de análise quantitativa) e a amostra estão relacionados com a construção das técnicas de **coleta de dados**. Sendo assim, o pesquisador poderá, de acordo com a natureza de seu tema, como os recursos financeiros disponíveis e com suas concepções teóricas, escolher se a sua avaliação terá um caráter mais quantitativo ou qualitativo, ou ainda, como referido anteriormente, se sua coleta será mista, já que a dicotomia entre pesquisa quantitativa e pesquisa qualitativa não deve ser necessariamente mantida (Martins & Lintz, 2000). Apesar de ser interessante a utilização de análises diferentes em um mesmo trabalho (qualitativo e quantitativo), é aconselhável que ele seja realizado em um nível mais avançado, como, por exemplo, mestrado ou doutorado. Além desta questão, um pesquisador que se propõe trabalhar com análises quantitativas e qualitativas deve ter um treinamento específico nessas duas formas de trabalhar os dados, a fim de não incorrer no risco de comprometer o resultado do trabalho.

Em estudos mais avançados, é possível utilizar as metodologias qualitativa e quantitativa em conjunto, ou seja, em um estudo cujo um dos objetivos é avaliar a visão de futuro profissional de pacientes depressivos, a coleta deve enfatizar um instrumento que possibilite a análise qualitativa dos dados, como, por exemplo uma entrevista aberta ou semiestruturada. Se, no mesmo estudo houver a necessidade de verificar a gravidade dos sintomas depressivos de cada um dos participantes, também pode ser interessante ao pesquisador a adoção de um instrumento quantitativo, tal como uma escala de sintomas depressivos. Nesse caso, duas técnicas estariam sendo utilizadas em combinação.

Ainda no que se refere à **escolha dos instrumentos** de coleta de dados, além do aspecto quantitativo ou qualitativo, esses podem ser criados ou pode-se optar pela utilização de instrumentos já desenvolvidos e, portanto, já testados. Nesse caso, a confiabilidade e a validade do instrumento podem ser garantidas. Apesar de haver preferência pela utilização de instrumentos preexistentes, é essencial que o pesquisador conheça o desempenho do instrumento em pesquisas anteriores, assim como avalie a adequação deste ao estudo que ele pretende realizar. As informações sobre os instrumentos adotados devem ser descritas no trabalho, incluindo seus objetivos, sua forma de construção e seus valores psicométricos, no caso de um instrumento objetivo (Martins & Lintz, 2000).

A construção do instrumental para coleta de dados deve ser cuidadosa, atentando-se para aspectos como a definição da variável que se pretende medir. É necessário que o pesquisador saiba definir o que ele pretende medir ou descrever e justifique a elaboração do seu instrumento. Se um estudo visa medir o nível de inteligência em crianças, é preciso definir o que seria por inteligência no estudo, segundo um referencial teórico adotado pelo pesquisador. A definição dos termos garante a compreensão da realidade que se deseja conhecer, evitando interpretações errôneas pelo leitor e a invalidação do trabalho científico. Com relação a informações sobre instrumentos, o Capítulo 6, intitulado "Relação entre metodologia e avaliação psicológica" amplia essa questão.

Além do(s) instrumento(s) relacionado(s) com a investigação do tema da pesquisa, outros referentes às características da amostra, da instituição etc., são comumente adotados. No caso da confecção de um questionário de identificação, por exemplo, o pesquisador deve incluir os dados que sejam relevantes para a compreensão do sujeito da pesquisa. Além das informações básicas referentes aos dados sociodemográficos (idade, sexo, procedência, estado civil, escolaridade, renda familiar etc.), outras informações podem ser incluídas. Por exemplo, em um estudo em que o estresse no trabalho esteja sendo investigado, talvez seja importante incluir questões referentes a tempo de serviço, honorários, horários de descanso (turnos) etc.

Os instrumentos disponíveis para as ciências sociais e psicológicas são inúmeros, mas se agrupam em formas estruturais básicas como:

Questionários: são os conjuntos de questões ordenadas que podem ser abertas (que possibilitam que o sujeito responda livremente) ou fechadas (que oferecem opções de respostas para que o respondente escolha). As questões são respondidas pelo próprio sujeito.

Formulários: são instrumentos com o mesmo formato estrutural dos questionários, com a diferença de que são preenchidos pelo pesquisador.

Entrevistas: técnica em que se utiliza a conversa orientada para se obter as informações de interesse. A entrevista pode ser estruturada (orientada por um roteiro predeterminado), semiestruturada (baseada em um roteiro flexível, cujos tópicos podem ser incluídos ou excluídos durante o processo de coleta de dados) ou não estruturada (na qual são preestabelecidos assuntos amplos a serem tratados durante a conversa). As entrevistas têm como objetivo básico compreender o significado do discurso dos entrevistados.

Observação: técnica que possibilita um contato mais direto do pesquisador com o fenômeno que ele quer estudar. É comumente utilizada em pesquisas sociais, já que a presença do observador nesses tipos de estudos é considerada parte da estrutura a ser observada. Existem diversas formas de observação, desde as mais sistemáticas até as não estruturadas, que podem ser realizadas com a participação ou não do pesquisador, individualmente ou em grupo.

Coletados os dados, estes deverão ser analisados. A **análise** deverá seguir a ênfase adotada no estudo, quantitativa ou qualitativa. A partir da análise, a interpretação das informações obtidas deve ser realizada, considerando-se a hipótese da pesquisa, quando esta preexistir. Nesse momento, o pesquisador irá discutir as informações, de modo a concluir se os achados confirmam ou não a sua hipótese (se houver), através da articulação explicativa a respeito do fenômeno estudado.

ELEMENTOS ESTRUTURAIS DAS MONOGRAFIAS

Após a realização prática da pesquisa, desde a definição do tema até a realização da coleta de dados, segue-se a etapa de organização dos dados em estruturas padronizadas. Essa é a etapa da confecção escrita do estudo.

Algumas instituições apresentam normas próprias a serem seguidas pelos pesquisadores durante a elaboração e produção de um trabalho científico. No entanto, quando não há exigências específicas estipuladas, deve-se adotar o modelo sugerido pela Associação Brasileira de Normas e Técnicas — ABNT. Dessa forma, as recomendações a respeito da estruturação metodológica para o TCC aqui descritas serão baseadas nas atuais normas propostas pela ABNT, datadas de 2003 (NBR-6024).

As estruturas básicas e padronizadas para a elaboração de trabalhos científicos podem estar relacionadas com a produção do texto em si e com aspectos anteriores (pré-texto) e posteriores (pós-texto).

Os elementos pré-textuais são aqueles constituídos pela capa, lombada, folha de rosto, página de aprovação, dedicatória, agradecimentos, sumário ou índice (Cruz & Ribeiro, 2004).

A **capa** deve conter informações de identificação do trabalho, tais como título, autor e ano. O título deve ser redigido em letras maiúsculas e expressar de forma clara o conteúdo do trabalho, podendo ainda ser necessária a utilização de um subtítulo, que, segundo se sugere não deve ultrapassar doze palavras. Este deverá ser redigido em letras minúsculas e ser separado do título pelo uso de dois-pontos.

A **lombada** é a parte lateral do trabalho, onde as folhas são unidas e são grafados o nome do trabalho e do autor, mas nem sempre a instituição exige a presença de lombada, já que muitas vezes o aluno pode entregar o TCC em encadernação do tipo espiral. A lombada não pode ser considerada um elemento originalmente de criação do aluno e sim da gráfica incumbida de encadernar o material.

A **folha de rosto** é a repetição da capa com a referência ao motivo da realização do trabalho, que deve estar localizado abaixo do título do trabalho, informando o curso, o grau pretendido e o nome do orientador.

A **página de aprovação** é constituída pelo nome do autor, título do trabalho, descrição dos motivos (como na folha de rosto), nome completo dos membros da banca examinadora, nome do orientador, local e data.

A **dedicatória** e os **agradecimentos** são elementos opcionais. Na dedicatória o autor presta homenagem ou dedica seu trabalho. Nos agradecimentos, o autor cita aqueles que contribuíram para a realização da pesquisa.

O **sumário** ou **índice** consiste na apresentação dos itens que compõem o trabalho, com indicação da página em que se iniciam.

O **resumo** ou *abstract* (o resumo em idioma inglês), que é um relato breve a respeito do trabalho, geralmente sintetiza uma pequena introdução teórica ao tema, o objetivo, o método, os resultados e as conclusões do estudo, tendo como sugestão, não exceder 250 palavras. Apesar de vir localizado no início do trabalho (antes da introdução), o resumo é uma produção pós-textual, ou seja, realizada depois da produção da pesquisa.

Os elementos textuais são constituídos pela apresentação (se houver), introdução, o referencial teórico ou revisão de literatura, o método, os resultados e discussão e a conclusão ou considerações finais (Rother & Braga, 2001; Cruz & Ribeiro, 2004).

A **apresentação** deve fornecer uma visão geral do trabalho, indicando os objetivos (geral e específico), o problema de pesquisa e a hipótese. Também deve conter a justificativa do estudo, enfatizando sua importância pessoal, social e científica.

O **referencial teórico** ou **introdução** é o elemento textual no qual são apresentados os resultados da busca bibliográfica. Neste item do trabalho, o autor deve esclarecer as várias ideias descritas em estudos anteriores, consideradas relevantes, que auxiliam na compreensão do assunto a ser estudado. É a apresentação das teorias nas quais o autor se apoia no desenvolvimento da pesquisa.

O **objetivo** de um estudo é a constatação da finalidade da pesquisa, decorrente de todo o processo de delimitação do tema, seguido da problematização e da formulação da hipótese a ser pesquisada. O objetivo geral é o que se pretende estudar, considerando-se o tema de maneira ampla. Os objetivos específicos são interesses particulares dentro de um tema amplo. Exemplificando, podemos citar "a verificação da relação entre repetência e saúde mental" como um objetivo geral, e "identificar a prevalência de repetência entre crianças com depressão" e "comparar a prevalência entre crianças com depressão que frequentam escolas particulares com aquelas que frequentam escolas públicas" como objetivos específicos.

O próximo constituinte do texto monográfico é a descrição dos participantes, ou amostra, dos instrumentos e procedimentos de coleta de dados. Esse item, denominado **método,** deve garantir que o leitor compreenda como foi realizada a pesquisa prática, por meio do esclarecimento sobre o objeto de estudo (Quem são? Quais as suas características? etc.), sobre as técnicas empregadas e sobre como foram coletados os dados (procedimentos realizados). É necessário que, ao entender esse item, o leitor tenha informações suficientes para reproduzir o estudo.

Em seguida, devem ser descritos os **resultados** do trabalho, de forma organizada, possibilitando a articulação entre os dados. Os resultados são, muitas vezes, o produto de um tratamento estatístico ou de uma análise qualitativa, como mencionado anteriormente.

Sequencialmente encontra-se a discussão, cujo objetivo é a comparação dos dados encontrados na pesquisa com outras pesquisas/trabalhos semelhantes realizados por outros pesquisadores nacionais e/ou internacionais. Alguns pesquisadores preferem utilizar um formato no qual os resultados já são apresentados e discutidos em uma mesma sessão. Muitas vezes, os orientadores preferem sugerir ao aluno somente a descrição dos dados em uma sessão e a discussão desses dados (comparação com resultados de outras pesquisas) em outra sessão separada.

A última etapa da elaboração de um texto monográfico é a **conclusão** ou **considerações finais** do trabalho. Baseando-se nos resultados e em suas interpretações, o pesquisador retoma as expectativas do estudo, indicando se as respostas encontradas são coerentes ou não com as hipóteses sugeridas. Ideias do autor, propostas e sugestões de novos estudos podem constar na conclusão.

Os elementos pós-textuais compõem a próxima etapa estrutural da monografia. Entre eles estão as referências, os anexos e os apêndices.

As **referências** demonstram de maneira organizada (em ordem alfabética) as fontes literárias utilizadas durante a pesquisa. Adota-se como padrão as regras segundo a ABNT de 2002 (Cruz & Ribeiro, 2004), podendo variar segundo a instituição (ver o Capítulo 3, "Conhecimentos básicos sobre referência e citações").

Os **anexos** e o **apêndice** são compostos de tabelas, ilustrações, documentos, instrumentos ou informações complementares. Nos anexos são incluídos conteúdos que não são produzidos pelo autor da pesquisa, no apêndice, materiais que o próprio autor elaborou.

É interessante notar que a maneira como foi exposta a apresentação do TCC, neste capítulo, é apenas um dos formatos possíveis a serem adotados pelo aluno, pelo orientador e pela instituição. É também relevante lembrar que, dependendo do tipo de metodologia privilegiada pelo estudo, não são necessários todos os tópicos aqui descritos.

ROTEIRO PARA A ORGANIZAÇÃO DE UM TCC

A seguir sugerimos um roteiro para orientar a elaboração de um TCC, desde a delimitação do tema até a conclusão do trabalho.

O QUE FAZER?

a. Localizar um tema de interesse

b. Delimitar a problemática:
  - Formular o problema
  - Apontar as hipóteses

POR QUE FAZER?i

a. Justificativa

b. Motivos:
  - Científicos ou teóricos
  - Sociais
  - Individuais

OBJETIVOS

a. Definir o objetivo geral da pesquisa

b. Definir os objetivos específicos da pesquisa

PLANO DO TRABALHO

a. Campo de observação
  - Características da população estudada
  - Local
  - Variáveis controladas (dependentes e independentes)

b. Instrumentos da pesquisa
  - Qual o tipo de informação que se pretende obter?

- Descrever o instrumento
- Como usar o instrumento

f. Técnicas de análise de dados

- Tratamento estatístico
- Análise qualitativa

g. Discussão dos resultados

h. Conclusão

REFERÊNCIAS

ABRAMSON, J. H. **Survey Methods in Community Medicine**. New York: Churchil Livingstone, 1990.

CRUZ, C.; RIBEIRO, U. **Metodologia Científica — teoria e prática**. Rio de Janeiro: Axcel Books, 2004.

DEMO, P. **Metodologia das Ciências Sociais**. São Paulo: Atlas, 1980.

DUARTE, T. **A Possibilidade da Investigação a 3: reflexões sobre a triangulação (metodológica).** Centro de Investigação e Estudos de Sociologia. Lisboa. PT Cies e-Working Paper n º 60, 2009.

DRIESSNACK, M.; SOUSA V. D.; MENDES, I. A. C. Revisão dos desenhos de pesquisa relevantes para enfermagem – parte 3: métodos mistos e múltiplos. **Rev Latino-Am Enfermagem** 15(5), 2007.

ECO, H. **Como se Faz uma Tese**. 23. ed. São Paulo: Perspectiva, 1991.

FAZENDA, I. **Metodologia da Pesquisa Educacional**. São Paulo: Cortez, 2002.

FLETCHER, R. H.; FLETCHER, S. W.; WAGNER, E. H. Introdução. Em: FLETCHER, R. H.; FLETCHER, S. W.; WAGNER, E. H. **Epidemiologia Clínica: elementos essenciais**. Porto Alegre: Artmed, 2003, p. 11-28.

FLICK, U. **Introdução à Pesquisa Qualitativa**. Porto Alegre: Bookman, 2004.

GONÇALVES, C. L. C. **Estudo na Universidade: uma introdução aos métodos e técnicas de trabalho científico**. Material elaborado para a disciplina de Introdução à Metodologia Científica em Psicologia do curso de Psicologia — Pontifícia Universidade Católica de Campinas, Campinas, SP, 1996.

KAPLAN, I. H.; SADOCK, J. B; GREEB, A. J. **Compêndio de Psiquiatria: ciências do comportamento e psiquiatria clínica**. 7. ed. Porto Alegre: Artes Médicas, 1997.

LAKATOS, E. M.; MARCONI, M. A. **Fundamentos de Metodologia Científica**. 7. ed. São Paulo: Atlas, 1994.

LAVILLE, C.; DIONNE , J. **A Construção do Saber — manual de metodologia da pesquisa em ciências humanas**. Porto Alegre: Artmed, 1999.

LÜDKE, M.; ANDRE, M. E. D. A. **Pesquisa em Educação: abordagens qualitativas**. São Paulo: EPU, 2013.

MARTINS, G. A.; LINTZ, A. **Guia para Elaboração de Monografias e Trabalhos de Conclusão de Curso**. São Paulo: Atlas, 2000.

PÁDUA, E. M. M. **Metodologia da Pesquisa**. Campinas, SP: Papirus, 1996.

RHOTHER, E. T.; BRAGA, M. E. R. **Como Elaborar Sua Tese: estrutura e referências**. São Paulo: 2001.

RUDIO, F. V. **Introdução ao Projeto de Pesquisa Científica**. Petrópolis: Vozes, 1986.

RUIZ, J. A. **Metodologia Científica**. São Paulo: Atlas, 1982.

SALOMON, D. V. **Como Fazer uma Monografia**. São Paulo: Martins Fontes, 1993.

SAMPIERI, R. H.; COLLADO, C. F.; LUCIO, M. D. P. B. **Metodologia de pesquisa**. 5. ed. São Paulo: Penso, 2013.

SEVERINO, A. J. **Metodologia do Trabalho Científico**. São Paulo: Cortez, 1996.

SOARES, M.; FAZENDA, I. Metodologias Não Convencionais e Tese Acadêmica. Em: FAZENDA, I. (org.). **Novos enfoques da pesquisa em educação**. São Paulo: Cortez, 1992.

THIOLLENT, M. **Metodologia da Pesquisação**. São Paulo: Cortez, 2004.

Relação entre metodologia e avaliação psicológica

CAPÍTULO 6

ANA PAULA PORTO NORONHA E MAKILIM NUNES BAPTISTA

COMO CORTAR UMA LARANJA COM UM GARFO?

O título deste capítulo remete a uma questão muito comum em pesquisa de campo em Psicologia, ou seja, até que ponto o fenômeno que se deseja estudar realmente é avaliado pelo instrumento que está sendo proposto? Ou ainda, será que a metodologia usada permitirá responder ao objetivo? Muitos pesquisadores, não necessariamente iniciantes, podem, por falta de conhecimento em avaliação psicológica (AP), planejar uma pesquisa de forma correta, definir os objetivos e as hipóteses, realizar uma busca bibliográfica minuciosa, planejar os participantes e os procedimentos, sem, no entanto, fazer uso de um instrumento (questionário, inventário, teste, entre outros) que tenha qualidades psicométricas para realmente avaliar o fenômeno proposto pelos objetivos da pesquisa. Nesse sentido, ao ignorar este fato, o pesquisador pode condenar não só a sua pesquisa, mas anos de estudo sobre um determinado tema, na medida em que utiliza um instrumento inadequado para aquilo a que se propôs. Essa última consideração, de alguma forma, pretende justificar o título do capítulo, ou seja, procedendo dessa forma, o pesquisador estará tentando "cortar uma laranja com um garfo", pois, ele possui um objetivo específico, mas se utiliza de uma ferramenta inadequada para tal objetivo. A proposta é apresentar algumas considerações a respeito da avaliação psicológica, mais especialmente das qualidades que atestam a cientificidade dos instrumentos de medida, bem como algumas questões sobre a formação do psicólogo na área de avaliação psicológica.

Tomando inicialmente como referência a avaliação psicológica, vale destacar que ela não é uma atividade recente, pois há registros na literatura de instrumentos de avaliação rudimentares, chamados psicofísicos, elaborados no século XIX. Desde o seu início até os dias atuais, muitas foram as transformações teóricas e metodológicas que marcaram seu desenvolvimento. A avaliação psicológica é uma prática imprescindível para o psicólogo, pois é por meio dela que são identificados os "problemas", que se conhecem os sujeitos e que se programa a intervenção mais adequada para as diferentes situações e contextos profissionais, de tal sorte que a avaliação é considerada um processo de coleta de dados, que integra informações de naturezas diversas do indivíduo avaliado.

Pensando na perspectiva histórica da avaliação psicológica, Pasquali (1999), em uma revisão bibliográfica sobre os instrumentos psicológicos, relata que a avaliação psicológica formal e sistemática provavelmente data do final do século XIX, com um enfoque empiricista, tendo como alguns de seus principais pesquisadores Galton, Pearson, Spearman e Thurstone. Para o autor, possivelmente o precursor da psicometria é Francis Galton (1822–1911), primo de Darwin, que se preocupou em estudar a herança das características mentais (eugenia), comparando raças e gêmeos, estudando as variações da raça humana nos traços mentais e físicos, tendo desenvolvido os primeiros instrumentos com base aplicada à estatística (Schultz & Schultz, 1992).

No Brasil, a psicologia é uma área relativamente recente como campo profissional e científico. Sua origem pode ser registrada em meados do século XIX, tomando-se como referência as escolas normais e os laboratórios experimentais nos centros de desenvolvimento de testes. Mas a consolidação da psicologia enquanto profissão se deu com a promulgação da Lei nº 4.119. A prática de avaliação psicológica no Brasil, por sua vez, teve início antes mesmo do reconhecimento da profissão em 1962, tendo sido considerada a primeira atividade desenvolvida por psicólogos nos vários contextos de atuação.

Seguindo a tendência mundial também no Brasil e, a avaliação psicológica passou por altos e baixos, decorrentes de diversas variáveis sociais e históricas. Atualmente no país, a avaliação psicológica passa por um processo de reafirmação de sua importância, já que muitos instrumentos utilizados por psicólogos vêm sendo estudados de forma a fornecerem dados referentes à qualidade técnica necessária. Segundo Noronha e Reppold (2010), no Brasil ainda se nota carência de instrumentos e tecnologia nacional condizentes com a nossa realidade, além da utilização indiscriminada de diversos instrumentos e métodos pouco científicos. No entanto, essa realidade parece estar mudando, haja vista o grande interesse de diversos profissionais pela área, o aumento do número de publicações sobre avaliação psicológica, o crescimento do número de laboratórios que desenvolvem e validam instrumentos, e também a criação do mestrado e doutorado específicos na área de avaliação psicológica, como é o caso da Universidade São Francisco em Itatiba, na cidade de São Paulo.

Acredita-se que a melhora da área de avaliação psicológica, mais especialmente da qualidade e da quantidade de seus instrumentos de medida, está diretamente vinculada a uma formação mais consistente. Mais recentemente, nos meios acadêmico e científico, a avaliação psicológica vem ganhando espaço, sobretudo no que se refere às reuniões e aos eventos promovidos por associações de classe e órgãos da Psicologia. Tais eventos geraram um amadurecimento teórico e instrumental e confirmaram a relevância dessa prática para o exercício da Psicologia.

A avaliação psicológica é uma prática profissional importante para o psicólogo, tendo em vista que pode fornecer elementos de análise imprescindíveis para a atuação em diferentes campos, e sua definição mais usual refere-se a: conjunto de procedimentos, cujo objetivo é obter informações do indivíduo no que respeita aos múltiplos aspectos de sua existência, para compreendê-lo, descrever seu funcionamento, quem sabe fazer predições e sugerir formas mais apropriadas de intervenção.

A importância atribuída à avaliação psicológica justifica-se pela imprescindível aplicação na prática profissional do psicólogo, ou seja, avaliar é necessário em diferentes contextos de atuação, como já afirmamos anteriormente, pois gera uma gama de informações dos sujeitos avaliados. No entanto, é importante afirmar que em cada contexto de atuação do psicólogo, pode ser necessário o uso de diferentes procedimentos de avaliação.

Por fim, convém destacar que 2011 foi o Ano da Avaliação Psicológica pelo sistema Conselhos de Psicologia. Assim, 120 eventos foram realizados em todas as regiões brasileiras, com a participação de um grande número de psicólogos. As discussões foram preparadas em torno de três eixos temáticos, a saber, qualificação dos instrumentos, a avaliação psicológica e as relações institucionais e as relações com os contextos de formação. O debate gerou três matérias, que podem ser consultados, os textos geradores (http://www.pol.org.br/pol/cms/pol/publicacoes/publicacoesDocumentos/anodaavaliacaopsicologica_prop8.pdf), o relatório das discussões http://site.cfp.org.br/wp-content/uploads/2013/03/FOLDER_ANO_TEMATICO_CFP_V4.pdf) e os textos vencedores do prêmio profissional.

COMO O PSICÓLOGO AVALIA?

A avaliação pressupõe o emprego de conhecimentos teóricos de instrumentos e técnicas de medida, sendo embasada por teorias psicológicas, que o profissional aprende e domina ao longo de sua formação. As dimensões ou construtos (conceitos psicológicos) que se pretende avaliar podem ser investigados por meio de instrumentos psicológicos que, por sua vez são definidos e construídos pela integração de uma definição operacional do construto a ser mensurado em um conjunto de estímulos ou questões específicas, estruturados dentro do corpo científico da Psicologia. O objeto de estudo da avaliação psicológica constitui-se em um conjunto de dimensões psicológicas ou construtos, tais como capacidades cognitivas e sensorimotoras, componentes sociais, emocionais e afetivos da personalidade, dimensões interpessoais e motivacionais, atitudes, aptidões e valores. A reunião dessas informações permitirá que o psicólogo decida pelo uso de estratégias de intervenção mais adequadas para as situações mensuradas, podendo ou não ser utilizadas em contextos diagnósticos ou não diagnósticos, tais como seleção de candidatos, psicodiagnóstico, entre outros. Desse modo, pode-se concluir que a avaliação psicológica compreende uma gama de situações, do indivíduo ou do grupo, por meio de múltiplas fontes de dados, que podem ser a observação sistemática, entrevistas, análise funcional do comportamento, ou o desenvolvimento e a aplicação de testes capazes de avaliar um fenômeno de forma válida e precisa.

Embora o tema avaliação psicológica possibilite uma extensa e complexa rede de informações, o presente capítulo terá como foco a qualidade dos testes psicológicos, mais especialmente os elementos relacionados com a validade e com a precisão, cujas reflexões vêm a seguir, considerando-se que aqui se pretende fazer a relação entre a metodologia científica e a utilização de instrumentos adequados quando da coleta de dados.

OS INSTRUMENTOS PSICOLÓGICOS

A avaliação psicológica é uma atividade profissional que representa e difunde a Psicologia na sociedade, e o esmero na construção de instrumentos justifica-se em razão da representatividade adequada da categoria profissional. A inserção da atividade da avaliação psicológica na sociedade, bem como o reconhecimento da Psicologia enquanto ciência e profissão, nos leva a uma pergunta fundamental: "O que diferencia um teste comumente encontrado em periódicos não científicos, tais como as revistas semanais para leigos e os testes psicológicos?"

Essa é uma questão importante e que deve estar clara para todo estudante de Psicologia. Os primeiros provavelmente são construídos com base no senso comum e não obedecem às exigências pressupostas pela ciência que estuda as medidas psicológicas, a psicometria, ou seja, não há uma preocupação, por parte de quem construiu o teste, com o que realmente o teste mede e nem se o teste mede de forma consistente um conceito. Em uma linguagem mais técnica, o construtor de um teste não científico não está preocupado em avaliar as validades de conteúdo, critério, construto, convergência e discriminância, a confiabilidade dos testes (esses conceitos serão explicados nos próximos tópicos), entre outras formas de se averiguar a qualidade científica deles. Por isso, não é difícil supor a razão pela qual os resultados da "enquete" de alguma revista popular de banca de jornal intitulada *Veja se você é ciumento* são previsíveis, trazem poucas informações relevantes, são construídas de forma acientífica, e, em face disso, não devem ser confundidos com os instrumentos de trabalho do psicólogo.

Um dos mais típicos instrumentos de avaliação são os testes psicológicos, considerados medidas objetivas e padronizadas de uma amostra de comportamento que buscam medir os fenômenos psicológicos. Para que sejam eficientes e precisos, os testes devem passar por estudos que comprovem suas qualidades psicométricas, assim como devem atender a determinadas especificações que garantam reconhecimento e credibilidade por parte da comunidade científica. Os testes são instrumentos exclusivos do psicólogo. Nesse sentido, a Psicologia dispõe de um Código de Ética que traz orientações importantes ao profissional a respeito da amplitude das possibilidades e das responsabilidades de sua atuação.

Uma avaliação requer dados confiáveis e precisos, e isso implica a utilização de materiais que forneçam informações seguras. Para mais informações sobre o uso de testes, consulte as "Diretrizes para o Uso de Testes" elaboradas pela International Test Commission e disponíveis em http://www.ibapnet.org.br/docs/DiretrizesITC.PDF.

Assim, os instrumentos psicológicos são considerados científicos, e para isso precisam atender a características que evidenciem os diversos elementos envolvidos na validade e na confiabilidade (precisão) de seus resultados. No que se refere à construção de instrumentos, vale destacar que elaborar instrumentos de avaliação não é uma tarefa simples, pois são vários os cuidados necessários para uma realização aprimorada e consistente. Nesse sentido, a construção de instrumentos de medida válidos e precisos, tais como testes, inventários, questionários, entre outros, faz-se necessária para a prática do psicólogo, uma vez que bons instrumentos tendem a gerar avaliações adequadas e, consequentemente, tratamentos mais eficazes, nos casos em que a avaliação psicológica é utilizada para diagnóstico e/ou predição de melhora ou prognóstico. Instrumentos adequados também tendem a gerar menos erros nas escolhas, como por exemplo em diversos tipos de processos seletivos. Cabe aos psicólogos a responsabilidade pela construção de testes, e, tal como afirmado, ela exige domínios específicos de psicometria, de estatística, além do conhecimento amplo sobre os construtos teóricos avaliados.

Existem muitos trabalhos que abordam a questão da construção de instrumentos (Adánez, 1999; Oakland, 1999; Pasquali, 1999, 2003). Esses escritos, de maneira geral, convergem para algumas etapas que devem ser seguidas na construção de instrumentos, a saber:

- Definição dos objetivos do teste;
- Especificação do contexto;
- Eleição do modelo matemático;
- Definição do domínio;
- Construção dos itens e das instruções;
- Revisão da primeira versão por especialistas;
- Estudo-piloto;
- Seleção das amostras;
- Aplicação do teste inicial;
- Análise e seleção empírica dos itens;
- Avaliação da precisão e da validade do teste;
- Elaboração de normas;
- Redação final do manual em uso.

Oakland (1999) enfatiza que os padrões que determinam a construção dos testes devem ser estabelecidos de maneira que possam ser utilizados em qualquer parte do mundo, e afirma que a apresentação dessas etapas visa ao desenvolvimento deles, assim como pretende encorajar os interessados em realizar a atividade. Em comum, os trabalhos apontam para o rigor que a construção de um instrumento requer.

Aliada a isso, há a preocupação com a qualidade do instrumento; embora essa preocupação não seja recente na Psicologia, sendo ilustrada pelos primeiros psicólogos chamados experimentais, apenas mais recentemente ela foi instituída pelo Conselho Federal de Psicologia (CFP, 2001, 2003), por meio das Resoluções nᵒˢ 025/2001 e 02/2003. O Conselho Federal de Psicologia, ao criar uma comissão especializada para avaliar os testes, chamada de Comissão Consultiva em Avaliação Psicológica, objetivou determinar, tendo como referência indicadores científicos, quais testes têm condições de uso nas mais variadas situações de atuação do psicólogo, como, por exemplo, diagnóstico, levantamento de sintomas, mensuração de habilidades e processos e fenômenos psicológicos. As resoluções determinam que sejam atingidos os seguintes critérios mínimos para a elaboração de instrumentos:

- Fundamentação teórica do instrumento, enfatizando a definição do construto (o conceito a ser estudado), e descrevendo-o em seus aspectos constitutivo e operacional;
- Estudos de validade e de precisão, justificando os procedimentos específicos adotados na investigação;
- Apresentação do sistema de correção; e
- Interpretação dos resultados.

O Sistema de Avaliação de Testes Psicológicos (SATEPSI) proposto em 2001, por meio da Resolução CFP nº 025/2001, foi um marco importante para o avanço da área. Anteriormente, as discussões promovidas pelo Conselho Federal de Psicologia em conjunto com outras entidades científicas, em fóruns e reuniões, serviram como propulsoras para a implantação do SATEPSI, que é composto por três elementos: conjunto de Leis, um Sistema Operacional e a Comissão de Especialistas. As Leis do Conselho Federal de Psicologia que mais especialmente regem a avaliação psicológica brasileira são a Resolução CFP nᵒˢ 02/2003 (que revogou a Resolução CFP n.º 025/2001) e a 05/2012, que acrescentou a preocupação com o atendimento aos preceitos dos Direitos Humanos quando da realização das avaliações psicológicas. Ambas as diretrizes podem ser visualizadas em http://www.pol.org.br/pol/cms/pol/legislacao/. O sistema operacional, por sua vez, tem a intenção de propiciar livre acesso a informação, de modo que todos os interessados se informem livremente sobre as condições de qualquer instrumento psicológico que circule no mercado brasileiro (http://www2.pol.org.br/satepsi/sistema/admin.cfm). Convém destacar que o sistema está passando por transformações e deverá em breve divulgar nova versão, na qual, além de informar, poderá servir como fonte de pesquisa para aqueles que desejarem fazer consultas sobre instrumentos que podem ser utilizados com determinadas populações, ou que tenham objetivos específicos.

Em âmbito internacional, há referências consolidadas no sentido de se estabelecerem padrões para a construção, normatização e adaptação de instrumentos, tais como as publicadas pela American Educational Research Association, pela American Psychological Association, pelo National Measurement Council of Educational (AERA, APA & NMCE, 1999), assim como pela International Test Commission (ITC, 2001). Acredita-se que esses parâmetros tenham como objetivo a determinação de maior exigência na elaboração de materiais com qualidade, de tal sorte que imputem à avaliação psicológica um caráter científico.

Como se observa até aqui, a criação de um instrumento não garante inicialmente que ele tenha as condições necessárias para avaliar o que diz que avalia. Lembrando do início deste capítulo, a escolha de um instrumento inadequado pode interferir negativamente nos resultados da pesquisa, em razão da falta de qualidades científicas. Nesse sentido, vale destacar que os testes devem preencher uma série de requisitos técnicos, teóricos e estatísticos para poderem alcançar um mínimo de requisitos básicos para a sua utilização pelos profissionais, requisitos estes que devem ser levados em consideração desde a sua construção.

No Brasil, estudos revelaram a má qualidade de alguns testes psicológicos, muitos dos quais vinham sendo utilizados há longa data, inclusive para diagnóstico, levantamento de características de personalidade e seleção de habilidades específicas. Noronha (2001) realizou uma pesquisa que se destinou a avaliar os coeficientes de correlação dos testes de inteligência com outros testes, correlação com outros critérios, consistência e estabilidade, a fim de verificar a qualidade psicométrica dos instrumentos (validade e precisão). Nos 21 testes de inteligência analisados, o coeficiente de correlação com outros testes foi o mais encontrado na verificação da validade, enquanto os de consistência e de estabilidade foram apresentados em 11 instrumentos para verificação da precisão, embora nem todos tenham apresentado os dois estudos. O trabalho revelou ainda que muitos dos testes consultados não apresentaram sequer a data de publicação, condição básica para qualquer tipo de publicação científica.

Ainda com o intuito de verificar a qualidade dos instrumentos, Noronha, Freitas, Sartori e Ottati, (2002) estudaram a construção de testes psicológicos, em especial no que se refere à padronização e aos estudos de validade e precisão. O objetivo da pesquisa foi verificar a presença ou ausência de validade e precisão nos testes de inteligência, bem como identificar se os testes estrangeiros tinham padronização brasileira. Foram analisados 26 testes de inteligência comercializados no Brasil e os resultados indicaram que grande parte dos testes nacionais e internacionais apresenta estudos de validação e de precisão, embora nem todos tenham indicado nos respectivos manuais os dados referentes à padronização, como a amostra de padronização e variáveis relacionadas. No que se refere à construção de instrumentos, o estudo revelou que a produção nacional já vem ganhando espaço e que, dentre a amostra analisada, se apresenta em número superior ao número de testes estrangeiros. Também se observou um tímido mas crescente aumento do número de instrumentos a partir das décadas de 1970–1980, o que demonstra, mesmo que insipidamente, a preocupação com a qualidade dos testes utilizados no Brasil.

Os testes de personalidade publicados no Brasil, mais especificamente 22 instrumentos, também foram pesquisados no que se refere à qualidade do material, da documentação, das instruções e dos itens (Noronha, 2002). Na avaliação de cada instrumento, estes eram pontuados segundo critérios específicos estabelecidos. Os resultados mostraram que apenas dois testes, o Psicodiagnóstico Miocinético (PMK) e o Inventário Fatorial de Personalidade (IFP), receberam a maior nota. Em relação à qualidade do material apresentado, 36,4 % obtiveram a pontuação máxima, sendo a qualidade das instruções o melhor critério identificado pela pesquisa.

Como afirmam Noronha e Alchieri (2002), há a necessidade de se enfatizar mais estudos sobre a qualidade dos instrumentos psicológicos no Brasil, principalmente no que diz respeito às revisões sistemáticas dos instrumentos, preocupação com a construção e padronização, informações e qualidade das normas dos testes, além da questão da regionalização de alguns testes. É interessante notar que um instrumento nunca está terminado em termos de evidência de validade. Como apontam Anastasi e Urbina (2000), um teste necessita de avaliações periódicas para se comprovar se, no decorrer do tempo e com diferentes populações, as normas e padronizações não necessitam ser modificadas e/ou atualizadas.

Em comum, os estudos puderam revelar algumas necessidades de pesquisa na área de avaliação psicológica. Na verdade, ao contrário do que possa parecer, há algum tempo pesquisadores vêm denunciando a importância de aprimorar as exigências quanto à publicação dos instrumentos. Deve-se destacar a pesquisa de Sisto, Codenotti, Costa e Nascimento (1979) que há três décadas aproximadamente revelou problemas com os testes psicológicos. Parece estar claro que os instrumentos devem ter qualidades psicométricas, sendo que, na preparação de um teste psicológico, quatro condições são necessárias para garantir a sua qualidade e a possibilidade de uso seguro: a elaboração e análise de itens, estudos de validade, de precisão e de padronização.

Mais recentemente, o estudo de Joly et al. (2010) revelou cenário mais animador. Ao verificarem, por meio da Biblioteca Virtual em Saúde do Brasil (Bvs-Psi Brasil), a produção científica de teses e dissertações em avaliação psicológica no Brasil, identificaram 141 resumos de teses e dissertações em avaliação psicológica referentes a estudos que tinham avaliação psicológica, psicometria, validade, precisão e testes psicológicos como palavras-chave. Adicionalmente, os autores identificaram que 54,6 % dos resumos se tratava de dissertações, 43,3 %, de teses, e 2,1 % eram de pós-doutorado. Por fim, encontraram que 60,3 % dos resumos objetivavam estudar os parâmetros psicométricos, destacando-se dentre os construtos mais estudados personalidade e inteligência.

VALIDADE E PRECISÃO

Validade é a consideração mais básica a respeito da qualidade de um teste, uma vez que permite verificar se ele mede realmente o que se propõe a medir. Você se lembra da diferença entre o "teste de revista" e um instrumento científico? A verificação da validade é um elemento que diferencia fortemente esses dois tipos de materiais, considerando-se que por meio dessa verificação é possível analisar o que de fato está sendo investigado por aquele instrumento, assim como quais os pressupostos teóricos implicados nas tarefas propostas. Quando se diz, então, que um instrumento é válido, se está dizendo que ele mede o fenômeno psicológico implícito na sua construção e que atende a uma das características que o considerarão como instrumento científico.

Há diferentes nomenclaturas para validade, uma vez que vários autores fizeram propostas teóricas acerca das definições. Possivelmente os *Standards for Educational and Psychological Testing* produzidos pela American Educational Research Association, American Psychological Association e National Council on Measurement in Education (AERA, APA & NCME, 1999) representam uma importante e incontestável contribuição à área. No entanto, optou-se pelo uso, no presente capítulo, da referência adotada em Anastasi e Urbina (2000), cuja definição de validade aborda a divisão em validade de construto, de critério e validade de conteúdo.

Para aprofundar o assunto você pode recorrer aos textos de Urbina (2007), Nunes e Primi (2010) e Alves, Souza e Baptista (2013).

A validade de construto tem sido considerada a forma mais fundamental de verificação da validade de um teste, uma vez que constitui como a maneira direta de verificar a hipótese da legitimidade da representação comportamental dos traços latentes. Essa evidência de validade possibilita uma maneira empírica de comprovar que os itens do teste realmente são representantes legítimos do traço que se quer medir. Nesse sentido, são várias as formas de fazer tal verificação, e as mais comumente usadas são a relação com o desempenho de sujeitos, a relação com outros testes, a verificação da consistência interna dos itens, ou ainda a análise fatorial. A análise fatorial é uma ferramenta estatística que facilita a observação de um grande número de variáveis, agrupando aquelas que apresentam o mesmo tipo de variação (ou variância). A hipótese fundamental desse tipo de procedimento é que se os itens foram agrupados sob um mesmo fator, é porque se referem a um mesmo construto, fornecendo informações sobre o construto subjacente ao instrumento.

Exemplo:

> A Escala de Transtornos de Déficit de Atenção/Hiperatividade (Benczik, 2000) propôs um estudo de validação tendo a vista a aplicação da análise fatorial nos 49 itens da escala. Esses se agruparam em três fatores, a saber: déficit de atenção/problemas de aprendizagem, hiperatividade/impulsividade e comportamento antissocial.

A validade de critério implica o grau de eficácia do teste para predizer um desempenho específico, tal como a correlação entre resultados do teste e critério específico (lembre-se: um critério é uma medida do atributo psicológico em questão, independentemente dos escores do teste). Nesse sentido, a validade de critério se divide em duas: preditiva e concorrente. A diferença fundamental entre elas refere-se ao tempo em que ocorrem as coletas de dados, ou seja, simultânea ou posterior. A validade concorrente indica o que se pode inferir, com base nos resultados dos testes, a respeito do comportamento atual do indivíduo, por exemplo, por meio da relação entre as "respostas reflexo" no Teste de Rorschach e o número de vezes que a pessoa utiliza um pronome pessoal (eu) em uma entrevista, sendo o último considerado um critério.

Já a validade preditiva indica o que se pode esperar em termos de habilidades ou comportamentos que o sujeito venha a desenvolver no futuro, como exemplo, a correlação existente entre as pontuações de crianças no início da vida escolar no Teste Bender, cujo objetivo é avaliar maturidade percepto-motora, no início do ano, e suas notas em leitura e escrita no final do ano. Vale destacar que entre os critérios mais utilizados encontram-se desempenho acadêmico, desempenho em treinamento especializado, desempenho profissional e diagnóstico psiquiátrico.

Exemplo:

> A Bateria de Provas de Raciocínio (BPR-5) de Primi e Almeida (1988) estabeleceu evidências de validade preditiva, comparando os resultados dos testes com notas escolares dos estudantes que participaram da amostra de padronização.

A validade de conteúdo, por sua vez, consiste no exame sistemático do conteúdo do teste, a fim de assegurar a representatividade da amostra escolhida para a sua construção. Dessa forma, são verificados os aspectos fundamentais do comportamento, bem como a representatividade dos itens. Os procedimentos de validação e descrição do conteúdo envolvem, essencialmente, o exame cuidadoso do conteúdo do teste, para determinar se ele abrange uma amostra representativa do domínio de comportamento a ser medido. A partir disso, poder-se-á concluir se o teste tem validade de conteúdo, à medida que ele constituir uma amostra representativa de um universo finito de comportamentos (domínio).

Para a validação do conteúdo geralmente se recorre à análise de juízes experientes na área, a fim de que avaliem adequadamente as propriedades do instrumento, embora possa incluir a análise lógica e empírica, no sentido da adequação do conteúdo do instrumento ao domínio teórico que se está investigando. A importância da verificação do conteúdo pode ser justificada em razão de que os testes são construídos e representam uma amostra de comportamentos. Assim, faz-se necessário avaliar se as áreas contempladas nos itens que compõem o teste são as mais representativas do domínio que se está estudando, de forma que a relevância dos itens poderá indicar a representatividade do instrumento.

Exemplo:

> As Escalas de Beck (Cunha, 2001) fizeram uso da validação de conteúdo em cada uma das quatro escalas (Inventário de Depressão [BDI], Inventário de Ansiedade [BAI], Escala de Desesperança [BHS] e Escala de Ideação Suicida [BSI]). Especialmente na BDI e na BAI houve a análise do conteúdo do teste, tendo em vista os critérios diagnósticos do DSM-IV que constituem características sintomatológicas.

Como se pode observar, o processo de validação de um teste não constitui em uma atividade corriqueira, sendo necessário um conhecimento profundo das técnicas e dos preceitos teóricos já anunciados. Como última análise, AERA, APA e NCME (1999) recomendam que, quando da realização de estudos de validade, deve-se definir claramente a população para a qual o teste é designado, assim como o construto estudado. A obra indica também que nenhum teste é válido para todos os propósitos ou para todas as situações, sugerindo que cada instrumento e respectiva interpretação de resultados devem ter estudos de validade distintos e com amostras diversificadas.

Outra qualidade psicométrica bastante enfatizada na construção de testes é a precisão, também conhecida como fidedignidade. Essa característica indica a extensão em que as diferenças individuais nos escores de teste são atribuíveis a diferenças verdadeiras nas características em consideração e a extensão em que elas são atribuíveis a erros casuais. A importância desse tipo de verificação centra-se na necessidade de que as medidas sejam cada vez mais exatas, a fim de minimizar o erro na interpretação e, consequentemente, no diagnóstico. Nesse sentido, a fidedignidade pode ser dividida em três tipos mais comumente encontrados na literatura: teste-reteste, formas paralelas e método das metades.

O teste-reteste se propõe a verificar se o instrumento de medida está conseguindo captar o mesmo fenômeno em duas ocasiões diferentes. Para isso, o teste deve ser aplicado em dois momentos distintos aos mesmos sujeitos, a fim de se verificar se, por exemplo, partindo do pressuposto de que se a inteligência de uma pessoa não muda consideravelmente de um mês para outro quando medimos sua inteligência com o mesmo instrumento no início e no final do mês, os resultados devem ser iguais ou bastante semelhantes. Da mesma forma, quando medimos duas vezes o mesmo traço de personalidade (como o traço de *ordem*, por exemplo no Inventário Fatorial de Personalidade), os resultados devem ser iguais. No entanto, como a Psicologia é uma Ciência Humana, e não Exata, é bem possível que os resultados de medidas psicológicas não sejam tão semelhantes quanto os de medidas fundamentais, como o comprimento da mesa, por exemplo. Por isso, é necessário estimar a magnitude (tamanho) do erro que se comete quando se realiza uma medida psicológica, ou, em vez disso, determinar o quanto o instrumento é preciso ou o quanto de confiança ele possui.

A fidedignidade de formas alternadas indica como se dão os resultados dos sujeitos em duas provas semelhantes, isto é, com outro teste, muito semelhante àquele que gostaríamos de investigar a precisão (o mesmo número de itens, conteúdo semelhante, o mesmo nível de dificuldade se, por exemplo, for um teste de inteligência). Dessa forma, esperar-se-ia que um grupo de sujeitos obtivesse a mesma pontuação nos dois testes, já que são praticamente idênticos. Tomando como referência um exemplo de outra área de conhecimento, poderíamos pensar da seguinte forma: se tivéssemos acabado de construir uma fita métrica e quiséssemos saber sua precisão, poderíamos utilizar o método das formas alternadas. Mediríamos o comprimento de uma mesa com a fita métrica de precisão desconhecida, e mediríamos a mesma mesa com uma trena, ou com um *metro*, ou régua (qualquer forma alternada de medida do comprimento da mesa, desde que muito semelhante à fita métrica, cuja precisão já tivesse sido investigada). Se as duas medidas fossem iguais, ou muito semelhantes, teríamos um indicativo da precisão da fita métrica que acabamos de construir.

Considerando-se que às vezes é muito difícil construir dois instrumentos que apresentam as mesmas características, a ponto de serem identificados como formas paralelas, outro método de avaliar a precisão foi identificada, o método das metades. Ele parte do princípio de que, ao se dividir o instrumento em duas metades e compará-las entre si, a primeira metade deve possuir resultados semelhantes aos da segunda. No caso de um teste psicológico, por exemplo, que possui 60 itens, poder-se-ia calcular as pontuações de um grupo de sujeitos nos itens pares e nos itens ímpares do teste, esperando-se nessa situação que as pontuações sejam iguais, ou muito semelhantes em ambas as metades.

ALGUNS CONSTRUTOS QUE O PSICÓLOGO VEM AVALIANDO

É interessante observar que se pode encontrar uma gama de testes psicológicos/psiquiátricos com adequadas características psicométricas, divulgados em livros específicos ou em artigos científicos (alguns destes se encontram nas referências deste capítulo). Além disso, muitos testes vêm sendo construídos no Brasil por centros de excelência na área, por pesquisadores, mestrandos e doutorandos ligados à área, além do que várias pesquisas de construção, validação, precisão e normatização de novos testes e de testes já existentes vêm sendo financiados por órgãos de fomento, tais como o CNPq, a FAPESP e a CAPES, entre outros.

Os profissionais de saúde, especificamente o psicólogo, desenvolvem, validam e normatizam diversos instrumentos, entrevistas estruturadas e semiestruturadas, inventários e testes projetivos e, embora haja crítica em relação aos testes brasileiros, pode-se observar que existem no mercado, ou nos periódicos, muitos instrumentos de qualidade, que podem ser aplicados em pesquisa e no diagnóstico.

Além dos instrumentos que avaliam habilidades cognitivas, tais como inteligência, atenção, concentração, raciocínio, e daqueles mais direcionados à mensuração de características da personalidade, podem-se observar também diversos instrumentos utilizados na avaliação psiquiátrica, alguns deles referentes a construtos tais como depressão, mania, ansiedade, transtorno do pânico, fobias, transtorno obsessivo-compulsivo, transtorno de estresse pós-traumático, raiva, escalas breves e roteiros estruturados de avaliação psiquiátrica, avaliação de emoção expressa em familiares de pacientes com psicose, escalas de avaliação de tratamento em dependência de álcool e drogas, funcionamento familiar em farmacodependências, dependência de sexo, avaliação de demências, escalas para transtornos alimentares, avaliação de psicoterapias psicodinâmicas, avaliação de temperamento e caráter, eventos vitais, estratégias de enfrentamento, qualidade de vida para clientes usuários de serviços de saúde mental, autoavaliação de adequação social, autoavaliação de sono, escala de enfermagem para pacientes psiquiátricos internados, entre outros (Goreinstein, Andrade & Zuardi, 2000).

Duarte e Bordim (2000) também realizaram um levantamento de alguns instrumentos e entrevistas estruturadas que podem ser utilizados em avaliação de saúde mental infantil, com destaque para aqueles válidos para o país, assim como para os instrumentos da avaliação de comportamentos inadequados, para os que buscam informações sobre saúde mental em crianças a partir do ponto de vista do professor, para os que investigam as capacidades e dificuldades infantis, os que objetivam a avaliação do desenvolvimento e bem-estar, a inteligência, o potencial para aprendizagem futura, a adaptação social, a personalidade e a dinâmica emocional, entre outros.

Agora que o leitor está um pouco mais familiarizado com a importância da validade e da precisão na construção e na avaliação dos métodos e instrumentos psicológicos, talvez seja interessante adquirir informações sobre alguns dos problemas mais importantes que permearam e ainda permanecem no contexto da avaliação psicológica.

ALGUNS PROBLEMAS NO ENSINO DE AVALIAÇÃO PSICOLÓGICA

Como ensinar as disciplinas de avaliação psicológica? Discutir a formação profissional faz-se necessário em qualquer área de conhecimentos; na Psicologia, em especial, o tema vem sendo debatido desde que a profissão foi reconhecida como tal e, consequentemente, desde que os primeiros cursos foram oficializados. Embora as reflexões tenham sido por vezes modestas, e não tenham gerado muitos frutos concretos no sentido do aperfeiçoamento dos currículos, é possível encontrar na literatura trabalhos que versam sobre aspectos diferentes da preparação do psicólogo. Considerando-se os objetivos propostos neste capítulo, serão abordados a seguir elementos relacionados especialmente com a avaliação psicológica.

No trabalho desenvolvido por Almeida, Prieto, Muñiz e Bartram (1998) junto a psicólogos de Portugal, Espanha e países ibero-americanos, foram identificados problemas na avaliação psicológica, especialmente referentes aos testes psicológicos, ao uso inadequado, à falta de domínio do instrumento, bem como à avaliação incorreta e ao pequeno desenvolvimento de determinados testes, entre uma série de outros problemas. Os dados podem ser corroborados pelo estudo de Noronha (1999), que, ao questionar 214 psicólogos acerca dos problemas graves e frequentes encontrados nos testes, identificou os relacionados ao uso dos testes e à formação. Em comum, os estudos revelaram a insatisfação da comunidade psicológica quanto aos testes. Também ficou evidente que as críticas feitas aos testes fazem com que haja uma diminuição no uso desses instrumentos. A falta de uso, por sua vez, não proporciona desenvolvimento; ao contrário, faz com que cada vez haja menos interessados na realização de pesquisas científicas. Consequentemente, a falta de pesquisa impede o avanço e a criação de instrumentos de medida com melhor qualidade e em maior quantidade, mas essa realidade, atualmente, vem se modificando, e o cenário é bem mais positivo no Brasil.

Diversos são os problemas que permeiam o ensino da AP na formação do psicólogo, a começar pela falta de conhecimento de alguns docentes sobre psicometria e estatística, já que essas são áreas específicas e quase sempre temidas por grande parte daqueles que optaram pela Psicologia. Nas matérias relacionadas com avaliação psicológica, quase sempre as noções sobre validade e precisão são ignoradas por uma parte dos docentes que ministram matérias da área, tais como Técnicas de Ensino de Avaliação Psicológica. Outros tantos desconhecem como se realiza uma análise fatorial, qual a função em se extrair dimensões de um instrumento, ou mesmo estão equivocados quanto às diversas nomenclaturas sobre validade.

A psicologia é uma área relativamente nova como campo de ensino, pesquisa e ciência no Brasil. Sua origem pode ser registrada em meados do século XIX, tomando-se como referência as escolas normais e os laboratórios experimentais nos centros de desenvolvimento de testes. No que se refere à formação, do início até os dias de hoje, houve um crescente aumento de cursos superiores de psicologia. Em contrapartida, a qualidade dos cursos e do profissional formado nem sempre correspondeu ao desejado (Calais & Pacheco, 2001), uma vez que alguns segmentos do mercado têm revelado certa insatisfação com a qualidade do profissional de psicologia.

Não estranham os inúmeros processos movidos na última década contra o psicólogo, principalmente na área organizacional, com o intuito de questionarem os instrumentos e as metodologias utilizados pelos psicólogos no compromisso da seleção de pessoal, e talvez somente dessa maneira, ou seja, por meio de questionamentos judiciais sobre a nossa prática no cotidiano. A prática da avaliação psicológica também aparece cada vez mais em voga, principalmente com as recentes modificações nos códigos de trânsito e a consequente necessidade de avaliação psicológica para a renovação e habilitação de carteira de motorista, além da necessidade de avaliação psicológica com as novas regras sobre o registro de porte de armas, consideradas excelentes oportunidades de o psicólogo demonstrar suas habilidades na avaliação de habilidades específicas e/ou traços de personalidade e comportamentais.

Parte da responsabilidade de uma formação inadequada deve-se às instituições de ensino e, nesse âmbito, autores concordam em que o compromisso de formar um bom profissional está nas mãos da instituição que o acolhe. Para Witter (1999), o ensino de psicologia tem merecido a atenção de vários pesquisadores que consolidam uma constante discussão no que se refere à melhora da qualidade de ensino dos cursos de formação de psicólogos, resultando em práticas profissionais críticas, atualizadas e atentas às demandas sociais. A comissão de especialistas do ensino de Psicologia (Sesu, MEC) ressalta dois aspectos imprescindíveis para que os cursos atendam ao objetivo de formar bons profissionais: manter um padrão de qualidade e atender a uma proposta de diretrizes curriculares para os cursos de Psicologia, cuja discussão não se enquadra entre os objetivos previstos para este capítulo (Bastos, 2001).

Pfromm Netto (1991) aponta que a formação em Psicologia tem como objetivos atender às necessidades da preparação do profissional e proporcionar aos alunos um conjunto amplo e diversificado de conhecimentos, habilidades e atitudes, visando a caracterizar a Psicologia como ciência e profissão. De acordo com Calais e Pacheco (2001), muitos dos objetivos pretendidos não têm sido atendidos, de forma que os cursos têm oferecido uma visão fragmentada das teorias psicológicas, embora se saiba que é necessária uma formação engajada nos movimentos de transformação social que privilegie trabalhos em equipes multidisciplinares e gere conhecimento adequado e apropriado à realidade em que o psicólogo atua.

Mais especialmente no que se refere ao ensino de avaliação psicológica no âmbito da graduação, observa-se que tem sido privilegiado o ensino da técnica pela técnica, muitas vezes sem vinculação com a construção e com os pressupostos que serviram de base para sua construção. Nesse sentido, poucos currículos nos cursos de Psicologia oferecem a matéria Psicometria, fundamental para se entender o processo de criação dos testes psicológicos, bem como a importância de pesquisar com instrumentos validados e precisos. Tais condutas levam a um ensino parcial, e os manuais de testes, quando dados em sala, nem sempre são explorados de forma completa. Por muitas vezes, o docente não aprofunda os primeiros capítulos do manual, normalmente relacionados com a revisão de literatura e aspectos estatísticos. Os docentes abordam, mais comumente, a forma de aplicação/correção, inviabilizando por completo um raciocínio mais analítico e crítico a respeito da testagem psicológica.

Como citam Alchieri e Bandeira (2002), a cultura dos testes era (e ainda é, em alguns lugares) uma prática baseada na reprodução do que foi aprendido na graduação, ou seja, os mesmos testes, a mesma forma de corrigi-los, ênfase na aplicação e na correção: o menos importante era discriminar as características psicométricas ou mesmo as peculiaridades e limitações no desenvolvimento dos testes. Os autores ainda evidenciam que saber aplicar ou corrigir um determinado teste era motivo de contratação de docente, além do que as matérias de testes muitas vezes se tornavam de difícil inserção, já que, em alguns casos, os professores se preocupavam demais com inúmeras listas de correções e conversões na testagem, sem a preocupação de contextualizar o teste na realidade em que poderiam ser aplicados.

Ainda em relação ao problema de ensino da AP, pode-se observar hoje que muitos currículos priorizam testes projetivos, não dando qualquer noção sobre outras possibilidades de medida. Ao contrário do que se supõe, o psicólogo tem clareza dessa falha na formação, como evidenciou o estudo de Noronha (2002) com mais de 200 psicólogos inscritos na subsede do CRP de Campinas, avaliou os problemas relacionados com a avaliação psicológica, tendo encontrado falta de clareza do construto que se está medindo; má utilização do material ou uso mecânico dos testes; material antiquado; padronizações estrangeiras dos instrumentos; falta de atualização das normas; problemas éticos relativos à devolutiva de avaliação psicológica, entre outros pontos nevrálgicos. Em relação à formação, uma parcela dos psicólogos apontou pouco conhecimento dos testes; falta de clareza de aplicação e correção; falta de instrumentos e padronização para a realidade brasileira, sendo que se pontuou a necessidade de mais pesquisas sobre validade e precisão dos instrumentos brasileiros, manuais com mais detalhamento de informação, além de uma formação mais específica na área de avaliação psicológica, com docentes mais preparados e atualizados para diversos instrumentos existentes, assim como melhor divulgação dos instrumentos para a classe dos psicólogos.

A grande questão que assombra os profissionais da área consiste em como, quando e o que ensinar. Com relação ao que se deve ensinar em testes psicológicos, Sbardelini (1991) complementa que esse ensino deve ser realizado de forma que o aluno consiga refletir e pesquisar sobre os instrumentos. Nesse sentido, o papel do professor ao ensinar técnicas de exame psicológico é levar o aluno a entender como o instrumento em questão poderá servir para que compreenda concretamente a pessoa que ele terá diante de si. Para que isto seja possível, não basta que o usuário do teste se atenha aos resultados brutos ou transformados, mas é necessário um domínio da construção como um todo, mesmo porque, segundo Newman, Ciarlo e Carpenter (1998), um teste ou inventário pode ter qualidades psicométricas (validade e precisão) excelentes, no entanto, essas características podem ser alteradas por diversas variáveis que se encontram fora do teste, tais como a forma como o teste é aplicado, o local e as condições da aplicação, bem como a qualificação de quem aplica e avalia. Assim, essas variáveis externas ao teste podem comprometer suas qualidades psicométricas. Portanto, mais uma vez podemos falar de cortar laranja com garfo.

Como o leitor pôde perceber, discutiu-se a formação na área, mas não foi possível chegar a considerações conclusivas em razão, sobretudo, de dois aspectos. O primeiro, e primordial, nos remete ao objetivo deste trabalho ou seja, este capítulo visou abordar a relação entre metodologia e avaliação psicológica. Já um segundo elemento refere-se à falta de concordância entre os teóricos brasileiros em relação a quais conteúdos deveriam ser ministrados e com esse ensino deveria ocorrer. Uma tentativa inicial foi feita por Noronha e colaboradores (2002) ao proporem que os seguintes conteúdos fossem abordados na formação: teoria da medida e psicometria, avaliação da inteligência e da personalidade e prática de planejamento, execução e redação de resultados. No entanto, a discussão sobre currículo em psicologia mostra-se complexa e controversa.

Com o intuito de arrazoar o cenário da área de avaliação psicológica nos últimos 25 anos, com destaque para algumas questões, Primi (2010) discute que, no Brasil, o crescimento foi acentuado. Assim, ele destacou agrupamentos que podem ser compreendidos como aspectos com perspectivas de desenvolvimento, a saber, a integração de concepções teóricas, o aprimoramento dos seus métodos e avanços metodológicos e tecnológicos, a relevância social e o incentivo à formação e criação da especialidade em avaliação psicológica.

CONSIDERAÇÕES FINAIS

O objetivo deste capítulo se resumiu a alguns pontos principais, entre os quais apontar para a importância das qualidades psicométricas dos testes psicológicos e a sua relação especialmente com a pesquisa. Ainda que o projeto de pesquisa esteja bem delineado, se for utilizado um instrumento (testes, inventários, entrevistas) inadequado, ele pode ser considerado fadado ao fracasso, em razão de erros metodológicos graves, o que muitas vezes invalida seus achados. O segundo tópico abordado referiu-se a algumas nuances históricas da avaliação psicológica, principalmente no Brasil. Também foram evidenciados neste capítulo a definição e a exposição de algumas das principais evidências de validade e o conceito de precisão dos instrumentos e, consequentemente sua importância na Psicologia. Por último, buscou-se fornecer algumas informações sobre a formação do psicólogo, tendo como enfoque a AP.

Sabe-se que, tradicionalmente, a função básica dos testes psicológicos é medir as diferenças entre os indivíduos ou entre as reações de um mesmo indivíduo em diferentes circunstâncias. Hoje é necessário um conhecimento básico sobre os testes, não apenas por parte daqueles que constroem como também daqueles que utilizam seus resultados como fontes de informação para tomar decisões sobre os outros e é imprescindível que os profissionais tenham consciência dessas funções (Anastasi & Urbina, 2000). Também para quem pretende trabalhar com instrumentos, tanto em pesquisas quanto nas diversas práticas profissionais, tais como psicologia clínica, psicologia organizacional, psicologia na saúde e psicologia escolar, entre outras, é fundamental o conhecimento sobre a qualidade dos instrumentos utilizados, de tal sorte que se possa ter clareza das reais condições e possibilidades de medida desses instrumentos.

Apesar de o Conselho Federal de Psicologia não condenar diretamente a utilização de instrumentos que não apresentem qualidades psicométricas adequadas para a pesquisa e sim para a prática clínica, deve-se avaliar que a pesquisa é um dos principais meios de se adquirir conhecimento. Se as pesquisas estão sendo realizadas com instrumentos pouco válidos e imprecisos, o conhecimento que advém delas pode ser olhado com cautela. Portanto, o delineamento de um projeto de pesquisa deve exigir do pesquisador um conhecimento aprofundado sobre as qualidades psicométricas dos instrumentos que ele está utilizando na sua coleta de dados, além de conhecimento sobre o construto pesquisado, pois somente dessa maneira será possível desenvolver estratégias de intervenção, no caso de diagnósticos, eficazes e seguras, e, no caso da avaliação de habilidades, maior confiança nos processos seletivos.

REFERÊNCIAS

ADÁNEZ, G. P. Procedimientos de construcción y análisis de tests psicométricos. Em: WECHSLER, S. M.; GUZZO, R. S. L. (Orgs.). **Avaliação Psicológica – perspectiva internacional.** São Paulo: Casa do Psicólogo, 1999. p. 57-100.

ALCHIERI, J. C.; BANDEIRA, D. R. Ensino da avaliação psicológica no Brasil. Em: PRIMI. R. **Temas em Avaliação Psicológica.** Campinas: Impressão Digital do Brasil Gráfica e Editora, 2002. p. 35-39.

ALMEIDA, L. S.; PRIETO, G.; MUÑIZ, J.; BARTRAM, D. O uso dos testes em Portugal, Espanha e Países Ibero-Americanos. **Psychologica,** 20, 27-40, 1998.

ANASTASI, A.; URBINA, S. **Testagem Psicológica.** Porto Alegre: Artmed, 2000.

American Educational Research Association, American Psychological Association & National Council on Measurement in Education. **Standards for Educational and Psychological Testing.** New York: American Educational Research Association, 1999.

ALVES, G. A.; SOUZA, M. S.; BAPTISTA, M. N. Validade e precisão de testes psicológicos. Em: AMBIEL, R. A. et al. **Avaliação Psicológica:** Guia de consulta para estudantes e profissionais de psicologia. 2. ed. São Paulo: Casa do Psicólogo, 2013. p. 109-128.

BASTOS, A. V. B. Perfis de formação e ênfases curriculares: o que são e por que surgiram? **Revista do Departamento de Psicologia,** UFF, 14(1), 31-58, 2002.

BENCZIK, E. B. P. **Escala de Transtorno de Déficit de Atenção/Hiperatividade (versão para professores).** São Paulo: Casa do Psicólogo, 2000.

CALAIS, S. L.; PACHECO, E. M. C. Formação de psicólogos: análise curricular. **Psicologia Escolar e Educacional,** 5(1), 11-18, 2001.

Comisión Internacional de Tests – ITC. Diretrices Internacionales para el uso de los tests. Disponível em: www.cop.es/tests/Diretrices.htm. Acesso em: 04/12/2001.

Conselho Federal de Psicologia – CFP (2001). Resolução 25/2001. Disponível em: www.pol.org. br. Acesso em: 02/12/2001.

Conselho Federal de Psicologia – CFP (2003). Resolução 02/2003. Disponível em: www.pol.org. br. Acesso em: 02/12/2003.

CUNHA, J. **Escalas Beck.** São Paulo: Casa do Psicólogo, 2001.

DUARTE, C.; BORDIM, I. A. S. Instrumentos de Avaliação. **Revista Brasileira de Psiquiatria,** 22 (2), 55-58, 2000.

GOREINSTEIN, C.; ANDRADE, L. H. S. G.; ZUARDI, A. W. **Escalas de Avaliação Clínica em Psiquiatria e Psicofarmacologia.** São Paulo: Lemos, 2000.

JOLY, M. C. A. R.; BERBERIAN, A. A.; ANDRADE, R. A.; TEIXEIRA, T. C. Análise de teses e dissertações em Avaliação Psicológica disponíveis na BVS-PSI Brasil. **Psicologia Ciência e Profissão,** 30(1), 174-187, 2010.

NEWMAN, F. L.; CIARLO, J. A.; CARPENTER. Guidelines for selecting psychological instruments for treatment planning and outcome assessment. Em: Maruish M. E. (Org.). **The Use of Psychological Testing for Treatment Planning and Outcomes Assessment.** New Jersey: Lawrence Erlbaum Associates Publishers, 1998.

NORONHA, A. P. P. **Avaliação Psicológica: usos e problemas com ênfase nos testes.** Tese de Doutorado. Instituto de Psicologia, PUC-Campinas, Campinas-SP, 1999.

NORONHA, A. P. P. Análise de coeficientes de testes de inteligência. **Psico,** 32(2), 73-86, 2001.

NORONHA, A. P. P. Os problemas mais graves e mais frequentes no uso dos testes psicológicos. **Psicologia: Reflexão e Crítica**, 15(1), 135-142, 2002.

NORONHA, A. P. P. Análise de testes de personalidade: Qualidade do material, das instruções, da documentação e dos itens. **Estudos de Psicologia**, 1(3), 55-65, 2002b.

NORONHA, A. P.; ALCHIERI, J. C. Reflexões sobre os instrumentos de avaliação psicológica. Em: Primi R. (Org.). **Temas em Avaliação Psicológica**. Campinas: Impressão Digital do Brasil Gráfica e Editora, 2002. p. 7-16.

NORONHA, A. P. P.; REPPOLD, C. T. Considerações sobre a avaliação psicológica no Brasil. **Psicologia: Ciência e Profissão**, 30(4), 192-201, 2010.

NORONHA, A. P. P.; SARTORI, F. A.; FREITAS, F. A.; OTTATI, F. Informações contidas nos manuais de testes de personalidade. **Psicologia em Estudo**, 7(1), 143-49, 2002.

NORONHA, A. P. P. et al. Em defesa da avaliação psicológica. **Avaliação Psicológica**, 1(1), 173-174, 2002.

NUNES, C. H. S. S.; PRIMI, R. Aspectos técnicos e conceituais da ficha de avaliação dos testes psicológicos. Em: Conselho Federal de Psicologia, Avaliação Psicológica. **Diretrizes na Regulamentação da Profissão**. Brasília, DF: Conselho Federal de Psicologia, 2010. p. 101-127.

OAKLAND, T. Developing standardized tests. Em: WECHSLER, S. M.; GUZZO, R. S. L. (Orgs.). **Avaliação Psicológica perspectiva internacional**. São Paulo: Casa do Psicólogo, 1999. p. 101-118.

PASQUALI, L. **Psicometria**. São Paulo: Vetor Editora Psicopedagógica, 2003.

PASQUALI, L. **Instrumentos psicológicos:** manual prático de elaboração. Brasília: LabPAM, 1999.

PFROMM NETTO, S. **Psicologia e guia de estudo**. São Paulo: E.P.U., 1991.

PRIMI, R.; ALMEIDA, L. S. **Bateria de Provas de Raciocínio – BPR-5**. São Paulo: Casa do Psicólogo, 1998.

PRIMI, R. Avaliação psicológica no Brasil: fundamentos, situação atual e direções para o futuro. **Psicologia: Teoria e Pesquisa**, 26(n.º especial), 25-31, 2010.

SBARDELINI, E. T. B. Os mitos que envolvem os testes psicológicos. **Documenta – CRP/08, 1**, 53-57, 1991.

SCHULTZ, D. P.; SCHULTZ, S. E. **História da psicologia moderna**. São Paulo: Cultrix, 1992.

SISTO, F. F.; CODENOTTI, N.; COSTA, C. A. J.; NASCIMENTO, T. C. N. Testes psicológicos no Brasil: o que medem realmente? **Educação e Sociedade**, 1, 152-165, 1979.

URBINA, S. **Fundamentos da testagem psicológica**. Porto Alegre: ArtMed, 2007.

WITTER, C. (Org.). **Ensino de psicologia**. Campinas: Alínea, 1999.

7

Apresentando sua pesquisa: dicas para a defesa do TCC

DINAEL CORRÊA DE CAMPOS, MAKILIM NUNES BAPTISTA E PAULO ROGÉRIO MORAIS

Após meses de preparação, talvez até anos, você se encontra agora na reta final para a conclusão do seu trabalho de curso: a defesa dele (aleluia!). Sim, como abordado em outras partes deste livro, nenhuma pesquisa tem sentido se não for divulgada para a comunidade, e um meio de divulgação é a defesa pública de seu trabalho, de suas ideias.

O dia da defesa, comumente, é um dia de muito nervosismo, em que muitos acadêmicos chegam a beirar a histeria, de tanta preocupação e ansiedade. Nossa primeira dica é esta: calma. De nada vai adiantar você querer adivinhar o que a banca, formada por professores capacitados, perguntará, ou mesmo quais "pegadinhas" farão para você, ou pensar que todas as perguntas serão difíceis, que a banda está lá para "ferrar" e coisas do gênero. Nada disso. O momento da defesa do TCC é o momento em que você defenderá suas ideias e seus objetivos, estudados e amplamente debatidos por você ao longo de todo o trabalho, ou seja, conteúdo que você e seu grupo dominam, pois o estudaram durante meses. Assim, só irão falar do que conhecem.

A defesa nada mais é que uma "conversa" entre você, o referencial teórico, os dados coletados e a banca formada para dar respaldo científico às suas ideias. Pense que lá estarão, além do seu orientador, mais dois professores capacitados que poderão sugerir, opinar sobre seu trabalho e melhorá-lo, caso seja necessário. As críticas que porventura forem feitas nada mais serão do que oportunidades que você terá para melhorar seu trabalho e publicá-lo adequadamente.

É sabido que, por mais que se fique atento a tantas minúcias, sempre se corre risco de que algo não saia a contento ou mesmo do jeito que planejamos, ou, por que não dizer, idealizamos.

Sejamos sinceros: que preocupações você pode ter se você, ou mesmo seu grupo, realizou um trabalho de pesquisa sério e ético? Que perguntas poderão lhes fazer que as respostas não estejam escritas em seu trabalho monográfico? Que dúvidas a banca poderá ter que os dados coletados e analisados por você não responderão por si mesmos?

As dicas a seguir nada mais são do que lembretes para que você, no dia da defesa, possa realizá-la com competência.

A PREPARAÇÃO DA DEFESA

A Entrega do Trabalho

A primeira questão a ser levantada diz respeito à entrega do trabalho para que a banca tome conhecimento dele e faça os devidos apontamentos e correções. É aqui que se iniciam os problemas.

É muito comum que os trabalhos sejam encaminhados para os professores arguidores com falhas grosseiras, inadmissíveis, como, por exemplo, a **não paginação**. É isso mesmo: por mais incrível que possa parecer, você, ou seu grupo de defesa, se esqueceu de numerar as páginas do trabalho e isso pode ser visto pela banca como um desrespeito para com ela, que se dispôs a ler um trabalho e corrigi-lo sem que tenha sido cumprida a exigência mínima de números nas páginas. Aqui se inicia o julgamento da banca no que se refere ao engajamento e ao envolvimento com o trabalho apresentado.

Outro fato que é comum ocorrer são os **erros de grafia**, concordância e problemas gramaticais. Você teve pelo menos alguns meses para preparar o texto final do seu TCC e o apresenta com erros que uma boa leitura poderia ter resolvido? Não é correto entregarmos às pessoas que se dispõem a nos auxiliar em nossa melhora um produto cheio de falhas. Quando possível, solicite o trabalho de um bom revisor de texto, que possa apontar os erros gramaticais e os vícios de linguagem utilizados ao longo do trabalho.

Porém, o que se pode considerar um descaso maior ainda é a encadernação das páginas fora de ordem; elas podem até estar numeradas (pior ainda se não estiverem) e a encadernação foi feita não respondendo à ordem da numeração. É comum o acadêmico culpar "a moça da mecanografia", "o menino descuidado da copiadora", mas não são eles os descuidados, e sim **você**, que não conferiu o trabalho solicitado. Você pode até ter pago pelo trabalho, mas a responsabilidade final pela elaboração e entrega é toda sua, e você não pode se eximir dessa responsabilidade, e mesmo que outros tenham auxiliado nessa elaboração (cópias, reprodução, digitação, encadernação), a supervisão final há de ser sua, pois o trabalho é seu. Até se pode entender que no final do trabalho você e todo o seu grupo estejam cansados, saturados, não aguentando mais ouvir falar a sigla TCC, mas faça um esforço final. *Uma dica*: se você e seu grupo, desde o início, viram o TCC como mais uma matéria a ser estudada e para se tirar nota, a tarefa fica ainda mais árdua. Tente ver o TCC como uma oportunidade de obter um aprendizado novo. Muitos acadêmicos reclamam que os cursos não oferecem matérias, disciplinas práticas, e ficam só debatendo teorias. O TCC é uma oportunidade de você colocar em prática muitas teorias, pois de uma disciplina aparentemente teórica você vai para a prática, praticar a teoria.

Melhorando o Trabalho

Sugerimos que você deixe seu trabalho pronto para a entrega ao menos duas semanas antes da data da defesa, para garantir: uma boa e minuciosa leitura do seu trabalho de conclusão, verificando, página por página, parágrafo por parágrafo, as informações. Pode parecer um trabalho meio obsessivo, mas é estritamente necessário. Verifique a encadernação, a numeração das páginas, se o exemplar está correto e se não está faltando nada. Se você realizou seu TCC em grupo, mais de uma pessoa deverá realizar essa tarefa.

Quando apontamos uma leitura minuciosa do texto redigido, faça-o duas ou três semanas depois de ele estar totalmente pronto e **antes** de encaminhá-lo para reprodução e encadernação, pois é comum que, de tanto ler o material escrito, você se "acostume" até com os erros de concordância e de escrita. É sempre salutar que mais de uma pessoa leia a sua produção. A sugestão é que alguém que não seja da sua área de conhecimento possa fazer essa leitura para detectar possíveis erros e mesmo ver se o texto está se fazendo entender, se está claro. Verifique:

- os elementos pré-textuais estão corretos e na ordem certa (capa sem erro, página de rosto correta, nome do professor orientador grafado corretamente, ficha catalográfica, folha de aprovação da banca, dedicatória, agradecimentos, epígrafe, sumário, lista de tabelas, resumo)?
- os elementos textuais obedecem às normas (introdução, objetivos, método, resultados, discussão dos resultados, consideração finais)? Os capítulos estão na ordem correta?
- os elementos pós-textuais estão na ordem correta (anexos, apêndices, entrevistas, autorizações, termos de consentimento)?
- todos os autores referidos no corpo do texto estão listados na referência? Estão todos em ordem alfabética?

- as bibliografias estão corretamente citadas (nomes dos autores, ano e local das publicações)?
- os títulos dos capítulos estão todos dispostos corretamente, respeitando as tabulações específicas (p. ex., não se deve deixar um título no final da página, começando o seu conteúdo na próxima página)?

Outro fato: não deixe para entregar o trabalho "aos 45 minutos do segundo tempo", ou seja, entregue-o antes da hora marcada, para evitar atropelos de última hora, porque, por mais "incrível" que possa parecer, carros quebram, máquinas copiadoras enroscam o papel, materiais de encadernação acabam e não adianta dizer que o universo conspira contra você, porque isto é falta de planejamento. Faça um cronograma e cumpra-o fielmente.

No Dia da Defesa

Espera-se que você e todos os componentes de seu grupo tenham dormido bem, estejam descansados e, principalmente, **não tenham ficado até o amanhecer estudando** o trabalho, acordado atrasados e tenham ficado nervosos e brigado com todo mundo logo cedo. A sugestão que damos é: relaxe! (o que não é tão fácil de se praticar). Prepare o que tiver que preparar para o dia seguinte e durma um bom sono, pois tudo o que teria que ser feito já o foi.

Um item que merece ser apontado é ser sóbrio(a) no que se refere ao vestuário, o que deverá ser discreto e adequado à ocasião, sem muitos acessórios; se for usar perfume não o utilize em demasia. Uma boa apresentação se inicia pela apresentação visual, o que exige discrição no vestuário. A banca e os ouvintes precisam prestar atenção ao seu trabalho e não especificamente em você.

É de boa educação agradecermos às pessoas que nos ajudam a crescer pessoal e profissionalmente. Para isso, se a instituição em que você defenderá seu TCC não oferecer água ou um cafezinho à banca, faça-o, ou mesmo providencie para que a banca arguidora se sinta à vontade apresentando, caso seja necessário, os membros da banca uns aos outros. Por certo você poderá estar nervoso(a), mas lembre-se de que a defesa consiste em um diálogo, que se inicia quando você deixa os professores à vontade, caso eles não sejam "da casa", ou seja, caso pertençam a outra instituição de ensino e foram convidados por você ou por seu orientador para estarem presentes e contribuírem para o seu trabalho.

Pode ocorrer ainda que, por mais minucioso e obsessivo que você e seu grupo tenham sido, alguns erros passaram despercebidos. O que fazer então? Entrar em surto? Nada disso. Uma **errata** pode resolver o problema. Basta que você, ou seu grupo, elabore uma errata apontando os erros que aparecem no trabalho, e é simples: o termo ERRATA deverá ser grafado na folha, centralizado, encabeçando a lista dos erros, da seguinte maneira: "Na página 'x', onde está escrito (nominar o erro), leia-se (nominar o correto)." Faça uma cópia para cada banca, inclusive para seu orientador, e entregue-a a cada membro antes de dar início à defesa, desculpando-se pelo erro.

O Momento da Defesa

A defesa em si do TCC compreende sete momentos ou etapas que deverão ser cumpridas por você, pela banca e pelos presentes (se houver, pois há instituições que autorizam a participação apenas dos acadêmicos que defenderão seus trabalhos no ano seguinte). A saber:

- abertura;
- agradecimentos;
- apresentação do TCC;
- arguição da banca;
- arguição do(s) acadêmico(s);
- reunião da banca arguidora; e
- comunicação da ata.

Abertura: é comum que a abertura dos trabalhos seja realizada pelo professor orientador que é o presidente da mesa. Ele apresenta o trabalho a ser arguido, bem como o acadêmico ou acadêmicos, nominando-o(s) para que a banca possa conhecer e aferir as notas ao grupo. O presidente também informa o tempo que você, ou seu grupo, terá para expor o trabalho.

Agradecimentos: é elegante, por parte do acadêmico ou do grupo, que se façam agradecimentos nominais à banca, pois são pessoas que estarão contribuindo para a sua formação e que dispuseram de um tempo de sua agenda pessoal para poder estar ali, ajudando você e/ou ao seu grupo, para o crescimento acadêmico de todos. O agradecimento é simples e, mesmo que o seu orientador já o tenha feito, nomine os elementos da banca novamente e agradeça-lhes. Não é uma questão de "puxa-saquismo", mas de deferência e educação.

Apresentação do TCC: normalmente o tempo total para cada apresentação é de uma hora, assim dividida: o acadêmico disporá de 20 minutos para a apresentação do trabalho, mais 20 minutos para que os professores arguidores façam suas perguntas e tenham suas respostas e 20 minutos restantes para a elaboração da ata com a nota devida. A apresentação oral deverá ser definida previamente, bem como os materiais didáticos que você ou seu grupo utilizarão, como, por exemplo, fichas de anotações, tela de computador, o projetor de *slides*, a lousa, material para escrever na lousa. Sugere-se que você não leia, mas apresente o seu trabalho. O início da apresentação se dá com a apresentação geral do trabalho. Se houver mais de uma pessoa para apresentar o trabalho, diga o que cada um fará. A apresentação do trabalho se faz com retroprojetor ou *datashow*. Nossa dica é que, tanto para uma tecnologia como para outra, prevaleça o bom gosto. Na confecção das transparências, você deverá ter o cuidado de utilizar letras adequadas, que facilitem a leitura por parte de todos. Exemplificando: qual das grafias a seguir você escolheria para apresentar seu trabalho? *Apresentando sua pesquisa,* 𝕬𝖕𝖗𝖊𝖘𝖊𝖓𝖙𝖆𝖓𝖉𝖔 𝖘𝖚𝖆 𝖕𝖊𝖘𝖖𝖚𝖎𝖘𝖆, Apresentando sua pesquisa, 𝕬𝖕𝖗𝖊𝖘𝖊𝖓𝖙𝖆𝖓𝖉𝖔 𝖘𝖚𝖆 𝖕𝖊𝖘𝖖𝖚𝖎𝖘𝖆 ou Apresentando sua pesquisa. Todas estão no mesmo tamanho de letra. Escolha uma letra que seja fácil de ler. As transparências ou *slides* do *datashow* não devem estar "poluídas", "carregadas" de informações. Nas transparências, assim como nas lâminas, devem constar apenas as informações necessárias para você expor suas ideias e o assunto. No que se refere ao uso do *datashow*, os *slides* deverão ser discretos, de preferência com fundo branco ou de tons pastel para não "carregar" sua apresentação. Você pode estar pensando: "Fundo branco? Que coisa sem graça!". Lembre-se de que se trata da apresentação de um trabalho científico e de que você deverá respeitar as normas. As sugestões para a utilização dos *slides* do PowerPoint são: eixo, equipe, feixe, fluxo, perfil, pixel, rede e tremido. Como você pode observar, há muitas opções para se exercer a criatividade. **Evite** colocar um número excessivo de tabelas e gráficos na apresentação, embora também seja aconselhável evitar uma apresentação com dados sem tabelas e gráficos. Lembre-se do tempo e não elabore *slides* demais que o impeçam de cumprir o tempo estipulado; 10 a 12 *slides* costumam ser suficientes para você expor todo seu trabalho. O que elaborar então? Sugestão:

- título do trabalho e nome do orientador (ou grupo) – um *slide;*
- introdução resumo com os principais conceitos – três *slides;*
- objetivos – um *slide;*
- método – dois *slides;*
- resultados – três *slides;*
- discussão dos resultados – dois *slides;*
- considerações finais – um *slide.*

Cuidado também na utilização de muitas cores, que cansam quem está lendo. Mesmo que sejam poucos *slides,* evite colorir demais a apresentação. Escolha um padrão de cores e utilize-o em todos os *slides.* Há apresentações que são feitas com as letras dos *slides* em azul, amarela, verde, vermelha, e quem está assistindo à apresentação não consegue identificar o que realmente é destaque, que merece ser ressaltado. Isso, no entanto, não significa apresentar um trabalho monocromático, pois também cansa.

Quando da apresentação oral, cuide para que você se expresse corretamente, e cuidado com erros gramaticais e cacoetes que, porventura, façam parte do seu vocabulário, como, por exemplo, "é", "né", "bem", "bom", e por aí vai. Sugestão: treine com uma pessoa que não seja do grupo para que ela possa apontar os erros. Também será bom para você(s) administrar(em) o tempo de apresentação, equacionando o que dizer e como dizer. Planeje com seu orientador o apontamento do tempo transcorrido para que você cumpra o estabelecido. Se você estiver em um grupo, recomenda-se que aquele que terminou de apresentar sua parte apresente o companheiro com algo do gênero: "Meu colega (nome) continuará nossa apresentação."

Arguição da banca: geralmente os membros da banca farão algumas perguntas ao apresentador ou apresentadores do trabalho. Responda ao que lhe foi perguntado. Se por acaso você não entender a pergunta, não há mal algum em solicitar que seja repetida ou reelaborada. Inicialmente, acate as sugestões que lhe forem feitas para melhorar seu trabalho. Após a defesa, você e seu orientador poderão sentar e debater as sugestões e deliberar quais serão aceitas.

Arguição do(s) acadêmico(s): seja sucinto, direto, sem enrolações. Responda ao que foi perguntado; daí a importância de todos participarem de todas as etapas da elaboração do trabalho, caso você defenda seu TCC em grupo.

Reunião da banca arguidora: após terem sido respondidas todas as perguntas e uma vez que os professores da banca se sintam satisfeitos, todos são convidados pelo presidente da banca, seu professor orientador, a se dirigirem para fora da sala a fim de que se dê início aos trabalhos de lavrar a ata. Nessa reunião os professores debaterão suas percepções sobre o trabalho apresentado, atribuindo suas notas, que poderão se converter em média, conceito ou simples classificação em aprovado ou reprovado. Se o trabalho foi defendido em grupo, certamente haverá uma nota grupal (a parte escrita e a apresentação geral do trabalho) e uma nota individual (resultado da apresentação individual de cada participante que compõe o grupo).

Comunicação da ata: após as devidas deliberações, todos são convidados a retornar à sala, onde o presidente da mesa fará a leitura da ata com as devidas notas. Após a leitura da ata, é comum o professor orientador proferir algumas palavras, bem como o(s) acadêmico(s) agradecerem.

Terminou? Ainda não. Após o término, não se esqueça de fazer as correções apontadas que você e seu orientador acharem pertinentes, mas nada como uma boa comemoração para celebrar sua "sobrevivência".

Os passos aqui apresentados podem variar de instituição para instituição ou mesmo de acordo com a banca. As apresentações podem ter um caráter mais ou menos formal, também dependendo da proximidade dos membros da banca entre si e com o orientador. Algumas bancas são muito mais pautadas em "bate-papos" do que em formalidades.

Enfim, nada como, após a defesa e as devidas correções, você publicar seu trabalho. Lembre-se de que o conhecimento é para ser difundido. Pode ser que outros profissionais se utilizem do conhecimento produzido por você (e seu grupo) para a produção de outros conhecimentos. Assim se faz ciência, assim ocorre o progresso da humanidade.

Divulgação dos resultados de uma pesquisa e disseminação do conhecimento científico

PAULO ROGÉRIO MORAIS E MAKILIM NUNES BAPTISTA

O fazer científico é uma das muitas atividades humanas que se caracteriza por reuniões, associações e publicações que permitem que um conhecimento específico seja compartilhado por um número maior de indivíduos. Os avanços técnicos alcançados pela espécie humana só foram possíveis a partir da atividade intrinsecamente interdependente de indivíduos que, em diversos locais do planeta e ao longo de toda a história humana, buscaram compreender os diferentes aspectos da realidade e foram capazes de comunicar os seus achados de maneira clara, objetiva, imparcial e honesta aos outros indivíduos com interesses semelhantes.

Realizar um rigoroso planejamento, fazer uma exaustiva revisão de literatura e empregar métodos adequados para a coleta dos dados e análise dos resultados são etapas importantíssimas para a realização de uma pesquisa científica. No entanto, não é exagero afirmar que o trabalho científico só está realmente 'pronto' quando os pesquisadores compartilham o conhecimento produzido e dispõem seus dados e métodos à rigorosa apreciação cética dos outros pesquisadores.

Para que a atividade científica possa cumprir a finalidade de avançar na compreensão dos seus diferentes objetos de estudo, é necessário que os conhecimentos gerados por uma pesquisa estejam disponíveis para subsidiar o trabalho de outros pesquisadores. Ziman (1979) afirma que a literatura disponível acerca de um determinado assunto tem a mesma importância que o trabalho de pesquisa, e os pesquisadores contribuem para a ampliação da literatura disponível sobre o tema investigado quando divulgam os resultados de sua pesquisa. Uma pesquisa só adquire seu real significado quando é submetida à apreciação, às críticas e às sugestões de outros pesquisadores da área e, em certas circunstâncias, até mesmo de leigos no assunto.

Mendes (2006) elenca algumas diferenças conceituais que são importantes para compreender as formas de veiculação das informações científicas. A difusão da informação científica se refere aos diferentes processos ou recursos utilizados para veicular informações científicas e tecnológicas, podendo ser direcionada tanto para especialistas quanto para o público leigo em geral. Esse mesmo autor distingue os conceitos de divulgação científica e disseminação científica:

Disseminação científica → está relacionada ao processo de transferência de informações, por meio de linguagem técnica específica e transcrita em códigos especializados, a um público restrito de especialistas. Nessa categoria estão os periódicos especializados, os bancos de dados e as reuniões científicas, entre outros. Envolve os processos de comunicação que se estabelecem no interior das comunidades científicas e têm o objetivo de difundir os resultados de pesquisas e descobertas científicas. A comunicação entre cientistas pode se dar em dois níveis:

a. *Intrapares*: quando é dirigida somente ao público especializado de uma mesma área de conhecimento; e

b. Extrapares: quando as informações também circulam entre especialistas de outras áreas de conhecimento.

Divulgação (ou vulgarização) científica → está relacionada aos processos, procedimentos e recursos destinados à comunicação do conhecimento científico para um público composto por não especialistas. Também chamada de "vulgarização científica", por veicular informação científica para o público leigo em geral, utiliza diferentes recursos técnicos e metodológicos para "traduzir" a linguagem especializada para uma linguagem que permita a compreensão do público não especializado e torna o conhecimento científico acessível a um número maior de pessoas. Os meios de divulgação científica incluem museus, centros de ciências, jornais diários, revistas, programas de TV, blogs, páginas na internet etc.

Neste capítulo serão apresentadas informações acerca de duas importantes formas usadas pelos cientistas para **disseminar** o conhecimento gerado por suas pesquisas:

a. a apresentação do trabalho em uma reunião científica; ou

b. a submissão do artigo de pesquisa para uma revista científica.

As dicas práticas que se seguem podem auxiliar o iniciante em pesquisa a divulgar a sua pesquisa e também a dar início a sua integração à comunidade científica de sua área. Embora as novas tecnologias de informação tenham permitido diversos avanços na divulgação de informações para um grande número de pessoas, entre os cientistas, a comunicação continua sendo realizada principalmente em congressos e outros tipos de reunião científica e em periódicos indexados.

APRESENTAÇÃO DA PESQUISA EM CONGRESSOS E REUNIÕES DE SOCIEDADES CIENTÍFICAS

Muitas sociedades científicas costumam realizar encontros periódicos para que os pesquisadores possam apresentar suas descobertas, conhecer as descobertas de outros cientistas, trocar ideias, discutir métodos e manter-se atualizados com as novidades da sua área. Esses encontros podem variar desde pequenos seminários, com menos de uma dúzia de participantes reunidos em uma sala de aula, até congressos internacionais faraônicos, realizados em lugares luxuosos e com até milhares de participantes.

A despeito das compensações de participar de um grande congresso internacional como, por exemplo, o renome dos oradores ou o impacto sobre o currículo, a utilidade de um encontro científico tende a ser inversamente proporcional ao seu tamanho e os debates e críticas sequentes às apresentações tendem a ser menos eficientes em congressos maiores (Dixon, 1976).

Uma característica dos trabalhos apresentados em congressos é a sua atualidade, pois geralmente são produtos de pesquisas recém-concluídas ou são resultados preliminares de pesquisas em andamento. Por ser menos formal do que um artigo publicado em periódico, a apresentação do trabalho em um congresso ou seminário é a possibilidade de maior detalhamento de pontos de interesse específico de cada interlocutor, que pode ser outro iniciante em pesquisa ou um renomado especialista na área. Além disso, para muitos pesquisadores, as sessões de painéis de um congresso ou encontro científico são a porta de entrada para a comunidade científica e são poucos os cientistas que não têm memórias relacionadas à apresentação do seu primeiro "pôster".

De modo geral, um painel contempla os aspectos mais relevantes da pesquisa por meio de um dispositivo visual (pôster, *banner* ou outros) que obedece a normas estabelecidas pelos organizadores do congresso e é afixado em local que permite aos participantes do evento transitar por entre os painéis e parar para ler os trabalhos e conversar com seu autor. Durante a sessão de painéis, os pesquisadores ficam junto aos seus trabalhos e interagem com outros participantes do congresso que visitam a sessão e param para ler os trabalhos que lhes interessam e esclarecer eventuais dúvidas, fazer comentários acerca dos conteúdos ou realizar uma minuciosa avaliação dos métodos e achados.

Além da animação característica da maior parte dos autores presentes, em uma sessão de painéis também se podem perceber sinais de ansiedade daqueles que estão debutando na comunidade científica. A possibilidade de ser inquirido por um "fodão"[1] da área é motivo de reações muito diversas entre estudantes. Enquanto alguns interpretam essa possibilidade como uma forma de reconhecimento do valor científico do seu trabalho, outros sentem-se apreensivos e inseguros. É fato corriqueiro na vida de um professor orientador se deparar com reações de ansiedade em muitos dos seus alunos de graduação e, não raro, também de pós-graduação.

Eventualmente, algum especialista da área pode fazer suas críticas de maneira tão grosseira e pesada que um ou outro estudante é levado às lágrimas, independentemente da legitimidade ou do valor científico das críticas feitas. Felizmente, na esmagadora maioria das vezes, os receios de alguns iniciantes não se confirmam, e, para muitos, a satisfação de ter apresentado sua primeira pesquisa em um evento científico motiva a continuidade na carreira científica.

Da mesma forma que é necessário realizar uma série de tarefas antes de se chegar a uma conclusão confiável para a pesquisa, também é preciso sistematizar as atividades a serem realizadas antes de experimentar a satisfação da primeira apresentação de um trabalho para a comunidade científica. Pode-se dizer que a apresentação de um trabalho em eventos técnico-científicos começa muito antes do evento em si. Inicia-se com a busca e a escolha de um evento compatível com a sua pesquisa e só termina com a efetiva exposição do painel, explicações e defesa das ideias nele contidas. Para apresentar sua pesquisa em um evento técnico-científico será necessário:

    a. Procurar e escolher um congresso ou outro evento técnico-científico adequado à sua pesquisa

    b. Conhecer as exigências e os requisitos a serem atendidos

    c. Preparar o material e submeter à apreciação da comissão científica

    d. Preparar o pôster ou *banner*

    e. Estar preparado para esclarecer pontos relevantes da pesquisa e possíveis debates informais durante a sessão de apresentação

Embora as tarefas necessárias para a apresentação de um trabalho em congresso sejam bastante simples, o auxílio de um pesquisador mais experiente pode ser um fator decisivo para que os iniciantes tenham seus trabalhos aprovados pelas comissões científicas dos eventos e façam uma apresentação adequada aos padrões de exigência da comunidade científica. Assim como uma criança precisa de adultos que a instruam sobre, por exemplo, como ter "bons modos" à mesa, o iniciante em pesquisa também pode precisar de pesquisadores mais experientes para lhes ensinar os "bons modos" da comunidade científica.

Além de facilitar a busca de congressos, a popularização da internet permite acesso rápido às normas para o envio de propostas de painéis ou outras atividades. Muitas sociedades científicas mantêm sítios virtuais com informações atualizadas acerca dos encontros e outras atividades por elas promovidos, bem como as normas para envio de trabalhos, instruções para a inscrição e outras informações úteis.

Apesar de facilitar a localização de congressos, a internet oferece acesso a muita informação que pode confundir o jovem pesquisador. No meio de tanta informação, o pesquisador iniciante pode não saber exatamente quais são os melhores congressos e reuniões da sua área. Sob muitos aspectos, a seleção do congresso é um processo menos simples e mais importante. Embora a internet seja uma alternativa muito interessante para se buscarem informações acerca dos eventos técnico-científicos que irão acontecer, no momento de selecionar o evento, a maior experiência de um pesquisador poderá contribuir para uma estratégia mais produtiva para a carreira científica do jovem pesquisador.

---

[1] Embora a expressão remeta semanticamente ao chulo "foda", frequentemente é empregada por estudantes de pós-graduação para se referir a algum cientista de renome ou com produção relevante.

Nas últimas décadas, houve um crescimento vertiginoso do número de congressos e encontros nos quais os pesquisadores podem apresentar seus trabalhos. No entanto, muitos desses eventos não são encontros científicos, mas reuniões direcionadas aos profissionais de uma determinada área, baseadas quase que inteiramente na arrecadação dos valores pagos pela inscrição e com discussões que priorizam temas de caráter mais técnico ou político do que rigorosamente científico. Mesmo pesquisadores com vasta experiência podem ser enganados e ser alvo de um dos muitos eventos pseudoacadêmicos que acontecem em diversos países. Kolata (2013) menciona a existência de um "mundo paralelo" da pseudoacademia, no qual eventos científicos consagrados são "pirateados" e têm suas cópias divulgadas com nomes quase idênticos. Esse autor cita o caso da conferência "Entomology-2013", que atraiu muitos cientistas que pensavam estar se inscrevendo na "Entomology 2013" (sem o hífen), uma conferência conhecida e academicamente legitimada.

A orientação de um pesquisador com sólida formação científica é condição necessária para que o iniciante em ciência aprenda a diferenciar um verdadeiro congresso de um encontro pseudoacadêmico ou um congresso "pirata". Além de indicar o melhor congresso ou reunião científica para o seu trabalho, seu orientador também poderá lhe ensinar alguns "macetes" adquiridos com a experiência e que não constam das normas apresentadas para a submissão de trabalhos.

Assim que se escolhe o congresso, será necessário saber quais são os requisitos e outras exigências para a submissão do seu trabalho para a apreciação da comissão científica do evento. A primeira informação que você deve obter é a data-limite para o envio do trabalho. Geralmente, as datas-limite para enviar as propostas antecedem a realização do encontro em semanas ou meses. Por exemplo, a Reunião Anual realizada pela Sociedade Brasileira de Psicologia tradicionalmente ocorre no final do mês de outubro e costuma fixar suas datas-limite para o mês de maio ou junho. Se você e seu orientador pretendem apresentar a pesquisa em algum encontro científico, é muito importante que, já na fase de planejamento da pesquisa, seja decidido para qual congresso pretendem enviar o estudo e qual é a data-limite para o envio do material para apreciação da comissão científica.

Depois de saber o limite de prazo para enviar o material, é necessário saber as especificações do material a ser enviado. Nos grandes congressos científicos, o número de trabalhos submetidos e apresentados é enorme, e as comissões científicas precisam selecioná-los. Por isso, quase sempre solicitam que seja enviado somente um resumo da pesquisa, e não o relatório completo.

Apesar de, geralmente, figurar no início do relatório de pesquisa ou na versão submetida para ser publicada em alguma revista científica e, por causa do seu tamanho, ser aparentemente mais fácil de redigir, na maior parte das vezes, a elaboração do resumo é uma tarefa extenuante e feita somente depois que todo o relatório ou artigo já estar pronto. Embora pequeno, exige imaginação e criatividade em sua elaboração, e um resumo malfeito pode ter consequências negativas para os dois principais objetivos da comunicação científica: a divulgação e o debate. Por representar uma amostra de um trabalho muito mais amplo, o resumo de um trabalho científico pode ser comparado com o *trailer* de um filme, pois, depois do título, o conteúdo e a estrutura do resumo é que despertarão ou não o interesse do leitor em ler o trabalho completo (Caramelli, 2011). Alguns pesquisadores não consideram que apresentar um pôster em congresso, mesmo com a publicação do resumo nos anais do evento, seja uma publicação de verdade e acreditam que isso serve mais como um meio para promover o seu trabalho e criar a expectativa da publicação do artigo nas pessoas que visitam o pôster.

Por não haver uma norma amplamente aceita para o formato ou o conteúdo dos resumos apresentados em congressos, as próprias entidades que organizam os eventos estabelecem e divulgam as suas normas para a elaboração dos resumos, incluindo o número máximo de palavras, o tipo e tamanho das letras, entre outras. Mesmo que não exista um padrão para os resumos submetidos, algumas características são comuns a todo bom resumo:

1. As informações devem ser apresentadas em parágrafo único, sem subdivisões, embora alguns congressos solicitem que o resumo seja subdividido em seções como, por exemplo, objetivos, método, resultados e conclusões, às vezes em tópicos;

2. As informações do texto devem permitir que o leitor tenha subsídios para decidir se vale a pena ou não visitar esse painel ou assistir àquela apresentação oral;

3. O texto deve ser escrito de forma clara, objetiva, com o adequado emprego dos termos técnicos, respeitar o limite de palavras ou letras e responder às seguintes questões básicas:

   a. Do que trata o trabalho?

   b. Quais foram os principais objetivos da pesquisa?

   c. Qual o método utilizado (participantes, materiais, procedimento e tratamento estatístico)?

   d. Quais os principais resultados?

   e. O que os resultados permitem dizer acerca dos objetivos?

4. As discussões acerca dos resultados não precisam figurar no resumo.

5. O resumo não deve conter citações ou referências e as abreviações devem ser evitadas.

6. Defina as palavras-chave mais adequadas para que outros pesquisadores interessados em temas correlatos ao seu possam encontrar o seu trabalho;

7. Releia e reescreva o texto quantas vezes julgar necessário. Solicite a opinião dos seus colegas e do seu orientador.

Independentemente dessas dicas, é de fundamental importância que você observe e siga todas as normas estabelecidas pelas comissões organizadoras dos congressos. De modo geral, as comissões organizadoras dos diferentes eventos estabelecem as normas e as características gerais a que o resumo deve obedecer para ser apreciado pela comissão científica. Fazer uma lista de checagem com todas as recomendações e exigências da comissão organizadora do congresso pode ser um procedimento bastante útil para você saber quais os requisitos já foram atendidos e conferir a adequação do texto antes de enviar o seu resumo.

O ideal é que seu orientador faça uma leitura do resumo e lhe dê sugestões para melhorá-lo, se for necessário. É funcional ouvir a voz da experiência e fazer uma revisão ortográfica e gramatical do seu texto antes de enviá-lo para a comissão organizadora, pois se seu trabalho for selecionado para ser apresentado, o resumo enviado será publicado nos anais ou no livro de resumos do encontro, e não é nada agradável perceber um erro grosseiro no texto no momento em que ele já está publicado.

Os procedimentos que as comissões organizadoras geralmente executam com os resumos que recebem são bastante parecidos com aqueles adotados pelos corpos editoriais dos periódicos com os trabalhos submetidos. Geralmente, o resumo é avaliado por outros pesquisadores que executam a função de pareceristas independentes, que julgam se o resumo enviado tem qualidade suficiente para ser apresentado no evento. Embora possa gerar descontentamento daqueles que têm seus resumos rejeitados, esse procedimento é um indicador de qualidade do evento, visto que em muitos congressos os trabalhos enviados são aprovados sem qualquer avaliação ou submetidos a avaliações apenas superficiais. Salvo raras exceções, enviar um resumo para um evento pseudoacadêmico é garantia de aprovação, mas os frutos de apresentar seu trabalho em um evento desses são pouco interessantes, servindo quase que exclusivamente como uma espécie de treino para a participação em eventos mais conceituados. Apresentar trabalhos em eventos não reconhecidos pela comunidade científica também pode resultar no efeito "pastel de vento" curricular: apesar de não acrescentar valor científico ao currículo do pesquisador, a apresentação de trabalhos em um evento qualquer serve para aumentar o seu volume.

Após a apreciação do resumo pela comissão científica do evento, a comissão organizadora envia uma resposta ao autor do trabalho informando se o resumo foi ou não aceito. Um resumo elaborado com cuidado e que atende às normas especificadas pela comissão organizadora tem alta probabilidade de ser aceito. Nos casos em que o resumo é aceito para a apresentação, a resposta da comissão normalmente indica a data, o local e o horário para a exposição do pôster e, eventualmente, informa que seu trabalho foi escolhido para ser apresentado oralmente em um módulo temático ou sessão coordenada. Por isso, vale lembrar que, em muitos congressos, um trabalho encaminhado para ser apresentado em forma de painel pode ser escolhido para uma apresentação oral em algum módulo temático. Apesar de muitos pesquisadores acreditarem que a qualidade do seu resumo é um fator determinante para que seu trabalho seja escolhido para ser apresentado oralmente, a pesquisa realizada por Santos e Pereira (2007) não detectou diferença estatisticamente significativa na qualidade dos resumos de trabalhos apresentados oralmente ou na forma de painel em um congresso médico.

De modo geral, é melhor apresentar seu trabalho em uma comunicação oral ou módulo temático; no entanto, são relativamente poucos os trabalhos escolhidos para essa modalidade de apresentação e, geralmente, pesquisadores experientes ou trabalhos mais inovadores são os escolhidos. Para o iniciante, a apresentação de pôsteres com o relato do trabalho de pesquisa é a forma mais comum de comunicação científica nesse tipo de evento.

Depois de ter o seu resumo aprovado, inicia-se a preparação para a efetiva apresentação do trabalho. Existem empresas especializadas na montagem e impressão de pôsteres para congressos, mas você mesmo pode confeccionar o seu pôster utilizando programas como o PowerPoint, por exemplo. Embora exija algumas habilidades que extrapolam as atividades típicas de um pesquisador, a elaboração de um pôster é uma tarefa relativamente simples. Mesmo assim, para elaborar um pôster, é necessário considerar as peculiaridades típicas dessa modalidade de comunicação científica e usar a imaginação para adequar as formalidades típicas da redação científica com a informalidade de uma conversa.

O principal objetivo de apresentar os resultados de uma pesquisa em uma sessão de pôsteres é socializar o conhecimento gerado, submetendo-o à apreciação dos outros pesquisadores que participam do congresso. Por esse motivo, o pôster deve ter características que chamem a atenção das pessoas que visitam o espaço de exposição dos pôsteres, geralmente com dezenas ou centenas de outros pôsteres que são apresentados simultaneamente – sem contar a eventual concorrência desleal dos coquetéis e cafezinhos.

Apesar de o leiaute (diagramação) de um pôster ser radicalmente diferente, a estrutura básica de um pôster se assemelha à de um artigo, com título, introdução, métodos, resultados e discussão. De modo geral, a comissão organizadora estabelece as características que o pôster deve apresentar para ser exposto no evento. Embora não substituam as normas estabelecidas pela comissão organizadora do evento, a seguir, serão apresentadas algumas dicas para a confecção de um pôster:

- tamanho do pôster: embora possa variar de um evento para outro, geralmente é recomendado algo em torno de 1,00 m de altura por 0,90 m de largura;
- tipo e tamanho das letras: tanto o tipo quanto o tamanho das letras utilizadas no pôster devem permitir que uma pessoa seja capaz de ler confortavelmente as informações do pôster acerca de 1,5 m de distância. Para facilitar a leitura a distância, prefira fontes sem ornamentos como, por exemplo, Arial, Verdana ou Tahoma. É recomendado evitar o uso de fontes muito diferentes ao longo do pôster. Os tamanhos de fonte podem ser:
  - título: 60 ou 80 pontos;
  - cabeçalho (nomes dos autores, departamento e instituição): 30 ou 50 pontos;
  - texto: 20 pontos no mínimo;
  - referências: 12 pontos.
- para facilitar a localização de cada parte do trabalho, as seções devem estar bem separadas umas das outras e obedecer à mesma sequência das seções de um artigo. Além disso, você poderá apresentar a parte textual do pôster em duas ou três colunas;
- tenha cuidado ao empregar recursos visuais como figuras, ilustrações, fotos ou esquemas, pois o exagero destes pode dar a impressão de superficialidade do trabalho. Usar esquemas para apresentar as ideias centrais ou os métodos também pode ser uma estratégia útil para reduzir o tempo gasto pelos visitantes na leitura do seu pôster;

- diferentemente do que ocorre com o resumo, o texto do painel deve conter citações e ter as referências apresentadas ao final. As letras usadas nas referências podem ser pequenas (10 ou 12 pontos);
- as cores que serão utilizadas em letras, figuras, tabelas, esquemas e no fundo do painel merecem atenção especial. Cores mal selecionadas podem tornar o seu painel ilegível. A utilização de cores contrastantes nas letras e no fundo é um recurso que facilita a visualização das informações contidas no painel;
- é relativamente comum a utilização de figuras como fundo do painel (estilo marca-d'água). Se for utilizar esse recurso, é interessante que a figura seja semanticamente relacionada com o tema do seu trabalho;
- dependendo do tipo de congresso no qual o painel será apresentado, você deve considerar a possibilidade de apresentar uma versão em inglês do resumo;
- o painel poderá ser impresso tanto em uma única folha (tipo *banner*) ou em unidades menores em papel tamanho A4 para serem distribuídas no espaço reservado para o painel;
- você pode preparar uma versão reduzida do painel (todo o painel em uma folha A4), com dados para contato, para que seja distribuída aos participantes interessados.

Além dessas dicas, também é bom ter em mente que o seu pôster deve ser interessante tanto na forma quanto no conteúdo. Não basta que o tema da sua pesquisa seja interessante, que você tenha abordado o problema de pesquisa com um método elegante ou se seus resultados são relevantes: os aspectos visuais do pôster também são importantes.

Depois de confeccionado o pôster, resta aguardar o dia e o horário da sua apresentação e fixá-lo no espaço indicado pelos organizadores do evento, e, no horário marcado, apresentá-lo aos interessados. Muitos eventos recomendam que o painel seja afixado no local algumas horas antes da apresentação para que os interessados possam ter mais tempo para localizar os painéis que desejam e, no horário reservado à apresentação, possam ir diretamente aos painéis mais importantes.

Apesar da ansiedade de muitos jovens pesquisadores, a apresentação de uma pesquisa em uma sessão de painéis é algo bastante tranquilo. Embora possam acontecer debates acalorados, o que mais se observa em tais sessões é uma conversa com características bastante informais entre o participante interessado e o autor de um pôster. Geralmente, não é necessário que o autor faça uma exposição oral minuciosa do seu trabalho, e tais apresentações podem tornar-se bate-papos interessantes, nos quais são feitas questões específicas sobre o conteúdo e o método do trabalho e o autor dá suas respostas sem grande formalidade. Nesse contexto, uma grande vantagem das sessões de pôsteres é que o participante poderá discutir a pesquisa diretamente com o pesquisador que a realizou, tirando suas dúvidas quanto aos procedimentos e resultados, fazendo sugestões ou mesmo solicitando informações para um trabalho seu que aborde um tema ou problema de pesquisa semelhante. Além disso, ao expor seu trabalho, os jovens pesquisadores têm oportunidade de manter contato direto com pesquisadores mais experientes e, muitas vezes, fazer contatos importantes e produtivos para sua carreira.

Em função da informalidade característica das sessões de pôsteres, não existe uma receita pronta para a apresentação e você poderá passar o tempo todo explicando o seu trabalho para os interessados, mas também poderá ficar às moscas, sem que apareça ninguém para discutir seu trabalho. No primeiro caso, será necessária paciência para repetir a mesma explicação muitas vezes para os diferentes interessados. As eventuais críticas que poderão ser feitas ao seu trabalho não devem ser motivo de preocupação, pois ter sua pesquisa criticada por outros pesquisadores é algo intrínseco ao trabalho científico. A partir da divulgação de uma pesquisa pretendemos não só compartilhar o conhecimento por ela gerado com outros pesquisadores, mas também ouvir suas críticas e sugestões (para mais detalhes veja o texto de Ziman, 1996).

No outro extremo, a possibilidade de você ficar "plantado" junto ao seu painel sem que ninguém pare para lê-lo, ouvir uma exposição mais detalhada ou discuti-lo não é nada agradável. Na verdade, ter seu painel negligenciado pelos participantes de um congresso é um fantasma para muitos pesquisadores que apresentam trabalhos nas sessões de painéis, pois isso pode ser um indicativo da irrelevância da pesquisa apresentada. No entanto, tal situação deve ser considerada e ser interpretada com bastante cautela, pois são muitas as razões que contribuem para um trabalho não atrair interessados. Apresentar sua pesquisa em um congresso que não tenha relação com seu tema de pesquisa, ou seu tema de pesquisa não ser um dos "temas da moda", pode ser fator que influencia negativamente o interesse dos participantes. Mesmo assim, se lhe acontecer de apresentar seu painel sem ter para quem apresentá-lo, não esmoreça – isso é relativamente comum. Conserve seu humor e, em momento oportuno, converse com seu orientador acerca do ocorrido, pois é quase certo que ele também terá uma experiência semelhante para lhe contar.

PUBLICAÇÃO DA PESQUISA EM UM PERIÓDICO CIENTÍFICO

Outro meio bastante utilizado e particularmente valorizado para se divulgar uma pesquisa é a sua publicação na forma de um artigo em uma revista científica indexada. Para Kirchhof e Lacerda (2012), a publicação de um artigo significa uma forma de validação da pesquisa feita.

Para fins práticos, divulgar sua pesquisa por meio da publicação de um artigo é muito mais atraente do que a apresentação da pesquisa em um congresso, pois a publicação de pesquisas em revistas científicas indexadas pelo ISI (Institute for Scientific Information), com seus respectivos fatores de impacto, é um dos critérios mais valorizados na avaliação do trabalho de um pesquisador e pode servir como parâmetro da qualidade da pesquisa realizada. Publicar os resultados da sua pesquisa em um periódico com alto fator pode ser uma forma eficaz de obter a respeitabilidade e aceitação da comunidade científica.

De acordo com Castro (2005), a publicação de um artigo em periódico indexado é a maneira mais adequada para fazer a comunidade científica tomar conhecimento dos resultados gerados por uma pesquisa. Apesar disso, um estudo realizado no final da década de 1960 constatou que físicos ingleses raramente liam os periódicos especializados, embora desejassem publicar os resultados de suas pesquisas nesses mesmos periódicos (Dixon, 1976); quase meio século depois, Petroianu (2011) relata que os periódicos brasileiros são pouco lidos ou citados e, consequentemente, permanecem com baixo fator de impacto no cenário internacional.

Embora hoje existam milhares de periódicos científicos que veiculam os resultados de trabalhos que tratam da ciência básica e aplicada, seja em edições físicas e/ou virtuais, a moderna história da veiculação de informações científicas começou timidamente em 1665, com os lançamentos das primeiras revistas científicas da Europa: o *Le Journal des Sçavans*, na França, e o *Philosophical Transactions*. Desde aquela época, o processo de revisão por pares, no qual outros especialistas da área avaliam a relevância e a qualidade científica dos manuscritos submetidos, é um procedimento amplamente empregado pelos conselhos editoriais dos periódicos e tornou-se um critério utilizado para avaliar aspectos qualitativos dos periódicos.

Embora o objetivo da maior parte dos pesquisadores seja publicar os seus resultados, interpretações e hipóteses em alguma revista científica, é leviano imaginar que toda e qualquer pesquisa será aceita para publicação (Dummer, 2001). No entanto, os critérios adotados pelas agências governamentais responsáveis pela coordenação, normatização e avaliação dos cursos de pós-graduação brasileiros têm motivado muitos pesquisadores e centros de pesquisa a adotarem uma lógica de trabalho na qual a qualidade e relevância científica de uma pesquisa são preteridas em favor da quantidade de publicações (Barsotti, 2011, Barbour e Chrispiniano, 2009, Coimbra Jr., 2009). A despeito da aura de respeitabilidade e credibilidade que o conhecimento científico alcançou nos últimos três séculos, a atividade científica não difere de outros campos da produção humana e a quantidade de pesquisas produzidas atualmente é inversamente proporcional à qualidade e relevância científica de tais trabalhos, fato evidenciado pelo aumento do número de artigos submetidos a periódicos brasileiros e pela queda nas taxas de aceite (Coimbra Jr., 2009).

Guardadas as devidas especificidades, a submissão de um trabalho para a apreciação do corpo editorial de uma revista científica é uma tarefa parecida com o envio de um resumo para um congresso, apesar de exigir um texto mais extenso e, consequentemente, mais horas de trabalho em sua elaboração. A submissão de um artigo para um periódico envolve etapas mais ou menos bem definidas:

a. Escolher o periódico adequado às características metodológicas e teóricas da sua pesquisa;

b. Conhecer as exigências, os requisitos e as normas editoriais a serem atendidos;

c. Redigir e enviar o artigo;

d. Esperar o posicionamento do corpo editorial do periódico;

e. Preparar-se para receber e responder às críticas e sugestões de adequação feitas pelos consultores *ad hoc* (pareceristas) das revistas;

f. Reenviar o artigo adequado às solicitações dos pareceristas.

A escolha do periódico é uma etapa fundamental da sua empreitada de publicar os resultados da sua pesquisa em uma revista científica. O primeiro passo é escolher, entre os milhares de títulos existentes, um periódico que seja adequado às características da sua pesquisa e também aos seus propósitos acadêmicos. A escolha inadequada do periódico pode gerar algumas consequências mais ou menos desagradáveis. Kirchhof e Lacerda (2012) afirmam que a escolha equivocada pode resultar em uma avaliação inadequada do trabalho, no retardo da publicação ou na divulgação ineficaz dos seus resultados.

Na busca do periódico mais apropriado para divulgar os resultados da sua pesquisa, tanto as características do periódico quando as do seu trabalho precisam ser consideradas. Com relação à revista, é importante saber se ela publica artigos sobre o assunto da sua pesquisa, se o público leitor do periódico é aquele que você pretende atingir, se o nível de conhecimento divulgado nos artigos já publicados é compatível com o conhecimento gerado pela sua pesquisa, além da periodicidade e do prestígio da revista no meio científico. Com relação ao seu trabalho, o mais importante é saber se ele possui qualidades que se adaptam mais às características dessa ou daquela revista.

Embora outros fatores possam influenciar na aceitação ou não de uma pesquisa para publicação, a relevância científica da pesquisa é um ponto crucial, principalmente para as revistas mais bem conceituadas e mais rigorosas em suas avaliações. De modo geral, os pesquisadores mais experientes têm consciência de quando os resultados de seus trabalhos têm pouca relevância para o progresso da sua área e geralmente enviam os artigos resultantes para revistas menos conceituadas. Sabendo disso, o jovem pesquisador pode, já na fase de planejamento da sua pesquisa e em conjunto com o seu orientador, estabelecer suas pretensões com o trabalho a ser desenvolvido e reduzir as chances de sofrer decepções no momento de submeter seu artigo a um periódico. É relativamente comum que pesquisadores realizem o planejamento dos seus trabalhos em consonância com as exigências editoriais de uma revista previamente selecionada.

Se você pretende publicar sua pesquisa em uma revista científica, no momento do planejamento, você deverá ter em mente que:

a. Seu problema de pesquisa deve ter relevância científica e estar fundamentado em literatura atualizada;

b. O método utilizado para abordar o tema precisa ser cuidadoso e adequadamente descrito e livre de vieses;

c. As questões éticas devem ser seguidas e documentadas;

d. Os dados precisam ser analisados de forma adequada e os resultados devem ser expostos de maneira organizada;

e. A redação deve ser clara, precisa e objetiva.

Quando a pesquisa é conduzida em consonância com as melhores práticas científicas e esses pontos são discutidos pelo orientador e o orientando, é grande a chance de o fechamento de todo o trabalho se dar com a publicação dos novos achados em uma revista científica.

De maneira bem semelhante ao que acontece com os congressos, uma revista pode ser mais ou menos adequada para essa ou aquela pesquisa. Se você submete o seu artigo a uma revista com linha editorial incompatível com as características da sua pesquisa, é grande a chance de sua empreitada resultar em frustração e perda de tempo. Mesmo que o artigo seja aceito para publicação, ele poderá ter impacto ínfimo na comunidade científica, uma vez que os potenciais interessados no seu trabalho podem não ter acesso a ele. A escolha da revista não envolve simplesmente selecionar aquela que terá maior interesse na publicação do seu trabalho. Seus interesses acadêmicos e profissionais também precisam ser levados em conta, e a escolha também deve considerar qual revista é mais interessante para os seus propósitos.

No Brasil, a Coordenação de Aperfeiçoamento de Pessoal de Nível Superior (Capes), um órgão ligado ao Ministério da Educação e responsável pela avaliação dos programas de pós-graduação brasileiros, utiliza o sistema *Qualis* para conceituar os diferentes meios de divulgação da produção intelectual dos docentes e estudantes ligados aos programas de pós-graduação *stricto sensu* existentes no país. A composição de corpo editorial e a qualificação dos consultores, a regularidade e a periodicidade da publicação são alguns dos critérios empregados no sistema *Qualis* para estipular classificação dupla para os periódicos científicos:

- uma classificação relacionada ao alcance de circulação periódico (internacional, nacional ou local);
- um conceito referente à sua qualidade (A, B ou C, com suas respectivas graduações), dado somente aos periódicos nacionais e locais.

Se na época da primeira edição deste livro o sistema *Qualis* era "um indicativo da relevância da revista e, por inferência, também dos trabalhos nela publicados" (Baptista, Morais e Sisto, 2007, p. 70), atualmente esse e outros sistemas de classificação dos periódicos científicos são alvo de diversas críticas feitas tanto pelos cientistas quanto pelos editores de revistas científicas (Garcia, 2013, Rocha-e-Silva, 2009). Um exemplo da fragilidade dos índices cientométricos é o fator de impacto publicado anualmente pelo *Journal Citation Reports*, que só inclui em seus cálculos os periódicos dispostos a pagar pelos serviços da Thomson Reuters Corporation (Barbour e Chrispiniano, 2009). O fator de impacto de uma revista é determinado por causa do número médio de citações que os artigos publicados em uma determinada revista recebe. Apesar de ter sido criado como um índice de orientação para as bibliotecas acerca de quais revistas assinar, e não como parâmetro qualitativo da ciência publicada, o fator de impacto ISI é empregado pela Capes como elemento central na classificação dos periódicos no sistema *Qualis*.

Mesmo com as crescentes críticas, tanto o *Qualis* quanto o fator de impacto ainda são muito utilizados para fins classificatórios de pesquisadores em diferentes processos seletivos de instituições públicas ou privadas. A despeito de importantes agências de fomento à pesquisa já adotarem critérios menos cientométricos e mais específicos na concessão de bolsas, muitos pesquisadores e consultores ainda são seduzidos pelos periódicos *Qualis* A ou com maior fator de impacto.

Depois de decidir para qual revista pretende enviar o seu artigo, o próximo passo é adequar o seu relatório de pesquisa às normas e características do periódico escolhido. É comum que as revistas publiquem as "instruções aos autores", nos quais apresentam os objetivos da revista, os tipos de artigo publicados, as normas relativas ao material a ser enviado para apreciação, questões relativas aos procedimentos de avaliação dos artigos, aos direitos autorais e outras informações importantes para que os autores conheçam os procedimentos necessários para submeter um trabalho à apreciação da revista. Submeter um artigo a uma revista é uma forma de firmar um contrato com ela, no qual você, como autor, aceita as regras impostas pelo corpo editorial da revista (Rosa e Chachamovick, 2003).

Ao ler as "instruções aos autores" você saberá quais são as características que o trabalho a ser submetido deve possuir para que o processo editorial se inicie. Um fato aparentemente óbvio, mas a que muitos não atendem, é que a rigorosa atenção às instruções apresentadas pela revista é fundamental. Também é útil fazer uma lista de checagem com todas as normas da revista e anotar aquelas que já foram atendidas. O uso dessa estratégia é útil para que você não se esqueça de seguir nenhuma das muitas instruções

Assim como ocorre nos congressos, enquanto algumas revistas apresentam instruções detalhadas acerca das características que o manuscrito deve possuir para ser submetido, outras podem publicar instruções amplas, gerais e até mesmo de interpretação dúbia. Em caso de dúvidas acerca das instruções, o mais indicado é entrar em contato com a revista e solicitar as informações necessárias.

Existem diversos tipos de artigo, cada um com peculiaridades quanto a estrutura e conteúdo. A natureza da pesquisa realizada e as características editoriais do periódico são os principais fatores que determinam a estrutura mais adequada para o seu artigo (Cáceres, Gândara e Puglisi, 2011).

Apesar de a Associação Brasileira de Normas Técnicas (ABNT) estabelecer os elementos que constituem o artigo publicado em um periódico científico (NBR 6022), em muitos campos do conhecimento predomina a estrutura conhecida como modelo IMRD (Introdução, Método, Resultados e Discussão), adotado desde a década de 1940 e consolidado no cenário internacional nos anos 1980 como padrão para artigos originais (Pereira, 2012). Ao analisar as instruções aos autores de 197 periódicos indexados na Scientific Electronic Library Online do Brasil (SciELO), Aragão (2011) constatou que, além do modelo IMRD, as revistas brasileiras também adotam o modelo IDC (Introdução, Desenvolvimento e Conclusão). Esse autor salienta que a baixa presença do modelo IDC (menos de 2% das instruções aos autores indicavam esse modelo) pode ser interpretada como o alinhamento dos periódicos brasileiros com as normas e os ditames de comitês e associações científicas internacionais ou com sinal de um grau elevado de "industrialização da produção científica" nas áreas em que o modelo IMRD predomina, ao comparar esse modelo com uma linha de montagem na qual os autores precisam somente colocar as diferentes "peças" na estrutura do artigo.

É comum pesquisadores de áreas com pouca tradição em pesquisas quantitativas terem familiaridade com o modelo IDC e encontrar grande dificuldade na elaboração de artigos no modelo IMRD. Com base nesse descompasso entre o conhecimento ínfimo que muitos pesquisadores têm do modelo IMRD e a elevada presença desse modelo nas publicações nacionais e internacionais e sem desconsiderar a importância dos artigos que descrevem estudos de caso, revisões sistemáticas ou metanálises, seguem algumas dicas para a elaboração de um artigo com estrutura IMRD.

Introdução

É a primeira seção de um artigo científico, e sua principal função é conduzir o leitor por uma espécie de *tour* pelos principais tópicos conceituais, teóricos e metodológicos necessários para compreender o conteúdo do artigo. Além disso, dependendo do seu estilo de redação e da adequação das informações apresentadas, a introdução pode provocar o interesse do leitor pelo assunto da pesquisa ou desmotivá-lo a continuar a leitura do artigo.

Usualmente, as informações presentes na introdução são apresentadas em uma sequência que cria uma ponte entre os aspectos conhecidos do assunto em questão e o caráter inovador da pesquisa ora apresentada. Para tanto, você pode compor seu texto introdutório com blocos de informações:

a. Comece o texto com a exposição de informações amplas e consolidadas acerca do assunto pesquisado;

b. Em seguida, introduza informações progressivamente mais específicas e as lacunas que ainda existem na compreensão do assunto em questão;

c. Apresente informações que deixem explícita a relevância de se pesquisar tal assunto; e

d. Informe ao leitor o que se pretende investigar e quais são os objetivos da pesquisa descrita no artigo.

Método

O método é a seção na qual os autores apresentam o detalhamento de como se deu o processo de coleta e análise das informações necessárias para responder a(s) questão(ões) proposta(s) na Introdução. Pode-se dizer que constitui a parte mais importante de um artigo, pois de nada vale a discussão primorosa de resultados interessantes robustos obtidos a partir de um método capenga.

Quando os dados de uma pesquisa são obtidos com o uso de um método impróprio para o problema em questão, com base em uma amostra com vieses ou com instrumentos pouco confiáveis para a quantificação das variáveis de interesse, as tabelas bem formatadas, os gráficos elegantes e os argumentos coerentes e profundos da discussão não passam de adereços que confundem os leitores e prejudicam o progresso científico.

As informações expostas nos métodos permitem que o leitor interprete adequadamente os resultados e, caso necessite, possa replicar a investigação descrita no artigo. Para facilitar a leitura e permitir a fácil localização de especificidades metodológicas do trabalho, recomenda-se que o método seja subdividido em tópicos. Com base no trabalho de Cáceres, Gândara e Puglisi (2011) e nas normas propostas pelo International Committee of Medical Journal Editors (ICMJE, 2007), essa seção pode ser subdividida em tópicos que contemplem o seguinte conjunto de informações:

a. *População ou amostra:* neste tópico são descritos o método amostral empregado para selecionar os participantes da pesquisa, as características mais relevantes dos sujeitos e os critérios de elegibilidade e de exclusão. Esse tópico apresenta informações acerca dos elementos que forneceram as informações necessárias para se atingirem os objetivos da pesquisa.

b. *Materiais:* detalhamento técnico acerca dos materiais (equipamentos, drogas, questionários, testes etc.) utilizados na coleta dos dados. As informações precisam ser suficientemente particularizadas ao ponto de permitir que outras pessoas possam reproduzir a pesquisa. Nesse tópico o leitor toma conhecimento acerca dos recursos necessários para se obterem os dados ou realizar as manipulações experimentais.

c. *Procedimentos:* trata-se da descrição minuciosa e cronologicamente organizada do processo de coleta de dados. Esse tópico contém informações acerca das condutas do pesquisador ao longo da coleta dos dados.

d. *Análise dos dados:* são apresentados os métodos estatísticos empregados na análise dos dados, especificando-se os testes usados, as variáveis analisadas e o nível de significância adotado. A descrição deve permitir que um leitor confirme os resultados apresentados no artigo, caso tenha acesso aos dados originais da pesquisa.

Existem periódicos que explicitam, em suas instruções aos autores, quais tópicos precisam figurar no método, mas isso não é uma regra. Verificar a estrutura da seção método de outros artigos publicados no periódico escolhido pode ser útil na tarefa de elaboração dessa seção.

Resultados

Esta é a seção na qual são expostos os achados da pesquisa. Devem ser apresentados somente os resultados diretamente relacionados aos objetivos propostos. As análises realizadas precisam ser expostas da maneira mais clara e apropriada possível e, quando empregados com critério, gráficos e tabelas podem facilitar muito o entendimento dos resultados e das análises realizadas.

Dada a grande diversidade de modelos e formatações disponíveis, é comum que iniciantes na atividade científica tenham dificuldades para definir qual a melhor maneira de apresentar os resultados da pesquisa. Embora os gráficos e as tabelas sejam largamente utilizados, cada um desses recursos tem suas especificidades e aplicações. Os gráficos são figuras capazes de apresentar informações complexas de maneira rápida e clara e são adequados para se destacarem achados de especial interesse, enquanto as tabelas são particularmente úteis para apresentar séries de dados que tornariam a leitura enfadonha se fossem apresentados em um texto corrido.

A seção de resultados também comporta uma parte textual que complementa a interpretação das informações das tabelas e dos gráficos, mas sem repeti-las. Uma das principais funções do emprego de tabelas e gráficos é reduzir a extensão total do texto.

Discussão

Nessa seção do artigo o autor poderá demonstrar seu domínio sobre o assunto e sua capacidade de propor novas ideias a partir dos resultados obtidos em sua pesquisa. É na discussão que o autor apresenta seus comentários e interpretações acerca do significado dos resultados da sua pesquisa, contextualiza seus achados diante do conhecimento já existente e expõe argumentos para sustentar a validade de suas conclusões.

Apesar de não existir uma "receita" de como se fazer a discussão de um artigo científico, é comum começá-la com a síntese dos principais resultados, relacionando-os aos objetivos do estudo e comparando-os com os achados de outros estudos, apontando os pontos de convergência e de divergência entre os seus achados e o conhecimento já existente. É relativamente comum serem encontradas discussões cujos autores simplesmente comparam os seus resultados com os achados de outros estudos e pouco se posicionam acerca das implicações e contribuições do seu estudo para o conhecimento científico. A discussão de um artigo não se restringe aos resultados, e as hipóteses de trabalho, os materiais e os métodos também podem ser considerados criticamente ao longo da seção.

Ao ler a discussão do seu artigo o leitor deverá encontrar respostas para as seguintes questões:

"Com relação aos objetivos, quais foram as respostas encontradas?"

"Qual a relação dos resultados apresentados neste artigo aos achados de estudos já realizados e encontrados na literatura?"

"Como os resultados descritos preenchem as lacunas de conhecimento levantadas na introdução do artigo?"

"As conclusões apresentadas têm aplicabilidade prática ou implicações científicas?"

"Quais são as limitações do estudo? Em que ponto tais limitações comprometem a interpretação e generalização dos resultados?"

"Considerando os resultados descritos e as limitações do estudo, quais são as perspectivas e recomendações para futuras investigações sobre o tema em questão?"

Embora possa ser a seção mais difícil de ser escrita (Volpato, 2007), essa dificuldade parece não ser intrínseca à discussão do artigo em si. Gusmão e Silveira (2000) atribuem tal dificuldade à falta de conhecimento sobre o tema ou à pouca prática em redação. Além disso, os métodos pedagógicos historicamente empregados no Brasil pouco valorizam a autonomia intelectual dos estudantes e não fomentam o confronto de ideias no ambiente escolar e, dessa forma, não contribuem para que os futuros universitários e pós-graduandos adquiram ou aprimorem suas habilidades argumentativas, essenciais para a discussão de um trabalho científico.

Um dos principais motivos para a rejeição de artigos em periódicos internacionais é a inadequação da discussão, por extrapolar a relevância dos achados a partir da pura especulação ou por se limitar a comparar os resultados obtidos com os dados disponíveis na literatura (Volpato, 2007). A maturidade científica do seu orientador é um fator-chave para que a sua discussão apresente o avanço teórico de sua pesquisa na medida permitida pelos seus dados – nem mais, nem menos.

Independentemente de empregar o modelo IMRD, IDC ou qualquer outro, alguns itens são comuns a quase todos os artigos e são fundamentais para que os potenciais leitores localizem e citem o seu artigo. Para aumentar as chances de ser lido por outros pesquisadores, três elementos do seu artigo merecem especial atenção:

a. **Título**: é a parte mais lida de qualquer artigo. Um bom título é um texto que descreve adequadamente o conteúdo do trabalho com o menor número possível de palavras (Crato *et al.*, 2004). Uma forma de poupar palavras em um título é pensar em uma frase capaz de explicitar quais foram as variáveis mensuradas, manipuladas ou controladas e quais foram os sujeitos ou participantes da pesquisa. Por ser um dos principais guias para a busca bibliográfica, é recomendado empregar termos e expressões que aumentem a chance de o artigo ser localizado pelos potenciais leitores, sem alimentar falsas expectativas destes com relação ao conteúdo. Muitos artigos sequer são lidos, pois os potenciais leitores já os rejeitam a partir do título (Volpato, 2007).

b. **Resumo**: Os aspectos gerais de um resumo já foram apresentados no início deste capítulo. As informações do resumo de pesquisa para a apresentação em um congresso são essencialmente as mesmas que para um artigo, tese ou dissertação. Além do título, o resumo é a única parte do artigo disponibilizado em quase todos os bancos de dados bibliográficos.

c. **Palavras-chave**: são termos e expressões que resumem os principais temas do artigo. Apesar de ainda serem escolhidas de maneira intuitiva por muitos pesquisadores, as palavras-chave devem ser escolhidas a partir dos descritores científicos de cada área de conhecimento. Embora ocupem um espaço ínfimo no corpo do artigo, palavras-chave adequadas são fundamentais para que os potenciais leitores localizem o seu artigo. Cada periódico indica o número de palavras-chave, que pode variar de três a mais de dez palavras. Para aumentar as chances de ter seu trabalho encontrado por um potencial leitor, Volpato (2007) recomenda que seja incluída pelo menos uma palavra-chave que não apareça ao longo do texto, desde que seja coerente com o tema da pesquisa. Para mais informações de palavras-chave consulte o Thesaurus.[2]

Ao redigir seu artigo e preparar o material a ser submetido para a apreciação do periódico escolhido, considere também:

Autoria: em virtude de importantes desdobramentos acadêmicos, sociais e financeiros decorrentes da autoria de artigos científicos, esse é um ponto particularmente delicado no processo de submissão dos originais a um periódico. Para a Comissão Internacional de Editores de Revistas Médicas (ICMJE, 2007), um "autor" é alguém que efetivamente apresentou contribuições intelectuais relevantes para a pesquisa e preenche os seguintes requisitos:

a. Apresentou contribuições significativas para a concepção ou o delineamento do estudo, coleta ou análise e interpretação dos dados;

b. Redação do artigo ou revisão crítica do conteúdo intelectualmente relevante; e

c. Aprovação da versão a ser publicada.

Se a pessoa não preencher TODOS esses requisitos, o seu nome deverá figurar nos Agradecimentos e não entre os autores. Volpato (2007) salienta que a participação somente na coleta dos dados não caracteriza autoria em uma pesquisa. Para figurar entre os autores de um trabalho, não basta que a pessoa desenvolva alguma técnica, faça entrevistas ou aplique questionários (Kirchhof e Lacerda, 2012).

Sabendo que a autoria ilegítima é uma das estratégias empregadas para "engordar" currículos e aumentar as chances de sucesso em concursos, atualmente muitas revistas solicitam informações acerca da efetiva contribuição de cada um dos autores elencados no artigo.

Outro ponto importante é a ordem de apresentação dos nomes daqueles que preenchem os requisitos de autoria. Segundo Kirchhof e Lacerda (2012), tal ordem geralmente é definida com base no grau de participação de cada pesquisador nos aspectos conceituais e técnicos da pesquisa e do manuscrito. É comum que o primeiro autor seja aquele que mais se dedicou à condução metodológica da pesquisa, que do segundo autor em diante os autores sejam apresentados em ordem decrescente de contribuição e que o último seja o responsável pela orientação intelectual do trabalho (Volpato, 2007). Ohler (2010) recomenda que, para evitar disputas, as decisões acerca da autoria sejam tomadas em um estágio relativamente precoce do processo de submissão do artigo.

Conflito de interesses (compromisso duplo ou conflito de lealdade): ocorre quando as ações dos envolvidos na elaboração do artigo ou no processo editorial são enviesadas em função de suas relações pessoais ou financeiras (ICMJE, 2007).

Apesar da alardeada objetividade científica, até mesmo os cientistas têm sua capacidade de julgamento prejudicada quando suas decisões podem afetar os seus interesses pessoais ou econô-

---

[2]   http://thesaurus.com/

micos. Um exemplo de como o conflito de interesses pode ter impacto sobre decisões técnicas e, consequentemente, sobre a credibilidade de pesquisadores e instituições são as crescentes críticas feitas aos procedimentos clínicos empregados pela psiquiatria biológica: ao tomar conhecimento de que TODOS os consultores responsáveis pelas seções sobre os transtornos de humor da quarta edição do *Manual Diagnóstico e Estatístico de Transtornos Mentais*, publicado pela Associação Norte-americana de Psiquiatria, tinham vínculo financeiro com a indústria farmacêutica (Angell, 2011), uma pessoa minimamente cética poderá questionar se os sintomas listados no DSM são realmente as características fundamentais de uma condição de humor que requer cuidados especializados ou não passam de um rol de fenômenos comportamentais mediados pelos sistemas neuroquímicos afetados pelas drogas antidepressivas.

Embora os conflitos de ordem econômica (emprego, honorários, posse de ações etc.) sejam mais facilmente identificáveis, os conflitos de interesse também podem ocorrer por questões impregnadas pela subjetividade, e, por exemplo, as relações pessoais, paixões intelectuais ou competição acadêmica podem exercer tanta influência sobre as decisões de um cientista quanto os depósitos em sua conta-corrente. Sabendo disso, os editores de muitos periódicos solicitam que os autores especifiquem quaisquer relações pessoais ou financeiras que poderiam influenciar a objetividade do artigo. É recomendado que todos os envolvidos no processo de revisão por pares declarem relações que possam caracterizar algum compromisso duplo ou colocar em xeque a sua lealdade ou convicções pessoais (ICMJE, 2007). Esse procedimento é importante para que a credibilidade dos autores, da revista e até da própria ciência não seja maculada por causa de interesses que fogem aos princípios científicos. Como afirmou o astrofísico Carl Sagan: "também os cientistas mentem por dinheiro" (Sagan, 1998: 206).

Antes de enviar o manuscrito para o periódico, é recomendado que se faça uma rigorosa leitura de todo o artigo, se verifique se todos os textos citados estão devidamente referenciados, se existem informações desnecessárias, se há coerência lógica ao longo dos parágrafos e se o texto obedece às normas do periódico (Kirchhof e Lacerda, 2012). Depois de ler e reler o seu artigo quantas vezes julgar necessário para "lapidá-lo" e submetê-lo a uma revisão gramatical e ortográfica, chega o momento de enviar o manuscrito ao periódico. Nas instruções aos autores constam as informações necessárias para se enviar o artigo. É cada vez maior o número de revistas que solicitam aos autores que enviem seus originais por meio eletrônico, geralmente anexado a um e-mail de apresentação.

Por funcionar como cartão de visita ou *folder* promocional do autor e do artigo, a *cover letter*[3] precisa ser cuidadosamente redigida. Geralmente, é enviada pelo primeiro autor e, não raro, é o primeiro contato com o periódico. Embora existam periódicos que informam em suas instruções aos autores quais as informações que o e-mail ou a carta de apresentação devem conter, de modo geral, seu texto deve ser capaz de apresentar o autor e o trabalho enviado, além de reforçar os aspectos mais originais ou inovadores do trabalho, sem, no entanto, ser enfadonho.

Antes de enviar o artigo para a avaliação dos consultores *ad hoc*, ou pareceristas, o corpo editorial do periódico verificará se TODAS as exigências constantes nas instruções aos autores foram cumpridas. Se não, o corpo editorial entrará em contato com o principal autor e solicitará as adequações pertinentes. Logo, antes de enviar o artigo para a revista escolhida, confira se todas as instruções foram atendidas e peça para um colega ler minuciosamente o texto e fazer críticas e sugestões para melhorá-lo.

Se sim, o original seguirá para a avaliação por pares, um procedimento utilizado pelas revistas com o objetivo de melhorar a qualidade e credibilidade do conteúdo publicado. Sob condições ideais, os pareceristas são dois ou três pesquisadores escolhidos com base na experiência que têm com o tema do trabalho a ser avaliado e contribuem para que não sejam publicadas pesquisas falhas do ponto de vista metodológico, que são mal fundamentadas do ponto de vista teórico ou que simplesmente reapresentem resultados já descritos na literatura com nova roupagem.

---

[3]   Essa expressão, herdada da longínqua época em que os manuscritos eram enviados por meios convencionais, também pode ser utilizada para se referir ao e-mail de apresentação.

Após avaliarem crítica e ceticamente os originais, os pareceristas enviam aos editores da revista o seu veredito, que pode ser:

a. *Rejeição do artigo*: genericamente, pode-se dizer que o artigo não tem qualidade compatível com o periódico. Quando isso acontece, as revistas costumam enviar as justificativas da rejeição aos autores do artigo;

b. *Publicação do artigo mediante pequenas ou grandes adequações*: significa que o artigo trata de uma pesquisa relevante e bem conduzida, embora a descrição necessite de alguns ajustes. É bastante comum que um artigo passe por revisões e adequações antes de ser publicado;

c. *Publicação do artigo sem alterações ou correções*: trata-se de um artigo nota 10 – o que é raro! De modo geral, pelo menos um dos pareceristas condiciona a publicação do artigo a correções, adequações ou esclarecimentos do conteúdo.

Quando um artigo é aceito (com ou sem a necessidade de adequações), é comum que os periódicos exijam uma declaração na qual os autores transferem os direitos de reprodução para a revista, atestam a fidedignidade dos dados apresentados, assumem a responsabilidade pelo conteúdo do artigo e declaram que o artigo foi não publicado em outro meio ou enviado a outra revista.

CONSIDERAÇÕES FINAIS

Além de ter impacto positivo sobre o currículo do pesquisador, a divulgação dos resultados de uma pesquisa representa a contribuição e o compromisso ético do pesquisador com a comunidade científica e, por extensão, com a sociedade em geral. Até mesmo estudos cujos resultados não são "significativos" devem ser publicados. Existe a recomendação de que os editores de periódicos científicos considerem seriamente a publicação de estudos com resultados negativos[4] (ICMJE, 2007).

Embora mais rigorosos, eventos e periódicos que utilizam processos de revisão e avaliação por pares são mais confiáveis do que aqueles que fazem poucas exigências e requerem pouco trabalho na elaboração dos textos a serem publicados. Em virtude das diversas mudanças que ocorreram ao longo das últimas décadas, divulgar os resultados de uma pesquisa em um congresso ou em um periódico científico se tornou uma tarefa quase obrigatória para muitos professores e estudantes de graduação e de pós-graduação. As políticas adotadas pelo governo brasileiro para financiar pesquisas e avaliar os programas de pós-graduação impulsionaram a produção científica no país e motivaram pesquisadores, professores, grupos e instituições de pesquisa a apresentarem continuamente suas contribuições à ciência. É provável que essa verdadeira necessidade de publicar incutida nos pesquisadores brasileiros tenha fomentado a proliferação de encontros e periódicos que publicam quase qualquer coisa enviada. Os iniciantes em pesquisa, bem como outras pessoas não familiarizadas com o fazer científico, têm dificuldade em distinguir pesquisas metodologicamente bem delineadas e capazes de produzir conhecimentos dignos de crédito daquelas que não têm nenhum valor científico, seja pela inadequação metodológica ou por relatar resultados equivalentes à enésima redescoberta da roda. A orientação de pesquisadores mais experientes é fundamental para que o jovem pesquisador aprenda a separar o joio do trigo científico.

As facilidades e novidades trazidas no bojo da internet estão provocando mudanças significativas tanto no processo de ensino e aprendizagem de ciência quanto nas formas de comunicação das informações científicas. As novas tecnologias da informação e da comunicação, com suas características inéditas e extremadas de virtualidade, desterritorialização, rapidez, simultaneidade e fluidez, já provocaram grandes mudanças em diversos campos de saber humano, e, em consonância com seu tradicional e paradoxal conservadorismo, a comunidade científica ainda não assimilou todos os recursos que se tornaram disponíveis para a veiculação confiável das suas descobertas.

---

[4] Diferentemente dos estudos com resultados inconclusivos, cujos resultados não permitem a rejeição da hipótese nula, nos estudos negativos, os resultados permitem, de modo convincente, que a hipótese nula seja aceita. Embora pareça a mesma coisa, "aceitar" a hipótese nula é algo bem diferente de "não rejeitar" tal hipótese.

REFERÊNCIAS

ANGELL, M. A epidemia de doença mental. **Revista Piauí**, ago/2011. Disponível em: <http://revistapiaui.estadao.com.br/edicao-59/questoes-medico-farmacologicas/a-epidemia-de-doenca-mental>. Acesso em: 20 mar 2012.

ARAGÃO, R.M.L. Modelos de estruturação do artigo científico: retrato e discussão a partir de instruções aos autores da Scielo Brasil. **Cadernos de Letras da UFF, 43:** 153-163, 20111.

BAPTISTA, M.N.; MORAIS, P.R.; SISTO. Dicas para divulgação de seus trabalhos de pesquisa. In: BAPTISTA, M.N.; CAMPOS D.C., **Metodologias de pesquisa em ciências:** análises quantitativas e qualitativa. Rio de Janeiro, LTC, 2007. p. 67-77,

BARBOUR, A.M.; CHIRSPINIANO, J. Produtivismo, corrupção da ciência e controle do trabalho. **Revista ADUSP,** 45: 44-50, 2009.

BARSOTTI, P.D. Produtivismo acadêmico: essa cegueira terá fim? **Educ. Soc. 32**(115): 587-590, 2011.

CÁCERES, A.M.; GÂNDARA, J.P.; PUGLISI, M.L. Redação científica e a qualidade dos artigos: em busca de maior impacto. **J. Soc. Bras. Fonoaudiol.,** 23(4):401-406, 2011.

CARAMELLI, B. Resumo – o *trailer* da comunicação científica. **Rev. Assoc. Med. Bras., 57**(6): 607, 2011.

CASTRO, A.A. **Divulgação da pesquisa.** Disponível em: http://www.evidencias.com/divulgacao.

COIMBRA JR, C.E.A. Efeitos colaterais do produtivismo acadêmico na pós-graduação. **Cad. Saúde Pública,** 25(10): 2092-2093, 2009.

COMISSÃO INTERNACIONAL DE EDITORES DE REVISTAS MÉDICAS. Requisitos uniformes para manuscritos submetidos a revistas médicas. **Rev. Port. Clin. Geral, 27**(6): 778-798, 2007.

CRATO, A.N. et al. Como realizar uma análise crítica de um artigo científico. **Arquivos de Odontologia, 40**(1): 05-32, 2004.

DIXON, B. **Para que serve a ciência?** São Paulo: Companhia Editora Nacional, 1976.

DUMMER, P.M.H. Publicação internacional de artigo científico. In: Estrela, C., (Org.). **Metodologia científica: ensino e pesquisa em odontologia**. São Paulo: Artes Médicas, 2001. p. 449-455.

GARCIA, R. **Fator de impacto:** o fetiche do cientista. Disponível em: <http://teoriadetudo.blogfolha. uol.com.br/2013/05/21/fator-de-impacto-o-fetiche-do-cientista/>. Acesso em: 25 jun 2013.

GUSMÃO, S.; SILVEIRA, R.L. **Redação científica na área biomédica**. Rio de Janeiro: Revinter, 2000.

KIRCHHOF, A.L.C.; LACERDA, M.R. Desafios e perspectivas para a publicação de artigos – uma reflexão a partir de autores e editores. **Texto Contexto Enferm., 21**(1): 185-193, 2012.

KOLATA, G. **Cresce o mundo paralelo da pseudoacademia.** Disponível em: <http://www1.folha.uol.com.br/ciencia/2013/04/1265866-cresce-o-mundo-paralelo-da-pseudoacademia.shtml>. Acesso em: 25 jun 2013.

MENESES, M.F.A. **Uma perspectiva histórica da divulgação científica:** a atuação do cientista-divulgador José Reis (1948-1958). Rio de Janeiro: Fiocruz, 2006. 256p. Tese de Doutorado. Programa de Pós-Graduação em História das Ciências da Saúde da Fundação Oswaldo Cruz, Rio de Janeiro, 2006.

OHLER, L. Escrevendo para publicação: questões éticas. **Texto Contexto Enferm., 19**(2): 214-216, 2010.

PEREIRA, M.G. Estrutura do artigo científico. **Epidemiol. Serv. Saúde, 21**(2): 351-352, 2012.

PETROIANU, A. Perversidade contra a publicação médica no Brasil. **Rev. Col. Bras. Cir. 38**(5): 290-291, 2011.

ROCHA-E-SILVA, M. O novo *Qualis*, que não tem nada a ver com a ciência do Brasil. Carta aberta ao presidente da Capes. **Clinics, 64**(8):721-724, 2009.

ROSA, A. M.; CHACHAMOVICH, J. O que faz a excelência de uma revista científica. **Rev. Psiquiatr. Rio Gd. Sul**, 25(2): 253-256, 2003.

SAGAN, C. **O mundo assombrado pelos demônios**: a ciência vista como uma vela no escuro. São Paulo: Companhia das Letras, 1998.

SANTOS, E.F.; PEREIRA, M.G. Qualidade dos resumos estruturados apresentados em congresso médico. **Assoc. Med. Bras., 53**(4): 355-359, 2007.

VOLPATO, G.L. Como escrever um artigo científico. **Anais da Academia Pernambucana de Ciência Agronômica, 4**: 97-115, 2007.

ZIMAN, J. **O conhecimento confiável: uma exploração dos fundamentos para a crença na ciência**. Campinas: Papirus, 1996.

ZIMAN, J. **O conhecimento público.** São Paulo: Edusp, 1979.

Parte II

MÉTODOS QUANTITATIVOS

9

CAPÍTULO

Delineamento de levantamento ou *survey*

SANDRA LEAL CALAIS

A pesquisa científica exige um conhecimento amplo do cientista (pesquisador) sobre o fazer científico, que se distingue do fazer popular. O método científico avalia as afirmações sobre a natureza do fenômeno, por meio de um conjunto de regras críticas, de maneira que outros possam replicar ou refutar tais asserções (Cozby, 2003).

Sempre que se tem um objeto de pesquisa, há a necessidade de, além da pergunta inicial (o que se deseja pesquisar), utilizar uma forma adequada de coleta de dados. Essa forma deve ser a mais adequada ao objetivo de investigação para que não ocorram distorções ao final do trabalho.

Na investigação científica, encontram-se dados que podem ser quantificados e outros que podem ser analisados de forma qualitativa. Por exemplo, quando se têm medidas fisiológicas de resposta de estresse, como sudorese e diurese, pode-se quantificá-las por meio de aparelhagem específica. No entanto, quando se quer saber em quais situações as pessoas apresentam estresse ou por que exibem respostas diferentes diante da mesma situação estressora, são necessárias outras análises qualitativas.

O modelo tradicional das Ciências Naturais é a quantificação, e, com o advento das Ciências Sociais (Psicologia, Ciência Política, Antropologia, Sociologia, Geografia, História e Comunicação, entre outras), apresentam-se algumas particularidades que nem sempre facilitam essa quantificação, mostrando que o rigor científico não é necessariamente relacionado com números. O que se busca, tanto por parte dos cientistas naturais como dos sociais, é a regularidade e a ordem, sendo o objeto de pesquisa a diferença entre esses dois modelos (Babbie, 1997).

Não há consenso para a inserção da Psicologia em um modelo ou outro, e nem todos os autores concordam exatamente com essa divisão. O que se evidencia é que há maior dificuldade na mensuração de fenômenos próprios dos seres humanos. Essa dificuldade pode ser apenas tecnológica e depender do avanço científico em algumas áreas. Assim, ao se tratar de regularidade, está se falando da probabilidade de determinado comportamento surgir em um grupo ou indivíduo específicos. Dessa forma, com instrumentos adequados, chega-se à conclusão de que é provável que, em certa situação, o indivíduo se comporte de tal maneira. Mesmo que as pessoas possam mudar (e mudam) seu comportamento, ainda assim há uma regularidade dentro de cada grupo.

DELINEAMENTO DE PESQUISA

O delineamento é apenas a parte inicial do trabalho científico, mas não menos importante da pesquisa. É a maneira de se conseguirem os dados, ou seja, a forma estabelecida para se coletarem os dados de determinado problema com a melhor condição. Esses dados podem ser quantitativos ou qualitativos, sendo considerados tanto o ambiente em que ocorre o fato quanto as formas de controle das variáveis que aparecem naquele contexto.

A função de um delineamento preciso e divulgado claramente no relato da pesquisa é também possibilitar que novos pesquisadores executem a mesma pesquisa e cheguem às mesmas conclusões. Também é importante que os dados de pesquisa sejam organizados adequadamente para que, ao serem relatados, o leitor possa compreendê-los.

A justificativa da importância do delineamento é que um mau início pode redundar em uma pesquisa enviesada. Entretanto, somente um bom levantamento, sem um objetivo claro ou sem a análise criteriosa dos dados, não levará ao progresso da ciência, na medida em que é fruto de um equívoco.

Assim, ao se propor uma investigação científica deve-se, inicialmente, avaliar qual método se adapta melhor àquilo que vai ser investigado. Nesse contexto, há vários métodos de pesquisa, tais como experimento controlado, análise de conteúdo, análise de dados existentes, estudo de caso, observação participante. Uma das formas de se identificar um delineamento é analisando o método de coleta de dados.

DELINEAMENTO DE LEVANTAMENTO OU *SURVEY*

Entre os vários métodos que se configuram para a coleta de dados científicos quantitativos tem-se a *pesquisa de levantamento*, ou *survey*. É importante mencionar que alguns autores denominam as pesquisas que apresentam esse delineamento como *pesquisas descritivas*, e não dão a elas grande importância.

Enquanto alguns autores diferenciam a pesquisa de levantamento do *survey*, uma grande parte deles trata os conceitos como sinônimos. Assim, o *survey* seria mais criterioso do que o levantamento quanto à amostragem e outras questões metodológicas. No entanto, talvez não se devesse perder tempo com esse tipo de discussão e se pudesse usar efetivamente os dois termos como sinônimos, pelo menos no capítulo atual.

A pesquisa de levantamento vem sendo usada desde o século XIX por políticos que querem saber as direções das candidaturas e também nos censos geográficos (embora aqui seja utilizada toda a população, e não só uma amostra) e caracteriza-se pela coleta de dados fornecidos pelas próprias pessoas. Se quero melhorar o ensino de uma escola da qual sou coordenadora, posso começar por fazer um levantamento sobre o que os alunos e seus pais acham da escola, quais defeitos percebem, enfim, o que posso fazer para melhorar essa escola.

Assim sendo, as pesquisas de levantamento são as que mais atendem a partidos políticos, organizações educacionais, comerciais e instituições públicas e privadas, por identificarem comportamentos e atitudes. Os dados são informados diretamente pelas próprias pessoas, que respondem às solicitações do pesquisador, e costumam ser obtidos por meio de um instrumento de pesquisa, habitualmente um questionário.

Os levantamentos podem ser interseccionais e longitudinais. Nos levantamentos interseccionais, os dados da amostra são coletados para aquela população naquele momento e, nos levantamentos longitudinais, que podem ser estudos de tendências, estudos de coorte e estudos de painel, os dados são coletados ao longo de um tempo e explicam as mudanças durante aquele tempo. Há ainda variações desses dois tipos de levantamento.

Por meio da pesquisa de levantamento objetiva-se chegar à descrição, explicação e exploração do fenômeno proposto. Ao fazer um levantamento, frequentemente se descreve como aparece naquela amostra aquele comportamento ou atitude. Pode-se chegar também a uma explicação para a presença daquele fenômeno e consegue-se explorar um tema que não está claro para o pesquisador.

Outro ponto importante a ser salientado é que, quando se utilizam dados quantitativos, deve-se conhecer a definição de mensuração, tal como o uso de símbolos, para se representarem os conceitos. Isso é importante porque, dessa forma, caracterizam-se melhor os conceitos e a classificação acontece de forma mais cuidada. Dessa maneira, são possíveis a réplica da investigação, a descrição mais apurada e a formulação de hipóteses mais claras (Hegenberg, 1976).

A mensuração permite calcular a temperatura, o número de pessoas, a quantidade de água durante a chuva; também se podem medir atitudes. No entanto, quando se medem atitudes não se usam medidas absolutas, e sim medidas relacionais. Como exemplo, a pessoa A possui mais preconceito racial do que a pessoa B ou comparada com o grupo C (Babbie, 1997).

POPULAÇÃO, AMOSTRA E PROBABILIDADE

O levantamento é utilizado quando se quer saber de que maneira determinados comportamentos aparecem em certo conjunto de pessoas para o qual se vai generalizar essa descoberta. Ao conjunto de todas as pessoas que têm ao menos uma característica em comum dá-se o nome de população. A palavra população aqui não se refere ao conjunto de pessoas que habitam o mesmo local. Diante da impossibilidade de se pesquisarem todas as pessoas desse conjunto, toma-se uma parte — uma amostra — dessa população. Fazem parte do processo de amostragem a definição da população, o contexto da amostragem, o método de amostragem, o tamanho da amostra e a execução desse processo.

O motivo pelo qual é feita a utilização de uma amostra em vez de toda a população é a exigência de tempo e de redução de custo. Como se poderia, por exemplo, verificar a frequência de comportamentos socialmente habilidosos em universitários? Haveria possibilidade de se pesquisar toda essa população? Assim, toma-se uma parte dessa população, pesquisa-se, e seus resultados são expandidos para o todo. Mesmo dentro da população, pode-se cercear quanto for necessário para a pesquisa; por exemplo, em um estudo sobre professores universitários, delimita-se a amostra para uma universidade e um *campus*.

Ao se investigar, por exemplo, se as mulheres apresentam mais estresse do que os homens em determinada faixa etária e determinado nível de escolaridade, tem-se uma pesquisa de levantamento (Calais, Andrade e Lipp, 2003). A população são todas as mulheres, e toma-se uma parte representativa dessa população para se fazer o levantamento. Essa parte, que é a amostra, é generalizada para aquela população, dentro daquele contexto. Como todos os sujeitos respondem às mesmas questões, apresenta-se a incidência das questões abordadas para toda aquela população pela generalização da amostra (Selltiz, 1987).

A amostra deve realmente representar a população em estudo, e os participantes voluntários só devem ser aceitos quando estiverem nessa condição. O ideal é que sejam utilizadas formas que não enviesem a amostra. Por exemplo: ao se selecionarem bombeiros para um estudo sobre estresse pós-traumático, todos os militares de um quartel foram listados e depois sorteados para participar do estudo (com sua concordância prévia). Dessa maneira, além de se utilizar uma amostra, não se escolhe de forma direta, o que poderia trazer um viés ao trabalho (Calais, 2004).

Embora se pesquise uma amostra da população, o resultado não é menos preciso do que se fosse investigar toda a população. Se assim se procedesse, o número de pesquisadores teria que ser muito maior e seria grande o risco de não se concluir da maneira ideal por falta de padronização. Além disso, os resultados são sempre trabalhados estatisticamente, e é aplicada a eles uma margem de erro (Gil, 1991).

No Brasil, em época de eleições, têm-se muitas pesquisas de levantamento para verificar a opinião pública sobre determinado candidato e levantar a tendência desse eleitorado em relação a cada candidato. A população são todos os eleitores, a amostra são aquelas pessoas consultadas e o método de pesquisa é o de levantamento.

Nesse método de pesquisa, não se inferem as causas da presença ou ausência de determinado comportamento na amostra. As variáveis se apresentam de forma natural, e o pesquisador não pode manuseá-las como em pesquisas de laboratório. As respostas dadas por aquela determinada amostra são estendidas para a população por meio de estudos estatísticos probabilísticos. Assim, declara-se que *provavelmente*, a partir daquela amostra pesquisada, toda a população da qual aquela amostra faz parte apresenta a mesma resposta.

A pesquisa de levantamento é descritiva: o que se quer (objetivo da pesquisa) é descrever um grupo de pessoas para identificar suas queixas, condições socioeconômicas etc. Por exemplo, quando se quer organizar a prestação de um serviço de uma clínica escola de psicologia e planejar os tipos de atendimento a serem disponibilizados a essa clientela.

Ao se pesquisar a incidência de pessoas portadoras de câncer, concluiu-se que há uma probabilidade maior de presença da doença em fumantes. Não há possibilidade de se fazer um experimento com humanos, controlando o maior número de variáveis e obrigando um grupo a fumar para verificar se esse grupo apresentará maior incidência de câncer. No entanto, pode-se afirmar que a presença do cigarro está associada ao aparecimento de câncer para uma grande parte da amostra. Assim, é errôneo afirmar que o cigarro causa câncer, porque, se assim fosse, todos os fumantes teriam câncer e os não fumantes não teriam. Como foi citado anteriormente, a medida é relacional e não absoluta. O que ocorre, nesse caso, é o aparecimento de câncer relacionado ao hábito de fumar.

Há dois tipos gerais de amostras: as não probabilísticas ou intencionais e as probabilísticas ou estatísticas. As amostras não probabilísticas seguem basicamente os critérios do pesquisador, e alguns tipos são: por cotas, por julgamento e por conveniência. As de cotas são elaboradas com base no controle de algumas características que representem uma população ou o universo. Amostras de julgamento, também chamadas intencionais, buscam participantes que estariam na condição exigida, por exemplo, estudantes de ensino médio da rede particular de ensino para serem pesquisados sobre ansiedade em relação ao vestibular. Nas amostras de conveniência, buscam-se participantes da forma mais simples e fácil, como ir à feira para entrevistar mulheres que não trabalham fora de casa, mas essa amostra pode não ser a mais adequada (Yasuda; Oliveira, 2013).

As amostras probabilísticas são caracterizadas pelo fato de que todos os elementos da população têm a mesma chance de ser escolhidos, implicando a seleção aleatória dos respondentes e a eliminação da subjetividade da amostra (Fragoso; Recuero; Amaral, 2011). São as mais utilizadas e amparadas pelas leis estatísticas e podem ser:

Amostragem Aleatória Simples

É a amostragem básica que se sustenta em princípios matemáticos e sua forma de aplicação é numerar cada elemento da lista geral de participantes. Depois se selecionam alguns de maneira casual, utilizando-se a tabela de números aleatórios (que estão descritos em livros de matemática) ou se faz um sorteio. Entretanto, essa ferramenta pode ser trabalhosa demais, dependendo da população.

Amostragem Sistemática

É iniciada pela escolha casual do primeiro elemento (que pode ser entre 1 e 10) e depois faz-se um intervalo fixo como 100 e toma-se aquele elemento a cada 100 números.

Amostragem Estratificada

Tenta-se diminuir o erro amostral obtendo-se maior representatividade ao se selecionar uma amostra de cada subgrupo da população. Pesquisando-se professores universitários, por exemplo, se estratificariam por gênero, por curso, por titulação, por trabalho em universidade pública ou particular, avaliando-se cada segmento desse grupo para compor a amostra total do trabalho.

Amostra por Conglomerados

Quando é muito difícil a identificação dos elementos da população — como, por exemplo, todos os professores universitários do Brasil —, pode-se fazer uma lista de todas as universidades públicas e privadas com suas relações de professores e, então, tomam-se alguns deles por estrato. Essa forma de amostragem é também feita por etapas; e, ainda, considerando-se o tamanho de cada universidade, utiliza-se a proporcionalidade, porque uma universidade pode ter mil professores, enquanto outra tem 200.

Muito mais se poderia escrever sobre os desenhos de amostragem e de seus cuidados. A literatura, especialmente na área de comunicação, traz bastante avanço nesse sentido.

QUESTIONÁRIOS, ESCALAS E TESTES

As principais técnicas de coletas de dados são 1) questionários por telefone, pessoalmente, por e-mail, pelo correio; 2) entrevistas: estruturadas, semiestruturadas, não estruturadas, face a face, por telefone, gravadas.

Ao se montar um questionário, deve-se atentar, em primeiro lugar, para a clareza das questões para que o participante tenha facilidade de responder. Muitas vezes, utilizam-se juízes (colegas pesquisadores, colegas de profissão) para que atestem se houve exata compreensão do que foi perguntado; esse procedimento denomina-se validação de conteúdo com precisão de juízes. Eles irão verificar a adequação do vocabulário empregado, a precisão dos enunciados, a pertinência do material em relação ao domínio previamente definido e a possibilidade de vieses. Avalia-se o índice de concordância total entre os juízes, o qual não deve ser inferior a 80 % (Kazdin, 1975).

Ao se utilizar um questionário ou entrevista, é imprescindível que a aplicação seja padronizada, ou seja, todas as pessoas que forem submetidas a eles serão abordadas da mesma maneira, com as mesmas palavras, o mesmo procedimento. Isso é fundamental para que não haja erros não amostrais, ou seja, erros na aplicação (Trujillo, 2001). Outra questão a se considerar é o tamanho do instrumento: um questionário muito amplo vai levar o entrevistado ao cansaço e à falta de atenção às suas respostas.

É comum encontrar pesquisas nas quais os dados são coletados por meio de perguntas e respostas escritas ou por meio de entrevistas pessoais, sendo as questões predeterminadas. As entrevistas podem ser propostas em forma estruturada ou não estruturada. Quanto aos questionários, podem ser mais rígidos se a exigência da resposta já é indicada como "sim", "não" e "não sei" (questionários fechados) e menos rígidos, quando há espaço para o participante escrever como achar melhor (questionários abertos). Uma alternativa no uso dos questionários é o seu envio por correio. No entanto, o índice de retorno desses questionários no Brasil é muito baixo: 10 % a 30 % dos questionários enviados, mas pode haver uma surpresa e a taxa sequer chegar a 2 % (Trujillo, 2001).

As escalas são instrumentos para se medirem as perguntas de pesquisa em Ciências Sociais da maneira mais objetiva possível. As escalas fazem a ponte entre dados qualitativos e dados quantitativos: são a possibilidade de se quantificarem as atitudes, as opiniões e os comportamentos dos participantes. Há um grande número de possibilidades para se construírem escalas, as quais devem sempre se adequar ao objeto de estudo a fim de que consigam efetivamente mensurar esse objeto. Na mensuração, é necessário que se faça distinção de grau, e não de qualidade, para que, a partir disso, haja o cuidado de se coletarem os dados, pois as questões formuladas devem caminhar na direção daquilo a que se quer chegar. Por exemplo, ao se fazer uma pesquisa sobre relacionamentos interpessoais, se o objetivo é saber como determinada amostra da população, entre algumas alternativas dadas, seleciona seus relacionamentos, avalia-se em uma escala de grau (Selltiz, 1997b).

As escalas mais conhecidas são a escala de distância social de Bogardus (escalas cumulativas), a escala de Thurstone (escalas diferenciais), a escala de Likert (escalas somatórias) e a escala de diferencial semântico, embora alguns autores tenham proposto outras divisões.

As escalas de distância social, como o próprio nome indica, estabelecem a disposição de se relacionar de determinados grupos sociais, como, por exemplo, se certa nacionalidade é aceita por outra (argentinos e brasileiros) em situações como amizade, casamento, contato comercial. Não há preocupação quanto a serem os intervalos entre os itens iguais ou não.

A escala de Thurstone é uma escala de intervalo: pede-se que um grande número de pessoas escreva sua opinião sobre um tema (o que se vai pesquisar) de maneira objetiva e breve, expressando-se desde as atitudes mais favoráveis até as mais desfavoráveis. Em seguida, essas opiniões são passadas a vários juízes (pessoas escolhidas), que as ordenam em 11 grupos, em uma escala de graduação que vai do mais favorável ao menos favorável. Aplica-se então o método estatístico, seleciona-se um número dessas (de 15 a 30), agora com *intervalos iguais*, e se aplica aos sujeitos que serão submetidos à pesquisa. O custo desse tipo de escala é alto e, por isso, nem sempre ela é utilizada.

A escala de Likert, por sua vez, é parecida com a de Thurstone, embora seja mais simples. Reúne-se um grande número de opiniões sobre o tema e pede-se que juízes avaliem, segundo a graduação, desde "concordo plenamente" até "discordo plenamente" em cinco graduações. Fazem-se testes estatísticos (correlação) e ajusta-se a escala para que possa, então, ser utilizada. Embora Likert tenha usado somente cinco graus, muitos pesquisadores atualmente usam mais categorias (sete, nove e até onze). Por exemplo, à afirmação "Costumo ficar relaxado em véspera de prova", as alternativas de resposta poderiam ser: Nunca; Quase nunca; Raramente; Algumas vezes; Muitas vezes; Quase sempre; Sempre. Dessa forma, a posição deve ir do extremo de concordância ao extremo de discordância (Weatherall, 1970).

O diferencial semântico é utilizado para se medir o significado que um dado objeto tem para as pessoas, por meio de uma escala bipolar de sete pontos. Assim, por exemplo, ao se desejar saber sobre o que os adolescentes acham sobre ter horário para chegar em casa imposto pelos pais, a escala poderia ter itens como justo-injusto, bom-mau.

Outro instrumento para se fazer pesquisa de levantamento são os testes. Em Psicologia, o teste psicológico é utilizado para medir determinado comportamento de maneira objetiva e padronizada (Anastasi, 1988).

Os testes são prerrogativa dos psicólogos e podem, junto a outras estratégias, ser bons veículos para se chegar a respostas de pesquisa. O uso de testes também exige alguns cuidados, como validade, precisão, padronização e aferição (Cronbach, 1996).

Validação

É a exigência de que um teste meça aquilo que se propõe a medir, a partir de determinada amostra, possibilitando o enquadramento de populações futuras e considerando a questão cultural. Essa validação pode ser *por conteúdo* — o teste abrange o conteúdo daquilo que está medindo; por validação *pelo construto* — o construto que orienta a criação do teste é efetivamente válido; por validação *por critério* — compara-se o resultado com alguma medida (escore) de sucesso, externa ao teste.

Precisão

Diz respeito aos procedimentos adotados para se garantir que o teste afira com eficiência aquele atributo que se pretende medir.

Padronização

Refere-se à condição de uniformidade no processo geral: aplicação, análise e interpretação do teste. Devem ser fixados os critérios que permitem a comparação objetiva dos resultados de pessoas diferentes. Dentro da padronização já está contida a ideia de *aferição*: quando um teste está padronizado significa que há critérios de avaliação e interpretação que possibilitam a comparação entre aqueles sujeitos. No entanto, ao se utilizar o mesmo teste para outras culturas, devem-se achar novas medidas de aferição que estejam de acordo com o novo grupo estudado. A título de informação, há uma classificação dos testes segundo seu uso, apresentação, objeto, abordagem, natureza da função, modalidade de construção, como propõe Van Kolck (1975).

CONSIDERAÇÕES OU VARIÁVEIS

Os levantamentos, assim como qualquer método de delineamento, apresentam vantagens e limitações. Ao se escolherem questionários e entrevistas, deve-se sempre considerar a questão da facilidade ou não de se criar o instrumento. Há também a dificuldade ou não de sua correção, o tempo gasto em sua aplicação e em sua correção e a possível influência do pesquisador. Além disso, deve-se considerar em uma entrevista, por exemplo, a possibilidade de o pesquisador influenciar o entrevistado. Outra questão é que quando se administram questionários a alguém ou se faz uso de entrevistas, não há garantia de que as respostas correspondam àquilo em que acreditam as pessoas ou que o comportamento que dizem exibir seja o que efetivamente exibem. Entretanto, ao se pesquisarem seres humanos essa possibilidade está sempre presente.

Outro ponto a ser considerado é quando o questionário é enviado por correio ou é deixado para o participante responder longe do pesquisador. Não há meio de assegurar que o respondente seja aquele a quem foi enviado ou a quem se entregou o questionário. O prazo de devolução em ambos os casos também pode prejudicar o andamento da pesquisa e os erros de preenchimento não poderão ser corrigidos.

Na montagem do questionário, também se deve levar em conta que, ao se darem alternativas, as pessoas normalmente marcam a primeira e a última e também alguns entrevistados respondem mais "sim" do que "não". Assim, cuida-se também de colocar algumas questões invertidas sobre o mesmo assunto e, no mínimo, para cada tema questionado, duas questões negativas e duas positivas.

O uso de frases negativas em questionários também não é recomendado, pois pode levar a confusão no entendimento (por exemplo: "minhas noites de sono não são tranquilas" para as alternativas de "concordo", "não concordo", "concordo parcialmente" etc.).

Outra questão é utilizar palavras tendenciosas que têm um impacto sobre o leitor. Por exemplo, ao verificar em uma amostra o preconceito racial, não se deve usar a palavra preconceito, que já tem um impacto nas pessoas — as quais, obviamente, responderão que não têm.

Todas as questões anteriormente consideradas podem ser evitadas por meio do uso do chamado estudo-piloto, uma miniatura do que será feito na pesquisa, a fim de se testar a adequação do instrumento elaborado. Aplicam-se os instrumentos da pesquisa a alguns sujeitos da amostra para se verificar se os itens e a maneira de responder a eles são bem compreendidos, o que permite também avaliar o entendimento das instruções da prova e calcular o tempo de aplicação. Vale ressaltar que esses sujeitos não mais participarão da amostra pesquisada. Após a aplicação do estudo-piloto, avalia-se todo o processo para poder providenciar as correções que se fizerem necessárias, antes de se fazer o levantamento propriamente dito.

EXEMPLO DE *SURVEY* EM PSICOLOGIA

Para melhor esclarecer como pode ser feita uma pesquisa de levantamento em Psicologia, segue um exemplo retirado de Calais, Andrade, & Lipp (2003).

Diferenças de gênero e escolaridade na manifestação de estresse em adultos jovens.

Resumo. Este estudo pesquisou sintomas de estresse em adultos jovens, relacionando-os com o gênero e o ano escolar em curso. Investigou também o tipo e a frequência de sintomas. Participaram 295 estudantes de 15 a 28 anos, sendo 150 mulheres e 145 homens, que cursavam o primeiro e o terceiro anos do ensino médio, curso pré-vestibular e primeiro e quarto anos do ensino superior. A avaliação do estresse foi realizada por meio do Inventário de Sintomas de Estresse de Lipp. Os resultados acusaram associação significativa entre gênero e nível de estresse ($p < 0,0001$), tendo as mulheres apresentado maior nível de estresse em todos os grupos avaliados. O maior índice de estresse surgiu em estudantes do curso pré-vestibular, seguido dos alunos do terceiro ano do ensino médio. A sintomatologia apresentada foi predominantemente psicológica e os sintomas mais prevalentes foram sensibilidade emotiva excessiva para as mulheres e, para os homens, pensamento recorrente.

Palavras-chave: Estresse; gênero; grau de escolaridade.

Objetivo. Este trabalho visou a investigar sintomas de estresse em adultos jovens, relacionando-os com o gênero e o ano escolar em curso. Investigou também o tipo de prevalência de sintomas, se físicos ou psicológicos, e quais os sintomas mais frequentemente encontrados em homens e mulheres jovens.

Amostra. A pesquisa foi realizada em três colégios de Campinas, interior de São Paulo (G1 e G2), em um curso pré-vestibular da cidade de Bauru — SP (G3) e em uma instituição de ensino superior, curso de Odontologia, também em Campinas (G4 e G5).

O levantamento foi interseccional, ou seja, a população foi avaliada somente naquele momento. A população foi de estudantes de ambos os sexos, mas, para a amostra, selecionaram colégio e universidade da rede particular de ensino, classes de primeiro e terceiro anos do ensino médio, do pré-vestibular (cursinho) e primeiro e quarto anos de graduação em Odontologia. Como a amostra era para ambos os sexos, foi escolhido o curso de Odontologia por ser um curso com procura equivalente de homens e mulheres, e não um curso de Psicologia, usualmente buscado por mulheres.

Participaram do estudo 295 jovens, sendo 145 do sexo masculino e 150 do sexo feminino. Os participantes foram divididos em cinco grupos com aproximadamente 60 sujeitos, metade de cada gênero, por grau de escolaridade, sendo: G1 — primeiro ano do ensino médio; G2 — terceiro ano do ensino médio; G3 — curso pré-vestibular; G4 — primeiro ano do ensino superior; G5 — quarto ano do ensino superior. Foi delimitada a faixa etária do grupo total, em adultos jovens, que variou de 15 a 28 anos, com idade média de 18,3 anos.

A idade média do G1 foi de 15,5 anos e, do G2, de 17,5 anos. O G3 apresentou idade média de 18,1 anos e o G4, a de 19 anos. Já para o G5 a idade média foi de 22 anos.

Para se avaliar o estresse, foi utilizado o Inventário de Sintomas de Estresse de Lipp (ISS), já validado para sujeitos a partir de 15 anos (Lipp & Guevara, 1994), e que se constitui de uma lista de sintomas físicos (p. ex., boca seca, tensão muscular, formigamento nas extremidades) e psicológicos (p. ex., dúvida quanto a si mesmo, aumento súbito de motivação, perda do senso de humor) divididos em três quadros. Baseia-se no modelo trifásico de Selye (1956), cada quadro corresponde a uma das fases do modelo. O respondente deve indicar primeiro quais os sintomas do primeiro quadro que ele apresentou nas últimas 24 horas. Em seguida, deve assinalar, entre os sintomas apresentados no segundo quadro, quais ele sentiu na última semana e, finalmente, deve assinalar, entre os sintomas físicos e psicológicos do terceiro quadro, quais ele experienciou no último mês. O ISS permite diagnosticar se a pessoa tem estresse, em que fase do processo se encontra (alerta, resistência, quase exaustão e exaustão) e se a sintomatologia que ela apresenta é mais típica da área somática ou cognitiva.

Procedimento. Obtida a autorização das escolas, foi solicitada a autorização dos pais, quando o participante era menor de idade. Após a assinatura do termo de consentimento, próprio ou dos pais, o Inventário de Sintomas de Estresse foi aplicado no primeiro e no terceiro anos do ensino médio, no curso pré-vestibular, no primeiro e último anos da Faculdade de Odontologia, em uma única vez e na própria sala de aula.

Nas classes em que havia mais do que o número desejado de participantes, procedeu-se a uma seleção aleatória sistemática, pelos números pares das listas de presença, completando dois grupos, com 30 alunos do sexo feminino e 30 alunos do sexo masculino de cada série selecionada. Foi informada aos estudantes a não obrigatoriedade de participação na pesquisa e assegurados o sigilo e a observância das demais práticas éticas.

Análise de resultados. Verificou-se que 79,30 % das mulheres apresentavam sintomas significativos de estresse, enquanto, entre os participantes do sexo masculino, a percentagem com sintomas de estresse era de 51,72 %. O teste do qui-quadrado revelou uma associação significativa ($x^2 = 23,75$, $p = 0,0001$) entre gênero e nível de estresse, mostrando serem as mulheres mais estressadas na amostra global. Os alunos do curso pré-vestibular (G3) apresentavam o nível de estresse mais alto e os do primeiro ano de ensino superior apresentavam o menor índice. O teste do qui-quadrado aplicado mostrou haver uma associação significativa entre estresse e série cursada pelos estudantes (x^2 = 12,04, p = 0,01). A comparação entre pares de grupos, realizada com o Teste Exato de Fisher, revelou a existência de uma associação significativa entre o grupo G3, que cursava o pré-vestibular, e o grupo G1, que cursava o primeiro ano do ensino médio, (p = 0,004), sendo o estresse mais elevado no G3.

A associação foi também significativa entre o grupo G4, cujos integrantes estavam cursando o primeiro ano do ensino superior, e o G3. A associação entre estresse e nível escolar não foi significativa para os outros grupos estudados. Para cada grupo, há diferenças, segundo o gênero, na prevalência do estresse. Aplicando-se o Teste Exato de Fisher para se verificar a significância da associação entre gênero e série escolar em curso, apurou-se que no G1 (p = 0,001) e no G5 (p = 0,01) havia essa associação, porém esta não atingiu o nível de significância no G2 (p = 0,15), no G3 (p = 0,29) e no G4 (p = 0,06), o que mostra que nessas séries não havia diferença significativa no nível de estresse dos entrevistados devido ao gênero. Pode-se inferir que o gênero constitui um fator de risco para o estresse no G1 (primeiro ano do ensino médio) e no G5 (quarto ano do ensino superior). Os resultados também mostraram em que fase de estresse se encontrava o participante e quais os sintomas mais predominantes.

Este é um exemplo de pesquisa em Psicologia com delineamento de levantamento em que há um problema de pesquisa, uma população a ser pesquisada, uma amostra selecionada, a maneira como foi feita a coleta de dados, sua análise parcial e os cuidados éticos que devem ser tomados.

É importante lembrar que delineamentos de levantamento podem fornecer informações para o desenvolvimento de outras pesquisas com outros delineamentos ou outras perguntas, como, por exemplo, por que as mulheres, quando comparadas aos homens, apresentam maiores pontuações de estresse? Os delineamentos de levantamento também podem proporcionar um retrato daquela população para o desenvolvimento de, por exemplo, programas de prevenção e/ou tratamento para tais sujeitos. Nesse sentido, para a pesquisa relatada, poder-se-ia propor um programa direcionado para minimizar a sintomatologia de estresse, com características diferenciadas entre homens e mulheres, ou mesmo propor um programa preventivo para estudantes desse nível educacional.

ÉTICA NA PESQUISA DE LEVANTAMENTO

Não se poderia encerrar este capítulo sem fazer menção à questão da ética em pesquisa, especialmente na pesquisa de levantamento que trata diretamente com seres humanos. Em muitos casos, as exigências éticas podem entrar em conflito com as questões científicas e operacionais.

Embora nem sempre se consiga coibir abusos de pesquisadores que, em nome da ciência, desrespeitam princípios éticos, é importante apontar algumas dificuldades para o pesquisador se antecipar e minimizar esses conflitos.

Ao participante deve ser assegurado o direito de ser informado sobre os objetivos da pesquisa e é de grande importância enfatizar a *voluntariedade* da participação: ninguém é obrigado a ser participante da pesquisa, embora muitas vezes a não participação acarrete prejuízo e perda de tempo para o pesquisador. Se a amostra for muito pequena, pode-se, muitas vezes, ficar tentado a convencer a pessoa a participar, o que não é ético. E se existir uma autoridade ou hierarquia sobre o outro (professor-aluno, chefe-funcionário), deve haver explicação clara de que não haverá nenhuma sanção para a não participação do sujeito.

Outro ponto a ser ressaltado é o *anonimato*, sempre assegurado ao respondente. Se o desenho for longitudinal, e para isso a identificação do participante se faz necessária, deve haver um critério rigoroso para que não haja possibilidade de vazamento da informação. A preservação da confidencialidade das informações deve ser planejada no início da confecção do projeto (Costa, 2005).

A todo participante deve ser garantido o *sigilo* de suas respostas, mesmo quando da publicação da pesquisa. Não se deve identificar o grupo com o nome da cidade, da instituição, ou dar qualquer outra informação.

O participante deve também sempre ser *informado* do teor da pesquisa, de todo o procedimento e do tempo que lhe será exigido. Muitas vezes alguns levantamentos podem ser até inviabilizados por conta dessa informação — o participante pode enviesar suas respostas porque já tem uma avaliação sobre si mesmo quanto à condição pesquisada.

Nenhuma pesquisa se justifica se trouxer *prejuízo* a seus participantes. Em medicina, há algumas situações de experimento com novas drogas que podem trazer prejuízo e os participantes devem ser absolutamente esclarecidos.

No Brasil, atualmente, as pesquisas com seres humanos seguem o Regulamento do Sistema Único de Saúde 2048-09. Todas as universidades possuem comitês de ética para que as pesquisas sejam autorizadas antes de serem aplicadas e há um órgão, Plataforma Brasil, para o qual deve ser enviado o projeto pela web. Também os órgãos de fomento não disponibilizam verba se não houver esse documento.

As questões apresentadas neste capítulo não devem, em hipótese alguma, servir de entrave a novos pesquisadores, mas sim servir de sinal de alerta para que não incorram em desperdício de tempo e de dinheiro. Produzir ciência de maneira mais tranquila e estimulante, evitando dificuldades já experienciadas por outros pesquisadores, deve ser o objetivo de todo pesquisador.

REFERÊNCIAS

ANASTASI, A. **Psychological Testing**. New York: McMillan Publishing Company, 1988.

BABBIE, E. **Métodos de Pesquisas de** Survey. Trad. Guilherme Cezarino. Belo Horizonte: Editora da UFMG, 1999 (orig. 1997).

CALAIS, S. L.; ANDRADE, L. M. B.; LIPP, M. E. N. **Diferenças de Sexo e Escolaridade na Manifestação de Estresse em Adultos Jovens**. *Psicologia: Reflexão e Crítica* 16(2), p. 257-263, 2003.

CALAIS, S. L. **Estresse Pós-Traumático: intervenção em vítimas secundárias**. In: Lipp, M. E. N. (org.). *O estresse no Brasil: Pesquisas Avançadas*, cap. 11, p. 121-130. Campinas: Papirus Editora, 2004.

COSTA, M. E. B. Grupo Focal. In J. Duarte, J e Barros, A. (org.) **Métodos e técnicas de pesquisa em comunicação**. São Paulo: Editora Atlas, 2005.

COZBY, P. C. **Métodos de Pesquisa em Ciências do Comportamento**. São Paulo: Editora Atlas, 2003/1977 .

CRONBACH, L. J. **Fundamentos da Testagem Psicológica**. Porto Alegre: Artes Médicas, 1996.

FRAGOSO, S.; RECUERO, R.; AMARAL, A. **Métodos de pesquisa para internet**. Porto Alegre: Editora Meridional/Sulina, 2011.

GIL, A. C. **Como Elaborar Projetos de Pesquisa**. São Paulo: Atlas Editora, 1988.

_____. **Métodos e Técnicas de Pesquisa Social**. São Paulo: Atlas Editora, 1991.

HEGENBERG, L. **Etapas da Investigação Científica (Observação, Medida, Indução)**, vol. 1. São Paulo: EPU/EDUSP, 1976.

KAZDIN, A. E. **Behavior Modification in Applied Settings**. Homewood, III: Dorsey, 1975. REY, L. **Planejar e Redigir Trabalhos Científicos**. São Paulo: Ed. Edgard Blucher Ltda., 1987.

SELLTIZ, C.; WRIGHTSMAN, L. S.; COOK, S. Métodos de pesquisa nas relações sociais. Em L. H. Kidder (org.), vol. 1. **Delineamento de pesquisa**. 2.ª ed. São Paulo: E.P.U., 1987.

SELLTIZ, C.; WRIGHTSMAN, L. S.; COOK, C. **Métodos de Pesquisa nas Relações Sociais**. Louise H. Kidder (org.), vol. 2. *Medidas na pesquisa social*. 2ª ed. São Paulo: EPU, 1987.

TRUJILLO, V. **Pesquisa de Mercado — qualitativa e quantitativa**. São Paulo: Scortecci Editora, 2001.

VAN KOLCK, O. L. **Técnicas de Exame Psicológico e Sua Aplicação no Brasil**. Petrópolis — RJ: Editora Vozes, 1975.

WEATHERALL, M. **Método Científico**. São Paulo: Editora da USP, 1970.

Delineamento correlacional: definições e aplicações

FABIÁN JAVIER MARÍN RUEDA E CRISTIAN ZANON

Delineamento diz respeito ao planejamento prévio das etapas de realização de um processo. No caso de uma pesquisa, o delineamento deve considerar o(s) objetivo(s) pretendido(s) e traçar um plano metodológico com o objetivo de verificá-lo(s). De forma geral, há dois grandes padrões de pesquisa (descritivo e experimental), que, por sua vez, podem ser subdivididos em dois tipos de delineamento. No caso da pesquisa descritiva, tem-se os delineamentos de levantamento e correlacional, enquanto a pesquisa experimental inclui os delineamentos experimental e quase experimental. A grande diferença entre a pesquisa descritiva e a experimental é que a primeira não procura nexo causal, enquanto o segundo tipo tem o interesse em procurar relação causa-efeito.

No caso do delineamento correlacional, objeto deste capítulo, é importante destacar que é provavelmente o mais utilizado não só na Psicologia, mas nas Ciências Sociais de forma geral. Pesquisadores utilizam esse tipo de delineamento ao trabalhar com diversos construtos e áreas de interesse na Psicologia, considerando que um de seus objetivos é avaliar relações entre variáveis e o grau de associação entre determinados construtos. Por exemplo: qual a relação entre o desempenho em uma prova de atenção e a idade das pessoas? Qual a associação entre o desempenho em um teste de inteligência e um teste de memória?

Além de procurar relação, esse delineamento também é utilizado quando há interesse em avaliar possíveis diferenças nos níveis de uma ou mais variáveis entre grupos diferentes. Por exemplo: mulheres apresentam maiores níveis de depressão que homens? Idosos apresentam menores índices de ansiedade que adolescentes e adultos jovens? Essas e outras questões de pesquisa podem ser investigadas por meio de delineamentos correlacionais.

Resumindo, por meio do delineamento correlacional podem ser estabelecidas relações entre variáveis ou diferenças entre grupos. Essa afirmação merece destaque por dois motivos. O primeiro é pelo fato de muitas vezes se associar delineamento correlacional a análise correlacional, o que é um erro. Esse erro pode acontecer, pois uma das análises contempladas pelo delineamento tem o termo "correlação". Porém, em se tratando de pesquisadores e docentes que farão uso deste capítulo, essa questão deve ser totalmente esclarecida. O segundo motivo se deve à relevância das análises de correlação e de comparação, uma vez que, até hoje, todas as análises estatísticas são produto de correlações ou comparações. Por exemplo, o resultado das estatísticas e teorias mais modernas (análise de regressão, funcionamento diferencial do item, teoria de resposta ao item, entre outros) é fruto de análises de correlação.

Diferentemente do delineamento experimental, que se caracteriza pela existência de pré e pós-teste, grupo controle, randomização e pelo controle sobre as variáveis estudadas, o delineamento correlacional apresenta baixo ou nenhum controle sobre as variáveis investigadas. Ele também não apresenta pré- e pós-teste e não há uso de grupos controle. Por essas razões o delineamento correlacional é mais flexível metodologicamente do que o delineamento experimental. Ou seja, não requer tanto controle sobre as variáveis. Embora essa flexibilidade facilite seu emprego em diversos contextos da pesquisa, ela acaba impossibilitando o estabelecimento de nexo causal entre as variáveis estudadas, como já foi mencionado. Ainda, destaca-se que a principal diferença entre ambos os delineamentos está relacionada ao objetivo da pesquisa estabelecido pelo pesquisador. Se o objetivo da pesquisa é investigar o grau de associação entre as variáveis de interesse, o delineamento mais apropriado é o correlacional. Se o objetivo é investigar se uma variável influencia ou afeta outra variável, o delineamento ideal é o experimental. Em muitos casos, porém, não é possível realizar uma pesquisa utilizando o delineamento experimental (p. ex., pela dificuldade de conseguir participantes ou por questões éticas relacionadas à privação de benefícios aos participantes). Nesses casos pode-se recorrer ao delineamento quase experimental, que é mais flexível, mas menos robusto que o delineamento experimental.

Especificamente sobre este capítulo, que versa sobre o delineamento correlacional, o objetivo não será ensinar a calcular o coeficiente de correlação ou uma diferença entre grupos[1], mas apresentá-lo e exemplificá-lo por meio da descrição de algumas questões de pesquisa que podem empregá-lo. Para isso, serão introduzidas as principais análises estatísticas utilizadas para a compreensão dos dados. Inicialmente, serão apresentadas definições e aplicações da correlação de Pearson para avaliar a força de associação entre as variáveis. Posteriormente, serão introduzidos o teste *t* de Student e a análise de variância, para investigar possíveis diferenças entre os grupos de interesse. Por fim, testes não paramétricos serão brevemente apresentados como uma alternativa às análises anteriores citadas. Desejamos que o capítulo seja útil àqueles que querem iniciar seus estudos sobre o tema e para estudantes de psicologia que farão uso dos conceitos ao longo da sua formação e na sua futura prática profissional.

TESTE PARA RELAÇÃO ENTRE VARIÁVEIS: CORRELAÇÃO DE PEARSON

Quando queremos verificar a relação entre duas variáveis, utilizamos a análise correlacional, isto é, verificamos a variação de dois fenômenos ao mesmo tempo, o que também é chamado de covariação. Nesse sentido, a análise correlacional nos oferece algumas informações importantes que devem ser consideradas para interpretar um resultado.

A primeira delas se refere à tendência da correlação, que pode ser identificada das seguintes formas: quando a intensidade de uma variável aumenta, aumenta também a intensidade de outra; ou quando a intensidade de uma variável aumenta, diminui a intensidade de outra. Essa primeira informação nos remete a uma segunda, que se refere à magnitude ou "força" da correlação.

Sobre as duas informações mencionadas (tendência e magnitude da correlação), é importante destacar que a primeira nos dirá se a relação existente é positiva ou negativa, ou seja, se temos uma **correlação positiva** ou uma **correlação negativa**. No caso de ser positiva, a informação diz que ao aumento de intensidade de uma variável corresponde ao aumento na intensidade de outra (por exemplo, quanto maior for o levantamento de peso, maior será a massa muscular; quanto maior for a ingestão de alimentos, maior será o peso da pessoa). Já em uma correlação negativa, a informação é que ao aumento de intensidade de uma variável corresponde à diminuição de intensidade na outra (por exemplo, quanto menor é a temperatura, maior é a quantidade de roupa vestida; quanto mais antipática é uma pessoa, menor é o número de amigos). Os exemplos citados dizem respeito à tendência da correlação, porém é importante destacar que a relação entre eles não necessariamente será a mesma, e é aqui que entra em jogo o conceito de **magnitude da correlação**.

Para falar de magnitude é preciso fazer algumas ponderações. Primeiramente, é importante destacar que correlação entre variáveis sempre há, isto é, é muito difícil pensar em duas variáveis que apresentem "nada" ou "zero" de covariação. Da mesma forma, não há como pensar em duas variáveis que apresentem "tudo" de covariação, pois, a rigor, isso só seria possível ao relacionar uma variável com ela mesma. Essas duas explicações nos permitem introduzir uma informação muito importante quando se fala de análise correlacional, que é a variação que ela pode apresentar.

---

[1] O cômputo do coeficiente de correlação, teste *t* e ANOVA podem ser facilmente realizados no programa SPSS – Statistical Package for Social Sciences.

Uma correlação pode variar de −1 a 1, e o valor obtido dessa análise é o chamado **coeficiente de correlação**, que é representado pela letra "*r*". Como vimos, valores perfeitos (−1, 0 e 1) são muito improváveis com variáveis naturais distintas e, portanto, para fins práticos, os coeficientes de correlação geralmente estarão nos intervalos de −0,99 a −0,01 e de 0,01 a 0,99.

O aspecto que acabou de ser apresentado está diretamente relacionado com a chamada magnitude da correlação. Para ilustrar, pensemos nos exemplos anteriormente mencionados. Ao dizer que "quanto maior for o levantamento de peso, maior será o ganho de massa muscular" estamos falando em uma correlação positiva. Da mesma forma, estamos diante de uma correlação positiva quando afirmamos que "quanto maior for a ingestão de alimentos, maior será o peso de uma pessoa". Porém, podemos afirmar que essas duas correlações positivas são iguais? Provavelmente não. Uma delas pode apresentar um coeficiente de correlação maior que a outra (*r* = 0,68 para o primeiro exemplo e *r* = 0,22 para o segundo exemplo), indicando que a magnitude dessa correlação é também maior para o primeiro caso. Considerando os exemplos sobre correlações negativas, o mesmo argumento pode ser utilizado, ou seja, se o coeficiente de correlação entre a temperatura e a quantidade de vestimenta for −0,45 e entre antipatia e número de amigos for de −0,80, a magnitude da última correlação sem dúvida é maior. De acordo com esses exemplos, um aspecto sobre a magnitude ou força da correlação pode ser elucidado, qual seja, quando o coeficiente de correlação for negativo, quanto mais próximo de −1 estiver, maior será a magnitude da correlação. Já quando o coeficiente de correlação for positivo, a magnitude da correlação será maior quando o valor de "*r*" estiver mais próximo de 1.

Mas um coeficiente de correlação de 0,42 apresenta uma magnitude menor que um coeficiente de correlação de 0,43? À primeira vista poderíamos dizer que sim, uma vez que 0,43 é maior que 0,42. Porém, ao falar em magnitudes estamos falando em intervalos.

Mas então quais os intervalos que devem ser considerados para interpretar a magnitude da correlação? Também não há uma única resposta para essa pergunta, pois irá depender do teórico que falar sobre o assunto. Como exemplo é apresentada a Tabela 10.1, que indica os intervalos de valores de coeficientes de correlação, assim como a denominação de cada faixa de magnitude, considerando três posturas teóricas diferentes.

De forma geral, vale a pena destacar que Cohen (1988), sem dúvida, apresenta a classificação mais aceita pela literatura internacional, enquanto Dancey e Reidy (2006) têm sido autores bastante referenciados nos últimos anos em nível nacional, talvez pelo fato de seu livro ter sido amplamente divulgado nos cursos de graduação em Psicologia. Por fim, Sisto (2007) apresenta uma classifica-

TABELA 10.1 Coeficientes de correlação e interpretação das magnitudes de acordo com Cohen (1988), Dancey e Reidy (2006) e Sisto (2007)

Cohen (1988)		Dancey e Reidy (2006)[2]		Sisto (2007)[3]	
r	Classificação da magnitude	*r*	Classificação da magnitude	*r*	Classificação da magnitude
0,50 a 1,00	Grande	1,00	Perfeita	0,80 a 1,00	Muito alta
0,30 a 0,49	Média	0,70 a 0,99	Forte	0,60 a 0,79	Alta
0,10 a 0,29	Pequena	0,40 a 0,69	Moderada	0,40 a 0,59	Moderada
−0,09 a 0,09	Nula	0,10 a 0,39	Fraca	0,20 a 0,39	Baixa
−0,29 a −0,10	Pequena	0	Zero	−0,19 a 0,19	Nula
−0,49 a −0,30	Média	−0,10 a −0,39	Fraca	−0,39 a −0,20	Baixa
−1,00 a −0,50	Grande	−0,40 a −0,69	Moderada	−0,59 a −0,40	Moderada
		−0,70 a −0,99	Forte	−0,79 a −0,60	Alta
		−1,00	Perfeita	−1,00 a −0,80	Muito alta

r = coeficiente de correlação

[2] Os autores não contemplam a faixa que varia de −0,09 a 0,09.
[3] Na versão original, o autor prevê que um mesmo valor pode estar em duas classificações. Os autores do presente capítulo apresentam a tabela adaptada.

TABELA 10.2 Coeficientes de correlação de Pearson (r) e níveis de significância (p) entre testes para avaliação da atenção concentrada, depressão, otimismo e memória

		Atenção 1	Atenção 2	Depressão	Otimismo	Memória
Atenção 1	r	1	**0,89**	0,22	0,33	0,39
	p		**<0,001**	<0,001	<0,001	<0,001
Atenção 2	r		1	0,16	0,29	0,42
	p			<0,001	<0,001	<0,001
Depressão	r			1	**−0,81**	**0,19**
	p				**<0,001**	**<0,001**
Otimismo	r				1	−0,16
	p					<0,001

ção própria, não mencionando se há algum teórico internacional no qual tenha se baseado para a proposta. De qualquer forma, o objetivo deste capítulo não é discorrer sobre um ou outro teórico e sua respectiva classificação, mas fornecer ao leitor a possibilidade de conhecer e optar pelo que considerar mais adequado.

Retomando o conceito de análise correlacional, outra informação necessária para a interpretação do coeficiente de correlação é a significância estatística.[2] O resultado de uma análise estatística de correlação será associado a uma probabilidade. Quando o resultado indica uma pequena probabilidade (menor que 0,05 ou $p < 0,05$), diz-se que o resultado é **estatisticamente significativo**. Isso significa que se alguém realizasse infinitos experimentos idênticos encontraria resultados semelhantes em apenas 5 % das vezes ou menos. Esse resultado indica que é improvável que a diferença verificada se deva a erro amostral. Em outras palavras, ser estatisticamente significativo quer dizer ser improvável, devido apenas ao acaso. É importante ressaltar que ser improvável não significa ser impossível. De fato, resultados muito diferentes dos verificados na população geral são esperados em uma baixa probabilidade devido a erro amostral. Por isso é essencial a replicação de experimentos em amostras distintas da população-alvo.

Diante do que foi exposto, podemos dizer que as informações mais importantes para interpretar uma análise correlacional do ponto de vista prático são: (a) o coeficiente de correlação; (b) a magnitude e (c) a significância estatística. Vejamos agora alguns exemplos para ilustrar, destacando que eles se referem a informações colhidas de pessoas que responderam a dois testes para avaliação da atenção concentrada, um instrumento para avaliação de sintomatologia depressiva, um questionário para avaliação do otimismo e um teste para mensuração da memória. A Tabela 10.2 mostra as correlações obtidas por meio da análise de correlação de Pearson.

Para efeitos ilustrativos dos conceitos tratados até o presente momento, da Tabela 10.2 serão selecionados três coeficientes de correlação, quais sejam, o resultante da correlação entre os dois testes de atenção e a correlação do instrumento para a avaliação da sintomatologia depressiva com os instrumentos para avaliação do otimismo e a memória. Esses três dados podem ser observados em negrito.

Iniciando pelo coeficiente de correlação de Pearson entre os testes de atenção ($r = 0,89$), pode-se verificar que ele foi positivo, ou seja, ao aumento do desempenho em um dos testes correspondeu um aumento no desempenho no outro. Ainda, ele foi estatisticamente significativo ($p = <0,001$), o que indica que provavelmente não ocorreu ao acaso e não se deve a erro amostral. No que se refere à magnitude dessa correlação, ela pode ser considerada grande, forte ou muito alta, dependendo do autor que for considerado (Cohen, 1988; Dancey & Reidy, 2006 ou Sisto, 2007, respectivamente). Assim, temos as três informações básicas que foram descritas na análise correlacional. No entanto,

---

[4]   A significância estatística é um conceito utilizado na maioria das análises estatísticas. Especificamente sobre este capítulo, o conceito é de suma importância, pois deve ser aplicado tanto na análise correlacional como nos testes para comparação de grupos.

ainda há o mais importante a ser interpretado em qualquer análise estatística realizada na psicologia, e se refere à interpretação teórica dos dados.

Nesse sentido, é importante questionar se a observação de que dois testes destinados à avaliação do mesmo construto apresentam um coeficiente de correlação muito próximo de 1,00 era esperada. É nesse momento que entra o conhecimento teórico do psicólogo e que estatística nenhuma poderá suprir. Se pensarmos que os instrumentos utilizados se propõem a avaliar o mesmo construto, podemos hipotetizar que esse resultado fosse esperado. Porém, outros conhecimentos seriam necessários. Por exemplo, a operacionalização do instrumento é semelhante? Ambos estão embasados em uma mesma teoria? Seguiram procedimentos semelhantes no processo de construção? Oferecem o mesmo tipo de informação? São as respostas para essas perguntas que ajudarão a entender e interpretar o coeficiente de correlação obtido.

Ainda, um último aspecto da análise correlacional merece ser destacado, e se refere à forma como um coeficiente de correlação pode ser interpretado em termos de porcentagens, isto é, como interpretar um coeficiente de correlação igual a 0,89 no que tange à porcentagem. Para isso deve ser utilizada uma fórmula muito simples, qual seja:

$$r^2 \times 100 = \% \text{ de variância em comum ou comunalidade entre duas variáveis}$$

Considerando essa fórmula ($0,89^2 \times 100$), o total de variância comum ou comunalidade entre ambos os testes foi de 79,21%. Aqui vale uma ressalva, pois o leitor poderá questionar: Mas os testes não avaliam o mesmo construto? Por que não tem 100% ou quase isso de comunalidade? E é nesse momento que entra novamente a capacidade teórica do profissional, que deverá considerar os aspectos já mencionados, assim como o fato claro de que, embora os testes meçam o mesmo construto teórico, eles não são iguais. Ainda, deve ser destacado que quase 80% de aspectos em comum são uma quantidade muito grande quando se fala em construtos abstratos, como é o caso da psicologia.

Fazendo a interpretação do resultado obtido entre o instrumento para avaliação da depressão com o de otimismo, pela Tabela 10.1, observa-se que o coeficiente de correlação foi negativo, o que indica que ao aumento da sintomatologia depressiva corresponde a uma diminuição do otimismo e/ou vice-versa ($r = -0,81$), sendo esse resultado estatisticamente significativo ($p = 0,001$). Quanto à magnitude da correlação, ela pode ser considerada forte, de acordo com Dancey e Reidy (2006). Considerando que a perda da sensação de prazer e a falta de vontade para realizar atividades rotineiras, um estado de ânimo irritado, um sentimento de desesperança e abandono e pensamentos de morte ou suicidas são sintomas presentes no diagnóstico da depressão, do ponto de vista teórico, pode ser considerada esperada a existência de uma correlação negativa entre ambos os construtos, assim como uma magnitude forte dessa correlação.

Por fim, ao analisar o coeficiente de correlação obtido entre a medida de depressão e de memória, observa-se que ele foi positivo e estatisticamente significativo ($r = 0,19; p < 0,001$). Do ponto de vista conceitual, poderia ser esperada uma correlação negativa, mas o fato de a magnitude ter sido pequena mostra que foi verificada variância comum inferior a 4 %, o que indica que quase a totalidade de cada instrumento avalia aspectos diferentes do outro.

Dando seguimento, será apresentada a Figura 10.1, que mostra graficamente os três coeficientes de correlação que foram exemplificados. Observando-a, fica evidente que a dispersão das pontuações

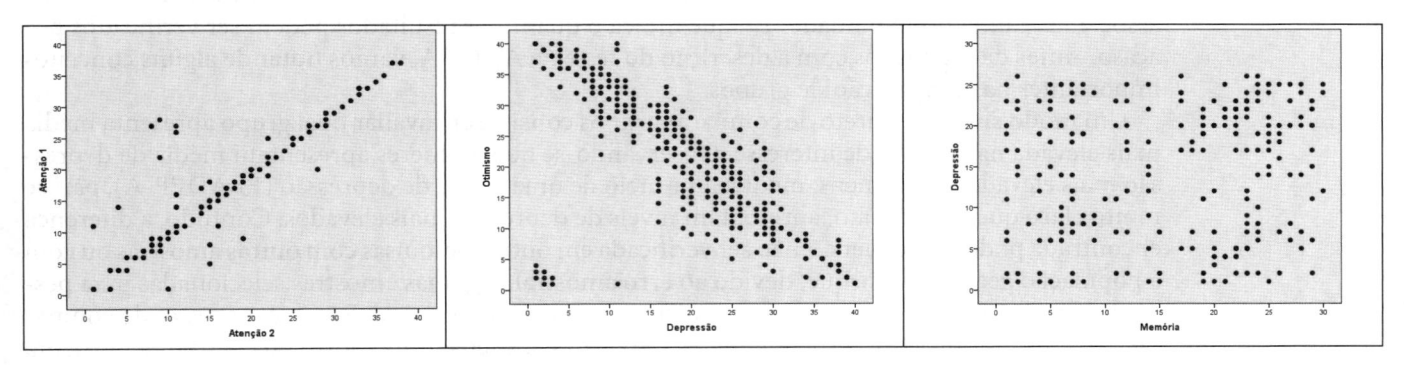

Figura 10.1. Gráficos de dispersão dos coeficientes de correlação de Pearson (r) exemplificados.

em ambos os testes de atenção produziu uma correlação bastante linear e positiva entre os eixos "X" e "Y". Esse resultado indica que, quando uma pontuação se localizou acima da média de "X", ela também esteve localizada acima da média de "Y". Isso equivale a dizer que o aumento de uma correspondeu ao aumento da outra.

Já no gráfico de dispersão entre as medidas de otimismo e depressão, observa-se que a linearidade se encontra representada no sentido oposto, ou seja, em sentido decrescente (correlação negativa). Isso indica que uma pontuação localizada acima da média de "X" tenderá a estar localizada abaixo da média de "Y", ou seja, o aumento de uma variável corresponde a uma diminuição da outra.

Por sua vez, na dispersão entre as pontuações no instrumento de depressão e de memória, não pode ser observada nenhuma tendência em relação aos eixos "X" e "Y", uma vez que sujeitos que tiveram pontuações altas em depressão apresentaram pontuações baixas, médias e altas em memória e vice-versa. Ainda, indivíduos com pontuações médias em um dos testes apresentaram pontuações baixas, médias e altas no outro. Com isso percebe-se que a relação não é clara, o que se evidencia pelo valor do coeficiente de correlação obtido na análise realizada ($r = 0,19$).

Como resumo desta primeira parte do capítulo, pode-se dizer que, ao interpretar uma análise correlacional, deve-se considerar, em primeiro lugar, se o coeficiente de correlação de Pearson foi positivo ou negativo e verificar se o resultado foi estatisticamente significativo, ou seja, avaliar qual a probabilidade de tê-lo encontrado por acaso. Ainda, devemos considerar a magnitude da correlação, para observar se a relação observada é mais ou menos forte; assim como também temos a possibilidade de verificar a variância comum ou comunalidade das variáveis em termos de porcentagem, elevando o coeficiente de correlação ao quadrado e multiplicando o resultado por 100.

É importante destacar que todas essas informações só farão sentido com a existência de conhecimento teórico acerca das variáveis investigadas. Isto é, a análise correlacional permite obter resultados muito importantes para a ciência psicológica, porém, de nada valerão se não forem corretamente interpretados, à luz da teoria.

TESTES PARA COMPARAÇÃO DE GRUPOS: TESTE *t* E ANOVA

A comparação de grupos é uma prática bastante recorrente na pesquisa em Psicologia. Isso se deve, em parte, à necessidade de avançar teorias e desenvolver intervenções mais eficientes. Por exemplo, uma comparação dos níveis de depressão entre homens e mulheres permite lançar luz sobre o papel do gênero na psicopatologia. Evidências indicam que mulheres apresentam níveis mais elevados de sintomas depressivos que homens. Essa constatação tem implicações clínicas importantes, pois sugere que mulheres sofrem mais os sintomas depressivos que homens e que talvez intervenções distintas devam ser conduzidas para homens e mulheres. Mas como se faz uma comparação de grupos?

Os dois testes mais usados para comparar grupos são o teste *t* de Student e a análise de variância (ANOVA). Enquanto o primeiro destina-se à comparação de dois grupos, a ANOVA pode ser usada em situações que apresentam mais grupos. A lógica de ambos os testes é semelhante e leva em consideração as diferenças de médias entre os grupos, os desvios padrões e o número de participantes em cada grupo. A estatística *t*, no caso do teste *t*, e a estatística *F*, para a ANOVA, são associadas a uma probabilidade "*p*", que indica o quanto os resultados podem ser verificados por acaso. Antes de seguirmos com a descrição do teste *t* e ANOVA, vamos tratar de alguns conceitos importantes na comparação de grupos.

Um modo simples e direto de comparar grupos consiste em avaliar qual grupo apresenta média mais elevada na variável de interesse. Observando-se que mulheres apresentam média de depressão mais elevada que homens, medida por meio de uma escala de depressão (EBADEP-A), parece muito claro que elas, de fato, apresentam níveis de depressão mais elevados. Contudo, a diferença encontrada pode ser pequena e não ser verificada em outras pesquisas com outras amostras ou com a população geral. Sabe-se que, devido ao erro amostral, algumas amostras selecionadas para pesquisa apresentam características muito distintas da população geral. Por isso, os testes de comparação de grupos fornecem probabilidades associadas aos seus resultados. Toda pesquisa apresenta erro na medida, e os testes estatísticos buscam estimar esses erros.

Outro conceito importante na comparação de grupos é o desvio padrão. Esse conceito é uma medida de dispersão dos escores do grupo ao redor da média. Grupos com desvios padrões pequenos são homogêneos e indicam que a maioria dos casos se encontra próximo à média do grupo. Grupos com desvios padrões grandes são heterogêneos e apresentam valores muito abaixo e muito acima da média. Selecionando aleatoriamente 100 pacientes diagnosticados com depressão e 100 pessoas que constam em lista telefônica, por exemplo, espera-se que o grupo de pacientes seja bem mais homogêneo que o outro grupo. Ou seja, enquanto o grupo de pacientes provavelmente apresentará pequeno desvio padrão (todos terão altos níveis de depressão), o grupo selecionado da lista apresentará grande desvio padrão com escores de depressão variando de nulos até muito altos. Considerando-se que depressão apresenta uma distribuição não normal (assimétrica positiva), espera-se que a maioria dos selecionados da lista apresente baixos níveis de depressão.

Conhecer o desvio padrão dos grupos de interesse é essencial porque trará implicações para o resultado do teste estatístico. Uma diferença de 2 pontos nas médias entre dois grupos muito homogêneos indica maior diferenciação entre os grupos que os mesmos 2 pontos em dois grupos mais heterogêneos, ou seja, com maior desvio padrão. Basicamente, o teste estatístico para comparação de grupos leva em consideração a diferença de médias entre os grupos, o desvio padrão e o número de observações de cada grupo. Quanto mais observações em cada grupo, maior a probabilidade de verificar-se uma diferença estatisticamente significativa entre os grupos. Em amostras grandes ($n > 200$), pode-se verificar diferenças significativas mesmo para diferenças muito pequenas e pouco relevantes do ponto de vista prático. Mas qual a diferença entre significância estatística e significância prática?

Como anteriormente mencionado, o resultado de um teste estatístico será associado a uma probabilidade. Quando o resultado indica uma pequena probabilidade (menor que 0,05 ou $p < 0,05$), pode-se dizer que ele é estatisticamente significativo. Em outras palavras, ser estatisticamente significativo quer dizer ser improvável devido ao acaso. Contudo, devemos ressaltar que, mesmo improváveis, tais resultados serão esperados em pequena proporção devido ao erro amostral.

A significância prática no contexto da comparação de grupos refere-se ao quão distintamente os grupos se encontram em relação à variável de interesse. A importância prática da diferença depende da questão de pesquisa e da área de interesse do estudo, e mesmo pequenas diferenças podem ter implicações importantes. Chama-se atenção para o fato de que diferenças estatisticamente significativas não representam necessariamente relevância prática. Como mencionado anteriormente, quanto maiores os grupos, mais provável encontrar diferenças significativas. Assim, enfatiza-se, neste manuscrito, a importância de avaliar tamanhos de efeitos nas comparações de grupos.

Uma estimativa bastante usada para indicar significância prática é o d de Cohen (Cohen, 1988). Essa estimativa fornece uma medida de diferença de grupos em termos de desvio padrão. Verificando-se $d = 1$ significa que os grupos diferem em 1 desvio padrão; $d = 0,5$ significa que os grupos diferem em meio desvio padrão. Cohen fornece algumas indicações para interpretar as diferenças entre grupos: valores de 0,2 indicam pequeno efeito; valores de 0,5 indicam efeito médio e valores de 0,8 indicam efeito grande. Esses autores sugerem que: a) efeitos até 0,35 são pequenos; b) efeitos maiores que 0,35 e menores que 0,65 são moderados e c) efeitos maiores que 0,65 são grandes. Na prática, isso significa que se você encontrar $d = 0,2$ trata-se de uma diferença trivial, mesmo que seja estatisticamente significativa. Recomenda-se a apresentação de estimativas de tamanho de efeito em comparações de grupos, pois esse dado permite ao pesquisador ter uma ideia de diferenciação dos grupos.

Testes t e ANOVAs são análises usuais e que frequentemente auxiliam pesquisadores na tomada de decisões. Apesar de muito usadas, essas análises requerem algumas condições para seu uso, a saber: distribuições normais e homogeneidade de variâncias. As estatísticas t e F foram desenvolvidas para distribuições normais, também conhecidas como curva de sino ou curva de Gauss. Em outras palavras, a distribuição dos escores dos participantes deve seguir uma distribuição normal nos grupos de interesse para o uso desses testes. Violações desse pressuposto podem produzir resultados enviesados. Homogeneidade de variâncias (ou homocedasticidade) significa que as variâncias dos grupos (ou desvios padrão dos grupos) devem ser similares. Especificamente, aceita-se que o tamanho da variância de um grupo seja até três vezes a variância do outro grupo. Variâncias que excedem esse valor também podem produzir resultados enviesados.

A seguir serão apresentados exemplos de teste *t* e ANOVA. Um pesquisador deseja conhecer se homens ou mulheres têm mais autoestima. Nesse caso, homens e mulheres formam dois grupos distintos cujos níveis de autoestima se deseja conhecer. Para isso, o pesquisador aplica uma escala de autoestima em 100 participantes selecionados aleatoriamente (sendo 50 homens e 50 mulheres). Somando individualmente os escores de cada participante em cada grupo pode-se ter uma ideia de qual grupo apresenta mais autoestima. Como visto, no entanto, a diferença pode ser pequena e não representar uma desigualdade estável na população geral. Para isso, recorremos a um teste estatístico (teste *t*) para fornecer uma probabilidade associada à diferença (Tabela 10.3).

Como observado, a média de autoestima é maior em homens ($M = 6$) que em mulheres ($M = 5$), o que indica que, nessa amostra, de fato, homens apresentaram escores mais elevados que mulheres. Mas como será na população geral? Será que essa diferença é estável em outras amostras? Essa temática se refere à estatística inferencial que está fora do escopo deste manuscrito. Contudo, ressaltamos que os resultados de comparação de médias associados a probabilidades podem ser extrapolados, generalizados ou inferidos para a população-alvo, desde que provindos de uma amostra representativa. Antes de interpretarmos os resultados do teste *t* que auxilia na resposta dessas questões, vamos seguir a interpretação de outros dados descritivos da amostra.

O desvio padrão ($DP = 2$) informa que ambos os grupos apresentam similaridade na dispersão dos escores ao redor das médias, ainda que as médias sejam diferentes e os grupos pareçam ter características distintas. A interpretação do desvio padrão indica que os grupos apresentam nível semelhante de heterogeneidade. Contudo, outras informações da amostra devem ser levadas em consideração para tal avaliação. Por exemplo, se observarmos os valores ou escores máximos e mínimos de autoestima dos participantes de cada grupo, teremos uma ideia mais precisa dos limites de variação dos escores em cada grupo. Isso informa mais sobre as características dos grupos.

Por fim, interpretando o valor de "*p*" ($p < 0,01$), verificamos que a diferença é estatisticamente significativa. Isso sugere que o resultado encontrado apresenta uma probabilidade pequena (menos de 1%) de ter sido encontrado por acaso se muitos experimentos idênticos fossem realizados. Como esse valor é muito baixo e provém de amostra representativa (hipoteticamente), assumimos que a diferença verificada na amostra se deve a uma diferença existente na população geral. Como o tamanho de efeito verificado foi moderado ($d = 0,5$), meio desvio padrão, admitimos que se trata de uma diferença considerável entre os grupos.

TABELA 10.3 Escores hipotéticos de autoestima de homens e mulheres média, desvio padrão dos grupos e resultados do teste t. Lembramos que este exemplo se refere a 100 participantes

Participantes	Sexo	Escore de autoestima	Média	Desvio padrão
Participante 1	Feminino	5		
Participante 2	Feminino	4		
Participante 3	Feminino	6		
...				
Participante 50	Feminino	4		
			5	2
Participante 1	Masculino	8		
Participante 2	Masculino	7		
Participante 3	Masculino	7		
...				
Participante 50		6		
			6	2

Valor *t*	*p* <	*d*
2,5	0,01	0,5

Para avaliar as diferenças entre três grupos (ou mais), podemos recorrer à ANOVA *one-way*, que é utilizada para investigar se existe algum grupo com variabilidade estatisticamente distinta dos demais. Raramente três grupos apresentam médias exatamente iguais. Por isso, essa análise informará se algum grupo difere significativamente ($p < 0,05$) dos demais. É possível que os três grupos difiram entre si ou é possível que apenas um deles difira dos demais. Para saber quais grupos diferem entre si, usam-se testes complementares conhecidos como *post hoc*, a saber: Tukey, Scheffe, Bonferroni, entre outros. Ou seja, a ANOVA responde se algum grupo difere dos demais, enquanto testes *post hoc* informam quais grupos diferem dos demais. Os mesmos cuidados referentes à significância estatística/significância prática e pressupostos do teste *t* devem ser empregados e respeitados na ANOVA.

O exemplo usado para ilustrar o uso da ANOVA trata da comparação dos níveis de ansiedade em adolescentes, adultos e idosos. Imaginemos que um pesquisador está interessado em saber se há mais ansiedade em grupos de pessoas idosas que em grupos de jovens. Para isso, ele seleciona aleatoriamente 50 idosos, 50 adultos e 50 adolescentes e aplica-lhes uma escala de ansiedade. A Tabela 10.4 apresenta os escores hipotéticos de participantes de cada grupo, médias, desvio padrões e outros resultados fornecidos pela ANOVA.

Como observado na Tabela 10.4, idosos apresentaram a média de ansiedade mais elevada, enquanto adolescentes apresentaram a menor média. Os desvios padrão foram próximos, variando de 1,7 a 2, e o valor da estatística *F*, fornecido pela ANOVA, foi significativo ($p < 0,01$). Isso indica que pelo menos um dos grupos diferiu dos demais. Uma vez que adolescentes e adultos apresentaram médias próximas (M = 5,6 e M = 6,1 respectivamente), enquanto idosos apresentaram média mais distante (M = 7), é plausível que o grupo de idosos difira dos demais. Contudo, como mencionado, isso deve ser investigado por meio de testes *post hoc*.

Nesse exemplo, selecionou-se o teste Tuckey, que indicou que, de fato, a diferença de ansiedade no grupo de adolescentes e adultos não é estatisticamente significativa. Contudo, o teste indicou que as diferenças verificadas entre o grupo de idosos e adultos e o grupo de idosos e adolescentes

TABELA 10.4 Médias, desvios padrões e significância estatística dos grupos estudados

Participantes	Grupo etário	Escore de ansiedade	Média do grupo	Desvio padrão
Participante 1	Adolescente	6		
Participante 2	Adolescente	8		
Participante 3	Adolescente	6		
...				
Participante 50	Adolescente	7		
			5,6	1,9
Participante 1	Adulto	7		
Participante 2	Adulto	9		
Participante 3	Adulto	6		
...				
Participante 50	Adulto	8		
			6,1	1,7
Participante 1	Idoso	8		
Participante 2	Idoso	8		
Participante 3	Idoso	9		
...				
Participante 50	Idoso	8		
			7	2
Valor *F*	*p* <			
7,2	0,01			

são estatisticamente significativas. Como temos interesse em conhecer a significância prática dessas diferenças, precisamos interpretar os tamanhos de efeitos associados às diferenças de médias. Observamos $d = 0,2$ entre o grupo de adolescentes e adultos, ou seja, uma diferença trivial que não foi estatisticamente significativa. Já entre o grupo de idosos e o grupo de adolescentes, verificamos $d = 0,7$, o que indica que os grupos diferem em 0,7 desvio padrão. Ou seja, trata-se de uma diferença importante. Em relação ao grupo de idosos e ao grupo de adultos, verificou-se que $d = 0,5$, o que indica uma diferença moderada entre os grupos. Esse conjunto de resultados corrobora a expectativa inicial do pesquisador, que esperava verificar níveis de ansiedade mais elevados no grupo de idosos.

TESTES NÃO PARAMÉTRICOS: POSSÍVEIS ALTERNATIVAS ÀS ANÁLISES APRESENTADAS

A correlação de Pearson, o teste t de Student e ANOVA são conhecidos como testes paramétricos. Sua utilização requer a obtenção de alguns pressupostos como distribuição normal das variáveis, homogeneidade de variâncias, entre outros. No caso de não obtenção dos requisitos necessários para uso de testes paramétricos, pode-se recorrer aos testes não paramétricos, que não requerem tais pressupostos. A utilização de testes não paramétricos é recomendada sobretudo em amostras pequenas ($N < 30$) e para variáveis ordinais.

Sugere-se a utilização da correlação de Spearman quando o objetivo da análise é avaliar o quanto duas ou mais variáveis encontram-se associadas. A correlação de Spearman pode substituir a correlação de Pearson. No caso de distribuições não normais, o teste Mann-Whitney pode ser mais eficiente que testes t para comparações de médias de dois grupos. O teste Kruskal-Wallis pode ser utilizado para comparar três ou mais grupos que não apresentam distribuição normal. Ele é uma extensão do teste Mann-Whitney para avaliar mais de dois grupos. Ele indica se algum grupo difere estatisticamente dos demais, porém, não informa quais grupos apresentam diferenças significativas entre si. Isso pode ser obtido com a aplicação do teste Mann-Whitney nos pares de grupos.

CONCLUSÃO

Este capítulo teve por objetivo introduzir o delineamento correlacional de forma breve e com exemplos aplicados no contexto da Psicologia. Também se buscou apresentar a lógica de testes estatísticos — correlação de Pearson, teste t e ANOVA —, frequentemente usados na análise de dados provindos desse delineamento. Com isso, espera-se que, ao finalizar a leitura deste capítulo, os leitores se sintam apropriados dos principais conceitos e das análises estatísticas e consigam vislumbrar questões de pesquisa e elaborar projetos que utilizem o delineamento correlacional.

REFERÊNCIAS

COHEN, J. **Statistical power analysis for the behavioral sciences.** Hillsdale, NJ: Erlbaum, 1988.

DANCEY, C. P. & REIDY, J. **Estatística sem matemática para psicologia usando SPSS para Windows.** Porto Alegre: Artmed, 2006.

SISTO, F. F. Delineamento correlacional. Em M. N. BAPTISTA & D. C. CAMPOS (orgs.). **Metodologia de pesquisa em ciências:** Análises quantitativa e qualitativa. São Paulo: LTC, 2007. p. 90-101.

Delineamento de caso-controle

ALTEMIR JOSÉ GONÇALVES BARBOSA, MARINA MERLIM E MAKILIM NUNES BAPTISTA

As pesquisas do tipo caso-controle têm sido amplamente utilizadas por pesquisadores de várias áreas do conhecimento, especialmente das ciências da saúde. Medicina, educação física, fisioterapia, farmácia e psicologia representam uma amostra de áreas que têm se beneficiado com esse tipo de estudo.

Para ilustrar a importância do delineamento de caso-controle para as ciências da saúde e seu desenvolvimento ao longo do tempo, foi feita uma busca[1] por publicações indexadas pela base de dados MEDLINE[2] que têm no título o termo "caso-controle" (Figura 11.1). Foram recuperados 7.061 títulos, especialmente artigos de pesquisa. Ressalta-se que o número de indexações salta para mais de 63.000 se se considerar a aparição desse termo em todos os campos indexados (p. ex., resumo).

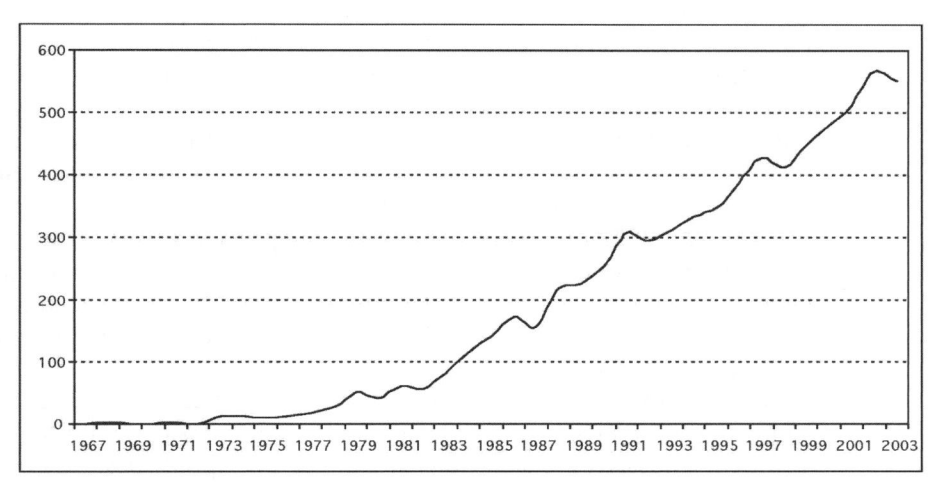

Figura 11.1: Distribuição temporal dos títulos indexados (1967–2003) na base de dados MEDLINE que têm o termo "caso-controle".

A primeira publicação indexada com o termo "caso-controle" no título foi um artigo de Damon & McClung, publicado em 1967, sobre câncer. Atualmente, centenas de novos títulos com

---

[1]   Busca efetuada em janeiro de 2005. Foi descartado o ano de 2004, uma vez que as publicações desse período provavelmente não foram totalmente indexadas.

[2]   Trata-se de uma base de dados bibliográfica criada e mantida pela Biblioteca Nacional de Medicina dos Estados Unidos (National Library of Medicine's — NLM) e que abrange áreas de enfermagem, odontologia, medicina, medicina veterinária e saúde pública. Pode ser consultada no endereço <www.ncbi.nlm.nih.gov>

essa característica são adicionados à MEDLINE todos os anos. Assim como Paneth, Susser e Susser (2002) que efetuaram levantamento semelhante na mesma base de dados, é possível afirmar que o aumento expressivo dos títulos indexados com o termo "caso-controle" é decorrente, por um lado, das mudanças terminológicas (p. ex., "caso-controle" *versus* "estudo retrospectivo") e do aumento do número de publicações e, consequentemente, das bases de dados na área de saúde nas últimas décadas; e, por outro lado, da sua relevância como ferramenta metodológica para pesquisas, principalmente epidemiológicas.

Apesar de o primeiro título indexado datar de 1967, desde o século XIX já havia precursores dos "modernos" Estudo de Caso-Controle – ECC (ver, por exemplo, Baker, 1862 apud Paneth et al., 2002). Porém, é na década de 1920 que surgem pesquisas que têm efetivamente esse delineamento. Dentre esses estudos, Paneth et al. (2002) citam os trabalhos de Broders (1920), sobre o uso de tabaco e escamação da pele, e o de Goldberger et al. (1920), que relacionaram dieta e a presença de pelagra.

Não obstante a importância dos estudos anteriores, a pesquisa de Janet Lane-Claypon's sobre câncer de mama de 1926 é considerada o primeiro exemplo "moderno" do delineamento de caso-controle. Nesse estudo, a autora, uma médica do British Medical Research Council, selecionou 500 casos de mulheres com câncer de mama e 500 sem a doença (controles), que deveriam ter idade e classe social semelhantes, treinou um grupo pequeno de entrevistadores que efetuaram uma descrição detalhada das características dos dois subgrupos e, para efetuar a análise dos dados, desenvolveu um cálculo de regressão. A análise resultou em 22% menos de fertilidade no grupo de casos, ou seja, evidenciou-se a associação entre fertilidade e câncer de mama (Paneth et al., 2002, 2002a).

Apesar de o primeiro ECC moderno ter sido realizado nos anos 1920, foi somente em meados deste século que o aumento do interesse pelos efeitos do tabagismo na saúde propiciou um problema de pesquisa adequado ao método de caso-controle. Uma doença crônica específica (câncer de pulmão) teve como hipótese etiológica uma exposição individual de longa duração (fumar) que foi escrutinada por uma entrevista pessoal. Os resultados fortes e consistentes que emergiram desses primeiros estudos geraram confiança no delineamento, que foi ampliada quando, mais tarde, estudos de coorte corroboraram as evidências. Nos anos seguintes a 1950, os ECC foram altamente refinados, mas muito de sua popularidade pode ser atribuída ao seu sucesso inicial em relacionar tabagismo e câncer (Paneth et al., 2002a: 364).

Entre as pesquisas mais atuais indexadas na MEDLINE que têm o termo caso-controle no título podem ser encontrados estudos como o de Rossing, Tang, Flagg, Weiss e Wicklund (2004), que relacionaram câncer de ovário, infertilidade e uso de medicamentos para induzir a ovulação, o de Sequeira, Howlin e Hollins (2003), que analisaram a associação entre abuso sexual, saúde mental e problemas comportamentais em pessoas com dificuldades de aprendizagem, o de Kasraoui et al. (2002), que correlacionaram epilepsia e fracasso escolar, o de McCreadie (2002), que efetuou uma pesquisa com delineamento de caso-controle analisando o uso de drogas, álcool e tabaco em esquizofrênicos, o de Conner et al. (2001), que associaram violência, álcool e suicídio, e o de Cheasty, Clare e Collins (1998), que investigaram a relação entre abuso sexual na infância e depressão em adultos.

A partir dos exemplos extraídos da MEDLINE, fica evidente que o delineamento de caso-controle pode ser aplicado a muitas áreas e a uma diversidade muito grande de temas de pesquisa. Também é possível constatar que se trata de um tipo de pesquisa que analisa a associação entre, pelo menos, duas variáveis (p. ex., câncer de ovário e uso de medicamentos para induzir a ovulação, ingestão de álcool e suicídio, abuso sexual na infância e depressão), sendo que uma das variáveis representa uma doença ou condição (câncer, suicídio, depressão) e, a outra, um fator de risco (uso de medicamentos para induzir a ovulação, ingestão de álcool e abuso sexual na infância).

É possível definir o delineamento de caso-controle como um "estudo que envolve a identificação de pessoas com uma doença ou condição de interesse (casos) e de um grupo comparável de pessoas sem a doença ou condição de interesse (controles)", sendo esses dois subgrupos comparados quanto a um fator ou atributo de risco, passado ou de exposição, que, em hipótese, postula-se estar relacionado à doença ou condição (Brasil, 2002: 74). Em estudos com desenho de caso-controle, pessoas que desenvolveram uma doença (casos) são identificadas e sua exposição no passado a um *possível* fator etiológico é comparada com a exposição que os indivíduos-controle, que não desenvolveram a doença, sofreram (Coggon, Rose & Barker, 1997).

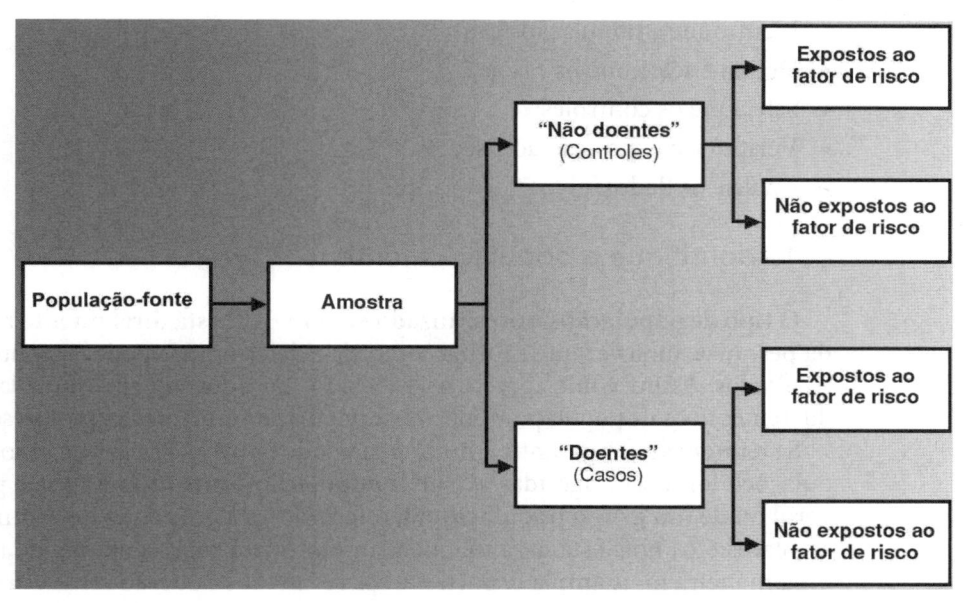

Figura 11.2: Delineamento de um ECC.

A comparação entre grupos é um dos aspectos essenciais do desenho caso-controle. Por isso, reitera-se que são comparados subgrupos considerados casos, com a doença ou com a condição de interesse, e controles, que têm características semelhantes às dos casos, porém não possuem a doença ou a condição em estudo (Greenberg, Daniels, Flanders, Eley & Boring III, 2005a; Gray, 2004b; Fletcher, Fletcher & Wagner, 2006; Almeida Filho & Rouquayrol, 1999b; Menezes, 1996).

Além da subdivisão da amostra em casos e controles, a exposição a um fator de risco, que assume o papel de causa na hipótese de pesquisa, é outro aspecto fundamental em ECC. A Figura 11.2 sintetiza essas duas características fundamentais do delineamento de caso-controle.

Para Paneth et al. (2002), seis elementos caracterizam os ECC, sendo três conceitos inter-relacionados:

1. A ideia de caso: as doenças são específicas e têm uma ou mais causas;
2. Um interesse pela etiologia das doenças e pela prevenção;
3. Um foco em etiologias individuais.

E três práticas:

4. Anamnese, história dos participantes;
5. Agrupamento dos casos individuais em séries;
6. Comparações entre as diferenças grupais, com a intenção de identificar o potencial de risco individual.

PLANEJAMENTO E EXECUÇÃO DE UM ECC

Após as etapas iniciais de planejamento de uma pesquisa — revisão de literatura, formulação do problema de pesquisa, elaboração das hipóteses, definição dos objetivos (geral e específicos), a seleção do desenho mais adequado para sua realização, análise dos aspectos éticos etc. (Haddad, 2004; Brasil, 2002; Lakatos & Marconi, 2010; Rouquayrol & Gurgel, 2013) —, devem-se trilhar os seguintes passos (Figura 11.3), se o delineamento escolhido for o de caso-controle:

- Identifique a população-fonte;
- Defina e selecione os casos;
- Selecione os controles;
- Verifique a exposição ao risco; e
- Analise os dados.

1. Identifique a população-fonte

O tipo de população-fonte utilizado em um ECC está diretamente relacionado com a validade da pesquisa, uma vez que a forma como ela é determinada pode ter influência significativa em seus resultados. Assim, como aparece na Tabela 11.1, a amostra a ser estudada pode ser obtida a partir de diferentes tipos de população-fonte ou de população-fonte, cada tipo apresenta vantagens e limitações.

Se a intenção for garantir a homogeneidade entre os grupos de casos e controles, algumas populações-fonte são sugeridas. Assim, **a população-fonte ideal é aquela proveniente da população geral ou de um grupo populacional**, referindo-se a grupos de determinadas áreas geográficas ou escolares etc., pois esta garante que a amostra será representativa da realidade na população de uma maneira mais ampla e, portanto, os resultados poderão ser generalizados com maior credibilidade. No entanto, devido ao fato de a definição da população-fonte proveniente da população geral, muitas vezes, demandar muito tempo nem sempre disponível ou ser inviável para certas pesquisas, são utilizadas populações-fonte alternativas, tais como as provenientes de clínicas ou hospitais particulares, que geram uma amostra por conveniência. Esse tipo de amostra facilita a seleção dos casos e controles, por estes estarem reunidos em um mesmo ambiente. Porém, por não serem representativos de um grupo populacional, ou seja, por serem representantes de uma população com características pouco abrangentes, os resultados de seus estudos têm validade externa (generalização) bastante limitada (Greenberg et al., 2005; Gray, 2004; Fletcher, Fletcher & Wagner, 2006; Rouquayrol & Gurgel, 2013).

Quando a população-fonte proveniente da população geral não é viável, a utilização de hospitais abrangentes ou de referência pode favorecer a representatividade da amostra, pelo menos de forma mais confiável do que o oferecido pelos estudos com amostras de conveniência. Esta fonte mais segura justifica-se pelo fato de esses hospitais geralmente atenderem a maior parte dos casos da região em que estão localizados. A despeito disso, deve-se considerar que esses hospitais podem não atender apenas a população regional e sim a uma população encaminhada de outras regiões ou áreas geográficas, caracterizando o que Gray (2004) denominou população-fonte hipotética, isto é, aquela população cuja definição está relacionada com os encaminhamentos e com a busca de cuidado e não ao limite geográfico. Essa e outras situações, tais como o fato de a taxa de internação da população geral não ser a mesma da população do hospital, de as pessoas hospitalizadas apresentarem uma gravidade mais acentuada de seus quadros clínicos do que as não hospitalizadas e de os pacientes internados poderem apresentar outras enfermidades que estejam relacionadas ao evento de interesse que não foram evidenciadas no estudo, representam um viés de seleção peculiar do uso desse tipo de população-fonte, designado viés de Berkson, que limita os resultados da utilização desse tipo de população-fonte nos ECC (Greenberg e col., 2005; Gray, 2004; Fletcher, Fletcher & Wagner, 2006; Rouquayrol & Gurgel, 2013).

TABELA 11.1 Tipos de população-fonte para ECC

Tipo de População-Fonte	Vantagens	Limitações
População geral	Representatividade ideal da população, "boa" generalização dos resultados	Longo para definir a população-fonte
População de hospitais de referência	"Boa" representatividade dos casos	Viés de seleção (viés de Berkson)
Amostra por conveniência (clínicas e hospitais particulares)	Fácil identificação de casos e controles	Difícil generalização dos resultados obtidos

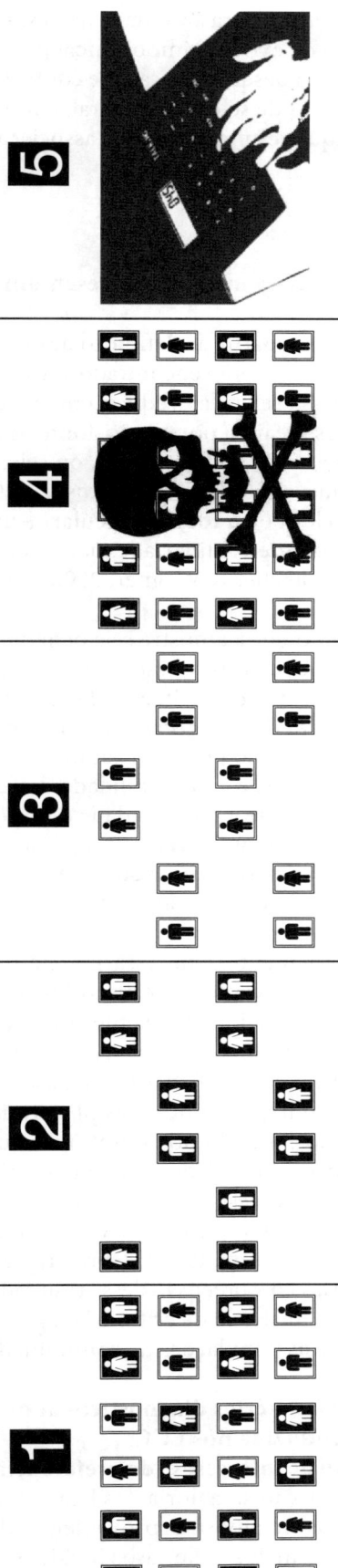

1

IDENTIFIQUE A POPULAÇÃO-FONTE

⇨ O tipo de população-fonte dos estudos de casos-controle tem influência decisiva na validade do estudo.

⇨ A amostra pesquisada pode ser obtida a partir de diferentes tipos de população-fonte; cada tipo possui vantagens e limitações.

⇨ A população-fonte pode ser a população geral, a população de hospitais de referência ou, ainda, uma amostra por conveniência obtida em clínicas e hospitais particulares.

⇨ A população-fonte ideal é aquela proveniente da população geral ou de um grupo populacional.

2

DEFINA E SELECIONE OS CASOS

⇨ Os casos só poderão ser selecionados quando a definição e os critérios de "doença" estiverem claramente estabelecidos.

⇨ Os casos estudados devem ser representativos de todos os casos.

⇨ Os casos podem ser localizados em hospitais, clínicas, registros epidemiológicos etc.

⇨ Não é preciso incluir todos os casos presentes na população.

⇨ Casos incidentes são preferíveis a casos prevalecentes.

⇨ O método mais adequado para selecionar os casos é incluir todos os casos incidentes em uma determinada população ao longo de um período de tempo.

3

SELECIONE OS CONTROLES

⇨ Os controles devem ser selecionados da mesma população de risco para a "doença" dos casos.

⇨ Os controles devem ser representativos da população-fonte

⇨ Se a doença estudada for pouco frequente, pode-se usar dois, três ou mais controles para um caso. Assim, o tratamento estatístico será mais confiável quando os casos são excessivamente difíceis de serem obtidos.

⇨ Usar mais de um grupo de controles ajuda a elevar a credibilidade dos resultados.

⇨ Mais que três controles para um caso geralmente não é eficiente se se considerarem os "custos".

4

IDENTIFIQUE A POPULAÇÃO-FONTE

⇨ É necessário definir claramente a condição de exposto e não exposto assim como o nível de exposição.

⇨ Às vezes até é possível mensurar o grau de exposição com muita precisão.

⇨ A exposição é geralmente uma estimativa, a não ser que medidas anteriores estejam disponíveis.

⇨ Supõe-se que a exposição ocorreu quando a doença se manifestou.

⇨ É possível a ocorrência de viés (p. ex, viés do entrevistador, viés de memória) ao estimar a exposição.

⇨ Variáveis confusionais devem ser rigorosamente avaliadas para serem controladas no momento da análise.

5

ANALISE OS DADOS

⇨ Os procedimentos estatísticos para a análise de dados nos estudos de caso-controle estão se tornando cada vez mais sofisticados.

⇨ O cálculo da *Odds Ratio* (OR) é o procedimento estatístico que tem sido mais usado.

⇨ OR é uma análise quantitativa que permite analisar a associação entre as variáveis estudadas.

⇨ Na OR compara-se a proporção de expostos entre os casos com a proporção de expostos entre~ os controles.

⇨ A OR não evidencia uma relação de causa e efeito, mas sim a probabilidade de associação entre a doença e o fator de risco.

Figura 11.3: Passos para a elaboração de um ECC.
Fonte: Baseados em Haddad (2004) e Schneider (2002).

Uma vez definida a população, os passos seguintes são fundamentais para a validade da pesquisa, já que se trata da composição da amostra. Esse é um processo de extrema importância para o estudo, pois é a partir de uma seleção adequada dos participantes da pesquisa — casos e controles — que se minimiza a possibilidade de ocorrerem erros sistemáticos de seleção amostral, conhecidos como viés de seleção, ou seja, erros na seleção da amostra que resultam em uma associação incorreta entre os fatores determinantes e o evento em estudo.

2. Defina e selecione os casos

O grupo de casos é o segmento do ECC composto pelos participantes que apresentam o evento (doença) estudado.

Esta etapa do ECC está diretamente relacionada à anterior, pois é a partir da definição de quem serão os casos que se determina onde e como — população-fonte — eles serão encontrados. Apesar de existirem formas de seleção de casos e controles diferentes dessa referida, frequentemente os ECC partem da definição dos casos. Reitera-se que, em condições ideais, a população-fonte deve prover tanto os casos como os controles, viabilizando a homogeneidade entre ambos, ou seja, é desejável que tanto os casos como os controles sejam semelhantes em todos os aspectos, exceto em relação ao evento em estudo, para que a comparação entre eles possa focar particularmente o evento de interesse. Mas, para que isto seja possível, é necessário determinar adequadamente os casos do estudo (Greenberg et al., 2005; Gray, 2004; Fletcher, Fletcher & Wagner, 2006; Rouquayrol & Gurgel, 2013).

A forma de selecionar os casos deve ser padronizada, garantindo que a amostra seja bem definida. Assim, estipular critérios de inclusão e exclusão é importante nesse processo, uma vez que tais critérios devem garantir que os casos sejam selecionados para o estudo (**critérios de sensibilidade**), assim como que os não casos sejam descartados da amostra de casos (**critérios de especificidade**). A utilização de critérios padronizados de inclusão e exclusão pretende garantir uma classificação ótima dos participantes amostrais, minimizando os erros e a probabilidade de falseamento dos casos no estudo. Mas mesmo com essas precauções existe a possibilidade de casos e não casos serem incluídos ou excluídos inadequadamente no grupo amostral, sem realmente pertencerem a ele, seja pela ausência de informações disponíveis ao pesquisador durante o processo de seleção, ou por outras situações distintas que podem ocorrer e acarretam a classificação errônea de um participante na amostra (Greenberg et al., 2005).

Além de se adotarem critérios de inclusão e exclusão adequadamente, é necessária uma padronização dos critérios de diagnóstico de casos. Assim, quando o evento em estudo for uma doença, a consideração dos critérios diagnósticos e outros aspectos relacionados à enfermidade é fundamental para se garantir uma seleção adequada dos casos do estudo. É preciso reduzir a variabilidade existente na classificação das doenças estipulando critérios diagnósticos com base em informações pertinentes, sejam provenientes da literatura ou de outras justificativas plausíveis. Da mesma forma, a cronicidade da doença, seu tempo de duração e a exclusão de sintomas que possam confundir o quadro clínico devem ser indicados como forma de padronização na seleção da amostra (Rouquayrol & Gurgel, 2013). A importância desse cuidado está no fato de que a utilidade de uma informação está intimamente relacionada com suas características. Dessa forma, por exemplo, se um ECC demonstra a associação entre o uso de determinado antidepressivo e a melhora nos sintomas de mulheres depressivas (definição de caso), a compreensão desse resultado é incerta, já que existem diferentes formas e graus de depressão. A ausência de critérios diagnósticos precisos impossibilita a utilização desses resultados para outras populações da comunidade que não a do estudo.

Ressalta-se que **as características da amostra, assim como dos critérios diagnósticos adotados, são fundamentais para a aplicabilidade da informação produzida nos ECC.**

Os casos devem ser representativos das pessoas com o evento de interesse e, de preferência, devem ser casos incidentes (casos novos). Apesar dessa recomendação, a maioria dos ECC utiliza casos prevalentes (casos já existentes), tais como os encontrados em amostras provenientes de hospitais, devido à facilidade de seleção quando comparada com a inclusão de casos incidentes, pois esses últimos surgem ao longo do tempo, podendo demandar um longo período de latência, ou ainda remetem a dificuldades de obtenção de registros e informações fidedignas sobre a incidência, já que dependem de notificação compulsória, registros médicos, boletins de saúde etc. A amostra de casos prevalentes está sujeita à influência de aspectos peculiares da doença, como tempo de duração, gravidade do quadro e sua incidência na população, e esses aspectos podem influenciar negativamente os resultados da pesquisa, de forma a distorcer as associações entre exposição e evento de interesse. Gray (2004) indica que a utilização de casos prevalentes em ECC pode proporcionar informações a respeito dos fatores de risco para a cronicidade da doença em vez de elucidar uma possível associação etiológica entre fatores de risco e doença. Mas esse viés de seleção não está presente em todos os ECC com casos prevalentes. Em estudos no qual a razão de chance, ou seja, a força da associação entre a exposição e o evento de interesse for similar entre os casos de curta duração (casos incidentes) e os de longa duração (casos prevalentes), a tendência da duração da doença será inexistente, não implicando a desqualificação do estudo que utilize casos prevalentes (Fletcher, Fletcher & Wagner, 2006).

O ideal seria que o grupo dos casos reunisse todos os doentes ou indivíduos oriundos de uma região geográfica determinada que apresentam o evento de interesse.

3. Selecione os controles

O grupo de controles é composto pelos participantes cujo evento de interesse não está presente: são os não casos ou os não doentes. Reitera-se que, em um ECC ideal, a seleção do grupo de controle deve ser feita a partir da mesma população-fonte da qual os casos foram provenientes, para garantir que as características dos participantes, exceto aquela que está sendo estudada, não influenciem na associação entre o fator de risco (ou exposição) e a doença (ou evento de interesse). Assim, se a seleção dos casos é viciada e tem características específicas, os mesmos vícios devem estar presentes nos controles.

Enfatiza-se que **é importante que o grupo de casos e o grupo de controles sejam semelhantes em relação a todos os outros aspectos que não o evento estudado.** Dessa forma, é interessante que fatores tais como condição socioeconômica, escolaridade, gênero, idade e outros que possam ser relevantes para o estudo sejam distribuídos de forma equivalente, para evitar uma possível influência destes na determinação dos fatores de exposição ou de risco, ocasionando, assim, um fenômeno denominado confusão ou efeito *confounding*, no qual as diferenças entre os indivíduos, e não os fatores de risco, são responsáveis pela associação observada entre as variáveis estudadas (Greenberg et al., 2005; Gray, 2004; Fletcher, Fletcher & Wagner, 2006; Rouquayrol & Gurgel, 2013).

A fim de minimizar as possíveis distorções que variáveis confusionais como idade, sexo, raça, condição socioeconômica etc. podem ocasionar na relação entre as variáveis estudadas, a composição da amostra pode ser do tipo pareada. O pareamento ou emparelhamento é uma forma de amostragem que se adota para controlar variáveis confusionais que poderão distorcer os resultados finais da pesquisa, isto é, a associação entre uma doença ou condição e uma situação de risco.

O método consiste em selecionar os controles com características sociodemográficas e outras — se necessário — idênticas às dos participantes do grupo de casos. Evidentemente, a doença ou condição estudada é exceção. Um exemplo muito comum é o emparelhamento entre casos e controles por gênero e idade, uma vez que essas variáveis frequentemente influenciam o curso de muitas doenças. Podem ser emparelhados quantos aspectos se achar necessários. Contudo, na prática, quanto mais aspectos forem estipulados para o pareamento, maior será a dificuldade para se encontrar o controle correspondente. *A escolha dos fatores a serem emparelhados merece atenção especial, pois estes não poderão ser analisados no tratamento estatístico, já que estarão igualados entre os grupos de comparação.* Nesse sentido, é necessária a certificação de que a impossibilidade de análise dos aspectos pareados não irá interferir na qualidade do resultado do estudo (Gray, 2004; Fletcher, Fletcher & Wagner, 2006; Rouquayrol & Gurgel, 2013).

A Tabela 11.2 apresenta um exemplo de amostra pareada para um ECC. Foram consideradas as variáveis gênero, idade, escolaridade e nível socioeconômico. Ao usar esse procedimento, formam-se os pares P1-P7, P2-P8, P3-P9, P4-P10, P5-P11 e P6-P12.

TABELA 11.2 Exemplo de amostras pareadas de casos e controles

Variáveis	Participantes											
	Casos						Controles					
	P1	P2	P3	P4	P5	P6	P7	P8	P9	P10	P11	P12
Gênero	F	F	F	M	M	M	F	Fe	F	M	M	M
Idade	40	35	36	41	33	37	40	35	36	41	33	37
Escolaridade	Méd	Méd	Fun	Ana	Fun	Fun	Méd	Méd	Fun	Ana	Fun	Fun
Nível	B	C	D	D	B	C	B	C	D	D	B	C

Apesar de o emparelhamento ser um processo que visa a garantir a qualidade do estudo, algumas desvantagens devem ser consideradas:

1. O tempo de viabilização desse processo pode ser longo e dispendioso;
2. Muitas pessoas podem não preencher os critérios de pareamento e, portanto, serem dispensadas do estudo, acarretando desperdício de participantes potenciais; e
3. Pode ocorrer o "hiperemparelhamento" de fatores, ou seja, o emparelhamento de aspectos intimamente relacionados com o fator de risco em estudo, aumentando a chance de casos e controles terem a mesma história de exposição ao fator de risco. Por exemplo, o uso de vitamina B12 (exposição) por casos e controles provenientes de uma população de adolescentes com sintomas pré-menstruais, emparelhadas pela presença desses sintomas. Possivelmente que a história de uso de vitamina B12 seja a mesma nos casos e nos controles, devido à relação que a exposição tem com o aspecto de que os sujeitos foram emparelhados. Há, assim, um "hiperemparelhamento" desse fator (Fletcher, Fletcher & Wagner, 2006; Rouquayrol & Gurgel, 2013).

A necessidade de selecionarem controles que sejam comparáveis aos casos nem sempre é factível e, portanto, algumas estratégias são adotadas tanto durante o delineamento quanto durante o tratamento estatístico dos resultados. Fletcher, Fletcher & Wagner (2006) propõem a restrição e o emparelhamento como métodos a serem empregados durante o delineamento, e a estratificação e o ajustamento para serem utilizados na análise estatística. A restrição refere-se à limitação de características que serão aceitas nos sujeitos do estudo, como, por exemplo, a utilização de apenas homens sujeitos. Essa restrição implementa a homogeneidade da amostra, limita a generalização dos resultados apenas às populações semelhantes à do estudo. O emparelhamento, como já mencionamos, é uma estratégia que auxilia na minimização dos vieses de seleção dos participantes amostrais. **A estratificação é uma maneira de se analisarem os vieses através da comparação dos resultados, que são rearranjados em subgrupos ou estratos.** O ajustamento é uma técnica matemática que atribui o mesmo peso estatístico a fatores de risco semelhantes. Tais procedimentos possibilitam maior validade ao ECC e, dessa forma, devem ser adotados quando necessário.

A seleção de mais de um grupo de controle pode ser outra estratégia na tentativa de aperfeiçoar os dados do ECC. Grupos de controle de fontes diferentes podem prevenir distorções dos resultados causadas por viés. Assim, os grupos de controle podem ser provenientes da população geral ou de populações bem definidas, de hospitais ou clínicas, ou podem ser compostos por parentes, amigos ou vizinhos dos casos, na tentativa de se obter uma amostra mais homogênea. Essa estratégia difere da escolha de mais de um participante controle para cada participante caso (pareamento de mais de um controle) (Gray, 2004; Fletcher, Fletcher & Wagner, 2006).

Ressalta-se que o recurso metodológico descrito no parágrafo anterior visa a **aumentar o poder estatístico, e não a diminuir a probabilidade de os vieses ocorrerem**. Nessa segunda situação, a escolha de no máximo quatro participantes controle para cada caso é um número que pode gerar ganhos em termos de poder estatístico. Contudo, se se considerar a relação custo-benefício, mais que três controles para cada caso pode não ser algo adequado (Gray, 2004; Fletcher, Fletcher & Wagner, 2006, Schneider, 2006).

As duas estratégias descritas anteriormente podem ser utilizadas, cada qual com seu objetivo, ao se implementar um ECC (Gray, 2004; Fletcher, Fletcher & Wagner; 2006).

Nos delineamentos de caso-controle seria ideal que os participantes controles fossem escolhidos de maneira aleatória e fossem provenientes da mesma população-fonte que os casos selecionados. Métodos de randomização, como, por exemplo, o sorteio e a discagem telefônica aleatória, entre outros, garantem uma distribuição feita ao acaso, que proporciona a igualdade de chances de uma pessoa ser escolhida ou não para o estudo, ou ainda de integrar o grupo de casos ou de controles. Além disso, ao se utilizarem métodos de randomização, todos os aspectos extrínsecos ao evento de interesse são igualados, gerando a seleção de uma amostra representativa da população e contribuindo para a diminuição das fontes de viés de seleção. No entanto, o ideal nem sempre é viável e, na prática, a seleção aleatória geralmente não é possível, pois nem sempre há uma população definida, ou seja, um grupo de pessoas com determinadas características ou em um contexto específico que sejam representativas de todos os casos, que possa favorecer a seleção aleatória dos controles. Assim, geralmente os casos e os controles são primeiramente definidos para o estudo, e, então, são definidas as populações-fonte da qual estes serão provenientes (Fletcher, Fletcher & Wagner, 2006; Rouquayrol & Gurgel, 2013).

Uma seleção diferenciada e que satisfaça aos critérios necessários para uma seleção adequada dos controles pode ser feita por um modelo de caso-controle peculiar, designado caso-controle aninhado. Nesse modelo, a população-fonte é uma amostra montada anteriormente, como, por exemplo, um banco de dados ou uma amostra proveniente de um estudo de coorte (longitudinal) ou de prevalência (transversal). Assim, as seleções dos casos e dos controles são ambas originárias de uma amostra preexistente e definida. A vantagem desse modelo é que, a partir de uma amostra originária de um estudo de coorte ou de um estudo de prevalência, a seleção dos controles pode ser aleatória, formada a partir de pessoas que foram identificadas como não casos desses estudos e, assim, a pesquisa de caso-controle ganha credibilidade, já que a amostra aleatória diminui a influência de características confusionais no estudo (Gray, 2004; Fletcher, Fletcher & Wagner, 2006).

Outro aspecto importante a ser considerado na seleção de controles é a garantia de que estes não sejam selecionados dependendo de a exposição ou o fator de risco estar presentes, pois esse pode ser um viés que irá distorcer os resultados do estudo. Os controles devem representar a população-fonte em termos de prevalência da exposição ou dos fatores de risco, e a melhor forma de garantir isso é por meio da seleção aleatória dos controles. A independência do *status* (presença ou ausência) da exposição ou do fator de risco e a representatividade da exposição na população-fonte justificam uma seleção benfeita do grupo de controle (Greenberg et al., 2005; Fletcher, Fletcher & Wagner, 2006).

Uma vez que se tenha uma homogeneidade satisfatória entre casos e controles, o passo seguinte é verificar a exposição ao risco.

4. Verifique a exposição ao risco

Nessa etapa, coletam-se as informações relativas às variáveis do estudo, especialmente sobre os fatores de risco. A forma como essa etapa pode ocorrer varia de acordo com os interesses do pesquisador e das possibilidades de execução, considerando-se o tipo de população e a disponibilidade tanto da amostra quanto do pesquisador.

O primeiro aspecto a ser considerado nessa etapa diz respeito ao que vai ser considerado exposto e não exposto, sendo que, em certos estudos (p. ex., média semanal de calorias ingeridas, pressão arterial), até é possível determinar graus de exposição (Haddad, 2004).

Geralmente, a realização de entrevistas e a aplicação de questionários, inventários e/ou escalas são os métodos empregados na coleta de informações sobre a exposição ao risco. As entrevistas podem ser realizadas pessoalmente ou por telefone, mas é necessário garantir que sejam realizadas de maneira idêntica para os casos e para os controles, evitando, assim, um viés de aferição. Sugere-se que o procedimento seja padronizado e executado por pessoas previamente treinadas. A qualidade dos instrumentos também deve ser considerada no estudo. Demonstrações de características psicométricas adequadas, assim como, caso o evento em estudo seja uma doença, a coerência entre o critério diagnóstico do instrumento e o critério adotado pelo estudo garantem a qualidade na obtenção das informações (Fletcher, Fletcher & Wagner, 2006; Rouquayrol & Gurgel, 2013).

As informações que serão coletadas dizem respeito ao passado dos participantes. Para os casos, assume-se que a exposição ao risco já ocorria quando a doença ou condição se manifestou (Schneider, 2002). Esse "retorno ao passado" justifica a utilização de consultas a registros médicos e boletins de saúde, a entrevista de outros informantes como familiares ou outras pessoas que possam ser úteis fornecedores de informações a respeito da história de exposição do participante e até a utilização de marcadores biológicos, como a retirada de sangue para dosar um agente em estudo. Apesar das limitações, tais como a falta de padronização nos registros médicos, o viés de relato dos familiares ou conhecidos e a "invasão" que ocorre quando são utilizados métodos de marcadores biológicos, além de sua suscetibilidade a alterações em função do tempo e de alterações do próprio metabolismo do paciente, esses recursos auxiliam minimizar os **vieses de lembrança** (viés de memória) ocasionados durante a aferição da exposição ao risco (Greenberg et al., 2005).

Fatores relacionados à exposição ao fator em estudo ou a outros fatores de risco que possam alterar o resultado obtido — variáveis confusionais — devem ser muito bem investigados, pois, se outras exposições forem identificadas, a associação entre o evento de interesse e o fator de risco em estudo pode estar sendo distorcida ou influenciada por outras características dos participantes expostos. Por exemplo, se um grupo de pessoas que praticam exercício físico apresenta melhores condições cardíacas e um subgrupo desses sujeitos também apresenta hábitos alimentares adequados, este último fator pode estar influenciando o resultado obtido. Assim, o conhecimento desse segundo fator ou exposição (hábito alimentar adequado) é essencial para se compreender a associação entre condição cardíaca e exercício físico (Fletcher, Fletcher & Wagner, 2006; Greenberg et al., 2005).

Na etapa de aferição da exposição ao risco, são comuns os vieses referentes à lembrança das informações, ao relato dos entrevistados, à disponibilidade e ao interesse dos participantes em colaborar com o estudo. A lembrança de um fator de exposição ao risco e seu relato estão relacionados tanto à importância que tal fato tem na vida do sujeito quanto à influência do próprio entrevistador, que pode direcionar suas perguntas para determinados assuntos, podendo interferir na resposta do sujeito de forma indesejada. O papel da mídia também pode alterar a lembrança de determinados fatores de exposição, como no caso de saber que a dengue é transmitida pela picada de um inseto poderá influenciar a recordação de alguém com suspeita da doença em relação a picadas ocorridas na época em que os sintomas apareceram. A disponibilidade para participar do estudo também pode influenciar as respostas obtidas, sendo que geralmente pacientes ou controles parentes de pessoas doentes parecem demonstrar mais interesse em auxiliar em pesquisas do que pessoas que não estão vivenciando essa realidade.

Especificamente em relação aos pacientes de saúde mental, existem impedimentos característicos quanto à lembrança e ao relato das informações a respeito da exposição a fatores de risco. O paciente psiquiátrico muitas vezes pode ter sua memória afetada, tanto pelo próprio quadro clínico, como, por exemplo, em casos depressivos, quanto por efeitos colaterais de medicações psicotrópicas. Estas últimas podem alterar o estado de consciência dos pacientes de forma a alterar a qualidade do seu relato, assim como alteram a seletividade de informações e, consequentemente, a memória (Gray, 2004).

Atentar para os aspectos descritos nos parágrafos anteriores e utilizar estratégias para assegurar que a aferição seja padronizada e imparcial são atitudes essenciais que podem garantir a qualidade dos dados coletados na etapa de verificação da exposição ao risco.

5. Analise os dados

Assim que os passos 1, 2, 3 e 4 tiverem sido concretizados (Figura 11.3), tem início a fase de análise dos dados. As formas de tratamento estatístico para ECC têm se tornado cada vez mais sofisticadas (Paneth, Susser & Susser, 2002a). No entanto, o cálculo da *odds ratio* (*O*) — um procedimento estatístico relativamente simples — tem sido muito frequente. Ressalte-se que diferentes traduções da expressão *odds ratio* podem ser feitas para a língua portuguesa, como, por exemplo, razão de vantagens probabilísticas (Haddad, 2004), razão de possibilidades (Tapia & Nieto, 1993), razão de chance (Vieira, 2004) ou razão de produtos cruzados (López-Cervantes et al., 2005).

Em síntese, a OR pode ser entendida como o resultado de uma análise quantitativa que permite analisar a associação entre as variáveis estudadas, uma vez que, segundo Haddad (2004), é feita uma comparação entre a proporção de expostos entre os controles.

Após os quatro primeiro passos, será possível organizar a amostra pesquisada (N) em quatro subgrupos, tal como esquematizados na Tabela 11.3. Esse procedimento é fundamental para que se possa calcular O.

A partir da Tabela 11.3, é possível aplicar uma forma bastante fácil de se calcular e analisar a OR descrita por Schneider (2002). Nela, o resultado da multiplicação do número de **casos expostos** pelo número **de controles não expostos** (g1 × g4) é dividido pelo resultado da multiplicação do número de **casos não expostos** pelo número de **controles expostos** (g2 × g3). Dessa forma, a fórmula para se calcular a OR é: $O = [(g1 \times g4) \div (g2 \times g3)]$.

A Tabela 11.4 apresenta um exemplo com dados extraídos de Schneider (2002). Nesse caso, obteve-se uma O de 1,62 após os cálculos: $O = [(112 \times 224) \div (176 \times 88)] = 1,62$.

Uma vez calculado a O, é preciso interpretar o escore obtido. Para isto, deve-se considerar a Tabela 11.5.

Uma vez interpretado o valor da O, revela-se a relação entre a doença ou condição e o fator de risco. Assim, no exemplo da Tabela 11.4, a chance de doença dos fumantes é 1,62 vez maior do que a chance dos não fumantes.

Ressalte-se que, apesar de a hipótese de pesquisa nos ECC muitas vezes propor uma relação de causa e efeito, é preciso lembrar que a O evidencia somente a probabilidade de associação entre a doença e o fator de risco. Para se **inferir uma relação causal** quando se encontra uma associação entre uma exposição e uma doença ou condição, é preciso:

Sequência temporal — A exposição ao risco deve ser anterior à doença ou condição.

Intensidade de associação — Quanto maior for o valor da O, maior será a probabilidade de relação causal.

Gradiente biológico — A presença desse aspecto "torna mais plausível a relação causal" (p. ex., "à medida que aumenta o número de cigarros fumados por dia, também aumenta a incidência de câncer no pulmão").

Consistência — "Estudos semelhantes, realizados em populações diferentes, em diferentes condições e que levam ao mesmo tipo de associação."

Coerência — O resultado obtido (associação) é coerente com o conhecimento científico disponível.

Especificidade — Trata-se da "precisão com a qual a ocorrência de uma variável pode predizer a ocorrência de outra". A doença ou condição é decorrente de apenas uma causa, ou seja, não há multicausalidade.

TABELA 11.3 Composição dos subgrupos amostrais em ECC

Expostos ao Fator de Risco	"Doentes"		
	Sim	Não	Total
Sim	g1	g2	g1 + g2
Não	g3	g4	g3 + g4
Total	g1 + g3	g2 + g4	Ng1 + g2 + g3 + g4

TABELA 11.4 Preparação dos dados para se calcular a *odds ratio* em ECC

Expostos ao Fator de Risco	"Doentes"		
	Sim	Não	Total
Fumantes	112	176	288
Não fumantes	88	224	312
Total	200	400	600

TABELA 11.5 Interpretação da *odds ratio*			
Análise	Odds ratio		
	O < 1	O = 0	O > 1
Comparação da *odds* (possibilidades ou chances) entre casos e controles	As chances de exposição para os casos são menores que as chances de exposição para os controles	As chances de exposição são iguais entre casos e controles	As chances de exposição para os casos são maiores que as chances de exposição para os controles
A exposição como um fator de risco para a doença?	A exposição reduz o risco de doença (fator protetor)	A exposição não é um fator de risco ou protetor	A exposição aumenta o risco de doença (fator de risco)

Fonte: extraído de Schneider (2002).

VANTAGENS E LIMITAÇÕES: UMA VISÃO CRÍTICA DOS ECC

Os ECC chegaram à idade adulta. Anos atrás, o método de caso-controle era visto como um mal necessário e considerado o segundo melhor. Hoje, no entanto, os ECC oferecem uma contribuição singular às investigações etiológicas e às de avaliação, e se constituem em importante instrumento para o desenvolvimento das ações de saúde pública (Rego, 2001: 1023).

Apesar de todos os desenvolvimentos dos ECC, bem ilustrados pelo parágrafo anterior, há que se considerar que eles, como todos os delineamentos de pesquisa, apresentam vantagens e limitações como todos os delineamentos de pesquisa. Dentre as limitações e vantagens dos ECC que são arroladas pela literatura (ver, por exemplo, Schneider, 2002, e Rego, 2001) destacam-se:

Limitações

- A difícil seleção de controles;
- A inadequação para exposições raras;
- Os vieses de memória e de seleção;
- A impossibilidade de se calcular a incidência; e
- A dificuldade de se determinar a sequência dos eventos (o que aconteceu primeiro? a doença? ou a exposição ao risco?).

Vantagens

- A rapidez e a facilidade de execução;
- A adequação para doenças ou condições raras;
- A necessidade de uma amostra relativamente pequena;
- A possibilidade de se estudar uma ampla gama de fatores de risco;
- A alta utilidade para gerar hipóteses etiológicas; e
- A relação custo-benefício.

Se se considerarem as vantagens e as limitações desse delineamento, fica evidente a necessidade de uma análise crítica por parte dos produtores (pesquisadores) e dos consumidores (leitores) dos ECC. Um guia muito útil para isso foi proposto pelo Milton Keynes Primary Care Trust (2004). Nele, parte-se de três questões principais e se desdobram em um *checklist* com 11 questões, que se subdividem em outras tantas.

As três questões principais são:

1. Os resultados do estudo são válidos?
2. Quais são os resultados?
3. Os resultados são úteis para a população local (validade ecológica)?

Uma reflexão mais detalhada sobre os ECC deve considerar:

- O ECC investigou um aspecto claramente delimitado?
- O delineamento de caso-controle é o mais adequado para o problema de pesquisa?
- Os casos foram selecionados de forma adequada?
- Os controles foram selecionados de maneira adequada?
- A exposição ao risco foi avaliada adequadamente, controlando vieses?
- As variáveis confusionais foram identificadas e controladas ou pelo menos consideradas na análise?
- Quais são os resultados do estudo?
- Quão precisos são os resultados? Quão precisa foi a estimação do risco?
- Quão confiáveis são os resultados?
- Os resultados podem ser generalizados para a população local?
- Os resultados são corroborados por evidências de outras pesquisas empíricas?

Se as respostas foram sim para todas as questões, o ECC que você está lendo ou desenvolveu é uma pesquisa confiável e que, provavelmente, tem relevância científica e social.

UM EXEMPLO DE ECC EM PSICOLOGIA

A seguir serão ilustrados alguns princípios do desenho de caso-controle para exemplificar como estes princípios podem ser aplicados na Psicologia. O exemplo utilizado (Baptista, 1997) não pode ser considerado um desenho "padrão caso-controle", com todas as suas características metodológicas, mesmo porque o ECC é um delineamento emprestado da epidemiologia, assim como ocorre com outros delineamentos citados neste livro (p. ex., ensaio clínico controlado randomizado, coorte). Todavia, de modo geral, o exemplo citado segue os princípios do delineamento caso-controle e pode ser muito útil para psicólogos, pelo menos para se comparar um grupo com determinado problema/transtorno (Casos) e um grupo da mesma população que não apresenta o problema (Controles), em relação à exposição a uma ou mais variáveis consideradas, em hipótese de pesquisa, como fator de risco.

O Estudo

A pesquisa em questão, intitulada "Depressão e Suporte Familiar: Perspectivas de Adolescentes e Suas Mães", foi desenvolvida por Baptista (1997) em programa de mestrado na área clínica e teve como objetivo principal investigar como adolescentes com e sem sintomas depressivos (seis em cada grupo) e suas mães descreviam o suporte familiar. Para tanto, o estudo foi delineado da seguinte maneira:

1. Identificou-se um grupo de seis adolescentes com sintomatologia clinicamente significante de depressão — Casos.
2. Pareou-se o mesmo número de adolescentes sem sintomatologia depressiva — Controles.
3. Avaliou-se o grau de exposição ao fator de risco no decorrer do tempo dos dois grupos — Suporte familiar adequado ou inadequado.

O Controle das Variáveis

Os participantes foram separados em grupos homogêneos e pareados, a fim de se manter o poder de comparação entre estes, e as principais características na ocasião da coleta dos dados dos casos e dos controles foram:

- Sexo feminino;
- Idade entre 14 e 18 anos;
- Não ser portadora de doenças físicas ou deficiência mental;
- Estudar na mesma escola pública de uma zona urbana do leste de São Paulo;
- Ter pais vivos, casados, morando juntos, com até mais três irmãos (em um mesmo local);
- Não ter alguém da família com sintomatologia de depressão;
- Não ingerir nenhum tipo de medicamento/drogas;
- Não estar em luto (por período mínimo de três meses) e;
- Não ter sofrido intervenção cirúrgica (no período mínimo de dois meses).

A preocupação em controlar diversas variáveis foi decorrente de algumas características específicas da depressão, uma vez que estados depressivos podem ser desencadeados por fatores específicos não relacionados com o fator exposição. Assim, buscou-se controlar variáveis genéticas (p. ex., ter pessoas depressivas na família) ou mesmo sociais/aprendizagem (p. ex., princípio da modelação e modelagem na aquisição de comportamentos depressivos), além de variáveis confundidoras, pois o fato de ingerir drogas ou ter passado por cirurgia e/ou luto pode desencadear sintomatologia depressiva (ou semelhantes), que estaria diretamente relacionada com os eventos específicos controlados, confundindo os resultados. Outros importantes aspectos controlados foram o tipo de estrutura familiar, que deveria ser a mesma em ambos os grupos, e outros fatores de risco, como um dos pais vir a óbito no período da adolescência, caracterizado como um potente fator de risco para o desencadeamento de sintomatologia depressiva.

O Pareamento

Vocês devem lembrar que o pareamento é um dos pontos mais importantes em um estudo do tipo caso-controle. Assim, as amostras devem vir de uma mesma população, o que de fato ocorreu, utilizando adolescentes de uma mesma escola, de um mesmo bairro, de uma mesma região da Zona Leste de São Paulo, participantes que moravam ao redor da instituição de ensino, pareadas também pela idade e quase ocorrendo um pareamento por renda familiar (apenas um par não se igualou neste quesito). Só para se ter uma ideia, inicialmente 113 participantes responderam aos questionários e, no final, somente 12 (seis em cada grupo) satisfaziam os critérios para o pareamento (segundo os critérios de pareamento e inclusão/exclusão). Dos 113 questionários aplicados, apenas seis obtiveram pontuação clinicamente significante de depressão — ou seja, 5,3% da amostra.

A análise estatística demonstrou uma diferença estatisticamente significante quanto ao suporte familiar entre o grupo caso e o controle, no tocante às dimensões carinho e indiferença/rejeição (p < 0,05). Quando foram comparadas as respostas das filhas e das mães, também relacionadas ao suporte familiar, não foram encontradas diferenças significantes, denotando que as opiniões entre mães e filhas do mesmo grupo são semelhantes (a mesma percepção). No estudo aqui usado como ilustração, não foi calculada a OR, tendo o autor optado por outros procedimentos estatísticos. Ressalte-se que a OR é uma forma de análise de dados muito útil, acessível e importante em ECC, mas não é a única possível.

O autor, na discussão da pesquisa, comenta os resultados e as limitações, apontando para a importância da associação entre sintomatologia depressiva e suporte familiar.

Acertos do Estudo

- Os mesmos tipos de questionário foram utilizados para os casos e para os controles, de forma objetiva, sendo que no Termo de Consentimento Livre e Esclarecido foi explicitado que o interesse do pesquisador era conhecer o perfil da família da adolescente e alguns comportamentos cotidianos (não foi utilizado o termo depressão). Essa medida foi adotada para se evitarem vieses, pois poderia ocorrer mais acentuadamente o viés de memória se a adolescente ou a mãe soubessem do principal objetivo do estudo.

- Os casos e os controles foram escolhidos da maneira mais pareada possível e de populações similares, o que aumenta o poder de comparação.
- Diversas variáveis foram controladas no estudo (critérios de inclusão e de exclusão), a fim de se evitarem variáveis confundidoras ou confusão (*confounding bias*) nos resultados da pesquisa.

Limitações do Estudo

Algumas limitações deste estudo foram levantadas pelo próprio autor, e também com base nos estudos de Rodrigues e Werneck (2002) e Pereira (2002):

- Os casos não foram provenientes de uma coorte concreta, e sim imaginária (ver Capítulo 12, Delineamento de coorte). Dever-se-ia ter diagnosticado um Transtorno Depressivo Maior, com regras claras, como, por exemplo, atualmente o DSM-IV-TR (APA, 2002), inclusive optando-se por casos incidentes (novos casos) ou prevalentes e grau de severidade da doença (p. ex., sintomatologia moderada), apesar de a escala de Beck estar em consonância com os manuais diagnósticos. No entanto, o inventário utilizado não permitia a detecção da graduação de sintomatologia depressiva, apresentando um ponto de coorte (ter ou não sintomas clinicamente significativos de depressão). Fatores de risco podem variar para diferentes gravidades da doença.
- O número de casos e controles não necessitaria ser igual, sendo uma opção do autor do estudo, já que se poderia ter até quatro controles para cada caso. O correto, no estudo descrito, seria aumentar o número de casos, pois apenas seis não seriam um número suficiente para explicar, de forma coerente, a associação das variáveis, principalmente porque a depressão não é considerada um transtorno raro. Como o estudo em questão foi realizado durante um mestrado (realizado em menos de 24 meses), não foi possível aumentar os casos, pois quanto mais exigentes fossem os critérios de inclusão/exclusão, maiores seriam as dificuldades do pareamento, como ocorrido.
- Um grande problema de se estudar depressão é que se trata de um transtorno que altera a percepção dos eventos (como a maioria dos transtornos mentais), ou seja, a adolescente com depressão pode justamente enviesar os dados sobre o suporte familiar, tornando-o mais negativo, porque está com sintomatologia depressiva. Este aspecto é importantíssimo na interpretação dos resultados (viés do respondente ou viés de memória). No estudo relatado, o autor tomou o cuidado de aplicar o inventário de suporte familiar também às mães; no entanto estas não foram avaliadas quanto à sintomatologia depressiva, o que também poderia enviesar os dados. Os dados deveriam ser coletados por um observador "cego" (aquele que não tem interesse nos resultados da pesquisa — o que não ocorreu, podendo haver um viés de aferição).
- Os instrumentos utilizados na pesquisa (naquela época, 1997) não estavam validados para a população brasileira, o que também pode constituir um viés de aferição (Children Depression Inventory — Kovacs, 1992, e Parental Bonding Instrument — Parker, Tupling e Brown, 1979). No caso do instrumento de suporte familiar, foi mais complicado avaliar o que seria um suporte familiar adequado, pois não havia normas brasileiras para esse aspecto; também por isso não foi calculada a *odds ratio*, e sim comparados os grupos por intermédio da prova estatística de Wilcoxon (para grupos pareados) ou da análise de variância das respostas da estatística não paramétrica. Também não foi possível calcular a *odds ratio* (razão de chances), em primeiro lugar, pelo número de participantes do estudo, já que o objetivo não era um delineamento epidemiológico, e, por fim, porque as limitações do estudo não permitiriam tais generalizações.
- Não foram controlados a quantidade de tempo e o grau de exposição dos casos aos suportes familiares precários/inadequados, se bem que esse seria um dado um tanto complicado de se coletar, já que, além do viés de memória da amostra, haveria ainda um grande complicador, ou seja, as famílias podem mudar a qualidade do suporte familiar oferecido, em diversos momen-

tos da vida, dificultando a quantificação desse dado. Além disso, os membros familiares, muitas vezes, têm dificuldade de assumir que não conseguem fornecer o suporte adequado à sua prole. O inventário de suporte familiar, de qualquer forma, identificava, em uma escala do tipo *Likert* ("sempre", "às vezes", "raramente", "nunca"), a frequência dos comportamentos familiares, mesmo que de forma subjetiva. É sempre interessante lembrar que as ciências sociais e humanas possuem algumas limitações, em termos de avaliação, que as ciências naturais não possuem, sendo que tais características fazem parte dos objetos de estudo dessas áreas.

REFERÊNCIAS

AMERICAN PSYCHIATRIC ASSOCIATION. **Diagnostic and Statistical Manual of Mental Disorders – IV-TR, Fourth Edition.** Washington, DC (Manual Diagnóstico e Estatístico de Transtornos Mentais). (D. Batista, Trad.) Porto Alegre: Artes Médicas Sul, 2001.

BAPTISTA, M. N. **Depressão e suporte familiar:** perspectivas de adolescentes e suas mães. Dissertação de Mestrado. PUC-Campinas, p. xii+124.

BRASIL. **Manual operacional para comitês de ética em pesquisa.** Brasília: Ministério da Saúde, 2002.

CHEASTY, M.; CLARE, A. W.; COLLINS, C. Relation between sexual abuse in childhood and adult depression: case-control study. **British Medical Journal, 316**(7126), 198-201, 1998.

COGGON, D.; ROSE, G.; BARKER, D. J. P. Epidemiology for the uninitiated. London: **British Medical Journal**. Recuperado em 20 de outubro de 2004: http://bmjjournals.com/epidem/epid.html. 1997.

CONNER, K. R. et al. Violence, alcohol, and completed suicide: a case-control study. **American Journal of Psychiatry, 158**(10),1701-1705, 2001.

DAMON, A.; McCLUNG, J. P. Previous pulmonary disease and lung cancer: a case-control study. **Journal of Chronic Disease, 20**(2), 59-64, 1967.

FLETCHER, R. H.; FLETCHER, S. W.; WAGNER, E. H. **Epidemiologia clínica: elementos essenciais.** 4. ed. Porto Alegre: Artmed, 2006.

GRAY, G. E. A busca por respostas. In: GRAY, G. E. **Psiquiatria baseada em evidências.** Porto Alegre: Artmed, 2004.

GREENBERG, R. S. et al. **Epidemiologia clínica.** Porto Alegre: Artmed, 2005.

HADDAD, N. **Metodologia de estudos em ciências da saúde:** como planejar, analisar e apresentar um trabalho científico. São Paulo: Roca, 2004.

KASRAOUI, C. et al. School failure and epilepsy: a case-control study. **Tunis Medicin, 80**(7), 412-415, 2002.

KOVACS, M. **Children Depression Inventory CDI: Manual.** New York: Multi-Health Systems, Inc., 1992.

LAKATOS, E. M.; MARCONI, M. A. **Fundamentos de metodologia científica**. 7. ed. São Paulo: Atlas, 2010.

LÓPEZ-CERVANTES, M. et al. Use of drugs, alcohol and tobacco by people with schizophrenia: case-control study. **British Journal of Psychiatry, 181**, 321-325, 2002.

MENEZES, P. R. Princípios de epidemiologia psiquiátrica. In: ALMEIDA, O. P; DRATCU, L.; LARANJEIRA, R. (Orgs.). **Manual de Psiquiatria.** Rio de Janeiro: Guanabara Koogan, 1996. p. 43-54.

MILTON KEYNES PRIMARY CARE TRUST. CASP appraisal tool for case-control studies: 11 questions to help make sense of case-control study. **Case-control studies. 2004.** Recuperado em 10 de janeiro de 2005: http://www.phru.nhs.uk/casp/case_control_studies.htm.

NATIONAL LIBRARY OF MEDICINE. *MEDLINE.* Recuperado em 5 de janeiro de 2004: http://www.ncbi.nlm.nih.gov.

PANETH, N.; SUSSER, E.; SUSSER, M. Origins and early development of the case-control study: part 1, Early evolution. **Soz. Praventiv. Med. 47**(5), 282-288, 2002.

PANETH, N.; SUSSER, E.; SUSSER, M. Origins and early development of the case-control study: part 2, The case-control study from Lane-Claypon to 1950. **Soz. Praventiv. Med. 47**(6), 359-365, 2002a.

PARKER, G.; TUPLING, H.; BROWN, L.B. A parental bonding instrument. **British Journal of Medical Psychology, 52** (1): 1-10, 1979.

REGO, M. A. V. Aspectos históricos dos estudos caso-controle. **Cadernos de Saúde Pública, 17**(4), 1017-1024, 2001.

ROSSING, M. A. et al. A case-control study of ovarian cancer in relation to infertility and the use of ovulation-inducing drugs. **American Journal of Epidemiology, 160**(11), 1070-1078, 2004.

ROUQUAYROL, M. Z.; ALMEIDA FILHO, N. A. Elementos de metodologia para a pesquisa epidemiológica. Em: **Epidemiologia e saúde.** Rio de Janeiro: Medsi, 1999.

ROUQUAYROL, M. Z. GURGEL, M. **Epidemiologia e saúde.** 7. ed. Rio de Janeiro: Medbook, 2013.

SCHNEIDER, D. **Principles of epidemiology: case-controls studies.** Recuperado em 10 de outubro de 2004: http://www.intermed.dk/supercourse/lecture/lec8591/index.htm, 2002.

SCHNEIDER, M.C.; KOIFFMAN, S. **Diccionario de términos epidemiológicos.** Ciudad del México: Centro de Investigaciones en Salud Poblacional (CISP), Instituto Nacional de Salud Pública (INSP). Recuperado em 10 de janeiro de 2005: http://www.insp.mx/cisp/publicaciones/mhernandez/1994_45.pdf.

SEQUEIRA, H.; HOWLIN, P.; HOLLINS, S. Psychological disturbance associated with sexual abuse in people with learning disabilities. Case-control study. **British Journal of Psychiatry, 183**, 451-456, 2003.

TAPIA, J. A.; NIETO, J. Razón de posibilidades: una propuesta de traducción de la expresion odds ratio. **Salud Pública de México, 35**(4). Recuperado em 15 de dezembro de 2004: http://www.insp.mx/salud/35/354-11s.html.

VIEIRA, S. **Bioestatística: tópicos avançados.** 3. ed. Rio de Janeiro: Elsevier, 2010.

12

Delineamento de coorte

FRANCISCO B. ASSUMPÇÃO JR.

INTRODUÇÃO

Um estudo epidemiológico tem por objetivos descrever a distribuição e a magnitude dos problemas de saúde nas populações humanas; proporcionar dados essenciais para o planejamento, a execução e a aplicação de ações de prevenção, controle e tratamento das doenças, bem como estabelecer prioridades e identificar fatores etiológicos das enfermidades. Podemos assim dizer que a Epidemiologia pode ser definida como "o estudo das distribuições e dos determinantes dos estados de saúde nas populações humanas" (MacMahon,1975). Dessa maneira, estabelece diferentes categorias de estudos visando à determinação dos coeficientes de incidência e prevalência e suas correlações sociodemográficas e, assim, oferece índices de caráter descritivo; busca associações consistentes entre fatores causais e enfermidades, identificando fatores de risco e, assim, é de natureza analítica; e elabora estudos sistemáticos dessas associações por meio de experimentos controlados, planificando e executando estudos epidemiológicos experimentais.

Entre os possíveis usos em Psiquiatria temos a descrição do estado de saúde das populações; a descoberta de tendências importantes; a compreensão dos padrões locais de enfermidades; a predição do número de casos de diferentes transtornos de saúde e sua distribuição populacional; a descrição da história natural das doenças; a classificação da etiologia das enfermidades; serve de base para a aplicação de procedimentos preventivos ou de controle. Possibilita ainda fundamentos para a implementação de serviços de saúde e planejamentos de políticas públicas.

Seu ciclo, como em qualquer problema de pesquisa, envolve uma hipótese causal; coleta de dados referentes a variáveis independentes, e, assim, baseia-se primordialmente em estudos observacionais; de controle e medidas de ocorrência das doenças (prevalência e incidência); cálculo das medidas de associação e controle de variáveis estranhas à associação em estudo; testagem da significância estatística; e interpretação dos dados obtidos à luz de critérios teóricos de causalidade.

Dependendo dos seus objetivos e da sua metodologia, estabelece-se, como Epidemiologia Descritiva, fundamentada nas estatísticas sanitárias, utilizando basicamente dois indicadores: a mortalidade e a morbidade.

Como Epidemiologia Analítica, o estudo tem por objeto as influências que modificam a expressão das doenças mentais, estabelecendo pesquisa explicativa que determina ligações etiológicas entre os fatores e a doença, de forma pragmática, a partir de indicadores que permitem definir o perfil de pacientes de alto risco e os fatores sociodemográficos e socioambientais.

Como Epidemiologia de avaliação, o estudo avalia métodos de intervenção verificando a utilidade (a eficácia), a efetividade, a eficiência e o custo-benefício, estabelecendo, a partir desses dados, modelos de atenção primária, secundária e terciária, fato esse bastante claro no delineamento de pesquisa de dois dos exemplos que apresentamos ao final do capítulo.

Assim, do ponto de vista metodológico, os estudos em epidemiologia podem se valer de estratégias observacionais ou de intervenção.

Os primeiros, os estudos observacionais, examinam eventos que ocorrem naturalmente em determinadas populações, ao passo que os estudos de intervenção, ou experimentais, se estruturam a partir de situações artificialmente manipuladas ou criadas. Como regra geral, podemos dizer que os estudos observacionais são eficazes em demonstrar associações potencialmente importantes, sugerindo direções para pesquisas futuras, ao passo que os estudos experimentais apontam para evidências mais conclusivas sobre a natureza dessas relações (Tyrer, 1992).

CONCEITO E CARACTERÍSTICAS

O termo coorte é utilizado para definir um agrupamento de pessoas que possuem alguma característica em comum e por isso são agrupadas e observadas durante um período de tempo na expectativa de se constatar o que lhes acontece (Fletcher, 1996). Deriva do termo utilizado para descrever as unidades militares da Roma antiga como um grupo de guerreiros ou um grupo de pessoas com uma característica em comum. É uma excelente alternativa aos estudos experimentais, muitas vezes difíceis de serem estabelecidos em pesquisas psiquiátricas ou psicológica.

Pensando metodologicamente, são, assim, estudos observacionais e analíticos que envolvem a identificação de dois ou mais grupos que são observados durante um determinado período e comparados entre si (Freeman, 1992; Tyrer, 1992). Para Murphy (1999), coorte pode ser definido como um grupo de pessoas que é observado durante certo período, e nos estudos de coorte os sujeitos são classificados em função da exposição ou não a um fator durante um período específico para o aparecimento, ou não, da sintomatologia estudada.

Esses grupos podem se diferenciar em algum aspecto considerado importante pelo pesquisador, proporcionando informações sobre a natureza das relações entre os grupos e, particularmente, sobre associações causais e apresentando como principal limitação seu custo-benefício, uma vez que demanda tempo e energia e seus resultados correspondem à testagem de hipóteses específicas.

Nesses estudos, também chamados de estudos longitudinais, prospectivos ou de incidência, o agrupamento de pessoas é estabelecido de modo que nenhuma delas tenha experimentado o fato que está em estudo, embora todas em princípio possam fazê-lo. Ao início do estudo, portanto, essas pessoas são classificadas conforme os possíveis fatores de risco que podem se relacionar ao fato que se quer estudar; a partir daí, elas são observadas ao longo do tempo para que se verifiquem quais serão afetadas, bem como quais características iniciais podem ser relacionadas com a evolução subsequente.

Apresenta, portanto, a característica de ser um estudo observacional e longitudinal, com os indivíduos participantes selecionados para o estudo, ou classificados após inclusão, em função de sua situação de exposição e acompanhados ao longo do tempo para avaliar a incidência da doença. É utilizado na avaliação da etiologia e da história natural das doenças, bem como na identificação de fatores prognósticos e nos estudos referentes ao impacto de intervenções diagnósticas ou terapêuticas. Dessa maneira, utiliza-se esse desenho em pesquisas que objetivam o estabelecimento de relações de causa-efeito com evidências suficientes para a identificação da exposição e do desfecho. Isso requer populações estáveis e possibilidades de acompanhamento.

Os estudos de coorte são bastante utilizados em pesquisas clínicas nas quais todos os membros da amostra são observados e estudados durante um período significativo de tempo na história natural da doença para que os riscos se manifestem. São assim substitutivos de experimentos reais naquilo que se refere a estudos de risco, seguindo a mesma lógica dos ensaios clínicos e permitindo a exposição a um possível fator de risco. Para que suas conclusões tenham validade, se faz necessário grande número de pessoas, pois, não se encontrando sob o controle dos pesquisadores, elas são submetidas a diferentes fatores de influência que acarretam viés significativo na avaliação dos dados obtidos. Considerando-se suas eventuais desvantagens, temos que pensar que correspondem a estudos que se encontram sujeitos a um maior número de vieses ou erros que os estudos experimentais, uma vez que não se controla diretamente a exposição ao fator estudado, estabelecendo-se a presença do que chamamos de "fatores de confusão", associados simultaneamente ao quadro em estudo, confundindo a relação entre eles e o próprio quadro.

Quando o quadro clínico estudado é raro, um grande número de indivíduos deve ser seguido, durante um longo tempo (sem abandono), para que possam ser estabelecidas algumas conclusões, o que dificulta a escolha desse desenho de pesquisa.

Podemos tentar representá-los graficamente da seguinte maneira (Tabela 12.1) (Sackett, 2000):

TABELA 12.1 Representação de estudos longitudinais

		Efeitos Adversos	Efeitos Adversos	
		Presente	Ausente	
Exposição ao tratamento	Sim	**a**	**b**	**a + b**
Exposição ao tratamento	Não	**c**	**d**	**c + d**
	Totais	**a + c** (casos)	**b + d** (controles)	**a + b + c + d** (amostra total)

Fonte: extraído de Sackett (2000).

Isso significa, graficamente:

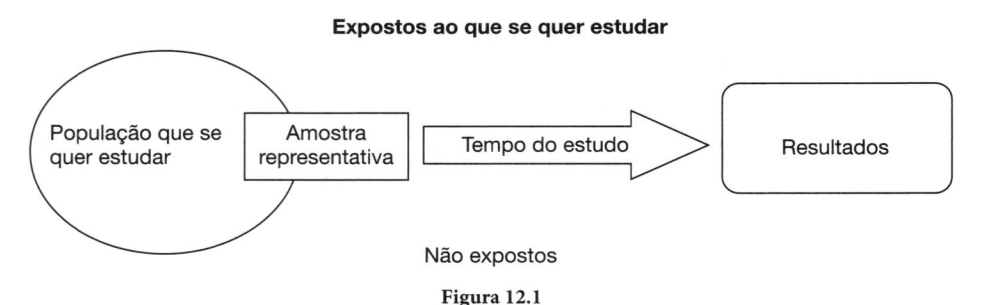

Figura 12.1

Temos ainda que considerar, dentro dos estudos de coorte, os chamados estudos de coorte de sobreviventes, nos quais os indivíduos incluídos no estudo já apresentam a doença desde seu início e, por isso, são desenhos de pesquisa mais sujeitos a viés, uma vez que seus participantes se encontram em momentos diferentes da história natural da doença, o que leva a resultados que refletem muito mais a história pregressa dos casos prevalentes do que o seguimento ao longo do tempo a partir da fase inicial. Mesmo sendo muito frequentes na literatura médica como séries de casos, contribuem de maneira menos importante, pois mostram uma visão tendenciosa da doença estudada, uma vez que agrupam só pacientes disponíveis naquele momento e naquele lugar.

Conforme a sua direcionalidade temporal, esses estudos podem ser conduzidos de maneira diversa, já que podem se iniciar no momento presente e dirigir-se ao futuro (coorte concorrente ou contemporâneo) ou iniciar-se no passado caminhando em direção ao presente (estudo de coorte histórico). Esses últimos apresentam maiores dificuldades no que se refere à acurácia dos dados obtidos, com menor rigor do estudo.

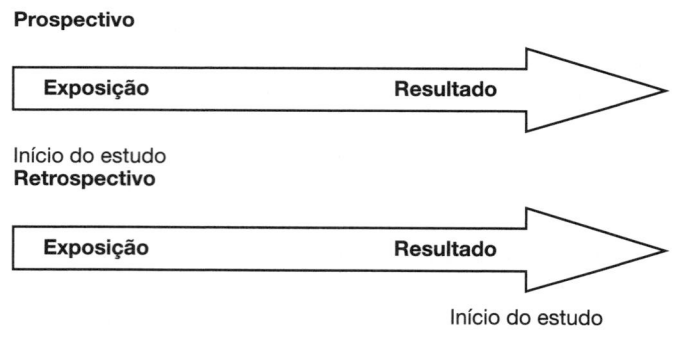

Figura 12.2

A escolha de um estudo de coorte depende de diferentes fatores, entre os quais a frequência do fenômeno em questão, uma vez que, se esta for relativamente alta, não haverá necessidade de os grupos em estudo incluírem muitos indivíduos.

Da mesma maneira, o estudo de coorte pode ser utilizado quando o período entre a exposição ao fator de risco e a manifestação da doença for curto, pois, em caso contrário, o seguimento por longo tempo torna-se problemático dada a maior possibilidade de perda de informações. Da mesma forma, seu custo é mais elevado quando comparado aos estudos de caso-controle.

Por outro lado, entre as suas vantagens encontra-se a possibilidade de cálculo direto do risco relativo (Golfeto, 2003).

Dessa forma, podemos esquematizar a estruturação de um estudo de coorte da maneira que se segue:

1. Seleção dos sujeitos do estudo
   1a. Da população geral toma-se uma amostra representativa
   1b. Excluem-se indivíduos que dificultem a homogeneidade da amostra, quer por apresentarem outros quadros clínicos, quer por não serem representativos da população que se quer estudar
2. Informações sobre a exposição ao fator que se quer estudar
   2.a. Podem-se utilizar aqui diferentes métodos: registros em prontuários, entrevistas, questionários, exames, inquéritos
   2.b. Classifica-se o tempo de exposição ao fator de estudo
3. Seleção do grupo de comparação
   3.a. Comparação interna: um só grupo avaliado no tempo (p. ex.: antes e após o tratamento)
   3.b. Comparação externa: dois grupos (p. ex.: expostos e não expostos ao tratamento)
   3.c. Comparação com taxas observadas na população geral
4. Seguimento
   4.a. O que aconteceu com a amostra estudada? Melhorou ou não? Isso pode ser observado através de novos inquéritos, observação de prontuários etc.
   4.b. Deve-se verificar aqueles que "se perderam" no decorrer do estudo para que se saiba se a "perda" foi decorrente ou não do fator considerado
5. Análise
   5.a. Tipo de exposição que levou ao desfecho observado
   5.b. Variáveis confundidoras do resultado
   5.c. Verificação do risco e outros índices

A QUESTÃO DO VIÉS

Devido ao fato de, ao estruturarmos os estudos de coorte, os grupos serem escolhidos de maneira muitas vezes artificial, seus resultados podem ser diferentes daqueles encontrados no grupo de controle, surgindo diferenças que podem ser só aparentes ou então podem minimizar diversidades reais.

Para que esse viés seja minimizado, tem-se que decidir se suas consequências são suficientemente significativas para distorcerem as conclusões de maneira importante.

Esse viés pode ser identificado quando, por exemplo, os grupos de pacientes formados diferem dos grupos de controle quanto a fatores outros que não os que estão em estudo, pois mesmo esses poderiam determinar diferenças na evolução dos quadros em estudo. Esse erro é denominado viés de suscetibilidade ou de montagem, que difere de quando um dos indivíduos em estudo abandona o grupo original, que, se ocorre excessivamente, compromete o estudo. A isso denomina-se viés de migração. Finalmente, o chamado viés de aferição ocorre quando pacientes de um dos grupos têm chance maior de seu desfecho ser detectado do que aqueles pertencentes a outro grupo (Fletcher, 1996).

Considerando-se, portanto, a possibilidade de existência do viés, faz-se necessário seu controle. Em relação ao viés de aferição, o controle é efetuado quando todos os observadores desconhecem o grupo ao qual os pacientes pertencem, quando se estabelecem regras criteriosas para a determinação do desfecho do experimento e o dispêndio de energia para a descoberta dos resultados for igual nos diversos pacientes.

Em relação ao viés de suscetibilidade, o controle é efetuado de maneiras diferentes, procurando-se considerar as diferenças observadas no prognóstico dos grupos estudados como sendo devidas a um só ou a vários fatores. Para isso utilizam-se grupos constituídos ao acaso de forma tal que o paciente tenha chances iguais de ficar em qualquer um dos grupos. Essa estratégia, denominada randomização, procura igualar todos os fatores envolvidos no experimento, quer sejam conhecidos, quer sejam desconhecidos, prevenindo-se assim eventuais conclusões errôneas.

Em uma amostra randômica, portanto, os elementos do universo têm sempre a mesma chance de serem sorteados, não existindo escolha prévia ou fixação de condições especiais sobre os elementos da amostra. Sob o ponto de vista operacional, nos casos de amostras aleatórias, atribui-se um número qualquer, sem repetição, a cada elemento da população no objetivo de identificação para que se possa controlar o fluxo de informações (Spinelli, 1997).

EXEMPLO

PROJETO: Terapia de Exposição Prolongada para o Tratamento do Transtorno de Estresse Pós-Traumático. Medeiros, LG; Kristensen, CH.; Programa de Pós-Graduação em Psicologia, Faculdade de Psicologia, PUCRGS. IV Mostra de Pesquisa da Pós-Graduação; PUCRS.

Objetivo: Verificar a eficácia da terapia de exposição prolongada no tratamento do Transtorno de Estresse Pós-Traumático em pacientes vítimas de queimaduras.

Metodologia: Proposta de estudo composta por 200 participantes internados em enfermaria de queimados, maiores de 18 anos de idade, sem a presença de transtornos cognitivos prévios. Os pacientes serão avaliados a partir das respostas ao Screen for Posttraumatic Stress Symptoms (SPTSS), instrumento de rastreio desenvolvido por Carlson, em 2001, sob a forma de autorrelato. Pacientes avaliados em intervalos regulares a contar da data do acidente a que estiveram expostos (30, 90, 180 dias e 1 ano). Após a avaliação inicial, os pacientes que apresentarem escores para TEPT iniciarão terapia de exposição prolongada.

Análise dos dados: A análise descritiva obedecerá a medidas de tendência central, dispersão, propriedades de distribuição para as variáveis, incluindo o cálculo de prevalência do TEPT na amostra estudada. A análise inferencial envolverá medidas correlacionais entre as variáveis, incluindo associação entre as variáveis preditoras (sociodemográficas; variáveis do evento estressor – queimaduras) e desfecho (diagnóstico positivo do TEPT, sintomatologia nos escores do SPTSS e resultados da terapia de exposição).

Avaliação de resultados de psicoterapia analítica. Jung, SI; Nunes, MLT; Eizsirik, CL.

Objetivo: Verificar a efetividade da psicoterapia psicanalítica em pacientes adultos que receberam tratamento em serviço de atendimento comunitário. Foram analisadas as correlações entre a duração do tratamento e o resultado entre a opinião dos pacientes e a de especialistas em psicoterapia psicanalítica.

Metodologia: Foram avaliados 34 pacientes, divididos em dois grupos, o primeiro com tratamento realizado em até 11 meses e o segundo com um ou mais anos de psicoterapia psicanalítica (média de 24,7 meses), todos contatados após o término de seu tratamento (média de 20,9 meses no grupo 1 e 29,9 meses no grupo 2). Todos os paciente foram avaliados por meio de entrevista semiestruturada, questionário de efetividade e escala de avaliação global de funcionamento, e especialistas independentes aplicaram escala de avaliação global de funcionamento na entrevista inicial de tratamento e na de seguimento.

O cálculo do tamanho amostral foi realizado pela comparação de médias. As características dos grupos de tratamento entre si e não participantes foram realizadas através do qui-quadrado ou teste exato de Fisher para variáveis qualitativas, teste *t* de Student para variáveis quantitativas com distribuição simétrica e teste de Mann-Whitney para variáveis quantitativas com distribuição assimétrica. O teste *t* de Student foi utilizado para verificar a diferença entre escores atribuídos às GAF (iniciais e de seguimento) pelos especialistas. ANOVA foi utilizada para verificar a variância entre escores da GAF inicial e de seguimento. A correlação de Pearson foi calculada entre a GAF final e os escores parciais e totais, e a correlação de Spearman ligou o tempo de experiência do terapeuta e o resultado medido através da GAF final.

Resultados: Os pacientes melhoraram significativamente em seu funcionamento global comparando-se a avaliação inicial e a de seguimento da psicoterapia (*p*<0,001), independentemente do grupo de tratamento. Pacientes e especialistas avaliaram o tratamento de forma satisfatória, porém a opinião dos especialistas não apresentou correlação com a opinião dos pacientes.

Conclusões: A terapia psicanalítica foi efetiva na amostra estudada. Sua duração não foi fator decisivo para o resultado. A maioria dos pacientes ficou satisfeita com os resultados obtidos em tempo menor do que aquele que os especialistas consideraram ideal.

***Plasmodium falciparum* gametocyte carriage in asymptomatic children in western Kenya**. Bousema, JT; Gouagna, LC; Drakeley, CJ; Meustege, AM; Okech, BA; Akim, IN; Beier, JC; Githure, JI, Sauerwein, RW.

Objetivo: Identificar fatores que influenciam a gametocitemia em crianças assintomáticas, na presença e ausência de tratamento antimalárico com pirimetamina-sulfadoxina.

Metodologia: Foram examinadas 526 crianças, com idades entre 6 meses e 16 anos, da região oeste do Quênia, submetidas a triagem para parasitas assexuados e gametócitos, e seguidas por 4 semanas (*agrupamento de pessoas com característica comum – parasitemia – agrupadas e observadas durante um período de tempo para que se veja o que acontece*).

Parasitemias maiores ou iguais a 1.000 parasitas/microl foram tratadas conforme padrões nacionais. Fatores associados ao desenvolvimento e à persistência do gametócito foram determinados em tratados e não tratados (**identificação de dois ou mais grupos seguidos por determinado período de tempo e comparados entre si. No exemplo os grupos diferem entre tratados e não tratados**).

Resultados: A prevalência de gametocitemia decresce com a idade. Idade, alta densidade de parasitas assexuados e presença de gametócitos são fatores preditivos de gametocitemia. A duração média da gametocitemia era, para crianças abaixo de 5 anos, de 9,4 dias; de 5 a 9 anos, de 7,8 dias; e de 10 anos, de 4,1 dias (**aqui se pôde observar as características afetadas e sua evolução subsequente. Como se iniciou no momento presente e direcionou-se ao futuro, trata-se de estudo de coorte concorrente ou contemporâneo**).

Conclusão: O estudo mostra que grande proporção de crianças assintomáticas não tratadas desenvolve gametocitemia. Esta é particularmente mais comum em crianças com idades abaixo de 5 anos, que mantêm o fenômeno por mais tempo.

Estudo de coorte de mortalidade de trabalhadores de couro e peles na Zona Valdarno. Iaia, TE; Bártoli, D; Calzoni, P; Comba, P; De Santis, M; Dini, F; Ercolanelli, M; Farina, GA; Pirastu, R; Seniorio Constantini, A; Valiani, M.

Objetivo: Estudar as causas específicas de mortalidade de trabalhadores de couro da Toscana (*também corresponde a estudo de agrupamento de pessoas com característica comum – trabalhadores de pele e couro – agrupadas e observadas durante um período de tempo – 28 anos – para que se veja se seu índice de mortalidade difere do observado na população normal da mesma região*).

Metodologia: 4.874 trabalhadores de ambos os sexos, empregados desde 31/12/1970, com o fim do seguimento em 31/12/1998, com o conhecimento das causas de morte dos sujeitos envolvidos (**se iniciou no momento presente e direcionou-se ao passado. Assim, trata-se de estudo de coorte histórico, com amostra colhida aleatoriamente, o que controla o viés de suscetibilidade**).

Resultados: Aumento da mortalidade por câncer hepático nos que terminaram o período, de câncer de bexiga em toda a amostra, câncer de pâncreas entre os que terminaram o estudo. O câncer linfo-hemopoiético teve mortalidade abaixo da esperada; não houve mortes por câncer de tecido mole. Novo dado observado foi o aumento de mortalidade por câncer de sistema endócrino, doenças de sangue e psiquiátricas. (**A identificação de dois grupos, seguidos por determinado período de tempo e comparados entre si, foi realizada a partir das razões de mortalidade populacionais.**)

Conclusões: Confirmam-se dados epidemiológicos prévios, embora sejam necessárias novas observações.

REFERÊNCIAS

BOUSEMA, J.T.; GOUAGNA, L.C.; DRAKELEY, C.J.; MEUSTEGE, A.M.; OKECH, B.A.; AKIM, I.N.; BEIER, J.C.; GITHURE, J.I., SAUERWEIN, R.W. **Plasmodium Falciparum Gametocyte Carriage in Asymptomatic Children in Western Kenya.** Malar J.; 3(1):18, 2004.

FLETCHER, R.H.; FLETCHER, S.W.; WAGNER, E.H. **Epidemiologia Clínica:** elementos essenciais. Porto Alegre: Artes Médicas, 1996.

FREEMAN, C.; TYRER, P. **Research Methods in Psychiatry.** A beginner's guide. London: Gaskell, 1992.

GOLFETO, J.H.; VEIGA, M.H. **Epidemiologia em Psiquiatria da Infância e da Adolescência.** Em ASSUMPÇÃO, F.B.; KUCZYNSKI, E. **Tratado de Psiquiatria Infantil.** Rio de Janeiro: Atheneu, 2003.

IAIA, T.E.; BÁRTOLI, D.; CALZONI, P.; COMBA, P.; DE SANTIS, M.; DINI, F.; ERCOLANELLI, M.; FARINA, G.A.; PIRASTU, R.; SENIORIO CONSTANTINI, A.; VALIANI, M. Estudo de coorte de mortalidade de trabalhadores de couro e peles na Zona Valdarno. **Méd. Lav. 93**(2): 95-107, 2002.

JUNG, S.I; NUNES, M.L.T; EIZSIRIK, C.L. Avaliação de resultados de psicoterapia analítica. **Rev Psiquiatr. RS 29**(23):184-196, 2007.

MacMAHOM, B. **Princípios y Métodos de Epidemiología.** México: La Prensa Médica, 1975.

MEDEIROS, L.G.; KRISTENSEN, C.H. Terapia de Exposição Prolongada para o Tratamento do Transtorno de Estresse Pós-Traumático. IV Mostra de Pesquisa da Pós-graduação; PUCRS. Programa de Pós-Graduação em Psicologia, Faculdade de Psicologia, PUC/RS, 2009.

SACKETT, D.L.; STRAUS, S.E.; RICHARDSON, W.S.; ROSEMBERG, W.; HAYNES, R.B. **Evidence-based Medicine.** Edimburgh: Churchill-Livingstone, 2000.

13

Delineamento quase experimental

ACÁCIA APARECIDA ANGELI DOS SANTOS

Neste capítulo, falaremos sobre outro delineamento de pesquisa que tem vários pontos em comum, como será apresentado no Capítulo 14, auxiliando você a fazer a distinção entre os dois e decidir quando usar um ou outro. Vamos procurar trazer os conceitos e incluir exemplos que favoreçam a compreensão de como se dá a pesquisa denominada "quase experimental". Ao final, apresentaremos um exemplo que trará todos os passos necessários para o desenvolvimento de um delineamento desse tipo. Na psicologia é muito comum o seu emprego, como você perceberá ao estudar o delineamento experimental, pois nossas condições de trabalho nem sempre permitem o controle de variáveis, que é indispensável para executarmos uma pesquisa experimental, cumprindo as exigências intrínsecas à sua realização. Da mesma forma que no capítulo seguinte, os termos mais importantes aparecerão destacados, para chamar sua atenção quando você escolher este delineamento para montar um projeto de pesquisa.

O QUE DISTINGUE UM DELINEAMENTO EXPERIMENTAL DE UM "QUASE EXPERIMENTAL"?

Não é indispensável que uma pesquisa experimental ocorra necessariamente em situação de laboratório (tal qual uma pesquisa de química, por exemplo); é muito comum fazê-la em condição de controle total, para que as *variáveis estranhas* ou *intervenientes* (também denominadas *variáveis confundidoras* ou de confundimento) não comprometam os resultados obtidos. Se você reler o exemplo sobre a influência do barulho no desempenho de estudantes perceberá que só em uma condição de sala especial, em que não só os ruídos, mas também o controle da temperatura e da luminosidade, entre outras condições externas, teriam que estar totalmente controlados e apenas o barulho sendo manipulado pelo experimentador. Assim, uma forma simples de começar a distinção entre ambos os planejamentos seria verificar se o experimento ocorre em situação natural ou em laboratório. Dificilmente um psicólogo irá desenvolver um estudo que não seja experimental em uma situação artificial de laboratório, incorrendo nas desvantagens de trabalhar em uma situação laboratorial e, ao mesmo tempo, perdendo suas vantagens.

Desvantagens	*Vantagens*
• Artificialidade • Dificuldade de generalização	• Controle • Acuidade das medidas • Replicação

Figura 13.1 Vantagens e desvantagens em delineamentos experimentais laboratoriais.

Além disso, é importante lembrar que a randomização exigida para o delineamento experimental, seja por sorteio ou por emparelhamento, é algo difícil de conseguir na hora de se elaborar um projeto com seres humanos. O que geralmente acontece? Temos que coletar nossos dados aproveitando situações naturais já existentes, como, por exemplo, os agrupamentos de crianças ou jovens em uma sala de aula (tal como foram constituídos) ou ainda pessoas hospitalizadas em uma ala específica de um hospital, trabalhadores de determinado setor de uma empresa e assim por diante.

Nessas e em muitas situações em que os psicólogos realizam suas pesquisas, as pessoas não foram agrupadas randomicamente, mas sim naturalmente. É mais comum e mais fácil coletar os dados em situações naturais do que convencer as pessoas a se agruparem tal como desejaríamos, a partir de um sorteio ou por pares, em razão de uma variável que nos interessa, como, por exemplo, a capacidade cognitiva, avaliada por um teste de inteligência. Como já explicamos antes, há necessidade de se obter o consentimento informado ou esclarecido dos sujeitos de uma pesquisa, segundo a Resolução do Conselho Nacional de Saúde (Res. CNS 466/2012), que exige que todos saibam exatamente os objetivos da pesquisa e concordem em participar dela.

Isso implica que muitos experimentos que foram realizados com sujeitos "inocentes" (que não tinham conhecimento sobre o verdadeiro objetivo do estudo para não serem contaminados por esse conhecimento) não possam mais ser desenvolvidos dessa forma. Experimentos como o de Milgram (1974), sobre "obediência à autoridade", só puderam ser feitos graças à "inocência" do sujeito experimental, que aplicava um choque (inexistente) nos alunos que não davam as respostas esperadas. Nessa pesquisa, o professor era o sujeito experimental que acreditava estar dando choques em alunos, que não o recebiam de fato. Tais condições experimentais hoje jamais poderiam ser implementadas no Brasil, considerando-se os dispositivos legais existentes para pesquisas com seres humanos. Os resultados demonstraram que a maioria dos sujeitos se submetia à autoridade e aplicava os choques recomendados, mesmo acreditando que eram violentos. À época, o experimento de Milgram já provocava debates acirrados sobre os aspectos éticos da pesquisa que realizou.

OS DELINEAMENTOS EXPERIMENTAIS E QUASE EXPERIMENTAIS SE PARECEM?

Podemos dizer que tanto os delineamentos experimentais como os quase experimentais têm como objetivo estabelecer relações de *causa-efeito*, o que não é o caso das pesquisas de levantamento (*surveys*), nem mesmo dos delineamentos correlacionais. Mesmo abrindo mão de algum controle das variáveis, já que as condições não poderão ser controladas totalmente, e da randomização dos grupos, o delineamento quase experimental tem como característica a *manipulação de variáveis*. Assim, das três condições indispensáveis, citadas no capítulo anterior, para que se possa classificar um delineamento como experimental, permanece como absolutamente necessária a condição de *manipulação de variáveis* para que um delineamento possa ser considerado quase experimental.

Tanto nos delineamentos experimentais como nos quase experimentais, é comum a utilização de grupos para se efetuar o controle das variáveis. Assim, podemos montar um *grupo experimental*, no qual introduzimos a *variável independente* (VI), e o *grupo de controle*, no qual a VI não está presente. O delineamento quase experimental tem características muito semelhantes às do delineamento experimental no que se refere à manipulação de variáveis em diferentes grupos. O pesquisador muda uma condição, chamada *variável independente* (VI), também denominada variável exploratória ou experimental, para observar e mensurar que efeito essa mudança tem em outra variável, ou seja, a *variável dependente* (VD).

Repetindo o que foi dito no capítulo anterior e para facilitar a memorização das nomenclaturas, relembramos que a variável independente (VI) é aquela que o pesquisador pode manipular (por isso, também se considera que uma das características do delineamento experimental é a manipulação de variáveis). Temos ainda a variável dependente (VD), que é aquela na qual o pesquisador observa os efeitos da manipulação e avalia que mudanças ocorreram.

Há algumas formas de se garantir que a manipulação da variável independente (VI) foi realmente a que causou a mudança na variável dependente (VD). Uma delas é tirando uma medida inicial relacionada ao fenômeno que vai ser observado como VD, por exemplo, a aprendizagem de sílabas sem sentido (um exemplo com essa variável será apresentado logo a seguir). Tal medida inicial é denominada *pré-teste*. Depois torna-se a repetir essa medida após a manipulação da VI, como, por exemplo, um tipo de treinamento específico que é considerado poderoso para promover a maior aprendizagem. Após a intervenção (aplicação do treinamento), uma nova medida deve ser obtida, situação denominada *pós-teste*. O esquema que mostra esse tipo de delineamento está representado na tabela 13.1.

TABELA 13.1 Esquema representativo de delineamento quase experimental de grupo único com pré e pós-teste

Grupo experimental	$O_1 \Rightarrow I \Rightarrow O_2$

Lembramos que o O_1 é o pré-teste, I a intervenção, na qual se manipula a VI, e O_2 é o pós-teste. É importante destacar que essa intervenção poderá ser realizada em uma ou mais sessões no planejamento da pesquisa.

Outra forma de controle é a inclusão de um grupo de controle que não sofrerá a intervenção, ou seja, não será submetido à mesma situação que o grupo experimental. Nesse caso o esquema seria o representado na Tabela 13.2.

TABELA 13.2 Esquema representativo de delineamento quase experimental com pré e pós-teste

Grupo experimental	$O_1 \Rightarrow$	$I \Rightarrow$	O_2
Grupo de controle	O_1		O_2

Apesar de, nos dois esquemas apresentados de delineamentos quase experimentais existirem as situações de pré e de pós-teste, é importante ressaltar que utilizar uma medida prévia (o pré-teste) para se ter um parâmetro do quanto a manipulação da VI alterou a VD não é um elemento indispensável para que um delineamento seja identificado como experimental ou quase experimental. Aliás, algumas vezes ele não pode ser utilizado, pois poderia ter um efeito interativo sobre a intervenção (I). No livro clássico sobre métodos de pesquisa, Campbell e Stanley (1979) mencionam pesquisas em que o uso do pré-teste reduziu a eficiência da variável independente, citando exemplos de treinos específicos para ortografia e efeitos persuasivos de filmes afetados pela utilização indevida do pré-teste. Esse aspecto será retomado quando falarmos mais adiante sobre as fontes de invalidade de uma pesquisa e nos referirmos especificamente à interação da testagem com a intervenção.

Cuidados extremos de se estabelecer o controle de variáveis são características dos delineamentos experimentais e também nos quase experimentais. No entanto, vale destacar que qualquer tipo de pesquisa procura manter algum controle sobre as variáveis que estão em foco. Esse controle será cada vez maior, à medida que os delineamentos busquem condições mais seguras para que a variável independente (VI) possa ser identificada como uma possível causa do efeito observado na variável dependente (VD). Quanto maior for esse controle, maior validade interna será obtida, o que só pode ser totalmente alcançado nos delineamentos experimentais, cujo controle pode ser considerado relativamente alto. No entanto, é importante que estudantes que desejam ou necessitam elaborar um projeto de pesquisa estejam conscientes da sábia afirmação de Kerlinger (1980), quando salienta que não há um delineamento que possa ser considerado o único válido e prestigiado.

Devemos também considerar a importante observação de Campbell e Stanley (1979), lembrando-nos de que, ao interpretar os dados obtidos em uma pesquisa, devemos sempre considerá-la imperfeita. Isso nos deixará mais alertas para captar as possíveis falhas e favorecerá a busca de interpretações alternativas para os nossos dados. Logicamente, tal fato não exime os pesquisadores de elaborarem seus projetos com o maior cuidado, tentando obter o maior controle possível, dentro dos limites impostos pela própria situação.

Alguns cuidados essenciais devem ser tomados, especialmente no que se refere à *generalização indevida*, com base em uma pesquisa que não permite aquele tipo de conclusão. Vamos tentar ilustrar essa questão tomando por base uma pesquisa fictícia, descrita a seguir.

> Um psicólogo desejava comparar os efeitos de práticas acumuladas com os de práticas espaçadas na aprendizagem de palavras sem sentido e trabalhou com três grupos, constituídos por alunos universitários ingressantes no curso de Economia. O *Grupo 1* praticava uma lista de 20 sílabas sem sentido, durante 30 minutos em um dia; o *Grupo 2* praticava a mesma lista durante 30 minutos por dia em dois dias consecutivos; o *Grupo 3* praticava a mesma lista, durante 30 minutos por dia, em três dias consecutivos. O experimentador avaliou o desempenho de cada grupo com um teste de evocação das 20 palavras. A média do *Grupo 1* foi 5,2; para o *Grupo 2* foi 10,0 e para o *Grupo 3* foi de 14,6. Essas médias eram significativamente diferentes e o psicólogo concluiu que as práticas espaçadas são muito superiores para a aprendizagem do que as práticas acumuladas.

A conclusão a que o psicólogo chegou é adequada? Vamos pensar juntos sobre o planejamento da sua pesquisa.

1. *Este é um delineamento quase experimental?* Podemos dizer que sim, pois tem como objetivo estabelecer uma relação de causa-efeito entre duas variáveis, a saber, tipo de prática (VI) e aprendizagem (VD).

2. *Qual é a variável independente e como ele deveria manipulá-la?* A variável que ele deveria manipular era o tipo de prática, pois essa era a VI estabelecida. Então, podemos dizer que ele a manipulou, pois organizou variações no tipo de prática oferecida aos grupos.

3. *O que o psicólogo queria avaliar?* Propunha-se a verificar se X *causa* Y, ou seja, qual tipo de prática (acumulada ou espaçada) produz maior aprendizagem nos alunos.

4. *Foi interessante montar três grupos para compor diferentes tipos de treinamento?* *Sim*, parece que essa foi uma decisão acertada, pois pode garantir maior variabilidade dos grupos e dos tipos de treinamento, estabelecendo maior controle sobre a VI (tipo de prática).

5. *Houve falhas no planejamento da pesquisa?* *Sim*, porque o experimentador cometeu alguns descuidos sérios. Deixou que uma variável ficasse fora do controle. Tente levantar uma hipótese rival, ou seja, uma explicação alternativa, para o *Grupo 3* ter alcançado uma média maior de acertos do que os demais. Pensou no tempo de treinamento? Então acertou em cheio, pois o *Grupo 3* treinou durante 1h30 min, o *Grupo 2* por 1h e o *Grupo 1* por apenas meia hora.

6. *O psicólogo poderia chegar à conclusão a que chegou, a partir do delineamento que usou?* *Não*, pois seu resultado pode ser atribuído à variável interveniente *tempo*, que não foi controlado pelo pesquisador.

7. *Para o delineamento ser considerado quase experimental o psicólogo deveria ter montado um grupo de controle?* *Não*, assim também há pesquisas experimentais que não trabalham com grupo de controle (como já dissemos anteriormente). Dessa forma, não seria uma fraqueza desse estudo não ter utilizado esse tipo de grupo, pois ele se valeu de outros grupos com outro tipo de prática das sílabas sem sentido (vários grupos com condições experimentais diferentes também funcionam como uma forma de controle sobre os efeitos na variável dependente).

8. *O fato de não ter utilizado pré-teste pode ter sido um dos problemas dessa pesquisa?* *Não*, nesse caso específico o pré-teste poderia ter tido um efeito de interação com a aprendizagem das palavras sem sentido (pseudopalavras), que, exatamente por não serem usadas em nenhuma língua, não seriam conhecidas por nenhum dos sujeitos. Seu uso no pré-teste poderia ter a

consequência indesejável de possibilitar que alguns ou todos os alunos já aprendessem algumas delas na ocasião dessa medida.

9. *Os resultados dessa pesquisa podem ser generalizados*? *Não*, porque, tal como nos delineamentos experimentais, os quase experimentais também apresentam *alta validade interna* (menor que a dos delineamentos experimentais) e *baixa validade externa* (maior que a dos delineamentos experimentais).

Vale enfatizar que a validade interna diz respeito à segurança que a pesquisa pode assegurar que o resultado obtido é resultante da manipulação da variável independente (VI) que provocou efeitos específicos sobre a variável dependente (VD). Já a validade externa refere-se à generalização dos resultados obtidos em uma dada pesquisa para outras situações (Gressler, 1983; Pereira, 2002).

Vamos voltar ao exemplo dado e imaginar como poderia haver um melhor controle das variáveis por ocasião do planejamento e da realização da pesquisa. O que poderia ser feito para que os resultados fossem mais confiáveis, ou seja, fossem fidedignos à realidade que pretendeu estudar? Vamos pensar em algumas alternativas. Confira com o que você pensou para avaliar quanto está compreendendo dos conceitos que estamos apresentando.

10. *Se seu objetivo era ver o efeito da prática acumulada* versus *da prática espaçada*, o *Grupo 1* deveria ter treinado consecutivamente durante 1h30 min. Dessa forma, ele poderia comparar os resultados dos três grupos e dizer qual o tipo de prática era o mais eficaz para a aprendizagem de sílabas sem sentido em alunos.

Avalie por si mesmo a quantas questões você conseguiu responder adequadamente. Quanto maior o número de acertos, maior a sua compreensão sobre o delineamento quase experimental! Todas as questões, à exceção da última (nº 9), dizem respeito à validade interna, e é preciso reafirmar que os delineamentos experimentais e quase experimentais têm como ponto forte a garantia (quando todos os cuidados são tomados) de oferecerem maior validade interna. Assim, sempre devemos ser cautelosos com relação à validade externa quando usamos esses delineamentos, ou seja, não podemos fazer generalizações antes que pesquisas similares sejam realizadas inúmeras vezes com diferentes participantes e controlados por diversos pesquisadores para daí começarmos a pensar que é um fenômeno regular e que supostamente seja comum/frequente na população em geral.

Tudo o que dissemos até aqui por meio dos exemplos apresentados podem ser resumidos em alguns fatores que provocam invalidade nos resultados de uma pesquisa. Lembre-se de que eles são específicos dos delineamentos experimentais, mas que se aplicam com maior flexibilidade ao delineamento quase experimental, no qual o controle das variáveis nem sempre pode ser obtido. Pelo cuidado que toda pesquisa merece, sempre vale a pena estarmos atentos a eles.

LEMBRANDO ALGUNS DOS PRINCIPAIS FATORES QUE INVALIDAM UMA PESQUISA

História: os eventos históricos referem-se a aspectos que podem alterar o tipo de resposta dada pelos sujeitos em certa situação. Exemplos deles: (a) hora do dia em que os dados são coletados; (b) características do aplicador; (c) eventos imprevistos, como interrupções indevidas, barulho, entre outros. Tudo que pode ser controlado deve ser apresentado de forma idêntica a todos os sujeitos da pesquisa (independentemente de serem do(s) grupo(s) experimental(is) ou de controle). Essas condições devem ser as mais parecidas possível nas condições de pré e de pós-teste (quando o delineamento previr o uso delas). Caso haja alguma intercorrência que provoque a dessemelhança entre as situações (pré e pós-testes) ou para os grupos (experimental e de controle), os eventos históricos não podem mais ser considerados como controlados. Esse delineamento supõe que os eventos, tanto na situação de pré-teste como na situação de pós-teste, ocorram simultaneamente para todos os sujeitos envolvidos. É importante lembrar que os eventos históricos devem ser idênticos em ambos os grupos, e não se pode atribuir a eles causas explicativas das diferenças observadas na variável dependente (VD). Essa seria uma falha grave no delineamento da pesquisa.

Maturação: diz respeito a mudanças nas condições físicas dos sujeitos da pesquisa, decorrentes da passagem do tempo. Por exemplo, em um breve espaço de tempo crianças que não andavam começam a andar. Eis aí um típico evento maturacional. No entanto, há outros decorrentes do envelhecimento e de outros fatores internos, tais como ter fome, cansaço, entre outros. Se o pesquisador trabalha em condições experimentais em que fatores maturacionais possam interferir, é necessário que eles sejam considerados para que sua ação sobre os resultados seja a mínima possível.

Testagem: se os efeitos de uma testagem alteram os resultados de uma segunda aplicação. Assim, os resultados de um pós-teste podem ficar comprometidos com a primeira aplicação do mesmo material no pré-teste. Cabe ao experimentador analisar a possibilidade de esse efeito ocorrer.

Instrumentos/Medidas: referem-se a qualquer tipo de problema existente nos instrumentos ou medidas utilizadas na pesquisa. Isso inclui não só os testes e aparelhos (filmadoras, máquinas fotográficas, cronômetros etc.), como também os próprios observadores. Todos necessitam estar devidamente calibrados, ou seja, apresentar validade e precisão. Quando se utiliza algum teste psicológico, é necessário que o pesquisador tenha informações sobre se eles apresentam as propriedades psicométricas necessárias que garantam a sua qualidade (para mais informações, consultar o Capítulo 4, Relação entre Metodologia e Avaliação Psicológica). Quanto aos aparelhos, seria desejável que estivessem em ótimo estado de conservação e, finalmente, quanto aos observadores, é preciso que recebam o treinamento adequado para a tarefa que irão realizar.

Seleção: como já mencionado, idealmente a seleção dos sujeitos deveria ser aleatória ou randômica. Tal procedimento garantiria a equivalência inicial de grupos a serem comparados em todas as variáveis. Lembre-se, porém, de que essa segurança só pode ser dada quando o número de sujeitos de cada grupo for suficientemente grande. Mas quantos integrantes deve ter um grupo para ser considerado suficientemente grande? Conforme Coolican (1999), é possível afirmar que um grupo aleatório tem tamanho adequado para ser representativo, ou seja, considerar que apresentam uma distribuição normal dos resultados se possuir de 25 a 30 sujeitos. No entanto, é bom lembrar que há controvérsias sobre o tamanho ideal das amostras.

Mortalidade experimental: diz respeito à perda de sujeitos de forma a desequilibrá-los, impossibilitando a comparação entre os grupos. Uma das maneiras de se controlar é retirando um sujeito com características equivalentes no outro grupo. Esse procedimento, entretanto, é algo muito difícil, pois a base para se decidir sobre essa equivalência de características é muito frágil (o ser humano tem tantas características, sendo quase impossível definir quais delas tornam uma pessoa equivalente a outra). O número a partir do qual a perda de sujeitos é considerada irreparável vai depender do tamanho do grupo com que se trabalha. Assim, pensando no tamanho de 25 a 30 sujeitos referidos no item anterior, podemos dizer que mais de um sujeito que se perca pode comprometer os resultados da pesquisa. Em grupos maiores podemos ter como referência que até 5% de perda pode ser um valor aceitável.

Interações entre diversas fontes simultaneamente: tais interações podem ocorrer quando mais de um aspecto dos aqui referidos se associam e interferem nos resultados da pesquisa. Assim, podem-se somar situações como maturação e testagem, por exemplo, prejudicando acentuadamente os resultados obtidos.

Interação testagem e intervenção: a aplicação do pré-teste pode sensibilizar os participantes da pesquisa, ou seja, aumentar ou diminuir sua capacidade de reagir à variável experimental (VD) que será introduzida na fase de intervenção. É importante que o pesquisador esteja atento a esse aspecto, pois pode haver diferenças na variável dependente (VD) causadas especificamente pela aplicação de um dado material. Por exemplo, ao copiarem algumas palavras dadas pelo experimentador e depois ser submetidos a uma avaliação das mesmas palavras por meio de um ditado, os sujeitos poderão ter seus resultados alterados por terem "aprendido" a escrita correta das palavras que acabaram de copiar. De qualquer forma, se houver essa interação, o delineamento de grupo de controle com pré-teste e pós-teste não é suficiente para controlar esse efeito. Certamente haverá um prejuízo no que se refere à validade externa, visto que a amostra pré-testada não é mais representativa da população em geral, ou seja, das pessoas que não foram submetidas àquele pré-teste.

Interação seleção e tratamento: como já dissemos inicialmente, em face das exigências da resolução para a pesquisa com humanos, torna-se cada vez mais difícil (para não dizer impossível) efetuar a seleção de sujeitos de forma aleatória ou randômica. Dessa forma, só é possível utilizarmos amostras de sujeitos voluntários. É importante ressaltar que, mesmo com esses sujeitos voluntários, o pesquisador pode configurar grupos aleatórios ou de conveniência, dependendo do objetivo da pesquisa. De qualquer modo, há perda quanto à validade externa, visto que os resultados serão extensíveis apenas à população formada por sujeitos voluntários.

Artificialidade: refere-se ao controle diferenciado das condições ambientais, o que dá aos sujeitos a noção de não estarem vivendo uma situação natural. Os procedimentos rígidos e padronizados, comparados aos da situação de vida real, prejudicam sobremaneira a aplicabilidade dos resultados e comprometem novamente a validade externa.

Bem, vamos realizar mais um exercício para que você tente novamente identificar os problemas que o experimentador teve na sua realização. Leia com atenção e depois analisaremos passo a passo cada uma das questões que podem ser levantadas, tentando usar os fatores de invalidade (citados anteriormente) para comentar as falhas que possam ter sido cometidas.

> Uma pesquisadora pretendeu investigar os efeitos do número de sessões de dessensibilização sistemática para redução de ansiedade de alunos diante de situações de exames. Os participantes foram 90 sujeitos voluntários, classificados em três grupos, sendo: o *Grupo Experimental 1*, composto por 30 alunos de cursinho, com reprovação anterior em vestibular; o *Grupo Experimental 2*, composto por 30 alunos de cursinho, prestando vestibular pela primeira vez, e o *Grupo de Controle*, composto por 30 alunos de 3º ano de ensino médio que não estavam prestando vestibular. Foi utilizada como pré-teste uma "escala de reações a exames" aplicada antes do início do programa de intervenção. A intervenção em si consistiu em dez sessões de 30 minutos de dessensibilização sistemática, aplicadas coletivamente ao Grupo Experimental 1; cinco sessões, nos mesmos moldes, aplicadas ao Grupo Experimental 2; três sessões similares aplicadas nos integrantes do grupo de controle. Após as sessões os sujeitos que restaram (20 no G1; 22 no G2 e 25 no G3) responderam novamente à "escala de reações a exames". Os resultados revelaram que todos os sujeitos apresentaram redução no escore obtido em relação ao pré-teste, e as diferenças entre os grupos nos escores obtidos no pós-teste não foram significativas. A pesquisadora concluiu que o número de sessões não é um aspecto relevante para a eficácia do tratamento e que apenas três sessões são suficientes para reduzir a ansiedade ao seu nível mínimo.

1. *Este é um delineamento quase experimental?* Podemos dizer que sim, pois tem como objetivo estabelecer uma relação de causa-efeito entre duas variáveis, a saber, o número de sessões de dessensibilização sistemática (VI) e ansiedade (VD).

2. *Qual é a variável independente e como ela deveria manipulá-la?* A variável que ela deveria manipular era o número de sessões de dessensibilização, pois essa era a VI estabelecida. Então, podemos dizer que ela a manipulou, pois organizou variações no tipo de prática oferecida aos grupos.

3. *O que a pesquisadora queria avaliar?* Propunha-se a verificar se X *causa* Y, ou seja, se o número de sessões de dessensibilização (10, 5 ou 3) produz redução da ansiedade nos sujeitos.

4. *Foi interessante montar três grupos para compor diferentes tipos de treinamento? Sim,* parece que essa foi uma decisão acertada, pois pode garantir maior variabilidade dos grupos e dos tipos de intervenção. Além disso, a criação de um grupo de controle é sempre uma providência desejável, quando possível para as circunstâncias em que o pesquisador trabalha. Essa é

uma forma de se estabelecer um maior controle sobre a VI (número de sessões de dessensibilização sistemática).

5. *Houve falhas no planejamento da pesquisa? Sim*, porque a pesquisadora deixou de controlar vários fatores que comprometem a validade da pesquisa. Vamos tentar verificar quantos deles você consegue identificar?

6. Você pensou na invalidade pela utilização de *Instrumentos ou Medidas* que não apresentassem evidências de validade e precisão? Cremos que esse é um cuidado importante que não é mencionado no exemplo dado. Como a informação sobre esse ponto não está suficientemente clara, podemos aceitar se você não a identificou como um fator de invalidade por ter partido do pressuposto de que não existem razões (na descrição do experimento) para pensar que este instrumento apresentava os parâmetros psicométricos adequados para sua utilização na pesquisa. Se você lembrou disso, PARABÉNS!!!! Está tendo uma visão bastante criteriosa na sua análise e pensando em todas as possíveis falhas.

7. Bem, um ponto que não se pode deixar de considerar como fonte de invalidade é o item *Seleção*. Preste atenção que os grupos são compostos por sujeitos muito diferentes: o G1 já passou por experiência de prestar vestibular e ficar reprovado. Os sujeitos do G2 vão prestar vestibular pela primeira vez e os sujeitos do G3 (ou grupo de controle) não estão prestando vestibular, ou seja, estão, em princípio, muito pouco preocupados ou ansiosos em relação a exames que precisarão prestar em breve. De fato a seleção dos sujeitos para a formação dos três grupos permitiu que grupos muito heterogêneos se formassem, o que invalida os resultados obtidos e, mais ainda, as conclusões a que a pesquisadora chegou.

8. Outro problema muito sério de invalidade foi a *mortalidade experimental*! Ótimo se você também pensou nela... Veja como houve perdas no número de sujeitos que começaram e que concluíram a pesquisa. Essas perdas certamente ultrapassam a referida margem de 5 % e não permitem que as conclusões sejam válidas para a população da qual os sujeitos foram retirados, ou seja, houve um sério comprometimento da validade externa da pesquisa.

9. Espero que você tenha se lembrado também da *interação seleção e tratamento*, que é uma outra fonte de invalidade! Além do erro sério de seleção (já apontado) houve outro na característica da intervenção (tratamento). Você observou que os grupos foram submetidos a um número de sessões diferentes? Você pode pensar... Mas essa era a Variável Independente (VI) que a pesquisadora se propôs a manipular... Muito bem! Só que essa manipulação associada ao erro na seleção causou um viés muito comprometedor. Observe que justamente os sujeitos do G1 (supostamente os mais ansiosos com a prova do vestibular na qual já foram reprovados uma vez) foram os que se submeteram a um número maior de sessões. Um número menor (metade) foi a oferecida ao G2 (o segundo grupo mais exposto ao risco de estar ansioso, pois eles iriam prestar vestibular pela primeira vez) e, finalmente, a apenas três sessões foram submetidos os sujeitos do G3 (aparentemente o grupo menos vulnerável a ansiedade nas provas). Fica meio óbvio imaginar o porquê de os resultados do pós-teste não terem diferenciado nenhum dos grupos. Assim, a conclusão torna-se totalmente inválida!!!

COLOCANDO EM PRÁTICA O DELINEAMENTO QUASE EXPERIMENTAL

Caro leitor, nem tudo está perdido, e com certeza o delineamento quase experimental é uma excelente alternativa para você desenvolver projetos de pesquisa na área da psicologia e áreas conexas. Comece por atentar cuidadosamente para a questão que você está se propondo responder em sua pesquisa, e com base em tudo que leu neste capítulo, veja se realmente é esse o caminho metodológico a ser tomado. Se sim, mãos à obra para tomar os cuidados necessários para o planejamento de sua pesquisa!

Vamos imaginar que você, como estudante de Psicologia, tenha que realizar um projeto de pesquisa para seu Trabalho de Conclusão de Curso — TCC (exigência curricular de grande parte dos cursos de psicologia). Está pensando em desenvolvê-lo na área educacional e estipula o seguinte problema de pesquisa: "Qual a melhor intervenção para crianças que apresentam dislexia, cuja queixa aparece frequentemente nos encaminhamentos de crianças que as mães trazem para atendimento?"

Questões como essa são comuns entre os estudantes de final de curso, que tiveram contato com as várias queixas trazidas para diversos setores de atendimento do curso, sejam vinculados ou não às clínicas-escola. Perguntas do tipo causa-efeito, ou seja, a vontade de entender qual é a melhor intervenção de determinado problema, são as que mais intrigam o estudante que está prestes a se tornar psicólogo e gostaria de realizar seu TCC buscando hipóteses explicativas para auxiliar no entendimento de todas as variáveis contidas no problema.

Entretanto, vejam que esse tipo de pergunta, cuja resposta deve ser obtida por meio de uma pesquisa, é de alta complexidade. Acho que pela leitura feita até aqui foi possível perceber que nós, pesquisadores, vamos trabalhando como na montagem de um quebra-cabeça. Assim, vamos juntando um pedacinho por vez e conseguindo dar sentido a aspectos do comportamento humano. Temos a esperança de que um dia possamos explicá-lo na sua totalidade, pois esse é o grande objetivo da ciência!

Tudo isso que foi dito não tem como objetivo desanimá-lo de tentar escolher o delineamento quase experimental para a realização de uma pesquisa, seja para seu TCC, seja para outras pesquisas que você realizará futuramente. A ideia é alertá-lo quanto à necessidade de um planejamento rigoroso (que antecipe e controle todas as variáveis intervenientes/confundidoras) e, ao lado disso, lembrá-lo de ficar atento ao perigo de se confiar cegamente nos resultados, sem olhar para as limitações que toda pesquisa contém. Pensando com humildade, que é uma característica desejável em todo bom pesquisador, você estará consciente de que sempre poderá realizar uma pesquisa melhor. Assim, será capaz de contribuir muito para que a nossa ciência continue a se desenvolver.

REFERÊNCIAS

CAMPBELL, D. T.; STANLEY, J. C. **Delineamentos Experimentais e Quase Experimentais de Pesquisa**. Trad. Renato A. T. Di Dio. São Paulo: EPU, 1979.

COOLICAN, H. **Introduction to Research Methods and Statistics in Psychology**. London: Hodder & Stoughton Educational, 1999.

GRESSLER, L. A. Tipos de Pesquisa e Validade das Investigações. Em: L. A. Gressler. **Pesquisa Educacional: importância, modelos, validade, variáveis, hipóteses, amostragem, instrumentos**. pp. 27-41. São Paulo: Loyola, 1983.

KERLINGER, F. N. **Metodologia da Pesquisa em Ciências Sociais**. São Paulo: EPU, 1979.

MILGRAM, S. **Obedience to Authority**. New York: Harper and How, 1974.

PEREIRA, M. G. Validade de uma Investigação. Em: M. G. Pereira. **Epidemiologia: teoria e prática**. pp. 326-336. Rio de Janeiro: Guanabara-Koogan, 2002.

CONSELHO NACIONAL DE SAÚDE Resolução 196/1996. http://conselho.saude.gov.br/comissao/conep/resolucao.html, 2004.

14

Delineamento experimental

MAKILIM NUNES BAPTISTA E PAULO ROGÉRIO MORAIS

Neste capítulo os autores tentarão explicar, de forma simples, como desenvolver um delineamento experimental, definindo e utilizando primeiramente exemplos simples por pontos de explicação para depois criar um exemplo completo do que se deve pensar para o desenvolvimento de uma pesquisa experimental. Diversos conceitos precisam ser explorados antes da exemplificação para que o profissional ou aluno possam ir criando intimidade com os conceitos ou fixá-los de forma mais efetiva. Mesmo que você já tenha certa familiaridade com o delineamento em questão, não custa testar seus conhecimentos, para verificar se não esqueceu de nada no planejamento de uma pesquisa. Os termos mais importantes, no decorrer do capítulo, estão em negrito para que você se lembre deles na execução de qualquer planejamento de pesquisa.

CARACTERÍSTICAS PRINCIPAIS DO DELINEAMENTO EXPERIMENTAL

Delineamentos experimentais não precisam necessariamente ocorrer dentro de um laboratório; eles podem ocorrer também em situações do cotidiano. A pesquisa experimental, também chamada de ensaio clínico randomizado nas ciências médicas (*clinical trial*), tem a pretensão de estabelecer relações de **causa-efeito**, geralmente em condições ideais. Isso quer dizer que é o único delineamento que realmente pode demonstrar que uma mudança em uma variável X provocou uma mudança previsível e pré-planejada em outra variável Y, podendo-se considerar o delineamento mais complexo e minucioso de ser planejado, exigindo do pesquisador uma vasta experiência em pesquisa, bem como um profundo conhecimento do problema a ser pesquisado. Os ensaios clínicos controlados randomizados podem ser considerados um dos métodos de pesquisa mais avançados, com maior desenvolvimento no século XX, considerado um estudo de intervenção prospectivo. (Campos, 2000; McDaniel e Gates, 2003). Por meio de uma revisão da literatura, Escosteguy (2002) relata que a ideia da distribuição aleatória ou randômica foi proposta em 1923 na área agrícola e utilizada em saúde em 1926, na mesma pesquisa que também utilizou inicialmente a condição "cega" (*blinded*). Já o termo placebo foi utilizado inicialmente em um estudo de 1938 (esses termos são explicados no decorrer do capítulo).

Basicamente, três condições devem estar presentes para que uma pesquisa possa ser considerada experimental, quais sejam, a **manipulação de variáveis**, o **controle das variáveis** e a **randomização** dos grupos (termo aportuguesado do inglês *random*, que significa casual ou ao acaso), ou seja, distribuição em que os participantes foram escolhidos por meio de qualquer tipo de sorteio para participar de diferentes grupos pertencentes ao experimento.

O termo randomização pode ser encontrado na literatura de epidemiologia e metodologia por diversos termos, como, por exemplo, grupos aleatórios, amostras equiprobabilísticas, grupos randômicos, amostras sorteadas, mas basicamente todas as definições partem do princípio de que as amostras foram sorteadas, e a probabilidade de certas características, que não foram controladas inicialmente, é a mesma para os grupos ou as amostras do estudo, ou seja, o intuito é que diversas características sejam casualmente distribuídas nas amostras.

Em relação à randomização das amostras, uma outra questão vem à baila, principalmente depois de algumas mudanças na normatização de pesquisas pelos órgãos responsáveis pela ética em pesquisas, como, por exemplo, a Agência Nacional de Vigilância Sanitária (Anvisa); a Comissão Nacional de Ética em Pesquisa (Conep); o Comitê de Ética em Pesquisa (CEP); agências de fomento à pesquisa (CNPQ, Fapesp, Capes), dentre outros (Lousana, 2002). Trata-se de uma discussão da real existência de randomização das amostras, já que, atualmente, é necessária a assinatura do participante em um Termo de Consentimento Livre e Esclarecido (TCLE) para que ele participe do estudo, ou seja, o participante só fará parte do estudo se tiver ciência de todas as etapas, objetivos e riscos da pesquisa. Assim, a randomização sempre irá ocorrer entre aqueles que aceitarem participar da pesquisa e não com todos aqueles que possuam determinadas características e que o pesquisador gostaria que participassem.

GRUPO CONTROLE × GRUPO EXPERIMENTAL; VARIÁVEL INDEPENDENTE × VARIÁVEL DEPENDENTE

Dois outros conceitos devem ser cuidadosamente compreendidos nos delineamentos experimentais: o **grupo experimental** e o **grupo controle**, ambos tendo uma relação direta com os tipos de variáveis em estudo. O delineamento experimental basicamente funciona da seguinte maneira: o pesquisador muda uma condição, chamada de **variável independente** (VI), variável exploratória ou experimental, para observar e mensurar que efeito essa mudança tem em outra variável, ou seja, na **variável dependente** (VD). Para facilitar a aprendizagem das nomenclaturas, pode-se afirmar que a variável independente é aquela que o pesquisador pode manipular (por isso, uma das características do delineamento experimental é a manipulação de variáveis) e a variável dependente (VD) é aquela na qual o pesquisador quer avaliar as mudanças.

Talvez um exemplo seja mais fácil de ilustrar, mesmo que não entremos em detalhes. Imagine que você queira avaliar se o barulho influencia as notas de alunos de um curso de Psicologia. Teremos então duas variáveis, o barulho e as notas, e vamos pensar da seguinte maneira:

- O que você quer avaliar? Se X causa Y, ou seja, se o barulho causa uma diminuição de rendimento das notas dos alunos, portanto, qual é a variável que você poderá manipular?
- Se você respondeu barulho, acertou; portanto, o barulho é a variável que você definiu como X, ou, melhor dizendo, é a sua variável independente, aquela que você vai manipular para avaliar se atrapalha ou não o rendimento dos alunos.
- A sua variável dependente é aquela que você está querendo saber se vai ou não ser alterada, chamada, no exemplo, de Y, ou seja, o desempenho da nota dos alunos.

No exemplo citado, você poderia separar uma classe de 100 alunos de Psicologia em duas partes. Por sorteio, colocar 50 alunos em uma sala do lado de um gerador de energia para fazer a mesma prova, de um mesmo professor, ao mesmo tempo em que a outra sala faria a prova em um lugar com um nível de ruído bem inferior. Mas, mesmo assim, poderia haver outras variáveis que estariam influenciando o resultado das notas sem ser necessariamente o barulho. Você já pensou nisso? Vamos supor que, depois da prova, você avalie a média dos dois grupos nos quais aplicou uma prova estatística, chegando à conclusão de que os alunos que fizeram a prova com mais barulho tiraram notas mais baixas do que aqueles que fizeram a prova em um ambiente sem muita interferência sonora.

Nesse caso teremos um grupo experimental, aquele grupo de participantes que foram expostos à variável independente (barulho), a fim de determinar o efeito desta. Já o grupo que não foi exposto à VI (barulho) é chamado de grupo de controle e tem a função de servir de padrão de comparação com o grupo que foi exposto, ou seja, o grupo experimental.

Pois bem, pode ser que você, na hora do sorteio, por uma questão casual, separou a turma exatamente em dois blocos diferenciados de desempenho, ou seja, por um "azar" (aqui o termo é utilizado probabilisticamente), a turma boa ficou na sala silenciosa e a outra turma (que é a turma do "nem aí com nada") ficou justamente na sala vizinha ao gerador. Você achou que realmente o barulho influenciou as notas, que diminuíram em comparação com a sala não barulhenta, mas, na verdade, não foi isso que ocorreu. Mais adiante, veremos como resolver esse problema. Este é um exemplo de como nós podemos acreditar em resultados de pesquisas. No entanto, se a pesquisa for realizada sem o rigoroso controle das variáveis intervenientes que poderiam ter influenciado o resultado, você pode ter acreditado em um resultado equivocado.

Você se lembra daquela matéria na graduação de Psicologia, que muitas pessoas consideram chata, chamada Psicologia Experimental? Pois bem, é uma matéria importantíssima para começar a desenvolver, no futuro profissional pesquisador, noções de metodologia, pois se aprendem aí as noções básicas de algumas variáveis que influenciam os resultados de uma pesquisa experimental, também chamadas de **variáveis intervenientes** ou **geradoras de confusão**. Imaginemos agora que o sorteio realmente separou os grupos de forma igualitária, ou seja, os dois grupos possuíam a mesma porcentagem de alunos péssimos, ruins, regulares, bons e excelentes (utilizando-se o critério de média de notas das últimas provas). Pode ter ocorrido que aquela sala de aula ao lado do gerador estivesse, na hora da prova, quatro graus centígrados acima da temperatura da outra sala de aula; portanto, além do barulho, pode ter sido o calor que acabou influenciando a nota dos alunos, e não necessariamente o barulho, ou até mesmo ambas as variáveis. Se o pesquisador não controlou essa variável (calor), ele pode ter encontrado um resultado por acaso, ou seja, não foi X que influenciou Y, e sim outra variável Z ou XZ que influenciou Y, e o resultado não pode ser confiável. Um estudo deve eliminar uma série de **variáveis geradoras de confusão** (ou confundidoras), como a que acabamos de citar, em que a explicação estava no barulho, mas talvez fosse o calor ou a soma das duas que influenciou a nota dos alunos.

DISTRIBUIÇÃO DA AMOSTRA

A **distribuição randômica** pode ser feita de forma simples ou emparelhada, como aponta Cozby (2003), ou seja, se você pretende separar os dois grupos por **randomização simples**, você joga moedas para o ar e, se der cara, o indivíduo "um" daquela classe de cem vai para o grupo que você determinou antes do sorteio, como, por exemplo, para o grupo do barulho; caso contrário, se der coroa, o primeiro indivíduo vai para o grupo do silêncio. Existem também tabelas de números aleatórios para o pesquisador poder randomizar de maneira também confiável. Atualmente, os programas estatísticos (tipo Statistical Package for Social Sciences — SPSS) também podem randomizar as amostras de maneira bem rápida, com dois ou três "cliques" do mouse em um menu específico.

No entanto, se o pesquisador acreditar (base no conhecimento da área) que essa randomização é ineficaz, pois podem existir outras variáveis influenciadoras na decisão de sortear, deverá escolher uma **randomização emparelhada**, na qual se distribuem os dois grupos considerando uma maior homogeneidade de ambos em relação a uma característica específica (fortemente relacionada à variável dependente — desempenho na nota), como, por exemplo, o quociente de inteligência (QI). Dessa forma, o pesquisador pode formar pares nos dois grupos (o do barulho e o do silêncio), como, por exemplo, dez sujeitos com QI variando de 97 a 100 para cada grupo, dez variando de 100 a 103 para cada grupo e assim por diante. Perceba aqui que também estaremos manipulando as variáveis e estaremos decidindo quem irá fazer a prova com muito ou pouco barulho (isso se todos os participantes tiverem concordado com as regras da pesquisa, lembra-se?). Existem diversas outras formas de se distribuir a amostra randomicamente — tais como amostragem estratificada, em blocos, por minimização, mas estas duas maneiras (simples e emparelhada) já dão ao leitor uma noção do que é a amostragem aleatória.

VALIDADE INTERNA × VALIDADE EXTERNA

Geralmente os delineamentos experimentais possuem alta **validade interna** e baixa **validade externa.** Validade interna se refere à capacidade do pesquisador em planejar um experimento capaz de sinalizar que a variável independente seja a única explicação para a alteração nos resultados da variável dependente, se referindo, principalmente, à capacidade de utilizar o rigor científico, através de pontos como a utilização do método adequado à pergunta inicial que se quer responder; selecionar adequadamente sua amostra (p. ex., representatividade); utilizar medidas adequadas ao que se está estudando (p. ex., validade de construto, convergente, discriminante, confiabilidade); evitar variáveis confundidoras; manipular e controlar as variáveis importantes ao tema estudado; utilizar tratamento estatístico adequado ao tipo de delineamento. A validade externa está principalmente relacionada com a possibilidade de o pesquisador generalizar seus resultados para outros estudos e/ou situações, geralmente associados à representatividade do universo em estudo, podendo-se pensar em duas situações: a extrapolação dos resultados da amostra para a população da qual veio a amostra e a extrapolação dos resultados da população estudada para outras populações (Pereira, 2002; Gressler, 1983).

Em um estudo experimental, na maioria das vezes, a adequada manipulação e o devido controle das variáveis já indicam que o estudo terá alta validade interna; no entanto, em algumas situações, a amostra estudada acaba tendo que ter diversas características (especificidades), pelo próprio controle das variáveis, que acaba restringindo a generalização dos dados.

O exemplo dado anteriormente talvez esclareça essa questão. Imaginemos que algumas variáveis deveriam ser controladas antes de se realizar o experimento do nível de ruído. O que você tenderia a controlar para que pudesse confiar nos resultados? Vamos pensar em alguns controles:

- Os alunos (todos os cem) deveriam ter passado pela mesma aprendizagem no decorrer de um período — p. ex., não posso avaliar o conhecimento em uma prova de determinada matéria em específico se a turma tem aulas com dois professores diferentes que ministram a mesma matéria, pois a metodologia que cada professor emprega pode facilitar mais ou menos a aprendizagem do conteúdo;
- Seria necessário controlar a frequência mínima dos alunos no decorrer das aulas — p. ex., posso aceitar somente alunos que tiveram uma frequência entre 90 e 100 % em todas as aulas, pois alunos que não assistem às aulas podem ter características que não me interessam;
- Aceitarei no grupo alunos que estejam cursando dependência (DP)? Esses alunos podem já ter habilidades anteriores diferentes das daqueles que estão cursando a matéria pela primeira vez;
- A prova foi realmente baseada na matéria dada ou o professor deu uma prova que não tem relação com os conceitos propostos e estudados?
- A prova realmente possuía diversas questões que poderiam me dar possibilidades reais de avaliar o conhecimento do aluno? O professor pode ter dado apenas uma alternativa com duas possibilidades (certo e errado), o que finalizaria com a nota 0 ou 10, não sendo possível avaliar a variabilidade dos resultados, ou o professor deu apenas uma questão altamente complexa, com pouquíssimo tempo para a turma responder, e a maioria da classe não conseguiu chegar ao resultado final.
- Se o professor deu cinco textos para serem lidos e estes foram matéria de prova, foram dadas perguntas de todos os textos ou o professor somente se ateve a um dos textos? Isso não poderia fazer com que os resultados fossem desconfiáveis?
- O número de participantes (50 em cada grupo) é suficiente para que eu generalize meus dados para todos os estudantes de Psicologia (extrapolação da amostra para a população)? Os resultados podem ser generalizados para todos os estudantes do ensino fundamental, do ensino médio e do ensino universitário (extrapolação da população para outras populações)? Provavelmente, nesse caso, a generalização não seria adequada para outros grupos de estudantes devido ao baixo número da amostra.

Se você pensou em mais uma série de variáveis que poderiam afetar os resultados, está começando a desenvolver (ou já tem desenvolvido) um bom senso crítico científico. As primeiras seis questões anteriormente levantadas têm a ver com a validade interna, o quanto o experimento foi bem planejado, controlado, rigorosamente verificado. Já a última questão tem a ver com a validade externa ou com o quanto é possível generalizar os resultados encontrados com apenas 50 casos em cada grupo. Mesmo que você, como pesquisador, tivesse pensado em tudo para que o experimento tivesse controle, manipulação e randomização, até que ponto poderia crer na validade externa? Se a validade interna está comprometida, com certeza não podemos pensar em validade externa adequada, pois não será possível generalizar dados de uma pesquisa mal planejada. Já uma pesquisa com alta validade interna não necessariamente terá alta validade externa, pois os dados não necessariamente podem ser generalizados para outras populações, principalmente se as características da amostra forem muito específicas e não sejam representativas das características da população. Se a pesquisa tiver alta validade interna e se as características da amostra estudada forem muito semelhantes às da população, aí sim teremos alta validade interna e externa, uma característica mais difícil de ser encontrada em pesquisas experimentais, porém não impossível.

PRÉ-TESTE × PÓS-TESTE

Outra questão precisa ser controlada em um delineamento experimental, que serão as medidas **pré-teste** e **pós-teste**. Para ter maior controle sobre os resultados, saber realmente se a variável independente (barulho) afeta mesmo o desempenho do aluno, deveríamos também nos preocupar com o desempenho do aluno antes de o experimento ocorrer, para garantir se aqueles alunos que vinham mantendo uma sequência de notas parecidas tendem a diminuir a média quando participam do grupo experimental e com a variável independente introduzida pelo pesquisador. O correto seria que o professor desse muitas avaliações durante o ano todo. Suponhamos que aquele professor da matéria escolhida trabalhasse com uma média de 12 avaliações anuais durante a sua matéria como **critério de inclusão** (critério que define quais serão as características fundamentais que farão parte da amostra do seu estudo) na amostra e você definisse que apenas fariam parte dos dois grupos alunos que tivessem uma média de notas com um desvio-padrão de até 1 ponto, ou seja, só participariam alunos que tivessem mantido uma média nas notas, e não aqueles que apresentassem muitas variações nas avaliações.

Por exemplo, José, nas dez primeiras avaliações do professor, teve a seguinte sequência de notas: (9; 10; 8; 9; 8; 9; 10; 8; 9; 10). Observe que José teve notas sempre variando entre 8; 9 e 10, obtendo média 9 e desvio-padrão de 0,81.[1] Já o estudante Chico teve a seguinte sequência de notas: (1; 7; 4; 10; 5; 3; 8; 7; 6; 8), justificando uma média de 5,9 com desvio-padrão de 2,68. Como pesquisador, você decidiu fazer o experimento na 11ª avaliação, pois assim poderia eliminar dos grupos pessoas que são muito variáveis nas notas durante o semestre, o que seria mais uma garantia de que realmente a variável dependente (barulho) teria uma influência na variável dependente (nota). Assim, o primeiro estudante entraria no estudo; já o segundo, seria excluído. Caso o segundo estudante tivesse notas que proporcionassem uma média de 5,9, com desvio-padrão de 1,0, ele seria incluído no estudo. O fato é que, se você pegar um grupo de alunos com uma variação de notas muito alta, como é o caso de Chico, fica mais difícil determinar se realmente foi o barulho que influenciou as notas daquele grupo, uma vez que essa variação já ocorre sem a inserção da variável independente durante as avaliações. Lembre-se de que, como **critério de exclusão** (critérios que definem quem não poderá participar da sua pesquisa), você poderá definir aqueles alunos que faltam muito ou que estão cursando dependência da matéria.

Já deu para perceber, mais uma vez, que, com todas as exigências do pesquisador, as características dos participantes vão, crescentemente, ficando cada vez mais específicas, e que ficará cada vez mais difícil encontrar pessoas que se encaixem nos padrões que vão sendo definidos; por isso a validade externa em delineamentos experimentais é geralmente limitada. Selltiz, Wrightsman e

---

[1]   Essas noções de estatística, tais como média e desvio-padrão, você já deve ter tido na matéria de estatística; aqui, portanto, não vamos nos prender a isso.

Cook (1987) afirmam que, quanto mais diferentes forem os sujeitos ou as situações do que normalmente se observa no dia a dia, ou seja, quanto maior o controle de variáveis do pesquisador, mais difícil será generalizar os resultados para as situações cotidianas, portanto menor será a validade externa do experimento.

A medida pós-teste seria a nota que ambos os grupos receberam após o experimento ter início, ou seja, a própria nota da prova pós-experimento, quando comparada com as medidas pré-teste. Se houve uma variação para menor no grupo experimental, quando comparado estatisticamente com o grupo de controle, após todos os controles de variáveis (p. ex., calor, média das notas, retirar alunos de DP, entre outras), aí sim poderemos começar a criar a hipótese que o barulho realmente influencia o desempenho dos alunos, mas é claro que o mesmo experimento deve ser realizado mais algumas dezenas de vezes, com pessoas, universidades, séries, idades e cursos diferentes, para que se possa afirmar tal relação e se ter, além de validade interna (adequado controle experimental), também a validade externa (capacidade de generalização dos resultados).

COLOCANDO EM PRÁTICA O DELINEAMENTO EXPERIMENTAL

Vamos imaginar que você, como estudante de Psicologia, e querendo seguir a carreira clínica, gostaria de pensar em um delineamento experimental para responder à seguinte pergunta: "A Psicoterapia funciona mais do que uma intervenção social (p. ex., grupo de discussão de problemas) ou nenhuma intervenção?"

Eu costumo dizer, em sala de aula, que muito da Psicologia no Brasil ainda se baseia mais na fé do que na ciência. É comum, por exemplo, ouvir comentários de alunos que ouviram falar que o professor "fulano de tal" disse que a psicoterapia psicodinâmica (por exemplo) é mais eficaz que a psicoterapia comportamental (ou vice-versa), mas na verdade essas afirmações geralmente são baseadas na experiência pessoal (o que nem sempre é confiável) ou em trabalhos citados por outros autores, muitos deles com falhas metodológicas graves que invalidam os resultados das pesquisas. Como no Brasil é difícil o desenvolvimento de um estudo experimental sobre eficácia de determinadas psicoterapias, nós, psicólogos, podemos estar mais tentados a acreditar em argumento de autoridade (alguém que tem autoridade, mas não informação correta, e dita uma regra em que os outros não duvidam) ou na fé. Outra questão interessante é que dificilmente os estudos realizados em outros países, que comparam os diversos tipos de psicoterapia, podem ser facilmente generalizados para o Brasil, por diversos motivos. Citarei apenas alguns deles: (a) a formação de um psicólogo na Inglaterra ou nos Estados Unidos pode ser considerada extremamente diferente da de um psicólogo no Brasil, em termos de protocolo de atendimento; como realizar psicoterapia passo a passo; como avaliar resultados; a quantidade de horas em treinamento clínico; os instrumentos disponíveis para avaliar os problemas clínicos; o aprendizado do manejo terapêutico; entre outras variáveis importantes; e (b) talvez algumas características da cultura britânica ou americana inviabilizem totalmente a comparação com a cultura brasileira, tais como as crenças da população na psicoterapia; o nível educacional e cultural da população; as variáveis religiosas, como a crença em comportamentos supersticiosos que alteram os resultados da psicoterapia; quanto ambas as culturas apresentam aprendizados específicos em adesão aos tratamentos, entre outras.

Esse é o tipo de questão que povoa o pensamento dos estudantes e dos profissionais de saúde e é uma pergunta do tipo causa-efeito, ou seja, qual o melhor efeito para o problema das pessoas quando se aplicam diferentes teorias?

Bem, inicialmente diremos que a pergunta formulada não está correta ou, pelo menos, que a pergunta que induzimos anteriormente não está clara para suscitar um delineamento experimental. Você imagina por quê?

Em primeiro lugar, a pergunta feita anteriormente não é específica e deixa muito a desejar, além de ser ingênua. Talvez a melhor forma de se perguntar mais genericamente seria: "Que tipos de tratamento são mais eficazes, sob quais circunstâncias, para que tipos de paciente, ministradas por quais tipos de psicoterapeuta, para quais problemas específicos?"

A partir daí começamos a mudar o prisma sobre o problema. Você ainda se lembra, sem ter que voltar a folhear as páginas deste livro, de alguns dos principais conceitos envolvidos no delineamento experimental?

Uma Breve Recordação

Tente responder às perguntas sem retornar ao conteúdo deste capítulo.

a. Quais são as três condições para que um estudo seja considerado experimental?
b. O que é variável dependente? E variável independente?
c. O que são grupo experimental e grupo de controle?
d. O que são e qual a importância das medidas de pré e pós-teste?

As respostas são as seguintes:

a. Controle de variáveis; manipulação de variáveis e amostras randomizadas (aleatórias ou equiprobabilísticas).
b. Variável dependente é a variável fixa, aquela que eu quero avaliar, ou seja, é o resultado; variável independente é aquela que eu introduzo e manipulo para avaliar se causou mudança na variável dependente ou no resultado.
c. Grupo experimental é o conjunto de sujeitos que é submetido à variável independente; grupo de controle é o conjunto de sujeitos que não é submetido à condição experimental e serve de base para comparação do efeito do grupo experimental.
d. No pré-teste, também chamado de linha de base do experimento, mede-se a variável dependente antes da inserção da variável independente; no pós-teste, mede-se a variável dependente depois da inserção da variável independente.

A partir de agora, vamos gerar uma situação de pesquisa muito próxima do ideal (o que nem sempre é possível), para que consigamos imaginar as peculiaridades e as dificuldades de se desenvolver uma pesquisa experimental, utilizando a pergunta feita no início deste tópico, ou seja, vamos supor que você, como clínico e pesquisador, gostaria de saber se a teoria em que mais acredita (suponhamos que você tenha uma "quedinha" pela psicoterapia cognitiva) seja mais eficaz para um determinado problema — que aqui vamos definir, a depressão.

Se fosse somente uma comparação entre a psicoterapia cognitiva, uma intervenção social qualquer (p. ex., grupo de discussão de problemas conduzido por uma assistente social) e nenhuma intervenção, teríamos:

- o grupo experimental como sendo o do grupo de Psicoterapia Cognitiva, ou seja, a variável independente seria a intervenção psicoterapêutica baseada nos princípios da terapia cognitiva (p. ex., Beck);
- um grupo de comparação, que até poderia ser considerado placebo (intervenção social). Nesse caso, o placebo seria uma intervenção que não teria as características interventivas da psicoterapia em questão (p. ex., análise e modificação de crenças disfuncionais, como ocorreria no grupo Beck). Isto não quer dizer que a intervenção social esteja sendo desconsiderada; pelo contrário, ela pode ser, ao final do experimento, mais eficaz na diminuição da sintomatologia depressiva, quando comparada com o grupo de psicoterapia. Também não temos a intenção de menosprezar a intervenção social, pelo contrário, são intervenções bastante importantes no tratamento de saúde mental. Simplesmente se decidiu nomear grupo placebo porque, teoricamente, as intervenções psicoterapêuticas possuem princípios diferentes das sociais;
- o grupo de controle (aquele que não receberia qualquer intervenção). Mesmo assim, eticamente não seria adequado deixarmos de dar atenção ao grupo que não receberia intervenção, pois seus integrantes também teriam depressão e precisariam receber algum tipo de intervenção. O que

vem sendo feito nesses casos é que o grupo que não recebe intervenção ao término da pesquisa teria prioridade em receber tratamento, mesmo porque, de forma geral, as listas de espera nos serviços públicos e de cunho formativo (p. ex., serviços psicológicos de clínicas-escola) são longas e demandam, muitas vezes, meses para o tratamento.

Mas como você é meio megalomaníaco (mania de grandeza), tem muito financiamento, conhecimento e tempo, e vai aproveitar para fazer uma pesquisa de grandes proporções e comparar vários grupos entre si. Portanto, teremos:

a. Grupo Beck — 100 pessoas que passarão por Psicoterapia Cognitiva;
b. Grupo Freud — 100 pessoas que passarão por Psicoterapia Psicodinâmica Breve;
c. Grupo Place — 100 pessoas que passarão por uma intervenção social; ou seja, este seria o **grupo placebo** (aquele no qual as pessoas acreditarão estar passando por uma psicoterapia, mas na verdade não estão);
d. Grupo Espera — 100 pessoas que estarão em fila de espera durante o desenvolvimento da pesquisa, ou seja, não passarão por nenhum tipo de intervenção psicológica e/ou social.

As nomenclaturas dos grupos foram dadas para facilitar a assimilação das características dos grupos, e não em sentido pejorativo, portanto, o grupo que passará por psicoterapia cognitivista será chamado de Beck, em alusão a Aaron T. Beck, um dos fundadores da psicoterapia cognitiva, que desenvolveu, no início, uma teoria e metodologia clínica para o atendimento de pessoas com depressão, expandindo-se mais tarde para diversos outros tipos de problema clínico e psicopatologia (Baptista, 2004a); a do grupo de psicoterapia psicodinâmica em homenagem a umas das personalidades mais importantes e influentes da Psicologia, também denominado Pai da Psicanálise (Sigmund Freud); ao terceiro e ao quarto grupos foram atribuídas as iniciais do nome do tipo de grupo, ou seja, "Place" para denominar o grupo Placebo, e "Espera" para denominar o grupo que não terá, no decorrer da pesquisa, nenhuma intervenção, de qualquer caráter.

O grupo placebo, em medicina, é aquele que acredita estar tomando um medicamento específico para o problema estudado, mas na verdade não está tomando o medicamento com o princípio ativo. Por exemplo, se o pesquisador está tentando testar se o ácido acetilsalicílico (AAS) diminui mais a dor de cabeça quando comparado com nenhum tratamento, dividirá dois grupos de pessoas que apresentam dor de cabeça constante (com todos os cuidados necessários); mas para um grupo ele dará as cápsulas de medicamento com AAS e para o grupo placebo dará cápsulas idênticas (mesma forma, cor, rótulo, tamanho), mas sem o princípio ativo (AAS), para avaliar se realmente o princípio ativo é eficaz quando comparado com nenhum tratamento.

Quem Fará Parte dos Grupos?

Uma primeira preocupação do pesquisador, antes mesmo de começar a tirar quem fará parte da pesquisa, é quem serão os participantes da pesquisa e, com isso, alguns pontos devem ser discutidos. Em primeiro lugar o pesquisador deve ter clareza, antes da escolha propriamente dita, quais as características desses participantes, ou seja, se farão parte do experimento ambos os sexos; todas as idades; pessoas que tenham comorbidades (outros problemas associados a depressão); pessoas que estão tomando medicamentos (e quais); pessoas que já passaram ou estão passando por algum outro tipo de psicoterapia, e daí por diante. Essas características podem ser bem definidas na parte denominada participantes, ou sujeitos ou ainda amostra, sendo aqui importante que o pesquisador defina quais serão os **critérios de inclusão** e **exclusão** dos participantes.

Para que isso seja feito, como dissemos anteriormente, o pesquisador deverá conhecer muito bem o problema que ele está pesquisando, ou seja, a depressão, já que, por exemplo, as mulheres apresentam maior prevalência (frequência) de depressão do que os homens; essa diferença começa a aparecer após a menarca (primeira menstruação da mulher), provavelmente estando envolvidas implicações hormonais para tal fenômeno; geralmente a sintomatologia depressiva se mostra mais duradoura e de difícil manejo e remissão nas mulheres do que nos homens; pessoas que apresentam outras comorbidades (p. ex., transtornos dos eixos I e II do DSMV-TR) são mais difíceis de tratar com psicoterapia e apresentam resultados menos eficazes; pessoas que estão tomando medicamentos podem reagir de forma diferente à psicoterapia, quando comparadas com aquelas que não estão tomando; existem vários tipos de transtorno de humor e se deve escolher qual o problema se vai estudar (p. ex., transtorno bipolar, distimia, Transtorno Depressivo Maior etc.); também dentro de cada transtorno tem diversas intensidades de sintomas (p. ex., leve, moderado, severo); alguns transtornos de humor podem ser desencadeados por problemas endocrinológicos, não respondendo bem à psicoterapia (p. ex., hipotireoidismo); indivíduos que já tiveram episódios depressivos respondem diferentemente à psicoterapia do que quem está tendo o episódio pela primeira vez; entre outros (Baptista, 2004b).

Sendo assim, vamos estabelecer alguns critérios de inclusão e exclusão para a pesquisa.

Critérios de Inclusão

1. Ser mulher;
2. Idade entre 25 e 44 anos (essa faixa foi escolhida por se tratar da faixa etária em que a depressão é mais prevalente, o que aumenta as chances de se terem participantes para a amostra);
3. Ter sido diagnosticado como tendo Transtorno Depressivo Maior (TDM), por critérios do DSM-IV-TR, e vir apresentando os sintomas por, no mínimo, duas semanas e, no máximo, 10 semanas;
4. Ter sintomas leves e/ou moderados do Episódio Depressivo Maior (EDM);
5. Possuir grau de escolaridade equivalente ou superior ao ensino médio;
6. Renda mínima de dois e máxima de seis salários mínimos.

Critérios de Exclusão

1. Estar tomando medicamentos antidepressivos;
2. Ter passado anteriormente por psicoterapia e/ou estar passando por algum processo psicoterápico ou intervenção social;
3. Ter outras comorbidades (p. ex., algum transtorno de personalidade, alimentar, de ansiedade, psicótico etc.);
4. Estar em período de luto (perda de alguém significativo nos últimos três meses);
5. Ter passado por cirurgia nos últimos três meses;
6. Ter realizado qualquer tipo de psicoterapia anteriormente (talvez porque essa cliente já venha com aprendizados ou motivações específicos que podem interferir no processo psicoterápico).

Esses foram alguns dos critérios estabelecidos pelo pesquisador, a fim de evitar problemas na seleção da amostra. É interessante notar que, por ser um exercício didático, alguns critérios seriam muito difíceis de se alcançar, como, por exemplo, amostras de indivíduos que apresentam TDM sem outras comorbidades, o que é muito raro na prática clínica.

Vamos supor que você, como pesquisador, também já tenha pensado no espaço onde ocorrerá a pesquisa e que esse espaço seja adequado, com diversas salas de atendimento, salas de triagem para os possíveis participantes, equipamento de gravação de sessões nas salas de atendimento, entre outras coisas.

O próximo passo será desenvolver uma estratégia para triar esses participantes para a sua pesquisa. Se você já faz parte de uma equipe que atenda depressivos e já possui um contingente razoável para começar a pesquisa, melhor, mas vamos partir do ponto zero, ou seja, você anunciará em jornais e rádios de uma determinada região, para ter características regionais mais parecidas possíveis (p. ex., um quadrante da cidade com características culturais, demográficas e socioeconômicas próximas). Depois dessas características bem demarcadas, a próxima preocupação será com o processo de triagem, os inventários e instrumentos padronizados e a forma como serão escolhidas as pessoas.

A PREOCUPAÇÃO COM A VALIDADE, A PRECISÃO E A PADRONIZAÇÃO DOS INSTRUMENTOS

Se você está lendo este livro sequencialmente, deve lembrar-se do Capítulo 5, Relação entre Metodologia e Avaliação Psicológica, e de quanto é importante escolher instrumentos (inventários, entrevistas, testes) que realmente meçam aquilo que você está se propondo a medir, além de serem precisos nas medidas (validade e precisão). Portanto, deve escolher, em primeiro lugar, um instrumento, como, por exemplo, uma entrevista diagnóstica estruturada ou um questionário de morbidade psiquiátrica, adaptados e válidos para nossa cultura, a fim de realmente avaliar o diagnóstico de Transtorno Depressivo Maior e/ou outras possíveis comorbidades. Alguns exemplos dessas entrevistas e questionário podem ser encontrados em Goreinstein, Andrade e Zuardi (2000).

No caso de entrevistas estruturadas, que geralmente exigem treinamento específico do avaliador, bem como experiência clínica, deve-se ainda se preocupar com o treinamento dos avaliadores, bem como controlar se as entrevistas diagnósticas estão sendo realizadas de forma padronizada, com confiabilidade entre os juízes.

A PREOCUPAÇÃO COM A FORMA NA COLETA DOS DADOS

Com os instrumentos definidos e supondo que optamos por utilizar uma entrevista estruturada diagnóstica, um instrumento de avaliação de sintomas depressivos e um instrumento para avaliar o impacto na qualidade de vida do paciente (pois queremos também avaliar se a psicoterapia traz melhoria na qualidade de vida, e não somente na sintomatologia), agora precisaremos nos preocupar com a forma com que os dados serão coletados, ou seja, quem fará a triagem e como isto ocorrerá. Isso significa que, por serem 400 indivíduos que farão parte da pesquisa e provavelmente o número de pessoas que procurarão o centro de pesquisa para avaliação inicial seja muito maior, você necessitará contratar e treinar muitos psiquiatras e/ou psicólogos para fazer a triagem. Você deve então ter critérios específicos para definir quem serão esses avaliadores, ou seja, algumas perguntas e critérios como:

1. Deverão ter quantos anos de formados?
2. Serão somente psiquiatras e/ou psicólogos? (Lembro que o treinamento que o psiquiatra tem em psicodiagnóstico geralmente é maior do que o que o psicólogo tem em sua formação básica, portanto essas escolhas deverão utilizar tais informações para a decisão, pois poderemos escolher somente psiquiatras, se for o caso.)
3. No decorrer das triagens, que neste caso poderão durar de uma a quatro horas (nos casos de entrevistas estruturadas para avaliar saúde mental), os avaliadores poderão mudar a forma da avaliação? Geralmente esse é um fenômeno que ocorre: no início das triagens os avaliadores são mais perfeccionistas, mais questionadores, e, depois de várias triagens realizadas, tende-se a utilizar mais a "intuição" ou a dedução nas perguntas seguintes, o que torna mais falível o processo. Diversos **vieses do entrevistador** podem surgir no decorrer das avaliações, como, por exemplo, o entrevistador interferir sutilmente (por sinais não verbais) nas respostas dos entrevistados (careta, bocejo, sinais de cansaço). Algumas perguntas indutivas podem ser realizadas de forma a coletar informações erradas. Por exemplo, o entrevistador, no meio da avaliação, poderá disparar uma pergunta indutora, como "Você nunca teve depressão, né?", um tipo de pergunta que pode inibir algumas pessoas que talvez tenham depressão mas não falariam sobre seus sintomas após esse tipo de pergunta, pois parece uma pergunta reprovatória.
4. Todos os avaliadores deverão passar pelo mesmo treinamento, durante o mesmo número de horas, pelos mesmos instrutores, com os mesmos instrumentos, preferencialmente com um protocolo único de treinamento, que pode ser definido da seguinte forma: no primeiro dia de treinamento, serão explicadas as características dos instrumentos; no segundo dia de treinamento, os avaliadores terão informações sobre as qualidades psicométricas dos instrumentos (validade, precisão, padronização, normatização); no terceiro dia de treinamento os avaliadores

irão assistir a um vídeo de uma entrevista e treinarão com os instrumentos. Isto é um protocolo, ou seja, passos bem definidos do que será realizado, como, onde e por quê.

5. Principalmente se as triagens demorarem algumas semanas para serem realizadas, é interessante que o pesquisador acompanhe a confiabilidade entre os avaliadores, com relação ao diagnóstico e demais medidas, chamado também de *inter rater reliability* (confiabilidade entre avaliadores), que pode ser realizada, por exemplo, gravando algumas triagens, passando essas gravações para dois ou três avaliadores (que podem ser externos ou não pertencentes ao grupo de avaliadores da pesquisa, mas que tenham muita experiência com diagnóstico e os instrumentos utilizados) e conferindo se as pontuações dos instrumentos e diagnósticos não apresentam muitas variações. Geralmente essa análise pode utilizar alguns tratamentos estatísticos, tais como o índice Kappa, que analisa o quanto diversos avaliadores discordam do resultado dos mesmos instrumentos. Caso a confiabilidade entre os avaliadores não seja adequada, o pesquisador deve reavaliar a possibilidade de um novo treinamento de urgência e/ou tomar outras atitudes, como, por exemplo, refazer diagnósticos por amostragem ou retirar determinados avaliadores da pesquisa (e os sujeitos que foram avaliados por eles).

6. Todo cuidado deve ser tomado para que a amostra da sua pesquisa, ou seja, os 400 participantes tenham características muito homogêneas, independentemente de para qual grupo eles serão alocados.

A AVALIAÇÃO CEGA OU DUPLO-CEGA?

Os termos em inglês utilizados para definir esses conceitos em pesquisa são **blind** e **double-blind** e é uma preocupação com a coleta dos dados. Imaginemos o seguinte. Você é o pesquisador principal e também está participando das triagens (o que não é recomendado), e possui uma leve tendência de acreditar que a psicoterapia cognitiva é mais eficaz do que as outras. Mesmo sem querer, você poderá, de forma não intencional, manipular a sua avaliação de triagem e mandar para o grupo Beck (lembra-se dele?) as pessoas com menores pontuações no instrumento que mede sintomatologia depressiva e para o grupo Freud, as pessoas com maior pontuação. Dessa forma, você estaria induzindo a um **erro sistemático** nos resultados (inclusive a definição de **viés** é exatamente um erro sistemático ou um **vício** que ocorre de modo constante em alguma parte do experimento) e mandando os pacientes que possuam melhor chance de melhora para um dos grupos, enquanto os pacientes com menores chances de melhora estariam indo para outro grupo. Assim, o resultado final não seria confiável.

Da mesma forma, se o paciente sabe em que grupo ele está sendo alocado, talvez não tenha a mesma motivação para a adesão ao tratamento, ou até mesmo alguns grupos terão mais desistência do que o outro. Imagine que você seja um paciente que foi fazer a triagem e soube que foi alocado para o grupo que não tem uma finalidade psicoterápica (o grupo Place). Talvez você nem começasse o tratamento. Agora, se você soubesse que existem várias intervenções sendo realizadas e não tem certeza em que grupo caiu, a motivação poderá ser outra. Outro exemplo pode ajudar. Imagine que você seja um paciente que tem pouca informação sobre psicoterapia, mas sempre ouviu falar que a Psicanálise é uma ótima abordagem para resolver os problemas. Não seria diferente se você soubesse que está em um grupo de Psicanálise ou em um de Psicoterapia Cognitiva, em termos de adesão e motivação para o tratamento?

Sendo assim, o pesquisador deve se precaver quanto a esses possíveis vieses e optar, sempre que der, por avaliações **cegas** ou **duplo-cegas**, que também são denominadas de **mascaramento**. A avaliação **cega** ocorre quando os pacientes ou participantes da pesquisa não sabem em qual grupo estão alocados, e a avaliação **duplo-cega** ocorre quando além dos pacientes, os avaliadores também não sabem em quais grupos estarão os participantes. Somente o pesquisador-chefe possui esta informação (Fletcher, Fletcher e Wagner, 1996).

O mascaramento ainda pode ocorrer de várias formas, como, por exemplo, quem está fazendo a triagem e fará a avaliação do resultado final da pesquisa não saber para qual grupo os pacientes foram alocados ou mesmo os avaliadores da triagem (pré-teste) não serão aqueles que irão avaliar os resultados da pesquisa após as intervenções (pós-teste), portanto também não saberão de qual grupo vieram os pacientes que estão sendo avaliados no resultado. O melhor mesmo ou o mais impessoal possível é não dar aos avaliadores informações a respeito do que trata a pesquisa. Eles somente deverão saber que farão uma avaliação diagnóstica e de sintomatologia de depressão e qualidade de vida. Assim você diminui possíveis vieses. Essas decisões denvolvem custo, tempo e treinamento, portanto devem ser definidas previamente na pesquisa. Como foi dito antes, as avaliações duplo-cegas (nem o paciente sabe para qual grupo está indo, nem o avaliador sabe para qual grupo o paciente será alocado) são sempre as mais adequadas, pois evitam erros sistemáticos no pré-teste e no pós-teste. Os ensaios clínicos que não utilizam mascaramento são chamados de abertos (*open* ou *open label*) e são utilizados quando não é possível mascarar o tratamento, como no caso de cirurgias (com termo de responsabilidade) em pacientes médicos.

O TREINAMENTO E AS CARACTERÍSTICAS DOS PROFISSIONAIS QUE FARÃO AS INTERVENÇÕES

Após os cuidados anteriores, devemos pensar em quais características dos profissionais que farão as intervenções e como ocorrerão tais intervenções, ou seja, os psicoterapeutas e até mesmo as características dos interventores do grupo considerado aqui como placebo (social), e qual o protocolo de atendimento (a forma como se dará o atendimento).

Raciocinemos da seguinte forma: são 300 pacientes que estarão passando por alguma intervenção (lembre-se de que 100 ficarão à espera, não passando por nenhuma intervenção). Assim, precisaremos de muitos profissionais para atender a todas essas pessoas. Algumas perguntas e recomendações serão discutidas nos tópicos a seguir:

- Você, como pesquisador-chefe, quer avaliar as intervenções em um período de 12 sessões de 50 minutos cada uma, uma vez por semana. Então, todos os três grupos (Beck, Freud e Place) deverão, portanto, ter 12 sessões, de 50 minutos cada uma, uma vez por semana, de preferência ininterruptamente, então as intervenções durarão aproximadamente três meses. Esse tipo de decisão deve ser tomado antes de o experimento começar; aliás, todas as decisões devem ocorrer dessa forma, por isso que o planejamento é fundamental para qualquer pesquisa.
- Deve-se também decidir se as intervenções ocorrerão de forma individual ou em grupo. Suponhamos que, anteriormente, você decidiu que gostaria de avaliar intervenções individuais; assim, um pré-cálculo deve estar pronto. Cada grupo terá 100 participantes, que deverão ser atendidos em três meses. Você, por estudos anteriores e conhecimento de psicoterapia, decidiu que cada psicoterapeuta só poderá atender até quatro casos por dia (para evitar fadiga do profissional), então, você terá que ter, pelo menos, cinco psicoterapeutas nos grupos Beck e Freud e mais cinco assistentes sociais para o grupo Place, se todos os interventores atenderem os quatro pacientes, de segunda a sexta-feira. Você precisa pensar também que os interventores e os participantes da pesquisa podem ficar doentes, faltar ou desistir, entre outras coisas. Assim, o planejamento deve contemplar essas variáveis intervenientes que podem ocorrer no meio do percurso, mas que, no caso da psicoterapia, pode ser muito complicado, uma vez que, se um psicoterapeuta desiste da pesquisa, você pode estar colocando em xeque um grupo inteiro, porque não é aconselhável a troca de psicoterapeuta no meio da pesquisa (devido ao tipo de relação, à confiança, entre outras variáveis).
- Se as intervenções deverão ser individuais e terão cinco interventores para cada um dos três grupos (Beck, Freud e Place). Esses interventores devem apresentar características bem homogêneas e fazer as mesmas coisas (pelo menos o mais próximo possível) durante as sessões; claro que cada um dentro da sua especialidade ou linha teórica, mas o grupo de psicoterapeutas cognitivos deve usar as mesmas estratégias entre si, o mesmo ocorrendo com os interventores do grupo Freud e os do grupo Place, ou seja, o mesmo protocolo de atendimento.
- Imaginemos que você, mais uma vez, como psicólogo e pesquisador-chefe, tem uma tendência, por exemplo, para o grupo de psicanálise. Você poderá, inconscientemente (estamos utilizando o

termo próprio para a teoria em questão) ou conscientemente, selecionar psicoterapeutas do grupo Freud com mais experiência profissional do que para os do grupo Beck, invalidando os resultados da pesquisa. Portanto, vamos pensar em critérios de seleção e treinamento para os interventores, também definidos anteriormente: (a) todos os interventores devem ter, no mínimo, dois anos e no máximo cinco anos de formado; (b) o mesmo período de atendimento a casos de pacientes com Transtorno Depressivo Maior (mesmo porque você pode ser formado há quatro anos, mas nunca ter atendido um paciente com sintomas de depressão); (c) poderão ter idade entre 25 e 35 anos (porque talvez o fator idade possa ter alguma influência na percepção de competência que o paciente faça do psicoterapeuta); (d) os interventores poderão ser de ambos os sexos, mas em número não disforme por grupo (ou três homens e duas mulheres de interventores por grupo, ou vice-versa). Esse cuidado é somente para que o fator gênero não seja desprezado, pois pode ser um fator que influencia na relação e, portanto, no resultado; (e) todos os interventores deverão ter, pelo menos, uma especialização (teórico/prática) na área em que se propõem atuar.

- O protocolo de atuação de cada grupo de interventores deve ser definido pelo pesquisador-chefe. Isso quer dizer que deverá haver um treinamento homogêneo para cada grupo sobre quais passos cada grupo de interventores deve propor durante as 12 sessões. Se você não é familiarizado com protocolos de atendimento, sugerimos a leitura de Beck (1997), para você ter noção de como funcionaria um protocolo clínico de atendimento a pacientes portadores de depressão, em uma linha cognitivista, sessão a sessão. Um protocolo específico deverá ser desenvolvido para os interventores dos grupos Freud e Place, claro que cada um seguindo seus princípios teóricos. Você pode estar se perguntando por que o pesquisador deveria se preocupar com tanto controle da variável protocolo. Vamos supor que os cinco interventores de cada grupo façam o que bem entenderem dentro das doze sessões. Como você irá realmente avaliar, ao final da pesquisa, o que deu resultado dentro de cada intervenção? O pesquisador deve padronizar o que for preciso para evitar hipóteses concorrentes para a explicação do fenômeno. Quanto mais controle houver, menores as chances de variáveis intervenientes turvarem as explicações de eficácia. Por último, as sessões devem ser gravadas e avaliadas, segundo procedimentos preestabelecidos, como, por exemplo, em forma de pontuação, por juízes externos, a fim de se avaliar se os grupos de interventores realmente conseguiram cumprir os protocolos. Essa avaliação tem a finalidade de assegurar se todos os pacientes seguiram a intervenção padrão proposta pelos três grupos, mesmo o grupo Place, no qual você pode estar se perguntando por que deve ter o controle avaliado como os outros. Mesmo os autores deste capítulo sendo psicólogos, mas antes de tudo cientistas, não descartariam a possibilidade de o grupo Place ser o mais eficaz quando comparado aos outros grupos e, caso isso ocorra, o protocolo de atendimento dos assistentes sociais também deveria ser recomendado para o tratamento de pacientes portadores de depressão. Se isso ocorrer e cada um dos cinco assistentes sociais atuar segundo um protocolo próprio e inconsistente com os outros, o pesquisador não conseguirá avaliar de forma precisa o que realmente faz com que o paciente melhore em relação as outras intervenções.

Outra questão interessante de se avaliar diz respeito ao número de vezes que o pesquisador irá verificar as oscilações da sintomatologia depressiva e da qualidade de vida em todos os grupos de pacientes, inclusive no grupo de espera. Isso porque, no grupo de espera, quanto mais dados o pesquisador puder obter, maiores as chances de se levantarem hipóteses sobre como se comportam os pacientes em cada grupo, ou seja, o pesquisador-chefe pode optar por apenas ter um pré-teste antes da inserção da variável independente (intervenções) e um pós-teste (depois de 12 semanas, no entanto, se for possível obter uma medição pré-teste e quatro medições pós-teste, p. ex., uma a cada semana), melhor para se avaliarem as oscilações dos pacientes, do fenômeno depressão, e, inclusive, pode-se detectar se há algo de errado com os protocolos.

Veja o exemplo a seguir sobre sintomatologia depressiva, se a opção fosse utilizar como instrumento o BDI (Beck Depression Inventory), ou Inventário de Depressão de Beck (Cunha, 2001), cujas pontuações oscilam da seguinte forma: sintomatologia mínima (escore de 0 a 11); leve (escore de 12 a 19); moderada (escore de 20 a 35) e grave (escore de 36 a 63), e avaliando a Figura 14.1 a seguir por:

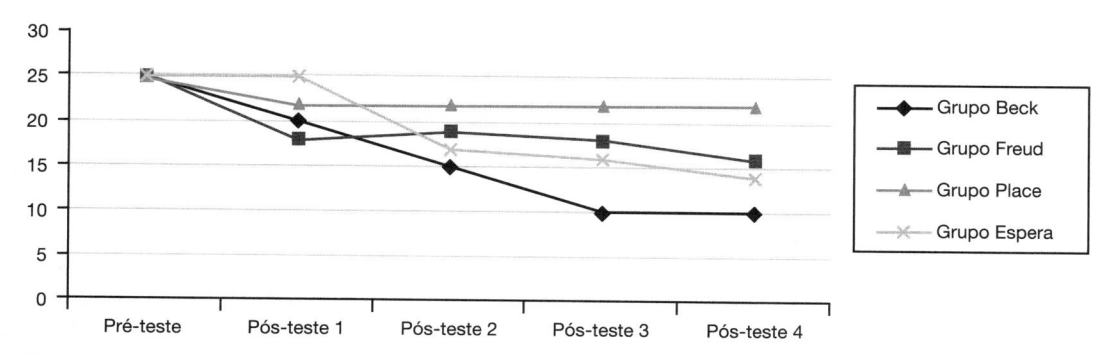

Figura 14.1 Pré-teste e pós-teste dos grupos de pacientes com depressão.

Suponhamos que essa pesquisa que está sendo proposta foi realizada segundo todos os parâmetros técnico-científicos discutidos anteriormente e que os resultados foram expressos em forma de gráfico (Figura 14.1). Vamos brincar um pouquinho de interpretação de gráficos? Segundo esse gráfico hipotético, tente avaliar os dados. O que você está vendo (interpretando)?

Vamos olhar para o grupo Beck e perceber que este foi o melhor grupo em termos de diminuição de sintomatologia depressiva durante a pesquisa. Mesmo os sintomas médios diminuíram gradativamente, estabilizando-se da medida três para a quatro do pós-teste, mas do pré-teste para a primeira medida não houve diminuição dos sintomas, o que pode significar, por exemplo, que na primeira semana desse tipo de psicoterapia os clientes estão se ambientando com a modalidade ou porque o protocolo é pouco agressivo (focado, incisivo) na primeira semana, que pode até ser uma das características desse protocolo, como utilizar a primeira semana apenas para fortalecer a confiança e o entendimento cognitivo do ser humano que apresente sintomas depressivos.

O grupo Freud diminuiu de sintomatologia do pré-teste para a primeira medida do pós-teste, aumentou alguns pontos para a segunda medida do pós-teste, diminuindo gradativamente para a terceira e quarta medidas. De posse desses dados podemos perguntar, por exemplo, o que ocorre com o protocolo, com os pacientes ou com o fenômeno para justificar essa oscilação de diminuição seguida de aumento dos sintomas e, novamente, diminuição? Esses dados são muito ricos para formular hipóteses, inclusive das formas de tratamento e protocolos ou sobre o próprio fenômeno estudado.

O grupo Place apresentou uma diminuição de sintomas, porém essa diminuição só ocorreu do pré-teste para a primeira medida do pós-teste, o que nos leva a perguntas como, por exemplo, será que os pacientes se sentem acolhidos por serem ouvidos. Mas só isso não basta e, assim, não se observa maior queda dos sintomas nas semanas subsequentes?

Por último, o grupo Espera também apresentou dados interessantes, com uma diminuição gradativa de sintomas durante todas as medidas, principalmente da primeira medida pós-teste para a segunda.

Vamos, mais uma vez, testar seus conhecimentos. O que mais você notou na Figura 14.1? Você observou que depois de quatro semanas o grupo de espera diminuiu de sintomas depressivos um pouco mais do que o grupo Freud e mais ainda quando comparado ao grupo Place? Há um fenômeno em alguns transtornos mentais, inclusive com a sintomatologia depressiva, chamado de **remissão espontânea**, no qual, com uma parcela dos pacientes, mesmo sem atendimento algum, ocorre diminuição do sofrimento espontaneamente. Se essas pessoas vão a um psicoterapeuta nesse período de diminuição espontânea, elas podem atribuir a melhora ao tratamento, embora não seja o tratamento o responsável pela melhora, e sim o tempo.

Quando ministramos aulas de metodologia, sempre damos um exemplo que reputamos muito importante para explicar a remissão espontânea. Todos somos acometidos de gripes e resfriados no decorrer da vida, e é senso comum que as gripes têm ciclos variáveis, os quais causam uma série de sintomas desagradáveis por um tempo, até que, após esse tempo, os sintomas diminuem e por fim desaparecerem. Os medicamentos antigripais somente minimizam os efeitos dos sintomas desagradáveis, dando a sensação de que estamos melhores; no entanto, o vírus ainda permanece em nosso corpo e, com a suspensão da medicação, os sintomas reaparecem. Isso pode não acontecer desse modo, mas é só para explicar o fenômeno da remissão espontânea.

Suponhamos que você e seu irmão tenham contraído, na segunda-feira, um vírus de gripe que mantém seu ciclo de sintomas desagradáveis por uma semana, portanto, os dois estão fadados a ter consequências sintomatológicas ruins até a outra segunda-feira. As consequências têm seu pico na quarta-feira (muita dor no corpo, cansaço, indisposição e daí por diante) e tendem a diminuir da quinta-feira em diante, até desaparecem na segunda-feira seguinte. Seu irmão aguenta os sintomas durante uma semana e, sem tomar remédio algum, fazer simpatia, se benzer ou qualquer outra coisa, sofre um pouco e os sintomas vão embora depois de sete dias. Você é mais sensível aos sintomas, menos tolerante e resolve visitar um médico na quarta-feira, quando não aguenta mais. O médico o examina, diagnostica e diz que receitará um remédio para curar você em poucos dias. Você sai da consulta esperançoso, contente por ter recebido tratamento adequado e ter sido respeitado, passa na farmácia e compra o remédio receitado e começa a tomá-lo na própria quarta-feira à tarde. Eis que, milagrosamente, você acorda na quinta-feira mais disposto, e vai melhorando até que na segunda-feira está inteiro. Convenhamos, muito provavelmente, se você não tivesse as informações anteriores, tenderia fortemente a acreditar que o remédio o salvou, mas, mesmo que você não o tivesse tomado, estaria bom do mesmo jeito que seu irmão, mesmo que provavelmente você tenha sofrido menos que ele.

Pois é, muitas pessoas melhorariam mesmo que não fossem a um psicoterapeuta, mas a sua ida pode coincidir com a remissão espontânea, e a associação entre psicoterapia e melhora fica muito difícil de não ser constituída, ainda que não haja relação de causa e efeito. Veja, não estamos, com isso, fazendo apologias contra a psicoterapia, mesmo porque fomos psicoterapeutas por muitos anos (atualmente só me dedico à pesquisa) e acreditamos em sua eficácia, que é corroborada também por diversos artigos internacionais e experimentais sobre a eficácia de psicoterapia. No Brasil, é quase inexistente esse tipo de pesquisa e devemos ser céticos na nossa prática.

Já que estamos falando de remissão espontânea, apenas teceremos mais um comentário de Myers (2003) sobre avaliação de processos psicoterápicos. Em primeiro lugar, o cientista não deveria dar tanto crédito (mas deve levar em consideração) às percepções dos clientes e psicoterapeutas sobre a psicoterapia, mas não deve desconsiderar completamente essa fonte. Algumas razões justificam tal posicionamento:

- As pessoas geralmente buscam a psicoterapia em momentos de crise e, se a crise depende de fatores externos e melhora (p. ex., o cliente reata com a namorada, a qual teve uma desilusão com o novo namorado, se arrependeu e voltou), o cliente tende a acreditar que foi resultado da psicoterapia. É claro que podemos avaliar que também pode ter sido consequência (p. ex., o cliente não se desesperou, ligando para a ex e sendo muito mal-educado, o que dificultaria reatar a relação), mas não necessariamente.

- Os clientes podem acreditar que a psicoterapia valeu o esforço, o dinheiro e o tempo gasto no processo — quantas vezes você não se arrependeu de suas atitudes, mas arrumou uma desculpa para justificar o comportamento? É difícil aceitar que você gastou dinheiro, atormentou a vida de sua esposa, diminuiu o orçamento do seu filho para comprar um equipamento de emagrecimento que você utilizou duas vezes e não serviu para muita coisa e, além disso, se desculpar perante a família inteira. Geralmente não damos "o braço a torcer".

- Os clientes tendem, de um modo geral, a gostar de seus psicoterapeutas, mesmo porque a relação tende a ser prazerosa, diminuindo as críticas e aumentando as chances de o cliente elogiar o psicoterapeuta e o trabalho que ele desenvolve.

- Geralmente o cliente não tem condições técnicas de avaliar se a psicoterapia está sendo realmente eficaz, mesmo porque nem sempre o cliente tem condições emocionais de avaliar friamente o processo ou conhecimentos técnicos sobre o funcionamento.

- Os psicoterapeutas tendem a acreditar que seu trabalho funciona, sendo tendenciosos ao avaliarem a sua própria prática. Costumamos estar cientes do fracasso do outro, mas é difícil avaliar nossa própria prática criticamente.

Ainda para complementar esta questão, diríamos que os alunos de Psicologia, na maioria das vezes, já ingressam no curso com certa tendenciosidade a acreditar que a psicologia, especificamente os processos psicoterápicos, são eficazes; caso contrário, dificilmente fariam. Você já pensou nisto friamente?

OUTRAS PRECAUÇÕES SOBRE O EXPERIMENTO

Voltando ao experimento proposto, cabe ainda ressaltar algumas precauções que o pesquisador deve tomar para não cometer erros metodológicos e/ou de interpretação dos dados. Em primeiro lugar o pesquisador-chefe deve avaliar, no decorrer do experimento, se nenhum dos clientes, de todos os quatro grupos, começou a fazer uso de medicamentos, fazer outro tipo de psicoterapia (psicologia), terapia (p. ex., terapia de vidas passadas) ou mesmo sofrer alguma intervenção de outra natureza, como, por exemplo, ter ingressado em uma nova religião e, consequentemente, ter aumentado as relações e o suporte social, o que poderia diminuir a sintomatologia depressiva. Esses casos devem ser descartados dos resultados finais.

As desistências, quando da avaliação dos resultados finais, devem sempre ser vistas como o pior resultado encontrado nas intervenções, ou seja, quem desistiu deve ser considerado como "não melhorou". Você deve estar se perguntando o porquê dessa ressalva. A explicação é que, em primeiro lugar, não há como forçar um cliente que desistiu do tratamento a lhe dar respostas para as suas avaliações. Em segundo lugar, várias desistências podem significar que aquele protocolo é insuportável, monótono, difícil de ser seguido, entre outras explicações. Sendo assim, você pode ter uma melhora muito boa de uma linha teórica, mas uma desistência muito alta, o que pode significar que esse tipo de tratamento é inviável do ponto de vista prático. Não adianta lançar uma droga nova, que tem 98 % de cura para o câncer de mama, se 95 % das mulheres que passam pelo tratamento desistem dele alegando que a droga provoca efeitos colaterais insuportáveis. Apesar de este capítulo não enfocar a questão estatística, é importante comentar que as desistências devem ser levadas em consideração nas análises de eficácia de intervenção. Outras análises podem ser realizadas levando-se em consideração todos os participantes que foram randomizados para formar os grupos, independentemente de terem ou não completado a intervenção. Tal análise é denominada *intention-to-treat*.

O critério de melhora para avaliar se uma intervenção foi melhor do que outra deve ser estabelecido pelo pesquisador-chefe antes mesmo de o experimento começar, por meio de conhecimentos baseados em outros estudos, a fim de não se utilizarem diferentes pesos e medidas, de acordo com os resultados encontrados durante a pesquisa. Apesar de não entrar em detalhamentos sobre esta questão, o pesquisador-chefe poderá utilizar critérios diferentes do que é considerado melhora, como, por exemplo, a diminuição de 50 % nos escores do BDI entre o pré-teste e a quarta medida do pós-teste. Assim, não importa se o indivíduo entrou no tratamento com sintomas leves ou moderados, pois o que importa é a porcentagem de diminuição de escores entre as medidas. O pesquisador também pode adotar como melhora a diminuição de um posto nominal na escala de Beck, ou seja, considerar melhora o cliente que entrou com sintomatologia moderada e foi considerado leve, ou que entrou com sintomatologia leve e passou para mínima na última medida pós-teste. Essa é uma decisão a ser baseada em dados de pesquisa anteriores e/ou em estudos de custo-benefício, entre outras modalidades.

As análises estatísticas também podem ser feitas de diversas formas, a fim de se avaliarem outras questões relacionadas ao problema, tais como se o gênero ou os anos de experiência ou se mais de uma especialização do psicoterapeuta influenciaram na melhora do cliente.

Outra questão que se pode hipotetizar e até que mesmo pode ser proposta como tema de outra pesquisa (costumamos dizer que pesquisa é que nem cerveja – uma puxa a outra), é sobre se os fatores específicos (técnica, pacotes terapêuticos) ou inespecíficos (simpatia, humor) do psicoterapeuta são tão importantes ou se algum prepondera sobre os demais. Neste sentido, pesquisas com delineamento experimental podem ser propostas para avaliar e comparar essas variáveis. Esse até pode ser um bom exercício para você que está lendo este capítulo; que tal pensar nisso? Outro tipo de pesquisa proposto poderia ser para avaliar o que se denomina **dose-resposta** em delineamentos de ensaio clínico controlado e randomizado em medicina. Este conceito, quando o ensaio clínico é realizado com medicamento, é a avaliação da quantidade do princípio ativo em relação à melhora dos sintomas, as bulas, ao expressarem as dosagens dos medicamentos, são baseadas nessas pesquisas. O princípio é comparar grupos controlados com diferentes dosagens do princípio ativo da substância pesquisada, ou seja, na psicoterapia poderíamos nos perguntar se um tratamento de 50 minutos, uma vez por semana, por doze sessões, é mais eficaz do que um de 20 sessões, ou até mesmo um igual de 12 sessões, mas duas vezes por semana. A avaliação da dose-resposta pode ser muito interessante para se avaliar com que tipo de tratamento determinado cliente pode ter mais vantagens.

O pesquisador-chefe também pode querer avaliar os efeitos a médio prazo dos vários tipos de intervenção, propondo uma quinta medida pós-teste, seis meses após o término da pesquisa, a fim de saber quais intervenções perduram no tempo, em termos de eficácia. Se você tivesse que optar por uma entre duas psicoterapias e tivesse uma que diminuísse 70 % os sintomas depois do tratamento acabado, mas 50 % dos sintomas retornariam depois dos seis meses, e outra opção na qual a diminuição fosse menor (50 %), mas se mantivesse depois de seis meses, por qual delas você optaria? Estas pesquisas avaliam o *follow-up*, ou acompanhamento, dos resultados de determinada intervenção por um período de tempo.

CONSIDERAÇÕES FINAIS

Como vimos neste capítulo, a intenção dos autores foi tentar, de maneira simples, expor um desenho experimental hipotético, por meio de explicações em linguagem cotidiana e de exemplificação. Os delineamentos experimentais são, provavelmente, aqueles em que há maior preocupação do pesquisador com controle das variáveis, além, é claro, da manipulação e da aleatoriedade amostral. Portanto, à luz do positivismo lógico, é o mais indicado para se avaliar, de forma neutra, a eficácia das intervenções. O pesquisador que se utiliza de delineamentos experimentais em seu cotidiano deve ter um conhecimento metodológico, estatístico e teórico (sobre o tema estudado) muito amplo, a fim de não enviesar os dados, já que se constitui em uma forma de pesquisa dispendiosa.

Diversos foram os termos novos introduzidos aqui, tais como placebo, duplo-cego, randomização, entre outros, que são importantes para o futuro pesquisador entender esses termos, a fim de melhor se alfabetizar na metodologia de pesquisa e poder ler, entender e criticar pesquisas mais complexas. Assim, podemos formar pesquisadores de elite, capazes de realizar pesquisas mais confiáveis para hipotetizar os motivos pelos quais diversos tratamentos funcionam e outros não. Todas as áreas que trabalham com intervenções devem chegar a esse refinamento metodológico para se embasarem de forma científica no seu cotidiano e demonstrarem para si e para a população que as intervenções são comprovadamente eficazes para os problemas humanos.

REFERÊNCIAS

BAPTISTA, M. N. **Psicoterapias Cognitivo-Comportamental e Cognitiva: aspectos teóricos e terapêuticos no manejo de depressão e suicídio**. Em: M. N. Baptista (org.). *Suicídio e Depressão: atualizações*. Rio de Janeiro: Guanabara Koogan, 2004a. p. 161-176.

BAPTISTA, M. N. **Suicídio e Depressão: atualizações**. Rio de Janeiro: Guanabara Koogan, 2004b.

BECK, J. S. **Terapia Cognitiva: teoria e prática**. Porto Alegre: Artes Médicas, 1997.

CAMPOS, L. F. L. **Métodos e Técnicas de Pesquisa em Psicologia**. Campinas — SP: Alínea, 2000.

COZBY, P. C. **Delineamento Experimental: objetivos e ciladas**. Em: _____. *Métodos de Pesquisa em Ciências do Comportamento*. São Paulo: Atlas, 2003. p. 171-192.

CUNHA, J. A. **Manual da Versão em Português das Escalas Beck**. São Paulo: Casa do Psicólogo, 2001.

ESCOSTEGUY, C. C. **Estudos de Intervenção.** Em: R. A. Medronho. *Epidemiologia.* Rio de Janeiro: Atheneu, 2002. p. 151-160.

FLETCHER, R. H.; FLETCHER, S.; WAGNER, E. H. **Epidemiologia Clínica: elementos essenciais.** Porto Alegre: Artes Médicas, 1996.

GOREINSTEIN, C.; ANDRADE, L. H. S. G.; ZUARDI, A. W. **Escalas de Avaliação Clínica em Psiquiatria e Psicofarmacologia.** São Paulo: Lemos, 2000.

GRESSLER, L. A. **Tipos de Pesquisa e Validade das Investigações.** Em:_____. *Pesquisa Educacional: importância, modelos, validade, variáveis, hipóteses, amostragem, instrumentos.* São Paulo: Loyola, 1983. p. 27-41.

LOUSANA, G. **Instâncias Regulatórias Nacionais.** Em: _____. *Pesquisa Clínica no Brasil.* Rio de Janeiro: Revinter, 2002. p. 45-52.

MCDANIEL, C.; GATES, R. **Coleta de Dados Primários: experimentação.** Em:_____. *Pesquisa de Marketing).* São Paulo: Thomson, 2002. p. 231-269.

MYERS, D. Terapia. Em: D. Myers. *Explorando a Psicologia.* Rio de Janeiro: LTC Editora, 2003. p. 451-478.

PEREIRA, M. G. **Validade de uma Investigação.** Em:_____. *Epidemiologia: teoria e prática.* Rio de Janeiro: Guanabara Koogan, 2002. p. 326-336.

SELLTIZ, I.; WRIGHTSMAN, L. S.; COOK, S. W. **Análise Causal e Experimentos Propriamente Ditos.** Em: _____. *Métodos de Pesquisa nas Relações Sociais. I — Delineamentos de Pesquisa.* São Paulo: EPU, 1987. p. 11-34.

15

A importância da revisão sistemática na pesquisa científica

LUCIANA XAVIER SENRA E LÉLIO MOURA LOURENÇO

O presente capítulo analisa a importância das várias formas e facetas da revisão sistemática de literatura na elaboração de material acadêmico científico. Diferentemente de uma revisão de literatura tradicional, a revisão sistemática de literatura estabelece um processo formal para conduzir a investigação, evitando, assim, a introdução de vieses da revisão de literatura informal, ou seja, dando mais confiabilidade a um novo protocolo de pesquisa.

A *revisão sistemática* é uma revisão de literatura científica, com objetivo pontual, que utiliza uma metodologia padrão para encontrar, avaliar e interpretar diversos estudos relevantes disponíveis para uma questão particular de pesquisa, área do conhecimento ou fenômeno de interesse, que representa o atual conhecimento sobre a intervenção ou fator de exposição no momento da realização da revisão sistemática. É um recurso importante da prática baseada em evidências, que consiste em uma forma de síntese dos resultados de pesquisas relacionados a um problema específico. Nesse sentido, utiliza um processo de revisão de literatura abrangente, imparcial e reprodutível, que localiza, avalia e sintetiza o conjunto de evidências dos estudos científicos.

Segundo Castro (2001), uma maneira simplificada de ilustrar uma revisão sistemática é entendê-la como um quebra-cabeça. A literatura, vista dessa forma, pode ser como um amontoado desorganizado de peças para vários quebra-cabeças diferentes. Com a utilização dessa técnica é possível identificar as peças que serão úteis em cada quebra-cabeça (metanálise), enquanto cada estudo na literatura pode ser visto como uma peça desse quebra-cabeças (Mulrow, 1994). Nesse processo, é possível encontrar duas peças iguais (estudos publicados mais de uma vez), peças difíceis de serem encontradas (estudos publicados em revistas não indexadas ou não publicados) e todas as possibilidades de vieses que podem existir.

As revisões sistemáticas necessitam de metodologia específica definida *a priori* por um protocolo, o qual deve ter como objetivo central sintetizar os resultados de estudos primários com o uso de estratégias que diminuam a ocorrência de erros aleatórios e sistemáticos, bem como possibilitem a enumeração de evidências científicas, ou seja, com viabilidade, adequação, significância e eficácia.

De grande importância no campo das pesquisas científicas, as *revisões sistemáticas* são "investigações científicas, com métodos pré-planejados e que reúnem estudos originais como sujeitos" (Drummond, Silva & Coutinho, 2004, p. 54). São consideradas trabalhos de caráter científico, visando a um melhor e mais abrangente conhecimento sobre essa ou aquela temática. A revisão sistemática também se mostra fundamental em uma melhor conduta profissional, e é muito utilizada, por exemplo, para uma melhor conduta clínica nas áreas de saúde. Como em qualquer forma de pesquisa, as revisões sistemáticas são consideradas investigações científicas em si mesmas, e, assim como as demais revisões, elas são qualificadas por alguns autores como estudos observacionais retrospectivos. Outros as situam em algum lugar entre os estudos experimentais e observacionais. Sendo assim, não podem ser inteiramente classificadas em nenhuma das duas categorias.

Uma boa revisão sistemática é baseada na formulação adequada de uma pergunta, de um problema de pesquisa. Além de ser essencial para a estrutura da revisão, uma pergunta bem elaborada permite a definição de quais serão as estratégias adotadas para identificar os estudos que serão incluídos e quais serão os dados que necessitam ser coletados de cada estudo. A pergunta, associada aos objetivos do estudo, permitirá também uma avaliação da revisão, isto é, se ela será relevante ou não para o tema de interesse (Castro, 2001).

A revisão sistemática difere da revisão narrativa em função de algumas características marcantes nessas duas modalidades. Na perspectiva narrativa, as questões abordadas são amplas, frequentemente não especificadas, apresentando um real potencial para um viés ideológico. Na revisão sistemática as questões são específicas, possuindo fontes abrangentes, desenvolvendo-se buscas sistematizadas. Na revisão sistemática, a seleção é com base em critérios aplicados uniformemente, e a avaliação, em geral, é criteriosa e passível de reprodução, com referências baseadas em resultados de pesquisas.

As revisões sistemáticas podem ser qualitativas ou quantitativas. As revisões qualitativas são aquelas que sumariam os dados de estudos primários, mas sem a preocupação de combinar esses estudos. São também chamadas revisões *narrativas* (Drummond, Silva & Coutinho, 2004). Já as revisões sistemáticas quantitativas, também conhecidas como *metanálise,* utilizam técnicas estatísticas para combinar os estudos e avaliar seus resultados. A metanálise é uma análise estatística que combina os resultados de dois ou mais estudos independentes, gerando uma única estimativa de efeito. À medida que a precisão da estimativa normalmente aumenta com a quantidade de dados, a metanálise tem mais poder para detectar diferenças reais entre estudos individuais e pode gerar estimativas mais precisas de sensibilidade e especificidade esperadas.

Segundo Clark (2001), uma importante característica dessa técnica é a produção de evidências sobre determinado tema, além da investigação de oportunidades de pesquisas nos desvios dos resultados encontrados. Os métodos estatísticos (metanálise) podem ou não ser usados para analisar e sumarizar os resultados dos estudos incluídos. Como já destacado anteriormente, a escolha do tipo de revisão sistemática depende da pergunta que se pretende responder. Tradicionalmente, a revisão sistemática é um estudo retrospectivo; no entanto, podem existir revisões sistemáticas prospectivas. Existe ainda a possibilidade de se realizar a revisão sistemática com dados individuais.

Métodos matemáticos e estatísticos são utilizados exaustivamente nas análises e revisões bibliográficas. Técnicas como a cientometria e a bibliometria são exemplos desse tipo de análise mais explicitamente quantitativa. Nesse sentido, indicadores bibliométricos podem ser avaliados a partir de uma pesquisa bibliométrica, que é um modelo de pesquisa cuja finalidade é "quantificar os processos de comunicação escrita, e o emprego de indicadores bibliométricos para medir a produção científica" (Reveles & Takahashi, 2007 p. 246). A principal justificativa na utilização dessa modalidade se dá no sentido de possibilitar a análise e a avaliação das fontes difusoras de trabalhos; a evolução cronológica da produção científica; a produtividade de autores e instituições; o crescimento de qualquer campo da ciência; e o impacto das publicações perante a comunidade científica internacional.

A cientometria é a ciência de medir e analisar a produção científica. Na prática, a cientometria só pode ser efetuada por meio da bibliometria, que é a medida das publicações científicas. Além disso, a cientometria tem como base principal os trabalhos de Derek J. de Solla Price e Eugene Garfield (1965,1972). Este último fundou o Instituto para a Informação Científica, o qual é frequentemente citado nas análises cientométricas.

Como parte da cientometria, a bibliometria é uma técnica que aplica métodos matemáticos e estatísticos a toda a literatura de caráter científico e aos autores que a produzem, com o objetivo de estudar e analisar a atividade científica. Para isso, se apoia em leis bibliométricas, baseadas na expressão estatística regular que, ao longo do tempo, tem mostrado os diferentes elementos que formam parte da ciência. Os instrumentos utilizados para medir os aspectos desse fenômeno social são os indicadores bibliométricos, medidas que proporcionam informação sobre os resultados da atividade científica em qualquer de suas manifestações.

Outra concepção de bibliometria pode ser verificada em Araújo (2006, p.12). Segundo esse autor, entende-se por bibliometria a "técnica quantitativa e estatística de medição dos índices de produção e disseminação do conhecimento científico". Guedes e Borschiver (2005) apontam que bibliometria é um conjunto de leis e princípios empíricos que contribuem para o estabelecimento dos fundamentos teóricos da Ciência da Informação.

ASPECTOS HISTÓRICOS DA REVISÃO SISTEMÁTICA

A história da revisão sistemática e da metanálise tem início no século XX, embora sua popularidade tenha crescido somente por volta da década de 1990 (Clarke & Oxman, 2001). Apenas em 1955 surge a primeira revisão sistemática sobre uma situação clínica (*The Powerful Placebo*), publicada no *Journal of the American Medical Association* (Beecher, 1955). Antes dessa data, são documentados apenas alguns estudos abordando métodos estatísticos para combinar resultados de estudos independentes (Cochran, 1954; Yates, 1938).

METANÁLISE

As bases estatísticas da metanálise originaram-se no século XVII, na astronomia, em que se estabeleceu que a combinação dos dados de diferentes estudos poderia ser mais apropriada que a observação de alguns desses trabalhos. No século XX, o estatístico Karl Pearson (1904) foi provavelmente o primeiro pesquisador a usar técnicas formais para combinar dados de diferentes estudos médicos, quando examinou o efeito preventivo de inoculações contra febre entérica. A partir de Pearson, ainda na primeira metade do século XX, vários estatísticos contribuíram para refinar a metodologia de síntese da pesquisa.

No que concerne à terminologia metanálise, esse termo surge pela primeira vez em 1976, no artigo *Primary, Secondary, and Meta-Analysis of Research* publicado na revista *Educational Research* (Glass, 1976). O psicólogo G. Glass definiu, então, metanálise como uma análise estatística de uma grande coleção de análises, resultante de estudos individuais com o propósito de integração dos resultados (Glass, 1976). Entretanto, a era das revisões sistemáticas com metanálises só se consolidou no final da década de 1980, com a publicação do livro *Effective Care During Pregnancy and Childbirth* (Chalmers, Enkin & Keirse, 1989). A metanálise de Yusuf et al. (1985) sobre a eficácia de betabloqueadores para a redução da mortalidade e reenfarte também é considerada um estudo de grande importância histórica e metodológica no desenvolvimento dessa técnica.

Em 1987 criaram-se na França a Association pour la Mesure des Sciences et des Techniques (ADEST) e o Observatoire des Sciences et des Techniques (OST). Este, embora esteja mais relacionado às atividades de informação em ciência e tecnologia, tem programas de pesquisa sobre bibliometria. Em 1995 foi criada a Société Française de Bibliométrie Appliquée (SFBA). Essa sociedade organizou três palestras sobre pesquisa bibliométrica, realizadas em 1995, 1997 e 1999. O Centre de Recherche Scientifique e o Institut de l'Information Scientifique et Technique também têm um programa de pesquisa sobre informetria. No Reino Unido, a Science Policy Research Unit (SPRU); na Hungria, o Information Science and Scientometrics Research Unit (ISSRU); na Holanda, o Centre for Science and Technology Studies (CWTS).

Além desses, deve-se considerar o Instituto de Estudios Documentales e Históricos sobre la Ciencia (Valencia, Espanha) e o Centro de Información y Documentación Científica (CINDOC), (Madri, Espanha). Em nível global, existe a International Society for Scientometrics, Informetrics and Bibliometrics (ISSI), que organizou nove congressos internacionais. Também a Índia tem organizado e levado a cabo dois congressos nacionais denominados Conference on Scientific Communication: Bibliometrics & Informetric.

Ainda na década de 1990, mais precisamente em 1992, ocorre a fundação da Cochrane Collaboration (http://www.cochrane.org/index.htm), organização internacional que surge em reconhecimento ao professor Archie Cochrane, pesquisador britânico e autor do livro *Effectiveness and Efficiency: Random Reflections on Health Service* (1972). A Cochrane Collaboration tem como objetivo preparar, manter e disseminar revisões sistemáticas na área da Saúde. Somente na Europa, instalaram-se sete centros Cochrane (França, Alemanha, Grã-Bretanha, Espanha, Itália, Holanda e Dinamarca), além de centros no Canadá, China, Austrália, Nova Zelândia, África do Sul e Brasil.

Também em 1992, apareceram as duas primeiras teses que consistiam em revisões sistemáticas com metanálises. Na Inglaterra, mais especificamente em Oxford, Alejandro Jadad (1994) defendeu sua tese de doutoramento, e em São Paulo, Jair de Jesus Mari defendeu sua tese de livre-docência na Escola Paulista de Medicina (Mari, 1994). Em 1994 são definidas no estudo Systematic Reviews: Identifying relevant studies for systematic reviews, publicado no *British Medical Journal* (Dickersin, 1994) as estratégias de busca de ensaios clínicos aleatórios em bases de dados.

Em 2001, no fascículo de número dois da Biblioteca Cochrane, foram publicados mil revisões sistemáticas e 876 projetos de revisões sistemáticas. A marca dessas mil revisões reflete a dedicação de milhares de pessoas envolvidas com a Colaboração Cochrane em todo o mundo.

Segundo Urbizagástegui Alvarado (2007), outra boa indicação do desenvolvimento de uma disciplina é o aparecimento de publicações periódicas dedicadas ou especializadas nessa área. O periódico *Scientometrics* foi criado e publicado em 1978, na Hungria. Em 1987, iniciaram-se os trabalhos da *Revue Française de Bibliometrie* (Paris, França); em 1995, em Nova Déli, Índia, foi criado o *JISSI: The International Journal of Scientometrics and Informetrics*. Nesse mesmo referencial, em 2003, em Sydney, foi criada a *Bibliometric & Information Research Group Working Paper*. Vale ressaltar que outros periódicos não dedicados exclusivamente a essa área também podem ser considerados bons indicadores de uma crescente atenção a esse segmento.

O termo *statistical bibliography* — hoje bibliometria — foi usado pela primeira vez em 1922 por E. Wyndham Hulme, antecedendo a data à qual se atribui a formação da área de Ciência da Informação, com a conotação de esclarecimento dos processos científicos e tecnológicos, por meio da contagem de documentos. A análise de citações, conforme Urbizagástegui Alvarado (2007), já era empregada muito antes da criação do termo bibliometria por Gross e Gross (1927) no campo da química.

Na literatura existem algumas evidências de que o termo bibliometria foi criado oficialmente por Paul Otlet, em 1934, no *Tratado da Documentação* (Vanti, 2002). Otlet (1934,1986) estava interessado na construção de uma nova disciplina científica, a qual chamou de Bibliologia. Esse autor definiu bibliologia como "uma ciência geral que compreende o conjunto sistemático dos dados relativos à produção, conservação, circulação e uso dos escritos e dos documentos de toda espécie" (Urbizagástegui Alvarado, 2007, p. 14). Otlet não só estabeleceu as bases conceituais da Bibliologia, mas também o seu método científico: a Bibliometria (Urbizagástegui Alvarado, 2007).

No entanto, após Hulme, pressupõe-se que o termo *statistical bibliography* foi ignorado por 22 anos, até ser usado e reconhecido por Gosnell, em 1944, em um artigo sobre obsolescência da literatura. Todavia, existe uma certa concordância de que o termo se consolidou apenas em 1969, após a publicação do artigo de Pritchard, sob o título "Bibliografia estatística ou Bibliometria?" (Vanti, 2002). Segundo Pritchard (1969), com a relativa impopularidade do termo *statistical bibliography*, o termo Bibliometria (em inglês *Bibliometrics*) é sugerido para denominar a área em questão.

De acordo com Silva, Santos e Rodrigues (2011) e Urbizagástegui Alvarado (2007), Pritchard (1969) seria considerado o primeiro a utilizar esse termo. Não obstante, ainda segundo esse autor, ao procurar sua origem nos eventos históricos que estavam acontecendo nas áreas afins, verificou-se que "as metrias estavam em uso desde muito antes de 1969" (p. 286); na Biologia como Biometria, nas Ciências Sociais como Sociometria, na Antropologia como Antropometria, na Psicologia como Psicometria, na Economia como Econometria etc. Nesse sentido, seria pertinente inferir que essas influências chegaram também à Ciência da Informação e à Biblioteconomia com o termo transposto e propiciado por Pritchard como Bibliometria.

ETAPAS FUNDAMENTAIS PARA UMA REVISÃO SISTEMÁTICA

A revisão sistemática pode ser entendida como o referencial teórico que sustenta uma pesquisa científica. Antes de realizar a pesquisa propriamente dita, é necessário e importante conhecer os estudos existentes sobre a variável de interesse que foram desenvolvidos por outros pesquisadores. Por meio do conhecimento e estudo do referencial teórico proporcionado pela revisão sistemática, as demais etapas da pesquisa, tais como estabelecimento de objetivos geral e específicos, e delineamento metodológico, serão mais bem clarificadas.

Um referencial teórico elaborado por meio de uma revisão sistemática requer que saibamos previamente algumas das etapas essenciais para essa revisão. Alguns autores distribuem as etapas em nove passos (Castro 2001; De-la-Torre-Ugarte-Guanilo, Takahashi, Bertolozzi, 2011). Outros autores descrevem a revisão sistemática com etapas mais sucintas, distribuídas em sete passos; assim como constituídas ou não por metanálise (Castro, 2001). Esse autor salienta que uma revisão sistemática com metanálise consiste naquela em que são empregados métodos estatísticos, que podem ou não ser usados na avaliação e síntese dos resultados dos textos eleitos e incluídos no estudo de revisão.

Para a construção de um referencial teórico consistente, que defina e descreva não somente a variável de interesse de um determinado estudo, mas também os fatores que aparecem associados a essas variáveis, é importante considerar as referidas etapas e alguns critérios que envolvem, inicialmente, um questionamento acerca do que tenha sido eleito como objeto de pesquisa a fim de planejar a revisão sistemática. Esse questionamento, como em qualquer outra pesquisa, é a primeira e mais importante decisão no planejamento da revisão sistemática, pois consiste na determinação do foco (Centre for Reviews and Dissemination, 2009).

A referida fase de questionamento, a de pergunta sobre o tema ou variável a ser estudada, é essencial para determinar a estrutura da revisão sistemática. Com a inexistência de perguntas e/ou a presença de questões mal elaboradas e formuladas, pode haver revisões sistemáticas igualmente mal elaboradas. Entretanto, não há apenas a importância relativa à pergunta de pesquisa. É importante ressaltar que interessam também o objetivo e o caráter do estudo a ser desenvolvido. Ou seja, se o objetivo é coerente com a pergunta e se se trata de uma abordagem qualitativa ou quantitativa (De-la-Torre-Ugarte-Guanilo, Takahashi & Bertolozzi, 2011).

Nesse sentido, todos os passos da revisão sistemática (elaboração do projeto, identificação e seleção dos estudos, extração dos dados, avaliação da qualidade, análise, apresentação e interpretação dos resultados) são guiados pela pergunta da pesquisa e pelos objetivos aos quais se queira atingir. Dessa forma, além de orientar todo o processo de revisão, a pergunta de pesquisa e os objetivos servirão aos pesquisadores e aos leitores para julgar se aquela revisão é relevante para o seu tema de interesse.

No que se refere aos critérios ou etapas de elaboração de uma revisão sistemática, é importante ressaltar um breve tutorial, que nos orienta em todo esse processo, servindo, inclusive, de *check list* para descrição do método dessa revisão, a qual dará origem a uma nova produção científica textual acerca de uma determinada variável ou fenômeno, que por sua vez será a gênese de outros estudos empíricos e/ou textuais. O diagrama apresentado na Figura 15.1 ilustra esse processo.

As etapas demonstradas no diagrama podem ser mais bem compreendidas se verificarmos que a primeira (definição do assunto e da variável da sua pesquisa) consiste exatamente na pergunta ou problema de pesquisa (Castro, 2001; Galvão, Sawada & Trevisan, 2007; Sampaio & Mancini, 2006), que se pretende responder por meio da realização de um futuro estudo empírico. Será a variável eleita nessa etapa aquela que, submetida a determinadas condições de pesquisa, sofrerá ou não a influência de outras variáveis.

Em relação à etapa segunda (definição de um intervalo temporal para realizar as buscas), é importante explicitar que a definição de um intervalo temporal consiste na necessidade de identificar se tem sido desenvolvidos estudos sobre a variável eleita e com que frequência são divulgados. Vale ressaltar que em uma revisão sistemática não está prevista uma regra para o intervalo de tempo a ser eleito. No entanto, se um dos objetivos da pesquisa for identificar a frequência de publicações periódicas a respeito de uma dada temática, de estudos transversais e de prevalência, observa-se uma tendência a eleger os últimos cinco ou seis anos (Senra, Lourenço & Pereira, 2011; Bhona, Sthepan, Brum, & Lourenço, 2012; Pereira & Lourenço, 2012).

A etapa três (eleição das bases eletrônicas de dados e consulta aos dicionários de termos para elencar as palavras-chave (*keywords*) pertinentes ao tema de interesse) requer uma pesquisa paralela às bases de dados e aos dicionários de termos. Em outras palavras, essa pesquisa paralela tem por objetivo identificar qual base de dados é mais pertinente ao tema pretendido à pesquisa e quais os termos (*keywords*) os dicionários dessas bases disponibilizam para nortear a busca de referências (artigos, teses, dissertações, monografias, livros e capítulos).

Embora não haja uma forma consagrada na literatura de eleição de bases de dados para realização de revisões sistemáticas, seu conhecimento pode ser obtido através de acesso aos periódicos Capes (http://www.periodicos.capes.gov.br). Esse *site* armazena um total de aproximadamente 218 bases de dados de diversas áreas, inclusive interdisciplinares ou exclusivas de teses tanto brasileiras quanto estrangeiras. Além do acesso aos periódicos Capes, é possível fazer essa busca através do Google Scholar (http://scholar.google.com.br/), o qual, mesmo que também esteja incluído nos periódicos Capes, evidencia o levantamento das bases de dados no ato de redirecionar a busca de uma determinada referência diretamente para o periódico ou a base a que esteja indexada (De-la-Torre-Ugarte-Guanilo, Takahashi & Bertolozzi, 2011; Galvão, Sawada & Trevisn, 2007; Sampaio & Mancini, 2006).

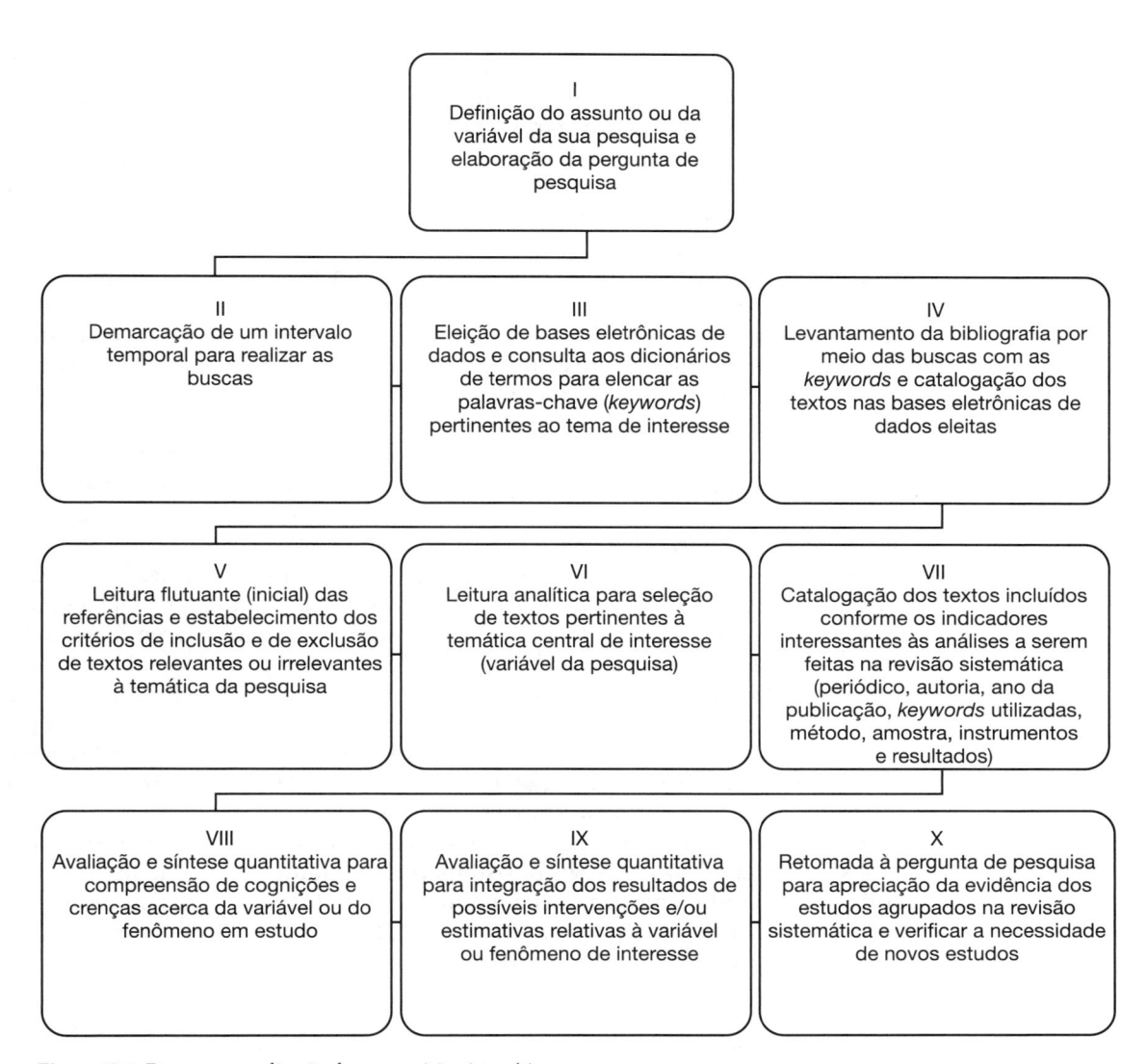

Figura 15.1: Etapas para realização de uma revisão sistemática.

É importante salientar ainda a respeito da etapa três que, após a identificação da melhor base de dados para a busca sobre o tema da revisão sistemática, é necessário verificar a terminologia mais adequada à variável de interesse. A Biblioteca Virtual em Saúde (BVS) e a BVS Psicologia (http://www.bvs-psi.org.br/php/index.php), assim como outras bases, trazem terminologias próprias das ciências médicas e da psicologia. Além dessa base, a American Psychology Association (http://www.apa.org) reúne um conjunto de bases eletrônicas de dados, entre elas *Psyc Articles* e *PsycInfo*, que contam com o *Term Finder* (em tradução aproximada, termos de busca), disponível em http://psycnet.apa.org. Isto é, todas as referidas bases constituem um conjunto de palavras-chave (*keywords*) que vêm sendo mais utilizadas tanto por outras bases de dados como também nas pesquisas já realizadas sobre diversos fenômenos.

A etapa terceira marca também a diferença entre uma revisão sistemática e a revisão narrativa. Enquanto a primeira possui um objetivo pontual, o de responder a um questionamento sobre uma determinada variável ou fenômeno, a segunda possui um objetivo mais literário. Ademais, essa diferença explicita que, além de possuir um objetivo mais pontual, a revisão sistemática envolve uma busca por evidências científicas, as quais podem ser obtidas "a partir de experiência, inferência ou dedução de profissionais experientes na área, assim como de resultados de rigorosas pesquisas quantitativas ou qualitativas", visto que esse tipo de pesquisa, com rigor teórico e metodológico, dá maior credibilidade às evidências científicas (De-la-Torre-Ugarte-Guanilo, Takahashi & Bertolozzi, 2011, p. 1262).

Os referidos autores mencionam que a escolha das bases de dados com finalidade de verificar as evidências científicas depende dos critérios estabelecidos para a revisão sistemática. Diante disso, ainda segundo De-la-Torre-Ugarte-Guanilo, Takahashi & Bertolozzi (2011), deve-se procurar por bases de dados que forneçam estudos baseados em evidências científicas, ou seja, conforme tipo de estudo, se a área é inter ou multidisciplinar e se é específica no tema proposto pelo problema de pesquisa destacado na etapa primeira.

Após o esclarecimento sobre as bases de dados e seus respectivos termos, é iniciado o processo descrito na quarta etapa, o qual consiste no levantamento da bibliografia por meio das buscas com as *keywords* e catalogação dos textos nas bases eletrônicas de dados eleitas. Esse é o levantamento inicial, que evidencia os resultados iniciais da busca, através da exibição inicial do número de textos catalogados que possivelmente se relacionam aos termos adotados para realização da revisão sistemática.

A quinta etapa, leitura flutuante das referências para o estabelecimento dos critérios de inclusão e de exclusão de textos relevantes ou irrelevantes à temática da pesquisa, realiza-se em concomitância à quarta, pois nesse momento de seleção dos estudos através de tais critérios é possível diagnosticar estudos relativos à temática de interesse da revisão sistemática e referentes àqueles baseados em evidências, bem como os que possam não estar diretamente relacionados à variável de interesse da revisão sistemática.

No que concerne à leitura analítica para seleção de textos pertinentes à temática central de interesse (etapa seis), é necessária uma avaliação crítica dos estudos para determinar a validade de todos os que foram selecionados e qual a probabilidade de suas conclusões estarem baseadas em dados enviesados. Com essa avaliação é possível determinar com maior precisão quais são os estudos válidos e que serão incluídos na revisão; e os que não serão incluídos por não atenderem aos critérios de validade, sempre justificando os motivos da exclusão. Ou seja, textos cujos resultados de pesquisas objetivas e científicas são obtidos a partir de procedimentos que agrupam procedimentos de validade, adequação, significância, eficácia e minimização de vieses (Castro, 2001; De-la-Torre-Ugarte-Guanilo, Takahashi & Bertolozzi, 2011, Centre for Reviews and Dissemination, 2009).

A sétima etapa, a catalogação dos textos incluídos conforme os indicadores interessantes às análises a serem feitas na revisão sistemática (periódico, autoria, ano da publicação, *keywords* utilizadas, método, amostra, instrumentos, resultados, vantagens ou limitações do estudo e critérios de evidência), assim como na etapa anterior, vai possibilitar a descrição, a interpretação ou quantificação pertinentes a todos os textos selecionados. Em outros termos, se será feita uma revisão sistemática com ou sem metanálise.

A avaliação e síntese qualitativa para compreensão de cognições e crenças acerca da variável ou do fenômeno em estudo (etapa oito) consistem em um método qualitativo de análise dos dados da revisão sistemática sem metanálise. Na revisão sistemática de caráter qualitativo, existe a observação da diversidade de metodologias que permitem sintetizar os resultados das evidências científicas. Isso possibilita a identificação das peculiaridades de cada metodologia, da complementaridade e justaposição das mesmas; se priorizam a construção ou explicação de teorias ou se estão voltadas para a descrição de algum fenômeno. Essas últimas, segundo De-la-Torre-Ugarte-Guanilo, Takahashi e Bertolozzi (2011), são denominadas metaestudo e metassíntese, ou metaetnografia, síntese narrativa, síntese temática ou meta-agregação.

Vale ressaltar que várias pesquisas de caráter bibliométrico/bibliográfico de cunho qualitativo são "mescladas" com a técnica de análise de conteúdo — AC (Bardin), a qual tem sido utilizada para facilitar análises de material decorrente de estudos teóricos, de caráter qualitativo ou quantitativo, quando o objetivo é, entre outros, interpretar resultados. Apesar de ser considerada uma técnica de ordem qualitativa, a AC é muitas vezes mesclada com técnicas quantitativas em pesquisa científica, sendo em situações diversas analisada em seus escores e categorias com instrumental estatístico.

A avaliação e síntese quantitativa para integração dos resultados de possíveis intervenções e/ou de estimativas relativas à variável ou fenômeno de interesse (etapa nove) consistem na revisão sistemática com metanálise. Nessa modalidade, a síntese das evidências científicas é feita por análise estatística decorrente da combinação de resultados de artigos originais para produzir, por exemplo, uma única medida do efeito de uma intervenção terapêutica, da acurácia de um teste diagnóstico ou do fator de risco em estudo. Através da combinação das evidências científicas será possível aumentar o tamanho da população analisada pelas publicações; reduzir o intervalo de confiança e a probabilidade de o resultado ser devido ao acaso; estimar com mais precisão o resultado final, ajustar a magnitude do seu valor e aumentar a força da evidência científica (Castro, 2001; De-la-Torre-Ugarte-Guanilo, Takahashi & Bertolozzi, 2011; Galvão, Sawada & Trevisan, 2004).

Contudo, destaca-se que a referida análise somente será viável se houver semelhança entre as populações consideradas nas evidências científicas ou no caso da mesma intervenção, se houver homogeneidade entre os resultados de tais evidências, seja na forma como medidos, seja na direção dos efeitos a favor de um dos grupos comparados. Isso significa que, ao realizar-se uma metanálise em uma revisão sistemática, não basta apontar o número e quem são os participantes da amostra; é importante identificar e citar quais os critérios de seleção, ou seja, se foi, por exemplo, por amostragem probabilística ou não probabilística (Galvão, Sawada & Trevisan, 2004).

Além disso, de acordo com De-la-Torre-Ugarte-Guanilo, Takahashi e Bertolozzi (2011), quando não for possível a realização de uma metanálise, embora possuindo menor relevância científica, a revisão sistemática terá caráter descritivo e a síntese dos resultados compreenderá um resumo textual das peculiaridades e das informações relevantes das evidências científicas. Salienta-se que esse procedimento não exclui uma avaliação crítica dos estudos como critério para estabelecer a validade dos mesmos.

A décima e última importante etapa para o procedimento de realização de uma revisão sistemática consiste (a) na retomada à pergunta de pesquisa para apreciação das análises dos estudos agrupados, ou seja, se houve ou não relação entre eles, se a pergunta possui qualidade e foi respondida; e (b) na verificação da evidência de tais estudos com vistas a identificar a necessidade de um novo estudo a respeito da variável ou fenômeno da referida pergunta. Nessa etapa também serão os organizados os resultados para apresentação, ou seja, a distribuição numérica ou gráfica para facilitar o entendimento do leitor, assim como se as investigações realizadas acerca da variável em questão possuem alguma limitação, risco ou benefício.

As dez etapas relatadas explicitam a cientificidade de uma revisão sistemática, a qual reflete um recurso que pode ser atualizado sempre que forem propostos protocolos de pesquisa que abordem um problema de pesquisa de uma determinada área, como a clínica, a avaliação psicológica, as intervenções precoces e comunitárias. O processo permite, também, a detecção de lacunas em diferentes segmentos e áreas de conhecimento, estimulando a realização de novas pesquisas.

Contudo, é importante salientar que o processo descrito pode ou não incluir a metanálise na revisão sistemática. Para o caso de uma revisão sem metanálise, a etapa nove é excluída do processo, mantendo-se apenas a necessidade de verificabilidade da qualidade dos estudos agrupados, descritos e interpretados sob a avaliação qualitativa evidenciada na etapa oito.

Com a inclusão da metanálise, destaca-se também que ela é feita a partir dos resultados de cada variável explicitada nos estudos, os quais são reunidos conforme a qualidade, os participantes e as intervenções. Mediante tal processo, com frequência, o número de pesquisas incluídas na metanálise pode ser ou vai ser menor do que aqueles incluídos na revisão sistemática como um todo (Castro, 2001; Galvão, Sawada & Trevisan, 2004).

Portanto, uma revisão sistemática, depois de publicada (havendo ou não metanálise), estará sujeita a um novo processo de avaliação, pelo qual receberá críticas e sugestões que possibilitarão novas revisões, o que a caracteriza como um estudo vivo, passível de atualização a cada vez que surgem estudos sobre o tema.

EXEMPLO DE REVISÃO SISTEMÁTICA COM METANÁLISE

Com o objetivo de demonstrar como é feita uma revisão sistemática com metanálise, o presente capítulo traz um artigo de revisão com uma variável de interesse para a Psicologia, especialmente para a Psicologia Clínica. Trata-se de um bom exemplo de revisão sistemática com metanálise da área de psicologia no Brasil. Essa revisão foi publicada em 2013, no volume XV, número 1, páginas 50 a 82, da *Revista Brasileira de Terapia Comportamental Cognitiva*, sob o título "Efetividade de terapias cognitivo-comportamentais em grupo para o transtorno de pânico: revisão sistemática e metanálise" e de autoria de Tárcio Soares, Jéssica Camargo e Adolfo Pizzinato.

Esta seção é, portanto, de caráter exclusivamente ilustrativo no que se refere à temática deste capítulo, funcionando, assim como em seção anterior, como um *check list* para os leitores tanto incipientes no contexto da pesquisa científica quanto com alguma experiência em estudos de revisão sistemática. Vale ressaltar que não foram feitas avaliações e/ou considerações críticas acerca da qualidade do texto ou do tipo de metodologia e análises abordadas pelos autores.

ELEIÇÃO DA VARIÁVEL DE INTERESSE E LISTAGEM DE DESCRITORES SOBRE A VARIÁVEL DE INTERESSE

Exemplo de avaliação da "Efetividade de Tratamento em grupo na TTCC para Transtorno do Pânico (TP)"

Descritores utilizados:

Termos para pânico: *panic attacks (mesh), panic disorder (mesh),* ataques de pânico (desc), transtorno de pânico, transtorno do pânico, síndrome do pânico.

Termos para TCC: *cognitive behavior therapy (mesh), cognitive psychoterapy (mesh), cognitive therapy (mesh), cognition therapy (mesh), behavior modification (mesh), conditioning therapy (mesh), exposure therapy (mesh), floonding therapy (mesh), imaginal flooding (mesh), implosive therapy (mesh), relaxation technics (mesh), relaxation techniques (mesh), relaxation therapy, cognitive behavioral treatment, behavioral therapy, cognitive behavior therapy.*

Termos para Tratamento em grupo: *group psychoterapy (mesh), group therapy (mesh), group intervention, group treatment, group cognitive behavior therapy (mesh), group cognitive psychotherapy (mesh), group behavior modification, group conditioning therapy (mesh), group behavior therapy, group cognitive behavior therapy, group behavior modification, group behavior therapy, group exposure therapy, group flooding therapy, group imaginal flooding, group implosive therapy, group relaxation technics, group relaxation techniques, group relaxation therapy, Gcbt, Cbgt.*

SELEÇÃO DOS ESTUDOS

Leitura de resumos por pelo menos dois avaliadores visando incluir ou não o artigo na revisão. Nesse momento, os avaliadores realizam um parecer da inclusão ou não do artigo através de uma reunião. Nos casos em que a leitura de resumos não é suficiente, é realizada a leitura do artigo completo.

Exemplo de eleição de critérios de inclusão

"(1) artigos publicados em inglês ou português; (2) utilizar o delineamento de ensaio clínico randomizado; (3) todos os sujeitos deveriam ser diagnosticados com TP, independentemente da forma como o diagnóstico foi feito; (4) pelo menos um dos grupos de tratamento com referencial comportamental, cognitivo ou cognitivo-comportamental conforme definido pelo próprio estudo; (5) o grupo de tratamento que fechava o critério 4 também deveria ser de modalidade predominante grupal (50 % ou mais das sessões); e, (6) o tratamento deveria ter como um dos seus enfoques principais o TP."

EXTRAÇÃO DE DADOS/ANÁLISE QUALITATIVA

Dois avaliadores independentes devem ler os artigos de modo estruturado, ou seja, verificar se o estudo objetiva tratamento; o tipo de grupo controle e os resultados encontrados (estatísticas de frequência e inferenciais); as divergências são resolvidas em nova reunião.

Exemplo de "Efetividade de Tratamento em grupo na TTCC para Transtorno do Pânico (TP)" (Soares, Camargo & Pizzinato, 2013)

A qualidade metodológica desse estudo foi avaliada, segundo os autores, por meio da estipulação de cinco questões às quais os artigos devessem responder. A cada resposta o estudo poderia ganhar até um ponto, sendo a pontuação máxima igual a cinco. Nesse caso, quanto maior a pontuação, melhor a qualidade metodológica.

Perguntas:

"(1) Os participantes do estudo foram adequadamente randomizados? (2) Os avaliadores dos pacientes estavam cegos à condição de tratamento? (3) Houve uma descrição adequada dos pacientes que abandonaram o estudo e os tratamentos? (4) O estudo fez análise por intenção de tratar ou algum método semelhante que inclua pacientes que abandonaram o tratamento? (5) O estudo avaliou (e descreveu) os resultados da integridade ou adesão correta ao protocolo de tratamento?"

Os autores ressaltam, conforme as diversas orientações para uma adequada metanálise, que, embora seja recomendado retirar pontos dos estudos que não especificam os motivos de abandono de algum tratamento, optou-se por não retirar.

ANÁLISES QUANTITATIVAS

É recomendado que sejam feitas análises de semelhanças entre os estudos, da força de evidência encontrada, informações sobre custo e a prática corrente que sejam relevantes e determinados claramente os limites entre os benefícios e os riscos. Em outros termos, geralmente se usa média, desvio-padrão e erro-padrão para calcular o desfecho de um estudo, cálculo de tamanho de efeito, a variação entre os grupos (intervenção e controle), correção de viés para amostras pequenas, diferença de graus de liberdade etc. O objetivo é alcançar uma única medida/avaliação do efeito de uma determinada intervenção.

Exemplo de "Efetividade de Tratamento em grupo na TTCC para Transtorno do Pânico (TP)" (Soares, Camargo & Pizzinato, 2013).

Devido à quantidade de estudos (número pequeno) e à heterogeneidade dos grupos comparados às TCCGS, foram feitas análises de tamanhos de efeito intragrupos. *"O primeiro passo foi calcular o tamanho de efeito observado em cada variável dependente contínua de cada estudo entre o pré-tratamento e o pós-tratamento. Se os dados foram reportados tanto para os sujeitos que completaram o tratamento quanto em uma análise por intenção de tratar, apenas os últimos foram utilizados. Como a grande maioria dos estudos utilizou instrumentos com medidas contínuas, ou seja, o tamanho de efeito g de Hedges foi calculado. A direção do tamanho de efeito foi padronizada para que um efeito positivo sempre representasse um melhor resultado para o grupo pós-tratamento"* (Soares, Camargo & Pizzinato, 2013, p. 71).

Além disso, os autores ressaltam um dos problemas que podem ocorrer com as metanálises feitas considerando o tamanho de efeito intragrupos, o qual consiste no *"fato de praticamente nenhum estudo reportar o coeficiente de correlação r entre os escores pré e pós-tratamento. Por esse motivo, seguimos a recomendação de Rosenthal (1993) e utilizamos uma estimação conservadora de r=0,7".* E, *"conforme esperado, cada estudo incluso utilizou uma grande variedade de instrumentos para avaliar seus resultados. Optamos por fazer uma análise para cada domínio de sintomas. Com base em Morrissette, Bitran e Barlow (2010) e em Shear e Maser (1994), dividimos os sintomas em: a) sintomas específicos do TP (p. ex., quantidade de ataques de pânico, medo de sensações corporais) e de ansiedade (não incluímos instrumentos de ansiedade traço); b) agorafobia e comportamentos evitativos; e, c) alterações de humor (p. ex., sintomas depressivos). A definição de qual instrumento se encontrava em cada domínio foi feita por um avaliador cego aos resultados dos artigos. Quando um estudo continha mais de um instrumento avaliando o mesmo domínio, foi feita uma média entre os tamanhos de efeito. Desta forma, no máximo três tamanhos de efeito foram computados para cada estudo"* (Soares, Camargo & Pizzinato, 2013, p. 71).

ANÁLISES QUANTITATIVAS (continuação)

Vale ressaltar que as fórmulas para os referidos cálculos podem ser consultadas no Quadro 1, localizado na página 71 do artigo de Soares, ... (2013). As análises seguintes ressaltadas pelos autores envolveram: (a) cálculo do tamanho de efeito sumário para cada domínio previamente estabelecido, utilizando o modelo de efeitos aleatórios de acordo com a referência de Borenstein et al. (2009), grau de 95 % para os intervalos de confiança e testes de hipótese bicaudais de efeito nulo tendo os valores Z dos tamanhos de efeito sumário encontrados. (b) A computação do Fail-Safe N, de Rosenthal, (1979) foi utilizada para tentar conter o viés de publicação, ou seja, um tipo de viés que pode ocorrer devido ao fato de estudos com resultados positivos serem mais facilmente publicados do que aqueles estudos com efeitos nulos ou negativos. (c) Por fim, o teste Q de homogeneidade com significância dada com $p < 0,05$ foi utilizado para avalizar a consistência dos tamanhos de efeito computados. *"Além disso, foi reportada a estimativa do desvio-padrão dos tamanhos de efeito sumários verdadeiros estimados"* (p. 73).

Exemplo de resultados (Soares, Camargo & Pizzinato, 2013, p. 73-77).

"Ao total, 22 artigos originados de 14 estudos diferentes fecharam os critérios de inclusão para esta revisão. Destes, 11 continham dados suficientes para a computação dos tamanhos de efeito. A Tabela 1(*) contém as características básicas dos artigos e estudos inclusos. No estudo 13, duas formas de TCCG foram comparadas. Uma forma intensiva (sessões diárias de quatro horas na primeira semana, duas sessões de duas horas na segunda semana e uma sessão de duas horas na terceira semana) e uma forma com uma configuração mais usual (13 sessões semanais de duas horas). Em nossas análises quantitativas apenas a TCCG de configuração usual foi incluída. Considerando os dados dos artigos mais recentes, ao total 1.139 pacientes com TP foram randomizados nos estudos. Destes, 606 foram tratados com TCCG e 323 foram inclusos em nossa metanálises. Em relação à qualidade dos estudos avaliados, apenas o estudo 5 ganhou pontuação máxima. A fragilidade metodológica mais frequente nos estudos analisados foi a falta de avaliações sobre a integridade e adesão correta aos protocolos de tratamento, que só foi feita e descrita em três estudos. Em uma avaliação subjetiva, o estudo 7 foi o único com maiores carências metodológicas, algo que provavelmente está relacionado ao tipo de publicação, um relato breve de quatro páginas que fez apenas uma breve descrição de método e de resultados encontrados" (p. 73).

No que se refere às características dos protocolos de TCCG e satisfação com o tratamento, Soares, Camargo e Pizzinato (2013, p. 73-75) salientam que *"dos 14 estudos, 10 utilizaram protocolos de TCCG isolados e quatro incluíram estratégias complementares de tratamento. Berger et al. (2004) compararam TCCG mais paroxetina contra paroxetina isolada. Já o de Bowen, South, Fischer e Looman (1994) usou a TCCG focada para o pânico como tratamento complementar para alcoolistas internados diagnosticados com TP. O estudo de Ross, Davis e Macdonald (2005) teve a particularidade de tratar uma amostra composta por mulheres com asma e, por isso, incluiu elementos de psicoeducação para asma no tratamento. Por fim, o estudo de Hecker, Losee, Roberson-Nay e Maki (2004) fez um tratamento combinado de biblioterapia com quatro sessões de TCCG. O tamanho dos grupos foi semelhante entre os tratamentos, variando de três a oito pessoas. Com exceção dos estudos 3, 9 e 10, o tempo total de atendimento ficou entre 12 e 26 horas. Três estudos (2, 11 e 13) avaliaram a satisfação dos pacientes com o tratamento. Os estudos 11 e 13 usaram questionários desenvolvidos pelos próprios autores e encontraram bons níveis de satisfação. A única pergunta em comum entre os estudos foi se os pacientes indicariam o tratamento para outras pessoas com o mesmo problema. Nesta pergunta, em uma escala de zero a quatro, a média de pontuação dos pacientes do estudo 11 foi 3,9. No estudo 12, em uma escala de um a cinco, a média da pontuação foi 4,67. Por sua vez, o estudo 2 utilizou um instrumento estruturado, o Client Satisfaction Questionnaire (Larsen, Atkisson, Hargreaves, & Nguyen, 1979) e também verificou alta satisfação para a TCCG"* (p. 74-75).

Em relação a efetividade das TCCGs para transtorno de pânico, os autores destacaram que *"o tamanho de efeito(*) sumário pré-pós para sintomas de pânico foi de 1,39 (IC 95 %: 1,23 - 1,55), para sintomas depressivos foi de 0,79 (IC 95 %: 0,65 – 0,92) e para sintomas de agorafobia foi 0,92 (IC 95 %: 0,60 – 1,23). Partindo da proposta de Cohen (1988), podemos observar que os tamanhos de efeito sumários para sintomas depressivos e agorafóbicos ficaram entre moderado e grande. Já o tamanho de efeito sumário estimado para sintomas de pânico foi grande. Os três tamanhos de efeito foram significativos (p<0,0001)"*(p. 75-76).

(*) Ver tabelas 1, 2 e 3 no artigo disponível em: <http://www.usp.br/rbtcc/index.php/RBTCC/article/view/568/379>.

Exemplo de resultados (Soares, Camargo & Pizzinato, 2013, p. 73-77) (continuação)

"A distribuição dos tamanhos de efeito foi heterogênea para sintomas agorafóbicos (p<0,0001 no teste Q de homogeneidade) e tendeu a heterogeneidade para sintomas de pânico (p=0,09), demonstrando inconsistência entre os tamanhos de efeito. Como consequência, a estimativa do desvio-padrão do tamanho de efeito sumário real (*) ficou particularmente elevada para os sintomas agorafóbicos. Isto significa que 95 % dos tamanhos de efeitos reais para os sintomas de pânico ficam entre 1,06 e 1,72, o que ainda é considerado grande. Contudo, o mesmo cálculo para sintomas agorafóbicos situa os tamanhos de efeito dos estudos entre 0,11 (efeito praticamente nulo) e 1,73 (efeito grande), limitando os achados. No caso dos sintomas depressivos, a distribuição dos tamanhos de efeito não foi heterogênea (p=0,21), o que resultou em um desvio-padrão dos tamanhos de efeito pequeno. Com isso, a estimativa é de que 95 % dos tamanhos de efeito real dos estudos individuais situem-se entre 0,57 (moderado) e 1,01 (grande). A computação do Fail-Safe N, Rosenthal (1991) sugere que os efeitos observados provavelmente não podem ser explicados por viés de publicação, tendo resultado em (922,42 > 60) para sintomas de pânico e ansiedade; (197,41 > 50) para sintomas depressivos e (181,05 > 45) para sintomas agorafóbicos. Por fim, 11 dos 14 estudos inclusos fizeram algum tipo de avaliação de seguimento. Nas análises intragrupos das TCCGs, apenas o estudo 11 encontrou alguma diferença entre o período de póstratamento e o de seguimento: uma melhora em um sintoma específico de asma não se manteve significativa no seguimento de seis meses" (p. 76-77).

(*) Ver tabelas e figura no artigo disponível em: <http://www.usp.br/rbtcc/index.php/RBTCC/article/view/568/379>.

DISCUSSÕES

O espaço dedicado às discussões sobre uma revisão com metanálise envolve a retomada dos objetivos do estudo, bem como a explicitação de possíveis limitações e as contribuições alcançadas pelo estudo. Dentre tais aspectos são discutidos, por exemplo, aspectos relativos aos tamanhos de efeito sumário calculados intragrupo e a variabilidade desses tamanhos; e aos instrumentos identificados nos estudos, conforme podem ser verificadas nas discussões do artigo de Soares, Camargo e Pizzinato (2013, p. 77-78).

Exemplo de discussões (Soares, Camargo & Pizzinato, 2013, p. 77-78)

"O objetivo principal deste estudo foi avaliar a efetividade das TCCGs para o TP. O tamanho de efeito sumário intragrupo encontrado foi de moderado a grande para sintomas depressivos, moderado a grande para sintomas agorafóbicos e grande para sintomas de pânico e ansiedade, demonstrando que as TCCGs geram melhora clinicamente importante nos sintomas avaliados. Avaliações de seguimento

foram feitas nos artigos originais para os períodos de três meses, seis meses, um ano, um ano e meio e dois anos, com manutenção das melhoras em praticamente todos os sintomas. Outra questão investigada foi a variabilidade dos tamanhos de efeito observados. A variação dos tamanhos de efeito de cada estudo individual foi particularmente grande para sintomas agorafóbicos. Por mais que o tamanho de efeito sumário seja de moderado a grande, a variabilidade entre estudos torna o dado inconsistente e diminui sua utilidade. Além da existência real de uma grande variabilidade, é possível que o instrumento usado para estimar a mudança em sintomas de agorafobia tenha sido parcialmente responsável. Nesta revisão, os três menores tamanhos de efeito foram obtidos em estudos que usaram o FQ-AGO (Fear Questionnaire - A) (Bohni, Spindler, Arendt, Hougaard, & Rosenberg, 2009) e os quatro maiores em estudos que usaram o MIA (Modality Inventory) (...)".

Exemplo de discussões (Soares, Camargo & Pizzinato, 2013, p. 77-78) (continuação)

"(...) A pequena quantidade de estudos não permitiu a realização de uma metarregressão para testar nossa hipótese. Das metanálises que abordavam TCCs para o TP, apenas Sanchez-Meca et al. (2010) fizeram algum tipo de diferenciação entre escalas para sintomas de agorafobia. Os autores concluíram que estudos que utilizavam instrumentos de agorafobia preenchidos pelos próprios pacientes tinham menor tamanho de efeito do que aqueles que usavam instrumentos preenchidos por clínicos. Entretanto, as duas escalas usadas nas nossas análises são de autopreenchimento. Outro fator que não controlamos foi a proporção de sujeitos agorafóbicos em cada estudo. Pacientes agorafóbicos provavelmente têm uma margem maior de melhora nesses sintomas, o que pode resultar em tamanhos de efeito maiores.

Sugerimos que futuros estudos, especialmente metanálises, abordem essas questões antes de sintetizar os dados. Em relação aos sintomas de pânico e ansiedade, houve tendência à significância para confirmar a hipótese de heterogeneidade entre os dados de diferentes estudos. Esse dado pode ser explicado em parte pela diferença dos protocolos de TCCG usados e de instrumentos para avaliar a melhora nesses sintomas. A pequena quantidade de estudos encontrados inviabilizou a realização de análises comparativas entre a TCCG e outras abordagens terapêuticas. Mais estudos são necessários para clarificar a efetividade relativa entre diferentes tratamentos. Uma discussão aprofundada sobre qual tipo de tratamento para o TP é preferível em contextos de saúde coletiva extrapola os objetivos deste artigo. Sabemos que questões como infraestrutura, características da demanda e dos próprios profissionais podem ser determinantes nesses casos. O que podemos afirmar é que as TCCGs são alternativas interessantes e empiricamente fundamentadas. Ademais, outros estudos já demonstraram que as TCCGs para o TP podem ser altamente benéficas para pacientes refratários à medicação (p. ex., Heldt et al., 2006; Pollack, Otto, Kaspi, Hammerness, & Rosenbaum, 1994), que é o tratamento mais comum em contextos de saúde coletiva.

Este estudo tem uma série de limitações comuns a outras metanálises. Por mais que os critérios de inclusão tenham sido rígidos, é impossível superar totalmente a diferente qualidade metodológica dos estudos incluídos. Nesse sentido, optamos por incluir apenas ensaios clínicos randomizados na revisão, numa tentativa de minimizar as discrepâncias. O lado negativo dessa escolha foi a não inclusão de muitos estudos não controlados ou aleatorizados.

O fato de termos selecionado apenas artigos publicados em inglês e português pode ter resultado na não inclusão de estudos importantes não publicados ou publicados em outras línguas. Ademais, apesar do nosso esforço no sentido de fazer uma busca abrangente e não enviesada, sempre é possível que algum artigo relevante tenha ficado de fora. Nesse sentido, nossas análises demonstram que as significâncias dos tamanhos de efeito encontrados provavelmente não são originadas de viés de publicação.

Outro problema foi o baixo número de estudos encontrados e a heterogeneidade dos grupos comparados às TCCGs. Com isso, só foi possível realizar metanálise de efeito intrassujeitos. Ainda que comparações desse gênero forneçam um índice do grau de melhora dos sujeitos, não controlam para ameaças à validade interna como regressão à média, melhora espontânea e fatores não específicos de tratamento.

Por fim, no futuro, pretendemos atualizar esta revisão com os dados de novos estudos e levando em considerações eventuais críticas. Conforme exposto por Higgins e Green (2011), a atualização de uma revisão sistemática após sua publicação original é uma das maneiras de reduzir o viés de pesquisador"(p. 78).

CONSIDERAÇÕES FINAIS

O presente capítulo pretendeu oferecer ao leitor um panorama acerca da importância das revisões sistemáticas para a realização de pesquisas científicas. Esse panorama envolveu desde a apresentação de conceitos e de dados históricos sobre esse procedimento de análise de textos científicos, até os procedimentos necessários para realização de uma revisão sistemática que pode ou não ser constituída por metanálise.

Acerca desse panorama sobre a revisão sistemática, é possível constatar que se trata de um recurso que lança mão de estratégias científicas com vistas a evitar vieses de estudos submetidos a análises críticas, bem como a congregação e a síntese daqueles que respondem à pergunta específica de pesquisa. Ademais, permite a atualização dos profissionais de diversas áreas, sobretudo da psicologia, tendo em vista que sintetiza uma amplitude de conhecimento e auxilia na explicação de diferenças entre estudos com a mesma questão de pesquisa.

A revisão sistemática deve ser concebida por estudantes e profissionais de diferentes áreas como um instrumento capaz de nortear a prática de pesquisadores e de atuação profissional baseada em evidência; e de identificar a necessidade de novas pesquisas. No entanto, esse procedimento ainda exige o conhecimento por parte do leitor acerca de todo o processo de desenvolvimento, uma espécie de requisito prévio e que o prepara para avaliar a própria qualidade da revisão sistemática, antes mesmo dos estudos que ela pode abarcar, para então selecioná-los conforme avaliações qualitativas e quantitativas previstas por uma revisão sistemática.

Dessa forma, para que tal conhecimento seja ampliado, é importante uma mudança de condutas por parte de pesquisadores, estudantes e profissionais que envolva uma rotina de consulta e de divulgação dos textos científicos constantemente divulgados por periódicos impressos e em linguagem *web*, tanto em âmbito nacional quanto internacional.

REFERÊNCIAS

ARAÚJO, C. A. Bibliometria: evolução histórica e questões atuais. **Em Questão, 12**(1), 11-32, 2006. Recuperado de: <http://revistas.univerciencia.org/index.php/revistaemquestao/article/viewFile/3707/3495> (acesso em: 1 ago. 2013).

BHONA, F. M. C., STHEPAN, F.; BRUM, C. R. S.; LOURENÇO, L. M. Violência doméstica e adolescência: levantamento bibliométrico. **Gerais: Revista Interinstitucional de Psicologia, 5**(1), p. 165-183, 2012.

CASTRO, A. A.; CLARK, O. A; ATALLAH, A. N. Optimal search strategy for clinical trials in the Latin American and Caribbean Health Science Literature Database (LILACS database): Update [Letter]. **Medicine Journal/Revista Paulista de Medicina, 117**(3), p. 138-139, 1999.

CASTRO, A. A. Formulação da pergunta de pesquisa. Em: GOLDENBERG, S., GUIMARÃES, C. A.; CASTRO, A. A. **Elaboração e apresentação de comunicação científica.** 2001-2011. Recuperado de http://www.metodologia.org (acesso em 29 jul. 2013).

CASTRO, A. A. Revisão sistemática e metanálise. **Compacta: Temas de Cardiologia, 1**(5), p. 19-27, 2001.

CENTRE FOR REVIEWS AND DISSEMINATION. Systematic Reviews - CRD's guidance for undertaking reviews in health care. University of York: CRD, 2009. Recuperado de http://www.yps-publishing.co.uk (acesso em 29 jul 2013).

CHALMERS, I., ENKIN, M. KEIRSE, M. J. N. C. **Effective care in pregnancy and childbirth.** Oxford: Oxford University Press, 1989. p. 1300.

CHALMERS, I.; HEDGES L. V.; COOPER, H. A brief history of research synthesis. **Evaluation Health Professions, 25**(1), p. 12-37, 2002.

CLARKE, M.; HORTON, R. Bringing it all together: Lancet-Cochrane collaborate on systematic reviews. **Lancet, 2**, p. 357-1728, 2001.

CLARKE, M.; OXMAN, A. D. Formulating the problem. Cochrane Reviewers' Handbook 4.1; Section 4. In: **Review Manager** (RevMan) [Computer program]. Version 4.1. Oxford, England: The Cochrane Collaboration, 2001. Recuperado de: http://www.cochrane.dk/cochrane/handbook/handbook.htm (acesso: 1 ago. 2013).

CONBOY, J. E. Algumas medidas típicas univariadas da magnitude do efeito. **Análise Psicológica, 21**(2), 145-158, 2003. Recuperado de: <http://www.scielo.gpeari.mctes.pt/scielo.php?script=sci_arttext&pid=S0870-82312003000200002&lng=pt&nrm=iso>.

COOPER, H. M. The problem formulation stage. In: COOPER, H.M. (editor). Integrating research: a guide for literature reviews. Newbury Park: Sage Publications, 1984. p. 19-37.

CORDEIRO, A. M.; GRUPO DE ESTUDO DE REVISÃO SISTEMÁTICA DO RIO DE JANEIRO. Revisão sistemática: uma revisão narrativa. **Revista do Colégio Brasileiro de Cirurgiões, 34**(6), 428-431, 2007. Recuperado de: <http://www.scielo.br/scielo.php?script=sci_arttext&pid=S0100-69912007000600012&lng=en&nrm=iso>.

DE-LA-TORRE-UGARTE-GUANILO, M. C., TAKAHASHI, R. F., & BERTOLOZZI, M. R. Revisão sistemática: noções gerais. **Revista da Escola de Enfermagem da USP, 45**(5):1260-6, 2011.

DICKERSIN, K., SCHERER, R.; LEFEBVRE, C. Identifying relevant studies for systematic reviews. **BMJ, 309**(6964), p. 1286-1289, 1994. Recuperado de: URL: http://www.bmj.com/cgi/content/full/309/6964/1286

DRUMNOND, J. J. P.; SILVA, E.; COUTINHO, M. **Medicina baseada em evidências: novo paradigma assistencial e pedagógico.** 2.ª ed. São Paulo: Atheneu, 2002.

GALVÃO, C. M., SAWADA, N. O.; TREVIZAN, M. A. Revisão sistemática: recurso que proporciona a incorporação das evidências na prática da enfermagem. **Revista Latino-americana de Enfermagem,** 12(3), p. 549-56, 2004.

GARFIELD, E. Citation analysis as a tool in journal evaluation: journals can be ranked by frequency and impact of citations for science policy studies. **Science, 178**(4060), p. 471-479, 1972.

GLASS, G. Primary, secondary, and meta-analysis of research. **Educational Researcher,** 10, p. 3-8, 1976.

GLASS, G. **Meta-analysis at 25.** 2000. Recuperado de: http://www.gvglass.info/papers/meta25.html (acesso: 16 mai. 2011).

GLASS, G., McGAW, B.; SMITH, M. **Meta-analysis in social research.** Beverly Hills, CA: Sage, 1981.

GLASS, G. V. Primary, secondary, and meta-analysis of research. **Education Research,** 5(10), p. 3-8, 1976.

GROSS, P. L. K.; GROSS, E. M. College libraries and chemical education. **Science, 66**(1713), p. 385-389, 1927.

GUEDES, V. L. S.; BORSCHIVER, S. Bibliometria: uma ferramenta estatística para a gestão da informação e do conhecimento, em sistemas de informação, de comunicação e de avaliação científica e tecnológica. In: **Encontro Nacional de Ciências da Informação de Salvador/BA,** 6, junho de 2005. Recuperado de: <www.cinform.ufba.br/vi_anais/docs/VaniaLSGuedes.pdf> (acesso em: 4 ago. 2013).

MARTINEZ, E. Z. Metanálise de ensaios clínicos controlados aleatorizados: aspectos quantitativos. **Medicina (Ribeirão Preto), 40**(2), p. 223-235, 2007.

MULROW, C. D, COOK, D. J.; DAVIDOFF, F. Systematic reviews: critical links in the great chain of evidence. **Annals of International Medicine, 126**(5), p. 389-391, 1997.

MULROW, C. D. Rationale for systematic reviews. **BMJ, 309**(6954),597-599, 1994. Recuperado de: http://www.ncbi.nlm.nih.gov/pmc/articles/PMC2541393/pdf/bmj00455-0051.pdf (acesso: 4 ago 2013).

OTLET, P. **Traité de documentation: le livre sur le livre, theorie et pratique.** Bruxelles: Editiones Mundaneum, 1934.

OTLET, P. O livro e a medida: bibliometria. In: FONSECA, E. (org.) **Bibliometria: teoria e prática.** São Paulo: Cultrix, 1986. p. 20-34.

PEARSON, K. Report on certain enteric fever inoculation statistics. **British Medical Journal, 3,** 1243-1246, 1904. Recuperado de: http://www.jameslindlibrary.org/illustrating/records/report-oncertain-enteric-fever-inoculation-statistics/whole_articles.pdf (acesso: 4 jun 2013).

PEREIRA, S. M.; LOURENÇO, L. M. O estudo bibliométrico do transtorno de ansiedade social em universitários. **Arquivos Brasileiros de Psicologia, 64**(1), p. 47-62, 2012.

POTTER, W. G. Of making many books there is no end - bibliometrics and libraries. **Journal of Academic Librarianship, 14**(4), p. 238, 1988.

PRICE, D. J. D. **Little science, big science.** New York: Columbia University Press, 1963. 119p. Recuperado de: http://garfield.library.upenn.edu/classics1983/A1983QX23200001.pdf (acesso: 4 ago. 2013).

PRICE, D. J. S. Networks of scientific papers: the pattern of bibliographic references indicates the nature of the scientific research front. **Science, 149**(3683) p. 510-515, 1965.

SAMPAIO, R. F.; MANCINI, M. C. Estudos de revisão sistemática: um guia para síntese criteriosa da evidência científica. **Revista Brasileira de Fisioterapia, 11**(1), p. 83-89, 2007.

SENRA, L. X.; LOURENÇO, L. M.; PEREIRA, B. O. Características da relação entre violência doméstica e bullying: revisão sistemática da literatura. **Gerais: Revista Interinstitucional de Psicologia, 4**(2), p. 297-309, 2011.

SILVA, R. A.; SANTOS, R. N. M.; RODRIGUES, R. S. Estudo bibliométrico na base LISA: um enfoque nos artigos sobre os surdos. **Em Questão, 17**(1) p. 283–298, 2011.

SOARES, T., CAMARGO, J.; PIZZINATO, A. Efetividade de terapias cognitivo-comportamentais em grupo para o transtorno de pânico: revisão sistemática e metanálise. **Revista Brasileira de Terapia Comportamental e Cognitiva, XV**(1), p. 50-82, 2013. Recuperado de http://www.usp.br/rbtcc/index.php/RBTCC/article/view/568/379 (acesso: 10 set 2013).

URBIZAGÁSTEGUI A. R. A produtividade dos autores na literatura de enfermagem. **Informação e Sociedade, 16**(1), p. 63-78, 2006.

URBIZAGÁSTEGUI A. R. A Bibliometria: história, legitimação e estrutura. In: TOUTAIN, L. (Org.). **Para entender a Ciência da Informação.** Salvador: EDUFBA, 2007.

VANTI, N. A. P. Da bibliometria à webometria: uma exploração conceitual dos mecanismos utilizados para medir o registro da informação e a difusão do conhecimento. **Ciência da Informação, 31**(2), p. 152-162, 2002.

YUSUF, S., PETO, R., LEWIS, J., COLLINS, R.; SLEIGHT, P. Beta blockade during and after myocardial infarction: An overview of the randomized trials. **Progress in Cardiovascular Disease, 27(5),** p. 335-371, 1985.

16
CAPÍTULO

Modelos animais e pesquisa experimental em Psicologia

PAULO ROGÉRIO MORAIS E MAKILIM NUNES BAPTISTA

Se você é estudante ou um profissional da Psicologia, muito provavelmente a primeira imagem que vem à sua cabeça quando pensa em experimentos utilizando animais são os clássicos ratos albinos utilizados quase invariavelmente nas aulas de Psicologia Experimental ou de Análise Experimental do Comportamento. No entanto, a experimentação com animais não humanos[1] vai muito além dos ratos confinados na caixa de Skinner.

Muito do conhecimento existente atualmente nas mais diversas áreas de saúde foi obtido graças ao emprego criterioso de animais nos mais diversos tipos de estudo. Embora o emprego de animais em pesquisas psicológicas tenha se popularizado com os trabalhos de Darwin, Thorndike e Pavlov na segunda metade do século XIX, e com os de Skinner no início do século XX, já na Grécia antiga tanto o comportamento quanto a anatomia eram estudados com o uso de animais. De acordo com Paixão (2001), existem registros de que Aristóteles (384-322 a.C.) tenha dissecado mais de 50 espécies diferentes de animais, e por isso é considerado o pai da anatomia comparada. Timo-Iaria (2001) relata que Aristóteles fez descrições minuciosas do comportamento de animais, descobrindo, a partir da comparação do comportamento de outros mamíferos e aves com comportamentos semelhantes em humanos, que eles dormem e sonham.

Segundo Timo-Iaria (2001), foi o surgimento da pesquisa experimental empregando animais que tornou possível o nível de saúde e expectativa de vida que experimentamos atualmente, assim como a maior precisão diagnóstica e o emprego de técnicas terapêuticas mais eficazes.

Desde os primórdios da história das pesquisas psicológicas, animais das mais diferentes espécies têm sido utilizados com o objetivo de se compreenderem os mecanismos neurobiológicos subjacentes aos comportamentos, cognições, emoções e outros fenômenos psicológicos. No entanto, como cita Graeff (1996), foi somente após a descoberta de drogas que apresentaram efeito terapêutico sobre alguns sintomas de psicopatologias como a esquizofrenia, a depressão e a ansiedade, que houve um interesse maior em utilizar modelos animais no estudo de certos fenômenos psicológicos, uma vez que essas drogas passaram a ser utilizadas para a validação desses modelos.

De acordo com a American Psychology Association (APA, 1994), atualmente menos de 10 % de todas as pesquisas feitas no campo da Psicologia empregam animais como sujeitos experimentais, em cerca de 90 % dessas os animais utilizados são roedores (predominantemente camundongos, coelhos e ratos) ou aves (principalmente pombos). Embora sejam relativamente poucos os estudos com animais, eles ainda são de fundamental importância para a compreensão de muitos aspectos comportamentais, cognitivos e emocionais, tanto do ser humano como de outros animais.

De todos os delineamentos de pesquisa que este livro apresenta, a estratégia experimental é a mais poderosa quando o objetivo do pesquisador é estabelecer a relação causal entre duas variáveis. Esse "poder" se deve à capacidade que os estudos experimentais têm de produzir resultados que podem

---

[1] Neste texto será utilizada a designação "animais" de forma genérica, sempre que se tratar de animais não humanos.

191

ser interpretados da maneira menos ambígua possível. Dadas as condições de controle que são características desse tipo de delineamento de pesquisa, podemos virtualmente isolar os efeitos que uma variável (a variável independente) pode estar exercendo sobre outra (a variável dependente).

O uso de animais em experimentos e outras formas de pesquisa sobre aspectos comportamentais, cognitivos, emocionais e psicopatológicos humanos permite um maior controle de variáveis muito maior do que seria possível ou ético realizar com seres humanos como, por exemplo, a criação de animais com genes inativos ou a injeção de substâncias ou a implantação de eletrodos diretamente em áreas específicas do sistema nervoso.

A experimentação com animais apresenta, guardadas as devidas peculiaridades, as mesmas características dos trabalhos feitos com humanos que já foram abordados em outro capítulo deste livro. Portanto, não iremos aqui abordar em detalhes as características do método experimental, mas sim alguns dos muitos paradigmas que utilizam animais para o estudo de fenômenos de interesse do campo psicológico.

O emprego de animais em experimentos nos permite fazer pesquisas com abordagens mais invasivas do que seria possível em estudos com seres humanos, além de oferecer aos pesquisadores maior liberdade para a manipulação e o controle de variáveis, tanto relacionados ao organismo em estudo quanto variáveis ambientais. Um dos principais empregos dos modelos animais atualmente são as pesquisas que visam a conhecer as bases neurobiológicas do comportamento humano e outros fenômenos mentais, tanto normais quanto patológicos.

De fato, o emprego de animais em pesquisas experimentais apresenta vantagens e desvantagens quando comparado com o uso de outras estratégias alternativas ou mesmo do emprego de seres humanos. Vazire e Gosling (2003) relacionam cinco vantagens metodológicas oferecidas pelo emprego de animais em pesquisas:

1. O emprego de animais possibilita maior controle experimental e manipulações experimentais mais amplas do que seria possível com sujeitos humanos: se o pesquisador deseja saber se existe relação entre a estabilidade hierárquica do sujeito no meio social e a saúde desse sujeito, certamente será mais fácil e ético produzir mudanças no meio social de animais do que de humanos.

2. A observação dos animais pode ser feita com maior detalhamento e por períodos mais longos do que com sujeitos humanos: em exemplo disso são os experimentos feitos por Harlow nas décadas de 1950 e 1960 demonstrando que o contato materno é fundamental para o desenvolvimento adequado dos filhotes. Estudando filhotes de macacos *Rhesus* separados precocemente das suas verdadeiras mães e "criados" por mães substitutas (artefatos que imitavam a aparência física de macacos *Rhesus*), Harlow e seus colaboradores puderam verificar tanto as características relacionadas ao apego do filhote à mãe como os efeitos da ausência da mãe verdadeira sobre o comportamento de animais adultos. Certamente tais experimentos exigiram manipulações e acompanhamento que seriam inviáveis com sujeitos humanos. Imagine separar bebês de suas mães e mantê-los em situações controladas até a puberdade.

3. Pesquisas feitas com animais oferecem a possibilidade de empregar maior variedade de manipulações fisiológicas, bem como a mensuração de um número maior de parâmetros fisiológicos que são importantes para a identificação de alguns processos neurobiológicos subjacentes a determinados fenômenos psicológicos: foi observado que a exposição crônica de animais a estímulos aversivos produz alterações nas células do hipocampo e que tais alterações parecem ter relação com alguns sintomas de depressão.

4. Em virtude do curto tempo de vida de algumas espécies, os pesquisadores podem conduzir estudos longitudinais em períodos bem mais curtos do que com humanos: as pesquisas que avaliam os efeitos do envelhecimento sobre determinadas habilidades cognitivas, como, por exemplo, a memória, geram resultados válidos mais rapidamente quando feitos com animais do que com humanos.

5. A disponibilidade de informações genéticas acerca de determinadas espécies permite a criação de animais transgênicos, animais *knockout*[2] ou nocaute, clonados: experimentos feitos com camundongos nocaute (*knockout*) para determinado tipo de receptor do neurotransmissor serotonina

---

[2] Animais *knockout* (nocaute) ou *knocking* são animais geneticamente modificados que têm retirado ou acrescido, respectivamente, determinado gene.

demonstraram maior índice de comportamentos agressivos do que em camundongos normais, indicando a participação desse sistema de neurotransmissão na mediação de comportamentos impulsivos.

Além disso, os animais, de modo geral, são organismos mais simples do que o organismo humano, e aquilo que poderíamos chamar de "relação social" entre sujeito e pesquisador exerce pouca ou nenhuma influência sobre a observação. Também existe a possibilidade de um controle maior tanto da história genética quanto da história de vida do sujeito experimental, além de serem possíveis manipulações nas quais os animais são expostos a condições de privação ou estímulos aversivos que, por questões éticas, não seria possível conduzir com um sujeito humano.

No entanto, ao contrário dos seres humanos, os animais são incapazes de obedecer a instruções verbais e não podem descrever experiências subjetivas ou determinadas manifestações observadas em humanos, como as alterações perceptivas ou de pensamento. Além disso, os resultados obtidos a partir de estudos com animais não são diretamente generalizáveis para o ser humano.

Pound et al. (2001) citam outras críticas comumente feitas aos resultados gerados por experiências com animais:

- cada espécie e linhagem de animal possuem particularidades em sua biologia (por exemplo, as diferentes vias metabólicas), que podem gerar resultados enganosos quando extrapolados para os seres humanos;
- as diferentes formas de simular patologias em animais podem ser muito diferentes da condição fisiopatológica humana;
- as diferentes formas de seleção e distribuição dos animais nos grupos podem gerar viés nos resultados;
- algumas pesquisas não permitem a avaliação "cega" dos sujeitos experimentais, isto é, o pesquisador conhece o tratamento que o animal recebeu, o que pode influenciar suas observações;
- a avaliação de respostas às estratégias terapêuticas que podem refletir não a cura ou a melhora da condição patológica original.

Quando falamos em pesquisas com animais, é necessário fazer distinção entre alguns conceitos que podem facilmente ser confundidos por quem está começando a lidar com esse tipo de abordagem metodológica: a) modelos animais para o estudo do comportamento e da cognição humana; b) modelos animais para o estudo de patologias.

MODELOS ANIMAIS PARA O ESTUDO DO COMPORTAMENTO

Animais podem ser utilizados em experimentos que têm como objetivo estudar questões básicas relacionadas com o comportamento, a cognição, a emoção e outras funções do sistema nervoso. Para tanto, os animais são treinados em tarefas comportamentais nas quais devem apresentar um comportamento específico (desde um reflexo simples até comportamento operante ou respostas cognitivas bastante elaboradas e complexas) que pode ser comparado a comportamentos apresentados por humanos em situações análogas.

Quando um humano é exposto a uma situação de teste comportamental ou cognitivo, ele recebe informações acerca das condições de teste e pode receber instruções de como e qual resposta específica deve ser apresentada. Porém, quando trabalhamos com animais, salvo raras exceções, a maioria dos modelos comportamentais baseia-se em princípios da análise experimental do comportamento (reforço, punição, discriminação e outras), em aspectos etológicos ou na motivação do animal para produzir uma resposta específica para a tarefa.

Por esse motivo, o desenvolvimento e a validação de tais tarefas são uma importante área de estudo. Da mesma maneira que um questionário mal elaborado ou propositalmente enviesado pode gerar resultados não confiáveis em pesquisas com seres humanos, uma tarefa comportamental mal delineada também pode gerar resultados ambíguos e de difícil interpretação.

Existem muitas tarefas utilizadas para estudar questões comportamentais e cognitivas em animais, algumas exigem pouco ou até mesmo nenhum equipamento especial, outras só podem ser executadas com o emprego de equipamentos caros e sofisticados, e muitos princípios do comportamento atuam de forma muito semelhante nos homens e nos animais considerados irracionais (Baptista e Baptista, 2003).

A seguir são apresentadas características gerais dos testes comportamentais mais comuns.

Campo Aberto (*open-field*)

O campo aberto (*open-field*) consiste em uma arena, preferencialmente circular, com ou sem paredes, geralmente com o assoalho dividido em quadrantes, na qual o animal é colocado e liberado para emitir respostas exploratórias e outros comportamentos. O campo aberto é uma tarefa utilizada em experimentos que investigam a atividade motora espontânea, ansiedade, medo condicionado, localização ou discriminação de objetos, entre outros problemas de pesquisa.

Nessa tarefa, o pesquisador coloca o animal na arena de campo aberto e mensura o número de quadrantes ambulados e/ou outros comportamentos emitidos pelo animal, tais como os de auto-limpeza (*grooming*), coçar-se (*scratching*), cheirar (*sniffing*), levantar-se sobre as patas traseiras (*rearing*), imobilização (*freezing*), ambulação, entre outros que podem ser utilizados como parâmetros comportamentais para se avaliar o efeito de drogas, lesões em áreas específicas do sistema nervoso, manipulações genéticas e outras, como, por exemplo, o efeito de determinadas drogas psicotrópicas e suas reações de "impregnação" em pacientes psiquiátricos, ou seja, diminuição de comportamentos motores e funções cognitivas (lentificação do pensamento, memória etc.).

Esse tipo de tarefa exige muito pouco em termos de equipamento. Uma escrivaninha com quadrantes pintados em seu tampo e colocada em uma sala razoavelmente isenta de ruídos externos pode ser utilizada como um campo aberto.

Caixa de Condicionamento Operante

Trata-se da tradicional caixa desenvolvida por Skinner na década de 1930 e largamente utilizada em cursos de Psicologia. Em experimentos que utilizam esse tipo de equipamento, os animais são treinados a emitir uma resposta discreta, geralmente a pressão a uma barra, para obter reforço.

O modelo mais comum de uma caixa de condicionamento é composto de uma câmara na qual o animal é colocado e que tem em uma de suas paredes uma barra que, quando pressionada, aciona um mecanismo eletromecânico que libera uma porção de alimento ou uma gota de água que servem como reforço para o comportamento de animais privados de alimentos ou água. Variações desse modelo podem ser empregadas, dependendo dos objetivos da pesquisa. Por exemplo, um pesquisador pode ter uma caixa com duas barras que, quando pressionadas, acionam mecanismos que irão liberar diferentes estímulos ou ter a barra conectada a um mecanismo que irá acionar a injeção de substâncias diretamente na corrente sanguínea ou liberar um estímulo elétrico em áreas específicas do sistema nervoso do animal.

Na verdade, existem muitas formas de se utilizar a caixa de Skinner em diferentes tarefas comportamentais, desde a simples modelagem de uma resposta discreta até experimentos sobre discriminação de estímulos ambientais, passando por diferentes esquemas de reforçamento.

Tarefas que utilizam a caixa de Skinner e os princípios da análise experimental do comportamento são utilizadas em estudos sobre aprendizagem, memória, atenção, motivação, entre outros.

Tarefas de Esquiva

Pesquisas sobre memória e aprendizagem frequentemente se utilizam de tarefas em que animais aprendem a evitar um estímulo aversivo, ou seja, aprendem a resposta de esquiva, ou são reforçados negativamente (esquiva ativa) pela emissão de um comportamento específico.

Os procedimentos de esquiva podem ser divididos em:

Esquiva passiva (ou inibitória). Neste paradigma o animal evita o estímulo aversivo não emitindo um determinado comportamento, isto é, inibindo um comportamento que normalmente aconteceria. Basicamente, o animal passa por uma sessão de treino na qual é punido ao emitir um determinado comportamento e, após um intervalo variável de tempo (geralmente um intervalo de 24 h ou 48 h), passa por uma sessão de teste na qual deve inibir o comportamento punido na sessão de treino.

Os dois equipamentos mais utilizados de esquiva passiva são:

a. Esquiva passiva *step-down*: é uma caixa com uma pequena plataforma sobre um assoalho de grades metálicas. Na fase de treino, o animal é colocado sobre a plataforma e cada vez que desce ao assoalho recebe um choque nas patas. Na sessão de teste, é mensurada a latência para que o animal emita o comportamento de descer ao assoalho, que nessa fase não necessita liberar o estímulo aversivo.

b. Esquiva passiva *step-through*: nesse tipo de esquiva é utilizado uma caixa com dois compartimentos, um iluminado e outro escuro, interligados por uma porta. Na sessão de treino, o animal é colocado no compartimento iluminado e espera-se que ele atravesse para o compartimento escuro. Quando isso acontece, a porta que liga os dois compartimentos é fechada e o animal recebe um ou mais choques elétricos nas patas. Na sessão de teste, o animal é novamente colocado no compartimento claro e tem mensurado o tempo que ele demora a passar para o compartimento escuro. Normalmente se estabelece um tempo máximo de latência e, se o animal não atravessar para o compartimento escuro, considera-se que aprendeu a tarefa.

Esquiva ativa. Neste tipo de esquiva, o animal é reforçado negativamente quando emite um determinado comportamento, isto é, o animal elimina algum estímulo aversivo (geralmente choque elétrico nas patas) ao emitir um comportamento específico.

Para a tarefa de esquiva ativa, também são utilizados, principalmente, dois equipamentos:

1. Esquiva em caixa de Skinner: nesta tarefa o animal é treinado a pressionar a barra para interromper o choque que ele está recebendo nas patas. Utiliza-se também um equipamento para apresentar um estímulo (som ou luz) por alguns segundos para depois iniciar a apresentação do choque elétrico nas patas, que só termina quando o animal pressiona a barra. Na sessão de teste, é medido o tempo que o animal demora para pressionar a barra após o início da apresentação do estímulo que sinaliza o início do choque.

   A aquisição desse tipo de esquiva é complicada por aspectos etológicos dos animais de laboratório. As respostas apresentadas em ambiente natural por ratos e pombos, por exemplo, para eliminar ou evitar estímulos aversivos não inclui a resposta de pressão a barras.

2. Esquiva ativa tipo *shuttle-box*: esse tipo de esquiva exige do animal, no caso roedores, uma resposta compatível com seu comportamento natural para evitar ameaças, pois basta correr para eliminar/evitar o estímulo aversivo. Nesse tipo de esquiva ativa utiliza-se uma caixa com dois compartimentos, que podem ser iguais ou diferentes, e um estímulo (som ou luz) é apresentado para sinalizar o início do choque nas patas. O choque só para quando o animal corre de um compartimento para o outro. A esquiva ativa desse tipo pode ser:

   a. Esquiva ativa de uma via: utiliza-se uma caixa semelhante àquela utilizada na tarefa de esquiva passiva *step-through*. Na sessão de treino, o animal é colocado em um dos compartimentos e, após um intervalo variável de tempo, o choque nas patas se inicia e só termina quando o animal passa para o outro compartimento. Na sessão de teste, geralmente realizada 24 h após o treino, mede-se o tempo que o animal demora a passar do compartimento no qual recebeu o choque no treinamento para o outro.

   b. Esquiva ativa de duas vias: em uma caixa com dois compartimentos idênticos o animal é colocado, e, em intervalos variados, é apresentado um estímulo (luz ou som) por alguns segundos; logo em seguida, inicia-se o choque, que só cessa quando o animal passa para o outro compartimento. Nesse paradigma é mensurado o número de vezes que o animal recebe os choques até que responda somente ao estímulo condicionado.

Labirintos

Diversos tipos de labirinto são utilizados em estudos sobre aprendizagem e memória. Dentre os diversos tipos de labirintos utilizados em experimentos com animais podemos destacar:

Labirintos em "T" ou em "Y": são aparatos que, como os nomes sugerem, têm a aparência das letras T ou Y. Nesses tipos de labirinto os animais são treinados a escolher um ou outro braço do labirinto de acordo com um critério estabelecido pelo pesquisador.

O treino para esses labirintos consiste no reforço ou punição das escolhas feitas pelo animal. O pesquisador coloca o animal no ponto inicial do labirinto (a base do T ou do Y) e oferece a ele algum reforço (por exemplo, um grão de amendoim) toda vez que ele escolhe o braço correto, que é estabelecido por sorteio ou condicionado pelo tipo de delineamento que está sendo utilizado.

Para esses tipos de labirinto, o pesquisador pode empregar um delineamento em que as escolhas são dependentes ou independentes das tentativas anteriores.

No procedimento de tentativas dependentes (*dependent trial*), o animal deve alternar os braços visitados, isto é, se na tentativa anterior ele recebeu reforço entrando no braço esquerdo, ele só receberá reforço se visitar o braço direito do labirinto.

Em um procedimento de tentativas independentes (*independent trials*), cada tentativa é constituída de duas fases: uma de exemplo e outra de escolha. Na fase de exemplo, o animal é reforçado se escolher o braço correto determinado por sorteio. Na fase de escolha, que ocorre após um intervalo variável de tempo, o animal deve ou voltar para o mesmo braço (procedimento denominado de *match-to-sample*) ou escolher o braço oposto ao visitado na fase de exemplo (*nonmatch-to-sample*). Essa estratégia de tentativas independentes é particularmente útil quando se pretende avaliar a capacidade do animal de reter informações por intervalos de tempo.

Labirinto em cruz elevado (*elevated plus-maze*): trata-se de um labirinto em forma de "+" que possui dois braços abertos (paredes baixas, cerca de 1 ou 2 cm) e dois braços fechados (paredes altas, de cerca de 30 cm). Esse labirinto é muito utilizado em pesquisas sobre ansiedade (teste de drogas ansiolíticas, por exemplo) e baseia-se em princípios etológicos que demonstram que roedores tendem a evitar espaços abertos.

Nesta tarefa, o animal é colocado no centro do labirinto e o pesquisador mensura parâmetros como: tempo que o animal fica nos braços abertos e nos braços fechados, número de entradas nos braços (abertos e fechados), latência para a primeira visita a um braço aberto e outros comportamentos emitidos pelo animal.

Labirinto aquático: trata-se de um tanque circular de cerca de 130 cm de diâmetro e 50 cm de altura, preenchido com água morna, opacificada com leite. Esta tarefa também é conhecida como labirinto aquático de Morris, nome do neurocientista que a idealizou no início da década de 1980.

É uma tarefa bastante utilizada em estudos sobre memória espacial de curto ou de longo prazo. Nela o animal é treinado a encontrar uma plataforma submersa, utilizando-se de pistas externas ao equipamento. Diversos parâmetros podem ser utilizados para se avaliar o desempenho dos animais nessa tarefa. O mais simples é a mensuração da latência para o animal localizar a plataforma, mas também podem ser mensurados o comprimento do trajeto, o ângulo inicial em relação à plataforma submersa, a velocidade de deslocamento, entre outros.

A mensuração da latência exige somente um cronômetro, enquanto os outros parâmetros citados exigem a filmagem e análise da tarefa em vídeo ou o emprego de programas de computador específicos.

Labirinto radial: essa é uma tarefa que avalia memória espacial; também é empregado em estudos acerca da memória operacional em animais. Trata-se de um labirinto composto por uma arena central e quatro, oito, doze ou até dezesseis braços que formam raios a partir dessa área central. O animal, geralmente um rato ou camundongo, é colocado na arena central e deve visitar os braços à procura de alimento (grãos de amendoim ou bocados de ração) colocado nas suas extremidades.

Cada braço, ou somente alguns dos braços, contém somente uma porção de alimento, e as entradas em braços já visitados são contadas como erro.

Teste de Sobressalto

Nessa tarefa, o animal é colocado em uma câmara acústica e um estímulo acústico alto e irritante é apresentado. A resposta de sobressalto é um reflexo a estímulos sonoros externos intensos; é muito usada para avaliar a reatividade sensorimotora em animais e fornece informações importantes acerca de processos neurobiológicos relacionados com a atenção.

Nessa tarefa, é mensurada a magnitude da resposta e/ou a latência para a apresentação da mesma após o início do estímulo sonoro.

Uma versão desse teste é o paradigma do sobressalto potencializado. Um estímulo neutro (uma luz, por exemplo) é associado a um choque nas patas. Após alguns poucos pareamentos, a resposta de sobressalto apresentada ao estímulo sonoro é potencializada quando da apresentação conjunta com o estímulo condicionado, sendo que alguns medicamentos ansiolíticos reduzem ou até mesmo eliminam a potencialização do sobressalto.

Preferência Condicionada de Lugar

Nessa tarefa é testada a preferência do animal por diferentes pistas ambientais que são associadas à presença de um estímulo reforçador.

Essa tarefa pode ser feita em uma caixa com dois compartimentos contendo pistas ambientais diferentes. O animal é exposto uma ou mais vezes a apenas um dos compartimentos, sem poder ter acesso ao outro. Em seguida, o animal é colocado uma ou mais vezes no compartimento que ainda não havia visitado, mas recebendo algum tipo de estímulo (apetitivo ou aversivo), também sem poder ter acesso ao compartimento ao qual já havia sido exposto. Na sessão de teste, o animal pode ter livre acesso a qualquer um dos compartimentos, e é medido o tempo que o animal fica em cada um deles.

O animal tende a ficar mais tempo no compartimento no qual recebeu algum estímulo reforçador. Caso o compartimento seja associado a um estímulo aversivo (por exemplo, efeito de uma substância que produz efeitos desagradáveis), o animal irá evitar tal compartimento.

Detalhes práticos e também importantes aspectos teóricos acerca de algumas das tarefas aqui mencionadas podem ser encontrados no livro organizado por Xavier (1999).

As tarefas comportamentais apresentadas até aqui representam somente uma pequena amostra das tarefas disponíveis para o estudo das bases neurobiológicas do comportamento, cognições e emoções. Existem muitos outros testes e variações desses que foram apresentados e que são empregados de acordo com as necessidades e os objetivos de cada experimento.

MODELOS ANIMAIS PARA O ESTUDO DE PATOLOGIAS

Alguns sintomas de transtornos psiquiátricos ou condições neurológicas podem ser mimetizados em animais como o do emprego de diversas técnicas, como as lesões seletivas de áreas do sistema nervoso, seleção ou manipulação genética, administração de drogas, exposição crônica a estímulos aversivos, entre outras.

De acordo com Geyer e Markou (1995), os principais objetivos dos modelos animais de transtornos psiquiátricos são:

a. Ter modelos que imitam da maneira mais fiel possível uma determinada síndrome psiquiátrica, estabelecendo correlatos entre o comportamento do animal e a patologia que se deseja mimetizar.

b. Fornecer meios para o estudo sistemático de novas drogas e tratamentos potenciais para as psicopatologias.

TABELA 16.1 Tipos de validade para modelos animais

Tipo de Validade	Descrição
Validade de face	Similaridade fenomenológica (isomorfismo) entre o modelo animal e a psicopatologia humana.
Validade preditiva	Baseia-se na capacidade que o modelo tem de predizer que uma determinada droga ou qualquer outra forma de manipulação feita no modelo animal terá efeito também em humanos.
Validade de constructo	É baseada na similaridade teórica subjacente ao modelo animal e à psicopatologia humana.
Validade discriminante	Está relacionada com o grau de confiança que temos na capacidade de um modelo medir os aspectos de um fenômeno que são diferentes de outros aspectos do fenômeno que outros modelos avaliam.
Validade convergente	Trata-se do grau em que um dado modelo se relaciona com outros modelos que avaliam o mesmo constructo teórico.
Validade etológica	Refere-se ao grau de similaridade entre aspectos etológicos do animal e seus correlatos em humanos.
Validade genética	Está relacionada com o grau de similaridade dos genes envolvidos com uma determinada psicopatologia e os envolvidos no modelo animal da patologia.

Fonte: baseado em Kalueff e Tuohimaa, 2004.

c. Desenvolver modelos que imitam não todo um conjunto de sintomas que compõem uma síndrome psiquiátrica, mas apenas sinais ou sintomas específicos de uma determinada condição psicopatológica.
d. Contribuir para validação de constructos hipotéticos acerca das bases neurobiológicas das psicopatologias.

É bom lembrar que um modelo animal de um determinado transtorno psiquiátrico é uma tentativa de apreender certos aspectos importantes de uma condição psicopatológica, mas não reivindica reproduzir toda a fenomenologia da condição humana em um animal. Como o próprio nome sugere, trata-se de uma representação simplificada de um sistema muito mais complexo que se pretende estudar.

Antes de *abordarmos* os diferentes modelos animais de psicopatologias e algumas condições neurológicas, vamos apresentar os critérios para a validação de tais modelos. Da mesma forma que os testes e inventários psicológicos aplicados em sujeitos humanos, os modelos animais também necessitam ser validados, isto é, devem ter testada a sua capacidade de realmente avaliar ou medir aquilo que se propõe. A Tabela 16.1 apresenta os tipos de validade dos modelos animais.

O desenvolvimento de modelos animais para diferentes psicopatologias ou condições neurológicas é em grande parte limitado pelo conhecimento que os pesquisadores dispõem acerca das bases neurobiológicas da condição que pretendem mimetizar. Por exemplo, muitos dos modelos animais para a depressão apoiam-se ou em manipulações farmacológicas do sistema monaminérgico de neurotransmissão[3] ou na exposição do animal a diferentes tipos e intensidades de estresse, que são reconhecidamente implicados na gênese e/ou na manutenção de sintomas depressivos.

A seguir são apresentados alguns dos modelos animais mais frequentemente empregados para o estudo de algumas psicopatologias e de condições neurológicas. Seguindo-se ao modelo, apresentamos uma breve descrição dos pressupostos teóricos nos quais tais modelos são fundamentados.

Depressão

A depressão é um transtorno psiquiátrico bastante comum (estima-se que cerca de 15 % a 25 % das pessoas apresentam pelo menos um episódio depressivo ao longo da vida). Os principais sin-

---

[3] Esse grupo de neurotransmissores é formado pelas catecolaminas — dopamina, noradrenalina e adrenalina — e pela indolamina-serotonina.

tomas que caracterizam essa síndrome são sentimentos de tristeza, culpa, desamparo e/ou desvalia, pensamentos autodepreciativos, ideação suicida, anedonia, além de alterações no sono, no apetite e redução generalizada da atividade motora (Baptista, 2004).

Os modelos animais são utilizados tanto para o estudo das bases neurobiológicas da depressão quanto no desenvolvimento e testagem de novos medicamentos antidepressivos. Dentre os diversos modelos de depressão em animais destacamos os seguintes:

Desamparo aprendido. Nesse paradigma o animal é exposto a estímulos aversivos que são imprevisíveis e incontroláveis. O animal é colocado em uma câmara na qual receberá choques elétricos nas patas em intervalos variados, e nada que o animal faz tem qualquer efeito sobre a liberação dos choques. Após tentativas frustradas de fugir ao estímulo aversivo, o animal deixa de apresentar comportamentos para tentar livrar-se dos choques. Além disso, mostra-se apático e apresenta acentuada redução do apetite.

Apesar de esse modelo ser alvo de críticas, o desamparo aprendido apresenta boa validade preditiva. Medicamentos antidepressivos e choque eletroconvulsivo revertem o quadro de desamparo apresentado pelo animal.

Nado forçado. Este é um modelo semelhante ao desamparo aprendido. O animal é colocado em um tanque com água no qual é forçado a nadar para não se afogar. Não há como o animal sair do tanque e, e com o passar do tempo alguns animais simplesmente param de tentar se salvar, ficando imóveis. O tratamento com alguns medicamentos antidepressivos aumenta o tempo de latência para o animal ficar imóvel.

Comportamentos induzidos pela reserpina. A reserpina é uma droga anti-hipertensiva que depleta os estoques intracelulares de catecolaminas e produz sintomas de depressão em pacientes humanos. Em animais de laboratório, a administração de reserpina provoca depressão locomotora. Tal efeito pode ser revertido com a administração de substâncias precursoras da serotonina e da noradrenalina.

Essas observações são consistentes com a hipótese monoaminérgica da depressão, segundo a qual a depressão é decorrente da deficiência de serotonina e noradrenalina.

Manipulações sociais. Sintomas depressivos podem ser produzidos em animais a partir de algumas manipulações em seu meio social. Quando o animal é separado do seu grupo, ou exposto a um grupo com ordem hierárquica diferente, apresenta alguns comportamentos que são característicos de depressão. Animais que são separados precocemente de suas mães também apresentam comportamentos que podem ser comparados a alguns sintomas de depressão em humanos.

Ansiedade

Os transtornos ansiosos também são bastante comuns.

Os modelos animais para o estudo da ansiedade são baseados em diversos tipos de reações comportamentais:

- Comportamento exploratório;
- Comportamento social;
- Comportamento defensivo;
- Comportamento de esquiva condicionada;
- Comportamentos relacionados com o medo condicionado.

Os testes mais utilizados no estudo da ansiedade em animais são:

Labirinto em cruz elevado. Como já foi descrito, trata-se de um aparato em forma de "+" no qual dois braços possuem paredes altas (braços fechados) e dois possuem paredes baixas (braços abertos). A administração aguda de muitos tipos de medicamentos ansiolíticos resulta em mais entradas e/ou maior tempo de exploração nos braços abertos.

Campo aberto. O teste do campo aberto pode ser empregado para avaliar o medo incondicionado ou condicionado e a ansiedade em animais. Animais naturalmente ansiosos ou tratados com substâncias ansiogênicas tendem a apresentar menor atividade exploratória, maior tempo em estado de congelamento, aumento das respostas autonômicas (micção e defecação), além de raramente aventurar-se a explorar a região central da arena.

Além dessas tarefas comportamentais, o estudo da ansiedade em animais também pode ser feito por meio de cirurgias (implantes de eletrodos ou lesões de estruturas do sistema nervoso central), exposição do animal a ambientes novos ou ao seu predador natural, remoção das vibrissas ou manipulações genéticas.

Esquizofrenia

Embora a prevalência de esquizofrenia seja relativamente baixa (algo em torno de 1 % da população — independentemente de aspectos étnicos, culturais ou socioeconômicos), esta é uma psicopatologia altamente incapacitante. Os sintomas de esquizofrenia são agrupados em:

- sintomas positivos (assim chamados por serem apresentados pelo indivíduo): delírios, alucinações e pensamentos distorcidos ou irracionais;
- sintomas negativos (ausência de comportamentos normalmente observados em outras pessoas): embotamento afetivo, retraimento social, falta de motivação e iniciativa, anedonia e comportamento estereotipado.

Estudos indicam que os sintomas positivos podem ser produto da hiperatividade do neurotransmissor dopamina em alguns circuitos neurais, enquanto que os sintomas negativos parecem causados principalmente por alterações anatômicas e/ou funcionais do encéfalo. Dessa forma, os modelos animais para a esquizofrenia tentam ou produzir alterações morfológicas do sistema nervoso ou aumentar a atividade de algumas vias dopaminérgicas.

Existem evidências indicando que anormalidades no desenvolvimento do sistema nervoso podem estar relacionadas com o desenvolvimento de esquizofrenia. As seguintes manipulações são capazes de produzir alterações morfológicas no sistema nervoso de animais:

- desnutrição gestacional;
- exposição pré-natal ao vírus da gripe (*influenza*);
- exposição pré-natal a raios X;
- exposição precoce a estímulos aversivos;
- lesões neonatais de áreas específicas do sistema nervoso central.

Tais manipulações podem resultar em alterações neuroanatômicas, neuroquímicas e/ou comportamentais importantes para o estudo de consideráveis aspectos da esquizofrenia como, por exemplo, a resposta aos medicamentos neurolépticos.

Outros modelos de esquizofrenia em animais se fundamentam em manipulações farmacológicas que produzem um aumento da atividade do sistema dopaminérgico de neurotransmissão. São exemplos desse tipo de manipulação:

Administração crônica de anfetamina: em humanos, doses elevadas de drogas estimulantes como a anfetamina ou a cocaína produzem sintomas semelhantes aos da psicose delirante. Em animais a administração crônica de drogas estimulantes produz aumento de comportamentos estereotipados e a redução do comportamento exploratório. Tal condição é revertida pela administração de medicamentos neurolépticos.

Administração de alucinógenos: algumas substâncias, como o LSD e a mescalina, produzem uma condição mental que se assemelha à condição esquizofrênica (por isso também são chamadas de psicoticomiméticas). A administração aguda de substâncias alucinógenas é empregada para produzir alterações comportamentais homólogas às apresentadas por pacientes esquizofrênicos. Obviamente, as alterações subjetivas produzidas por tais substâncias em humanos não podem ser avaliadas por meio de modelos animais.

Abuso de Substâncias

Os transtornos relacionados com o consumo inadequado de substâncias (abuso ou dependência) são atualmente encarados um problema de saúde pública em praticamente todo o mundo. No Brasil, problemas relacionados a substâncias são o principal motivo de internações psiquiátricas, além de serem responsáveis por uma série de problemas sociais tais como acidentes e mortes no trânsito, violência urbana, corrupção policial e política, entre outros.

O abuso de substâncias refere-se a um padrão mal-adaptativo na autoadministração de substâncias com o objetivo ou de experimentar seus efeitos agradáveis ou de eliminar sintomas desagradáveis gerados pela abstinência.

Os modelos animais para o abuso de substâncias baseiam-se nos princípios da análise experimental de comportamento.

Paradigma da autoestimulação: um animal pode ser treinado em uma determinada tarefa (pressionar uma barra, por exemplo) para obter uma substância ou mesmo fazer a autoadministração da mesma. Os animais treinados em tais tarefas tendem a apresentar um padrão de comportamento semelhante ao observado em sujeitos humanos.

Preferência condicionada de lugar: o potencial de gerar dependência de uma substância pode ser testado com o uso dessa tarefa. Animais tendem a ficar mais tempo em ambientes associados aos efeitos de substâncias relacionadas com padrões de consumo abusivo ou dependentes em humanos.

Além disso, existem também modelos baseados em hipóteses genéticas para o abuso de substâncias. Pode-se, por exemplo, verificar a preferência por álcool em animais descendentes de genitores que apresentavam elevado consumo dessa substância.

Amnésia

Pelos mais diferentes motivos, humanos podem apresentar, de forma transitória ou permanente, deficiências ou até mesmo a incapacidade em adquirir ou evocar conteúdos mnemônicos.

O estudo dos processos mnemônicos em animais é feito, principalmente, com o emprego de duas estratégias:

- *manipulações farmacológicas*: a administração aguda ou crônica de algumas substâncias (escopolamina, álcool, diazepam, entre muitas outras) pode resultar em prejuízos nas diferentes etapas da formação de memórias;
- *intervenções cirúrgicas*: os animais são submetidos a lesões de áreas específicas do sistema nervoso central, tais como hipocampo ou corpos mamilares.

Os processos mnemônicos também podem ser induzidos por outras formas de manipulação, tais como privação de sono, exposição a estímulos estressantes, choque eletroconvulsivo e até mesmo manipulações genéticas.

Epilepsia

As epilepsias formam um grupo heterogêneo de enfermidades neurológicas cujos principais sintomas são crises de ausência e ataques convulsivos. Tais sintomas são provocados pela atividade elétrica anormal de determinados grupos de neurônios do encéfalo.

Os modelos animais para o estudo da epilepsia devem atender a dois requisitos. Primeiro, o modelo deve demonstrar a presença de atividade elétrica anormal semelhante à atividade epileptiforme observada nos registros eletrencefalográficos humanos, isto é, a análise eletrencefalográfica do animal deve indicar a presença de anormalidades. Segundo, o modelo deve apresentar uma atividade clinicamente homóloga àquela observada durante uma crise epiléptica em humanos (Mello, Bortolotto e Cavalheiro, 1986).

A administração de pilocarpina (uma substância análoga ao neurotransmissor acetilcolina) é um dos muitos modelos de epilepsia em animais. Após a injeção de uma dose elevada de pilocarpina, o animal passa a apresentar crises convulsivas recorrentes e de longa duração, o que acaba por produzir lesões em áreas específicas do encéfalo, e o animal passa a apresentar crises convulsivas espontâneas.

Doenças Degenerativas

Existem processos patológicos, tais como as doenças de Parkinson e de Alzheimer ou a esclerose múltipla, que se caracterizam pela degeneração progressiva de determinados componentes do sistema nervoso.

Doença de Parkinson

Esta doença é causada pela destruição de neurônios de uma região mesencefálica (a substância negra) que liberam dopamina. Os principais sintomas da doença de Parkinson são tremores involuntários nas extremidades do corpo, rigidez corporal, lentidão de movimentos, alterações na fala, na escrita e no equilíbrio.

Existem modelos da doença de Parkinson em animais que são baseados em manipulações farmacológicas ou cirúrgicas que visam a mimetizar a perda de neurônios na região da substância negra. Também existem modelos que se utilizam de animais transgênicos que apresentam alterações, algumas delas progressivas (como na doença em humanos), no sistema dopaminérgico de neurotransmissão.

Doença de Alzheimer

A doença de Alzheimer é a principal causa dos quadros demenciais em pessoas de mais de 65 anos de idade. Clinicamente, a doença de Alzheimer caracteriza-se por deterioração progressiva de habilidades cognitivas como a memória, a capacidade de julgamento e pensamento abstrato; também são comuns alterações emocionais.

A degeneração de neurônios colinérgicos[4] no núcleo basal de Meynert é a alteração mais bem documentada em cérebros de pacientes vítimas dessa doença.

Até pouco tempo atrás, os pesquisadores utilizavam ratos idosos com lesões em uma região do cérebro de ratos homóloga ao núcleo basal de Meynet ou a administração de drogas anticolinérgicos para produzir déficits de memória análogos aos observados em pacientes portadores da doença de Alzheimer. No entanto, tais modelos não mimetizavam adequadamente importantes aspectos relacionados com a fisiopatologia da doença, como, por exemplo, a formação de depósitos de uma proteína chamada beta-amiloide. Esses modelos pouco aproximados da patologia humana dificultam muito a pesquisa e o desenvolvimento de substâncias úteis para o seu tratamento, uma vez que importantes características da doença não podem ser avaliadas em modelos animais.

Com os avanços do nosso conhecimento acerca de aspectos genéticos que regulam vários processos fisiológicos, estão sendo desenvolvidos novos modelos baseados na engenharia genética, como camundongos transgênicos que são avaliados como alternativas promissoras para o estudo da doença de Alzheimer.

No entanto, tais pesquisas são, cada vez mais, alvo de críticas éticas e têm a validade de seus resultados questionada.

Questões Éticas

Muitas pesquisas são realizadas com animais por envolverem manipulações cuja realização em humanos não seria ética. Uma das vantagens de se fazer experimentos com animais são as semelhanças entre eles (os animais) e nós (os humanos).

---

[4]   Neurônios que sintetizam o neurotransmissor acetilcolina (ACh).

Como lembrou Ulrich, citado em Myers (2003), geralmente a defesa metodológica do uso de animais em pesquisas é feita com base nas semelhanças entre os animais e os humanos, enquanto a defesa ética de pesquisas com animais é feita com base nas diferenças entre espécies. Podemos dizer que para justificar a realização de pesquisas com animais, somos darwinistas quanto ao método e judaico-cristãos quanto à ética.

No entanto, a exploração da nossa espécie sobre as demais não é uma particularidade do meio científico. De acordo com Bear, Connors e Paradiso (2002), o número de animais sacrificados em todas as pesquisas nas áreas biomédicas do mundo corresponde a menos de 1 % dos animais abatidos somente nos Estados Unidos para fins alimentícios. Além de utilizar os animais como fonte de alimento, nossa espécie também os explora como fonte de matéria-prima para a feitura de vestuário (você provavelmente possui um par de sapatos feitos com couro de outro animal), transporte (em nosso país são comuns carroças puxadas por cavalos ou carros de boi), recreação e entretanto (animais estão presentes em zoológicos, rodeios, comerciais de TV e até em realejos), esporte (desde as pomposas corridas de cavalos até as ilegais rinhas de galos ou de cães), para companhia (são relativamente poucas as pessoas que não tiveram ou têm um bichinho de estimação) e até mesmo como instrumentos terapêuticos (equoterapia ou os cães treinados para guiar deficientes visuais).

Como se pode ver, a experimentação com animais é somente mais uma das "utilidades" que nossa espécie encontrou para os outros seres que dividem o planeta conosco. Além disso, em muitas outras situações, nossa espécie mostra muito maior preocupação com seu próprio bem-estar do que com o dos outros animais. Bear, Connors e Paradiso (2002) e também Myers (2003) fazem algumas perguntas que nos ajudam a pensar o quão ampla é a questão ética com relação aos animais. Responda:

- Você deixaria de autorizar um determinado procedimento médico para um familiar seu só porque ele foi desenvolvido a partir de estudos com animais?
- A vida de um coelho é mais importante do que a vida de uma pessoa?
- É condenável produzir tumores em um camundongo para avaliar se uma determinada droga poderá ser útil no tratamento de cânceres em humanos?
- Possuir um animal de estimação não seria uma forma sutil de escravidão?
- Envenenar centenas de pernilongos para ter uma noite tranquila de sono pode ser considerado uma forma de genocídio?
- Controlar a população de animais urbanos, tais como ratos e baratas, pode ser moralmente semelhante ao Holocausto?
- Seria eticamente condenável criar porcos transgênicos com o objetivo de fornecer órgãos que salvariam a vida de humanos?

Nas últimas décadas, diversas entidades que se autointitulam protetoras dos "direitos dos animais" têm travado um caloroso embate (mais ideológico do que realmente técnico) contra pesquisadores e instituições que utilizam animais em seus estudos. Ativistas dessas entidades muitas vezes adotam métodos violentos para persuadir pesquisadores a deixarem de fazer pesquisas com animais, ou divulgam na mídia informações incompletas, distorcidas ou simplesmente falsas com o objetivo de influenciar a opinião pública de que as pesquisas com animais são cruéis e precisam ser completamente abandonadas. Felizmente, no Brasil essa posição extremista e dogmática ainda não possui nem voz nem seguidores.

Afirmar que "felizmente" ainda não temos entidades organizadas que se dedicam à erradicação das pesquisas com animais não é a mesma coisa que ser favorável à crueldade com animais. Aliás, se você respondeu "não" a pelo menos uma das perguntas feitas anteriormente, certamente você não faz parte do time que defende os direitos dos animais, mas pode, tranquilamente, ser um defensor do "bem-estar dos animais".

A maior parte dos pesquisadores sabe que proteger os animais contra maus-tratos e estresse desnecessários além de ser uma atitude eticamente adequada e uma obrigação moral, também tem valor metodológico. Afinal de contas, animais estressados ou com algum tipo de sofrimento podem apresentar comportamentos e reações que contaminariam os resultados de uma pesquisa. Em lugares como os Estados Unidos e a Grã-Bretanha, foram os próprios pesquisadores que recomendaram a existência de normas legais que visam à proteção dos animais, garantindo-lhes tratamento humanitário em centros de pesquisas.

Ao mesmo tempo, quando um pesquisador envia seu trabalho para ser publicado em uma revista científica, seu artigo sofre uma revisão por pares tanto nos aspectos metodológicos quanto nos cuidados gerais e éticos com os animais utilizados na pesquisa.

Goldim e Raymundo (1997) fazem uma revisão histórica do uso de animais em pesquisas e também apresentam a trajetória dos movimentos em defesa dos animais. Citam que, já no início do século XX, algumas sociedades científicas se preocupavam com os aspectos éticos nas pesquisas realizadas com animais.

No final da década de 1950, dois pesquisadores formularam um conceito que até hoje exerce grande influência em nossa atitude diante de pesquisas que envolvam animais. Um zoólogo e um microbiologista criaram o conceito dos "três R" para pesquisas com animais:

Replace — postula a substituição de animais por outros métodos e procedimentos alternativos (testes *in vitro*, modelos matemáticos, simulações por computador, entre outros). O emprego de animais só deve ser considerado caso o conhecimento não possa ser obtido por meio de métodos alternativos;

Reduce — se não houver outra maneira de se fazer a pesquisa senão com o uso de animais, o número de animais utilizados na pesquisa deve ser o mais reduzido possível para se obterem resultados confiáveis. O pesquisador deve empregar estratégias experimentais adequados e métodos estatísticos para definir o tamanho mínimo de animais que devem compor suas amostras e grupos de estudo. Na análise dos dados, também devem ser empregados testes adequados à análise de pequenas amostras; e

Refine — postula um refinamento metodológico que minimize o desconforto e/ou o sofrimento dos animais utilizados em experimentos.

Em 1996, a American Psychology Association (APA) publicou um guia com orientações éticas para normatizar a conduta de psicólogos que desenvolvem suas pesquisas com animais. As normas da APA contemplam os seguintes tópicos:

1. **Justificativa da pesquisa**: a pesquisa deve ser realizada com um claro propósito científico.
2. **Pessoal envolvido na experimentação animal**: postula a necessidade de que as pessoas envolvidas na pesquisa animal, seja o próprio psicólogo ou pessoas sob sua supervisão, conheçam tanto os aspectos éticos da experimentação com animais bem como aspectos comportamentais de seus sujeitos experimentais (comportamentos normais, anormais, espécie-específicos e outros comportamentos que possam indicar problemas de saúde), além da legislação local ou federal que regulamenta tal atividade.
3. **Cuidados e alojamento dos animais**: estipula cuidados que visem ao bem-estar dos animais mantidos em cativeiro para pesquisa ou ensino. As instituições que mantêm animais para fins didático-científicos devem prover abrigo, alimentação e cuidados salubres para seus animais. Além disso, todos os procedimentos que irão ser realizados com animais devem ser revistos por um comitê que avalie se tais procedimentos são adequados e humanos.
4. **Formas de aquisição dos animais**: os animais que serão utilizados em atividades didático-científicas devem ser obtidos por meio de procedimentos legais. As pessoas envolvidas como o transporte dos animais para a instituição de ensino e/ou pesquisa devem fornecer alimentação e alojamento adequados aos animais para que os mesmos não sejam expostos a estresse desnecessário.
5. **Os procedimentos experimentais**: tanto o projeto da pesquisa quanto a conduta do pesquisador ao longo da realização do experimento devem priorizar o bem-estar dos animais que serão utilizados. Além disso, são feitas algumas recomendações acerca de procedimentos que possam causar diferentes níveis de desconforto e/ou sofrimento aos animais. Também são estabelecidos procedimentos que envolvam estimulação aversiva (por exemplo, choques elétricos), e que

devem ser adequadamente justificados e realizados somente se o conhecimento não puder ser obtido por outros meios. Quando o procedimento exigir a realização de cirurgias, estas devem ser realizadas com o animal devidamente anestesiado e conduzidas por profissional experiente. Cuidados pós-cirúrgicos devem fazer parte do protocolo. Quando for necessária a realização de eutanásia em animais utilizados em experimentos, devem ser empregados métodos que garantam uma morte rápida, e o procedimento deve ser realizado da maneira mais humana possível e de acordo com a legislação local.

6. **Pesquisas naturalísticas**: mesmo as pesquisas que se propõem a fazer a avaliação de animais em seu ambiente natural devem também ser submetidas à aprovação de um comitê de ética em pesquisa. Tais pesquisas podem envolver prejuízos a determinados ecossistemas, perturbação de populações animais ou mesmo envolver populações humanas que habitem o mesmo local que os animais, que serão objeto da pesquisa. Pesquisas com animais especialmente sensíveis ou em risco de extinção devem ser especificamente justificadas.

7. **Uso de animais na educação**: dadas as particularidades do emprego de animais para fins didáticos, a APA publicou um guia específico para esse fim. Tal guia sugere a inclusão de discussão e treinamento adequado sobre a ética e o valor das pesquisas com animais. Alguns procedimentos são eticamente justificáveis em pesquisa, porém não necessariamente éticos para fins didáticos. O uso de animais para fins didáticos também precisa ser aprovado por um comitê de ética.

Algumas entidades científicas, como, por exemplo, o Colégio Brasileiro de Experimentação Animal (Cobea) buscam nortear não só a conduta do pesquisador, mas também critérios mínimos de manutenção de animais para fins didático-científicos. Você pode visitar o *site* do Cobea (www. cobea.org.br) para conhecer os princípios éticos da experimentação com animais. Em 2012, o Ministério da Ciência, Tecnologia e Inovação, do governo brasileiro, aprovou resoluções normativas para o uso de animais em pesquisas e ensino.

Apesar de muitas pesquisas causarem desconforto e até mesmo grande sofrimento aos animais utilizados, os conhecimentos gerados por tais estudos têm sido empregados no desenvolvimento de tecnologias que beneficiam o ser humano e também outras espécies de animais. O National Institute of Menthal Health (2002) relacionou algumas das contribuições resultantes da utilização de animais em pesquisa:

- **Bem-estar dos animais**: as pesquisas com animais proporcionaram conhecimentos acerca das preferências alimentares, semelhanças e diferenças entre espécies, interações sociais e territoriais que contribuíram para a melhoria do bem-estar de outros animais (por exemplo, ambientes mais adequados aos animais mantidos em zoológico).

- **Medicina de reabilitação**: graças às pesquisas com animais, surgem novas perspectivas para muitas condições clínicas antes vistas antes como incuráveis. Descobertas acerca da neuroplasticidade das células da medula espinhal de ratos podem resultar em novos modelos terapêuticos para vítimas de acidentes ou de violência urbana.

- **Pesquisas sobre dor**: as pesquisas com animais mostraram vias específicas do sistema nervoso que podem inibir com sucesso dores intensas. Pacientes com eletrodos cirurgicamente implantados podem ativar tais vias simplesmente pressionando o botão de um radiotransmissor portátil.

- **Desenvolvimento de psicoterapias**: muitas técnicas psicoterapêuticas, como a dessensibilização sistemática, são baseadas em princípios de aprendizagem estudados em animais. A psicoterapia comportamental, considerada por muitos o tratamento de escolha para pacientes portadores de fobias, compulsões e outras, desenvolveu-se a partir dos achados de Skinner em seus ratos e pombos.

- **Mecanismos e relação do estresse com a saúde**: estudos com animais têm mostrado a relação do estresse com muitas doenças humanas, como problemas cardíacos, déficits imunológicos, úlceras, depressão, entre muitas outras.

- **Os efeitos das experiências precoces**: pesquisas com animais têm confirmado, refinado e expandido algumas observações clínicas acerca dos efeitos das experiências tidas na infância. Além de mostrar que as experiências na infância podem ter efeitos danosos para as pessoas, os estudos com animais também têm demonstrado como reverter os efeitos de tais experiências.

- **Problemas cognitivos decorrentes do envelhecimento**: estudar os efeitos do processo de envelhecimento em ratos ou outros animais de vida curta é uma importante estratégia para se conhecer aspectos das alterações cognitivas apresentadas por idosos humanos. Estudos experimentais com animais idosos de diferentes espécies têm mostrado semelhanças com a aprendizagem e a memória de humanos idosos.

CONSIDERAÇÕES FINAIS

A Psicologia pode ser considerada científica quando busca leis que regem o comportamento, e os princípios da aprendizagem podem ser considerados elementos comuns entre todos os animais que possuam um sistema nervoso central desenvolvido. Os modelos animais são extremamente úteis no desenvolvimento de conhecimento para que as ciências aplicadas possam desenvolver e aprimorar técnicas e intervenções mais eficazes com os humanos.

Guardadas as devidas proporções e os limites de generalização (validade externa) entre os modelos animais e humanos, as pesquisas de aspectos comportamentais, cognitivos e afetivos são de suma importância para que o homem continue a adquirir conhecimento sobre seu comportamento individual e social, bem como sobre seu funcionamento genético, neurobiológico e dos processos e fenômenos básicos psicológicos.

As pesquisas básicas também auxiliam os cientistas a desenvolverem medicamentos mais específicos e eficazes para os transtornos humanos, e muitas drogas que utilizamos seguramente em nossos filhos e em nós mesmos devem-se a baterias de pesquisas bem controladas que foram feitas com animais, antes de serem utilizadas em humanos.

Os psicólogos clínicos devem conhecer bem os princípios do comportamento, a fim de avaliarem as contingências às quais seus clientes/pacientes estão expostos, para que, dessa forma, possam sugerir intervenções e técnicas mais eficazes para os casos específicos. Somente dessa maneira, através da ciência, em seus pressupostos de replicabilidade, controle e manipulação de variáveis, a psicologia poderá, como vem ocorrendo, alcançar um posto privilegiado, composto por um corpo de conhecimento confiável.

REFERÊNCIAS

AMERICAN PSYCHIATRIC ASSOCIATION — APA. **Diagnostic and Statistical Manual of Mental Disorders.** Washington, D.C: APA, 1994.

BAPTISTA, M. N. **Suicídio e Depressão: atualizações**. Rio de Janeiro: Guanabara-Koogan, 2004.

BEAR, M. F.; CONNORS, B. W.; PARADISO, M. A. **Neurociências: desvendando o sistema nervoso**. 2.ª ed. Porto Alegre: Artmed, 2002.

GEYER, M. A.; MARKOU, A. **Animal Models of Psychiatric Disease**. In: Bloom, F. E. e Kupfer, D. J., eds., *Psychopharmacology: The Fourth Generation of Progress*. New York: Raven Press, 1995, p. 787-798.

GOLDIM, J. R.; RAYMUNDO, M. M. **Pesquisa em Saúde e os Direitos dos Animais**. 2.ª ed. Porto Alegre: HCPA, 1997.

GRAEFF, F. G. **Doença Mental**. In: Graeff, F. G. e Brandão, M. L. *Neurobiologia das Doenças Mentais*. 3.ª ed. São Paulo: Lemos Editorial 1996, p. 19-30.

KALUEFF, A.V.; TUOHIMAA, P. **Experimental Modeling of Anxiety and Depression**. *Acta Neurobiol. Exp.*, 64: 439-448, 2004.

MELLO, L. E. A. M.; BORTOLOTTO, Z. A.; CAVALHEIRO, E. A. **Modelos Experimentais de Epilepsia: uma revisão.** *Neurobiol.*, 49: 231-268, 1986.

MYERS, D. G. **Explorando a Psicologia.** 5.ª ed. Rio de Janeiro: LTC Editora, 2003.

NATIONAL INSTITUTE OF MENTAL HEALTH. **Methods and Welfare Considerations in Behavioral Research with Animals: report of a National Institutes of Health Workshop.** Morrison, A. R.; Evans, H. L.; Ator, N. A.; Nakamura, R. K. (eds.). NIH Publication. Washington, D.C.: U.S. Government Printing Office, 2002.

PAIXÃO, R. L. **Experimentação Animal: razões e emoções para uma ética.** [Tese de doutorado]. Rio de Janeiro, Fundação Osvaldo Cruz, Escola Nacional de Saúde Pública, 2001.

POUND, P.; EBRAHIM, S.; PETER SANDERCOCK, P.; MICHAEL B. BRACKEN, M. B.; ROBERTS, I. **Where is the Evidence that Animal Research Benefits Humans?** *BMJ* 328(28): 514–517, 2001.

TIMO-IARIA, C. **História da Experimentação em Medicina.** In: Campana, A. O. *Investigação Científica na Área Médica.* São Paulo: Manole 2001, p. 3-27.

VAZIRE, S.; GOSLING, S. D. **Bringing Psychology and Biology with Animal Research.** *American Psychologist*, 58: 407-408, 2003.

XAVIER, G. F. **Técnicas para o Estudo do Sistema Nervoso.** São Paulo: Plêiade, 1999.

Estatística e delineamentos de pesquisa

CLAUDETTE MARIA MEDEIROS VENDRAMINI

HISTÓRICO DA ESTATÍSTICA

Desde a Antiguidade as técnicas estatísticas atendem à necessidade da sociedade de tomar decisões com base em levantamentos de dados numéricos sobre os recursos humanos e econômicos disponíveis na sociedade. Com a finalidade de construir pirâmides, Heródoto, em 3050 a.C., solicitou um levantamento desses recursos que estavam disponíveis no Egito. Para saber sobre as terras que eram propriedade da Igreja, Pipino, no ano 758, realizou um levantamento estatístico de dados. Na Inglaterra, foram analisados dados sobre saúde pública, nascimentos, mortes e comércio. Nesse tipo de levantamento, distinguiram-se John Graunt (1620-1674) e William Petty (1623-1687), que procuraram leis quantitativas para traduzir fenômenos sociais e políticos. No mesmo século XVII, surgiu o desenvolvimento do cálculo das probabilidades (Departamento de Estatística da UFRN, 2004).

As inferências estatísticas começam a ser feitas na fase em que se promove a ligação das probabilidades e dos conhecimentos estatísticos, numa nova dimensão dada à Estatística. A origem do cálculo de probabilidades costuma ser atribuída a questões relacionadas com os jogos de azar que o cavaleiro Méré (1607-1684) encaminhou a Pascal (1623-1662). O conceito de esperança matemática foi introduzido por Christiaan Huygens (1629-1695), ao publicar o primeiro livro sobre cálculo de probabilidades. Outros teóricos dedicaram-se ao estudo de probabilidade, como Gottfried Wilhelm von Leibniz (1646-1716), Jacques Bernoulli (1654-1705), Abraham de Moivre (1667-1754), Thomas Bayes (1702-1761), os astrônomos Pierre-Simon Laplace (1749-1827), Johann Carl Friedrich Gauss (1777-1855) e Lambert Adolphe Jacques Quetelet (1796-1874), Andrey Nikolayevich Kolmogorov (1903-1987) (UFRN, 2004).

Três nomes importantes do século XVII podem ser citado, quando a Estatística passa a ser considerada disciplina autônoma, tendo como objetivo básico a descrição dos *bens* do Estado: Fermat (1601-1665), Pascal (1623-1662) e Huygens (1629-1695). A última fase do desenvolvimento da Estatística[1] iniciou-se no século XIX, ampliando e interligando os conhecimentos adquiridos nas fases anteriores e dando início a uma dependência dos diferentes ramos do saber relativamente à Estatística. O campo de aplicação da Estatística passou a abranger a análise de dados das mais variadas áreas de conhecimento, como Demografia, Biologia, Medicina, Física, Psicologia, Indústria, Comércio, Meteorologia, Educação, entre outras.

---

[1] O termo estatística, que deriva de *statu* (estado, em latim), apareceu pela primeira vez no século XVIII e foi sugerido pelo alemão Gottfried Achemmel (1719-1772).

Em Psicologia, os precursores e os que desenvolveram a psicometria eram estatísticos de formação. A origem da psicometria segue duas orientações, uma mais prática, de interesse psicopedagógico e clínico, e outra mais teórica, que visa o desenvolvimento da própria teoria psicométrica, sobretudo perseguida por psicólogos de orientação estatística. A origem de instrumentos psicológicos pode ser constatada nos trabalhos de Francis Galton (1822-1911), embora existam relatos de que os testes psicológicos foram utilizados para seleção de funcionários civis na China aproximadamente em 3000 a.C. Galton acreditava que as operações intelectuais poderiam ser avaliadas por meio de medidas sensoriais e de métodos estatísticos para se analisarem quantitativamente os dados coletados.

O desenvolvimento da Inferência Estatística está associado a grandes nomes, tais como Karl Pearson (1857-1936), William Sealey Gosset (1876-1937) e Ronald Aylmer Fisher (1890-1962). Pearson desenvolveu trabalhos aplicando os métodos estatísticos aos problemas biológicos relacionados com a evolução e a hereditariedade, e contribuiu extremamente para o desenvolvimento da teoria da Análise de Regressão e do Coeficiente de Correlação, bem como do teste de hipóteses pelo quiquadrado. Gosset, químico e matemático, devido à necessidade de manipular dados provenientes de pequenas amostras, extraídas para melhorar a qualidade da cerveja produzida em uma cervejaria de Dublim, derivou o teste t de Student baseado na distribuição de probabilidades t. Esses resultados foram publicados em 1908 na revista *Biometrika*, sob o pseudônimo de Student, para não revelar aos concorrentes os métodos estatísticos que estava empregando no controle de qualidade da cerveja. Na Psicologia, no campo das aptidões humanas, foi Thurstone (1938, 1941) quem deu impulso inovador ao uso de técnicas estatísticas, como a análise fatorial para estudar as dimensões presentes em uma análise.

Foi o astrônomo Ronald Fisher (1890-1962) quem contribuiu decisivamente para a Estatística Moderna ao apresentar os princípios de planejamento de experimentos e introduzir os conceitos de aleatorização, de Análise de Variância e de verossimilhança (*likelihood*, em inglês). No Brasil, a Estatística tem sua história associada à história do Instituto Brasileiro de Geografia e Estatística — IBGE. De acordo com o calendário comemorativo dos 50 anos de sua fundação, quem primeiro coordenou e sistematizou atividades ligadas a levantamentos censitários foi a diretoria geral de estatística, criada em agosto de 1872, data do primeiro recenseamento geral do Brasil (UFRN, 2004).

O ensino de Estatística é hoje obrigatório na maioria dos cursos das universidades nacionais, e tem sido tema constante de discussão, notadamente para cursos em que existe dificuldade de se transmitir o método estatístico sem o rigor matemático que ele exige.

A PESQUISA CIENTÍFICA E A ESTATÍSTICA

A atividade desenvolvida por meio de experiências feitas de modo sistemático, com a utilização de métodos e técnicas inerentes e apropriadas à busca de conhecimento específico, é denominada *pesquisa científica*. Toda *pesquisa científica* deve produzir conhecimento novo, de relevância teórica e social, válido e fidedigno. As decisões a serem tomadas nos mais variados campos profissionais devem ser validadas pelo conhecimento científico e produzidas mediante o método científico, ou seja, por meio de procedimentos intelectuais e técnicos adotados para atingir o conhecimento específico.

Na Psicologia, grande parte dos fenômenos estudados nas pesquisas científicas são abstratos e muitas vezes complexos, dificultando sua descrição, explicação, predição ou controle. Por serem abstratos, não podem ser observados diretamente, mas inferidos (medidos) por meio de uma amostra do comportamento. Em Psicologia, uma medida objetiva de uma amostra de comportamento é denominada "teste psicológico". Os resultados de um teste psicológico válido e fidedigno contribuem para a "avaliação psicológica", exame efetuado com o objetivo de entender o funcionamento psíquico de uma pessoa durante um tempo específico ou de predizer o funcionamento psicológico de uma pessoa no futuro (American Educational Research Association, 1999).

No entanto, os fenômenos psicológicos podem ser medidos por uma variedade de instrumentos, com características distintas, de formas diferentes e com graus de precisão diferenciados. Ao realizar uma pesquisa com esse objetivo, a Estatística pode se tornar uma poderosa ferramenta de análise. Mas é importante que ela esteja presente desde o início de uma investigação científica, auxiliando na operacionalização das hipóteses ou questões de pesquisa, na escolha de uma estratégia de pesquisa, na definição da população a ser estudada, na definição das variáveis, na coleta e na análise dos dados.

Toda pesquisa quantitativa, e algumas de cunho qualitativo, tem um problema a ser estudado, sendo necessário coletar informações segundo procedimentos adequados e coerentes com o referencial teórico, que após tratados, impliquem a interpretação confiável dos dados. Ao formular um problema de pesquisa, quase sempre se faz necessário levantar hipóteses ou suposições quanto aos possíveis resultados a serem obtidos, que podem referir-se ou não a uma pesquisa quantitativa conduzida segundo delineamentos estatísticos. Independentemente de se a análise é quantitativa ou qualitativa, a formulação do problema de pesquisa deve ser precisa, clara e sem ambiguidade.

Tendo em vista a importância de a Estatística se fazer presente desde o início de uma investigação científica, os conceitos básicos serão apresentados e exemplificados a partir de problemas de pesquisa como o descrito a seguir. Todas as explicações estatísticas serão referentes a esse problema, permitindo ao leitor uma análise estatística mais completa dos resultados de uma mesma pesquisa.

Exemplo 1:

PESQUISA DESENVOLVIDA POR VENDRAMINI (2000)

Resumo. Para um bom desempenho acadêmico, os alunos universitários necessitam, além das habilidades básicas, entre elas as habilidades matemáticas, ter atitudes positivas em relação às disciplinas da sua área de estudo. Uma das disciplinas presentes na maioria das grades curriculares dos cursos de graduação é a Estatística, considerada por muitos alunos uma disciplina difícil, pouco interessante, que exige conhecimento prévio de matemática, e que provoca medo e ansiedade. Para o bom desenvolvimento da disciplina durante o período letivo é necessário que o professor identifique as atitudes dos alunos em relação à Estatística logo no início do curso, para poder torná-las mais positivas do que negativas, propiciando assim melhores condições de ensino-aprendizagem. Diante do problema enunciado, surgem algumas questões de pesquisa: como são as atitudes dos alunos em relação à Estatística? As atitudes são diferentes entre homens e mulheres? As atitudes de alunos da área de ciências humanas diferem das atitudes dos alunos de ciências exatas e de ciências da saúde?

Muitas outras questões de pesquisa poderiam ser levantadas a partir do enunciado anterior, mas apenas uma ou algumas poderiam ser de interesse imediato do pesquisador. Para que as questões sejam respondidas cientificamente (objetivamente) e não apenas subjetivamente, é necessário observar como se comportam as variáveis de interesse em relação a outras variáveis em um conjunto de unidades de observação (população ou amostra). Nesse processo, a Estatística tem um papel fundamental.

Exemplo 2:

O interesse é verificar como se comportam as variáveis *atitudes* e *desempenho acadêmico* em relação às variáveis *gênero, série, área de conhecimento, etapa da disciplina* em um conjunto de alunos. Assim, foram aplicados em 319 universitários, escolhidos por conveniência, de uma universidade particular, dois instrumentos de pesquisa: um questionário de identificação contendo nome, gênero, idade, área de conhecimento, série em que o aluno está matriculado, desempenho acadêmico do aluno (nota média em todas as disciplinas no período anterior ao que está matriculado, entre outras); e uma escala de atitudes composta de 20 itens do tipo Likert, cada qual com quatro alternativas de resposta e pontuados de 1 a 4. Os itens que compõem a escala são do tipo "Tenho uma reação definitivamente positiva com relação à Estatística. Gosto dessa matéria e aprecio essa matéria", cujas alternativas de resposta são: discordo totalmente (1 ponto), discordo (2 pontos), concordo (3 pontos) e concordo totalmente (4 pontos); ou ainda, a afirmação com sentido negativo "Fico sempre sob uma terrível tensão na aula de Estatística", cujas alternativas de resposta são: discordo totalmente (4 pontos), discordo (3 pontos), concordo (2 pontos) e concordo totalmente (1 ponto). Como o instrumento tem 20 itens, o mínimo de pontos a ser alcançado na escala total é igual a 20, no caso em que são assinaladas todas as alternativas de 1 ponto (1 × 20 = 20). O máximo de pontos é igual a 80, quando todas as alternativas de 4 pontos forem assinaladas (4 × 20 = 80). As escalas do tipo *Likert* são construídas para se verificar o nível de concordância de um sujeito com uma série de informações em relação a um objeto psicológico. No exemplo anterior, o objeto psicológico é a atitude em relação à Estatística e as informações são as que expressam algo de favorável ou desfavorável.

CONCEITOS BÁSICOS

A Estatística pode ser dividida em dedutiva (descritiva) e indutiva (inferência).

A *estatística dedutiva* ou *descritiva* é um conjunto de métodos destinados à observação e coleta de fenômenos de igual natureza, à organização e classificação dos dados observados e a sua apresentação através de gráficos e tabelas, além do cálculo de coeficientes (estatísticas) que permitem descrever resumidamente esses fenômenos.

A *estatística indutiva* ou *inferência estatística* é um conjunto de métodos destinados a um processo de generalização, a partir de resultados particulares, obtidos através da análise de uma amostra, isto é, a inferência, indução ou estimação de propriedades (leis de comportamento) para o todo (população da qual a amostra foi retirada) com base na parte (amostra), no particular.

Em Estatística, *população* é o conjunto formado por todos os elementos que têm pelo menos uma característica comum de interesse do pesquisador em que são observados os resultados de um ou mais fenômenos de interesse, e *amostra* é qualquer subconjunto finito de elementos da população que, portanto, apresenta as mesmas características da população. As amostras podem ser selecionadas da população de várias maneiras. *Amostragem* é uma técnica especial para selecionarem amostras, tanto quanto possível ao acaso, que sejam representativas da população.

Uma *amostragem* pode ser *probabilística* (aleatória), quando todos os elementos da população têm probabilidade conhecida, e não nula de pertencer à amostra (casual simples, sistemática, estratificada etc.), ou *não probabilística* (não aleatória) em caso contrário (por escolha justificada, por conveniência, racional, por quotas etc.).

Exemplo 3:

A *população* é o conjunto de todos os universitários de uma determinada universidade particular. A *amostra* é o conjunto de 319 universitários, escolhidos por conveniência de três áreas de conhecimento, portanto a amostra não é aleatória, pois foi escolhida por um método não aleatório em que nem todos os alunos tiveram probabilidade diferente de zero de ser selecionados (*amostragem* por conveniência).

Em todo projeto de pesquisa deve-se em primeiro lugar definir qual é o *objeto* de pesquisa, em seguida como esse objeto se inscreve no campo dos conhecimentos existentes, e, depois qual o modelo teórico e as *hipóteses* ou *questões de pesquisa* que se quer verificar ou estudar empiricamente.

O *objeto de estudo* é um *fenômeno* a ser estudado (explicado) a partir das observações de uma realidade (dados empíricos). Um fenômeno pode ser aleatório ou determinístico.

Define-se *fenômeno aleatório* como sendo todo *objeto de estudo* que, observado sob as mesmas condições iniciais preestabelecidas; pode ser observado em todo elemento da população; apresenta variabilidade de resultados; é impossível de ser previsto antes de uma realização futura; tem os resultados distribuindo-se com uma regularidade de frequência, quando observados um grande número de vezes.

Quando se realiza uma pesquisa, é importante também identificar os fenômenos determinísticos que auxiliam na definição da população-alvo. Define-se *fenômeno determinístico* como todo *objeto de estudo* que mesmo antes de uma realização futura tem como características: apresentar sempre o mesmo resultado, é possível de ser previsto.

Exemplo 4:

> Os *fenômenos aleatórios* de interesse são: atitude em relação à estatística, desempenho acadêmico dos alunos, gênero, idade, área de conhecimento e série. Os *fenômenos determinísticos* são: nível de ensino (universitário), universidade (uma só universidade particular).

Um experimento realizado para a observação dos objetos de estudo ou fenômenos é denominado *experimento aleatório* quando repetido sob condições uniformes (o mais homogêneas possível), apresenta variabilidade e incerteza de resultados. Nesse caso, os fenômenos observados são aleatórios, e os resultados observados do fenômeno em uma população ou amostra são denominados *dados* de pesquisa.

Diante do problema de pesquisa exposto algumas hipóteses poderiam ser formuladas. Uma *hipótese* é um enunciado formal das relações esperadas entre pelo menos uma variável independente e uma variável dependente e passível de comprovação, enunciada de forma de clara e específica. Em um mesmo estudo pode haver mais de uma hipótese, e elas podem se relacionar de diferentes formas. As hipóteses podem ser classificadas em: *dedutivas*, quando decorrem de um determinado campo teórico e procuram comprovar deduções implícitas das mesmas teorias; ou *indutivas*, quando surgem da observação ou de reflexões sobre a realidade.

Exemplo 5:

> Poderiam ser formuladas as seguintes *hipóteses*: 1. As *atitudes* dos alunos estão associadas positivamente ao *desempenho* acadêmico em relação à estatística; 2. A *atitude* dos *homens* não difere significativamente das *atitudes* das *mulheres* em relação à estatística; 3. A *atitude* dos alunos da *área* de humanas em relação à estatística é mais negativa do que a atitude dos alunos das outras duas áreas.

As variáveis desempenham papéis diferentes na análise, de acordo com as hipóteses formuladas, e podem ser: *independente,* dimensão ou característica que o pesquisador manipula deliberadamente para conhecer o seu impacto em uma outra variável; *dependente,* dimensão ou característica que surge ou muda quando o pesquisador aplica, suprime ou modifica a variável independente.

Exemplo 6:

> Na hipótese 1 não há relação de dependência, e sim de associação entre *atitudes* e *desempenho*. Nas hipóteses 2 e 3, a *atitude* é a variável dependente, e o *gênero* e a *área de conhecimento,* as variáveis independentes.

Segundo sua natureza, os *fenômenos aleatórios* (variáveis) podem ser: *qualitativo não ordenável,* quando seus resultados se apresentam como atributos, categorias, modalidades ou tipos, e *não obedecem* a uma ordem natural nos resultados possíveis; *qualitativo ordenável,* quando seus resultados se apresentam como atributos, categorias, modalidades ou tipos, e *obedecem* a uma ordem natural nos resultados possíveis; *quantitativo discreto,* quando seus resultados se apresentam com quantidades numéricas obtidas geralmente por *contagens,* isto é, quando o conjunto de resultados pode ser enumerado (quando, entre dois resultados possíveis, nem sempre existe um outro) e se pode associar os resultados ao conjunto dos números inteiros; *quantitativo contínuo:* quando seus resultados se apresentam como quantidades numéricas obtidas geralmente por *mensurações* (quando, entre dois resultados possíveis sempre existe um outro também possível), e se podem associar os resultados ao conjunto dos números reais. Na Tabela 17.1, a seguir, são apresentados exemplos de cada tipo de variável.

NÍVEIS DE MENSURAÇÃO

Os fenômenos aleatórios podem ser observados na população ou amostra por diferentes níveis de mensuração (escalas): nominal, ordinal, intervalar e proporcional ou de razão. Com base nas relações entre atributos e sua representação simbólica em forma de uma condição numérica, podem-se distinguir os quatro tipos de escala: *nominal,* mede atributos que se distinguem somente em relação à equivalência de forma $(=, \neq)$; *ordinal,* mede atributos que se distinguem quanto à equivalência $(=, \neq)$ e relações de ordem $(<, >)$ sem no entanto considerar unidades de mensuração; *intervalar,* que mede atributos de forma que os intervalos representem quantidades regulares de atributos, a escala é uma função linear dos atributos e o zero é arbitrário para a origem da escala; *razão ou proporcional,* mede atributos de forma que os acréscimos em atributos sejam representados por acréscimos proporcionais em valores da escala; o zero é absoluto para a origem da escala. Na Tabela 17.1 são apresentados exemplos de cada nível de mensuração.

Para maior facilidade da classificação dos fenômenos aleatórios segundo sua natureza, é conveniente que o leitor indique quais os resultados possíveis para o fenômeno (veja exemplo a seguir).

Exemplo 7:

> A natureza e o nível de mensuração dos fenômenos aleatórios (variáveis) gênero, área de conhecimento, série, atitude em relação à estatística, idade e desempenho acadêmico dos alunos estão apresentados na Tabela 17.1. Para o gênero, os resultados possíveis a serem observados (valores) são as categorias (qualidades) masculino e feminino, portanto, cada uma das observações feitas só pode ser categorizada, daí o nível nominal de medida. Essas categorias de análise não são ordenáveis, daí a natureza do fenômeno qualitativo não ordenável.

Para o desempenho acadêmico (nota), os resultados possíveis a serem observados (valores) são quantidades numéricas, que podem variar no intervalo de 0 a 10 e ser apresentadas em uma reta real, portanto entre duas notas sempre existe uma terceira possível, por exemplo; entre 7,0 e 7,1 é possível a nota 7,05; entre as notas 7,0 e 7,05, é possível a nota 7,001; e assim por diante; portanto, a natureza do fenômeno é quantitativo contínuo. Como o valor zero é um valor absoluto representando desempenho acadêmico nulo, o nível de mensuração é proporcional, ou razão.

TABELA 17.1 Natureza e nível de mensuração dos fenômenos aleatórios em estudo

Fenômeno Aleatório	Valores Possíveis	Natureza	Nível de Mensuração
Gênero	{masculino, feminino}	qualitativo não ordenável	nominal
Área de conhecimento	{humanas, exatas, saúde}	qualitativo não ordenável	nominal
Série	{1.ª, 2.ª, 3.ª, 4.ª, 5.ª}	qualitativo ordenável	ordinal
Atitude em relação à estatística	{20, 21, 22, ..., 80}	quantitativo discreto	intervalar
Idade (anos completos)	{17, 18, 19, ..., 60}	quantitativo discreto	razão
Desempenho acadêmico dos alunos	[0, 10] qualquer número real entre 0 e 10	quantitativo contínuo	razão

ANÁLISE ESTATÍSTICA EXPLORATÓRIA

A análise exploratória de dados é utilizada para organizar, medir, analisar e apresentar os dados referentes às variáveis de uma pesquisa, informando sobre sua distribuição, tendências, variabilidade e explicitando informações subjacentes ao fenômeno estudado. A análise exploratória de dados pode ser realizada independentemente da origem dos dados, se coletados por censo (todos os elementos da população) ou por amostragem (parte da população, aleatória ou não).

Os procedimentos estatísticos, disponíveis na análise exploratória de dados, conhecida também como estatística descritiva, podem ser aplicados a qualquer conjunto de dados (qualitativos ou quantitativos). Frequentemente levanta-se uma série de variáveis acerca dos elementos da população ou amostra, que depois de observadas devem ser apresentadas de modo legível e compreensível para o pesquisador.

Análise Quantitativa de Variáveis Qualitativas

A falta de familiaridade com métodos de análise quantitativa de variáveis categóricas pode levar os pesquisadores a tratar os dados apenas de forma discursiva. É importante salientar que um bom tratamento de dados depende da estratégia utilizada para medir e codificar as variáveis de interesse do pesquisador. A organização de dados coletados e sua representação tabular ou gráfica certamente auxiliarão na análise dos dados observados.

Considerando-se a análise univariada, ou seja, a descrição das variáveis independentemente da ocorrência de outras, em um primeiro momento devem-se organizar os dados em uma *tabela de distribuição de frequências*, isto é, da distribuição do número de ocorrências de cada categoria na população ou amostra. Uma tabela de frequências pode ser simples (Tabela 17.2) ou cruzada (Tabela 17.3). Em seguida, os mesmos dados podem ser representados graficamente, por exemplo, em um gráfico de colunas simples quando o interesse for ressaltar as diferenças entre as categorias (Figura 17.1), em um gráfico de setores quando for ressaltar a participação de cada categoria em relação ao total de observações (Figura 17.2) ou em um gráfico de colunas compostas, quando se deseja ressaltar diferenças entre categorias de duas ou mais variáveis em um mesmo gráfico (Figura 17.3).

Exemplo 8:

> As distribuições de frequência das variáveis gênero e área de conhecimento estão apresentadas a seguir em uma tabela simples, somente a variável gênero (Tabela 17.2) e cruzando as informações do gênero por área de conhecimento (Tabela 17.3). Dependendo do interesse, pode-se utilizar uma das representações gráficas sugeridas a seguir. Na Figura 17.1 é visível a diferença entre o número de universitários de gêneros masculino e feminino. No entanto, a visualização da proporção masculinos e femininos relativamente ao total de universitários é mais difícil. A Figura 17.2 atende melhor a esse objetivo. Já a Figura 17.3 representa o cruzamento entre as duas variáveis estudadas. Nessa figura, como na Figura 17.1, são visualizadas as diferenças de frequência entre as categorias de análise.

As representações tabular e gráfica permitem uma análise descritiva melhor das variáveis de interesse, evidenciando valores extremos e diferenças entre categorias.

TABELA 17.2 Número de universitários por gênero

Gênero	Número de Universitários	
	Nº	%
Masculino	138	43,3
Feminino	181	56,7
Total	319	100,0

TABELA 17.3 Número de universitários por área de conhecimento e gênero

Área de Conhecimento	Número de Universitários por Gênero			
	Masculino		Feminino	
	Nº	%	Nº	%
Humanas	30	21,7	101	55,8
Exatas	70	50,8	11	6,1
Saúde	38	27,5	69	38,1
Total	138	43,3	181	56,7

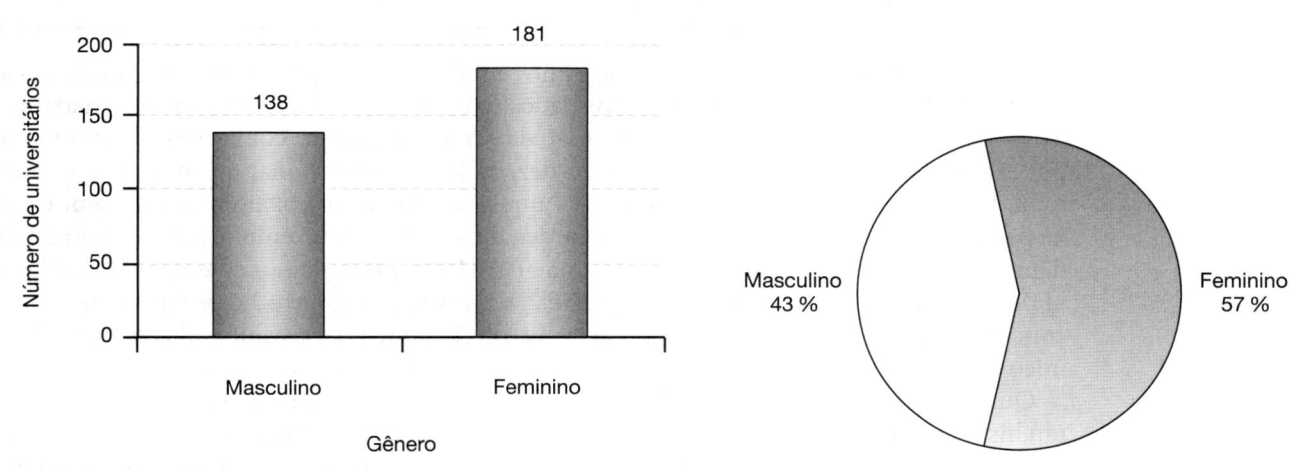

Figura 17.1: Número de universitários por gênero.

Figura 17.2: Percentual de universitários por gênero.

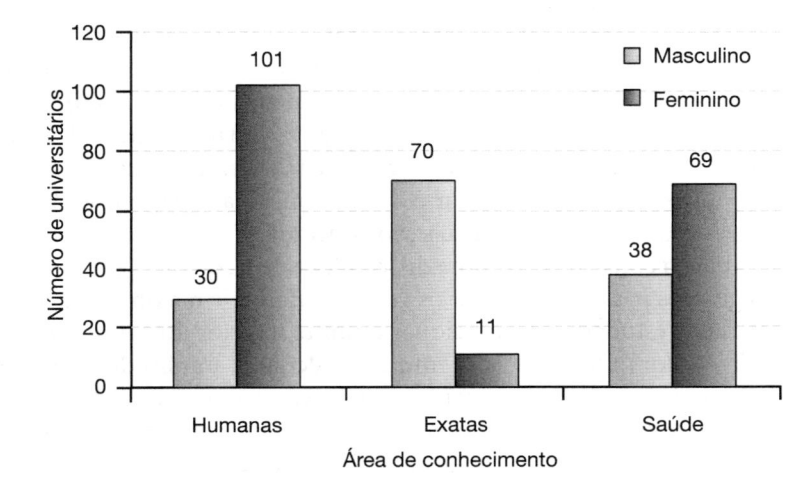

Figura 17.3: Número de universitários por área de conhecimento e por gênero.

Análise Univariada de Variáveis Quantitativas

Para a descrição das variáveis observadas independentemente da ocorrência de outras, deve-se, em um primeiro momento organizar os dados coletados ainda não tratados e denominados *dados brutos* (Tabela 17.4) em uma distribuição do número de ocorrências de cada valor observado na população ou amostra. Esta organização pode ser feita em um *diagrama de ramos e folhas* e posteriormente em uma *tabela de distribuição de frequências*.

O diagrama de ramos e folhas é muito útil para uma análise inicial do comportamento das variáveis quando se deseja visualizar a distribuição dos valores observados dentro de intervalos específicos, assim como ocorre nas distribuições de frequência em intervalos de classe. A diferença é que nos diagramas de ramos e folhas, embora os dados estejam agrupados, é possível saber quais sao os diferentes valores ocorridos, enquanto na distribuição de frequência em intervalos de classe isso não é possível. No Exemplo 9, os dados brutos de desempenho acadêmico e de atitudes em relação à Estatística, apresentados na Tabela 17.4, podem ser agrupados no diagrama de ramos e folhas apresentado na Tabela 17.5.

Exemplo 9:

> Para exemplificar uma análise univariada de dados considerou-se uma amostra de 30 universitários selecionados aleatoriamente dos 319 alunos que participaram da pesquisa descrita no Exemplo 1. Os dados brutos de desempenho acadêmico e atitudes dos 30 alunos estão apresentados na Tabela 17.4.

Para a construção de um diagrama de ramos e folhas deve-se percorrer os seguintes passos: encontrar os valores mínimo e máximo dos dados (para o desempenho acadêmico o máximo é 10,0 e o mínimo é 2,3); de acordo com a dimensão da variável estudada, convencionar o ramo e a folha; por exemplo, se os valores variam de zero a dez, pode-se convencionar que o ramo é a unidade e a folha é a casa decimal (como é o caso do desempenho acadêmico); examinar cada valor e colocá-lo na parte decimal da folha correspondente; ordenar os ramos. Por exemplo, para o desempenho acadêmico o ramo (unidade) 2 e a folha (decimais) 333346 representam o desempenho acadêmico 2,3 obtido por quatro estudantes, o desempenho 2,4, por um estudante e 2,6 por um estudante. Várias conclusões podem ser tiradas do formato da distribuição em ramos e folhas do desempenho acadêmico e das atitudes dos universitários e que certamente enriquecerão a análise descritiva dos dados.

Quando os dados são organizados em uma tabela de frequência em classes e representados em um histograma, a informação individual é perdida (Figura 17.4). Observe que o diagrama de ramo e folhas faz as vezes do histograma, se observado o comprimento das folhas correspondente à altura das colunas.

Após a análise inicial e a análise dos dados, as variáveis quantitativas podem ser organizadas em *tabelas de frequência*, em que se conta o número de observações *para cada valor distinto*, quando esse número é considerado pequeno pelo pesquisador. Quando o número de valores distintos de uma variável discreta é grande ou quando a variável é contínua, os dados devem ser organizados em *intervalos de classe*, segundo regras de agrupamento. Uma dessas regras considera que o número adequado de intervalos de classe (k) é uma função do número total de observações (n), $k = 1 + 3,3 \times \log(n)$. Ao agrupar os dados em uma distribuição de frequência em intervalos de classe, pressupõe-se que as variáveis são contínuas.

Para a construção de uma distribuição de frequência em intervalos de classe deve-se percorrer os seguintes passos: encontrar os valores mínimo e máximo dos dados; de acordo com a dimensão da variável estudada, convencionar o limite inferior do primeiro intervalo; calcular a amplitude total AT = valor máximo − valor mínimo; calcular a amplitude **aproximada** dos intervalos $h = AT / k$, tal que o primeiro intervalo contenha o menor valor observado e o último, o maior; organizar os dados na distribuição com intervalos fechados à esquerda (contando os valores iguais ao limite inferior do intervalo e não os valores iguais ao limite superior) ou fechados à direita (contando os valores iguais ao limite superior do intervalo e não os valores iguais ao limite inferior).

TABELA 17.4 Desempenho acadêmico e atitudes de 30 universitários em relação à estatística

Aluno	Desempenho Acadêmico	Atitudes em Relação à Estatística
1	5,0	57
2	2,3	32
3	5,5	64
4	5,6	60
5	7,0	78
6	7,7	69
7	8,8	80
8	7,8	72
9	9,9	75
10	10,0	76
11	2,3	20
12	8,7	60
13	9,4	70
14	3,0	30
15	3,3	33
16	4,4	46
17	4,5	48
18	5,5	50
19	2,3	29
20	5,3	54
21	6,7	55
22	5,5	50
23	4,0	42
24	2,6	30
25	2,4	35
26	3,3	30
27	8,8	70
28	4,5	40
29	5,3	55
30	2,3	30

Exemplo 10:

Os dados da Tabela 17.5 reagrupados segundo a regra dada encontram-se apresentados nas Tabelas 17.6 e 17.7.

As distribuições de frequência podem também ser representadas graficamente. A seguir são apresentadas duas possibilidades de representação, o histograma e a ogiva percentual crescente (polígono de frequência acumulada percentual crescente). Para essas representações, podem ser considerados tanto os pontos médios dos intervalos de classe quanto os limites inferior e superior das mesmas.

TABELA 17.5 Diagrama de ramos e folhas do desempenho acadêmico e das atitudes de 30 universitários em relação à estatística

Número de Universitários (Frequência)	Desempenho Acadêmico	
	Ramo (Unidade)	Folha (Decimal)
6	2	333346
3	3	033
4	4	0455
7	5	0335556
1	6	7
3	7	078
3	8	788
2	9	49
1	10	0

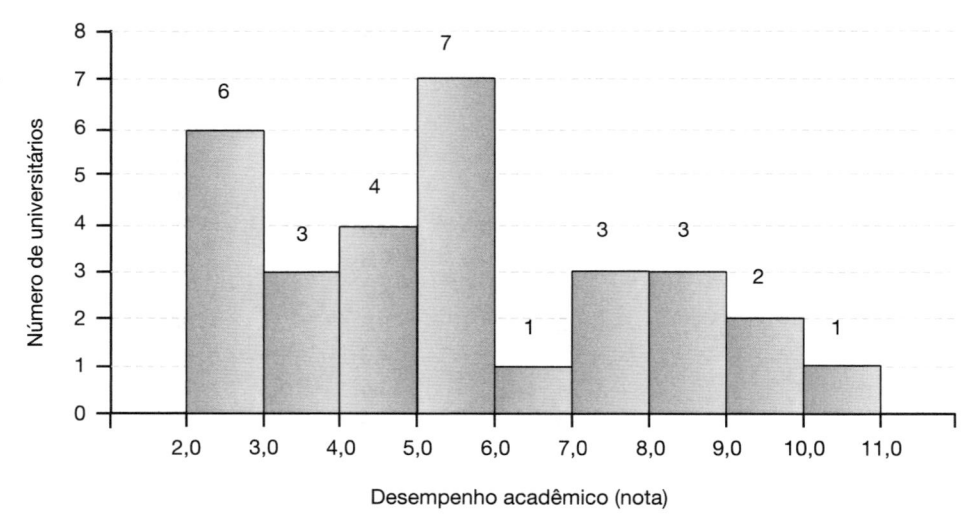

Figura 17.4: Histograma e ogiva percentual crescente das Notas de Desempenho Acadêmico.

TABELA 17.6 Estatísticas utilizadas para a construção das distribuições de frequência do desempenho acadêmico e das atitudes de 30 universitários em relação à estatística

Estatísticas	Valores Calculados	
	Desempenho Acadêmico	Atitudes em Relação à Estatística
Mínimo	2,3	20
Máximo	10,0	85
Amplitude total (AT)	7,7	65
Número de intervalos (k)	6	6
Amplitude dos intervalos (h)	1,3 => 1,5	10,8 => 10

TABELA 17.7 Número de universitários por intervalos de valores do desempenho acadêmico e das atitudes em relação à estatística

Desempenho Acadêmico	Número de Universitários		Atitudes em Relação à Estatística	Número de Universitários	
	Nº	%		Nº	%
1,0 —| 2,5	5	16,7	20 —| 30	6	20,0
2,5 —| 4,0	5	16,7	30 —| 40	4	13,3
4,0 —| 5,5	9	29,9	40 —| 50	5	16,7
5,5 —| 7,0	3	10,0	50 —| 60	6	20,0
7,0 —| 8,5	2	6,7	60 —| 70	4	13,3
8,5 —| 10,0	6	20,0	70 —| 80	5	16,7
Total	30	100,0	Total	30	100,0

Exemplo 11:

As distribuições de frequência da Tabela 17.5 estão apresentadas nas Figuras 17.5 e 17.6. O histograma é representado por colunas, e a ogiva por uma linha poligonal. Os gráficos indicam que a ogiva do desempenho acadêmico cresce mais rapidamente do que a ogiva das atitudes.

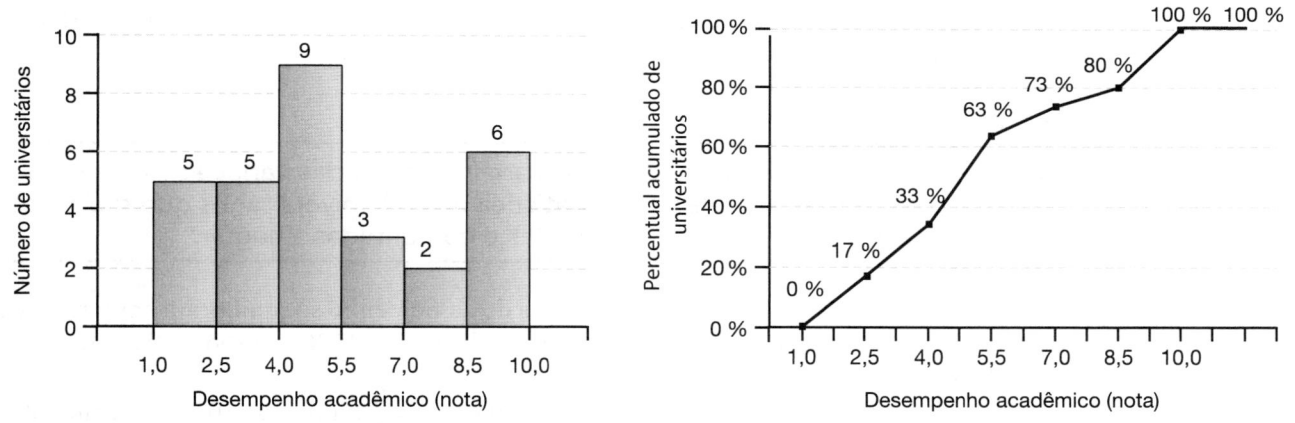

Figura 17.5: Histograma e ogiva percentual crescente das notas de desempenho acadêmico.

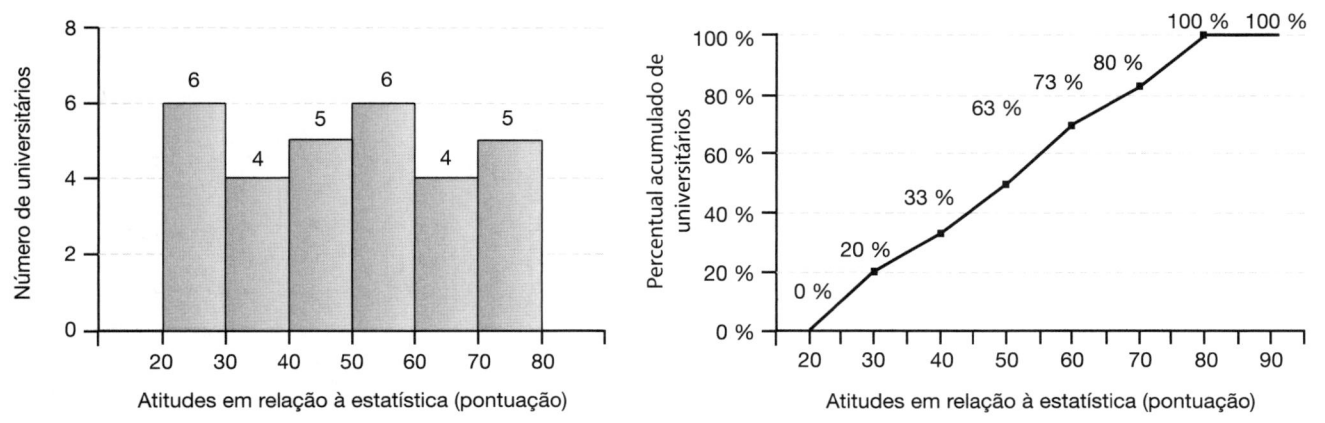

Figura 17.6: Histograma e ogiva percentual crescente das pontuações na escala de atitudes em relação à estatística.

Medidas de Tendência Central e de Variabilidade

As estratégias de análise até aqui utilizadas contribuem bastante para uma descrição mais detalhada das variáveis estudadas. Mas, mesmo assim, deve-se utilizar estatísticas descritivas que se constituem em medidas de resumo e que acrescentam informações grupais importantes sobre essas variáveis. Entre essas medidas destacam-se:

- *Medidas de tendência central:* indicam onde se concentra a maioria dos dados: a *média* indica o centro de gravidade da distribuição, isto é, o ponto que equilibra os desvios dos valores da distribuição em relação a ela; a *mediana, que* divide o número de elementos em duas partes iguais, isto é, 50 % dos dados assumem valores menores ou iguais a ela; e a *moda,* valor que ocorre com maior frequência na amostra ou população.

- *Medidas de posição:* indicam pontos que dividem a distribuição de dados em partes iguais, isto é, o número de elementos, em quatro (*quartis*), 10 (*decis*) ou em 100 (*percentis*) partes iguais; por exemplo, 1/4 ou 25 % dos dados assumem valores menores ou iguais ao primeiro quartil Q_1, ou, ainda, 15 % dos dados assumem valores menores ou iguais ao décimo quinto percentil (P_{15}).

- *Medidas de variabilidade:* indicam quanto os dados estão dispersos ou discrepantes, a *amplitude total* indica a maior discrepância possível entre dois dados, isto é, a diferença entre o maior e o menor valor observado; a *variância* e o *desvio-padrão* são medidas que indicam o quanto os dados variam em torno da média do conjunto analisado; e o *coeficiente de variação* é uma medida de dispersão relativa percentual do conjunto de dados (100 × desvio-padrão/média).

Na prática são utilizados vários pacotes estatísticos, tais como SPSS, STATISCA, MINITAB, entre outros, que calculam e emitem relatórios sobre essas estatísticas descritivas.

Exemplo 12:

> As medidas de resumo que auxiliam na caracterização das variáveis desempenho acadêmico e atitudes em relação à estatística dos 30 universitários que são objeto de estudo nesse texto estão apresentadas e comentadas a seguir.

Os resultados indicam que os desvios das notas de desempenho se equilibram em torno de 5,5, apresentando uma dispersão relativa em torno da média igual a 45 %, superior à dispersão relativa das atitudes dos universitários em relação à média 51,5 (35 %).

Para o desempenho, a nota mínima coincide com o P_{10}, indicando que 10 % dos estudantes tiraram notas iguais à nota mínima (2,3) e 10 % dos alunos tiraram notas acima de 9,3 ($P_{90} = 9,3$).

Para as atitudes, a pontuação mínima na escala é 20, não coincidindo com o P_{10}, indicando que

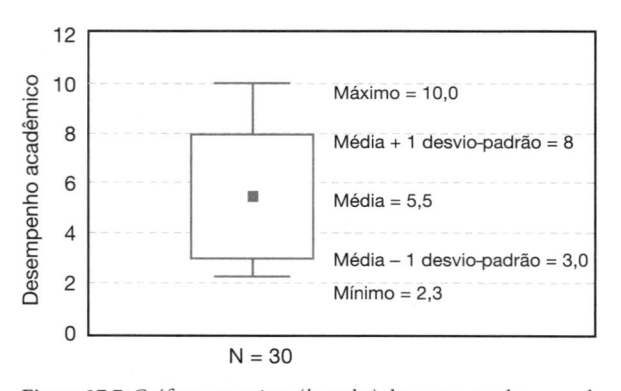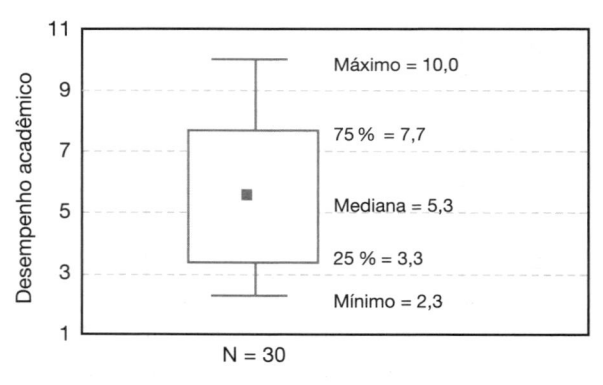

Figura 17.7: Gráficos em caixas (*box plot*) das notas em desempenho acadêmico.

TABELA 17.8 Estatísticas descritivas do desempenho acadêmico e das atitudes de 30 universitários em relação à estatística

Estatísticas Descritivas	Valores Calculados	
	Desempenho Acadêmico	Atitudes em Relação à Estatística
Média	5,5	51,5
Mediana (P_{50})	5,3	52,0
Moda	5,5	50,0
Mínimo	2,3	20
Máximo	10,0	85
Amplitude total (AT)	7,7	65,0
Desvio-padrão	2,5	18,0
Coeficiente de variação	45 %	35 %
P_{10}	2,3	30,0
P_{25}	3,3	32,8
P_{75}	7,7	69,2
P_{90}	9,3	75,9

10 % dos universitários obtiveram pontuações menores ou iguais a 30,0 e 10 %, maiores ou iguais a 75,9. Metade dos universitários tirou notas entre 3,3 e 7,7 e atitudes entre 32,8 e 69,2.

Outros resultados podem ser inseridos nas estatísticas apresentadas na Tabela 17.8 que com certeza enriquecerão a análise descritiva das variáveis e auxiliarão o pesquisador a entender melhor o comportamento das variáveis analisadas. Nesse processo de análise e interpretação de estatísticas descritivas a representação gráfica também pode ser útil. A representação mais adequada para representar essas estatísticas é o gráfico de caixas (*box plot*), que pode ser construído utilizando os valores da média e desvio-padrão ou a mediana e percentis, dependendo do tipo de distribuição de frequência e do objetivo do pesquisador.

Escolha Adequada de Procedimentos Estatísticos

Os procedimentos estatísticos utilizados nas análises estatísticas variam de acordo com a formulação das hipóteses e com o nível de mensuração das variáveis de interesse do estudo que se pretende realizar. Pode ser de interesse do pesquisador determinar se diferenças amostrais são estatisticamente significativas ou devidas a erro amostral, ou ainda verificar o grau de associação (correlação) entre duas ou mais variáveis.

Não é objetivo deste capítulo expor a parte teórica referente aos testes de hipótese e análise correlacional, mas apenas apresentar alguns exemplos de suas aplicações práticas. Na bibliografia indicada pode-se abordar melhor cada uma das teorias envolvidas.

Para o uso adequado de qualquer procedimento estatístico, é fundamental verificar inicialmente os seus pressupostos, considerando-se os fatores a seguir apresentados de forma resumida na Tabela 17.12.

Procedimento

1. Verificar o nível de mensuração atingido para as variáveis em estudo (coluna 1).
2. Verificar a medida mais adequada a partir da descrição científica dos dados (colunas 2 e 3).
3. Verificar o tipo de análise desejada. Por exemplo, verificar diferenças significativas entre distribuições de frequência, entre médias, entre proporções, entre variâncias; ou verificar as associações significativas entre duas ou mais variáveis; ou mais de uma dessas análises (colunas 4 a 6).
4. Escolher a distribuição teórica de probabilidade mais adequada para se fazer as análises (coluna 7).
5. Verificar se os pressupostos para a aplicação do modelo teórico são satisfeitos.

Para melhor entendimento do uso da Tabela 17.12, foram selecionados alguns exemplos de procedimentos de análise estatística, um de cada tipo de procedimento: correlação paramétrica e não paramétrica, teste de diferenças significativas por métodos paramétricos e não paramétricos.

Os exemplos referem-se a alguns dos objetivos de pesquisa de Vendramini (2000) sobre como se comportam as variáveis *atitudes* e *desempenho acadêmico* em relação às variáveis *gênero, área de conhecimento, faixa etária* e *autopercepção de desempenho em Estatística*.

Serão verificadas as seguintes hipóteses, ao nível de significância de 5 %:

- A distribuição de estudantes difere quanto ao gênero entre as áreas de conhecimento (Exemplo 13).
- Há diferença de escores médios de idade entre as áreas de conhecimento (Exemplo 14).
- As atitudes dos estudantes em relação à Estatística diferem entre as áreas de conhecimento (Exemplo 15).
- Existe correlação positiva entre atitudes em relação à Estatística e desempenho acadêmico (Exemplo 16).
- Existe correlação entre conceito e utilidade da Estatística (Exemplo 17).

Exemplo 13:

Verificar se a distribuição de estudantes entre as *áreas de conhecimento* difere quanto ao *gênero*.

Para verificar a veracidade da hipótese, inicialmente deve-se observar cada uma das colunas da Tabela 17.12, cujos fatores estão comentados nos parágrafos anteriores (itens 1 a 5).

1. As variáveis *gênero* e *área de conhecimento* são de nível *nominal*, pois seus resultados são organizados em categorias não ordenáveis, gênero = {masculino, feminino} e área de conhecimento = {ciências humanas, ciências exatas, ciências da saúde}.
2. Como as variáveis são qualitativas não ordenáveis, as estatísticas mais apropriadas são frequência e moda, e portanto deve-se usar métodos de estatística não paramétrica.
3. Nesse exemplo deseja-se comparar distribuições de frequência e não estabelecer relações entre as variáveis.
4. Escolhe-se a prova qui-quadrado para três amostras independentes porque os três grupos ciências humanas, ciências exatas e ciências da saúde são independentes e porque os escores que estão sendo estudados consistem em frequências em categorias discretas (masculino e feminino).

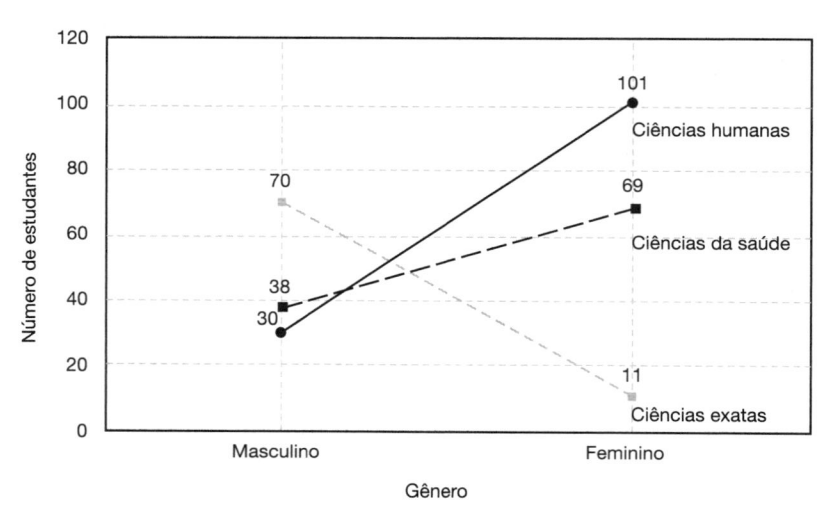

Figura 15.8: Distribuição dos sujeitos de acordo com o gênero, por área de conhecimento.

5. Um dos pressupostos para a aplicação da provado qui-quadrado é que no máximo 20 % das frequências sejam inferiores a 5 e que nenhuma das frequências esperadas seja inferior a 1.

Resultado: Os sujeitos da áreas de Ciências Exatas foram predominantemente do gênero masculino, enquanto os das área de Ciências Humanas e da Saúde foram predominantemente do gênero feminino. A diferença entre as áreas de conhecimento foi significativa ($\chi^2(2) = 86,208$ e $p < 0,001$). A notação entre parênteses significa que o valor do teste qui-quadrado, denotado por χ^2, com dois graus de liberdade [(2 gêneros − 1) × (3 áreas − 1) = 1 × 2 = 2], é igual a 86,208, com probabilidade de assumir valores acima de 86,208 menor que 0,001 (p). Como p é menor que o nível de significância 0,05, pode-se afirmar que a distribuição de frequências por gênero entre as áreas de conhecimento é altamente significativa.

Exemplo 14:

Verificar se os escores médios por faixa de idade diferem entre as *áreas de conhecimento*.

Para verificar a veracidade da hipótese, inicialmente deve-se observar cada uma das colunas da Tabela 17.12.

1. A variável *idade* foi observada no nível de mensuração ordinal, em faixas de idade, e a variável *área de conhecimento* no nível *nominal*. Os resultados foram organizados em categorias não ordenáveis para *área de conhecimento* = {ciências humanas, ciências exatas, ciências da saúde} e ordenáveis para *faixa etária* = {menos de 21 anos; de 21 até menos de 25; de 25 até menos de 29; 29 ou mais}.
2. Como o pesquisador optou por observar a idade no nível ordinal, categorizando os escores em intervalos, sendo que o primeiro e o último deles são intervalos abertos, não é possível calcular a média, mas é possível calcular a mediana; portanto, o método estatístico mais apropriado é o não paramétrico.
3. Neste exemplo deseja-se comparar idades médias entre áreas de conhecimento, e não estabelecer relações entre a idade e as áreas.
4. Escolhe-se a prova não paramétrica de Kruskal-Wallis porque os três grupos, ciências humanas, ciências exatas e ciências da saúde, são independentes e porque não se deseja fazer suposições sobre a normalidade e a homogeneidade de variância das idades.
5. A prova de Kruskal-Wallis supõe que a variável em estudo tenha distribuição inerente contínua, e exige mensuração no mínimo em nível ordinal.

Resultado: A área de Humanas diferiu das áreas de Exatas e de Saúde, apresentando maior porcentagem dos sujeitos com idade inferior a 21 anos, enquanto que para as áreas de Exatas e da Saúde as maiores porcentagens são de estudantes com 21 até menos de 25 anos, conforme dados apresentados na Tabela 17.9. Embora haja uma diferença na distribuição das idades entre as áreas de conhecimento, a prova de Kruskal-Wallis indicou que essa diferença não é significativa ($H(2,317) = 0,8945$; $p = 0,6394$). A notação entre parênteses significa que o valor da estatística da prova de Kruskal-Wallis, denotada por H, com dois graus de liberdade [(3 áreas − 1) = 2] e (317 = 319 − 2) é igual a 0,8945, com probabilidade de assumir valores acima de 0,8945 igual a 0,6394 (p). Como p é maior que o nível de significância 0,05, pode-se afirmar que não existem diferenças significativas de idades entre as áreas de conhecimento.

TABELA 17.9 Distribuição dos sujeitos de acordo com a faixa etária, por área de conhecimento

Idade (Anos)	Faixa Etária	Área de Conhecimento							
		Humanas		Exatas		Saúde		Total	
		Nº	%	Nº	%	Nº	%	Nº	%
Menos de 21	1	67	52,4	30	37,0	46	43,0	143	44,8
De 21 até menos de 25	2	37	28,9	45	55,6	50	46,7	132	41,4
De 25 até menos de 29	3	10	7,8	3	3,7	9	8,4	22	6,9
Igual ou mais de 29	4	17	10,9	3	3,7	2	1,9	22	6,9
Total	—	131	—	81	—	107	—	319	—

Exemplo 15:

Verificar se existe diferença significativa de atitude entre as áreas de conhecimento. Observando cada uma das colunas da Tabela 17.12, obtemos:

1. A variável *atitude* foi observada no nível de **mensuração intervalar**, e a variável *área de conhecimento*, no nível **nominal**. As atitudes foram obtidas a partir das respostas dos estudantes dadas a 20 afirmações que expressavam atitudes em relação à Estatística. Para cada afirmação o estudante respondia concordo totalmente, concordo, discordo ou discordo totalmente. Essas respostas eram pontuadas, respectivamente, com 4, 3, 2 e 1 ponto. O total podia então variar de 20 a 80 pontos. Embora a pontuação da escala seja uma variável do tipo quantitativa discreta, assume-se como se ela fosse contínua. Como o zero da escala é apenas um ponto de referência de medida e não um valor absoluto de atitude, conclui-se que o nível de mensuração é intervalar.
2. Como se deseja comparar as atitudes médias dos estudantes e o nível de mensuração é intervalar para essa variável, o método estatístico mais apropriado é o paramétrico.
3. O interesse é então comparar médias entre grupos e não estabelecer relações entre variáveis.
4. Escolhe-se a prova paramétrica ANOVA, análise da variância, porque são três amostras independentes de atitudes, agrupadas nas áreas Ciências Humanas, Ciências Exatas e Ciências da Saúde.
5. Admite-se para a aplicação da ANOVA que a amostragem foi aleatória, que as atitudes se distribuem normalmente na população e que há homogeneidade de variância entre os grupos.
Resultado: As atitudes não diferiram significativamente quando os sujeitos foram agrupados de acordo com a área de conhecimento ($F(2,316) = 2,718$; $p = 0,0675$). Nas três áreas de conhecimento os sujeitos apresentaram atitudes mais positivas do que negativas em relação à Estatística. A notação entre parênteses significa que o valor da estatística F, que representa a relação entre duas variâncias, com dois graus de liberdade [(3 áreas − 1) = 2] e (tamanho da mostra número de grupos = 319 − 3 = 316) é igual a 2,718, com probabilidade de assumir valores acima de 2,718 igual a 0,0675 (p). Como p é maior que o nível de significância 0,05, pode-se afirmar que não existem diferenças significativas de atitudes em relação à Estatística entre as áreas de conhecimento.

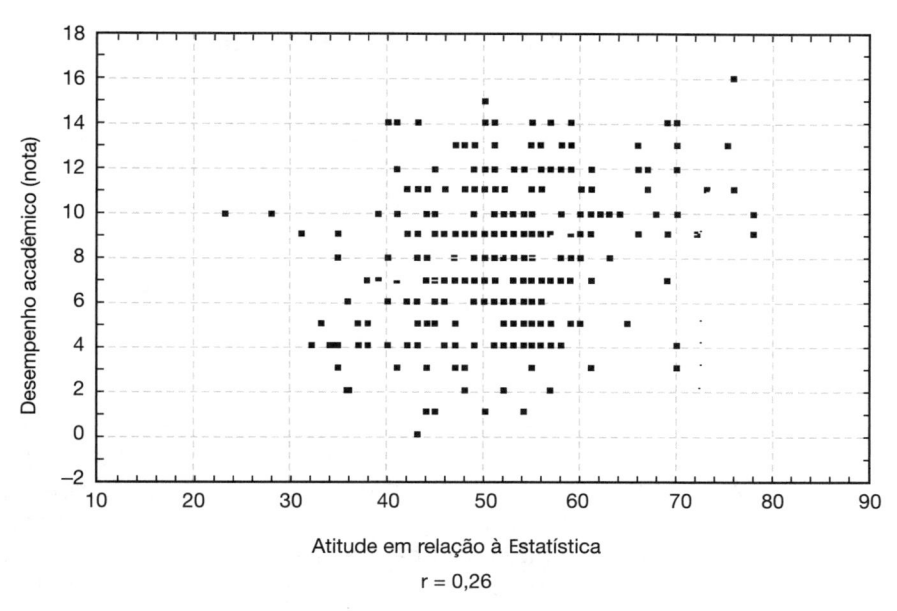

r = 0,26

Figura 17.9: Diagrama de dispersão do desempenho acadêmico dos estudantes (nota) em função da atitude em relação à Estatística.

Exemplo 16:

Verificar se existe correlação positiva entre atitudes em relação à Estatística e desempenho acadêmico dos estudantes.

1. A variável *atitude* foi observada no nível de *mensuração intervalar*, e a variável *desempenho acadêmico*, no nível *proporcional* ou *razão*. As atitudes foram obtidas a partir das respostas dos estudantes a uma escala, conforme já explicado no Exemplo 15. O desempenho acadêmico é representado pela média dos estudantes em provas acadêmicas; portanto, varia de 0 a 10. A nota é uma variável quantitativa contínua, e o zero é um valor absoluto, indicando que o estudante que tira zero teve desempenho nulo nas provas.
2. Neste exemplo se deseja correlacionar uma variável de nível intervalar com uma de nível proporcional (ou razão), portanto, o método estatístico mais apropriado é o paramétrico.
3. O interesse é estabelecer relações entre duas variáveis; deve-se, portanto, calcular um coeficiente de correlação.
4. Escolhe-se o coeficiente de correlação *r* de Pearson pelas características já apontadas nos itens anteriores.
5. O *r* de Pearson é útil para se detectar correlação linear entre duas variáveis, com nível de mensuração no mínimo intervalar. Para se aplicar um teste de significância a fim de verificar se a correlação é significativamente diferente de zero, admite-se amostragem aleatória. Como a amostra é maior que 30, não há necessidade de supor que as duas variáveis são distribuídas normalmente na população.

Resultado: Os resultados mostraram correlação positiva e significativa entre essas variáveis, a atitude dos sujeitos em relação à Estatística mostrou-se positivamente correlacionada com o desempenho acadêmico dos estudantes ($r = 0,26$; $p < 0,001$). A notação entre parênteses significa que o valor do coeficiente de correlação de Pearson *r* é igual a 0,26, com probabilidade de assumir valores acima ou abaixo de $-0,26$ menor que 0,001 (p). Como p é menor que o nível de significância 0,05, pode-se afirmar que a correlação 0,26 é significativamente diferente de zero; portanto, existe associação linear positiva entre as atitudes e o desempenho acadêmico; quanto mais alto o desempenho acadêmico dos estudantes, mais positivas são as atitudes em relação à estatística, ou vice-versa.

Observando cada uma das colunas da Tabela 17.12, obtemos:

TABELA 17.10 Estatísticas descritivas das atitudes em relação à Estatística por área de conhecimento

Área de Conhecimento	Média	Desvio-Padrão	Casos Válidos
Humanas	51,53	9,15	131
Exatas	51,15	7,34	81
Saúde	53,75	8,87	107
Total	52,18	8,68	319

Exemplo 17:

Analisar as relações entre *conceito* e *utilidade da Estatística*. O *conceito* refere-se à definição dada pelo estudante quando perguntado sobre "O que é Estatística?". As respostas foram categorizadas segundo a presença de atributos definidores do conceito de Estatística, nas respostas dos estudantes, tais como: coleta, organização e interpretação de dados; representação de dados de forma descritiva, tabular ou gráfica; cálculo de medidas que expressam de forma resumida as características de uma amostra; comparação de dados amostrais; cálculo de estimativas; probabilidade e inferência de dados amostrais para a população. Considerando-se esses atributos, os dados foram agrupados nas seguintes categorias: (1) Identifica características do conceito de Estatística; (2) Não identifica características do conceito de Estatística.

A *utilidade* refere-se a exemplos do cotidiano para a utilidade da Estatística. As respostas foram categorizadas em: (1) descreve uma utilidade da Estatística; (2) descreve uma obrigatoriedade para estudar Estatística ou termos vagos.

Observando cada uma das colunas da Tabela 15.12, obtemos:

1. Tanto a variável *conceito* quanto a variável *utilidade* foram observadas no *nível de mensuração nominal*. Nos dois casos, as respostas foram agrupadas em duas categorias.
2. Neste exemplo se deseja correlacionar duas variáveis de nível nominal, portanto o método estatístico mais apropriado é o não paramétrico.
3. O interesse é estabelecer relações entre duas variáveis; portanto, deve-se calcular um coeficiente de correlação.
4. Escolhe-se o coeficiente *phi* (ϕ) pelas características apontadas nos itens anteriores.
5. O coeficiente *phi* (ϕ) é útil para se detectar correlação entre duas variáveis qualitativas dicotômicas, com resultados dispostos em uma tabela 2×2, ou entre duas variáveis contínuas artificialmente dicotomizadas (por exemplo, desempenho acadêmico agrupado em duas categorias: notas maiores ou iguais a 5; notas menores que 5).

Resultado: Os resultados da análise revelaram que não existia relação entre as variáveis *conceito* e *utilidade* da Estatística ($\phi = 0,066$; $p = 0,2443$). A notação entre parênteses significa que o valor do coeficiente ϕ é igual a 0,066, com probabilidade de assumir valores acima de 0,066 ou abaixo de $-0,066$ igual a 0,2443 (p). Como p é maior que o nível de significância 0,05, pode-se afirmar que a correlação 0,065 não é significativamente diferente de zero, portanto não existe associação entre as respostas dos estudantes quanto ao conceito e à utilidade da Estatística. Foi possível observar que a maioria dos sujeitos encontrou no mínimo uma utilidade para a Estatística, tanto no grupo dos sujeitos que souberam definir o que é "Estatística" (92,3 %) quanto no grupo dos que não souberam defini-la (87,5 %).

TABELA 17.11 Número de universitários por conceito e da utilidade da Estatística

	Utilidade da Estatística		
Conceito de Estatística	Sim	Não	Total
Sim	73	6	79
Não	210	30	240
Total	283	36	319

TABELA 17.12 Guia para a escolha adequada de procedimentos estatísticos

	Estatísticas Adequadas a Cada Nível					
Nível de Mensuração	Estatística	Exemplos de Estatísticas Apropriadas	Medidas de Correlação (Coeficientes)	Números de Amostras	Relação entre as Amostras	Provas Estatísticas
1. *Nominal* • Relação de equivalência (Classificação, contagem)	Não paramétrica	Frequência Moda	C de contingência ϕ (coeficiente *fi*) λ V de Cramer T de Tschuprow	Uma Duas Três ou mais	– Relacionadas Independentes Relacionadas Independentes	Binomial Qui-quadrado McNemar (significância de mudanças) Fisher Qui-quadrado Q de Cochran Qui-quadrado
2. *Ordinal* • Relação de equivalência • Relação de hierarquia (valores ordenados, diferenças tomando os pontos)	Não paramétrica	As anteriores Mediana Percentil	r_s de Spearman τ de Kendall ω de concordância de Kendall γ de Goodman-Kruskal	Uma Duas Três ou mais	– Relacionadas Independentes Relacionadas Independentes Relacionadas Independentes	Kolmogorov-Smirnov Iterações Sinais Wilcoxon Mediana U de Mann-Whitney Kolmogorov-Smirnov Iteração de WaldWolfowitz Moses para relações externas Friedman Extensão da mediana Kruskal-Wallis
3. *Intervalar* • Relação de equivalência • Maior do que • Relação conhecida de dois intervalos quaisquer (Intervalos iguais, zero não absoluto)	Não paramétrica Paramétrica	As anteriores As anteriores Amplitude total Amplitude semi-interquartílica Média Variância Desvio-padrão	As anteriores r_{pbiss} Correlação bisserial de pontos As anteriores r_{biss} Correlação bisserial simples r_t Correlação tetracórica r de Pearson r^2 Determinação R Correlação múltipla R^2 Determinação múltipla $r_{XY.Z}$ Correlação parcial	Duas Duas Três ou mais	Relacionadas Independentes Relacionadas Independentes Relacionadas Independentes	Walsh Aleatoriedade Aleatoriedade t de Student z t de Student z Análise de variância Análise de variância (teste F)

(*continua*)

TABELA 17.12 Guia para a escolha adequada de procedimentos estatísticos

		Estatísticas Adequadas a Cada Nível				
Nível de Mensuração	Estatística	Exemplos de Estatísticas Apropriadas	Medidas de Correlação (Coeficientes)	Números de Amostras	Relação entre as Amostras	Provas Estatísticas
4. *Proporcional ou razão* • Relação de equivalência • Maior do que • Razão conhecida de dois *intervalos* quaisquer • Razão conhecida de dois *valores* quaisquer (Intervalos iguais, zero absoluto, razão entre quantidades)	Paramétrica	As anteriores Média geométrica Coeficiente de variação	As anteriores			Regressão Análise fatorial

Nota

O presente texto foi elaborado a partir das referências citadas adiante, com o objetivo de oferecer ao estudante alguns exemplos de aplicação da Estatística na análise de variáveis psicológicas. Sugere-se que as mesmas sejam consultadas para a complementação de informações sobre o histórico, os conceitos, as fórmulas necessárias para os cálculos estatísticos e para melhor compreensão de cada método estatístico específico.

REFERÊNCIAS

ALMEIDA, L. S.; FREIRE, T. **Metodologia da Investigação em Psicologia e Educação**. Braga: Psicquilíbrios, 2000.

AMERICAN EDUCATIONAL RESEARCH ASSOCIATION; AMERICAN PSYCHOLOGICAL ASSOCIATION; NATIONAL COUNCIL ON MEASUREMENT IN EDUCATION. **Standards of Educational and Psychological Testing**. Washington, DC: American Educational Research Association, 1999.

AMERICAN PSYCHOLOGICAL ASSOCIATION. **Manual de Publicação da American Psychological Association**. 4ª ed. Porto Alegre: Artmed, 2001.

BUNCHAFT, G.; KELLNER, S. R. O. **Estatística sem Mistérios — Volume II**, 2ª ed. corrigida. Petrópolis: Vozes, 1999.

BUNCHAFT, G.; KELLNER, S. R. O. **Estatística sem Mistérios — Volume I**, 3ª ed. Petrópolis: Vozes, 2000.

BUNCHAFT, G.; KELLNER, S. R. O. **Estatística sem Mistérios — Volume III**, 2ª ed. Petrópolis: Vozes, 2001.

BUNCHAFT, G.; KELLNER, S. R. O. **Estatística sem Mistérios — Volume IV**, 2ª ed. Petrópolis: Vozes, 2001.

CAMPOS, L. F. L. **Métodos e Técnicas de Pesquisa em Psicologia**. Campinas: Alínea, 2000.

DEPARTAMENTO DE ESTATÍSTICA DA UNIVERSIDADE FEDERAL DO RIO GRANDE DO NORTE — UFRN. **História da Estatística**. Disponível em 23 de maio de 2004 no site http:// www.ccet.ufrn.br/hp_estatistica. Rio Grande do Norte: Centro de Ciências Exatas e da Terra da UFRN.

FERGUSON, G. A. **Statistical Analysis in Psychology and Education**. McGraw-Hill. International Editions — Psychology Series, 1981.

GUÉGUEN, N. **Manual de Estatística para Psicólogos**. Lisboa, Portugal: Climepsi, 1999.

GUILFORD, J. P.; FRUCHER, B. **Fundamental Statistics in Psychology and Education**. 5th ed. London: McGraw-Hill, 1973.

LEVIN, J.; FOS, A. J. **Estatística para Ciências Humanas**. 9ª ed. São Paulo: Prentice Hall, 2004. PEREIRA, J. C. R. **Análise de Dados Qualitativos: estratégias metodológicas para as ciências da saúde, humanas e sociais**. São Paulo: Edusp, 1999.

SIEGEL, S. **Estatística Não Paramétrica para as Ciências do Comportamento**. São Paulo: McGraw-Hill, 1975.

VENDRAMINI, C. M. M. **Implicações das Atitudes e das Habilidades Matemáticas na Aprendizagem dos Conceitos de Estatística**. Tese de Doutorado. Faculdade de Educação. Universidade Estadual de Campinas, 2000.

Parte III

MÉTODOS QUALITATIVOS

18

Um olhar qualitativo sobre a contemporaneidade

DINAEL CORRÊA DE CAMPOS

> *E vida vai tecendo laços, quase impossíveis de romper,*
> *tudo que amamos são pedaços, pedaços do nosso próprio ser.*
>
> Popular

> *A liberdade consiste em conhecer os cordéis que nos manipulam.*
>
> Spinosa

> *Custa muito ser autêntico, porque se é mais autêntico*
> *quanto mais se parece com o que sonhou para si mesmo.*
>
> Almodóvar

INTRODUÇÃO

Antes de dar início ao debate sobre Metodologia e Análise Qualitativa em Ciências, acredito ser necessário que primeiro apresente a você, leitor, o que considero contemporaneidade e o porquê de optar por fazer pesquisa pela metodologia qualitativa.

Acredito que a contemporaneidade se configura, sobremaneira, como um momento ímpar para a evolução da humanidade e, mais ainda, para o desenvolvimento da saúde mental.

É urgente que façamos Ciência, mas que saibamos quem é o sujeito, o objeto da nossa pesquisa e em que situação se encontra.

Minha intenção ao convidar o leitor para que "deite" o olhar sobre o que comumente chamamos contemporaneidade é que ele tenha claro o porquê da necessidade e para que se fazer pesquisa em metodologia qualitativa.

Muito se tem ouvido falar da massificação dos sentimentos e, concomitantemente, da morte da individualidade, da morte do sujeito e de muitos outros conceitos. A grande questão que quero levantar é que o homem contemporâneo tem vivido, na verdade, em um grande mal-estar, ou um estar mal.

A cultura que gerou o homem pós-moderno lança-o agora em um vazio cada vez maior, deixando-o perdido, confuso e vazio...

Não vejo melhor "poesia" que retrate tão bem esse nosso estado de estar que as palavras de Renato Russo (1986), na música *Andréa Dória*, que diz:

> às vezes parecia que, de tanto acreditar em tudo que achávamos tão certo,
> teríamos o mundo inteiro e até um pouco mais: faríamos floresta do deserto

> e diamantes de pedaços de vidro. Mas percebo, agora, que o teu sorriso vem diferente, quase parecendo te ferir. Não queria te ver assim — quero a tua força como era antes. O que tens é só teu e de nada vale fugir, e não sentir mais nada. Às vezes parecia que era só improvisar e o mundo então seria um livro aberto, até chegar o dia em que tentamos ter demais, vendendo fácil o que não tinha preço. Eu sei — é tudo sem sentido. Quero ter alguém com quem conversar, alguém que depois não use o que eu disse contra mim. Nada mais vai me ferir. É que eu já me acostumei com a estrada errada que segui e com a minha própria lei.

Em minha prática psicoterapêutica e docente, bem como na de meus colegas de profissão, temos observado, na troca de experiências e estudo de casos, que as pessoas chegam aos nossos consultórios queixando-se da vida e, mais do que nunca, questionando as relações das quais fazem parte. Nada mais natural esse questionamento se não fosse o fato de a descrença no Outro estar cada vez mais presente no discurso dessas pessoas.

Outro fato que também observamos, em nossa atuação profissional em nível de graduação e pós-graduação, é que os acadêmicos estão cada vez mais desorientados do que são e do que fazer; os pedidos de socorro acontecem nas/das mais diversas formas e no que se refere à prática de fazer pesquisa, de produzir conhecimento, ou mesmo de questionar os já existentes, se julgam incapazes, não sabendo o que fazer, nem como fazer, nem mesmo por onde começar.

Nossa sociedade, com seus avanços tecnológicos, suas oportunidades de existência (?), tem deixado em todos nós a estranha sensação de que não pertencemos a esse tempo. Observa-se que as instituições estão sendo colocadas em xeque, o que é muito bom, pois isso valoriza as mudanças e questiona as estruturas tal como estão estabelecidas. Mas esse colocar em xeque as instituições faz com que cada vez menos acreditemos nelas. A instituição família é a primeira que tem sido vista como falida, e, constantemente, notamos que se transformou como que em uma arena onde as dependências devoradoras de seus membros têm se tornado motivo de martírio para as pessoas.

Vivemos certamente outra grande crise — a da autoridade. Em todos os setores estamos desprovidos de antigos referenciais, o que só agora nos damos conta de que nos fazem muita falta.

É explicável, então, esse aumento exagerado de religiões, remédios, terapias alternativas para tentar corresponder às necessidades que o homem vem passando atualmente: a busca de referenciais, de soluções que lhe aplaquem o mal-estar. Nunca o desejo e a demanda, em sua relação dialética, se fizeram tão presentes na existência humana. Nunca nos sentimos tão desamparados em relação às nossas crenças e valores, nunca o homem esteve tão à beira de um perigo tão eminente: sua desestruturação...

Contudo, nossa sociedade tem nos possibilitado oportunidades ímpares: fomos à Lua, rompemos a velocidade do som, o avanço tecnológico é cada dia maior, vamos de um lado a outro do planeta em questão de segundos... É algo espantoso para o ser humano, e nossa dimensão demiúrgica nunca esteve tão tentada de ser realizada. Com isso somos obrigados a rever nossos paradigmas, e novas formas de subjetividade nos obrigam a novas visões de homem, o mesmo homem que vive postulando o princípio da incerteza.

Novas formas de se fazer ouvir, então, começam a aparecer, e temos — psicólogos ou não — que estar com nossos ouvidos e olhares afinados (diria até mesmo *afinados clinicamente*) para essa sociedade que aí está. Quando me refiro a um olhar ou ouvir clínico, não estou me referindo à prática clínica, mas a uma metodologia clínica, a uma escuta e um olhar pautados na teoria.

O homem contemporâneo sabe que nunca estivemos tão incertos sobre se nossas necessidades são **nossas** necessidades ou se são necessidades que nos foram criadas. Nunca estivemos tão incertos das nossas falhas, das nossas fraquezas, das nossas certezas. Nunca nos sentimos — apesar do avanço tecnológico — tão frágeis, tão à mercê dos acontecimentos. Se, de fato, trazemos em nós a fragilidade e a incerteza do **como** existir — que se manifesta entre o nosso nascimento e a nossa morte —, nunca antes o homem esteve tão perto de perpetuar estados de morte.

A sociedade contemporânea nos oferece novas formas de subjetivação, novas formas de amar e ser amado, nova educação, novos conceitos de liberdade e autonomia. Nunca fomos tão livres. Nunca fomos tão prisioneiros das incertezas. Nunca cultivamos tanto a necessidade de um manual para ser feliz...

Ciência, Pesquisa e Psicologia

Quando nos propomos entender o discurso do Outro, estando em um lugar privilegiado da escuta clínica, temos que ter claro que nosso compromisso com a prática de pesquisa é muito grande. Temos que ter clareza da nossa posição — como pesquisadores-psicólogos —, de que, quando nossos sujeitos, nossos participantes, nosso objeto de estudo concordam em serem pesquisados, estudados, certamente é porque acreditam que estão contribuindo para algo bom (mesmo que no Brasil ainda não tenhamos o hábito de participarmos de pesquisa), pois julgam estar (e às vezes até estão) possuídos de um mal-estar incomensurável, que os está levando a um estado de distopia.

A pesquisa em Psicologia pode ser vista, então, como uma cavilha, e, em se configurando como tal, não devemos assumir uma posição pan-óptica, mas, pelo contrário, a de estarmos inseridos na sociedade contemporânea, compreendendo-a e apontando as situações especiosas que vivemos. Se a nossa sociedade tem se tornado espúria, cabe à Ciência Psicológica (por meio de pesquisas) apontar, alardear, questionar, medrar as idiossincrasias.

Nesse sentido, os apócrifos (popular, Spinoza e Almodóvar) com os quais iniciamos este capítulo objetivam nos inquietar. O primeiro nos faz uma crítica severa à mesquinharia no qual nos tornamos: **pedaços**, como se fosse possível, ao nos tornarmos "pedaços", estabelecer vínculos significativos e verdadeiros. Não nos é possível tal intento...

Spinoza nos brinda com uma pérola ao nos "convidar" a conhecer "os cordéis que nos manipulam". É como se fossem as palavras de Sócrates: "conhece-te a ti mesmo", e a "velha" máxima dos primeiros mais uma vez se faz presente: "quem somos? De onde viemos? Para onde vamos?"

Finalizo com Almodóvar, com um convite a nos tornar, ou voltar, à nossa essência. Para isso, não podemos tomar atalhos — ao contrário, devemos aprender a conciliar Apolo e Dioniso. Permita-me explicar.

Sou levado a pensar que à nossa volta só mudaram as paisagens, não os conceitos; que a Acrópole do homem grego se configura hoje nas grandes metrópoles, com seus arranha-céus majestosos, com seus vidros e suas armações de ferro. Fico pensando que a *Ágora* pudesse se fazer presente em nossos consultórios, salas de atendimento, laboratórios de pesquisa...

Parece haver duas grandes pulsões no ser humano, dois grandes movimentos: para dentro, em busca do conhecimento de si próprio, e para fora, na conquista de suas aspirações.

Para uns, esse movimento é a chave da própria consciência humana; para outros, é a chave da infelicidade: a tensão entre aquilo que se julga ser e aquilo que se deseja ser. Essa questão remonta à aurora da história dos homens.

Apolo foi o deus da justa medida e do comedimento. De seu oráculo em Delfos, seu preceito máximo atravessou os milênios e se transformou no ideal da civilização ocidental: *"Conhece-te a ti mesmo."* Apolo tinha um irmão, *Dioniso*, seu oposto, o deus da transformação, da ultrapassagem dos limites, do entusiasmo... A própria palavra, inclusive, nós devemos a ele: *entusiasmo*, em grego, é ter deus em si. É o que o aventureiro Dioniso propunha aos homens: escalar o monte Olimpo, ascender às suas mais altas aspirações, tornar-se um deus.

Tamanha oposição entre os dois irmãos só poderia resultar em combate. E, de fato, Apolo e Dioniso talvez representem a mais terrível conflagração mitológica.

Heráclito se faz presente para nos explicar que "é preciso entender que a guerra é justa, e o combate, necessário, porque tudo nasce para o devir pela oposição dos contrários", a tensão entre aquilo que se julga ser e aquilo que se deseja; a justa medida, o comedimento oposto à ultrapassagem dos limites, do entusiasmo; o movimento para dentro de si, oposto ao movimento para fora de si — a conquista de aspirações.

Deslumbrados, fascinados, paralisados, os mortais assistiam aos fabulosos movimentos dos elementos em fúria: o entrechoque dos deuses. E essa guerra, o confronto do qual depende a própria essência da vida, é eterna.

A guerra dura até hoje. O combate vive em nós. Apolo e Dioniso são movimentos em nós. Mas como então assistir a esse espetáculo aterrador se o palco somos nós? Como não sucumbir a ele? Voltemos à Grécia.

Em Delfos, as profecias do Oráculo de Apolo eram transmitidas por uma sacerdotisa, a *pitonisa*. Para dizer as palavras do deus, era preciso que essa mulher fosse tomada pela loucura divina, por Dioniso. Então, por contraditório que pareça, Apolo só falava aos homens pela voz de seu louco irmão. O deus magnífico não revelava ou escondia, apenas indicava: *"Conhece-te a ti mesmo."* Notemos que, proferida com fervor dionisíaco, essa máxima se transforma em enigma: na voz da pitonisa em transe, não estaríamos então ouvindo: os contrários se uniram, quando souberes quem és terás galgado o Olimpo. É o que sugere a maravilhosa palavra de Heráclito: ao mudar, ele repousa; o que equivale a dizer o inverso: ao conhecer-se, ele se transforma. E a tensão do enigma se resolve no diálogo, no debate, em grupo, na terapia, nos resultados de pesquisas.

O domínio pessoal se configura na atualidade como de suma importância para que possamos nos entender; saber quem de fato somos, ou o que nos tem possibilitado ser o que somos.

Precisamos e necessitamos urgentemente compreender a tensão estabelecida entre aquilo que somos e o desejo de ir além, de ultrapassar a nós mesmos e realizar nossos sonhos. Diz-nos que essa tensão pode ser criativa e construtiva — gerando crise, nos remetendo ao caos —, ou emocional e destrutiva. Mas temos que admitir que *conhecer-se e superar-se são conquistas simultâneas de um mesmo gesto.*

O homem contemporâneo está diante de um grande desafio: individualizar-se! E, em o fazendo, precisa continuar a participar de uma sociedade, grupos, instituições e organizações que muitas vezes o empurra para se tornar nada.

O homem contemporâneo, mais do que em qualquer outro período da História, precisa ter consciência de que a sociedade, os grupos, as instituições e organizações a que pertence só serão diferentes se ele individualmente, e com seus pares, com quem mantém vínculos afetivos, conseguir conciliar Dioniso e Apolo, pois, por mais ambíguo que pareça, na calada da noite, longe do olhar assustado dos homens, Apolo e Dioniso dão-se as mãos. Os deuses irmãos são uma conjugação de opostos, um híbrido, um novo ser. Esse ser somos nós!

A Contemporaneidade: De Freud até Nós

Como bem sabemos, a civilização, o processo civilizatório nos impôs uma quota de sacrifícios: se quisermos ser civilizados, sermos aceitos pela cultura a que pertencemos, como Freud (1930) bem diz em *Das Unglück in der Kultur* (literalmente *A infelicidade na cultura*, depois traduzido para *O mal-estar na civilização*), devemos renunciar ao instinto, à sexualidade e à agressividade. "O homem civilizado trocou uma parcela de suas possibilidades de felicidade por uma parcela de segurança." Mas o fato é que esta tão esperada, tão desejada segurança que o homem buscou/busca tem se mostrado, por dizer, etérea e frágil demais.

É claro que a segurança a que estamos nos referindo diz respeito àquela sensação de se estar protegido, acolhido; resultante daí, a felicidade. Mas que felicidade é essa que o homem tanto busca? Será que nos esquecemos de que "o que chamamos de felicidade provém da satisfação de necessidades represadas em alto grau"? (Freud, 1930). E que necessidades estão mais represadas que a liberdade e o ser ouvido(a)?

Bentham (2000) nos oferece uma obra que podemos tê-la como uma excelente metáfora do poder pós-moderno. No Pan-óptico, os internos estavam presos ao lugar e impedidos de qualquer movimento, confinados entre muros grossos, densos e bem guardados, e fixados às suas camas, celas ou bancadas. Eles não podiam se mover porque estavam sob vigilância; tinham que se ater sempre aos lugares indicados porque não sabiam, e nem tinham como saber, onde estavam no momento seus vigias. (Uma obra cinematográfica que retrata muito bem tal situação é *O Cubo*, 1999.)

A alegoria mostrada por Bentham (2000) se tornou ilustração do nosso dia a dia, em que nos confinamos em nós mesmos, em nossos sentimentos, em nossos projetos de afirmação em ser.

Ser humano. E é justamente nessa busca pela não prisão, pelo movimento, por não ter que ficar confinado, que o homem buscou uma nova definição de sua individualidade, pois não queria mais se ver como um todo. Pirandello (1921, p. 149s) em sua obra sonda o processo psicossocial que faria dele/nós passarmos da pura anomia ("nenhum") ou da vertiginosa dispersão ("cem mil") a um estado de unidade moral ("um").

É preciso que compreendamos o tempo em que vivemos, para que possamos compreender o homem que nele vive, para, assim como pesquisadores, realizarmos, um trabalho ainda mais significativo.

Se acreditarmos que o espírito de um homem se constrói a partir de suas escolhas, acreditaremos ser preciso saber o que a sociedade está oferecendo a esse homem. Nada mais sapiente, porém, do que ter lúcido que o presente tem sua existência, em detrimento do passado. Saber quem é o homem contemporâneo exige que saibamos de onde esse homem veio e o que o constitui na contemporaneidade.

O simples fato de sabermos de onde viemos não configura a solução dos eventuais problemas que possam estar nos acometendo, mas é o início, a base para que possamos nos conhecer melhor. Como bem disse Freud (1930, p. 15), "na vida mental, nada do que uma vez se formou pode perecer".

Para falarmos do homem contemporâneo, temos que nos remeter primeiro ao homem moderno e quais as promessas feitas a este homem e como a sociedade se moldou (e ele a ela), diante das novas demandas.

Primeiramente, faz-se necessário um esclarecimento: quando Freud publica em 1930 suas ideias em um livro intitulado *Das Unglück in der Kultur*, ele quer questionar exatamente o papel da modernidade na cultura e suas consequências para o homem. *Das Unglück in der Kultur* (A Infelicidade na Cultura) foi posteriormente rebatizado como *Das Unbehagen in der Kultur* (O Mal-Estar na Cultura), embora, para a tradução inglesa, segundo nos aponta Bauman (1997, p. 7), seja o próprio Freud quem sugere o título *Man's Discomfort in Civilization* (O Mal-Estar do Homem na Civilização).

É a inquietação de Freud em questionar os ideais iluministas que faz com que o homem seja pensado em como tem vivido em sua sociedade, ou, melhor dizendo, no que a sociedade está tornando o homem.

Segundo Anderson (1998, p. 45), o projeto iluminista fracassou em uma de suas duas vertentes. Uma vertente era a diferenciação entre ciência, moralidade e arte; a outra, a "soltura desses domínios no fluxo subjetivo da vida cotidiana". A segunda vertente perdeu-se no rumo, pois cada esfera — ciência, moralidade e arte — desenvolveu-se separadamente e não ligada à vida cotidiana. O "projeto" da modernidade se configurou, então, "como um amálgama contraditório de dois princípios opostos: especialização e popularização."

A mensagem de Freud (1930) é clara em dizer que, ao ganhar alguma coisa, se perde em troca alguma outra: "a civilização se constrói sobre uma renúncia ao instinto."

Em *O Mal-Estar na Civilização*, a liberdade reina, mas a modernidade vai para o caminho contrário, pondo-se a destruir, segundo Bauman (1997, p. 101), a comunidade, a tradição, a alegria de estar, o amor ao que se possui, o aferramento ao próprio modo de ser, as raízes, os laços de sangue, o solo, a nacionalidade.

O homem moderno vê-se, então, preso ao seu caminho: não pode mais retroceder às ideias que foram transformadas, mas, também, não consegue visualizar o caminho que tem pela frente, pois a sociedade moderna apresenta-lhe a oportunidade de ser indivíduo, mas indivíduo que busca freneticamente sua "individualização".

Ao definir esse processo de "individualização", Bauman (2000, p. 42) diz que ele "consiste em transformar a 'identidade' humana de um 'dado' em uma 'tarefa'", ou seja, o discurso da sociedade, da cultura moderna é de que o homem precisa "tornar-se o que já se é". A individualização é vista então pelo homem como uma fatalidade, e não mais como uma escolha; o indivíduo se torna o pior inimigo do cidadão, pois, para se constituir como indivíduo, a sociedade moderna exige que o homem se paute pelo tripé da beleza, limpeza e ordem.

No tripé oferecido ao homem para que ele se constitua na modernidade, a beleza é vista como uma coisa inútil que esperamos ser valorizada pela civilização. A limpeza surge como algo necessário, pois sujeira de qualquer espécie parece-nos incompatível e a ordem assume o significado, segundo Baumam (2000, p. 66), de "monotonia, regularidade, repetição e previsibilidade". O homem busca e necessita de um mundo ordeiro, pois em um mundo ordeiro a gente sabe como ir adiante.

A modernidade que se configura como uma nova ordem social que emerge depois do Iluminismo, marcada por um dinamismo sem precedentes, pela rejeição à tradição e por consequências globais, vai, segundo Lyon (1998, p. 37), fazer surgir questões de autoridade e de identidade e, ainda, debilita o eu, pois, "se na sociedade tradicional a identidade é dada, na modernidade ela é construída". A modernidade traz uma "pluralização de mundo de vida", como afirma Durkheim (in Lyon 1998, p. 50):

> a modernidade se impunha. Laços tradicionais de família, de parentesco e de vizinhança, rompidos pela nova mobilidade e pela falta de uma regulação convencional, eram substituídos por uma sensação de incerteza, de perda de direção e de que os indivíduos, de algum modo, passavam a ter uma vida independente.

E é exatamente para essa "vida independente" que se faz necessário chamar atenção. Para Weber, ainda apontado por Lyon (1998, p. 55), "os indivíduos supostamente autônomos, liberados das autoridades da tradição para forjar seu próprio destino, transformam-se em escárnio dos sistemas mecânicos em que se veem inseridos". Cito Taylor (1989) para apontar as três "indisposições básicas da modernidade": o individualismo, a razão instrumental e o despotismo brando.

Anderson (1998, p. 66s) expõe os cinco lances decisivos que, segundo Jameson, foram os precedentes para determinar o fim da modernidade e possibilitar o surgimento da pós-modernidade: primeiro, o surgimento da expressão "sociedade de consumo"; o segundo lance foi a exploração das metástases da psique — "a morte do sujeito"; o terceiro lance acontece no terreno da cultura, seguido pelo padrão geopolítico do capitalismo, culminando no quinto lance, que vem a ser a guinada cultural.

A sociedade passa a ser vista — e se constitui — como uma sociedade de consumo. A explosão tecnológica da eletrônica moderna ultrapassa as fronteiras dos países produtores e detentores de tal tecnologia. É ela, a explosão tecnológica, que faz com que o capitalismo assuma uma proporção devastadora em muitas comunidades. A economia é toda baseada, agora, no consumismo que é criado e vendido a todos os cantos do mundo. As indústrias passam a produzir em qualquer canto do mundo e os preços dos produtos fazem com que o que antes poucos podiam ter agora seja acessível a qualquer um. Ocorre a explosão do ter, pois ter é sinônimo de pertencer à pós-modernidade.

As culturas ocidentais, especificamente, incorporam ao seu dia a dia as benesses que o capitalismo e consumismo trazem. É preciso ter, e essa proposição passa a ser incorporada pelas culturas, pois toda marca de produto é trabalhável, e, em sendo "trabalhada", é vendável, necessário ser consumida, necessário ser possuída.

Ora, não podemos negar que a sociedade, propagando o capitalismo, incentivando o homem a consumir cada vez mais, faz com que ele vivencie mudanças em sua subjetividade, na maneira como passa a encarar o mundo à sua volta, suas expectativas interiores em confronto com o exterior. Explicando: o invólucro de identidades, que nos anos 1960 preservava as identidades tradicionais às portas dos anos 1970 foi sendo desfeito. Os costumes começaram a ser questionados, o mundo se agita com a contracultura, tudo que é sólido está se desmanchando no ar.

Anderson (1998, p. 66) expõe que "entre os traços da nova subjetividade, estava a perda de qualquer senso ativo de história", tudo está por fazer, por ser reinventado. O velho eu deverá agora ser construído, mas agora não mais tendo como base as certezas que até a modernidade se faziam presentes. O mundo atualmente se apresenta todo fragmentado, em partes que precisam ser juntadas para formar um todo, tal como os produtos da sociedade de consumo, que são feitos em diferentes partes do mundo e em um determinado local são juntados para serem vendidos.

O sujeito pós-moderno se vê tal qual esse produto, tendo a sensação de ser superficial, um não estável e fragmentado. A psique encontra-se, como resultado desse processo, em uma conjuntura que precisa ser questionada, uma estrutura sem significado.

Com tantas transformações ocorrendo, é óbvio que a cultura também é influenciada, e aqui ocorre uma transformação em todas as áreas, quer na ciência, quer na filosofia, na arquitetura, na literatura, na música ou nas artes em geral. Todos os setores de uma cultura sofrem influência contundente, na propaganda, no *design* gráfico e até no cinema.

Detenho-me no cinema para exemplificar. Segundo Anderson (1998, p. 71) "Hollywood inventa um realismo na tela com uma panóplia de gêneros narrativos e convenções visuais", e é esse "realismo" que é difundido pelo mundo, por todas as culturas, que as sociedades consomem.

Diante dos três lances expostos — a sociedade de consumo, a mudança na psique e as transformações culturais —, Anderson (1998, p. 74) formula a seguinte pergunta: quais seriam "as bases sociais e o padrão geopolítico" em que se daria o pós-modernismo?

Anderson discorre uma lista em que figuram os empregados e os profissionais dos setores de serviços das sociedades capitalistas, os *yuppies*, os empregados de produção — enfim, praticamente todos que trabalham, de todas as classes sociais, como sendo os potencializadores de tais transformações. Não são as mesmas classes sociais de antigamente, mas sempre há uma classe dominante. Hoje sabemos que os detentores do conhecimento são quem domina os meios de produção e o comércio global através de suas patentes salvaguardadas. Geopoliticamente, as mudanças sociais não enfrentam barreiras. O capitalismo se difunde, o consumo é visto como necessário, o homem social se molda às novas demandas julgando ser o único meio para sua sobrevivência: todas as culturas podem ser influenciadas, tudo é globalizado e globalizante.

Finalmente, o quinto lance — a guinada cultural — nada mais é que a proposta de se fazer uma integração dos diversos modos de pensar sobre a modernidade que acabariam por definir a pós-modernidade.

Anderson (1998) congrega todas as contribuições de pensadores como Lyon (1998), Harvey (1989) e Eagleton (1996) em um só vetor: a modernidade fora superada.

Cada autor, dentro do seu referencial teórico, expõe que a modernidade estava mudando, se transformando, mas os argumentos, por vezes, eram contraditórios, excluindo, negando pontos de vista importantes. O que Anderson (1998) afirma, e mesmo Lypovetsky (1983), é que havíamos dado início a um novo ciclo: a pós-modernidade, em que a tônica será a sociedade do espetáculo, na qual teremos a ilusão e não o equilíbrio como base, na qual a ambivalência se faz presente em toda a sociedade, na qual o sujeito viverá em constantes contradições, em que seu caráter ficará à mercê de ser corroído, e na qual uma nova subjetividade se fará existir.

É inquietante a pergunta de Sennett (1999, p. 27): "como pode um ser humano desenvolver uma narrativa de identidade e história de vida em uma sociedade composta de episódios e fragmentos?"

A modernidade cumpriu seu papel: levou o homem a questionar as bases sociais e a ordem até então estabelecida. Sua postura iconoclástica fora cumprida. A visão caleidoscópica se configura, então, a herança do homem moderno a um possível homem pós-moderno. Na afirmação de Eagleton (1996, p. 35), a cultura pós-moderna

> derrubou bom número de certezas complacentes, escancarou totalidades paranoicas, contaminou purezas protegidas com desvelo, distorceu normas opressoras e abalou bases de aparência frágil. Como consequência, desorientou de modo adequado aqueles que sabiam perfeitamente quem eram, e desarmou os que precisavam saber quem eram diante daqueles que queriam demais dizer a eles quem eram. E criou um ceticismo ao mesmo tempo animador e paralisante, e destituiu da soberania o homem ocidental.

À primeira vista parece-me que o homem, na busca pela sua identidade, pela realização, acaba por cair na suposta pós-modernidade, sem ao menos ter claro do que se trata essa nova mudança civilizatória/cultural. Em outras palavras, a pós-modernidade tem muitos significados, entre os quais o que me chama mais a atenção é esse papel que ela pode vir a tomar: o de questionar a "realidade", debater sobre essa realidade e, em consequência, questionar o homem, debater sobre esse homem. Não vejo oportunidade melhor do que esta para que as novas maneiras de se estudar o homem, de se fazer pesquisa e ciência, e mesmo para que as novas formas de subjetivação atuem e lancem sua contribuição para a compreensão desse homem.

Como nos apontam diversos autores, como Bauman (1991, 1997, 1998, 1999 e 2000), Lyon (1998), Anderson (1998), Harley (1989), Augé (1992), o consumismo e o consumo são temas pós-modernos básicos, em que tudo é uma exibição, um espetáculo, e a imagem pública é tudo. É Lyon (1988, p. 12) quem afirma, fazendo alusão ao filme *Blade Runner* (1982), que a sociedade, como é vista hoje, é o retrato de distopia desanimadora e sombria. E é sobre essa distopia que quero falar.

A obra de Dick (*Blade Runner*, 1968)[1] pode nos inquietar pelo fato de levantar questões de identidade, de identificação e de história no pós-modernismo. Cabe introduzir aqui a diferenciação de Lyon (1998, p. 16) sobre pós-modernismo e pós-modernidade. A saber: o **pós-modernismo** se refere, acima de tudo, ao esgotamento da modernidade cuja a ênfase se dá sobre fenômenos culturais e intelectuais. Já a **pós-modernidade** recai sobre o social, tendo a ver com mudanças sociais.

Isto posto, retornemos ao filme *Blade Runner*, no qual há uma cena, mais precisamente um diálogo, na qual estão frente a frente os dois personagens principais do filme, que desencadearão uma cumplicidade constrangedora. Deckard, um humano quase máquina, e Roy, uma máquina quase humana, denunciam que o progresso está em ruínas. Deckard, um humano quase sem emoções, caça androides que, em princípio, **não** poderiam desenvolver emoções, estabelecer vínculos. Mas algo acontece e o inesperado aconteceu. Os "replicantes" (como eram chamadas as máquinas, os androides caçados pelo humano Deckard) se revoltam com a ordem estabelecida, voltando à Terra e querendo respostas, questionando a realidade (aliás, podemos nos perguntar o que é real em nossa sociedade)..., mas é na morte de um, Roy, que se dá a rendição do outro, Deckard, tornando-o subversivo à ordem estabelecida daquela sociedade. Como se manifesta essa subversão?

Freud (1930, p. 34.) expõe que há três tipos de homem:

> o predominantemente erótico dará preferência aos seus relacionamentos emocionais com outras pessoas; o narcisista buscará suas satisfações em seus processos mentais internos; o homem de ação nunca abandonará o mundo externo, onde pode testar sua força.

O ato subversivo de Decker é deixar de ser um homem de ação para ser um homem erótico em uma sociedade em que você, se não for um homem de ação, não é nada.

A pós-modernidade deixa o homem com a estranha sensação de que tudo é passageiro, e, se tudo é passageiro, temos que aproveitar sem pensar nas consequências, pois o que quer que aconteça chega sem se anunciar e vai-se embora sem aviso.

É conveniente lembrarmos aqui outras obras que denunciam o estado de estar do homem atual, esse estar mal, dentro desse mal-estar civilizatório. Nunca as raízes da pós-modernidade se fizeram tão presentes e nos saltaram aos olhos.

Palahniuk (2000) expõe um homem e uma sociedade que se completam, mas que ao mesmo tempo pedem socorro.

> O que mais me encanta nas viagens é que em todos os lugares a que vou tudo é pequenino. Vou para o hotel, sabãozinho, xampuzinho, tabletinho individual de manteiga, toalhinha úmida e escova de dentes de uso único (p. 27). A nossa cultura nos tornou todos iguais, ninguém é mais branco, mais preto ou mais rico. Todos queremos a mesma coisa. Individualmente, não somos nada (p. 144).
> Nossa geração não viveu uma grande guerra ou uma grande depressão, mas nós sim, nós vivemos uma grande guerra espiritual. Uma grande revolução contra a cultura. A grande depressão é a nossa vida (p. 160).

Mesmo outras obras cinematográficas como *Um Homem de Família* (2000), *O Náufrago* (2001), *Magnólia* (1999) e *Uma Relação Pornográfica* (1999) mostram o homem completamente em busca de novas alternativas de viver, pois no mundo atual sofremos da vertigem da relatividade, temos medo, receios de encontrar o abismo da incerteza, e a hesitação, a ansiedade e a dúvida parecem ser o preço a ser pago, porém não fomos educados para pagar esse preço.

A pós-modernidade nos fez crer que iria resgatar o homem moderno e, nesse resgate, novas possibilidades emergiriam. O que a pós-modernidade fez foi deixar o sujeito carente de identidade fixa, o que pode vir a ser confundido com liberdade, e, segundo Eagleton (1996, p. 88), "o sujeito vê-se compelido a sacrificar sua verdade e sua identidade em nome da pluralidade, a que passam a chamar ilusoriamente de liberdade".

---

[1]   1968, no Brasil, *Blade Runner* — o caçador de androides.

A liberdade é uma **relação**; uma relação entre minhas proposições interiores e a concordância do meio. A liberdade se configura então, para o homem, mais satisfatória: quanto mais puder agir de acordo com sua vontade, e ver seus desejos realizados e alcançados. É nessa relação inter-humana que muitos homens assumem suas características agonísticas.

Viver a noção de pós-modernidade é viver em uma frivolidade de emoções e vínculos. O mundo parece que entrou em um ciclo de fragmentação no qual artistas, cientistas, filósofos, psicólogos e pesquisadores trabalham com um universo fragmentado. A identidade e o cotidiano precisam ser reestudados pelos processos de fragmentação na qual o homem da pós-modernidade se encontra.

O que temos é uma sociedade que oferece então novas formas de linguagens, novos temas, com que os indivíduos se encontrem em um universo problemático, situando o homem em pleno declínio, "o declínio do homem público" (Sennett, 1974), fazendo-o experimentar a sensação de ter perdido seu lugar no espaço, tanto no pensamento como na História.

Porém, quando olhamos mais atentamente para a realidade que aí se encontra, notamos um mundo muito organizado, muito bem administrado, tão sistêmico, impulsionado pela industrialização. Se antes, no início do século XX, tínhamos Paris como a capital mundial da cultura, da arte, notamos agora uma mudança: é na América, em Nova York, mais precisamente, que se fomenta a cultura, que se produz cada vez mais. Se Paris congregava o homem com história, Nova York lança outro homem, moderno, pós-moderno, contemporâneo.

Na pós-modernidade cabe tudo, tudo pode ser, tudo está por fazer, e defini-la, resumi-la em um conceito seria como dizer que ela é o momento em que vivemos hoje, o contemporâneo, o contexto histórico que aí está. E o que "aí está"? Está o homem fragmentado, desterritorializado, em que o fluxo de ideias que cruza o mundo exige que vivamos intensamente o aqui e o agora; aqui e agora que possibilita, que torna o homem problemático. Esse pode ser assinalado como o mal da pós-modernidade: o homem em diminuição de seus contatos, que vive voltado só para si mesmo, em uma realidade na qual ele perde a sua noção de história, a sua historicidade, não conseguindo fazer a ligação entre o seu passado, o que o constituiu como sujeito, e qual vai ser o seu futuro, uma vez que seu presente é marcado pelo consumismo, que se inicia com o consumir de coisas, pela posse, transportando-o para as relações, que se configuram sem profundidade, ou mesmo para a ausência de vínculos afetivos.

Contudo, não posso deixar de apontar que, embora o homem viva o momento histórico da propagação das relações de intensidade efêmeras, da falta de profundidade, ele também vive em um momento da interatividade com a possibilidade de se criar, se expandir.

O processo em que vivemos hoje possibilita que a interação com outras pessoas, via tecnologia, Internet, se faça em qualquer lugar do planeta, com qualquer pessoa, sem, contudo, conhecer quem é o outro. Porém, se de um lado a pós-modernidade nos lança a uma sociedade tecnológica avançada, ela mesma, a sociedade, a tecnologia cria e perpetua os excluídos, pois a tecnologia não está para todos, criando, inclusive, além dos excluídos sociais, os excluídos tecnológicos.

Uma metáfora da qual podemos lançar mão é a proposta por Bauman (1997, p. 106s), que fala da diferença entre os turistas e os vagabundos. Os turistas possuem a mobilidade, circulam pelo mundo, têm condições de se movimentar, de ir e vir a qualquer hora, para qualquer lugar. Seu contraponto seriam os vagabundos, que nada têm, ou mesmo nada são. A pós-modernidade exige que joguemos *o jogo*: o jogo da mobilidade, o ser turista, você *tem* que poder estar mudando sempre, a qualquer hora, para qualquer lugar (adiante exporei quais as consequências dessa mobilidade para a formação do caráter). O turista possui então esta peculiaridade: a de estar em contínuo movimento, sem nunca chegar, "se demoram ou se movem, conforme o desejo de seu coração". Aos vagabundos não é dada essa condição; se se movem, é por achar o mundo inóspito demais, lançando-se ao ostracismo, se fazendo sentir sujeitos quiescentes.

O fato que mais uma vez se faz presente na pós-modernidade é que nunca sabemos de fato quando temos que estar alegres, quando temos que estar tristes. Não sabemos como nos comportar, que sentimentos demonstrar, que vínculos estabelecer, como e quando o fazer. A pergunta de Bauman (1997, p. 112) é muito incomodativa: "como pode alguém investir na realização de uma vida inteira se hoje os valores são obrigados a se desvalorizar e, amanhã, a se dilatar?" Em outras palavras, como podemos investir em vínculos afetivos, significativos, construir esses vínculos, se amanhã tudo se dilata? Todo relacionamento passa a ser um relacionamento temporal, passageiro, de curto prazo: as pessoas passam a ser coisas e, em se tornando coisas, recusam-se a se fixar e são chamadas rapidamente a se *adequarem*.

O mesmo Bauman (1997, p. 113) define adequação como sendo "a capacidade de se mover rapidamente onde a ação se acha, e estar pronto a assimilar experiências quando elas chegam". Chamo a atenção para o "assimilar experiências", não para as pessoas ou para os vínculos, mas para a "experiência".

É natural que, ao estabelecermos vínculos, nos comportemos como pessoas que desejam sair desses contatos incólumes, nos recusando a não nos fixar, a longo prazo, a não historicidade. Talvez esse seja um dos fatores que contribui para o grande número de separações de casais, cujo lar passou a ser visto como algo impossível de se constituir e se manter estabelecido, pois no momento em que a porta é trancada do lado de fora, o lar passa a ser um sonho, mas no momento em que a porta é trancada do lado de dentro, ele se converte em prisão, uma prisão na qual nos debatemos, uma arena na qual nos vemos, mais uma vez, como que no pan-óptico, onde cada vez mais queremos fazer as coisas a distância...

Na esfera da produção humana, o que ocorre no mundo do trabalho é que o mundo tecnológico exige uma formação muito maior do que a que era exigida antes. Além de dominar a alta tecnologia, o sujeito contemporâneo tem que ser criativo, comunicativo, tem que ser cidadão na/da pós-modernidade, ou seja, precisa parecer que sabe, que faz, que vive e que é tudo isso a curto prazo.

Os locais de trabalho hoje são voláteis demais, especiosos. A formação profissional da pós-modernidade nos impele e nos ensina a estar preparados para frequentes mudanças, de trocas de emprego, a não permanecer, a não se fixar. Como podemos, então, desenvolver o sentimento de pertencimento, de comunidade, se em um piscar de olhos podemos não mais estar aqui? Por acaso nós, seres humanos, não sentimos a falta desses laços afetivos? Acredito que advém daí a necessidade *high-tech*, a urgência de estarmos *online*, de pertencermos à rede, buscando nas comunicações eletrônicas a comunidade que nos é negada.

O caráter, que é formado pelo valor ético que atribuímos aos nossos próprios desejos e às nossas relações com os outros, fica à mercê da fuga da rotina.

Outra palavra que está em voga na atualidade, e que é fruto do nosso tempo, é flexibilidade, que assume o caráter de a pessoa ceder e recuperar-se, reestruturar sua forma o mais rápido possível. É o que Sennett (1998, p. 66) denomina "flexitempo", termo empregado para as empresas, e que observamos facilmente no homem contemporâneo. Lanço outra questão: como podemos desenvolver laços fortes, significativos de lealdade em uma sociedade que vê tais laços como não atraentes?

Parece-me que a pós-modernidade é por si, em sua essência, contraditória, pois ao mesmo tempo que oferece ao homem novas tecnologias, novas formas de ir e vir, cria também os excluídos, a fome, as guerras. É nessa contradição que o homem contemporâneo vive, ou, melhor dizendo, sobrevive.

O que resta ao homem, então? Viver de maneira narcísica!

Desenvolver pesquisa para esses tempos exige que saibamos qual é o homem a ser pesquisado, e, mais do que isso, seja qual for o instrumento utilizado para essas pesquisas, precisamos aprender a ouvir, de fato, esse homem contemporâneo. Suas angústias, seus medos, suas fantasias, sua história de vida hão de ser valorizados e entendidos, mas, para isso, é condição primeira que saibamos o que ouvir e como ouvir, para determinarmos o por que ouvir.

A Análise Qualitativa se apresenta como mais uma ferramenta para possibilitar que nós, pesquisadores, aprendamos a ouvir de fato as agruras da contemporaneidade para propormos soluções condizentes com a demanda social.

Mas o que se entende por ouvir qualitativo? De onde adveio essa prática? É mesmo importante dar um tratamento qualitativo coletado em pesquisa? É o que veremos a seguir.

REFERÊNCIAS

ANDERSON, P. **As Origens da Pós-Modernidade**. Trad. Marcus Penchel. Rio de Janeiro: Jorge Zahar, 1998.

AUGE, M. **Não Lugares: introdução a uma antropologia da supermodernidade**. Trad. Maria Lucia Pereira, 2.ª ed., Campinas: Papirus, 1992.

BAUDRILLARD, J. **A Sociedade de Consumo**. Trad. Artur Morão. Lisboa: Edições 70, 1980.

BAUMAN, Z. **Modernidade Líquida**. Trad. Plínio Dentzien. Rio de Janeiro: Jorge Zahar, 2000.

BAUMAN, Z. **Em Busca da Política**. Trad. Marcus Penchel. Rio de Janeiro: Jorge Zahar, 1999.

BAUMAN, Z. **Globalização: as consequências humanas**. Trad. Marcus Penchel. Rio de Janeiro: Jorge Zahar, 1998.

BAUMAN, Z. **O Mal-Estar da Pós-Modernidade**. Trad. Mauro Gama. Rio de Janeiro: Jorge Zahar, 1997.

BAUMAN, Z. **Modernidade e Ambivalência**. Trad. Marcus Penchel. Rio de Janeiro: Jorge Zahar, 1991.

DICK, P. K. **Blade Runner – perigo iminente**. Trad. Raquel Martins. Portugal: Publicações Europa-América, 1968.

EAGLETON, T. **As Ilusões do Pós-Modernismo**. Trad. Elisabeth Barbosa. Rio de Janeiro: Jorge Zahar, 1996.

FREUD, S. **O Mal-Estar na Civilização**. Trad. José O. A. Abreu. Rio de Janeiro: Imago, 1930.

LIPOVETSKY, G. **A Era do Vazio** – ensaio sobre o individualismo contemporâneo. Trad. Miguel Serras Pereira e Ana Luísa Faria. Antropos: Portugal, 1983.

LYON, D. **Pós-Modernidade**. Trad. Euclides Luis Calloni. São Paulo: Paulus, 1998.

PALAHNIUK, C. **Clube da Luta**. Trad. Vera Caputo. São Paulo: Editora Nova Alexandria, 1996.

PIRANDELLO, L. **Um, Nenhum e Cem Mil**. Trad. Maurício Santana Dias. São Paulo: Cosac & Naify Edições, 1926.

SENNETT, R. **A Corrosão do Caráter – consequências pessoais do trabalho no novo capitalismo**. Trad. Marcos Santarrita. 5.ª ed. Rio de Janeiro: Record, 1998.

SENNETT, R. **Autoridade**. Trad. Vera Ribeiro. Rio de Janeiro, Record, 1980.

SENNETT, R. **O Declínio do Homem Público: as tiranias da intimidade**. Trad. Lygia Araújo Watanabe. 7.ª reimpressão. São Paulo: Companhia das Letras, 1976.

SILVA, T. T. da. **Pan-Óptico – Jeremy Bentham**. Belo Horizonte: Autêntica, 2000.

TAYLOR, C. **As Fontes do Self** – a construção da identidade moderna. Trad. Adail U. Sobral e Dinah de A. Azevedo. São Paulo: Ed. Loyola, 1989.

FILMES

Blade Runner. (c.1991) Direção: Ridley Scott. Produção: Michael Deeley. Intérpretes: Harrison Ford; Rutger Hauer; Sean Young e outros. Roteiro: Hampton Fancher e David Peoples. Música: Vangelis. Los Angeles: Warner Brothers. 1 DVD (117 min), *widescreen, color*. Produzido por Warner Video Home. Baseado na novela *Do Androids Dream of Electric Sheep?*, de Philip K. Dick.

Cubo, O (c.1999). Direção: Vicenzo Natali. Produção: Canadá. Intérpretes: Nicole DeBoer, Nicky Guadagni e outros. Roteiro: André Bijelic, Vicenzo Natali e Graeme Manso. Música: Mark Korven. EUA, Imagem Filmes. c.1999. 1 DVD (90 min), son., *color*.

Homem de Família, Um. (c.2000) Direção: Brett Ratner. Produção: Marc Abraham, Tony Ludwing, Alan Riche e Howard Rosenman. Intérpretes: Nicolas Cage, Téa Leoni e outros. Roteiro: David Diamond e David Weissman. Música: Danny Elfman. EUA, Beacon Pictures/Howard Rosenman Productions/Riche-Ludwig Productions. 1 DVD (125 min).

Magnólia. (c.1999). Direção Paul Thomas Anderson. Produção: Paul Thomas Anderson e Joanne Sellar: Intérpretes: Pat Healy, Tom Cruise, Melinda Dillon e outros. Roteiro: Paul Thomas Anderson. Música: Jon Brion, Fiona Apple e Aimee Mann. EUA: New Line Cinema. 1 DVD (180 min).

Náufrago, O. (c.2000). Direção: Robert Zemeckis. Produção: Tom Hanks, Jack Rapke, Steve Starkey e Robert Zemeckis. Intérpretes: Tom Hanks, Helen Hunt e outros. Roteiro: Wlliam Broyles Jr. Música: Alan Silvestri. EUA: DreamWorks SKG/20th Century Fox/ Image Movers. 1 DVD (143 min).

Relação Pornográfica, Uma.(c.1999). Direção: Frédéric Fonteyne. Produção: Patrick Quinet, Rolf Schmid e Claude Waringo. Intérpretes: Nathalie Baye, Sergi Lopes, Jacques Viala e Paul Pavel. Roteiro: Philippe Blasband. Música: André Dziezuk, Marc Mergen e Jeannot Sanavia. França: ARP Sélection/Artémis Production/ Fama Film/ Le Studio Canal +. 1 DVD (80 min).

MÚSICA

Russo, Renato. Andréa Dória. Dado Villa-Boas; Renato Russo; Marcelo Bonfá [Compositores]. In: Legião Urbana. **Dois.** Rio de Janeiro: EMI-Odeon, 1986. 1 CD (47:09). Faixa 10 (4:51).

19

A pesquisa fenomenológica em Psicologia

SYLVIA MARA PIRES DE FREITAS[1]

Este capítulo tem como objetivo orientar os pesquisadores, principalmente os iniciantes em produções científicas, sobre como o método fenomenológico é aplicado em pesquisa.

Escrever sobre Pesquisa Fenomenológica em Psicologia é uma tentativa de ensinar o pesquisador a "voltar às coisas mesmas", ao fenômeno vivido como ponto de partida do conhecimento. Para tanto, tornar-se-á necessário um esforço do pesquisador para despir-se dos conhecimentos adquiridos em sua prática diária e também dos que lhe foram conferidos pela história, pela filosofia, pela ciência.

No entanto, antes de falarmos sobre o método fenomenológico, vamos compreender um pouco sobre a construção histórica do mundo científico. Acredito ser necessária tal contextualização para que possamos entender o que levou Husserl a iniciar a Fenomenologia moderna, nos fins do século XIX, contrapondo-se ao psicologismo.

Segundo Husserl, o psicologismo

> [...] não consegue resolver o problema fundamental da teoria do conhecimento, ou seja, o problema de como é possível alcançar a objetividade; ou, em outros termos, como é possível que o sujeito cognoscente alcance, com certeza e evidência, uma realidade que lhe é exterior e cuja existência é heterogênea à sua (Husserl, 1980, p. VI).

Em linhas gerais, o psicologismo, fundamentando-se na concepção naturalista, considera que a única realidade é a Natureza, assim desconsidera a dualidade sujeito e objeto. Desta forma, para Husserl,

> [...] as consequências do naturalismo podem ser reduzidas às seguintes: tudo é objeto natural ou físico; a consciência é uma expressão vaga que se costuma atribuir a eventos físico-fisiológicos ocorridos no cérebro e no sistema nervoso; o conhecimento é apenas o efeito da ação causal exercida pelos objetos físicos exteriores sobre os mecanismos nervosos e cerebrais; os conceitos e leis científicos são generalizações abstratas que servem para o homem pensar mais economicamente a multiplicidade dos objetos exteriores; os conceitos de sujeito, objeto, consciência, coisa, princípio, causa, efeito etc., só têm sentido quando reduzidos a entidades empíricas observá-

---

[1] Psicóloga. Mestre em Psicologia Social e da Personalidade pela PUCRS. Especialista em Psicologia do Trabalho pela CEUCEL/RJ. Formação em Psicoterapia Existencial pelo NPV/RJ, Docente da área de Psicologia Clínica, na abordagem fenomenológica-existencial da Universidade Paranaense – Unipar/PR. Docente da área de Psicologia do Trabalho da Universidade Estadual de Maringá – UEM/PR. Contato: sylviafreitas@brturbo.com

veis; e, finalmente, a teoria do conhecimento é uma psicologia, isto é, uma descrição do comportamento do sujeito na atividade de conhecer (Husserl, 1980, p. VI).

Assim, o psicologismo impossibilita o conhecimento científico enquanto conhecimento universal, uma vez que a universalidade do psicologismo se reduz à generalidade abstrata e à repetição dos eventos observados. Para Husserl, o psíquico não é coisa, mas sim fenômeno, e este é a consciência enquanto fluxo temporal de vivências. A consciência é imanente e tem capacidade de outorgar significados às coisas exteriores. Dessa forma, o psíquico não pode ser compreendido como um conjunto de mecanismos cerebrais e nervosos. A coisa, por sua vez, "[...] é o físico, o fato exterior, empírico, governado por relações causais e mecânicas" (Husserl, 1980, p. VIII).

Apesar de a Fenomenologia ter sido criada, fundamentada em uma posição crítica às teorias psicológicas de cunho experimental, cabe alertar o leitor que a Psicologia Fenomenológico-Existencial representa mais uma forma de compreender a relação sujeito-mundo, entre tantas outras que, também, possuem méritos na contribuição para os estudos psicológicos. A Psicologia Fenomenológico-Existencial não propõe abarcar todas as questões sobre os problemas existenciais; apenas contribui com mais um viés para compreendê-los.

Após essa breve contextualização sobre a construção da ciência objetiva, prosseguiremos explicando a Fenomenologia como método, os caminhos que devem ser percorridos para se realizar a redução fenomenológica, bem como os passos a serem dados para se realizar uma pesquisa científica em Psicologia utilizando-se o Método Fenomenológico. No decorrer da explanação, para melhor compreensão, principalmente do pesquisador iniciante, utilizarei como exemplo um Trabalho de Conclusão de Curso (Cunha, 2004) por mim orientado e defendido em dezembro de 2004.

A INQUIETANTE BUSCA DO SER HUMANO PARA COMPREENDER E EXPLICAR O MUNDO

Nos diferentes períodos da história da humanidade parece ter havido, como ainda há, uma necessidade de o ser humano buscar uma verdade que responda aos seus questionamentos sobre o mundo e sobre sua existência. Como menciona Losada (1997), esse movimento questionador sempre existiu; o que veio mudando com a História foram os métodos empregados na busca das respostas a essas questões.

O que levou, então, o ser humano a trilhar diversos caminhos para compreender e explicar o mundo e a sua própria situação existencial nele? Os diferentes objetos de estudo, menciona Losada (1997). Esse autor diz que, quando o objeto de estudo e o método são únicos, como, por exemplo, na Física clássica, existirá uma unidade interna nessa ciência. No entanto, cita a Psicologia para explicar que nesta há uma pluralidade de métodos em função da diversidade de objetos de estudos. É a tensão entre objeto e método que favorece o surgimento de diversas escolas psicológicas com abordagens e perspectivas diferentes.

A escolha também pelo objeto de estudo e pelo método está diretamente relacionada com a forma como o ser humano compreende o mundo. Perante este, devemos nos perguntar em que nos fundamentamos para responder às seguintes questões: o que é e o que não é realidade? (Questão ontológica). Quais caminhos escolhemos para chegar à compreensão dessa realidade? (Questão epistemológica). Qual é a concepção que temos de ser humano? Como concebemos a sociedade? Qual é a ética subjacente na nossa forma de conceber o mundo? Que tipos de ações imprimimos no mundo de acordo com nossa concepção? Essas ações promovem mudanças, transformações, ou somente colaboram para a manutenção do *status quo*? Todas essas questões[2] estão implicadas nos pressupostos de todas as teorias. A escolha por uma teoria em detrimento de outra nos mostra não só a

---

[2] Para quem deseja se aprofundar um pouco mais no assunto, recomendamos as seguintes leituras: P. Guareschi. Ação e Mudança: considerações epistemológicas e éticas. *Psico*, Porto Alegre, p. 62-78, 1989. P. Guareschi. Epistemologia: para se dizer coisa com coisa. *Psico*, Porto Alegre, 22(2), 134-155, 1990. P. Guareschi. *Sociologia Crítica. Alternativas de mudança*. 34ª ed. Porto Alegre: Mundo Jovem, 1994.

forma como concebemos o mundo, como também qual é o nosso posicionamento político perante este, principalmente quando se trata de teorias das Ciências Sociais e Humanas.

Os questionamentos sobre o mundo e sobre a existência humana são feitos pelo ser humano durante toda a história da humanidade. Tomemos como ponto de partida a Grécia antiga. Nos primórdios da civilização, com os gregos é que ocorreu a primeira tentativa de explicação racional do universo. Antes desse período, a realidade era explicada fundamentando-se nos mitos.

Laporte e Volpe (2000) contextualizam bem esses períodos. Essas autoras colocam que, no período pré-socrático, ser humano, natureza e deuses eram compreendidos como uma totalidade. Através dessa concepção de mundo, os pré-socráticos buscavam conhecer os elementos constitutivos de todas as coisas: a *arque*. "Nessa busca de compreensão das coisas, compreendiam-se através delas" (p. 37). Observamos que o ser humano se compreendia como estando no mesmo patamar de relação com a natureza e com os deuses.

Prosseguem as autoras mencionando ainda que a busca das essências começou com Sócrates. No período socrático, a diferença essencial do período anterior era que o ser humano era concebido como síntese do mundo vegetal e animal, somada à racionalidade. A busca das essências em Sócrates dá-se, então, pela investigação do autoconhecimento. O ser humano emerge a um nível superior à natureza. Há um movimento dignificador do ser humano, por conceber que este não se origina só da matéria. Platão prossegue na busca pela compreensão da essência humana concebendo no ser humano a dualidade do corpo e da alma.

Após o período socrático, a natureza é apartada do ser humano. Natureza e ser humano começam a não mais serem concebidos como unívocos. Na Idade Média, o ser humano transcendia pelo espírito a matéria (natureza) que o aprisionava. As explicações para o mundo fundamentavam-se nas verdades divinas.

Com o Renascimento, a noção de natureza humana transcende o contemplativo. O ser humano passa a interagir, a operar, a transformar o mundo. "O tema da dignidade humana será exaltado e o homem passará a se perceber além de criatura, também como criador" (Laporte e Volpe, 2000, p. 39).

Com a exaltação do ser humano, surge o humanismo, e com este a investigação da natureza corpórea do ser humano. O naturalismo, então, segundo as autoras, passa a ser uma característica do humanismo.

Descartes reafirma a concepção dualista, ao apreender o ser humano "[...] como constituído por duas substâncias autônomas — o corpo, *res extensa*, que era matéria governada por funções mecânicas, sujeitas ao domínio da necessidade, e a alma, *res cogitans*, agora percebida como razão — essência humana" (Laporte e Volpe, 2000, p. 40).

Com as dualidades corpo × razão, ser humano × natureza, é criado o método analítico para tentar explicar a essência do ser humano (a razão), bem como sua natureza (o corpo). Os problemas passam a ser divididos em partes tentando-se compreender, partindo do mais simples para o mais complexo.

A razão, sendo concebida de forma desvinculada do corpo e do mundo, subjetiva um ser humano superior porque pensa. E esse pensador poderia, por meio do método analítico, pensar o mundo pela fragmentação deste em suas partes, e com esse poder o ser humano exerceria domínio sobre a realidade.

Laporte e Volpe (2000) mencionam ainda que, para contrapor-se ao racionalismo cartesiano, nasce o empirismo, que rejeita a essência humana *a priori*. Compreender essa última concepção que a verdade não reside na razão pura, mas sim nas experiências que o ser humano tem através de suas relações com o meio, ou seja, na razão empírica.

Observemos que a lacuna deixada por Descartes, quando este exclui o meio da essência humana, é transcendida por Bacon, ao incluí-la como uma questão ontológica. No entanto, apesar dessas duas formas distintas de tentar explicar a verdade sobre a existência humana, convergem suas concepções quando concordam em desvincular o ser humano da natureza e colocá-lo em uma posição superior às coisas, para poder desvendá-las e dominá-las.

O século XVII, com Descartes e Galileu, assiste ao nascimento da ciência, nos moldes em que a conhecemos hoje. No século XVIII dá-se o auge do método científico. Com o Iluminismo almejou-se levar as luzes da razão a todos os âmbitos da vida humana, como o intuito de construir um mundo sem mito nem medo, rumo ao progresso e à liberdade (Losada, 1997).

É também no século XVIII que surgem as Ciências Humanas, e com estas a Psicologia institui-se, no cenário alemão, como ciência independente. No entanto, foi no cenário norte-americano que a Psicologia sofreu forte influência das ciências naturais e desenvolveu-se, marcando o surgimento da Psicologia Moderna (Rey, 2003).

Assim como as ciências naturais, a ciência psicológica deveria perceber os fenômenos através de observações experimentais; elaborar hipóteses fundamentadas nas leis da natureza; matematizar e confirmar sua experimentação, de forma que os resultados pudessem ser generalizáveis.

No entanto, no século XIX, surge a primeira grande crise da ciência moderna. O próprio conceito de ciência e seus pressupostos e critérios de verdade são questionados. Na epistemologia, outros pensadores põem em dúvida o método das ciências da natureza. Segundo Losada, é introduzida a incerteza na ciência. Com relação à Psicologia, esse autor diz que "a dificuldade em conciliar objeto e método coloca esta questão fundamental: o homem não pode ser reduzido à natureza. O ser humano não cabe nos moldes da Psicologia Experimental, no laboratório" (Losada, 1997, p. 32).

Diante disto, torna-se necessário se perguntar sobre o tipo ou classe de ciência capaz de estudar adequadamente a realidade humana. Tais questionamentos levam Brentano e seu discípulo Husserl a priorizarem o sujeito como fonte de sentido, tirando-lhe a posição de ser humano objeto, compreendendo-o, por sua vez, como um ser incompleto, um vir-a-ser.

Assim, observamos os reflexos dessa crise ainda hoje na Psicologia, quando encontramos duas tradições em curso: a naturalista ou positivista e a tradição "humanista" (Losada, 1997).

A CRIAÇÃO DE ALTERNATIVAS METODOLÓGICAS PARA A PSICOLOGIA COMO CIÊNCIA NATURAL

Podemos compreender a abordagem psicológica, entendida como ciência natural, como aquela que "[...] caracteriza-se essencialmente por ser empírica, positivista, reducionista, quantitativa, genérica, determinista e previsível, e por postular as ideias de um observador independente" (Giorgi, citado por Rey, 2003, p. 71).

A proposta trazida pela Fenomenologia veio contrapor-se a esses atributos das ciências naturais. Para Husserl, segundo Losada (1997), a Psicologia deveria ser (1) compreensiva e descritiva, e não analítica e explicativa; e (2) buscar a compreensão individual, o irrepetível, a apreensão do sentido da vida humana como um todo, em vez de buscar generalizações.

Na tradição de Brentano, Husserl quis estabelecer as "raízes" da Psicologia entendida como ciência da subjetividade. Para Husserl, (1) não há fatos, há fenômenos; o mundo que o indivíduo percebe é o mundo fenomenológico, o mundo para ele. Não tendo acesso direto ao real, não há "fatos puros", há sentido, existem as significações que o indivíduo imprime ao mundo. (2) A consciência não é reflexo ou espelho da realidade, como querem os empiristas; a consciência é intencionalidade, é sempre consciência de algo. E se a consciência é *para* e *de* alguma coisa, não é apenas de alguém; é preciso que haja "alguma coisa" de que a consciência é. Assim, consciência e mundo são duas faces da medalha. Um lado não se entende sem o outro, o mundo real é o mundo que apreendo (Losada, 1997).

Observemos que, com a Fenomenologia, surge a proposta de superar a maneira dicotômica de se conceber a realidade. Esta não mais separa sujeito de mundo; mas cria uma estreita relação entre ambos, sendo mediada pela consciência. Losada menciona que

ao estabelecer uma estreita correlação entre consciência e mundo, a Fenomenologia se contrapõe ao empirismo, que reduz a consciência a um mero reflexo do mundo. Também se contrapõe ao idealismo, que reduz o mundo a uma construção do sujeito, e à Psicologia S-R, por ignorar as estruturas impostas pelo organismo. [...] A Fenomenologia se apresenta como uma resposta à crise da ciência e da Psicologia. Quer ser um novo paradigma frente ao positivismo. A Fenomenologia inspirou as Psicologias de orientação compreensiva, histórica, vitalista e a *Gestalt*. Mais especificamente, o método fenomenológico constitui a fonte de inspiração fundamental da Psicologia humanista existencial (Losada, 1997, p. 13-14).

Após esta breve contextualização, passaremos a nos ater ao Método Fenomenológico.

CONHECENDO UM POUCO SOBRE O MÉTODO FENOMENOLÓGICO

Existe um lema para a Fenomenologia, que é "o retorno às coisas mesmas". O sentido dado por Husserl a esse movimento foi o de se afastar de um conhecimento prévio acerca do seu objeto de estudo. Assim, se desejamos pesquisar, por exemplo, como é o "ficar" para os adolescentes, devemos iniciar a pesquisa afastando-nos de todo conhecimento prévio que temos sobre este assunto, para que possamos compreender como o "fato" do ficar (coisa) é significado (fenômeno, consciência) para cada adolescente entrevistado — ou seja, objetivamos com isso conhecer como cada adolescente significa sua vivência de "ficar". Se a nossa proposta, de acordo com este exemplo, é conhecer como é o "ficar" para cada adolescente, seria contraditório se nos deixássemos contaminar pelos nossos próprios significados. Assim, não compreenderíamos a maneira como os outros significam.

Esta atitude fenomenológica, um tanto paradoxal em relação ao que comumente aprendemos quando desejamos conhecer algo, em princípio nos afasta, nos distancia de nossos conhecimentos já adquiridos.

Husserl faz esta proposta porque se fundamenta no conceito de consciência intencional. Para ele, toda consciência é sempre consciência *de* e *para* alguma coisa. A consciência para Husserl é ação, há sempre uma intenção no ato de captar algo, não captamos algo por acaso, e a consciência é a **mediadora** entre o ser humano e o mundo. Husserl, assim, não concebe a consciência como um depositário de conteúdo, de forma passiva, uma vez que ela tende ao objeto e vai em sua direção.

Vamos novamente trazer a prática da pesquisa. Quando elegemos um tema para nossa pesquisa, não o elegemos por acaso: há uma intencionalidade da nossa consciência em conhecer algo sobre esse tema. O problema é que por vezes nem sempre temos consciência da nossa intenção na relação com ele. A escolha, neste caso, não se dá pelo distanciamento, mas pela intenção de aproximação de algum conhecimento sobre o tema.

Diante da escolha do tema, tendemos, quase sempre, a trazer à nossa consciência um certo conhecimento que já possuímos sobre ele, seja do senso comum, seja científico, enfim, por vezes, não só o conhecimento como também nosso juízo de valor sobre ele. Tomemos como exemplo a pesquisa realizada por Cunha (2004). Quando ela me procurou para que a orientasse, a primeira pergunta que lhe fiz foi se havia alguma questão que a inquietava e que ela gostaria de pesquisar, e que me justificasse por escrito seu interesse. Ela, como estagiava em uma autarquia federal, me colocou o seguinte:

> Acredito que os funcionários desempenham um papel muito importante nas organizações e nenhuma delas funciona adequadamente se eles não forem pessoas motivadas.
>
> A escolha da autarquia como objeto de estudo partiu, primeiramente, do meu interesse por estudar o comportamento dos funcionários de uma empresa do setor público, visto que estes têm maior estabilidade e a ascensão na carreira se dá de maneira diferenciada do setor privado.
>
> Em segundo lugar, sou estagiária na referida empresa e tenho observado uma certa insatisfação entre os servidores, seja de modo verbal ou através de suas atitudes. As duas greves realizadas no último ano e as frequentes reclamações dos usuários em relação ao atendimento que lhes é prestado nas agências demonstram este fato.

> Por fim, essa autarquia desempenha um papel importante na sociedade, que depende de seus serviços. Daí a relevância de a empresa incrementar a motivação de forma a maximizar as potencialidades dos seus mais importantes recursos: as pessoas (Cunha, 2/6/2004).

Observamos que, ao colocar a questão, a acadêmica já trazia uma hipótese: de que a insatisfação dos servidores era porque estavam desmotivados, sugerindo ao final de sua escrita a necessidade de a empresa motivar seus funcionários.

Em uma pesquisa fenomenológica, se iniciarmos o processo de conhecimento de determinadas vivências já contaminados pela nossa própria vivência e/ou pelos nossos conhecimentos, não poderemos compreender o sentido que o outro dá à sua vivência, mas quiçá com o nosso sentido. Destarte, nossos objetivos já estarão naufragados, uma vez que não utilizamos corretamente o método, no caso o fenomenológico, e a sua metodologia, que é a redução fenomenológica.

Como orientadora, precisei lançar mão da redução fenomenológica para compreender como a acadêmica compreendia sua questão de pesquisa, e assim poder ajudá-la a refletir sobre sua intenção, de acordo com sua forma de significar a questão.

O que É Redução Fenomenológica?

"A redução é o recurso da Fenomenologia para chegar ao fenômeno como tal, ou à sua essência [...]" (Forghieri, 1993, p. 15). As coisas do mundo existem independentemente da nossa consciência. No entanto, a consciência precisa captá-las para ser consciência de alguma coisa e, desta forma, significá-las, mas muitas vezes não temos consciência reflexiva sobre como significamos as coisas, e uma delas pode ser de acordo com uma tese naturalista.

No nosso exemplo, a acadêmica compreende que a empresa deve "[...] *incrementar a motivação de forma a maximizar as potencialidades dos seus mais importantes recursos: as pessoas*" (Cunha, 2/6/2004). Essa compreensão sugere fundamentar-se nos discursos das Teorias de Motivação que lançaram o mito de que as pessoas podem ser motivadas por meios externos. Sem uma consciência que apresente uma atitude reflexiva, apreende-se essa verdade e continua-se reproduzindo-a irrefletidamente, como se fosse natural conseguir motivar as pessoas oferecendo-lhes o que se supõe precisarem, como se todas precisassem da mesma coisa.

Diante da concepção naturalista enquanto verdade, permita-nos levantar uma questão: até o momento atual de nossa existência, século XXI, podemos dizer que a morte é **ainda** a única certeza que temos. Mesmo compreendendo que a morte é um processo natural para quem está vivo, quem vivencia essa possibilidade "naturalmente"?

Diante do exposto, esta atitude naturalizante "[...] ignora a existência da consciência como a 'doadora' de sentido de tudo o que a nós se apresenta no mundo" (Forghieri, 1993, p. 15). Prossegue a autora colocando que Husserl, com a proposta da redução fenomenológica, intenciona que mudemos nossa atitude natural para uma atitude fenomenológica, em que possamos suspendê-la, colocá-la entre parênteses, fora de ação, "[...] a nossa fé na existência do mundo em si e todos os preconceitos e teorias das ciências da natureza dela decorrentes" (*id.*).

Concebendo a consciência como mediadora entre ser humano e mundo, a proposta da fenomenologia é conhecer como uma consciência conhece este mundo. Retomemos ao nosso exemplo do TCC. As teorias, por exemplo, podem transformar o fenômeno motivação em "fatos-verdades", que passam a ser verdades cotidianas nossas, mas como cada funcionário da autarquia significaria o estar ou não motivado? A forma de significarem pode não estar apoiada em verdades criadas pelas teorias científicas, ou em outras verdades criadas pelas classes hegemônicas, dessa forma fundamentada no fenômeno que Husserl (1980) define como "tese natural do mundo".

A redução, diz Husserl,

> [...] suspende [então] a "tese natural do mundo" [...]. A "atitude natural" é a atitude cotidiana de "tese do mundo", ou seja: acredita-se espontaneamente que as coisas exteriores existem tais como se as veem; portanto, natural e espontaneamente, "põe-se o mundo". Ora, quando se descobre que cada

indivíduo pode ter uma "posição" (tese) diferente da dos outros, a "tese do mundo" torna-se confusa e problemática. A fenomenologia coloca a "tese natural" entre parênteses para indagar, primeiro, como a consciência funciona e como se estrutura, para, no final, justificar essa "tese natural" exatamente enquanto atitude irrefletida, ingênua e que precisa ser fundamentada filosoficamente, já que é o modo de viver cotidiano (Husserl, 1980, p. xi).

Forghieri (1993) diz que, com relação à teoria do conhecimento, só conseguiremos atingir a evidência do fenômeno na concordância entre a intuição[3] e a significação. Erthal explica esse processo:

> inicialmente entramos em contato com os objetos do mundo por meio dos sentidos. É um conhecimento direto que está longe de ser completo, já que percebemos aquilo que nos é mostrado de imediato. Percebemos um determinado aspecto desse objeto que, de acordo com as limitações da perspectiva, nos dará uma percepção parcial. Mas o ato de conhecer se completa com um componente não intuitivo, a integração significativa, que realiza uma espécie de síntese, nos referindo ao objeto real. O momento significativo nos dá condições de conhecer o objeto em sua integridade. A proporção de tais formas de captação do objeto deve ser igual, para que se possa obter uma maior confiabilidade. Entretanto, essa condição não nos permite chegar ao conhecimento do objeto em si (1991, p. 28-29).

O leitor deve estar se questionando o que falta então para conhecermos o objeto em si. Interrompi a citação propositalmente, para poder introduzir e destacar agora uma figura primordial: a do pesquisador, aquele que deseja conhecer. Voltemos à explicação de Erthal:

> por meio da reflexão, voltamos toda a nossa atenção para os nossos processos mentais e passamos a captar não mais os objetos tal como se apresentam no exterior [concepção positivista], mas a vivência desses objetos, ou seja, como se nos apresentam à nossa consciência. Livres de perspectivas e de suas limitações chegamos mais próximos daquilo que observamos. [...] Para que se possa atingir um conhecimento completo, todos os caracteres exteriores da vivência captadora (vivência original) precisam ser eliminados, ou seja, tudo o que esteja fora desse nosso próprio estado psicológico é colocado à parte, ou, como nos fala Husserl, entre parênteses. Todo juízo externo à vivência é suspenso. Abstrai-se assim o realismo espontâneo (atitude natural), isto é, todos os juízos histórico-sociais condicionados culturalmente, assim como tudo que há de pessoal naquela consciência do fenômeno, para se chegar então ao fenômeno mesmo, na sua essência básica, o *eidos*. Esta é a redução fenomenológica, ou o *epoqué* (*ibid.*, p. 29-30).

Por compreender que não existe neutralidade por parte do pesquisador, e também pela própria dificuldade de conhecermos o objeto em si, de imediato, é que Husserl propõe a realização da redução fenomenológica tantas vezes quantas se fizerem necessárias.

O leitor pode questionar: como é que sabemos quantas reduções são necessárias? Neste caso, é mister que o pesquisador assuma uma atitude de reflexão constante para que possa conhecer quais valores, conhecimentos, preconceitos etc. seus interferem na captação do fenômeno. Enquanto houver interferência, há a necessidade de se realizar a redução fenomenológica, pois a compreensão estará contaminada.

As reflexões, segundo Husserl, "[...] também são vivências e podem, enquanto tal, tornar-se substratos de novas reflexões, e assim *ad infinitum*" (1986, p. 173). Esta atitude leva não só ao co-

---

[3] Como ressalta Forghieri (1993), essa intuição não se refere à atitude mística, na qual se extrapola a intuição sensível para o domínio suprassensível.

nhecimento da vivência do outro, mas também obriga o pesquisador a desvelar sua própria história, o sentido que ele também dá ao que deseja pesquisar no outro.

Posta a necessidade da atitude reflexiva por parte do pesquisador, passarei, a seguir, a explanar sobre o processo de construção da pesquisa fenomenológica em Psicologia.

CONSTRUINDO O CAMINHO PARA A PESQUISA FENOMENOLÓGICA EM PSICOLOGIA

Vivenciando a Escolha do Tema

Um dos primeiros pontos que considero importante levantar é o sentido dado à pesquisa. Para um pesquisador, como para qualquer coisa que façamos em nossa vida, há sempre um sentido dado. Viktor E. Frankl, criador da Logoterapia, ou seja, a terapia do sentido da existência humana, afirma que:

> a busca do indivíduo por um sentido é a motivação primária em sua vida, e não uma "racionalização secundária" de impulsos instintivos. Esse sentido é exclusivo e específico, uma vez que precisa e pode ser cumprido somente por aquela determinada pessoa. Somente então esse sentido assume uma importância que satisfará a sua própria *vontade* de sentido (Frankl, 2003, p. 92).

Assim, parafraseando Frankl, se o pesquisador não tiver um para que fazer pesquisa, não terá um por que fazê-la. Esse movimento do por que e do para que deverá estar presente em todos os momentos da pesquisa, seja na vivência do pesquisador, seja na estrutura metodológica. Isto significa que durante toda a relação do pesquisador com o ato de pesquisar haverá um sentido imprimido por ele.

Um dos primeiros procedimentos que devemos adotar em uma pesquisa, seja ela um TCC, uma monografia, dissertação ou tese,[4] é a escolha do tema. No entanto, a maneira de experienciar essa escolha vai diferir de acadêmico para acadêmico, em um trabalho de conclusão de curso, por exemplo.

A escolha do tema sempre vai estar relacionada com alguma intenção do pesquisador com ele. Não escolhemos temas aleatoriamente. Em geral, escolhemos um tema **porque** ele nos "toca" de alguma maneira e pretendemos chegar a algum lugar com ele (o **para quê** o escolhemos). No caso da nossa acadêmica, ela escolheu esse tema **porque** (justificativa) é estagiária da referida instituição e por ter observado uma certa insatisfação entre os servidores, bem como por ter observado as frequentes reclamações dos usuários em relação ao atendimento que lhes é prestado pelas agências da instituição. Também por considerar que os funcionários desempenham papel muito importante nas organizações e nenhuma delas funciona adequadamente se eles não forem pessoas motivadas, e por fim porque a instituição desempenha um papel importante na sociedade, que depende de seus serviços.

O **para quê** (objetivo) está discriminado quando ela apresenta seu interesse em estudar o comportamento dos funcionários de uma empresa do setor público, visto que estes têm maior estabilidade e a ascensão na carreira se dá de maneira diferenciada do setor privado.

Como para a fenomenologia toda consciência é uma consciência de alguma coisa e para alguma coisa, a escolha do tema diz respeito ao pesquisador, logo, este é responsável por essa escolha, porque nesta já está implícita a sua existência. Assim, a atitude de redução fenomenológica deve começar já deste momento.

Para poder compreender os fundamentos da acadêmica-pesquisadora sem também me deixar contaminar pelos meus conhecimentos e/ou julgamentos, realizei alguns questionamentos sobre sua justificativa (Freitas, 4/6/2004). O primeiro foi o que a levava a acreditar que os funcionários desempenham um papel muito importante nas organizações. Obtive a seguinte resposta:

---

[4] Essas pesquisas referem-se, respectivamente, a graduação, especialização, mestrado e doutorado.

Penso que a imagem da empresa está diretamente ligada à imagem de seus funcionários. Quando não somos bem atendidos por determinado empregado de uma empresa, dizemos que naquela empresa as pessoas são mal-educadas. Os trabalhos são desenvolvidos pelas pessoas, se elas não são eficientes, a empresa é prejudicada. Hoje, muitas empresas desenvolvem produtos ou serviços de qualidade semelhante, o que faz o cliente optar por uma em especial, muitas vezes está ligado à atenção e à simpatia dos funcionários. Mais do que equipamentos de qualidade, as empresas precisam de pessoas de qualidade. Pessoas capacitadas e motivadas para realizar suas tarefas e nenhuma delas funciona adequadamente [...] (Cunha, 5/6/2004).

Prossegui, questionando-a sobre o que ela quis dizer por "funcionar adequadamente". Ela respondeu:

[...] uma empresa funciona adequadamente quando presta um atendimento de qualidade aos seus clientes, tratando-os com respeito, dignidade e resolvendo seus casos com rapidez, se eles não forem pessoas motivadas (*id.*).

Prosseguindo o diálogo via e-mail entre a professora-orientadora (P-O) e a acadêmica-orientada (A-O):

P-O: Como você pensa que as pessoas se motivam? (Freitas, 4/6/2004).

A-O: Penso que as pessoas se motivam no trabalho quando sentem que são reconhecidas pelos seus superiores, pelos colegas de trabalho, pelos clientes e pela sociedade de modo geral. Quando gostam do que fazem e percebem que seu trabalho tem utilidade e está beneficiando outras pessoas. Acho que a questão financeira também é importante, mas não tanto como o reconhecimento e o prazer proporcionado ao se fazer algo útil e agradável (Cunha, 5/6/2004).

P-O: Você alegou que os funcionários públicos têm maior estabilidade e a ascensão na carreira se dá de maneira diferenciada do setor privado. Você considera que esses fatores afetam a motivação? Se sim, por que afetam? Como isto se dá no setor privado, já que você coloca que este é diferente do setor público? (Freitas, 4/6/2004).

A-O: Acredito que a estabilidade oferecida pelo setor público pode afetar tanto positiva quanto negativamente a motivação dos servidores. Positivamente quando estes se sentem seguros para realizar seu trabalho, e negativamente quando eles se acomodam, pois sabem que dificilmente serão demitidos, e acabam não desenvolvendo seu trabalho com qualidade. Quanto à ascensão, sei que no setor público ela pode ocorrer por meio de concursos, como é o caso do cargo de Gerente Executivo da autarquia em questão. Os servidores se inscrevem, fazem algumas provas e entrevistas, e o mais bem colocado é nomeado gerente. Já no setor privado, penso que os cargos de maior importância são concedidos àqueles que demonstram melhor desempenho em seu trabalho. E em ambos os casos, setor público e setor privado, acredito que as relações com pessoas influentes também contam. Mas vou me informar melhor sobre essa questão da ascensão nos dois setores, pois não sei exatamente como funciona (Cunha, 5/6/2004).

O questionamento continuou abordando outras afirmativas das colocações de justificativa. No entanto, as produzidas aqui bastam para ilustrar quanto generalizamos possíveis verdades, fundamentando-nos em conhecimentos prévios e/ou julgamentos morais nossos, sem realizarmos a redução fenomenológica.

O pesquisador, desde a escolha do tema, deve refletir sobre quais valores, conhecimentos, preconceitos etc. seus estão implicados nessa escolha, ou seja, deve primeiro se afastar do tema como este se apresenta no exterior, para apreendê-lo como ele se apresenta para sua consciência. Com essa atitude fenomenológica, o pesquisador poderá elucidar para si qual o sentido que ele dá a esse tema, logo, qual justificativa pode dar por sua escolha e qual o seu projeto com ele.

Ficando ciente dessa compreensão, o pesquisador poderá se reorientar na pesquisa de maneira mais coerente. Vamos ilustrar com um exemplo: se perguntarmos a uma classe de primeiranistas do curso de Psicologia o que os levou a escolherem o curso, poucos serão os que responderão que o escolheram em função da Psicologia em si, como esta se apresenta externamente, pelas suas teorias, pela prática etc. Na maioria das vezes, haverá uma relação desta com a vivência de cada acadêmico, como, por exemplo, alguns deles poderiam responder com as seguintes afirmativas: *"Para me conhecer melhor"*; *"Para ajudar as outras pessoas a resolverem seus problemas"*; *"Porque tenho um familiar com problema e gostaria de entender mais e poder ajudá-lo"*, e daí prosseguiríamos com um rol de justificativas que sugerem conter em si o sentido que cada um dá para a Psicologia. Dessa forma acontece conosco em qualquer escolha que fazemos na vida: sempre escolhemos algo porque damos a ele um sentido. E não é pelo fato de a pesquisa ser um trabalho científico que estaríamos "neutralizados", imunes de dar ao tema o nosso sentido.

Uma vez escolhido o tema, e realizadas as devidas reduções fenomenológicas e reflexões sobre o sentido que damos a ele, prosseguimos para o passo seguinte, que é o levantamento bibliográfico ou revisão de literatura.

No caso de nossa acadêmica, após refletir sobre o significado "naturalista" que dava à questão da motivação, ela percebeu que nem todos os funcionários são desmotivados, mesmo podendo haver falta de reconhecimento da instituição e/ou de seus colegas de trabalho e/ou dos usuários, bem como reclamações desses últimos. A acadêmica chegou a mencionar que *"é importante dizer que há também funcionários muito empenhados e prestativos, como é o caso do gerente executivo, com quem trabalho diretamente, e noto que é extremamente comprometido com a instituição"* (Cunha, 5/6/2004).

Dessa forma, solicitei, antes que definisse sua questão, que realizasse uma revisão de literatura sobre o funcionalismo público (Freitas, 6/7/2004). Não o fiz sobre a (des)motivação, por compreender que essa seria uma resposta antecipada, dada pela acadêmica, para o comportamento dos funcionários de uma empresa do setor público, tema que ela queria estudar, no entanto ainda é muito amplo e fundamentado em prejulgamentos. Considerei que precisaria ampliar um pouco mais as informações sobre o tema "funcionalismo público".

A Revisão de Literatura: O Contato com a Pluralidade de Significados para um Mesmo Tema

Este momento, como em qualquer outra pesquisa que se utilize de outro método, é necessário conhecer o que já está publicado sobre o tema. Como provavelmente encontraremos diferentes concepções sobre um mesmo tema, devemos também estar atentos à nossa intenção no ato de escolher as obras. Por vezes escolhemos aqueles com quem mais nos identificamos. Um pesquisador com base fenomenológica deve vislumbrar todas as possibilidades do existir, inclusive as que podem, em princípio, não fazer sentido para ele próprio. Nesse momento, é importante conhecer outros sentidos que são dados ao tema. Por vezes, são esses que lhe trarão inquietações e questionamentos. Se só elegermos para ler as obras que se assemelham a nossa maneira de compreender o assunto, pouco será acrescido, e só teremos uma sensação de conforto, de ausência de angústia, pela similaridade de concepção.

Devemos nos lembrar que é a tensão, o conflito, o atrito (utilizando um conceito físico), o diferente, enfim, a angústia que nos impulsionam para criar outras possibilidades. [5]

---

[5]   Cabe também enfatizar que, na prática de pesquisa em que há a relação orientador-orientando, há limitações que não podemos ignorar. Acredito ser a principal delas a abordagem do orientador. Como disse anteriormente, a tensão, o conflito, o atrito etc. é que nos impulsionam a tomar posições, porém, na maioria das vezes, o orientando poderá encarar outro tipo de atrito, que seria a escolha do orientador. Dificilmente uma instituição oferece orientadores que abarcam as diferentes abordagens. As opções geralmente são limitadas, dessa forma o orientando terá que decidir-se entre aquelas oferecidas e, mesmo assim, a tomada de posição dos acadêmicos iniciantes está sob a tutela de seu orientador. Considero essa experiência muito importante para o amadurecimento do acadêmico, uma vez que ele pode aprender ou mesmo criar saídas por meio da troca de ideias, das discussões, em vez de apresentar uma postura passiva, que só favorecerá a reprodução de ideias.

Devemos também evitar experienciar a leitura, assumindo uma postura de busca por alguma coisa. Na pesquisa fenomenológica, como não se trabalha com hipóteses, devemos evitar a pergunta que anteceda esta fase, uma vez que em toda pergunta se encontra cinquenta por cento da resposta. Toda pergunta fundamenta-se em uma afirmativa que a precede. Geralmente essa afirmativa é uma hipótese, e se não tomarmos cuidado poderemos, intencionalmente, por vezes, não refletidamente, buscar a comprovação de nossa hipótese na pesquisa, escolhendo caminhos que nos levem a isso. Acredito, porém, que o problema maior não é levantar hipóteses, mas sim não termos consciência reflexiva sobre esta atitude.

Na pesquisa fenomenológica, o ideal seria iniciarmos em silêncio, no vazio, perante o nada. Forghieri define esse momento como "envolvimento existencial":

> [...] o pesquisador precisa iniciar seu trabalho procurando sair de uma atitude intelectualizada para se soltar ao fluir de sua própria vivência, nela penetrando de modo espontâneo e profundo, para deixar surgir a intuição, a percepção, sentimentos e sensações que brotam numa totalidade, proporcionando-lhe uma compreensão global, intuitiva, pré-reflexiva, dessa vivência (Forghieri, 1993, p. 60).

Essa atitude seria imprescindível ocorrer, tanto na leitura das literaturas quanto no momento da leitura das entrevistas, fazendo-se necessária, para que possamos compreender como o outro — tanto os autores, quanto os entrevistados — compreende o tema.

Muitos pesquisadores iniciantes fazem da parte do levantamento bibliográfico uma verdadeira colcha de retalhos, sem dar um sentido para a sua construção discursiva. Muitos recortam trechos de vários textos, deixando a leitura fragmentada e cansativa para o leitor. O sentido, então, da revisão de literatura é o de favorecer o pesquisador, entrar em contato com a pluralidade de concepções que se tem sobre o tema.

No meu entender, quanto mais pluralidade de concepções houver, mais enriquecedor ficará esse momento, e a mais possibilidades de inquietações se exporá o pesquisador. Alves afirma que:

> A visão abrangente da área por parte do pesquisador deve servir justamente para capacitá-lo a identificar as questões relevantes e a selecionar os estudos mais significativos para a construção do problema a ser investigado (Alves, 1992, p. 55).

Deve-se também ter o cuidado para não misturar referenciais teóricos distintos sem o pleno conhecimento disso. Isso seria cometer um erro grave, uma vez que mostra o desconhecimento do pesquisador quanto ao seu próprio referencial teórico. Alves (1992) menciona que para cada questão devem ser apontadas as áreas de consenso bem como de controvérsias.

A autora também coloca que a revisão de literatura

> [...] tem por objetivo iluminar o caminho a ser trilhado pelo pesquisador, desde a definição do problema até a interpretação dos resultados. Para isso, ela deve servir a dois aspectos básicos: (a) a contextualização do problema dentro da área de estudo; e (b) a análise do referencial teórico (Alves, 1992, p. 54).

Após conhecer as produções sobre o tema escolhido, ficará mais fácil selecionar as referências que servirão à sua pesquisa.

Sobre a Justificativa: Por que Pesquisar sobre Determinado Tema

Como resultado do nosso trabalho de pesquisa, devemos apresentar ao leitor o que nos levou a escolher determinado tema, e a problematização de algum aspecto referente a este, para ser explorado por nós. Sugere-se que o pesquisador comece contextualizando o tema, partindo da situação deste em um contexto macro (social, econômico, político etc.) até chegar à colocação da problematização sobre um aspecto desse tema (contexto micro, específico, particular). Nesse ponto o pesquisador deverá mostrar suas inquietações, angústias, dúvidas que o motivaram a delimitar o seu problema de pesquisa.

Vamos observar como nossa acadêmica fez essas colocações em sua monografia:

> Poucos assuntos são tão comentados e, ao mesmo tempo, tão desconhecidos como o caso do funcionalismo público. Nos meios de comunicação, sempre há referência a algum assunto envolvendo o serviço público. Na quase totalidade dos casos, porém, a notícia aponta algum dado negativo (Dallari, 1989). Observamos por meio da mídia e também em nosso cotidiano que o funcionário público possui uma imagem negativa perante a sociedade. Em mensagem disponível na Internet[6] em junho de 2004, por exemplo, evoca-se o cidadão a não apoiar o funcionário público na questão da reforma da previdência e, sim, tratá-lo da mesma forma como é tratado nas repartições públicas: com indiferença. Além disso, as caricaturas e piadas que se fazem acerca do servidor público — Barnabés, Marias Candelárias — mostram-no ora corrupto, ora desinteressado pelo trabalho e pelas questões sociais. Dessa forma, o excesso de divulgação da mídia enfocando o servidor público como um mau funcionário, ou, ainda, como uma má pessoa, nos instigou a pesquisar as razões da existência dessa imagem. Num primeiro momento, pensamos em estudar a motivação do servidor público, pois acreditávamos que sua desmotivação poderia ser a causa dessa imagem. No entanto, no decorrer de nosso levantamento bibliográfico, passamos a compreender como essa imagem foi sendo construída ao longo da história do funcionalismo público em nosso país, desde o início, com a venda ou leilões de cargos públicos pelo Imperador, até os dias atuais, com o advento do neoliberalismo que, ao defender a redução do Estado a mínimas proporções, assumiu uma campanha de desmoralização do Estado e dos serviços públicos e estatais. Além disso, observamos que a abordagem deste tema, de modo geral, sempre se dá na visão dos não servidores públicos, e dificilmente dá-se voz ao funcionário para que se pronuncie sobre suas vivências (Cunha, 2004, p. 11).

Observem que a acadêmica inicia colocando sobre como se encontra a imagem do funcionalismo público no âmbito social, na mídia, bem de como a observa em seu próprio cotidiano de trabalho. Partindo do macrocontexto, a acadêmica menciona sua vivência antes de realizar o levantamento bibliográfico, o que nos mostra o posicionamento de uma concepção de senso comum, e, depois de realizar as leituras, consegue pontuar melhor o(s) aspecto(s) que lhe suscitou(aram) inquietações. Estando mais claro(s) esse(s) aspecto(s), fica mais fácil definir a(s) questão(ões) que norteará(ão) sua pesquisa.

A(s) Questão(ões) Norteadora(s): Definição do Problema de Pesquisa

Pela revisão bibliográfica, o pesquisador deverá direcionar o tema para um contexto mais específico que ele deseja estudar, ou seja, deverá levantar um problema de pesquisa. Esse momento surge diante de alguns aspectos sobre o tema que podem inquietar o pesquisador, como dissemos no tópico anterior.

Observamos em pesquisadores iniciantes, pela própria falta de experiência, uma atitude de considerar que, se o tema for reduzido a um contexto específico, poderá deixar sua pesquisa desinteressante. Por vezes são eleitos problemas de pesquisa que assim se tornam — problemas — para o próprio pesquisador de tão abrangentes, que seriam necessárias várias pesquisas para explorá-los. Dessa forma, quanto mais específico e contextualizado estiver o problema de pesquisa, menos probabilidade de se perder terá o pesquisador.

---

[6]   Disponível em: <http://www.aconfraria.com.br/eles1/mazursky/janus4.htm>, acesso em 22/6/2004.

A(s) questão(ões) que nos orienta(rão) na pesquisa deverá(rão) ser ampla(s) o suficiente para abranger(em) todas as possibilidades possíveis da vivência investigada. Destarte, deve ser no sentido de se perguntar sobre algo cuja resposta a própria pesquisa nos irá fornecer.

Em sua pesquisa a acadêmica, por mim orientada, delimita as questões norteadoras: "a partir disto [sua justificativa], surgiu-nos o desejo de compreender como o funcionário público significa suas vivências em relação à visão depreciativa da sociedade sobre a prestação de seus serviços [...]" (Cunha, 2004, p. 12).

Lembre-se de que a acadêmica diz no tópico anterior que o tema do funcionalismo público geralmente é abordado por não servidores públicos, dificilmente dando-se voz ao próprio funcionário, e que geralmente a abordagem realizada é depreciativa. Dessa forma, tencionou com sua questão compreender o outro lado da moeda — ou seja, a vivência dos funcionários perante esse olhar depreciativo.

Definindo Objetivos: Aonde Desejo Chegar com a Pesquisa

Toda escolha pressupõe uma meta, um objetivo. Nossas opções no momento atual dependerão da expectativa que lanço no futuro. Assim, podemos compreender nossa(s) meta(s) a partir de nossa(s) escolha(s) no presente.

Diante dessa forma de compreensão, temporalmente, o futuro deve se apresentar à nossa consciência antes das escolhas que faremos no presente. Se não tenho consciência do lugar aonde desejo chegar, posso realizar escolhas que me levem a qualquer lugar. Mesmo assim, se as realizo, já tenho uma intenção, ainda que irreflexiva, de minha meta.

Essa concepção é um fundamento da fenomenologia existencial, que serve para compreender nosso projeto de vida. Minhas escolhas dizem quem eu sou e mostram meu projeto de vida.[7]

Além de servir à compreensão do nosso projeto de vida, também é útil para mantermos a coerência metodológica em projetos de pesquisa, uma vez que nosso projeto é parte da nossa existência também.

Assim, é mister que tenhamos claros nossos objetivos, para que depois também possamos fazer a escolha do nosso método, instrumentos e procedimentos (os caminhos que iremos percorrer), de forma que este nos leve aonde realmente pretendemos chegar.

No caso específico da pesquisa fenomenológica, pretenderemos investigar "[...] o sentido ou o significado da vivência para a pessoa em determinadas situações, por ela experienciadas em seu existir cotidiano" (Forghieri, 1993, p. 59). Diante disso, nosso objetivo deverá estar sempre voltado para esta proposição.

Cunha propôs como objetivo geral a compreensão e análise, por meio da fenomenologia existencial, de como os funcionários de uma autarquia federal vivenciam a visão depreciativa da sociedade em relação ao funcionalismo público. E seus objetivos específicos foram: "(a) compreender e analisar as idiossincrasias, ou seja, as vivências que somente um entrevistado apresenta; (b) compreender e analisar as vivências convergentes entre os entrevistados; (c) compreender e analisar as vivências divergentes entre os entrevistados" (Cunha, 2004, p. 14).

Se a acadêmica buscou compreender e analisar as vivências, nestas ela poderia encontrar vivências idiossincráticas, divergentes e convergentes entre os funcionários. Dessa forma, a somatória de seus objetivos específicos (vivências particulares) compreende seu objetivo geral (as vivências gerais). Cabe ressaltar que essas vivências gerais não compreendem a média das vivências encontradas, mas sim todas as vivências. Trataremos desta questão a seguir.

Definindo a População: Quem e Quantos Serão Nossos Sujeitos[8]

A Fenomenologia compreende que o ser humano é um devir, incompleto em sua existência. Sendo as possibilidades criadas através da própria existência, devemos compreender também que, diante de uma mesma situação, as pessoas podem criar formas das mais diversas para lidar com ela.

---

[7] Sugiro para aqueles que desejam se aprofundar mais no tema do Projeto Original (ou autoimagem) a leitura de T.C.S. Erthal (1991). *Terapia Vivencial*. Uma abordagem existencial em psicoterapia. 2ª ed. Petrópolis: Vozes, em especial o capítulo II, que versa sobre "Autoimagem ou projeto original: possibilidades e limitações de mudança", p. 55-67.

[8] O termo sujeito não é colocado aqui como um sujeito-objeto, sujeito-informante, mas como pessoa-sujeito, aquele que está no mundo com outros sujeitos, na intersubjetividade.

Diante desse pressuposto, não nos interessa conhecer como a **maioria** das pessoas lida com uma determinada situação. Se assim fosse, apresentaríamos uma suposição de que existe uma norma preestabelecida para determinadas experiências.

É importante ressaltar que não desconsideramos a possibilidade dos condicionamentos, mas também consideramos que o ser humano é capaz de transcendê-los das mais diversas maneiras. Sendo assim, não temos o objetivo de normatizar as experiências e, com isso, excluir aqueles que não apresentam as mesmas experiências que a maioria, uma vez que, falando quantitativamente, "aqueles que não se enquadram na média" também fazem parte do mundo como possibilidades de existência.

Destarte, também não nos interessa optar por uma amostra, e, como o próprio termo indica, os nossos sujeitos podem não representar uma amostra do todo, mas, representam sim, possibilidades. Diante disso, poderemos definir uma quantidade de sujeitos que nos dê margem para abarcar algumas possibilidades: um exemplo seria entre seis e dez sujeitos. Esse número poderá variar para mais ou para menos, de acordo com a saturação dos dados obtidos, ou seja, quando começam a se repetir as vivências nos relatos dos sujeitos.

Isso significa que, se as experiências começam a se repetir, diminui a possibilidade da diversificação de vivências, o que poderá empobrecer a análise, diante da proposta qualitativa.

Cunha definiu que sua pesquisa seria realizada com oito funcionários de uma autarquia federal da cidade de Maringá.

Outro aspecto relevante é chamar atenção para o cuidado com as predefinições quanto às características da população. Algumas populações já deverão apresentar características específicas, tomando-se como base o próprio tema. No caso de Cunha, ela entrevistou funcionários de diferentes setores da Autarquia, com cinco anos ou mais de casa. Foram quatro mulheres e quatro homens, sendo sua escolha aleatória em relação ao sexo, uma vez que não lhe importava distingui-los. Esclarece também que o funcionário com menor tempo de casa tem dezenove anos de serviço na Autarquia, e o mais antigo, vinte anos. Acrescenta ainda, compreender "[…] que pessoas que apresentam ou não a mesma idade, o mesmo sexo e/ou a mesma função possuem formas particulares de compreender as suas vivências com relação à imagem negativa do serviço público perante a sociedade" (Cunha, 2004, p. 22).

Utilizando o método qualitativo, caso decida por utilizar o critério cronológico, o pesquisador deve deixar claro ao leitor o que fundamenta essa decisão, e que estes sejam coerentes com o método, não devendo deixar entender que não há outras possibilidades de se vivenciar em outras faixas etárias. No caso de a acadêmica estipular que os entrevistados deveriam ter um mínimo de cinco anos no serviço público justifica-se "[…] por considerar esse tempo necessário para que o funcionário público possa estar vivenciando o preconceito da sociedade" (*id.*).

Esta atitude compreende uma posição ética perante a pesquisa, uma vez que não contribui para estigmatizar e excluir aqueles que se identificam com os relatos da população e que tenham tempo inferior a cinco anos de serviço público, como no nosso exemplo.

Quanto a outros temas que abrangem situações específicas, já diagnosticadas por seus quadros nosológicos, como a depressão, o transtorno do pânico, a obesidade mórbida, o transtorno bipolar, o transtorno obsessivo-compulsivo (TOC), entre outros, podem ter sua população definida por sua nosologia. No entanto, cabe enfatizar que, mesmo os sujeitos estando assim diagnosticados, cada um vivenciará de forma particular a situação pela qual está acometido, independentemente de idade, gênero, escolaridade ou quaisquer outras características.

Definindo a Metodologia e os Procedimentos: que Caminhos Serão Percorridos

Como citamos anteriormente, uma vez traçados os objetivos, devemos ter claro qual a nossa concepção de mundo, de ser humano, o que é verdade para nós, uma vez que, para minha visão de mundo, há sempre uma teoria que a identifica.

Consideramos esse momento de extrema importância, visto que, se não refletirmos sobre nossa posição teórica, poderemos incorrer em contradições quanto às questões filosóficas (ontologia, epistemologia, concepção de ser humano, ética etc.) que fundamentam as diversas teorias.

Nosso posicionamento teórico filosófico deverá permear todo o momento da pesquisa. No caso da fenomenologia existencial, utilizaremos o método fenomenológico para fundamentar nossa pesquisa e a redução fenomenológica como processo metodológico para apreender o vivido, e o existencialismo como a filosofia que fundamentará nossa análise compreensiva do vivido.

A experiência relatada deverá ser obtida por meio de entrevistas abertas, individuais e/ou em grupo, sendo estas nosso instrumento de pesquisa. Como afirma Forghieri, "o método fenomenológico apresenta-se, então, à Psicologia como um recurso apropriado para pesquisar a vivência" (1993, p. 58).

Existem outras maneiras de se obter os relatos de experiências vividas sobre determinada situação. Não é muito comum como prática em pesquisa fenomenológica, mas de utilização viável.

Em pesquisa realizada por Bernardes, cujo

> [...] problema de pesquisa indagava sobre a construção da subjetividade, na dimensão da autonomia-submissão, de meninos negros e não negros e de meninas negras e não negras, de classe trabalhadora, que habitam a periferia urbana [...], [a pesquisadora], [...] para captar suas vivências e significações, convive[u] durante 11 meses com um grupo de 28 crianças (16 meninas e 12 meninos) [...], que habitavam uma vila localizada em um município da região metropolitana de Porto Alegre (Bernardes, 1991, p. 16-17).

Além de realizar entrevistas, também serviram como dados da pesquisa o que captou por meio do convívio com essas crianças. Esses dados empíricos "[...] foram registrados em um diário de campo, simultaneamente ou após sua captação, no momento mais conveniente para fazê-lo" (*ibid.*, p. 17). Esses dados foram montados em forma da descrição ingênua, tal qual obtemos no primeiro momento da entrevista, com o relato ingênuo do entrevistado. Depois Bernardes (1991) organizou esses relatos em tópicos, como família, cotidiano doméstico, escola.

Às vezes o iniciante se perde no momento de definir sua metodologia e os procedimentos. Propõe em seus objetivos chegar a um lugar, mas escolhe caminhos que não o levarão a ele, podendo também realizar uma análise fundamentada em outra concepção teórica diferente daquela à qual ele se propôs.

São esses motivos que nos levam a insistir no quão é necessário o pesquisador tomar uma atitude de reflexão sobre sua compreensão, lançando o olhar reflexivo para si, e não somente para o que se apresenta em si, fora da sua consciência. Essa atitude pressupõe um movimento que tenta superar a dicotomia entre ser humano e mundo, uma vez que nossa existência se exprime pela relação necessária entre ambos.

Com relação às entrevistas, deverão, preferencialmente, ser gravadas, com a permissão dos sujeitos, para que assim possamos depois transcrevê-las na íntegra, evitando prejulgamentos — ou seja, colocações nossas como se fossem dos sujeitos. Tal procedimento também deverá ser adotado se optarmos pela pesquisa participativa, como fez Bernardes (1991) em uma parte da sua pesquisa.

A nossa acadêmica, por uma questão ética, antes de realizar as entrevistas explicou a cada um dos entrevistados o objetivo da pesquisa, e com a concordância deles para contribuírem como sujeitos, realizou as entrevistas individualmente, no local de trabalho dos servidores, resguardando a privacidade dos participantes. As entrevistas foram gravadas na íntegra, com a permissão dos entrevistados ao assinarem o termo de consentimento.

Com relação à entrevista como instrumento, como é orientada pelas questões norteadoras, não significa que não possamos introduzir quaisquer outros questionamentos no transcurso dela. Como são questões norteadoras, serão colocadas para somente nos orientar, mas não se fechando em si mesmas. No entanto, possíveis questões que apareçam nas entrevistas não devem apresentar um caráter curioso, que somente satisfaça nossa curiosidade, sem acrescentar qualitativamente dados significativos para nossa análise, muito menos perguntas que não deixam opções para o entrevistado.

Podemos citar como exemplo dessas perguntas aquelas que esperamos que o entrevistado nos responda com "Sim" ou "Não", ou que já induzam a resposta, por exemplo: Você se sente ou não reconhecido pela sociedade, tendo em vista o olhar depreciativo que ela lança aos funcionários públicos? Observemos que essa pergunta já contém cem por cento da resposta afirmativa ou da negativa. O entrevistado poderá concordar ou não. Somente oferecemos duas opções. O ideal seria delimitar a questão norteadora da seguinte maneira, como fez Cunha: "Como você significa a visão depreciativa da sociedade em relação ao funcionário público? Descreva-nos como é para você, servidor público, conviver com essa imagem" (Cunha, 2004, p. 22). Desta forma, vislumbramos quaisquer possibilidades de descrições nos relatos.

Outros tipos de questões que se fazem necessárias são aquelas em que organizamos nosso pensamento para melhor compreender a fala do entrevistado e depois devolvemos a ele sua fala para que confirme ou não que o que estamos compreendendo é o que ele deseja comunicar. É uma maneira de termos um *feedback* do entrevistado sobre sua compreensão do assunto que ele está relatando, e a possibilidade de ele organizar seu pensamento para melhor se expressar.

Em uma das entrevistas, Cunha (2004, p. 78) nos exemplifica o que afirmamos anteriormente. Ela lança sua pergunta norteadora:

> **Acadêmica-pesquisadora:** Como é para você, servidor público, conviver com a imagem depreciativa que a sociedade tem do funcionário público?
>
> **Entrevistado:** Realmente essa imagem existe, mas eu também sei que essa imagem não é de todos. O povo não tem essa visão de todo mundo. Então eu tenho a consciência limpa. Faço a minha parte e não fico olhando o que as pessoas estão falando.

A acadêmica-pesquisadora sugere compreender que, apesar de o entrevistado assumir que existe essa imagem, ele realiza seu trabalho sem que esta interfira. Dessa forma, para que o entrevistado possa confirmar ou não sua compreensão, ela retoma sua compreensão em forma de pergunta:

> **Acadêmica-pesquisadora:** Você não sente que seu trabalho pode ser prejudicado por causa dessa imagem?
>
> **Entrevistado:** Acho que não, porque quando você tem contato com as pessoas, com os clientes, que vão por acaso reclamar alguma coisa, você explica, você mostra, você tenta provar que aquela imagem que eles fazem é errada. Existem muitos funcionários públicos que realmente não são bons, mas você prova, pelo próprio atendimento, quer dizer, se você atender bem, vai provar o contrário, vai ajudar a desfazer essa imagem.

Pelo fato de o entrevistado não ter explicado como ele tenta provar o erro dessa imagem e para que a acadêmica não faça julgamentos, ela o questiona, bem como capta uma contradição em sua fala e a coloca para que o entrevistado possa se posicionar diante dessa contradição:

> **Acadêmica-pesquisadora:** Como você tenta provar que a imagem que fazem é errada e por que você faz isso, já que afirmou que não se incomoda com o que as pessoas estão falando?
>
> **Entrevistado:** Eu tento mostrar que a imagem que fazem é errada com o meu trabalho, prestando um bom atendimento, sendo atencioso e prestativo com os clientes. Não me incomodo com a imagem do funcionário público em geral. Mas é claro que a imagem de funcionário público de mim mesmo eu quero preservar.

O entrevistado explicita como tenta mudar essa imagem por meio das descrições de seus comportamentos perante o público, e esclarece o que em princípio se mostra como uma contradição, ou seja, parece-nos que há, sim, uma preocupação com a imagem depreciativa, mas denota ser com a sua em particular e não com a imagem coletiva. Destarte, o parágrafo anterior já nos mostra uma parte da análise compreensiva do relato. E como a realizamos é o próximo passo a ser explicado.

A Análise dos Relatos

Nesta fase, devemos estar sempre atentos a nossa metodologia — a redução fenomenológica. Forghieri menciona que a redução se dá em dois momentos: (1) **envolvimento existencial**, já descrito anteriormente, e (2) **distanciamento reflexivo**. Este último é definido pela autora da seguinte maneira:

> Após penetrar na vivência de uma determinada situação, nela envolvendo-se e dela obtendo uma compreensão global pré-reflexiva, o pesquisador procura estabelecer certo distanciamento da vivência, para refletir sobre essa sua compreensão e tentar captar e enunciar, descritivamente, o seu sentido ou significado daquela vivência em seu existir (Forghieri, 1993, p. 60).

Forghieri também menciona que esses dois momentos "[...] na prática, são paradoxalmente inter-relacionados e reversíveis, não chegando a haver uma separação entre eles, mas apenas predominância ora de um, ora de outro" (*ibid.*, p. 61).

Apesar dessa colocação da autora, tentaremos sistematizar os passos da investigação fenomenológica de maneira um pouco mais didática.

1º passo: Transcrição da entrevista e/ou dos dados empíricos.

Trazemos como exemplo as duas primeiras das oito entrevistas realizadas pela acadêmica. Trabalharemos com as mesmas entrevistas no decorrer dos cinco passos que deverão ser realizados para a análise dos relatos. Neste primeiro passo, mostraremos a transcrição das duas entrevistas:

ENTREVISTADO 1

Acadêmica-pesquisadora: Como é para você, servidor público, conviver com a imagem depreciativa da sociedade em relação ao funcionário público?

Entrevistado 1: Eu procuro tentar desfazer essa ideia do mau funcionalismo, do serviço público que não funciona, por meio do meu trabalho, realizando minhas tarefas assim que elas surgem, estando sempre pronto para ajudar os clientes, estando atento aos cálculos que preciso realizar. Faço meu serviço da melhor maneira possível e tento assim reverter uma situação que vem de longa data; mas isso não interfere negativamente na minha vida, no meu trabalho em si.

Acadêmica-pesquisadora: Então essa imagem não atrapalha em nenhum aspecto?

Entrevistado 1: Não, porque sempre fiz o melhor de mim no meu trabalho. Então eu faço tudo com carinho, com amor, com dedicação, e sempre procuro fazer o meu trabalho da melhor maneira possível.

Acadêmica-pesquisadora: Então você tem a consciência tranquila e por isso não se sente prejudicado?

Entrevistado 1: Sim. Tenho certeza de que não sou um mau funcionário público, então eu não me espelho no funcionário, na minoria, que realmente denigre a imagem do serviço público. Então eu não me considero um mau funcionário, eu me considero um funcionário capaz, competente, e tudo que eu tenho que fazer eu faço da melhor maneira possível. Então eu procuro realizar minhas tarefas com bastante satisfação.

ENTREVISTADO 2

Acadêmica-pesquisadora: Como é para você, servidor público, conviver com a imagem depreciativa que a sociedade tem do funcionário público?

Entrevistado 2: Realmente essa imagem existe, mas eu também sei que essa imagem não é de todos. O povo não tem essa visão de todo mundo. Então eu tenho a consciência limpa. Faço a minha parte e não fico olhando o que as pessoas estão falando.

Acadêmica-pesquisadora: Então ela não te incomoda?

Entrevistado 2: Não, nem um pouco.

Acadêmica-pesquisadora: Você não sente que seu trabalho pode ser prejudicado por causa dessa imagem?

Entrevistado 2: Acho que não, porque, quando você tem contato com as pessoas, com os clientes, que vão por acaso reclamar alguma coisa, você explica, você mostra, você tenta provar que aquela imagem que fazem é errada. Existem realmente muitos funcionários públicos que não são bons, realmente, mas você prova, pelo próprio atendimento, quer dizer, se você atender bem, vai provar o contrário, vai ajudar a desfazer essa imagem.

Acadêmica-pesquisadora: Como você tenta provar que a imagem que fazem é errada e por que você faz isso, já que afirmou que não se incomoda com o que as pessoas estão falando?

Entrevistado 2: Tento mostrar que a imagem que fazem é errada pelo meu trabalho, prestando um bom atendimento, sendo atencioso e prestativo com os clientes. Não me incomodo com a imagem do funcionário público em geral. Mas é claro que a imagem de funcionário público de mim mesmo eu quero preservar.

Acadêmica-pesquisadora: Como é para você um mau funcionário, já que você afirma que existem funcionários que não são bons?

Entrevistado 2: São vários fatores que fazem um mau funcionário. Um deles é o atendimento. Se você não atende as pessoas com atenção, com compreensão, com respeito, você não é um bom funcionário. Além disso, funcionário que falta ao serviço sem motivos, que engaveta o seu serviço, também é um mau funcionário (Cunha, 2004, p. 77-79).

Nesta parte podemos, ao transcrever as entrevistas, omitir os vícios de linguagem tais como "né", "tá", "então" etc. Assim, a leitura fica mais limpa e mais compreensível, uma vez que não é nosso objetivo nos atermos a esses aspectos. Após a transcrição, passamos ao segundo passo.

2º passo: Leitura da descrição ingênua com o objetivo de se obter uma compreensão geral do enunciado.

Após transcrever na íntegra as entrevistas ou os dados empíricos de cada sujeito, o pesquisador deverá entrar em contato com cada um deles, isentando-se de qualquer atitude intelectualizada e/ou moral, objetivando apreender o sentido do todo, ou seja, buscando o núcleo essencial do fenômeno (Martins; Bicudo, 1989) ou, como afirma Giorgi (1978), objetivando obter uma compreensão geral do enunciado.

Segundo Bernardes, nesta primeira etapa de análise,

[...] a compreensão geral buscada por meio da leitura da descrição ingênua não necessita ser questionada ou mesmo explicitada, já que sua finalidade reside em colocar o pano de fundo para a etapa da discriminação das unidades de significado (Bernardes, 1991, p. 24).

Os enunciados das descrições ingênuas dos entrevistados 1 e 2 foram, de modo geral, compreendidos pela acadêmica da seguinte maneira:

ENTREVISTADO 1

Não se sente prejudicado pela imagem depreciativa da sociedade em relação ao funcionário público, pois se considera um bom servidor, competente e, por isso, não se espelha naqueles que realmente denigrem a imagem do serviço público. Busca desfazer a imagem negativa por meio de seu trabalho.

ENTREVISTADO 2

Não se sente prejudicado pela imagem depreciativa da sociedade em relação ao funcionário público em geral, mas se importa com a sua imagem individual e busca preservá-la através da prestação de bons atendimentos à população (Cunha, 2004, p. 90).

3º passo: Leitura da descrição escrita completa com a finalidade de discriminar unidades de significado[9] na perspectiva psicológica, tendo como foco o fenômeno pesquisado e mantendo integralmente a linguagem com a qual o sujeito se expressou.

Nesta etapa o pesquisador deverá discriminar as unidades de significado. Nas frases ou parágrafos considerados significativos para a compreensão do fenômeno pesquisado, essas unidades deverão ser destacadas e enumeradas uma a uma, na ordem sequencial que surgirem. "As unidades de significado não são absolutas, mas só existem em função da atitude e da posição do pesquisador" (Bernardes, 1991).

De acordo com as entrevistas que nos servem de exemplo, a acadêmica discriminou as seguintes unidades de significado:

ENTREVISTADO 1

Acadêmica-pesquisadora: Como é para você, servidor público, conviver com a imagem depreciativa da sociedade em relação ao funcionário público?

Entrevistado 1: Eu procuro tentar desfazer essa ideia do mau funcionalismo, do serviço público que não funciona **(01)**, por meio do meu trabalho **(02)**, realizando minhas tarefas assim que elas surgem, estando sempre pronto para ajudar aos clientes, estando atento aos cálculos que preciso realizar **(03)**. Eu faço meu serviço da melhor forma possível **(04)** e tento assim reverter uma situação que vem de longa data **(05)**, mas isso não interfere negativamente na minha vida **(06)**, no meu trabalho em si **(07)**.

Acadêmica-pesquisadora: Então essa imagem não atrapalha em nenhum aspecto?

Entrevistado 1: Não, porque eu sempre fiz o melhor de mim no meu trabalho **(08)**. Então eu faço tudo com carinho, com amor, com

---

9   Compreende-se por unidades de significado as discriminações espontaneamente percebidas nas descrições do sujeito, segundo atitude, disposição e perspectiva do pesquisador e sempre focalizando o fenômeno que está sendo estudado (Martins; Bicudo, 1989).

dedicação, e sempre procuro fazer o meu trabalho da melhor maneira possível **(09)**.

Acadêmica-pesquisadora: Então você tem a consciência tranquila e por isso não se sente prejudicado?

Entrevistado 1: Sim. Eu tenho certeza de que não sou mau funcionário público **(10)**, então eu não me espelho na minoria, que realmente denigre a imagem do serviço público **(11)**. Então eu não me considero um mau funcionário; eu me considero um funcionário capaz, competente **(12)**, e tudo o que tenho que fazer eu faço da melhor forma possível, e eu procuro realizar minhas tarefas com bastante satisfação **(13)**.

ENTREVISTADO 2

Acadêmica-pesquisadora: Como é para você, servidor público, conviver com a imagem depreciativa que a sociedade tem do funcionário público?

Entrevistado 2: Realmente essa imagem existe, mas eu também sei que essa imagem não é de todos. O povo não tem essa visão de todo mundo **(01)**. Então eu tenho a consciência limpa. Faço a minha parte e não fico olhando o que as pessoas estão falando **(02)**.

Acadêmica-pesquisadora: Então ela não te incomoda?

Entrevistado 2: Não, nem um pouco **(03)**.

Acadêmica-pesquisadora: Você não sente que seu trabalho possa ser prejudicado por causa dessa imagem?

Entrevistado 2: Acho que não **(04)**, porque, quando você tem contato com as pessoas, com os clientes, que vão por acaso reclamar alguma coisa, você explica, você mostra, tenta provar que aquela imagem que fazem é errada **(05)**. Existem muitos funcionários públicos que não são bons, realmente **(06)**, mas você prova, pelo próprio atendimento **(07)**, quer dizer, se você atender bem, vai provar o contrário, vai ajudar a desfazer essa imagem **(08)**.

Acadêmica-pesquisadora: Como você tenta provar que a imagem que fazem é errada, e por que você faz isso, já que afirmou que não se incomoda com o que as pessoas estão falando?

Entrevistado 2: Tento mostrar que a imagem que fazem é errada pelo meu trabalho **(09)**, prestando um bom atendimento, sendo atencioso e prestativo com os clientes **(10)**. Não me incomodo com a imagem do funcionário público em geral **(11)**. Mas é claro que a imagem de funcionário público de mim mesmo eu quero preservar **(12)**.

Acadêmica-pesquisadora: Como é para você um mau funcionário, já que você afirma que existem funcionários que não são bons?

Entrevistado 2: São vários os fatores que fazem um mau funcionário **(13)**. Um deles é o atendimento. Se você não atende as pessoas com atenção, compreensão, respeito, você não é um bom funcionário **(14)**. Além disso, funcionário que falta ao serviço sem motivos, que engaveta o seu serviço, também é um mau funcionário **(15)** (Cunha, 2004, p. 93-94).

4º passo: Transformação das expressões cotidianas do sujeito na linguagem psicológica, com ênfase no fenômeno que está sendo investigado.

Após a discriminação das unidades de significado, o pesquisador deverá proceder à redução fenomenológica, cujas descrições das unidades de significado, levantadas de acordo com as expressões ingênuas do sujeito, serão reescritas na busca de clareza do discurso, transformadas na linguagem psicológica.

Daremos o exemplo deste passo juntamente com o próximo.

5º passo: Síntese das unidades de significado transformadas em um enunciado condizente com o fenômeno pesquisado.

Segundo Bernardes (1991), essa síntese se desdobra em duas descrições da estrutura de significado: (a) **a descrição específica da estrutura**, que permanece mais diretamente associada ao sujeito concreto, naquela situação específica. Essa descrição é realizada pela **análise idiográfica**, que se refere à "[...] representação das ideias por meio de símbolos, que permeiam as descrições ingênuas dos sujeitos [...]. [...] compreende o estudo individual de cada discurso" (Martins; Bicudo, 1989).

A outra descrição é a (b) **descrição geral da estrutura**, em que procurará distanciar-se dos aspectos específicos da situação na direção a um significado geral do fenômeno.

Esta se dará através da **análise nomotética**, pela qual o pesquisador, partindo da análise individual e indo para o geral, poderá obter os aspectos mais comuns de todos os discursos.

Continuando a utilizar a pesquisa de Cunha (2004) como exemplo, temos as seguintes descrições:

a. Descrição específica (análise idiográfica)

ASSERÇÕES ARTICULADAS NA FALA DO ENTREVISTADO 1

- O entrevistado diz que procura tentar desfazer essa ideia do mau funcionalismo, do serviço público que não funciona, buscando reverter uma situação que vem de longa data **(01; 05)**.
- Diz que o meio que utiliza para desfazer a ideia do mau funcionalismo do serviço público é pelo seu trabalho **(02)**.
- Diz que o olhar depreciativo ao funcionário público não interfere negativamente na sua vida, tampouco no seu trabalho em si. Isto não o atrapalha. Menciona ainda que tem a consciência tranquila e por isso não se sente prejudicado **(06; 07)**.
- Diz que realiza suas tarefas assim que elas surgem, estando sempre pronto a ajudar os clientes e estando atento aos cálculos que precisa realizar. Avalia que faz seu serviço da melhor maneira possível, que sempre fez o melhor no seu trabalho, que faz tudo com carinho, com amor, com dedicação e sempre procura fazer o seu trabalho da melhor forma possível. Menciona ainda que tem a consciência tranquila e por isso não se sente prejudicado. Tem certeza de que não é mau funcionário público, por isso não se espelha no funcionário, na minoria, que, segundo o entrevistado, realmente denigre a imagem do serviço público. Afirma novamente que não se considera mau funcionário, mas sim um funcionário capaz, competente, e tudo que tem que fazer faz da melhor maneira possível. Procura realizar suas tarefas com bastante satisfação **(03; 04; 08; 09; 10; 11; 12; 13)**.

ASSERÇÕES ARTICULADAS NA FALA DO ENTREVISTADO 2

- O entrevistado reconhece que realmente essa imagem existe, mas diz que também sabe que essa imagem não é de todos. Menciona que o povo não tem essa visão de todo mundo, mas que existem muitos funcionários públicos que não são bons, realmente **(01; 06)**.
- Comenta que, ao ter contato com as pessoas, com os clientes, que vão por acaso reclamar alguma coisa, busca combater o olhar depreciativo, explicando, mostrando, tentando provar que a imagem que fazem é errada **(05)**.
- O entrevistado afirma que prova pelo próprio atendimento, tentando mostrar por meio do seu trabalho que a imagem que fazem é errada **(07; 09)**.

- Diz ter a consciência limpa. Faz a sua parte e não fica olhando o que as pessoas estão falando dele. A imagem depreciativa não o incomoda, absolutamente, tampouco a imagem depreciativa do funcionário público o atrapalha. Diz não se incomodar com a imagem do funcionário público em geral (**02; 03; 04; 11**).

- Diz que, se atender bem, o funcionário vai provar o contrário e vai ajudar a desfazer essa imagem, como, por exemplo, prestando um bom atendimento, sendo atencioso e prestativo com os clientes (**08; 10**).

- O entrevistado afirma enfaticamente que quer preservar a própria imagem de funcionário público (**12**).

- Relata que são vários os fatores que fazem um mau funcionário. Cita como um deles o atendimento. Se o funcionário não atende as pessoas com atenção, com compreensão, com respeito, não é um bom funcionário. Acrescenta que, além disso, funcionário que falta ao serviço sem motivo, e que engaveta o seu serviço também é um mau funcionário (**13; 14; 15**) (Cunha, 2004, p. 107-108).

As expressões cotidianas dos entrevistados foram transformadas na linguagem psicológica, com as unidades de significados já sintetizadas e transformadas em um enunciado consistente com o fenômeno pesquisado.

A Tabela 19.1 traz um exemplo da análise nomotética realizada pela acadêmica. As informações estão sintetizadas, por estarmos lidando somente com dois entrevistados.

TABELA 19.1 Categorias abertas/asserções articuladas nos discursos

Entrevistados	"Imunidade" com Relação ao Olhar Depreciativo	Preocupação na Manutenção de Sua Imagem Perante o Público	O Reconhecimento da Existência do Mau Funcionário Público	O Mau Atendimento e a Falta ao Serviço como Causa do Olhar Depreciativo	Combate o Olhar Depreciativo ao Funcionário Público	O Trabalho como Meio para Desfazer o Olhar Depreciativo ao Funcionário Público
1	Diz que o olhar depreciativo ao funcionário público não interfere negativamente na sua vida, tampouco no seu trabalho em si. Isso não o atrapalha (**06; 07**).	----	----	----	O entrevistado diz que procura tentar desfazer essa ideia do mau funcionalismo, do serviço público que não funciona, buscando reverter uma situação que vem de longa data (**01; 05**).	Diz que o meio que utiliza para desfazer a ideia do mau funcionalismo do serviço público é o seu trabalho (**02**).
2	Diz ter a consciência limpa. Faz a sua parte e não fica olhando o que as pessoas estão falando dele. A imagem depreciativa não o incomoda, nem um pouco, tampouco a imagem depreciativa do funcionário público o atrapalha. Diz não se incomodar com a imagem do funcionário público em geral (**02; 03; 04; 11**).	Afirma que a imagem de funcionário público de si mesmo, o entrevistado quer preservar (**12**).	O entrevistado reconhece que realmente essa imagem existe, mas diz que também sabe que essa imagem não é de todos. Menciona que o povo não tem essa visão de todo mundo, mas que existem muitos funcionários públicos que não são bons, realmente (**01; 06**).	Relata que são vários fatores que fazem um mau funcionário. Cita como um deles o atendimento. Se o funcionário não atende as pessoas com atenção, compreensão, respeito, este não é um bom funcionário. Acrescenta que, além disso, funcionário que falta ao serviço sem motivos, que engaveta o seu serviço também é um mau funcionário (**13; 14; 15**).	Comenta que busca combater o olhar depreciativo, ao ter contato com as pessoas, com os clientes, que vão por acaso reclamar alguma coisa, explicando, mostrando, tentando provar que aquela imagem que fazem é errada (**05**).	O entrevistado diz que prova pelo próprio atendimento, tentando mostrar que a imagem que fazem é errada por intermédio do seu trabalho (**07; 09**).

b. Descrição geral (análise nomotética) (Cunha, 2004, p. 103-137)

Por meio das análises idiográfica e nomotética o pesquisador poderá obter, pela compreensão dos diversos casos individuais e depois os gerais, as descrições gerais, "[...] as convergências (aspectos comuns), as divergências (aspectos diferentes) e as idiossincrasias (individualidades contidas nos discursos, isto é, quando somente um sujeito menciona determinado aspecto)" (Martins; Bicudo, 1989).

Temos neste exemplo conciso de descrição geral, realizada pela análise nomotética, o que Giorgi (citado por Bernardes, 1991) apresenta como o

> [...] cerne do método fenomenológico: descrever o fenômeno em foco na perspectiva da atitude natural e analisá-la na perspectiva da redução fenomenológica para, então, buscar sua essência ou sentido — redução *eidética* — através da variação livre da imaginação, tendo como pressuposto a intencionalidade da consciência (Bernardes, 1991, p. 34).

6º passo: Busca por temas centrais que emergem da descrição geral da estrutura de significado do fenômeno.

Bernardes (1991) menciona que esta etapa é inspirada nas colocações de Suransky (1977), que critica a aplicação da Fenomenologia à Psicologia e à Educação, quando permanecem na camada dos planos individuais, interpessoais e múltiplas da realidade. Desta forma, "[...] encontram-se dificuldades para avançar na direção de uma análise crítica da circunstância social dessa própria realidade situada num momento histórico específico" (Bernardes, 1991, p. 35).

Prossegue Bernardes afirmando que Suransky, apoiada em Sartre e Paulo Freire,

> [...] propõe uma fenomenologia social que teria suas raízes na experiência direta, no campo primário com o campo social investigado, mas que, comprometida com uma orientação dialética, procederia a uma análise crítica em relação ao meio intersubjetivo e ao contexto social (*id.*).

O pesquisador deverá aqui realizar uma análise crítica dos temas centrais, em que sintetize o contexto social e o pessoal (meio intersubjetivo), compreendendo essa relação comprometida com a orientação dialética, como propõe Suransky (*apud* Bernardes, 1991).

Tomando nosso exemplo, e pelos conteúdos dos nossos dois entrevistados, Cunha (2004, p. 130-137) definiu os seguintes temas centrais:[10] (a) vivências do servidor diante do olhar depreciativo da sociedade; (b) responsabilidades do servidor com a manutenção do olhar depreciativo ao funcionário público de acordo com a percepção dos funcionários; e (c) ações do servidor para combater o olhar depreciativo ao funcionário público de acordo com a percepção dos funcionários, como são apresentados nas Tabelas 19.2, 19.3 e 19.4.

Estes temas centrais, como os outros aqui não apresentados, foram analisados compreensivamente pela acadêmica, à luz do existencialismo. Cabe ressaltar ao leitor a importância também de ilustrar suas análises compreensivas com falas respectivas dos entrevistados ou com fragmentos destas.

---

[10] Cabe ressaltar que a acadêmica definiu outros temas centrais, bem como, de acordo com os temas aqui apresentados, discrimina outras categorias abertas obtidas pela análise nomotética de mais seis outros entrevistados; da mesma forma, apresentou outras asserções das falas desses outros seis entrevistados.

TABELA 19.2 Vivências do servidor diante do olhar depreciativo da sociedade

Entrevistados	Categorias Abertas/Asserções Articuladas no Discurso	
	"Imunidade" com Relação ao Olhar Depreciativo	Preocupação na Manutenção de Sua Imagem Perante o Público
1	Diz que o olhar depreciativo ao funcionário público não interfere negativamente na sua vida, tampouco no seu trabalho em si. Isso não o atrapalha (**06; 07**).	----
2	Diz ter a consciência limpa. Faz a sua parte e não fica olhando o que as pessoas estão falando dele. A imagem depreciativa não o incomoda, absolutamente, tampouco a imagem depreciativa do funcionário público o atrapalha. Diz não se incomodar com a imagem do funcionário público em geral (**02; 03; 04; 11**).	O entrevistado afirma enfaticamente que quer preservar a imagem de funcionário público de si mesmo (**12**).

TABELA 19.3 Responsabilidades do servidor com a manutenção do olhar depreciativo ao funcionário público de acordo com a percepção dos funcionários

Entrevistados	Categorias Abertas/Asserções Articuladas no Discurso	
	O Reconhecimento da Existência do Mau Funcionário Público	O Mau Atendimento e a Falta ao Serviço como Causas do Olhar Depreciativo
1	----	----
2	O entrevistado reconhece que realmente essa imagem existe, mas diz que também sabe que essa imagem não é de todos. Menciona que o povo não tem essa visão de todo mundo, mas que existem muitos funcionários públicos que não são bons, realmente (**01; 06**).	Relata que são vários fatores que fazem um mau funcionário. Cita como um deles o atendimento. Se o funcionário não atende as pessoas com atenção, compreensão, respeito, não é um bom funcionário. Acrescenta que, além disso, funcionário que falta ao serviço sem motivos, que engaveta o seu serviço, também é um mau funcionário (**13; 14; 15**).

TABELA 19.4 Ações do servidor para combater o olhar depreciativo ao funcionário público de acordo com a percepção dos funcionários

Entrevistados	Categorias Abertas/Asserções Articuladas no Discurso		
	Combater o Olhar Depreciativo ao Funcionário Público	O Trabalho como Meio para Desfazer o Olhar Depreciativo ao Funcionário Público	O Excelente Desempenho Profissional
1	O entrevistado diz que procura tentar desfazer essa ideia do mau funcionalismo, do serviço público que não funciona, buscando reverter uma situação que vem de longa data (**01; 05**).	Diz que o meio que utiliza para desfazer a ideia do mau funcionalismo do serviço público é o seu trabalho (**02**).	Diz que realiza suas tarefas assim que elas surgem, estando sempre pronto para ajudar aos clientes e estando atento aos cálculos que precisa realizar. Avalia que faz seu serviço do melhor modo possível, que sempre fez o melhor no seu trabalho, que faz tudo com carinho, com amor, com dedicação e sempre procura fazer o seu trabalho da melhor forma possível. Menciona ainda que tem a consciência tranquila e por isso não se sente prejudicado. Tem certeza de que não é um mau funcionário público, por isso não se espelha no funcionário, na minoria, que, segundo o entrevistado, realmente denigre a imagem do serviço público. Coloca novamente que não se considera um mau funcionário, mas sim um funcionário capaz, competente, e tudo que tem que fazer faz da melhor forma possível. Procura realizar suas tarefas com bastante satisfação (**03; 04; 08; 09; 10; 11; 12; 13**).
2	Comenta que busca combater o olhar depreciativo, ao ter contato com as pessoas, com os clientes, que vão por acaso reclamar alguma coisa, explicando, mostrando, tentando provar que aquela imagem que fazem é errada (**05**).	O entrevistado diz que prova pelo próprio atendimento, tentando mostrar com seu trabalho que a imagem que fazem é errada (**07; 09**).	Afirma que, se o funcionário atende bem, como, por exemplo, sendo atencioso e prestativo com os clientes, vai provar o contrário e ajudar a desfazer essa imagem (**08; 10**).

CONSIDERAÇÕES FINAIS: A ÉTICA DA PESQUISA FENOMENOLÓGICA

Retomando o início do nosso texto, lembremo-nos de que, historicamente, o ser humano foi-se dicotomizando do mundo, assumindo um lugar de destaque, o que lhe deu o poder de estudar e controlar as questões da natureza, incluindo seu corpo físico.

Com a criação das Ciências Sociais e Humanas no século XVIII, o ser humano passa também a tentar exercer o domínio sobre as questões sociais e psicológicas.

Assim, na modernidade, a sociedade começa a se organizar de acordo com o saber. Podemos observar a

[...] máxima de Francis Bacon — saber é poder — que só poderia ter sentido nesse novo contexto, pois na Idade Média saber muitas vezes representava uma heresia paga com a própria vida do detentor desse saber. Lembremo-nos de Giordano Bruno, Nicolau Copérnico e outros. Assim, a Psicologia, organizada enquanto disciplina de um saber científico, se estabelece também como legitimadora da nova ordem social (Freitas, 2002, p. 46).

Por ser também legitimadora de uma nova ordem social, a Psicologia, por meio de suas teorias psicológicas, compromete-se com diversas vertentes políticas. O compromisso epistemológico contido em cada teoria do conhecimento imprime maneiras de entender o ser humano, bem como contribui com práticas promotoras ou não de mudanças.

Tais práticas trazem em seu bojo éticas específicas que permeiam a relação intersubjetiva. Para começar, quando o ser humano passa a ser seu próprio objeto de estudo, de início com as práticas experimentais, já imprime uma relação de poder em que, por um lado, há o sujeito-objeto da pesquisa, passivo portanto, e por outro o sujeito-pesquisador, o que detém o poder do conhecimento.

Com a crise da ciência e com a criação de teorias que se contrapõem ao método experimental, essa posição hierarquizada tendeu a ser revista. Portanto, imprimiu-se uma nova ética à relação de pesquisa.

Entre essas teorias que propuseram um novo olhar para o ser humano enquanto sujeito da pesquisa, encontramos a Fenomenologia. Nela não se propõe mais a relação distanciada entre pesquisador e pesquisado, por meio do método de observação experimental nem do conceito de neutralidade. Por compreender a relação de maneira intersubjetiva, sujeitos no mundo se relacionando, e pela proposta de sintetizar essa relação intersubjetiva com o contexto social, a Fenomenologia contribui com o pensar ético em pesquisas com seres humanos.

A proposta da redução fenomenológica é colocada fundamentando-se na crença de que o pesquisador não está imune de interferir nos resultados de sua pesquisa, sendo esta atravessada por sua subjetividade. Assim, concebe o pesquisador com um ser-no-mundo como todos os outros seres. Reduzir, então, não seria negar nossos conhecimentos, nossa moralidade, nossa experiência, mas sim não as impor, colocando-as ao lado, suspendê-las por um momento, uma vez que estas estão comprometidas ideologicamente com alguma concepção teórica. Com isso, a redução permite eticamente "[...] a possibilidade para captar o modo espontâneo e pré-reflexivo de o sujeito existir-no-mundo-com-os-outros" (Bernardes, 1991, p. 37), tanto do pesquisador quanto do sujeito de nossa pesquisa.

Contrapondo-se à ideia de neutralidade, a pesquisa fenomenológica privilegia o encontro. Bernardes cita Oakley para mencionar que "[...] o envolvimento pessoal [...] é a condição pela qual as pessoas são capazes de se conhecer umas às outras e de aceitar outras pessoas em suas vidas" (Bernardes, 1991, p. 38).

Por fim, cabe relembrar que a atitude do pesquisador perante a pesquisa não é exclusiva desse contexto. A maneira como compreendemos o mundo, nossa ética, como realizamos nossas investigações, as análises que realizamos de uma situação fazem parte da nossa existência. Assim, essa atitude também será impressa enquanto profissionais em qualquer contexto que exija um olhar psicológico, bem como em qualquer outra atividade do nosso cotidiano. Diante disso, a pesquisa científica deve ser compreendida não só como uma atividade à parte, mas como mais um meio de propiciar uma reflexão sobre o nosso posicionamento perante o mundo e dele abstrairmos os acontecimentos, e também como um aprendizado de que esses acontecimentos podem ser apreendidos por diversos vieses.

Acreditamos que o importante com esse aprendizado não é conhecer quais desses vieses são os melhores, mas sim utilizar o que escolhemos de maneira coerente. As teorias não são verdades fechadas: apenas nos são úteis, pois nenhuma finda todas as formas de especulações. Bem como na vida, na qual podemos chegar ao mesmo lugar por diversos caminhos. Em cada um encontraremos suas especificidades.

REFERÊNCIAS

ALVES, A. J. A. **"Revisão da Bibliografia" em Teses e Dissertações: meus tipos inesquecíveis.** In: *Caderno de Pesquisa*, São Paulo, 8(5), 53-60, 1992.

BERNARDES, N. M. G. **Análise Compreensiva de Base Fenomenológica e o Estudo da Experiência Vivida de Crianças e Adultos.** In: *Educação*, Porto Alegre, XIV(20), 15-40, 1991.

CUNHA, R. S. **Justificativa da Monografia** [mensagem de orientação]. Mensagem recebida por <sylucoci@wnet.com.br> em 2/6/2004.

CUNHA, R. S. **Respostas às Questões Relativas à Justificativa da Monografia** [mensagem de orientação]. Mensagem recebida por <sylucoci@wnet.com.br> em 5/6/2004.

CUNHA, R. S. **Análise Fenomenológico-Existencial das Vivências dos Funcionários de uma Autarquia Federal Frente à Visão Depreciativa da Sociedade em Relação ao Funcionalismo Público.** (Trabalho de conclusão do curso de Secretariado Executivo Trilíngue.) Maringá: Universidade Estadual de Maringá, 2004.

DALLARI, A. **O que É Funcionário Público.** São Paulo: Editora Brasiliense, 1989.

ERTHAL, T. C. S. **Terapia Vivencial. Uma abordagem existencial em psicoterapia**, 2ª ed. Petrópolis: Vozes, 1991.

FORGHIERI, Y. C. **Psicologia Fenomenológica. Fundamentos, método e pesquisa.** São Paulo: Pioneira, 1993.

FRANKL, V. E. **Em Busca de Sentido.** Petrópolis: Vozes, 2003.

FREITAS, S. M. P. **A Psicologia no Contexto do Trabalho: uma análise dos saberes e dos fazeres**, p. 40-41. (Dissertação de Mestrado.) Porto Alegre: Faculdade de Psicologia, Pontifícia Universidade Católica do Rio Grande do Sul, 2002.

FREITAS, S. M. P. **Questões Relativas à Justificativa da Monografia** [mensagem de orientação]. Mensagem recebida por <roselicunha@yahoo.com.br> em 4/6/2004.

FREITAS, S. M. P. **Sobre Revisão de Literatura** [mensagem de orientação]. Mensagem recebida por <roselicunha@yahoo.com.br> em 6/6/2004.

GIORGI, A. **A Psicologia como Ciência Humana. Uma abordagem de base fenomenológica.** Belo Horizonte: Interlivros, 1978.

HUSSERL, E. **Investigações Lógicas:** sexta investigação: elementos de uma elucidação fenomenológica do conhecimento. São Paulo: Abril Cultural, VI-XIV. *Coleção Os Pensadores*, 1980. HUSSERL, E. **A Ideia da Fenomenologia.** Porto: Martins Fontes, 1986.

LAPORTE, A. M.; VOLPE, N. **Existencialismo.** Uma reflexão antropológica e política a partir de Heidegger e Sartre. Curitiba: Juruá Editora, 2000.

LOSADA, M. **Entre o Reducionismo e a Pluralidade Metodológica em Psicologia.** In: *Cadernos de Metodologia.* Rio de Janeiro: PUC, vol. 3, 9-19, 1997.

MARTINS, F.; BICUDO, M. A. V. **A Pesquisa Qualitativa em Psicologia:** fundamentos e recursos básicos. São Paulo: Cortez, 1989.

REY, F. G. **Sujeito e Subjetividade.** São Paulo: Pioneira Thomson Learning, 2003.

20
CAPÍTULO

Vozes dos adolescentes em conflito com a lei: um estudo sobre a produção de sentidos[1]

MARIVANIA CRISTINA BOCCA[2]

São meninos nos bueiros
Ninjas de outra escola
A ilusão de ser feliz
Num cheirinho de cola

KLEITON E KLEDIR

Este capítulo tem a dupla tarefa de apresentar ao leitor/pesquisador uma proposta metodológica de análise e compreensão de dados a partir dos pressupostos teóricos da *produção de sentidos*, dentro do paradigma do Construcionismo Social, e se propõe a analisar e investigar a produção de sentidos de adolescentes do gênero masculino que vêm cometendo atos de infração na cidade de Marechal Cândido Rondon, no estado do Paraná. Conhecida no interior do estado como uma cidade que proporciona boa qualidade de vida à população, privilegiada pela organização urbana, emoldurada pela localização geográfica, que possibilita que o município receba *royalties* e, assim, tenha ótima renda para aplicação em fins sociais diversos, mesmo assim o município tem apresentado questões sociais graves que merecem a atenção cuidadosa da sociedade.

Considerando-se as condições sociais, culturais, afetivas e econômicas da sociedade em que estão inseridos os adolescentes em estudo, levando em consideração as peculiaridades da região e da cidade em que moram, procuramos compreender como os adolescentes que se encontram em conflito com a lei constroem, pensam, agem e discutem tais condições e que sentidos produzem a partir do seu contexto histórico e social em relação a seus atos contrários às normas de conduta.

No Brasil, a questão do adolescente infrator tem sido ponto de discussão entre diversos profissionais, suscitando debates acirrados e polêmicos, pois a problemática tem se constituído um grande impasse à sociedade. Atos de infração não apenas revelam a problemática de uma sociedade, que ora encara o adolescente infrator como agente portador de desvio de personalidade, ora o vê como agente detentor de livre-arbítrio, que opta pela prática infratora como um caminho mais fácil para alcançar o intento desvirtuado, mas revela uma questão que gera muita angústia a todos aqueles que se sentem comprometidos com a resolução do problema.

Em vista disso, as reflexões a serem empreendidas devem incorporar o pressuposto de que não se trata de um fenômeno dos grandes centros, mas que, por muitas razões, adolescentes das ci-

---

[1] Este capítulo faz parte de minha dissertação de mestrado intitulada: "Adolescentes em conflito com a lei: um estudo sobre a produção de sentidos", defendida na PUC/RS em 2002 sob orientação da Dr.ª Neuza Maria de Fátima Guareschi.

[2] Psicóloga. Mestre em Psicologia Social e da Personalidade pela PUC/RS. Docente da área de Psicologia Clínica, na abordagem fenomenológico-existencial da Universidade Paranaense - Unipar/Cascavel – Paraná. Contato: maricris@certto.com.br

dades do interior também cometem atos infracionais. Essa compreensão demanda tanto o reconhecimento das especificidades das situações como a identificação dos processos mais abrangentes que tais atos produzem.

É urgente que se comecem estudos e pesquisas com a finalidade de enfrentar essas questões, em especial nas pequenas cidades, a exemplo do que foi constatado em Marechal Cândido Rondon, antes que o futuro revele nelas a irreversível situação das grandes metrópoles.

Nas entrevistas com os adolescentes participantes dessa pesquisa, foram ouvidos relatos sobre suas histórias, sobre agressões sofridas e outros fatos negativos que marcaram suas vidas e a vida de seus familiares, fatos que se somaram às inúmeras transformações cognitivas e emocionais que caracterizam o fenômeno adolescência.

Para realizar uma aproximação da temática desse estudo, procuramos apoio na literatura especializada, buscando situarmo-nos quanto aos aspectos julgados essenciais para a realização dos objetivos da pesquisa.

Desse modo, de início, entramos em contato com as literaturas psicológica e jurídica, objetivando adquirir maior compreensão sobre os pressupostos teóricos do fenômeno adolescência. "O estudo do delito juvenil exige, antes de tudo, audácia, não apenas por se tratar de um novo e polêmico campo de pesquisa e intervenção, mas pela diversidade de saberes nem sempre convergentes em suas interpretações" (Oliveira, 2001, p. 25).

Falar sobre a adolescência, de alguma maneira, implica abordar aquilo que é estranho e aquilo que é familiar. Contudo, pode-se dizer que se trata de um período de transição entre a infância e a idade adulta, uma época em que novas experiências ocorrem, havendo um constante desequilíbrio, pois os padrões antigos já não têm a mesma intensidade e os novos ainda não estão bem assimilados. Os critérios que poderiam definir esse período de desequilíbrio e de transição são construídos pela cultura, e, portanto, diferem entre si.

A problemática adolescente revela aspectos do momento histórico e representa uma espécie de lente de aumento da crise cultural que caracteriza o mundo contemporâneo.

Assim, o adolescente apresenta em seu desenvolvimento uma predisposição à vulnerabilidade, normalmente preponderando a instabilidade emocional, seja pelas constantes descobertas, pelas novas responsabilidades que se apresentam diariamente, pelas suas incertezas ou pela necessidade de consolidação da sua identidade, entre outros fatores intrínsecos correspondentes ao desenvolvimento humano. Porém, essa predisposição à vulnerabilidade não se explica só pelos efeitos decorrentes das transformações biológicas ocorridas em seu corpo, mas também pelas mudanças sem precedentes provocadas no mundo moderno, pelo impacto do progresso científico, das comunicações, da rápida transformação social (Campos, 1998). Além dos fatores biológicos, o adolescente recebe influência do meio familiar, social e cultural em que se encontra.

Na maioria das vezes, o adolescente não é compreendido; pelo contrário, é estigmatizado como uma pessoa intolerante. Tal comportamento, muitas vezes, é apenas uma resposta de quem busca um lugar no mundo.

De acordo com seus sentimentos, suas experiências e suas contestações, os adolescentes manifestam a capacidade de enfrentar os desafios, deixando em evidência a sua concepção de mundo, construindo a sua própria história e unindo o passado, o presente e o futuro. Assim, suas atitudes definem a mentalidade de uma época, e o psíquico se constitui junto da cultura.

Para Oliveira (2001), diante de uma situação de infração, dois aspectos precisam ser considerados: a noção jurídica e, ainda, a psicológica/psiquiátrica. A nova definição jurídica de conflito com a lei trazida pelo Estatuto da Criança e do Adolescente nos possibilita problematizar outra questão: a infração só pode ser entendida como um fato que ocorre geográfica e historicamente, uma vez que determinado comportamento legal em uma sociedade, em uma cultura ou em um período histórico específicos torna-se ilegal em outro contexto.

Ainda conforme a autora citada, o "delito juvenil expressa a busca (exacerbada) de autonomia", pois o adolescente encontra-se desamparado, vivendo em uma sociedade em que o poder está presente em todos os lugares e, ao mesmo tempo, em lugar nenhum. Assim, o adolescente que está em conflito com a lei percebe que tal lei está integrada em uma sociedade que não tem uma organização discursiva, mas, sim, diversos discursos contraditórios.

A definição do ato infracional se dá segundo a dinâmica de correlação de forças e jogos de poder. Para Foucault (1998, p. 240), "não há natureza criminosa, mas jogos de força que, segundo a classe a que pertencem os indivíduos, os conduzirão ao poder ou à prisão". Entretanto, não se pode atribuir esses jogos de força exclusivamente à classe pobre, pois é sabido que adolescentes de classe média, de famílias aparentemente bem estruturadas e integradas à sociedade, buscam na alternativa da infração o prazer imediato.

Embora a explicação mais frequente a ser dada quando um adolescente comete atos de infração seja a relação causa e efeito, é necessário, entretanto, compreender como esses adolescentes produzem os sentidos de seus atos, como lidam com suas emoções e de que forma percebem as mudanças sociais.

Compreender diz respeito a uma forma de conhecimento diferente do explicar. Compreender é tomar o objeto a ser investigado na sua intenção total, é ver o modo peculiar do objeto de existir, enquanto explicar é tomá-lo na sua relação causal (Machado, 1994).

Ao compreender melhor qual a produção de sentidos do adolescente infrator com relação aos atos praticados, não estaremos buscando no fenômeno a sua essência, mas, sim, desejando vê-lo tal como ele se mostra, sem confrontá-lo com teorias explicativas da realidade e seus pressupostos de causalidade.

É preciso, pois, "repensar" o adolescente infrator sob uma nova óptica, para que ele possa tomar consciência dos seus atos, sentir as consequências e "ressignificá-los" (Madureira, 1996).

Muitas vezes o adolescente infrator é visto como um ser estranho, com características diferenciadas, como aquele que ameaça, que denuncia a contradição do sistema, o que acaba justificando sua exclusão e isolamento, como se fosse um fenômeno marginal à sociedade. Segundo Foucault (1998), o ponto de origem da delinquência não é o indivíduo, mas sim a sociedade, pois o infrator é apenas a "ocasião ou a primeira vítima". Ele próprio acaba assumindo a identidade de infrator como uma atitude para se firmar no meio. Sabe que é visto como assaltante. Sabe, ainda, que o sentimento que ele instiga nas pessoas é principalmente medo, mas também percebe, nas atitudes e no olhar de umas, raiva e nojo, e, às vezes, pena.

Para Oliveira (2001), o adolescente infrator não é apenas o efeito de uma história individual, mas um sintoma social. Assim, o adolescente que se encontra em conflito com a lei expressa com seus atos o "mal-estar" da sua época, seus desassossegos, suas angústias, seus abandonos vividos em tempos de globalização. "O homem que vos traz a morte não é livre para não trazê-la. A culpada é a sociedade ou, para dizer melhor, a má organização social" (Foucault, 1998, p. 238).

PROBLEMA DE PESQUISA

A adolescência é um período de transição em que a criança se modifica física, mental e emocionalmente. Assim, o estudo da adolescência, por si só, poderia permear um amplo campo de investigações.

O interesse deste trabalho, no entanto, reside em estudar o adolescente que cometeu algum tipo de infração, que, segundo Oliveira (2001), só pode ser entendido como um fato datado geográfica e historicamente, uma vez que determinado comportamento legal em uma sociedade, em uma cultura específica ou em um período histórico torna-se ilegal em outro contexto.

Diante disso, esta pesquisa pretende investigar quais os sentidos produzidos por esses jovens em relação a seus atos infracionais e como percebem o manejo das instituições e da sociedade em que vivem, pautando-se pelas seguintes questões *norteadoras*:

- Como os adolescentes ditos infratores pensam, agem e discutem as condições sociais, culturais, afetivas e econômicas da sociedade em que estão inseridos, levando em consideração as peculiaridades da região e da cidade em que moram?
- Qual a produção de sentido que o jovem constrói a partir do seu contexto histórico e social, em relação a seus atos contrários às normas penais de conduta?
- Quais os sentidos que os adolescentes que se encontram em conflito com a lei produzem sobre o processo de atendimento preventivo ou reeducativo que vêm recebendo?

O PROCESSO DE PESQUISA

Contexto da Pesquisa: a cidade onde vivem os adolescentes participantes da pesquisa

Os adolescentes entrevistados e observados no desenvolvimento desta pesquisa vivem na cidade de Marechal Cândido Rondon. Esse município surgiu a partir da colonização de gaúchos, trazidos dos arredores de São Leopoldo — RS, de origem germânica, que se fixaram nos loteamentos organizados pela Companhia Madeireira Rio Paraná (MARIPA) nos idos de 1945. Tais loteamentos transformaram-se em município em 25/07/1960.

Por ser de colonização germânica, a cidade tem traços da cultura alemã, semelhante às cidades da região de Novo Hamburgo e São Leopoldo, no Rio Grande do Sul, havendo a predominância da religião anglicana, com o culto às tradições austro-germânicas.

No que tange ao nível de vida da população, é interessante observar que o município conta com aproximadamente 40.000 habitantes, três grandes hospitais (dois gerais e um psiquiátrico), seis escolas de ensinos fundamental e médio, das quais duas são estaduais, e uma universidade.

Além das características gerais do oeste do Paraná, Marechal Cândido Rondon apresenta aspectos mais específicos, em decorrência dos tipos de hábitos e valores de colonos predominantemente de ascendência alemã que colonizaram a região. Uma das primeiras edificações da área urbana foi uma escola, o que vem mostrar a preocupação dos colonizadores com a questão educacional. Outro aspecto a ser considerado é o sistema fundiário, com predominância de minifúndios, aplicação de tecnologia e produção diversificada, como lavoura de soja, criação de gado de leite e grandes agroindústrias (agrícolas e laticínios).

O índice de analfabetismo é quase zero para a população com menos de 40 anos. A cidade apresenta índice de desemprego dos mais baixos do Brasil e foi considerada, em 1998, a terceira cidade em qualidade geral de vida do Brasil, inclusive porque não tem favelas nem sem-teto.

A cidade não possui casas-albergues, casas-lares para crianças e adolescentes em estado de risco social, tampouco equipes de profissionais da área de atendimento social e psicológico à disposição da população, do que se depreende ser absoluta a falta de política de atendimento, apesar de ser uma cidade rica cuja população desfruta de excelente qualidade de vida.

A partir dessas considerações procurou-se compreender como os adolescentes percebem as discrepâncias entre os modos de vida na/da cidade em que vivem. Procuramos ainda compreender os diferentes sentidos produzidos nesse contexto, nos espaços que habitam, construindo novas possibilidades de ser.

Participantes da Pesquisa

Participaram da pesquisa quatro adolescentes do gênero masculino com idades variando entre 12 anos completos e 18 anos incompletos. Esses jovens são oriundos de famílias pobres, sendo alguns filhos de pais separados, mãe solteira, pai alcoolista, ou até mesmo desconhecido. O que na verdade não justifica e nem mesmo significa que todo adolescente que comete algum tipo de infração é aquele considerado pobre, ou venha de uma família cujos pais são separados, pois sabemos que muitos jovens das elites brasileiras se envolvem com drogas, roubos, furtos e outros atos considerados infracionais. Cabe aqui nos perguntarmos se esses dados são ou não experimentados como fatores influenciadores pelos jovens participantes dessa pesquisa.

A maioria desses jovens está matriculada em escolas públicas localizadas em área central da cidade, embora alguns não as estejam frequentando. O grau de escolaridade varia entre a 5ª e a 8ª séries do 1º grau, havendo grande defasagem entre série e idade. De modo geral, a precária situação do setor educacional no Brasil pode ser apontada como um dos fatores que levam adolescentes, como os participantes desta pesquisa, a se mostrarem pouco mobilizados com a escola, um local de onde se evadem muito cedo, ou que, em muitos casos, serve apenas como pretexto para preencherem o tempo.

No Brasil, muitos são os adolescentes detidos que cometem algum tipo de ato infracional e que estão fora da escola. Vale ressaltar que a educação ainda é um dos principais fatores de proteção e de conscientização das pessoas, portanto, fazem-se necessários investimentos na política educacional, a fim de que crianças e adolescentes possam vislumbrar outras formas de reconhecimento social e não as habituais, tais como as práticas delitivas.

Para a preservação do sigilo em relação às suas identidades, os adolescentes neste trabalho receberam nomes fictícios.

Ivo, 17 anos, branco, olhos claros, estatura baixa, 1.º grau incompleto, natural de Marechal Cândido Rondon – PR, terceiro de quatro filhos, mora com a mãe, o padrasto e dois irmãos.

Ficou internado diversas vezes em clínicas de recuperação para usuários de drogas. É usuário de bebidas alcoólicas e de outras substâncias ilícitas como maconha, cola de sapateiro e drogas injetáveis desde os 7 anos de idade.

Esteve sob custódia diversas vezes por furto. O primeiro furto foi praticado aos 9 anos de idade, sendo o objeto furtado um carro; tal fato lhe rendeu um apelido, com o qual passa a se identificar e ser conhecido. Na ocasião, não tinha altura suficiente para alcançar a direção, e por isso colocou almofadas sobre o banco do carro para poder furtá-lo. Desde então vem cometendo atos de infração como: furtos de videocassetes, celas de cavalo, aparelhos de som, entre outros objetos.

Um dos furtos foi cometido juntamente com outro adolescente (que também é sujeito desta pesquisa); furtaram um carro e, na fuga, a Polícia Militar, que estava à procura deles, os encontrou. Ivo, que estava conduzindo o veículo, ficou apavorado e, tentando fugir, acabaram atropelando uma adolescente de 13 anos, que morreu no local. Como penalidade por essa fatalidade, Ivo ficou custodiado durante 45 dias, e depois voltou para a casa da mãe.

Após alguns meses, foi trabalhar em uma fazenda-haras na cidade de Cascavel, distante de Marechal Cândido Rondon aproximadamente 80 quilômetros. Ficou nesse local durante seis meses, trabalhou como auxiliar de serviços gerais atuando principalmente na doma de cavalos, uma de suas atividades preferidas: *"Moro e trabalho aqui. Quando tem um animal para domar eu domo, casqueio, eu gosto é disso!"* Nessa época, Ivo sofreu um acidente de trabalho, tendo como consequência graves queimaduras em todo corpo. Para se recuperar, precisou voltar à casa da mãe. Alguns meses depois retornou à fazenda para trabalhar, tentou furtar um dos caminhões e foi demitido.

Desempregado e sem estudar, Ivo volta a Marechal Cândido Rondon e começa a usar bebida alcoólica diariamente: *"Eu bebia uísque, conhaque e caipira, então eu saía sozinho desbaratinado e cometia bagunça."* Durante a última entrevista, Ivo encontrava-se novamente custodiado por furto de um veículo em Marechal Cândido Rondon, tendo sido assassinado em 2003.

Juvenal, 17 anos, primeiro grau incompleto, natural de Marechal Cândido Rondon — PR, terceiro de quatro filhos, mora com a mãe e com o padrasto. Seu pai está preso, cumprindo pena por tentativa de homicídio e roubos.

Esteve internado durante 12 dias em uma clínica de recuperação para usuários de drogas. Faz uso de bebida alcoólica e substâncias ilícitas como maconha e cola de sapateiro.

Cometeu o primeiro ato infracional aos 14 anos de idade, junto com outros adolescentes: indo até um local chamado "Lixão", com o objetivo de furtar sacos que continham latinhas de cerveja e de refrigerante vazias para venderem, em um ato de vandalismo quebraram janelas, portas e o que encontraram pela frente.

Esteve sob custódia diversas vezes por furto. Um dos furtos foi cometido juntamente com outros adolescentes: entraram em um bar e furtaram diversos objetos. *"Vixe! Entrei no bar e roubei cachaça e levava tudo o que tinha."* Atualmente encontra-se desempregado e sem estudar.

Nelson, 17 anos, nasceu em Guarapuava, sudoeste do estado do Paraná, e atualmente mora na cidade de Marechal Cândido Rondon. Filho de pais separados, a mãe os abandonou, a ele e mais três irmãos, deixando-os aos cuidados do pai. O pai mora no Paraguai com um dos filhos; quanto aos demais, um mora com a avó materna e o outro está foragido, por cometer um homicídio em Marechal Cândido Rondon. Nelson esteve morando com o pai durante um tempo no Paraguai, e atualmente mora em Marechal com uma família que conheceu.

Na ocasião da entrevista, Nelson estava cumprindo medida socioeducativa por consumir drogas ilícitas, como: maconha, cola de sapateiro e outras. É usuário dessas drogas desde os 13 anos de idade.

Pedro, 16 anos, primeiro grau incompleto, filho de mãe solteira, mora com a mãe, com o namorado dela e com a avó materna. Recebe uma pensão do pai, e com esse dinheiro ajuda nas despesas de casa.

Esteve sob custódia duas vezes, por cometer furtos e por uso de substâncias ilícitas, como: maconha e cola de sapateiro. Quando da realização dessa pesquisa, cumpria medida socioeducativa porque, juntamente com o adolescente Ivo (também participante da pesquisa), roubou um carro e atropelou uma menina, que morreu no local.

O primeiro contato com os adolescentes participantes da pesquisa deu-se nas dependências do Conselho Tutelar, onde foi desenvolvida atividade voluntária na área de psicologia clínica, atendendo a outros adolescentes que, como os já citados, se encontravam em conflito com a lei. Os quatro adolescentes participantes da pesquisa chegaram após passarem por uma triagem feita pelos Conselheiros Tutelares.

Dependendo do tipo e da gravidade do ato praticado, bem como dos antecedentes do adolescente, o Ministério Público, representado pelo Promotor de Justiça da Vara da Infância e Juventude e com base no ECA, poderá oferecer representação, por meio da qual se inicia o processo judicial de averiguação da responsabilidade do adolescente. O jovem infrator ainda poderá receber um benefício, por meio de medida mais branda, como prestação de serviços comunitários e comparecimento ao Conselho Tutelar para receber atendimento psicológico.

MÉTODO E PROCEDIMENTO PARA COLETA DE DADOS

Os dados para esta pesquisa foram coletados por meio de entrevistas individuais, que foram gravadas e, posteriormente, transcritas e transferidas para os arquivos do computador.

As questões da entrevista seguiram um roteiro flexível, em que foram permitidas adaptações e enriquecimentos quando se fez necessário, para poder responder aos tópicos envolvidos no problema de pesquisa.

Vale lembrar que todos os adolescentes entrevistados já foram custodiados. Isso implica dizer que já passaram por instituições como Conselho Tutelar e Vara da Infância e Juventude há um determinado tempo; estavam, portanto, em condições de responder ou atender aos objetivos da pesquisa.

Os tópicos das entrevistas abordaram os seguintes aspectos:

- história e condições de vida desses adolescentes;

- tipos de atos infracionais que cometeram e em que circunstâncias ocorreram, desde o aspecto físico, o emocional, o social e o econômico até o sentido que eles produzem sobre seus atos;
- relação com a família, a escola e a sociedade.

No início de cada encontro individual, foi realizado um *rapport*, cuja finalidade era propiciar uma relação facilitadora para o desenvolvimento da entrevista. Nesse momento também foram esclarecidos os objetivos da pesquisa, bem como assegurado o sigilo a respeito de suas identidades. Nas entrevistas, procurou-se aprofundar questões específicas que surgiram no decorrer dos encontros, no que diz respeito aos aspectos de raça, lazer, classe social, violência, pobreza, trabalho, abandono físico e afetivo, bem como o olhar estigmatizante da sociedade.

ABORDAGEM METODOLÓGICA DE ANÁLISE

A proposta de análise e compreensão dos dados foi feita com base nos pressupostos teóricos e metodológicos da produção de sentidos, dentro do paradigma do Construcionismo Social, discutidos e elaborados por Spink (1999). Nessa perspectiva, o foco é a explicação dos sentidos que as pessoas produzem com relação às questões do seu cotidiano, inseridos e construídos no contexto sócio-histórico de que fazem parte, descrevendo e explicando o mundo em que vivem.

A palavra construção é utilizada para se referir à ação e ao construcionismo, a fim de se identificar à abordagem teórica. O uso do termo construcionismo pretende evitar equívocos conceituais, já que o termo construtivismo é também utilizado por teóricos que se filiam à perspectiva piagetiana, que enfatiza a centralidade do sujeito no desenvolvimento cognitivo, o que pode permitir a adesão a uma perspectiva individualista à qual a proposta construcionista pretende escapar (Spink e Frezza, 2000, p. 23).

Na perspectiva construcionista, a produção de sentidos não é considerada produto de uma atividade intraindividual, nem é simplesmente a reprodução de modelos preestabelecidos. A produção de sentidos refere-se a uma construção social interativa, mediante a qual as pessoas constroem os termos pelos quais passam a compreender — e lidar com — os fenômenos que as rodeiam.

De acordo com Guareschi (2001), "o Contrucionismo Social concebe tanto o sujeito como o objeto como construções histórico-sociais, estabelece uma crítica à ideia representacionista do conhecimento e da objetividade, problematizando aspectos sobre a realidade e o sujeito" (p. 126).

Produzir sentido das coisas e do mundo é uma atividade que o homem desenvolve em suas relações, as quais são permeadas por práticas discursivas que são construídas por uma diversidade de vozes.

Para Spink e Menegon (2000, p. 63), as ideias com as quais o homem convive, as categorias que usa para expressar-se e os conceitos que busca formalizar são constituintes de domínios diversos (religião, arte, filosofia e ciência), de grupos que lhe são mais próximos (como a família, a escola, a comunidade e o meio profissional), bem como da mídia em geral. Dessa forma, os repertórios que o homem usa para dar sentido às suas experiências são oriundos de contextos que trazem diferentes temporalidades, a saber: contexto cultural depositário dos conteúdos cumulativos produzidos e reinterpretados pelos vários domínios de saber; o contexto social que diz respeito ao tempo vivido e é marcado pelas determinações que resultam do processo de socialização primária e secundária.

Na pesquisa em produção de sentidos, tanto o pesquisador quanto o sujeito constroem sentidos, não existindo, portanto, dissociação entre o momento do levantamento das informações e o momento da interpretação.

Segundo Guareschi, a Psicologia Social Crítica

> [...] surge então, trazendo como um dos seus principais pressupostos de pesquisa o de mostrar a falsa neutralidade do experimentalismo e o de buscar desenvolver uma produção de conhecimento em que o sujeito seja um agente ativo dessa produção, mostrando, portanto, que não há separação entre sujeito e objeto e pesquisador/pesquisado (Guareschi, 2001, p. 121).

O processo de análise dentro do Construcionismo Social,[3] conforme vimos, propõe-se a compreender os sentidos produzidos pelos sujeitos. O *sentido* é o meio e o fim dessa tarefa de pesquisa.

Spink (1999) afirma que o diálogo é proposto como *atividade-meio*; assim, a pesquisa nos impõe a necessidade de dar sentido: conversar, posicionar, buscar novas informações e selecionar. Isso tudo decorre dos sentidos que atribuímos aos eventos que compõem o nosso percurso da pesquisa em *produção de sentidos*. A autora ainda coloca como *atividade-fim* os sentidos resultantes do processo de interpretação, apresentando os resultados da análise por nós realizada. É nesse momento que a técnica de visibilização (Mapa de Associação de Ideias), que será apresentada a seguir, se constitui uma estratégia para assegurar o rigor entendido sempre como a objetividade possível no âmbito da intersubjetividade.

Como é comum em pesquisas que buscam entender os sentidos dos fenômenos sociais, a análise inicia-se com uma imersão no conjunto de informações coletadas, procurando deixar aflorar os sentidos, sem limitar os dados em categorias, classificações ou tematizações definidas *a priori*. Não que essas categorias, classificações e tematizações não façam parte do processo de análise; contudo, na perspectiva convencional de análise, tais processos de caracterização não são impositivos. Há um confronto possível entre sentidos construídos no processo de pesquisa e de interpretação e aqueles decorrentes da familiarização prévia com nosso campo de estudo e de nossas teorias de base.

Dessa forma, buscamos analisar os dados que temos à nossa disposição (as entrevistas) a partir dessas categorias. É importante lembrar que não são apenas os conteúdos que interessam. Para fazer aflorar os sentidos, precisamos entender também o uso que se faz desses conteúdos. É com essa finalidade que faremos uso dos *mapas de associação de ideias*.

MAPAS DE ASSOCIAÇÃO DE IDEIAS

Qual É o Objetivo dos Mapas de Associação de Ideias?

Os mapas constituem instrumentos de visualização que objetivam:

- dar subsídios ao processo de interpretação;
- facilitar a comunicação dos passos subjacentes ao processo interpretativo.

Como Construir Mapas de Associação de Ideias

Segundo Spink, "a construção dos mapas, uma vez entendidos seus objetivos, é simples, embora a técnica possa gerar algumas dificuldades, até porque rompe com as formas usuais de análise" (1999, p.107).

A construção dos mapas inicia-se pela definição de categorias gerais, de natureza temática, que refletem sobretudo os objetivos da pesquisa. Nesse primeiro momento, constituem formas de visualização das dimensões teóricas. Busca-se organizar os conteúdos a partir dessas categorias, a exemplo das análises de conteúdo, mas procura-se preservar a sequências das falas (evitando-se, dessa forma, descontextualizar os conteúdos) e identificar os processos de interanimação dialógica a partir da esquematização visual da entrevista como um todo (ou de trechos selecionados da entrevista). Para o alcance desse objetivo, o diálogo é mantido intacto, sem fragmentação, apenas sendo deslocado para as colunas previamente definidas em função dos objetivos da pesquisa.

Com o duplo objetivo de dar subsídios à análise e dar visibilidade aos seus resultados, os mapas não são técnicas fechadas. Há uma interação entre análise dos conteúdos (e, consequentemente, disposição desses nas colunas) e elaboração das categorias. Dessa forma, embora iniciando com categorias teóricas, que refletem os objetivos da pesquisa, o próprio processo de análise pode levar à redefinição das categorias, gerando uma aproximação paulatina com os sentidos vistos como *atividade-fim*.

---

3 Para melhor compreensão dos pressupostos teóricos e metodológicos do Construcionismo Social, consultar Spink, 1999.

A título de exemplo, segue parte de duas entrevistas realizadas com dois dos quatro adolescentes participantes da pesquisa.

ADOLESCENTE 1

Pesquisadora: Como é para você estar aqui cumprindo essa medida socioeducativa?

Adolescente 1: Já são tantas vezes que eu fico em uma cadeia que nem sei quantas eu já fiquei... Uns sete meses preso, depois fui para uma clínica de recuperação em Ponta Grossa, não gostei e fugi... Sinto uma tremenda dor, estou aqui preso já faz 32 dias.

Pesquisadora: Como é essa dor?

Adolescente 1: Aos 7 anos foi a primeira vez que tomei bebida alcoólica, aos 10 comecei a usar drogas e roubava, era só alegria passageira. A minha mãe nunca vem me visitar, me sinto abandonado. Minha família poderia ter me dado carinho, me educado, dado conselho, nunca fui educado, sou educado por minha própria gentileza, por minha parte, fui tratado jogado às cobras...

Pesquisadora: O que aconteceu com você para estar aqui cumprindo a medida cautelar?

Adolescente 1: Aos 7 anos foi a primeira vez que tomei bebida alcoólica, aos 10 comecei a usar drogas e roubava, era só alegria passageira.

Pesquisadora: E o que você pensa sobre o tratamento que vem recebendo desde que...

Adolescente 1: ... Desde que estou preso?

Pesquisadora: É.

Adolescente 1: Eu tenho raiva do prefeito, do delegado, da polícia, do juiz e do promotor, de todas essas instituições.

ADOLESCENTE 2

Pesquisadora: O que você entende por infrator?

Adolescente 2: Infrator é aquele que é ladrão, que faz as cagadas, que rouba... Agora eu não sou mais assim, parei com tudo isso.

Pesquisadora: E quanto às medidas socioeducativas, o que você pensa sobre elas?

Adolescente 2: Ficar preso é ruim, só sai de lá para ir no corredor, só comia duas vez no dia... Lá tem o cadeião e depois os currós, que é para as adolescentes.

Pesquisadora: Que tipo de medida você acha que poderia ajudar o adolescente que comete alguma infração?

Adolescente 2: Já fiquei em casa de recuperação em Cascavel e no RS, só que não adianta esse tipo de tratamento... Não tem nenhum tratamento lá.

Adolescente 2: A sociedade fazia tudo o que eles podia pra ajudar a gente, só que nós não fazia.

A fim de analisar os repertórios utilizados e a produção de sentidos, as entrevistas realizadas com os adolescentes foram gravadas e posteriormente transcritas, e para explicar e detalhar mais esse processo de análise dos dados foram inseridas em mapas de associações de ideias, com a finalidade de propiciar a visualização dos sentidos produzidos pelos adolescentes, dos quais emergiram as temáticas discutidas sobre ato infracional, medidas socioeducativas e abandono físico e afetivo, instituições e sociedade.

Passos para a Construção do Mapa:

1. O pesquisador deverá utilizar um processador de dados, tipo Word for Windows, e digitar toda a entrevista.
2. Em seguida, construir uma tabela com um número de colunas correspondente às categorias a serem utilizadas.
3. Por último, usar as funções Cortar e Colar para transferir o conteúdo do texto para as colunas, respeitando a sequência do diálogo. Dessa forma, será obtido como resultado um efeito escala.

O processo de construção de mapas de associações de ideias está exemplificado na Tabela 20.1.

COMPREENDENDO A ANÁLISE

Sob o título *Dizer-se infrator,* será analisada a produção de sentidos pelos adolescentes participantes, com enfoque para os seguintes pontos: como e quando os adolescentes sob pesquisa se colocaram como autores de atos infracionais; o sentido do abandono físico e afetivo, bem como outros que se produziram diante das condições sociais, culturais, afetivas e econômicas de vida desses jovens, tais como a falta de carinho, a experiência de busca de reconhecimento, a ausência de oportunidade para uma vida melhor e ainda o preconceito do qual foram vítimas.

TABELA 20.1 Trecho de uma das entrevistas com o adolescente entrevistado 1

Medida Cautelar	Abandono	Atos Infracionais	Instituições
Já são tantas vezes que eu fico em uma cadeia, que nem sei quantas eu já fiquei... Sete meses preso, depois fui para uma cl+ínica de recuperação em Ponta Grossa, não gostei e fugi... Sinto uma tremenda dor, estou aqui preso já faz 32 dias.	A minha mãe nunca vem me visitar, me sinto abandonado. Minha família poderia ter me dado carinho, me educado, dado conselho, nunca fui educado, sou educado por minha própria gentileza, por minha parte, fui tratado jogado às cobras.	Aos 7 anos foi a primeira vez que tomei bebida alcoólica, aos 10 comecei a usar drogas e roubava, era só alegria passageira.	... Desde que estou preso? Eu tenho raiva do prefeito, do delegado, da polícia, do juiz e do promotor, de todas essas instituições.

TABELA 20.2 Trecho de uma das entrevistas com o adolescente entrevistado 2

Infrator	Medida Cautelar	Clínica de Recuperação	Sociedade
Infrator é aquele que é ladrão, que faz as cagadas, que rouba... Agora eu não sou mais assim, parei com tudo isso.	Ficar preso é ruim, só sai de lá para ir no corredor, só comia duas vez no dia... Lá tem o cadeião e depois os currós, que é para as adolescentes.	Já fiquei em casa de recuperação em Cascavel e no RS, só que não adianta esse tipo de tratamento... Não tem nenhum tratamento lá.	A sociedade fazia tudo o que eles podia pra ajudar a gente, só que nós não fazia.

Dizer-se Infrator

Os adolescentes, ao serem entrevistados, manifestaram seu sentir e seu viver, produzindo sentidos dentro de suas trajetórias de vida, descrevendo suas experiências como adolescentes ditos infratores. Para Spink (1999), "numa entrevista, as perguntas tendem a focalizar um ou mais temas que, para os entrevistados, talvez nunca tenham sido alvo de reflexões, podendo gerar práticas discursivas diversas, sem estar diretamente associada ao tema originalmente proposto" (p. 45).

Segundo a Lei 8069/1990, o adolescente que praticar um ato infracional, ou seja, uma conduta descrita como crime ou contravenção penal (art. 103 do ECA), poderá receber algumas medidas socioeducativas.

Entende-se por infrator o adolescente autor de atos infracionais, tais como aqueles já especificados neste capítulo, e que é uma pessoa em formação, em estado de risco social. Conforme Spink (2000), o risco propõe uma nova forma de lidar com o futuro. O risco possui um determinado grau de objetividade, porém é definido pelas construções sócio-históricas. Ou, ainda, aquele que, tendo praticado conduta antissocial, passando ou não pela Vara da Infância e Juventude, esteja em tal situação que venha a ser destinatário de medida protetiva, como mecanismo para evitar questões sociais, como abandono escolar, que interfiram diretamente no contexto sociocultural do adolescente.

As situações mencionadas são detectadas em adolescentes das mais diversas condições sociais, desde aqueles residentes nas periferias, pertencendo a setores marginais, trabalhando em atividades sem qualificação, obtendo o produto de seu sustento por meio de atividades ilícitas, contribuindo para o sustento do núcleo familiar, até aqueles que não se encontram nesse quadro trágico e, por que não dizer, tradicional dessa faixa etária, mas que de qualquer maneira apresentam sintomas de abandono psicossociofamiliar e, por tal, são enquadrados como destinatários das medidas socioprotetivas da legislação de especial proteção à criança e ao adolescente que hodiernamente se adota no Brasil.

A explicação mais frequente a ser dada quando um adolescente comete atos de infração é a relação causa e efeito, mas, por não trazer em si uma infinidade de colocações fundamentais para o entendimento da fenomenologia infantojuvenil, tornam-se cruciais a exposição e a compreensão dos sentidos produzidos por esses atos. Segundo a autora mencionada, tanto o sujeito quanto o objeto são construções sócio-históricas; assim, "o sentido produzido é uma construção social, um empreendimento coletivo, mais precisamente interativo, por meio do qual as pessoas constroem os termos a partir dos quais compreendem e lidam com as situações e os fenômenos à sua volta" (1999, p. 41).

É possível perceber que é a primeira vez que muitos adolescentes refletem explicitamente a própria existência. Esse refletir adquire sentidos conforme a trajetória de cada um; entretanto, nas convergências dos vários discursos, os adolescentes construíram os sentidos em relação ao ato dito infracional de diversas formas. Tal como definiu Spink (1999, p. 45), "usualmente, é pela ruptura com o habitual que se torna possível dar visibilidade aos sentidos..."

No discurso de um dos adolescentes, é possível observar os vários momentos em que ele se coloca como infrator, desde a infância até o período da adolescência, e qual o sentido produzido por ele: *"Estou nessa vida desde criança, roubando e fumando, já fumei de tudo..."*[4] Estar nessa vida parece significar que está entregue à própria sorte, a qual traz consequências físicas, psíquicas e sociais; é o que o adolescente tenta mostrar através desse desabafo: *"Olha essa minha veia: tem uma marca, foi quando eu me piquei, foi a primeira e a última vez, eu quase morri."* Ainda segundo seu relato: *"Aos 7 anos foi a primeira vez que eu tomei bebida alcoólica, bebia e usava droga e roubava."* Sua fala leva a entender que ele se coloca como infrator no momento em que relata sua experiência, ainda na situação de criança quanto ao uso de drogas ilícitas, bebida alcoólica e furtos. Já dizia Herbert de Souza, em uma de suas poesias:

> a criança é coisa séria. A criança é o princípio do fim. O fim da criança é o princípio do fim. Quando a sociedade deixa matar as crianças é porque começou o seu suicídio como sociedade (Coletânea de leis, 2001).

---

[4] Os trechos das entrevistas são colocados em itálico para ficarem destacados.

Parece que esse adolescente, desde o seu princípio, experimentou os resultados iminentes do fim. Quando fala de bebida alcoólica, identifica-a como uma droga ilícita, percebendo-a como uma mola propulsora para o uso de outros tipos de drogas. As bebidas alcoólicas estiveram presentes em quase todas as culturas conhecidas até hoje. No senso comum, ainda é possível ouvir que a bebida alcoólica alivia a fome, dá energia aos fracos; dá calor no frio e tantas outras representações. Assim, podemos encontrar um informe teórico que compreende o uso do álcool como um fator socioambiental, que reconhece a importância do meio ambiente na formação social da criança e do adolescente, e que suas alterações podem facilitar condutas que levariam ao alcoolismo (Seminário sobre Alcoolismo, 2001). Isso pode ser exemplificado quando um dos adolescentes comenta sobre o uso de bebida alcoólica: *"Eu bebo e saio desbaratinado [...] e a minha mãe vê o filho alucinado para lá e para cá. Bebo para esquecer os meus antepassados, que só aconteceu coisa negativa na minha vida, nada de bom aconteceu [...] se minha avó estivesse viva, eu teria parado cedo com a malandragem."* Ficam evidentes dois sentidos produzidos pela ação infratora; o primeiro é que, ao se postar como autor de comportamento infracional, ele se coloca também como vítima de sua própria ação, pois sob o efeito de bebida alcoólica ou de outras drogas ele fica desorientado, sem saber discernir entre o certo e o errado. O segundo é o que seu discurso parece objetivar o porquê do uso, ainda hoje, de bebida alcoólica e de substâncias ilícitas, e o faz como que para demonstrar um meio de poder amenizar o sofrimento passado.

Em outro momento da entrevista, esse mesmo jovem questiona a prática do ato infracional: *"Quando vejo outros adolescentes cheirando cola, se picando e roubando, não vejo vantagem nisso, quero sair dessa vida."* Nesse relato, deixa claro que, ao se identificar com outros adolescentes que, como ele, cometem atos de infração, coloca a si mesmo como expectador de suas ações e não consegue vislumbrar uma saída.

Diferentemente dos sentidos produzidos pelo adolescente mencionado primeiro, a fala desse outro participante traz referência à adolescência como sendo o período de sua vida em que se opera o início de seus comportamentos ditos infracionais: *"Comecei com os amigos quando eu tinha 14 anos."* A partir da enunciação do seu discurso, é possível ver que ele se posiciona como infrator desde o momento em que experimentou drogas ilícitas: *"Ih, cara! A gente fazia de tudo, eu fumava maconha, cheirava cola e fazia bagunça. Meu primeiro ato infracional foi fumar maconha com meus amigos."* O adolescente, na intenção do reconhecimento social, recorre às situações que, no momento, se apresentam mais favoráveis. Parece que o ato delitivo é a esperança de uma transformação, como se "fumar maconha" fosse um mediador do reconhecimento buscado. Parece que está em busca da inclusão social, que, conforme Oliveira (2001, p. 61), é "uma forma mais ágil, embora com mais riscos à própria vida, de conseguir a inclusão que lhe é negada".

Pode-se observar que em seus relatos o jovem sempre diz ter cometido infrações junto com outras pessoas: *"Só que eu nunca fazia a frente; ia dois depois eu ia, era um grupo."* Ao mesmo tempo em que ele se diz infrator, deixa claro que esse *status* também lhe é conferido pelo amigo. Detectam-se *a priori* dois sentidos nas digressões mencionadas: o de assumir o risco e dizer que foi autor de ato infracional, por meio de uma "busca exacerbada de autonomia"; segundo Oliveira (2001), tal comportamento é do "tipo reativo e, portanto, a onipotência que transparece ao se colocar acima da lei é apenas outra face para as vivências de impotência, agora dissimuladas pela aparência de triunfo"; e o de se colocar como vítima do amigo, como se este fosse o culpado: *"Fui porque ele tava me intimando."*

Na análise feita pela fala desses jovens, é de fato esclarecedor que o sentido do ato infracional gera no adolescente expectativas com relação a uma vida melhor, porém, de forma frustrante, uma prática que propicia uma experiência negativa. Ainda segundo seus relatos, parece que o adolescente, que se encontra em conflito com a lei, atribui seus insucessos a sua atual conjuntura, deixando para trás os motivos que o levaram a agir de forma contrária aos padrões sociais vigentes. Será que sua infelicidade tem origem no ato infracional? Ou, em prol de uma vida melhor, esperava encontrar na infração um mecanismo que pudesse amenizar seu sofrimento?

Os adolescentes em seus discursos abordam a questão do ato infracional como a possibilidade de obter momentos de felicidade e prazer, em que, num primeiro momento, o infrator é quem decide as regras e, portanto, pensa deter o poder. Num segundo pensar, percebe que, na verdade, quem se encontra como vítima de uma sociedade em que poucos detêm o poder e muitos se encontram à margem disso é ele, como infrator.

Vale ressaltar que um dos sentidos produzidos por ser infrator surge como algo negativo na vida desses adolescentes. Embora em alguns momentos sintam satisfação por tais condutas, a realidade é que diante dos fatos as consequências são piores e maiores do que o prazer obtido.

Interessa observar que em alguns discursos o sentido produzido é de ambivalência, pois diante de um mesmo aspecto dois sentidos são construídos — ou seja, o adolescente experimenta ao mesmo tempo, em determinada situação, sentimentos opostos. Isso fica claro quando um dos jovens diz: *"Na hora você não consegue nem falar, é ruim, não é bom, mas você fica alegre."* Parece que, quando ele diz que *"fica alegre"*, tal sentido vem associado ao próprio prazer, à própria transgressão, enquanto "ruim" refere-se à perda do suposto controle, pois a droga causa em seu organismo algumas sensações agradáveis e outras não.

Os discursos revelam que o sentido produzido por ser infrator é roubar, usar drogas lícitas e ilícitas, ou seja, transgredir as normas instituídas. Interessa ressaltar que o uso de drogas ilícitas aparece nos discursos dos adolescentes como uma situação marcante na trajetória do ato infracional. Parece que esses adolescentes buscam nas drogas a esperança de mudança de lugar de abandono para o reconhecimento familiar e social. A partir de então, a conduta infratora começa a fluir como a única possibilidade viável para superar o sentimento de abandono e garantir algum lugar.

É oportuno lembrar que os sentidos produzidos pelos adolescentes participantes dessa pesquisa, pertinentes tanto ao momento quanto à forma pelos quais se tornaram autores de atos infracionais, não surgiram isoladamente, posto que são fatores que se somaram a outros elementos externos, e que concorreram de forma indefectível para essa situação. Essa conjuntura é perceptível, em especial, quando relatam terem sido negligenciados pela família e pela sociedade, o que ocasionou o sentimento de abandono, provocado por diferentes formas de negligência; isso fica evidente nos discursos que serão apresentados.

Os sentidos de abandono mencionados pelos adolescentes estão retratados nas suas condições de vida familiar, apontando para dois aspectos diferenciados do abandono: o físico e o afetivo.

O abandono físico está presente em seus discursos, sempre como resultado da ausência de cuidados por parte de alguém da família, das agressões físicas sofridas, da falta de manutenção no que compete à higiene pessoal e da ausência de alguém que, em dada circunstância de suas vidas, houvesse agido de sorte que lhes assegurasse o mínimo de cuidado necessário para que se sentissem protegidos e amparados.

Por outro lado, o abandono afetivo, segunda vertente dos sentidos produzidos, é tratado por eles como falta de carinho, de compreensão e de assistência emocional. Sánchez (1991), em seus estudos sobre o abandono, chama a atenção para uma condição que quase sempre se origina e facilita na conduta transgressora, incrementando-se quando a família vive circunstâncias de vida particularmente difíceis.

O abandono alia-se à falta de vontade em ultrapassar obstáculos sentidos como intransponíveis, havendo desinteresse por tudo e, principalmente, por si mesmo. O adolescente que vivencia tal situação cai no completo abandono de si próprio.

Nos relatos sob estudo, o sentido de abandono aparece de formas variadas. Em alguns momentos ficam evidentes os dois sentidos de abandono: o físico, quando relatam as agressões físicas que sofreram por parte da família, e o afetivo quando denunciam, pelas de queixas, o não comparecimento de pessoas da família tanto nos períodos em que estiveram internados provisoriamente como nas inúmeras vezes em que estiveram internados em regime hospitalar.

Ao relatar o abandono vivenciado, um dos adolescentes diz: *Minha família nunca vem me visitar, me sinto abandonado... nas quartas-feiras era dia de visita, mas ela [a mãe] ficava um mês e não voltava, era chato, eu me sentia abandonado...*

Ainda conforme seu relato, faz referência ao abandono sofrido pelo irmão:

Nesses dias eu falava para ela [a mãe] do meu irmão que tá preso, afundado no crack, acabado... antes ele era gordo e sadio, agora que tá magro e doente, minha família não quer nem saber, nem apoiar o cara, eu falei: não é bem assim, só porque o cara caiu preso não vai ajudar?!

Ao falar do abandono vivido pelo irmão, ele relata também a sua situação de abandono, uma vez que se encontra internado provisoriamente e, tal qual o irmão, ninguém da família vem visitá-lo.

O sentido desse abandono se encontra presente em dois pontos de seu discurso: no primeiro, o abandono vivido por ele e, no segundo, o vivido pelo irmão. Esse sentido é um elemento significativo na produção de sentido sobre o abandono familiar, pois deixa claro que sua família atuou como um dos fatores preponderantes no surgimento do contexto infracional no qual passou a se portar e em face do qual tem dado vazão ao itinerário tormentoso de sua, até então, amarga vida.

A partir das falas, é possível pensar em dois sentidos produzidos por eles, ligados ao abandono físico e afetivo: o de tentarem, através das omissões da família, justificar suas condições da vida dita infratora; ou ainda mostrarem que, de fato, vivenciaram o abandono referido e que, agora, o manifestam como um pedido de ajuda, ou como um apelo diante das circunstâncias em que se encontram.

Outro jovem aborda a questão do abandono afetivo como a falta de alguém da família que, no momento adequado, tivesse podido orientá-lo, impondo-lhe limites e paradigmas comportamentais nos episódios por ele considerados difíceis de serem resolvidos:

Eu nunca tinha um conselho da minha família, minha mãe me mandou para Cascavel – PR, para morar com meu pai, lá ele me deixava sozinho, eu ia dormir na rua, fumava maconha, não tinha onde dormir. Fazia de tudo, roubava para comer, aí eu falei: vou embora! Meu pai não voltava nunca, era semanas sem ele voltar.

A análise da fala do jovem sobre o abandono é deveras esclarecedora, e permite-nos identificar a tendência a justificar seus procedimentos como frutos do não recebimento de informações adequadas sobre a vida ou, como repete o adolescente, a falta de *"conselhos"* que, na hora propícia, permitissem que ele optasse entre o certo e o errado, evidentemente dentro de uma ótica conceitual dele próprio. Esse mesmo abandono descrito pelo adolescente em diversas ocasiões, mais se destaca quando ele assume que roubou e usou drogas ilícitas como um meio de sobrevivência.

As situações vivenciadas por eles vêm ao encontro do pensamento de Adorno (1993), sobre a importância do esclarecimento do sentido produzido pela experiência de muitas vezes buscar na rua o reconhecimento social, pois a rua, em inúmeras circunstâncias, representa para crianças e jovens um espaço público de realização da existência pessoal, uma vez que outros espaços como a família, a escola e o trabalho estão impedidos de oferecê-la.

Outras experiências retratam o abandono vivenciado por esses adolescentes:

Minha mãe só ficava nos bares bebendo, e eu ficava solto...

Meu pai está preso, ele tentou matar minha mãe, a polícia pegou ele, aí ele fugiu e agora está preso, já faz nove mês. Ele roubava, ih cara, jogava baralho... meu irmão também já se meteu em uns rolos de drogas, e eu fico por aí.

Os sentidos de abandono aqui referidos novamente aparecem quando eles dizem: *"Eu ficava solto", "fico por aí."*

Esses relatos mostram que os sentidos de abandono físico e afetivo fazem parte da vida desses adolescentes desde tenra idade, fenômeno que se incorporou ao cotidiano deles como uma natural e inafastável realidade. Ao ficar na rua e ligar-se a outros grupos, o adolescente experimenta valores diversos, uma ética própria, quase sempre diferente daqueles do mundo familiar.

Em comum em seus discursos, os adolescentes apresentam, entre outros pontos, uma permanente referência à ausência de carinho. A falta do referencial emocional, segundo os discursos estudados, apresenta como gênese o momento em que eles se sentiram abandonados física e afetivamente por suas famílias.

Esses adolescentes trazem em seu discurso uma concepção liberal do ser humano. Assim sendo, podem-se encontrar, em algumas publicações, descrições muito semelhantes às produzidas por esses adolescentes. Nesse sentido, Bock (2001), por exemplo, ao descrever a concepção de ser humano, refere-se a uma visão que pensa o homem e seu mundo psíquico como um ser natural, dotado de capacidade e que, inserido no meio adequado, poderia ter sucesso ou fracasso em seu desenvolvimento.

Diante do contexto histórico-familiar dos jovens participantes desta pesquisa, por meio de relatos que surgiram a partir do abandono físico e afetivo, é possível obter um sentido para essa repetida falta de carinho: *"Minha família poderia ter me dado carinho, me educado, dado conselho. Eu sou educado por minha própria gentileza..."*

Para Pedro, a mesma questão é trazida da seguinte maneira: *"Minha família nunca me deu carinho, amor... acho que se me dessem eu ia ser melhor."* Parece que ele culpa a família pela situação em que se encontra e atribui à falta de carinho o fato de não ser melhor.

Diferentemente dos demais, Juvenal parece produzir o sentido de carência na ausência de não ter com quem contar, de não ter alguém da família para apoiá-lo: *"Só conto com a ajuda de Deus."*

A partir desses relatos, é possível pensar que os sentidos que esses jovens produziram sobre carência tenham contribuído para a construção de quem eles hoje se mostram ser diante da sociedade, vale dizer, adolescentes privados de direitos fundamentais e inerentes ao ser humano e, em especial, ao indivíduo em formação, lacunas essas a que se somam a falta de afeto e a falta de um lugar. Essa situação ilustra o quanto o adolescente dito infrator está desalojado e busca de maneira exacerbada um atalho para o reconhecimento, conforme o pensamento de Oliveira (2001).

É possível perceber a necessidade de reconhecimento, elemento que surge no discurso desse adolescente quando ele diz: *"... Minha mãe nunca vem me visitar, me sinto abandonado. Minha família poderia ter me dado carinho, me educado, dado conselho, nunca fui educado, sou educado por minha própria gentileza, por minha parte, fui tratado jogado às cobras...".* Parece que, quando fala do abandono e da ausência de carinho, ele denuncia a importância e a falta desses elementos para a construção de quem ele é hoje.

Conforme o pensamento de Costa (1995), muitas vezes a família do adolescente não compreende a dinâmica do fato de ele sair de casa e voltar a qualquer momento, e acaba respondendo a isso de um jeito que aumenta a distância entre ela e o adolescente. Diante dessa reação, o adolescente acaba adotando um grau de autonomia que não sabe manejar, engajando-se com mais ímpeto a grupos de estilos de vida que são considerados antissociais. Quando o adolescente tenta voltar para casa, a atitude da família obriga-o a colocar-se à margem dela.

O sentido aqui produzido em relação à ausência da família e à influência dessa ausência em sua construção social denuncia a necessidade de ter um lugar nesse meio social. Um adolescente fala sobre isso: *"...eu era criado solto, saía e voltava a hora que eu queria, sem limites. Agora que sou criado pelo mundo, não adianta mais, e deu no que deu."* Ao contar sua experiência, disse que, ao ser criado sem limites, buscava-os no dia a dia, construindo a si mesmo um adolescente e buscando o reconhecimento social. A partir dessa ideia, aparecem dois sentidos: o primeiro é justificar novamente seus atos pela falha da família; o segundo, mostrar a realidade vivida. O sentido aqui produzido em relação à ausência da família e à influência dessa ausência em sua construção social está falando da sua necessidade de ter um lugar nesse meio social.

A ausência de reconhecimento experimentada por esses adolescentes ditos infratores reflete não apenas um justificar de atos, mas também quanto é necessário alguém por perto, definindo horizontes e norteando caminhos, fixando limites e proporcionando um espaço de diálogo entre o que é e o que não é aceito socialmente. Trata-se não de um definidor de não fazeres, mas sim de um instigador de ações e omissões desejadas para o bom convívio.

Diante dos sentidos produzidos por abandono, carência afetiva e ausência de reconhecimento, os adolescentes trazem a família como aquela que deveria ter atuado como o centro de mediação entre eles e a sociedade, no que compete à vida emocional e suas relações sociais. Interessa mencionar que os laços sociais podem ser reescritos em outros lugares, não necessariamente na família. Isso nos remete ao pensamento de Fraga (2000), que menciona que outras áreas importantes passam a tematizar e atribuir sentido ao adolescente, estabelecendo as bases de uma "pedagogia cultural"[5] contemporânea.

Não podemos ver a escola e a família como instituições que funcionam como únicos locais pedagógicos, destinados a propiciar aos jovens um ambiente de bons princípios, longe da "poluição moral" das ruas. Para Fraga (2000), parece que a juventude contemporânea há muito já pulou o muro dessa "casa de máquinas" e vive em vários lugares além da escola e da família, de certa maneira muito mais fora do que dentro de casa ou da escola.

É possível observar que as famílias dos adolescentes participantes desta pesquisa também precisam de apoio e fortalecimento, para que possam agir de maneira provedora e protetora, pois, conforme o ECA, a família é um dos agentes interventivos quanto às medidas de proteção. Ao assegurar o direito à convivência familiar para um desenvolvimento saudável do adolescente, coloca-se

---

[5]   Pedagogia cultural refere-se à ideia de que a educação ocorre em uma variedade de locais sociais, incluindo a escola, mas não se limitando a ela. Para Steinberg, locais pedagógicos são aqueles em que o poder se organiza e se exerce, tais como bibliotecas, TV, filmes, jornais, revistas, brinquedos, anúncios, *videogames*, livros, esportes, entre outros.

na família a responsabilidade de criar, educar e prover condições de proteção, defesa, segurança e assistência às suas necessidades de "ser" em desenvolvimento.

No entanto, os discursos dos adolescentes ilustram que por trás dos sentidos de abandono afetivo e físico encontram-se famílias abandonadas, destituídas de seus direitos sociais básicos e excluídas do acesso a bens, serviços e riquezas, vulnerabilizadas pela pobreza.

Assim, a família aparece nos relatos desses jovens como um fenômeno social, que possui significativa expressão no seu desenvolvimento social, afetivo e do bem-estar físico, sobretudo durante o período da infância e da adolescência. Segundo resultados de uma pesquisa feita nos Estados Unidos, os adultos atribuem a "má educação" dos jovens aos pais.

É importante ter presente, contudo, o estudo sobre a falta de oportunidade na família, de uma vida melhor. Trata-se de uma afirmação comum a todos os entrevistados, a de que a cidade, palco de suas vidas, não oferece condições para a melhora de colocação de suas células familiares.

Procurando-se estabelecer as responsabilidades sociais de controle sobre os adolescentes em conflito com a lei, a ideia é propor um entendimento não apenas enquanto efeito de uma história individualizada, mas como um sintoma social.

Segundo a Resolução 2542 da Assembleia Geral da ONU, a família, como elemento básico da sociedade, é o meio natural para o crescimento e o bem-estar de todos os seus membros, em particular das crianças e dos jovens, portanto, deve ser promovida, ajudada e protegida, a fim de que possa assumir plenamente suas responsabilidades no seio da comunidade.

Vejamos, a partir das próprias falas, como foi essa experiência:

Nessa cidade não tem nada, não tem emprego, a gente fica sem nada o que fazer, não tem como mudar.

Nessa cidade não tem discoteca, não tem nada para fazer, é muito parada, eu fico em casa, compro um garrafão de vinho e bebo, aqui não tem emprego, eu vou embora para outra cidade, porque aqui não dá para mudar de vida.

Em virtude da falta de emprego, é possível pensar em dois sentidos, o de tentar justificar sua condição de vida dita infratora, ou mostrar que de fato vivencia a falta de oportunidade referida, e que agora a manifesta como um pedido de ajuda.

Quando o adolescente diz *"ninguém vai me ajudar"*, o sentido que ele deixa transparecer é o de que ele precisa fazer suas próprias escolhas, haja vista que a sociedade e a família não lhe dão condições para que se operem as mudanças necessárias e geradoras da esperada adequação social. Por outro lado, se depara com a barreira decorrente de sua natural inabilitação para escolher uma vida diferente, com assunção de responsabilidades, porque em toda sua existência sempre pautou suas condutas de forma a adotar opções de mínimas responsabilidades, evitando entrar em contato consigo mesmo.

A leitura que os discursos por último referidos permitem fazer é o de que os adolescentes atribuem à cidade de Marechal Cândido Rondon importante parcela das causas da imutabilidade de sua situação social e, por outro lado, reforçam a ideia de que estão enraizados na vida que levam, somando ao abandono físico e emocional por parte da família vivenciado anteriormente o abandono decorrente da sociedade local.

Os adolescentes trazem em seus discursos a precária situação do mercado de trabalho para os jovens que, como eles, estão em conflito com a lei. Assim, temos as "precondições" para uma exclusão estendida, uma vez que sem escolarização e sem emprego diminuem ainda mais as chances de adolescentes como esses transcenderem as barreiras da segregação social, conforme o pensamento de Oliveira (2001).

Importante elemento para a análise do conteúdo que é verbalizado está na falta de emprego que atinge a ele e à sua família: "... *Meu pai está preso, minha mãe não tem emprego, eu é que sustento a casa quando consigo fazer uns bicos de pedreiro, mas agora estou parado, pois aqui não tem emprego.*" Uma interpretação *a priori* do discurso em comento destaca o sentido produzido pelo adolescente, de que ele e sua família são vítimas da falta de emprego e de uma sociedade que cultua diferenças sociais. Dentre as inúmeras condições em que se encontram as famílias brasileiras, pode-se dizer que a condição de carência apontada por falta de emprego, salário insuficiente, falta de segurança, falta de garantia das necessidades básicas de sobrevivência como habitação, saúde, alimentação, instrução e higiene é, sem dúvida, um fator social que vem afetando as famílias de muitos jovens brasileiros.

Nos relatos desses adolescentes, é possível observar que suas famílias também precisam de apoio e fortalecimento para que possam agir de forma provedora e protetora, pois, conforme o ECA, a família é um dos agentes interventivos quanto às medidas de proteção. Porém, em meio às profundas transformações sociais e econômicas que vêm ocorrendo na vida das pessoas, a estrutura familiar se fragiliza na sua função de assistência, de promoção, de educação e de proteção.

Como forma de assumir e gerar iniciativas públicas dirigidas ao segmento familiar, no ano de 1994 foi comemorado o Ano Internacional da Família, o que significou a oportunidade de se refletir e ordenar o processo de atenção à família por meio de políticas adequadas e correlacionadas às transformações da sociedade mundial e, mais especificamente, à sociedade brasileira e à política de atendimento à criança e ao adolescente que encontram seu referencial natural na família.

O ECA, em seu artigo 23, afirma que a criança e o adolescente serão mantidos em suas famílias de origem, as quais deverão obrigatoriamente ser incluídas em programas oficiais de auxílio.

Segundo Costa (1994, p. 24), sustentado pela Doutrina de Proteção Integral — ECA, "crianças e adolescentes são merecedores de proteção por parte da família, da sociedade e do Estado, o qual deverá atuar por meio de políticas específicas para o atendimento, a promoção e a defesa de seus direitos".

Um levantamento feito pela Secretaria de Desenvolvimento e Bem-Estar Social do estado de São Paulo infere que não é por acaso que existe uma elevada correlação entre a origem dos internos da Febem e os bairros considerados mais violentos de São Paulo. Também não sem motivos, mais de 50% dos atos infracionais praticados por adolescentes naquela cidade encontram-se entre 16 e 18 anos, uma faixa etária mais vulnerável dadas as exigências sociais em relação a esses jovens que alcançaram a idade permitida para o trabalho, mas não encontram ofertas no mercado de trabalho ou não preenchem os requisitos mínimos, como a escolaridade necessária. A baixa escolaridade e o desemprego ou subemprego tornam-se obstáculos concretos de mobilidade social desses adolescentes e de suas famílias, perpetuando-os à margem social e diminuindo suas chances de reconhecimento social.

Dessa forma, depara-se mais uma vez com a falência das políticas sociais diante dos insuficientes mecanismos de inclusão social que deveriam evitar que o adolescente não se sentisse seduzido pela criminalidade.

Entre as diversas razões apontadas pelos adolescentes para a situação em que se encontram está a grande gama de preconceitos que eles dizem enfrentar. Mais uma vez seus discursos conduzem para a cidade, palco do estudo que se empreendeu.

Antes, porém, de dizermos sobre as condições decorrentes da especial situação de rejeição por exposição das diferenças, manifestadas no preconceito social do qual os entrevistados se dizem vítimas, é mister que teçamos uma breve ressalva sobre o sentido de seus relacionamentos.

Os adolescentes mantêm relações entre si, com suas famílias e, em especial, com terceiros, os quais apontam constantemente sua condição de marginalidade. Aqui surge o primeiro patamar do preconceito que pode ser observado em suas próprias palavras: *"Eu não suporto essas pessoas dessa cidade; elas são racistas, chamam os outros de preto, dizem que é uma cidade germânica de alemães, só que são todos racistas."*

Vale lembrar que esse adolescente é de origem germânica e, mesmo assim, sofre com o preconceito. Como defesa, reage com violência: *"Eu saquei o revólver e só não dei um tiro na cabeça do cara que me chamou de preto porque pensei melhor."*

Esse depoimento é bastante ilustrativo, pois demonstra que o adolescente está sempre a justificar suas alegadas desvantagens, ao ponto de, mesmo sem ser afrodescendente, dizer tratado assim. Esta situação nos reporta diretamente ao dito popular de que as cadeias são para pobres e pretos. É fato incontestável que, mesmo sem ser pessoa de cor negra, esse jovem age dentro de uma esfera de marginalidade que a população local reserva aos negros, e por isso assim se coloca.

Mais instigante ainda é a reação dele diante de uma ofensa que não poderia atingi-lo, posto que, ao fazer uso da arma que portava e ao justificar essa explosão de ira por ter sido chamado de preto, o que na verdade ele fez foi transbordar todo o preconceito que traz em si. Observe que sua indignação não é fruto de um tratamento que o diferencia dos demais, mas sim decorre da ofensa de ser tratado como alguém de cor e, portanto, marginal.

Interessa observar no discurso desse jovem o sentido que produz de ser como aquele que integra o contexto de pobreza, miséria, roubo, ou seja, que aponta o lado negativo da sociedade. Enquanto o adolescente é colocado como aquele que está à margem do avanço social, da modernização, que integra grupos considerados atrasados com relação a outros grupos considerados maduros, esconde-se a verdadeira situação, perde-se de vista o fato de que o adolescente é resultado da desorganização familiar e social que não pode satisfazer suas necessidades físicas, afetivas e emocionais.

Devemos buscar o sentido de abandono no discurso desse jovem, porque a contradição é a resposta para a justificativa de preconceito. Paira no ar a seguinte indagação: ele puxou o revólver porque se sentiu ofendido em razão do seu próprio preconceito, ou sacou da arma porque se sentiu marginalizado pelo preconceito da sociedade?

Se fosse de fato negro, traria uma série de rejeições desde sempre. Os estudos sobre o local evidenciam a natureza preconceituosa sobre a cor, e a revolta decorreria do preconceito exterior e do tratamento estigmatizante que o vitimaria desde sempre, estar-se-ia diante de uma explosão oriunda desse elemento de abandono. Mas é branco, de origem germânica, e dessa maneira torna-se difícil, repetimos, difícil, mas não impossível, que tenha tido uma conduta reflexiva de um preconceito racial do local. Esta conclusão nos remete à segunda hipótese, qual seja, a de que reagiu a algo que o fez se sentir ofendido, aviltado, fruto portanto de seu próprio preconceito racial, que o coloca em uma confusa zona cinza, porque de um lado sabe que não é preto, e não interpreta a afirmativa de seu desafeto como preconceito racial, mas por outro lado tem a cor negra como emblemática, significando marginalidade e diminuição pessoal, e aqui o sentido do abandono passa a ser fruto de suas próprias ideações sociais, o que gera a conclusão de que o elemento conceitual do preconceito está de tal sorte interiorizado nele, que a referência ao local é apenas mais um suporte às justificativas idealizadas pelo entrevistado. Os problemas oriundos dos estigmas por preconceitos revestem-se de especial envergadura quando estes são fruto de interiorizações que, se não são genéticas, pelo menos são congênitas.

O estigma de ser diferente, seja pelas características raciais, pelas opções pessoais ou pelas condições sociais desses adolescentes, é fato, e importa no sentido do preconceito de que ora se trata.

Exemplo dessa ruptura com os dogmas que discorrem sobre o preconceito está na necessidade de se enfrentar o sentido do abandono retratado no seguinte discurso, em que o jovem faz referência ao tratamento que lhe é habitualmente dispensado pelos circunstantes: *"Uns me olham estranho, me sinto que eu mesmo tenho que me virar, ninguém vai me ajudar."*

O abandono significado por eles está verbalizado na certeza de que é diferente dos demais e, portanto, solitário. Essa conclusão de que sofre decorre de um conceito ínsito ao seu individualismo, e assim se diz porque, quando esse adolescente se coloca sendo visto como um *estranho no ninho*, o que faz é transpor para a sociedade que o critica a aceitação do universo conceitual do grupo como único e correto, de tal sorte que todo diferente é um ser isolado, repudiado, vitimado pelo preconceito.

Se vislumbrarmos nesse discurso um estigma social que lhe foi imposto, concluiremos que o sentido de seu abandono é de fato o conjunto de diferenças que se encerra em sua história pessoal.

O sentido do abandono, analisado sob o enfoque do preconceito, é o que mais identifica os adolescentes envolvidos com condutas infracionais. Trata-se da famosa flor-de-lis marcada a fogo e que, até o século XVIII, identificava os condenados por crimes contra o patrimônio na França.

A análise das falas dos adolescentes sobre o sentido produzido permite identificar a forte presença dos discursos dos meios sociais que veem no ato infracional responsabilidade apenas por parte dos agentes, e geram o entendimento profano de que a maneira mais eficaz de coibir essa realidade é a punição.

Especialmente nesses discursos, o que se encontra são evidências de que as condições de pobreza e de desigualdade social suscitam sentimentos de humilhação, em que adolescentes como ele são estigmatizados e vítimas de preconceito.

CONSIDERAÇÕES FINAIS

Com este capítulo, buscou-se cumprir a dupla tarefa de discutir o conceito que embasa a pesquisa construcionista e introduzir um exemplo prático de pesquisa, a fim de orientar e dar visibilidade ao leitor/pesquisador que pretenda, em algum momento, fazer uso desta abordagem metodológica de análise.

Descrever os passos e a estruturação dessa pesquisa, além de proporcionar ao leitor/pesquisador uma visão geral sobre como fazer pesquisa a partir dos pressupostos teóricos e metodológicos da produção de sentidos, dentro do paradigma do Construcionismo Social, também oferece um espaço para que se fale do *fenômeno do adolescente infrator,* que tem sido ponto de discussão entre diversos profissionais e suscitado debates acirrados e polêmicos, pois essa problemática, além de complexa, ainda é desconhecida em vários aspectos, o que tem constituído um grande impasse à sociedade.

Na realização de nossa pesquisa procuramos compreender os sentidos que foram produzidos pelos adolescentes em suas experiências como autores de atos infracionais, no que diz respeito ao momento em que se colocaram como infratores e como interpretaram as medidas judiciais cabíveis diante dos atos praticados. Buscamos também entender como tais adolescentes passaram a significar o contexto social, cultural, afetivo e econômico que fez parte de suas vidas. Para isso, tivemos como apoio a perspectiva do Construcionismo Social, segundo o qual o sentido é resultante de um processo interativo que compreende a elaboração dos conhecimentos derivados do imaginário social, cultural, de sua reinterpretação em um dado contexto social e da interação aqui e agora na vida cotidiana (Spink, 1997).

Os dados obtidos nas entrevistas com os adolescentes participantes desta pesquisa mostraram que os atos de infração que cometeram não apenas revelam a problemática envolvida na sociedade, que ora encara o adolescente como o único agente de violência, mas revelam também que o adolescente dessa forma deixa de ser vítima do descaso social e passa a ser o "marginal".

Pode-se dizer que o adolescente que se encontra em conflito com a lei expressa com seus atos o "mal-estar" de sua experiência de abandono físico e afetivo, seus desassossegos, suas angústias, o preconceito vivido e a falta de oportunidade em meio à sociedade a qual acaba por vê-lo apenas como agente da violência e não como vítima da desorganização social, o que, para Foucault (1998), representa a "má organização social".

No que tange às condições culturais, sociais, afetivas e econômicas que fizeram parte de suas vidas, os adolescentes produziram o sentido de abandono físico e afetivo, vivenciado no contexto sociofamiliar. O abandono físico foi retratado por eles como ausência de cuidado, privação de necessidades básicas inerentes ao ser humano e também as inúmeras vezes em que foram agredidos fisicamente por seus familiares. Já o abandono afetivo apareceu de maneira mais acentuada, principalmente quando eles mencionam a falta de carinho, por parte da família e da cidade em que vivem. Assim, a questão do abandono apareceu, em alguns momentos, como o intuito de justificar suas condições de vida infratora e, em outros, de mostrar que de fato experimentaram o abandono referido e que hoje o denunciam como um pedido de ajuda.

REFERÊNCIAS

ADORNO, S. **A Experiência Precoce da Punição**. In: MARTINS, J. S. *O Massacre dos Inocentes*: a criança sem infância no Brasil. São Paulo: Hucitec, 1993.

BOCK, A. **Desafios da Psicologia na Contemporaneidade**. *Anais — II Jornada Pós-Graduação em Psicologia — Psicologia e Contemporaneidade — Diálogos e Reflexões*. Porto Alegre: PUC/RS, p. 8-16, set./ 2001.

BRASIL. MINISTÉRIO DA SAÚDE. **Seminário sobre Alcoolismo e DST/AIDS entre Povos Indígenas**. Brasília: Ministério da Saúde. 2001.

CAMPOS, D. M. **Psicologia do Adolescente**, 16ª ed. Petrópolis: Vozes, 1998.

COSTA, M. V. **Perfil do Adolescente Infrator Reincidente da Comarca de Ponta Grossa**. Um estudo preliminar — Curso de Especialização: marginalidade na infância e na adolescência. Ponta Grossa: UEPG, 1994.

COSTA NETO, F. T. **Pena sem Prisão: prestação de serviços à comunidade**. Revista de informação legislativa (artigo). Brasília: Subsecretaria de Edições Técnicas do Senado Federal, nº 126; 1995.

COLETÂNEA DE LEIS. **Área da Criança e do Adolescente**. AAJJ. Curitiba: Juruá, 2001.

ESTATUTO DA CRIANÇA E DO ADOLESCENTE. **Lei 8.069 de 13 de julho de 1990**. Secretaria Estadual de Educação. São Paulo: Revista dos Tribunais, 1990.

FRAGA, A. B. **Corpo, Identidade e Bom-Mocismo** — cotidiano de uma adolescência bem-comportada. Belo Horizonte: Autêntica, 2000.

FOUCAULT, M. **Vigiar e Punir**: história da violência nas prisões. Petrópolis: Vozes, 1998. GUARESCHI, N. M. (2001). **Pesquisa em Psicologia Social**: de onde viemos e para onde vamos. Em: RIVERO, N. E. E. (Org.). *Psicologia Social:* estratégias, políticas e implicações. Santa Maria: Abrapso SUL, p. 119-130.

MACHADO, O. U. de M. **Pesquisa Qualitativa:** modalidade fenômeno situado. Natal: Seminário de Educação, 1994.

MADUREIRA, M. D. **O Ser Adolescente Infrator**: significando a própria existência. Belo Horizonte: Dissertação do Curso de Mestrado em Enfermagem, Universidade Federal de Minas Gerais, 1996.

OLIVEIRA, C. S. **Sobrevivendo no Inferno:** a violência juvenil na contemporaneidade. Porto Alegre: Sulina, 2001.

SÁNCHEZ, N. **El Adolescente Transgresor y sus Caracteristicas**. Revista *Niños*, v. 26, n. 72, p. 72-92. In: MADUREIRA, M. D. *O ser adolescente infrator:* significando a própria existência. Belo Horizonte, 1996.

SPINK, M. J. P. **Os Contornos do Risco na Modernidade Reflexiva: contribuições da psicologia social.** In: Revista da Associação Brasileira de Psicologia Social — Abrapso, vol. 12, n. 12, jan./ dez. 2000.

SPINK, M. J. P. **Práticas Discursivas e Produção dos Sentidos no Cotidiano:** aproximações teóricas e metodológicas. São Paulo: Cortez, 1999.

SPINK, M. J. P. **O Sentido do Enfrentamento da Doença**: a contribuição dos métodos qualitativos na pesquisa sobre o câncer. In: GIMENES, M. G. G. (Org.). *A mulher e o câncer.* Campinas: Editorial Psy, 1997, p. 197-221.

SPINK, M. J. P.; FREZZA, R. M. **Práticas Discursivas e Produção de Sentidos**: a perspectiva da Psicologia Social. In: SPINK, M. J. P. (Org.). *Práticas Discursivas e Produção de Sentidos no Cotidiano:* aproximações teóricas e metodológicas. São Paulo: Cortez, 2000.

SPINK, M. J. P; MENEGON, V. M. A **Pesquisa como Prática Discursiva**: superando os horrores metodológicos. In: SPINK, M. J. P. (Org.). *Práticas Discursivas e Produção de Sentidos no Cotidiano:* aproximações teóricas e metodológicas. São Paulo: Cortez, 2000.

21
CAPÍTULO

Pesquisa qualitativa com estudo de caso

CLÁUDIO GARCIA CAPITÃO E ANNA ELISA DE VILLEMOR-AMARAL

INTRODUÇÃO

Uma das formas possíveis de se desenvolver conhecimento científico, aceita e bastante utilizada principalmente em ciências humanas, tem como base o estudo de caso. O estudo de caso é um meio de se fazer ciência, principalmente quando a natureza do fenômeno observado é multideterminada e interessa conhecer de modo profundo e abrangente a singularidade de dada situação, mesmo que, em última instância, se busque um conhecimento que, de alguma forma ou em alguns aspectos, possa ser generalizável.

O uso do estudo de caso tem sido enfatizado no campo da clínica, no qual as denominações *estudo de caso* e *caso clínico* se equivalem. O estudo aprofundado e prolongado de casos individuais marcou positivamente a história da medicina e da psicologia, sendo inúmeros os relatos de casos que constituíram verdadeiros marcos na elaboração de teorias.

Nasio (2001) sugere que o estudo de caso tem uma função didática, uma vez que, por meio dele, pode-se transmitir a técnica, a teoria. Dirigindo-se à imaginação e à emoção do leitor, este, por seu lado, pode ocupar, em sua imaginação, alternadamente o lugar do terapeuta e o lugar do paciente, vislumbrando a experiência que foi sentida pelos protagonistas do encontro clínico.

Para Revault d'Allones (2004, p. 72), "trata-se de uma construção efetuada pelo profissional ou pesquisador a partir de elementos provenientes de uma ou várias fontes e destinada a ser comunicada para fins diversos". Nessa perspectiva, antes de mais nada o estudo de caso tem um valor heurístico — ou seja, trata-se de um método de observação, de construção de raciocínio e de relato de informações que entrelaça teoria com observações de fatos, possibilitando a reflexão e a formulação de hipóteses, abrindo portas para novas descobertas, o que configura seu valor construtivo. O autor explicita conceitos teóricos e pode, também, comprovar determinadas hipóteses, mesmo que aplicáveis apenas ao caso em questão. Portanto, no estudo de caso o papel da teoria é fundamental, pois, a cada momento em que é evocada, estrutura e organiza o material observado, podendo conduzir a novas formulações teóricas.

Considerado sob esse ponto de vista, o estudo de caso tem, em ciências, múltiplas funções, as quais, segundo Revault d'Allones (2004), podem ser assim resumidas:

- Informar, uma vez que descreve um conjunto de dados sobre uma ou mais pessoas em determinada situação.
- Ilustrar, pela referência a uma ou mais experiências, um raciocínio clínico.

- Problematizar, levantando ou fundamentando hipóteses em relação a uma problemática, entrelaçando a teoria com o material proveniente de uma prática, permitindo uma leitura alternadamente analítica e sintética.
- Apoiar ou provar formulações teóricas prévias. Esse último ponto tem sido considerado a mais questionável dentre as funções do estudo de caso. Segundo Green (1971, citado por d'Allones, 2004, p. 75), "seu valor ilustrativo é imenso, mas seu valor probatório é muito mais duvidoso".

Assim, embora a função de provar algo seja mais frágil quando se trata de um estudo de caso, sua força persuasiva é bastante relevante, uma vez que traz à luz fatos concretos da experiência, muito mais cativantes do que as abstrações provenientes da estatística: "Um exemplo vale mais do que dez provas estatísticas" (Leyens, 1983, citado por Revault d'Allones, 2004, p. 85).

Entretanto, não se pode deixar de mencionar que, se no meio científico tal procedimento metodológico é muitas vezes questionado, isso se deve em grande parte aos abusos às vezes cometidos por autores que, a partir do fragmento de uma história pessoal, pretendem construir a história da humanidade.

Como já foi dito, a clínica — médica ou psicológica — teve grandes desenvolvimentos a partir de relatos de casos. Citemos como exemplo a psicanálise, que, com sua definição tríplice como teoria, método de investigação e técnica de tratamento, foi constituída a partir de exaustivas observações de casos individuais.

Nesse sentido, apresentaremos a seguir algumas diretrizes sobre como construir e apresentar um estudo de caso, finalizando com algumas ilustrações trazidas da clínica em psicoterapia e psicodiagnóstico.

CONSIDERAÇÕES TEÓRICAS

Os casos clínicos são a pedra de toque de toda modalidade terapêutica, e ao se pesquisarem diversas teorias verifica-se que praticamente todas têm origem no âmbito do atendimento clínico.

Para Carvalho (2004), o ser humano pode ser considerado um texto a ser lido. Assim, devemse buscar nele evidências textuais e, a partir delas, englobar o que quer que haja subjacente e que promova mobilizações de toda ordem na superfície do psiquismo, ou seja, no ego, o agente que possibilita o contato com o mundo exterior. Dessa maneira, deve-se considerar o que a pessoa fez, como fez e como conta ter feito, para se poder avançar nos procedimentos que levem à compreensão da natureza dos problemas por meio de interpretações, delineando as possibilidades de executar suas ações, e dos indícios de motivações psíquicas conscientes e inconscientes em todas as manifestações do comportamento.

Para Gabbard (1998), os psicoterapeutas que têm uma visão psicodinâmica da mente entendem seus pacientes procurando determinar o que é singular em cada um, uma vez que se diferenciam como resultado de uma história de vida singular. Devem-se entender os sintomas e comportamentos apenas como as vias comuns finais de experiências subjetivas, identificando o valor predominante no mundo interno do paciente, suas fantasias, seus sonhos, seus medos, suas expectativas, impulsos, desejos, autoimagens, percepções dos outros e reações psicológicas aos sintomas.

As afecções mentais não são processos simples de entender ou de classificar. Do ponto de vista psicodinâmico, podemos distinguir nelas um processo primário e outro secundário, responsáveis pelo adoecimento. O processo primário, ou núcleo principal de um certo transtorno, pode ser concebido como um impulso aumentado, sem controle voluntário, que tem como resultado o sofrimento mental, a angústia e uma série de conflitos internos ao ego. Por outro lado, o processo secundário da enfermidade resume-se nas reações do ego nas quais são desencadeados, pela necessidade de controle por parte desse ego no sentido de evitar o desprazer, a angústia, os sentimentos inquietantes que envolvem toda a personalidade. Para a Psicanálise, praticamente toda a sintomatologia surge como resultado da luta entre a inibição e a modificação de certos impulsos, quando os conteúdos inconscientes são impedidos de chegar à consciência e, assim como os afetos, são impedidos de expressão através da descarga motora (Brenner, 1969; Fenichel, 1981; Khan, 1977; Nunberg, 1989).

As pessoas que sofrem de algum transtorno de personalidade têm a sua vida social bastante prejudicada. Os transtornos mentais, de modo geral, podem se apresentar quando um padrão de traços de personalidade caracteristicamente inflexível, desadaptado, causa significativo comprometimento ou sofrimento pessoal ao paciente. Uma vez que tais traços constituem padrões persistentes de percepção e de relacionamento com o ambiente e consigo mesmo, os transtornos de personalidade tendem a se tornar condições de longa duração, difíceis de enfrentar (Ebert, Loosen & Nurcombe, 2002).

O que se observa nos transtornos é uma tentativa de satisfazer às necessidades sem uma adequada alteração no mundo externo, mas, ao contrário, de se fazer um esforço intrapsíquico no sentido de conseguir uma mudança na organização pessoal, autoplástica. Desta maneira, a adaptação à realidade está comprometida, variando quanto ao grau de comprometimento. Quanto maior for o afastamento da realidade, maiores serão também as consequências observadas no funcionamento geral da pessoa.

Essa observação implica considerar que, do ponto de vista clínico, os transtornos, as doenças, as relações entre sofrimento e prazer se organizam conforme certos modelos genéricos, a partir de leis gerais que regem o funcionamento psíquico, mas cada arranjo resultante dessas leis é absolutamente único. Isso é o que melhor justifica o estudo de caso como método científico.

Para a teoria psicodinâmica, podemos dizer, em linhas gerais, que, através da utilização exagerada e intensa de certos mecanismos de defesa, uma parte do ego foi separada do restante e se fixa em satisfações e reações inadequadas. Podemos pensar que a parte maior do ego avalia como ameaçadoras as situações que, na realidade, não existem mais, que são apenas fantasmas a assustar a personalidade no presente da pessoa.

Uma das características de todo transtorno é estabelecer um conteúdo e ações repetitivas, um padrão de pensamento, um padrão de ação. A esse padrão chamamos compulsão à repetição. Ele tem origem no *id* e fixa os padrões das expressões dos impulsos. Tais padrões são essencialmente resistentes às modificações, e, na maioria das vezes, não podem ser diretamente influenciados, como veremos em algumas vinhetas clínicas que serão apresentadas.

Outro ponto fundamental para essa metodologia é também elucidado por Freud (1912/1996), quando afirma que cada pessoa, através da ação conjunta da sua disposição inata e das influências sofridas durante os primeiros anos, adquire um método próprio na forma como irá se conduzir e que se repetirá no decorrer de sua vida. Se a necessidade de amor de uma pessoa não for adequadamente satisfeita pela realidade, essa pessoa tenderá a se aproximar de cada pessoa nova que ela venha a conhecer com expectativas de realizá-la.

Na relação terapêutica, Freud denominou esse fenômeno de transferência. Em um primeiro momento, a transferência pode aparecer como a expressão mais intensa da resistência, mas torna-se aliada do tratamento quando ganha contornos positivos, em que a confiança do paciente é depositada quase integralmente na figura do terapeuta. Isso remete a outra questão central no estudo de caso: a observação dos fenômenos deve levar sempre em conta a presença do observador e sua influência sobre o fenômeno observado. Quando Freud (1912) postula o conceito de transferência, traz para a perspectiva das ciências uma implicação fundamental sobre o relativismo do conhecimento e a ênfase na singularidade com base em pressupostos gerais. Assim é que existem experiências do início da primeira infância das quais a pessoa nada se lembra por terem sido recalcadas e apenas age, reproduzindo a experiência não como lembrança, mas como ação, ou seja, repete-a sem saber que a está repetindo.

Retomando, a psicanálise se define por ser ao mesmo tempo uma técnica psicoterápica, uma teoria e um método de investigação do psiquismo. Para Etchegoyen (1989), tais aspectos são estreitamente relacionados e inseparáveis, pois só podemos curar cientificamente com uma técnica adequada e com uma teoria, tanto da técnica como da doença e dos processos psicológicos, na medida em que investigamos o que acontece com os pacientes, e com um método de investigação que coincida com o procedimento de cura, pois, à medida que a pessoa passa a conhecer a si própria, estará apta a modificar sua personalidade.

Na visão de Bleger (1992), a psicanálise clínica também pode, por mais estranho que possa parecer, ser considerada um método de laboratório, cuja enorme eficácia como procedimento de investigação reside na existência de uma rigorosa sistematização da técnica, baseada fundamentalmente na fixação de um enquadramento, que consiste em uma limitação das variáveis constantes e em um certo controle das variáveis a cada momento da sessão. Esse controle de variáveis ocorre pela construção de uma situação artificial, na qual se possa ter uma observação rigorosa de uma sessão.

Estudando o material clínico de um ponto de vista psicodinâmico, o terapeuta pode se dar conta de que os sintomas emergem de conflitos psíquicos, e que são resultantes de tais conflitos. Como sabemos, o sintoma neurótico ameniza o conflito neurótico. O sintoma é formado pela interação de forças do ego e do *id*. Através da terapia, representações psíquicas do *id* são colocadas a descoberto, e as exigências opostas do ego são expostas. O trabalho analítico desnuda as camadas dos conflitos psíquicos, expondo à avaliação uma camada após outra, mostrando como se desenvolveram os sintomas.

Um caso clínico frequentemente é escrito após o seu término ou quando o processo terapêutico, em andamento, permite vislumbrar um panorama geral da vida psíquica do paciente. Freud (1912/1996) não aconselha realizar estudos científicos em um caso enquanto este está em andamento, pois reunir sua estrutura, obter de tempos em tempos um quadro atualizado de como o caso vai caminhando e predizer o seu progresso podem levar a um certo viés nos resultados. Para ele, a conduta mais acertada seria a de o terapeuta poder oscilar, de acordo com a necessidade, de uma atitude mental para outra, e apenas submeter o material obtido a um processo sintético de pensamento e organização após, e apenas então, o caso ter sido concluído. Ao contrário do que possamos imaginar, Freud também não aconselhava a tomar notas durante as sessões de análise, mesmo que se tivesse por objetivo a publicação científica do caso, pois, para ele, relatórios exatos de histórias clínicas analíticas são de menor valor do que se poderia esperar.

Para Turato (2003), o estudo de caso se coloca dentro da metodologia clínica, pois com ele enfatizam-se as particularidades de um fenômeno em termos de suas origens e da sua razão de ser. Torna-se um verdadeiro modelo da pesquisa clínico-qualitativa, que se propõe lidar com questões profundas e íntimas, como assuntos referentes à doença, à morte, à separação, às relações pessoais, à sexualidade, às ideologias, aos preconceitos e à realidade do paciente e nossas próprias posições.

COMO DESENVOLVER UM ESTUDO DE CASO

Em sua acepção mais comum, a expressão "caso" designa, para o terapeuta, o interesse muito particular que ele dedica a um de seus pacientes. Na maioria das vezes, esse interesse leva a um intercâmbio de sua experiência com colegas (supervisão, grupos de estudos etc.), mas, vez por outra, dá margem a uma observação escrita, que passa a constituir o que realmente chamamos de caso clínico.

Carvalho (2004, p. 175-176) sugere um modelo de estudo de caso bastante abrangente, recomendado para se compreender e organizar uma história clínica e não um roteiro para ser preenchido, ou dados a serem objetivamente coletados, estabelecidos *a priori* como condição de um caso bem-sucedido.

Podemos resumi-lo da seguinte maneira:

Dados Pessoais

Nome; idade; sexo; orientação religiosa; relacionamentos; *status* parental; nível de educação formal; *status* empregatício; experiência prévia com psicoterapias.

Problemas Pessoais Atuais e Suas Origens

Queixas relacionadas com o trabalho; opinião pessoal e versão histórica; medicamentos em uso; visão do tratamento em curso.

História Pessoal

Local de nascimento; primeiras lembranças; visão pessoal da família; posição etária dos irmãos; posição social entre irmãos; perdas de toda ordem; fatos marcantes; problemas de adição a drogas;

histórias familiares cômicas; histórias depreciativas acerca do paciente, dos seus pais, dos irmãos; lembranças e fragmentos de lembranças.

Infância

Quanto foi desejado; condições após o nascimento; algo incomum marcante durante o desenvolvimento; controle dos esfíncteres, problemas de fala; problemas com alimentação; locomoção; enurese, encoprese, pavor noturno, sonambulismo; crueldade com animais; doenças; mudanças de domicílio; estresses familiares; abusos físicos ou sexuais.

Adolescência

Idade da puberdade; problemas físicos e/ou emocionais com a maturação sexual; preparação propiciada pela família para a sexualidade; primeira experiência sexual; preferência sexual; fantasias na masturbação; experiências escolares; padrões de autodestrutividade (distúrbios alimentares, uso de drogas, ideações suicidas, atividades de risco, padrões comportamentais antissociais); crueldade com animais, minorias raciais, menores, idosos; vandalismo; doenças (em si mesmo ou na família); perdas de qualquer ordem.

Idade Adulta

História funcional; história relacional; adequação comportamental; relacionamento com crianças; *hobbies*; talentos; prazeres; esportes que pratica; áreas de satisfação e de orgulho; *status* dos relacionamentos social, amoroso, funcional.

Apresentação/*Status* Mental

Aparência geral; estado afetivo; humor; qualidade do discurso; teste de realidade; nível de inteligência; acessibilidade; lembranças; confiabilidade quanto ao que se refere às informações. Aspectos sugeridos no curso do tratamento, relativos a depressão, suicídio, comportamentos bizarros, perversões, adições, sociopatias; demonstrações veladas de querer comunicar algo; quanto se sente confortável; temas recorrentes; áreas de fixação; defesas favoritas; tendências; condutas; atitudes; fantasias; desejos e medos; principais identificações adotadas; contraidentificações; perdas não lamentadas; autoestima; vida sexual e preferências sexuais.

Revisão da Literatura

A pesquisa bibliográfica pode ser desenvolvida tendo como base material já elaborado e que esteja relacionado com o caso em estudo; é constituída principalmente de livros e de artigos científicos. Como nos alerta Gil (2002, p. 45), a grande vantagem de uma boa pesquisa bibliográfica é a cobertura de inúmeros fenômenos muito mais ampla do que aquela que se poderia pesquisar diretamente.

A elaboração de um estudo de caso se inicia pela escolha de uma situação ou um indivíduo específico que, do ponto de vista do pesquisador, representa de modo exemplar algum fenômeno de interesse especial e para o qual volta seu foco de atenção, visando ampliar a compreensão da situação ao estabelecer relações com outros fenômenos e com a teoria. A articulação com a teoria envolve necessariamente uma exaustiva busca na literatura sobre formulações e casos correlacionados, passando-se a seguir ao relato de trechos, vinhetas, observações do caso em questão que ilustrem ou problematizem as considerações teóricas referidas.

Para auxiliar na elaboração de estudos de caso, seguem alguns exemplos que demonstram a metodologia clínica e as suas mais variadas formas de desenvolvimento. Veremos que há uma grande margem de liberdade quanto aos modelos e roteiros metodológicos a serem seguidos, sendo possível uma adequação de estrutura do texto de acordo com a situação específica a ser investigada.

Exemplo 1:

O caso a seguir foi descrito por Herrmann (1991, p. 173), na obra intitulada *Clínica Psicanalítica: A Arte da Interpretação*:

Uma paciente coça-se. Arranca pedaços de pele, das costas, dos braços, da cabeça. Invadida, a analista por vezes coça, em ressonância, as zonas correspondentes do seu próprio corpo. É esta a primeira inclusão da terapeuta no inferno sintomático, porventura a menos grave. Ocorre um sonho: a analisanda sustenta nos braços uma menina, coberta de pequenas feridas, cujas cascas alguém retira cuidadosamente; sob estas há pontos sanguinolentos. O sentimento é de nojo e de aflição.

É possível compreender que entre analisanda e analista está sustentada uma paciente infantil, ferida, cujas proteções a interpretação retira com cuidado, quando esclarece o resultado da autoagressão. Descascada, sobram feridas abertas. Uma falha é imputada com justiça às interpretações: embora corretas na apreensão da angústia, não conseguem fechar o espaço entre o "eu que está coçando" e o "eu que se coça", esfregar a própria pele. Há aqui uma sutil partição do sujeito da neurose. De um lado, o sintoma conversivo; de outro, as medidas conscientes para mitigá-lo, que, como quase sempre nas neuroses, acabam por cumprir o mesmo desígnio inconsciente a que se tentavam opor, pois o coçar-se produz mais coceira. As interpretações psicanalíticas, neste caso como em tantos outros, aliam-se quase naturalmente às medidas egoicas que visam a combater o sintoma, sem se dar conta de que o sintoma e o ego colaboram na expressão do mesmo conflito, formando um círculo vicioso. Com efeito, as interpretações da analista coçam a paciente, diminuindo momentaneamente sua angústia, mas, como todo coçar, produzem ainda mais coceira, ou até feridas, é o que ensina o sonho. Que feridas e em que pele? O que existe entre o conflito pulsional e as medidas protetoras do ego senão a superfície das representações de identidade e realidade? O conjunto das representações dessa paciente forma uma espécie de mapa-múndi, projetado em sua superfície cutânea. De cada lado da pele, digamos, há uma unha a coçar: a unha de dentro, sob a pele, é a própria coceira, o sintoma; a unha de fora é o coçar-se, o ego que reforça aquilo a que pretende opor-se.

Conta a paciente, em certo momento, que uma amiga querida viajou. Na despedida, ela lhe diz: *"você é a responsável por minha coceira, com sua viagem, é por sua causa..."* Sob o lema "o mundo em minha pele", a cliente controla todas as relações, ela as coça por partes, sistematicamente, na epiderme. "Agora a estou coçando em mim, amiga infiel", poderia estar dizendo.

A intolerância específica à distância e à independência, nas neuroses, será nossa primeira lição neste caso. Dirige-se a agressividade neurótica especificamente contra tais categorias ligadas à separação, reproduzindo com monotonia sua negação. O espaço designado ao outro é reduzido a um mínimo de profundidade, à superfície epidérmica; como resultado, a pele da identidade do neurótico aliena-se, perde-se quando o outro se distancia, ou pelo menos coça na solidão. A resposta agressiva, o coçar-se, é uma tentativa de controle sobre o outro, aprisionado na superfície do corpo da neurose, controle que se descontrola por sua vez e exacerba ainda mais o prurido da ausência incorporada à força e em contrariedade enraivecida [...]. Em uma palavra, a interpretação deveria suavemente deixar que coce — como se diria "deixar que surja" —, do interior para fora, o desejo oculto, para tomá-lo firmemente em mãos quando mostrar-se, exprimindo seu desenho com clareza e economia.

A certa altura, uma lembrança vem elucidar parte do sentido do tempo da coceira e apazigua um pouco a paciente. *"Minha mãe me contou que, pequena, quando me fazia esperar eu me coçava."* Por certo tempo, ela se queda tranquila. O intervalo entre o coçar e o coçar-se, que as interpretações não vedavam, foi preenchido por uma recordação. Recordação: tempo para trás que traz a mãe ausente. Todavia o tempo de espera, tempo para a frente, reabre as feridas da pele e da alma; o coçar-se intenta a abolição do tempo de espera — a paciente coça-se muito na sala de espera e em todas as esperas da vida. Essa dicotomia temporal é comum nas neuroses histéricas: o tempo para trás, tempo de saudade, enriquece-se pelo esvaziamento do tempo para a frente, tempo do contato humano e da construção da vida. A negação da espera, forma temporal sintomática eleita pela paciente, constitui um sentido de tempo irritado, pruriginoso, que acaba por englobar todo o seu quotidiano, mas que se vigora em especial no tempo da neurose.

Segunda lição da coceira: tempo é espera negada, espera é ferida (narcísica), enquanto a reprodução controladora do tempo, através de memória e devaneio, é igual ao coçar-se; evocando fugazmente a cena desejada, recria continuamente a mesma tensão que procurava eliminar. Chamamos a atenção, por fim, para a intervenção de um colega, quando da primeira exposição desse material. Sustentava ele que o coçar provinha, por derivação, do choro, quando a mãe estava ausente, durante a infância. Pode ser verdade. Todavia, o regime temporal-espacial do coçar, sua autoindução circular, a dupla unha provocadora do prurido, a pele mapa, a posição irritante da interpretação, perderia tudo isso sua especificidade se aderíssemos apressadamente a qualquer tradução reducionista. Se um dia a paciente vier a chorar e deixar de coçar-se, o espírito da clínica assentirá de bom grado com tal tipo de cadeia genética, bastante vulgar em nosso pensamento psicanalítico. Por enquanto, ficamos com a teoria da coceira.

Como podemos notar nessa síntese de caso apresentada, Herrmann propõe uma estratégia clara, ou seja, imergir e deixar que surjam as configurações psíquicas da paciente para tomá-las em consideração, sem recorrer ao método falacioso de simplesmente traduzir teoricamente os sintomas apresentados. Desta maneira, a psicanálise, em cada caso clínico específico, vai deslindando no particular de cada individualidade o que existe de universal em todos os seres humanos.

Exemplo 2:

Na Classificação de Transtornos Mentais e de Comportamento da CID–10: Casos Clínicos de Adultos (OMS, 1998), encontramos estudos de casos coletados praticamente do mundo inteiro. Todos seguem um certo padrão de apresentação, não no sentido do tratamento em si, mas, apenas, para fins de conduta e de diagnóstico.

O roteiro encontrado em praticamente todos os casos relatados consiste: 1) na **apresentação** do paciente (nome, idade, profissão, estado civil etc.); 2) no **problema** apresentado (fatos acontecidos, sintomas atuais e passados, como chegou ao serviço de atendimento); 3) na **história** (com dados gerais do paciente sobre a infância, a adolescência, casamento, desempenho profissional etc.); 4) nos **achados** (sinais e sintomas apresentados); 5) na **discussão**, com o respectivo diagnóstico.

Para exemplificar essa forma de apresentação de caso clínico, escolhemos um que consideramos emblemático.

Apresentação: Ayse é uma egípcia de 27 anos, casada e sem filhos. É enfermeira em uma clínica materno-infantil em Alexandria.

Problema: Ayse foi levada ao hospital psiquiátrico pelo marido porque estava muito excitada e tagarela. Após uma discussão com o marido, quatro dias antes, Ayse saiu raivosamente de casa e foi para a mesquita, onde permaneceu toda a noite rezando. Quando voltou para casa pela manhã, seu marido, aborrecido, disse-lhe que se ela queria passar toda a noite na mesquita deveria ir morar lá. Após a briga, ela mudou-se para a casa da mãe, onde começou a ficar cada vez mais perturbada. Muito agitada, não conseguia dormir, falava quase incessantemente e recusava-se a comer. Ayse recitava orações fervorosamente, embora misturasse algumas palavras, sem aparentemente se dar conta disso. Sua conversa interminável era principalmente sobre religião, interrompendo-a apenas para recitar orações, nas quais acusava inúmeras pessoas de serem pecadoras, ordenando-lhes que rezassem. A mãe chamou o marido de Ayse e disse-lhe que ela era responsabilidade dele. Ayse recusou tratamento, e então o marido a levou à força para o hospital.

História: Este era o segundo casamento de Ayse, e ocorreu dois anos antes do problema atual. Seu marido, de 34 anos, era um muçulmano muito devoto que trabalhava em uma fábrica de automóveis. Eles não tinham filhos, e isso provocava tensão no casamento. Seu primeiro casamento, aos 21 anos, durou apenas alguns meses, porque o marido foi trabalhar em um país vizinho e desde então ela não o viu nem ouviu falar dele. Na época da internação de Ayse no hospital, seu pai tinha 54 anos, e sua mãe, 56. Ayse era a quinta filha de uma família de dois irmãos e seis irmãs.

Ayse tinha desenvolvido grande interesse por religião quando criança. A partir dos 7 anos quis aprender o Alcorão, decorando a maior parte do livro. Tinha uma bela voz e era frequentemente convidada para cantar em eventos sociais. Era uma pessoa sociável que achava fácil fazer amigos, apreciando o fato de que sua habilidade para cantar — e também para dançar — frequentemente a tornava o centro das atenções. Era uma mulher ativa e geralmente otimista, embora admitisse sentir-se deprimida às vezes. Não havia história de doença mental em sua família.

Aos 22 anos, Ayse teve um longo episódio de depressão após a dissolução de seu primeiro casamento. Sentia-se melancólica, com perda da autoconfiança; isolou-se e não queria cantar nem ir a festas. Tinha dificuldade para dormir, acordava cedo e sentia-se cansada; perdeu apetite e peso. Conseguiu, entretanto, manter o emprego, com apenas alguns poucos dias ocasionais de licença por doença. Não procurou médico. Após cerca de seis meses, ela gradualmente melhorou e recuperou seu habitual humor e nível de atividade.

Achados: Na internação, Ayse tinha exibido, durante quatro dias, um humor irritável e expansivo, com loquacidade, hiperatividade, agitação, falta de sono e grandiosidade de caráter delirante. Nenhum sintoma psicótico foi observado. Não havia evidência de qualquer etiologia orgânica nem sinal de hipertireoidismo. Não houve suspeita de uso de substância psicoativa. O atual episódio satisfaz, portanto, aos critérios sintomáticos para mania sem sintomas psicóticos (F30.1). A gravidade permite a qualificação para esse diagnóstico, embora a duração seja de menos de uma semana, porque foi necessária internação hospitalar. Houve, no passado, um episódio afetivo, de depressão leve a moderada. Seu diagnóstico, portanto, é: transtorno afetivo bipolar, episódio atual maníaco sem sintomas psicóticos (F31.1) (OMS, 1998, pp. 115-116)).

Exemplo 3:

> Para Gabbard (1998), os princípios da psicodinâmica são de grande importância, mesmo no tratamento de transtornos de comportamento biologicamente fundamentados, pois as terapias frequentemente utilizadas para tratá-los estão na maioria das vezes plenas de significações, e sem uma visão psicodinâmica dos fenômenos envolvidos não se teria como explicar ou conduzir melhor o caso. Extraímos uma vinheta clínica de um caso com comprometimento orgânico do belo livro de Gabbard (1998, p. 33-34), *Psiquiatria Psicodinâmica*:

O Sr. A. era um homem solteiro de 29 anos com TOC. No momento em que se apresentou para hospitalização psiquiátrica, relatava uma história de dez anos de sintomas obsessivo-compulsivos e queixava-se de estar totalmente aprisionado em casa nos últimos oito anos, devido a pensamentos "grotescos, terríveis" e incapacitantes que nunca cessavam. Oito anos antes da admissão, quando o Sr. A. passou a não sair mais de casa, sua mãe aposentara-se, podendo cuidá-lo e satisfazer suas demandas de limpeza. A vida dela girava em torno dele.

O Sr. A. estava obcecado pela necessidade de evitar contaminação de qualquer espécie. Preocupava-se também com a possibilidade de engravidar alguma mulher, pois temia ter sêmen nas mãos. Por conseguinte, tornou-se um compulsivo lavador de mãos. Insistia em que a mãe permanecesse com ele vinte e quatro horas por dia. Embora ela não dormisse ou tomasse banho com ele, auxiliava-o a vestir-se, de modo que ele não precisasse tocar nas suas roupas, impedindo assim a contaminação. Ele também solicitava que ela seguisse um elaborado ritual, com cinquenta e oito passos, para cozinhar sua refeição e colocá-la à mesa. Caso não seguisse o ritual com precisão, ela teria que descartar toda a refeição e iniciar novamente todo o processo. Ela teve que se desfazer de milhares de dólares em alimentos a cada ano, a fim de atender a essas demandas. O Sr. A. também insistia em que seu pai deveria permanecer fora de casa ou em outro cômodo, de modo que não houvesse o risco de ser contaminado pelos germes que o pai trazia do trabalho.

O desenvolvimento infantil do Sr. A. não apresentava aspectos notáveis, porém ele recordava um episódio muito desagradável de quando tinha aproximadamente 5 anos. Lembrava-se de ter visto o pai agarrando a mãe pelos seios, enquanto ela gritava que ele a socorresse. Ele tentou impedir o pai de continuar, porém foi suplantado pela força do homem mais velho. Recordava de ter se sentido terrivelmente mal acerca do incidente e chorou por perceber-se incapaz de salvar a mãe.

Embora o Sr. A. tenha ido a vários psiquiatras, sempre se recusava a retornar após a primeira visita. Certa vez concordou em tomar clomipramina, porém interrompeu o tratamento após a primeira dose, alegando incômodo com efeitos colaterais. Os pais perceberam que finalmente teriam que interná-lo, porque se encontrava incapacitado. Quando chegou ao hospital, o médico perguntou-lhe por que procurava tratamento. Ele respondeu: *"Eu estou determinado a ser dependente ... quero dizer, independente."* O médico comentou o fato de que primeiramente ele havia dito "dependente", e perguntou: "Há alguma parte em você que gostaria de permanecer dependente?" O Sr. A. respondeu: *"Você refere-se à minha mãe?"* O médico replicou que deveria saber a resposta melhor do que ele. O Sr. A. refletiu por um momento e disse: *"Bem, ela cuida muito bem de mim."*

O lapso do Sr. A. proporcionou um vislumbre das motivações inconscientes dessa resistência ao tratamento. Qualquer tipo de tratamento bem-sucedido ameaçava sua relação de dependência com a mãe. Se a clomipramina tinha possibilidade de ajudá-lo, então ele não a tomaria. De modo semelhante, ele invalidaria quaisquer outros esforços de tratamento ambulatorial ou hospitalar.

Após cerca de uma semana de hospitalização, o Sr. A. desafiou as expectativas dos membros da equipe. Passou a apresentar drásticas melhoras. Conseguia tocar nas maçanetas sem temer a contaminação, podia ler revistas que outros haviam tocado, além de ter reduzido consideravelmente o tempo gasto com a lavagem das mãos. Essa melhora ocorreu sem o uso de medicação. O Sr. A. comentava que se sentia "bem menos nervoso" no hospital do que havia imaginado. Conforme se analisava quanto o ambiente hospitalar havia reduzido sua ansiedade, tornou-se nítida a sua crescente preocupação com seus desejos sexuais em relação à mãe. Comentou que quando a mãe o vestia, sentia "algo sexual". O afastamento do ambiente emocionalmente carregado de casa tornou menos problemáticos os seus desejos agressivos de manter o pai longe dela, e estes se tornaram menos perturbadores. Devido à diminuição de sua ansiedade acerca de seus desejos sexuais e agressivos, seus sintomas obsessivo-compulsivos não eram tão necessários para conter sua ansiedade.

Para Gabbard (1998), o caso apresentado ilustra de maneira clara a interface entre o psicodinâmico e o biológico. Embora os sintomas obsessivo-compulsivos, pudessem ter origem biológica, revelam um desejo simbólico de conquistar o afeto materno em detrimento do pai, conforme ilustram suas memórias infantis. Ou seja, seus desejos edípicos em relação à mãe e os rituais compulsivos funcionavam como uma defesa contra tais desejos, consumindo todo o seu tempo com os sintomas. A compreensão psicodinâmica de sua resistência em tomar a medicação prescrita e aos tratamentos em geral foi de suma importância para que o Sr. A. viesse a cooperar no tratamento, pois sua resistência significava que qualquer melhora de seus sintomas implicaria a perda de sua posição privilegiada em relação à mãe. Seus sintomas, como pudemos observar, conseguiram, de fato, afastar o pai de casa, separando o casal e possibilitando com isso a realização de seu desejo infantil, com um misto de ódio e de erotismo, características presentes no núcleo do complexo de Édipo.

Fenichel (1981) considera o complexo de Édipo o ponto culminante da sexualidade infantil. O desenvolvimento erógeno vai do erotismo oral até a genitalidade, podendo ser concebido como um conjunto organizado de desejos amorosos e hostis, vivenciado com a máxima intensidade na fase fálica do desenvolvimento psicossexual, com seu declínio demarcando a entrada da criança no período de latência. Sofre uma revivescência na puberdade e pode ser superado com relativo sucesso, além de determinar um tipo particular de escolha amorosa.

A superação dos desejos edípicos na vida adulta representa o pré-requisito da normalidade, ao passo que a fixação inconsciente nas tendências edipianas caracteriza a mente neurótica. A psicanálise considera o complexo de Édipo um fator fundamental na estruturação da personalidade e na orientação do desejo humano, o principal eixo de referência da psicopatologia psicanalítica (Fenichel, 1981; Freud, 1909/1996; Laplanche & Pontalis, 1983).

Exemplo 4:

Outra forma, se pudermos usar o termo, de estudo de caso é aquela desenvolvida como pesquisa e apresentada em dissertações de mestrado, ou em outras ocasiões em que o caso vai sendo intermediado por considerações teóricas, de um ou de vários pensadores. O exemplo que segue foi extraído da dissertação de mestrado de Silva (2004).

À primeira entrevista marcada com os pais, em fevereiro de 1990, somente a mãe, Dona Maria, compareceu, alegando que o marido não quisera vir, pois não conseguia falar com ninguém sobre o ocorrido com a filha. Segundo ela, *"ele atualmente só sabe beber"*. Isadora foi vítima de estupro. É agora manchete de jornal. Os recortes das colunas policiais acham-se espalhados sobre a escrivaninha junto à qual atendo Dona Maria. [...] A mãe chora bastante e pouco consegue falar sobre a filha. Aquela a quem se refere é agora apenas uma garota que não mais reconhece — uma garota estuprada. *"Uma vergonha pra mim, eu não tinha nada que mandar ela sozinha comprar papel almaço"*, diz a mãe. [...] Eram mais ou menos nove horas da noite quando Isadora voltara para casa. *"Só de olhar para ela eu já sabia o que tinha acontecido: ela estava muito branca e gelada, nas pernas dela o sangue escorria."* A menina foi levada para um hospital, onde recebeu os primeiros socorros e foi submetida a uma cirurgia para reconstituição do intestino. Mal tinha passado o efeito da anestesia a mãe lhe perguntou: *"Por que você entrou no carro do moço, filha?"* A menina respondeu então ter sido colocada à força dentro do carro e que tinha sofrido ameaças.

A primeira entrevista com Isadora ocorreu em fevereiro de 1990. Quando me apresentei a ela na recepção da clínica e a convidei para entrarmos no consultório, ela sorriu e me acompanhou. Eu lhe disse que ela poderia escolher um lugar para ficar, e ela logo respondeu: *"Pra mim qualquer lugar está bom."* Isadora sentou-se, ombros curvados, olhar triste. Perguntei se sabia o que fazia ali e ela respondeu rapidamente: *"Minha mãe me disse que você vai tirar a dor do meu coração"*. Explica-me que o coração dói sempre que se lembra *"daquilo que o moço fez."* É assim que desde a primeira sessão e ao longo de quase todo o processo terapêutico ela irá se referir ao estupro. Quando menciona o estupro fica ofegante e se encolhe, num gesto que demonstra muito medo, numa atitude de quem está acuada.

Conta que não gostava do outro psicólogo, pois ele ficava fazendo perguntas sobre *"aquilo que o moço fez"* e ela não gosta de falar disso com ninguém. Diz também ter sentido medo do psicólogo quando um dia ele a abraçou ao se despedir. Desse modo, Isadora disse logo no nosso primeiro encontro como esperava ser tratada — nada de perguntas explícitas sobre o estupro. [...] O primeiro desenho realizado na primeira sessão foi o desenho de uma rosa que tinha, segundo ela, dois anos; ninguém a havia plantado, o vento tinha carregado a semente. Era uma rosa feliz, que estava no meio de uma floresta com outras rosas amigas, e era cuidada pelo tempo. Isadora demonstrava assim o desejo de retomar o tempo em que a agressão sexual não havia ainda se tornado real e ela era feliz, já que depois "daquilo que o moço fez" não se sentia mais dona do seu próprio destino. Era agora carregada pelo vento, com destino incerto. Poderia ser talvez um desenho bonito — um presente para a terapeuta. [...] Fez um outro desenho que representava a sua família, ao qual deu o título de "Passeio no Parque". Começou o desenho por ela mesma em cima de uma pedra, o que a deixava maior que os pais, apontando-me assim como ela se sentia — uma criança tendo que crescer rápido demais. O pai, talvez por ter sido aquele que não a protegeu, foi o último a ser desenhado suspenso, sem a linha que representava o solo. Pode indicar o modo como Isadora percebe o pai depois do estupro, "fazendo de conta" que nada havia acontecido: *"ele nunca toca neste assunto"*. O irmão mais velho também foi desenhado suspenso, sem apoio, mas quando terminou o desenho e deu-se conta desse detalhe, ela desenhou o que disse ser uma escada, sob a figura que representava o irmão. No desenho da sua família Isadora fez também uma árvore no meio da folha de papel, ficando, desse modo, ela e os irmãos separados dos pais [...].

Na sessão seguinte, narrou que seu irmão mais velho tem ido à igreja *"só porque tem um terno igual ao dos irmãos"*. E eu perguntei: "E as mulheres? Como se vestem para ir à igreja?" Respondeu: *"De saia. Calça não pode de jeito nenhum!"* Olhei para sua calça comprida — ela tinha me dito, ao chegar, que estava voltando da igreja —, ela riu e disse: *"Ei! Eu sou criança ainda. Se bem que já preciso começar a ir de saia."* "Mas você ainda é criança", disse-lhe a terapeuta. *"É que logo já vou fazer 11 anos, não sou mais criancinha. Sabia que eu não tenho mais pesadelos? Depois que vim aqui naquele dia, nunca mais sonhei coisas ruins, só tenho sonhos bons!"*, e abriu os braços para falar sobre os sonhos bons.

Indaguei se ela queria me contar os sonhos bons e ela disse não se lembrar. Então perguntei sobre os pesadelos, e Isadora esclareceu-me não ter pesadelos. O que ocorria era que, a cada noite, ao tentar adormecer, ao fechar os olhos, a cena do estupro tornava-se nítida em sua memória, por isso chorava todas as noites. Disse à paciente que parecia estar sendo bom vir à terapia, já que agora ela conseguia dormir.

Isadora permaneceu em terapia por um ano e sete meses, e após esse período a mãe alegou não haver mais possibilidade financeira de trazê-la, apesar de o atendimento ser gratuito. Todo o processo psicoterápico transcorreu com poucas sentenças interpretativas. Foram pequenos toques dados com bastante cuidado, pois eu sentia na relação transferencial que qualquer referência direta ao estupro poderia ser sentida como uma agressão, uma nova violência. Mesmo a palavra estupro só foi dita por mim depois que a própria Isadora, após catorze meses de terapia, a conseguiu dizer, dando-me assim a certeza de estar ela agora pronta para ouvir e também falar sobre o estupro.

Em junho de 1990, Dona Maria vem novamente falar comigo para inteirar-me de que uma sobrinha do marido, prima de Isadora, de 14 anos, tentara suicidar-se porque o avô abusava sexualmente dela desde criança. Disse não ter contado para Isadora o motivo da tentativa de suicídio, entretanto fez uma denúncia anônima à delegacia, a qual foi motivo para toda a família do marido, exceto os avós, cortarem relações com ela e com Isadora e os irmãos. À medida que a mãe ia me contando sobre os estupros ocorridos dentro da família, eu podia entender o "descuido" da mãe de Isadora em mandá-la sozinha para a rua em um bairro situado na periferia da cidade, considerado violento.

Em março de 1991, após um ano de terapia, Isadora contou-me ter decidido parar de ir à igreja porque uma menina perguntou a ela: *"É verdade que você foi...' Como é o nome daquilo que aconteceu comigo? Eu nunca consigo lembrar o nome."* Digo que é difícil para ela até mesmo pronunciar o nome do que lhe aconteceu. Ela nega e diz que o nome é feio e esquisito, por isso não se lembra. Falo que também era feio e esquisito o que o moço fez, tal qual o nome que ela não podia dizer. Então Isadora diz: *"É es..."* Olha-me como quem pede ajuda e eu completo: *"tu..."* e devolvo o mesmo tipo de olhar que ela me dera. A paciente completa a sílaba que faltava, repete a palavra *"Estupro"* e dá um suspiro. Comenta em seguida que essa palavra é bem feia mesmo e retorna ao assunto de que falava anteriormente. [...] Depois de ter conseguido dizer o que antes era impronunciável Isadora já não quer brincar ou jogar e, na primeira sessão após haver dito a palavra estupro, senta-se no divã pela primeira vez. Agora ela já pode falar.

No mês em que ficou sem vir para a terapia, contou-me ela depois, menstruou e ficou assustada ao ver o sangue em sua calcinha e, como naquele dia estava em casa de uma prima, contou a ela o ocorrido. A prima de 16 anos disse que podia ser anemia. No dia seguinte, decidiu contar à mãe sobre o sangue em sua calcinha, e a mãe disse que não era nada de mais, que era menstruação. Em outra sessão expõe-me que teve alta do ginecologista e eu entendo que quer ter alta também da terapia, mas Isadora quer continuar, pois existem *"muitas coisas que vêm na minha cabeça que eu quero te contar"*. Fala que a mãe é quem não quer trazê-la mais. Lembra-se da primeira vez em que me viu e diz: *"Se eu não tivesse vindo aqui, eu estaria até agora nos braços daquele seu (?)"* fazendo referência ao psicólogo que a atendera no hospital. Conta que tivera que relatar ao psicólogo tudo o que acontecera, por várias vezes, o que a deixava constrangida, mas que ela queria mesmo era contar para mim, pois eu sou diferente, *"você não fica perguntando nada"*. Quer me narrar o estupro, *"para ver se paro de me sentir culpada"*, diz ela.

Sente-se culpada *"por ter entrado no carro do moço"*. Aponta ter sido este o seu *"maior erro"*, apesar de não poder adivinhar o que iria acontecer. Sua mãe, segundo ela, muitas vezes já a havia alertado para nunca entrar em carro de estranhos. Relata-me não ter sido coagida a entrar no carro, que entrou porque quis, apesar de haver dito a todos que fora obrigada. Naquele dia tinha saído para comprar uma sandália. Foi sozinha, pois a mãe estava costurando e não podia ir junto. Quando indagou ao vendedor sobre a sandália, ele disse não haver mais o seu número. Então, quando saiu da loja, um moço a abordou dizendo-lhe ter visto em outra loja a sandália que ela desejava; a loja ficava em outro bairro e ele se ofereceu para levá-la de carro. Ela aceitou e só se arrependeu quando o moço começou a lhe fazer perguntas estranhas. Ficou com muito medo e sentiu falta de ar quando ele perguntou como ela dormia, se o pai a tocava *"lá"* e outras perguntas que ela diz já ter esquecido, que quando se deu conta de que ele estava indo por um caminho que levava para uma rodovia começou a chorar e a pedir para que ele a levasse embora. Mas ele ameaçou matá-la caso ela gritasse, que, se ela fizesse tudo o que ele queria, ele depois resolveria se ia deixá-la viver ou se a mataria. Recorda-se com precisão dos detalhes do local para onde ele a levou, e segundo ela no meio da mata havia um lugar limpo, sem grama e sem árvores, e me diz acreditar que ele levava outras meninas ali, pois pareceu-lhe que o local já estava preparado para esse fim. Relata-me que durante o estupro só ficava pensando:

"Por que ele está fazendo isso comigo?" Descreve-me ainda a dor que sentiu e que, para diminuí-la, começou a pensar em Deus, e então parecia que o fato não estava mais acontecendo com ela, mas com outra pessoa.

Nas sessões subsequentes à descrição do estupro, Isadora não só passou a falar sobre o estupro de forma mais tranquila, como também a nomear o ocorrido como *"abuso"*. Isadora passou também a sentar-se no divã e a falar. Nunca mais quis jogar ou brincar. Em algumas sessões abria a sua caixa lúdica, verificava o conteúdo e tornava a fechá-la. [...] A última sessão da paciente foi em junho de 1991, porém eu e Isadora desconhecíamos que seria esse o nosso último encontro. Creio que a mãe, ao reconhecer a melhora da filha, boicotou o tratamento, não a trouxe mais à terapia. Depois de várias faltas consecutivas, sem aviso prévio, ela finalmente me disse ao telefone que não poderia mais trazer a filha ao consultório, devido ao aumento no preço da passagem de ônibus.

Na análise do caso clínico, a terapeuta acrescenta que Isadora foi gerada em uma família na qual as três irmãs do pai, ainda crianças, tinham sido estupradas pelo avô paterno, o mesmo que submeteu a prima de Isadora a frequentes abusos sexuais, desde a infância até a adolescência. Há aqui uma superposição de estupro e incesto, cada qual com seus "riscos" concretos e suas representações, medos e fantasias, conscientes e inconscientes, que certamente circulam na família e de alguma maneira determinam o comportamento de seus membros.

Na análise teórica do caso, a terapeuta lança mão das formulações de Ferenzci (1932), Freud (1913) e principalmente de Herrmann (1999). Apresento aqui apenas algumas, ficando para aqueles mais interessados a consulta à fonte original. De Herrmann (1999) destaca a formulação de que os adultos que convivem com a criança têm suas próprias determinações inconscientes, e as põem em ação, sem saber, no trato dos filhos. Nascemos e nos criamos em uma cozinha psicopatológica, onde se preparam os conflitos potencialmente geradores de neuroses.

De Ferenczi (1932/1966) aproveita a ideia de que, na maior parte das fantasias inconscientes de muitos neuróticos, o pai aparece como um predecessor em suas relações sexuais, concluindo parecer haver nas famílias — em especial na família da mãe — a crença na inevitabilidade do estupro. De Freud (1913/1996) utiliza a ideia do rompimento da barreira do incesto, quando ele afirma que as descobertas da psicanálise tornam totalmente insustentável a hipótese de uma aversão inata à relação sexual incestuosa. Elas demonstram, pelo contrário, que as mais precoces excitações sexuais dos seres humanos muito novos são inevitavelmente de caráter incestuoso. Tais impulsos seriam sustados pela repressão, para a qual têm contribuído ao longo dos tempos os mais diversos tipos de proibições — de ordem religiosa, hereditariedade etc. Na família de Isadora, talvez em função do fanatismo religioso, as proibições religiosas, o medo do castigo divino ou da discriminação parecem, para a terapeuta, ter exercido um enorme peso.

Exemplo 5:

Este último exemplo situa-se no contexto da Avaliação Psicológica e foi apresentado no intuito de ilustrar certas formulações teóricas.

Villemor-Amaral (2004) apresenta algumas considerações sobre as diferenças existentes entre as abordagens da psicopatologia como fenômeno estrutural e as abordagens de análise qualitativa das respostas dadas ao Rorschach que envolvem a interpretação simbólica, mais conhecida em nosso meio. A partir de um caso que poderia ser considerado *borderline*, foram destacadas algumas respostas exemplificando o modo de análise fenomenológica estrutural, demonstrando como essa perspectiva de análise pode complementar outras formas de abordagem e contribuir para a compreensão do indivíduo de modo mais amplo e sob nova perspectiva.

Quando Hermman Rorschach criou seu método diagnóstico, estava fundamentalmente interessado em estabelecer a relação entre as características perceptivas e traços de personalidade. Verificou que a observação do processo de percepção e dos caminhos que levam à formação de conceitos, considerando-se desde o modo de apreensão dos estímulos e dos aspectos desses estímulos que participavam da associação com os traços mnêmicos até a emissão de uma resposta, era fundamental para compreensão do funcionamento mental de determinado indivíduo. Não estava no momento preocupado com a simbolização e, mesmo tendo formação psicanalítica, não fez sequer referência aos mecanismos de projeção. Somente anos depois de sua morte foi que seu método recebeu a designação de técnica projetiva e que outros autores se interessaram por desenvolver sistemas de interpretação baseados na atribuição de significados simbólicos relativos aos conteúdos das respostas (Weiner, 2000). Nesse grupo temos Schachtel, Shaffer, Muchielli e, mais recentemente, o grupo encabeçado pelos irmãos Lerner nos Estados Unidos (Lerner, 1991).

Se no final da década de 1930, nos Estados Unidos, Frank incluía o Rorschach no rol das técnicas projetivas, naquela mesma época, do outro lado do Atlântico, F. Minkowska, apoiada nas teorias psicopatológicas de E. Minkowski, começava a desenvolver outra perspectiva, completamente distinta de análise da personalidade normal ou patológica, fundada não na estrutura perceptiva, como indicava Rorschach, nem na análise simbólica dos conteúdos, como desenvolviam os psicanalistas, mas na estrutura da linguagem como expressão de um modo de experienciar o espaço e o tempo vividos (Barthelemy, 1996).

Minkowska (citado por Barthelemy, 1996) destrincha a linguagem extraída do registro meticuloso da fala do paciente, buscando os mecanismos que possam evidenciar suas relações com o espaço e o tempo, destacando os mecanismos fundamentais de corte ou ligação que se evidenciam no discurso e nas imagens percebidas. Com base nesses dois mecanismos fundamentais, definem-se dois tipos extremos de funcionamento mental que seriam o tipo esquizorracional e o tipo epileptossensorial, no primeiro predominando o mecanismo de corte, ou *coupure*, e no segundo o mecanismo da ligação, ou *lien*. O mecanismo de corte conduz a uma linguagem esquemática, simplificada, na qual as palavras são mais abstratas e as imagens e respostas fazem referência constante ao corte, à separação e à dissociação. Já o mecanismo de ligação é responsável por uma visão rica em imagens e pela tendência a unir partes da figura que aparecem isoladas para outras pessoas. A ligação é responsável pela criação de conjuntos e combinações progressivas mais ou menos coerentes e sua preponderância é tanto maior quanto maior for a proximidade do indivíduo ao polo epileptossensorial. Assim como na imagem, encontramos na linguagem expressões mais ou menos marcadas pela ligação, seja no uso de expressões combinadas em que as palavras indicam forte proximidade com os elementos sensoriais — ligação direta e concreta com a realidade e com o mundo exterior —, seja pela ação expressa por mímicas e movimentos durante o exame. Palavras que indicam objetos concretos são mais carregadas de elementos sensoriais e, portanto, expressam o mecanismo de ligação, enquanto as palavras com maior nível de abstração são mais racionais e, portanto, mais distantes da sensorialidade, sendo mais impregnadas do mecanismo de corte. Na abordagem fenômeno-estrutural, chama a atenção o uso da palavra *urso* por um paciente ou *quadrúpede* por outro, sendo o primeiro um termo mais próximo da experiência sensorial e o segundo mais próximo dos processos racionais de abstração. Desse modo, a análise das respostas ao Rorschach só é possível desde que estas tenham sido anotadas exatamente como foram pronunciadas, evitando-se mesmo as abreviações. A presença do artigo, por exemplo, ou as hesitações e incoerências no uso dessa partícula do discurso, podem ser reveladoras de características de personalidade que passariam despercebidas por outros métodos de análise. Uma frase dita por um paciente que contenha poucos artigos e na qual os substantivos predominam tem um caráter mais esquemático e recortado do que uma frase em que aparecem mais elementos de ligação, dando-lhe um caráter mais contínuo. Assim, preposições, contrações, reticências, repetições são todas particularidades da linguagem que expressam níveis distintos de sensorialidade ou racionalidade, verificando-se no polo sensorial o predomínio do concreto e, no polo racional, o predomínio do abstrato.

Portanto, para Minkowska, as palavras no Rorschach não são apreendidas nem em relação com o seu conteúdo específico, nem em relação a um significado simbólico latente; ao contrário, deve-se buscar o que a linguagem traz de imagens, movimentos, sensações, disposições afetivas em relação às fontes relacionais e propensões expressivas — sua dimensão metafórica. A análise então se apoia em um procedimento bastante minucioso, no dissecar palavra por palavra e estabelecer as expressões de base aí contidas. O que se manifesta então não são conteúdos que simbolizam conflitos psíquicos relacionados com os impulsos de vida ou de morte, como se diria em uma abordagem psicanalítica, mas princípios de ordem estrutural relacionados com o espaço e o tempo vividos.

É portanto por meio do Rorschach que Minkowska toma em consideração os mecanismos essenciais, inscritos no núcleo da expressão pela linguagem. Corte e ligação traduzem em profundidade as características da relação do indivíduo com o mundo e o estudo da linguagem permite apreender o enraizamento temporoespacial desse indivíduo. Nos polos opostos representados em um extremo pelo corte e no outro pela ligação nos deparamos com um mundo mental em que predomina a desintegração do esquizofrênico ou a aglutinação do epiléptico.

As implicações desse tipo de análise na prática clínica e no tratamento de indivíduos, seja qual for a patologia apresentada ou a problemática existencial envolvida, nos permite observar as oscilações que ocorrem entre os dois polos nas diversas nuances como formas de relação com o mundo e com os outros e como estratégias defensivas mais ou menos eficientes que se alternam nos movimentos evolutivos ou involutivos ocorridos ao longo da vida ou dos tratamentos.

Exemplo clínico: A.C. tem 51 anos, é casado pela segunda vez, tendo tido apenas uma filha no primeiro casamento. É engenheiro químico de formação — antecipou sua formação, tendo concluído a faculdade em um tempo menor que o habitual. Especializou-se e pós-graduou-se em finanças. Ocupa cargo de direção em uma grande empresa multinacional, e teve experiência anterior em outras grandes empresas, todas do ramo químico. No seu primeiro emprego teve a oportunidade de viver um período nos Estados Unidos, para onde foi transferido aos 22 anos de idade, inaugurando assim uma brilhante carreira na área financeira. Relata sucessos profissionais importantes, mas também relata fracassos significativos que ameaçaram sua carreira mas que constituíram base para aprendizagem. Procura demonstrar ter acumulado muitas experiências. Está na empresa atual há nove anos, desde o início ocupando um cargo de diretoria, tendo tido experiência de morar em outros países da América Latina nessa mesma função. É também acionista da empresa. Afirma que não estava insatisfeito quando foi procurado por um *headhunter*, que lhe propôs um novo trabalho, mas sentiu-se interessado ao reconhecer nessa proposta maior possibilidade de crescimento e vantagens salariais. Esse é o motivo de submeter-se ao Rorschach, num contexto de seleção. Veio de outra cidade para fazer esse exame e parecia motivado. Na vida pessoal, comenta que não está numa boa fase do casamento, estando a relação em um momento de crise.

Suas respostas ao Rorschach caracterizam-se pelo predomínio dos mecanismos esquizorracionais, alguns bastante acentuados. O caráter de estado-limite a que se chega a partir dos resultados advém também das oscilações bruscas e ao mesmo tempo incongruentes nos momentos em que as tentativas de ligação ou integração se manifestam, resultando em sobreposições de imagens ou ideias ou em aglutinações que revelam alterações significativas nas relações espaçotemporais.

Dada a extensão do protocolo, composto por 35 respostas, restringirei essa apresentação a alguns exemplos, para ilustrar tais movimentos oscilatórios.

Sua primeira resposta foi:

Parece um morcego. Uma coisa dissecada, se vê na biologia, no laboratório. Bem isso.	*O formato, pé, cabeça, asas, rabinho. Ele parece que tá num plano só. Não vejo holística tridimensional.*

Em sua primeira resposta, inicia com uma descrição concreta, porém esquizoide, pois passa de uma visão de algo vivo para algo que é científico. Faltam elementos de ligação na linguagem, esta também relativamente esquemática. O uso dos termos "holística tridimensional", criação pedante, não só constitui uma maneira bastante abstrata de referir-se à impressão de "achatado", como também propõe um distanciamento em relação ao aplicador, em um modo de comunicação mais exibicionista do que propriamente esclarecedor.

Todas são simétricas, exatamente simétricas, impressionante. Célula de produtos que estudamos contra câncer. Célula, só sei já que tenho que estudar.	*É uma coisa que vejo porque eu tô mexendo. Célula que tem câncer, sem o núcleo, o meio tá vazado, ela fragiliza, a lateral da célula perde citoplasma, seria o vermelho, sangue saindo.*

Aqui na prancha II o primeiro comentário é uma referência racional à simetria, como se ganhasse tempo. Adota novamente uma postura pedante e racional para se defender. Tenta afastar-se do envolvimento direto com o conceito célula e justifica-se algumas vezes pela vivência profissional, o que reflete uma aproximação racional, pseudocientífica. O resultado é uma imagem de algo rompido, vazado. Por último surgem os elementos mais sensoriais da resposta, a cor e o movimento, mas com caráter mórbido: o vazio, a ideia do câncer e da fragilidade da parede da célula e do sangue que escapa. O verbo no gerúndio — *saindo* — indica uma continuidade no tempo característica do mecanismo de ligação. O corte dá lugar a uma ligação em um contexto de destruição.

Se separar em duas partes, dois coelhos, orelhas, patinhas bem separadas tentando pegar isso que, pela cor, parece pra ele cenoura.	*A visão dele não diferencia muito o vermelho do laranja, não tem a parte de olho bem definida. Pelo formato, alguma coisa que sirva de alimento pra ele.*

Novamente a ênfase em separar — o corte; além disso, há um distanciamento bastante inusitado quando passa a falar a partir do ponto de vista do coelho. Parece se defender por trás de um escudo para dizer algo sob o ponto de vista do outro e quer racionalmente explicar algo que não se justifica: "*a visão dele não diferencia muito o vermelho do laranja*". O determinante cor acaba não sendo incluído. Dizer que o coelho não diferencia cor está longe de ser um mecanismo de projeção e constitui aqui um afastamento, uma exclusão de si mesmo.

Anta, mas isso não é figura que vai aparecer por aqui. É feito na Suíça e anta só tem no Brasil e Colômbia.	*Essa parte aqui, o bico da anta. Testa, o olho não se vê bem.*

Nessa resposta observam-se associações rápidas, com saltos de um registro para outro, sem lógica, mas que ele quer fazer parecer intelectualizado. A impressão é de cortes e de sobreposições de ideias que resultam em um raciocínio pouco pertinente para a tarefa. A referência à falta de olho faz pensar também na ruptura com a realidade, o que se repete em uma resposta mais adiante, dada à prancha V:

Esse, sem sombra de dúvida, está relacionado ao morcego. Esse não tem o olho como os outros, o que faz com que não pareça tanto um animal.	*Com a asa partida, formato do morcego, corpo central, formação.*

Aqui também surge nova referência à ruptura — asa partida e mais uma frase esquemática. As três respostas que se seguem também insistem na ideia de corte, mutilação, ausência de volume.

Peça de boi, vaqueta, descreve, como esses tapetes que vende.	*Tirando essa parte pois nunca se aproveita o rabo. É mais boi pela amplitude do peitoral. A pata e a falta da cabeça, a cobertura do corpo.*

Parte central, o ferrão do escorpião. Escorpião aberto num plano só.	*Com algum inseto com cauda, libélula, parte de fora do corpo de direcionamento ao ataque.*

Fruta aberta com as duas sementes, lugar onde a semente fica colocada.	*Corte longitudinal que tem as sementes. Elas ficam simétricas onde repousam.*

Chama ainda a atenção a transformação da ideia de movimento — relativo à sensorialidade — com uma substantivação *"parte de fora do corpo de direcionamento ao ataque"*.

Quando se iniciam as pranchas coloridas, a princípio os mecanismos esquizorracionais parecem se reforçar, como por exemplo na resposta a seguir.

Essa parte vermelha, laranja, cor-de-rosa, folha do Canadá, base reta em relação ao caule de sustentação.	*O formato. Desenho bem característico duas entradas e o corpo central bem largo. Bandeira do Canadá, a cor vermelha.*

A folha dada na associação se transforma no símbolo representado esquematicamente na bandeira e até mesmo a cor é esquematizada, uma vez que a tonalidade avermelhada da figura transforma-se no vermelho da bandeira do Canadá.

Nas três últimas pranchas aparecem também com maior frequência respostas marcadas pelo mecanismo de ligação, seja pela presença dos determinantes de movimento e cor, seja pela junção de detalhes, mas o resultado é de imagens ou ideias sobrepostas ou aglutinadas, incoerentes. Os exemplos a seguir falam por si:

Os dois verdes parecem dois cavalos-marinhos suportados *por uma pessoa no meio, com os braços pra cima muito menor que os cavalos.*	*Os dois braços pra cima. Preso nos braços das pessoas. Há desproporcionalidade.*

O azul central dois bicos de golfinho como se beijando, *só a cabeça.*	*O golfinho* tá sempre em dupla, *exemplo de trabalho em equipe. Visão de comunidade e limpeza,* recolhe *cadáveres e traz pra praia.*

Esses dois azuis deixaram *cair o tinteiro, derrubou tinta, não vejo nada.*	*Um borrão de tinta e* não é de Mont Blanc, Mont Blanc não tem cor clara.

Neste estudo foi possível destacar apenas algumas das respostas dadas no protocolo, e o intuito foi exemplificar brevemente a predominância dos mecanismos racionais em uma personalidade de tipo esquizorracional. A alternância e as oscilações para os mecanismos de ligação revelaram-se mais como fracassos nas defesas racionais, deixando transparecer perturbações de pensamento, do que verdadeiros exemplos de capacidade de integração da percepção e do pensamento, o que revela o equilíbrio precário e uma estrutura frágil de personalidade.

CONSIDERAÇÕES FINAIS

São inúmeros os exemplos de estudo de casos que poderiam ser aqui relatados, por serem muitos os estilos, as finalidades e os contextos em que são descritos. Cada caso resume uma vida, e uma vida não dá para ser contada em todos os detalhes, não só por ser única, singular, apesar de conter o que existe de universal, comum, arquetípico em todos os seres humanos.

A experiência clínica apresenta uma infinidade de variáveis e fenômenos impossíveis de serem abarcados em um único estudo de caso ou por uma única concepção teórica. Na verdade, ao iniciarmos uma pesquisa a partir de um determinado material, especialmente clínico, por exemplo, realizamos um certo recorte que é delimitado pelo fenômeno que estamos interessados em pesquisar. É importante sublinhar que há inúmeras possibilidades de pesquisa, e a escolha dependerá dos interesses, das motivações e das necessidades do pesquisador e da sua relação com o material que se apresenta.

Seguindo as ideias de Nasio (2001, p. 12), podemos dizer que o Estudo de Caso se refere a uma experiência singular, escrito por um profissional para registrar seu encontro com um paciente e demonstrar certos arranjos teóricos. Seja o relato de uma única sessão, ou do desenvolvimento de todo um processo terapêutico, um estudo de caso irá configurar um texto para ser lido e discutido. Um texto que, através de seu estilo narrativo, põe em cena uma situação específica que pode ilustrar uma elaboração teórica. É por essa razão que podemos considerar o Estudo de Caso com a representação manifesta e concreta de uma série de pensamentos articulados, implicando — e convergindo para — três funções paradigmáticas, ou seja, didática, metafórica e heurística.

REFERÊNCIAS

BARTHELEMY, J. M. **L'analyse du Langage dans le Rorschach Selon la Méthode Phénomeno-Structurale**. Trabalho apresentado no XV International Rorschach Congress, Boston, 1996.

BLEGER, J. **Psicologia da Conduta**. Porto Alegre: Artes Médicas, 1992.

BRENNER, C. **Noções Básicas de Psicanálise. Introdução à psicologia psicanalítica**. Rio de Janeiro: Imago, 1969.

CARVALHO, U. S. de. **A Supervisão Psicanalítica**. São Paulo: Casa do Psicólogo, 2004.

EBERT, M. H.; LOOSEN, P. T.; NURCOMBE, B. **Psiquiatria: diagnóstico e tratamento**. Porto Alegre: Artes Médicas, 2002.

ETCHEGOYEN, R. H. **Fundamentos da Técnica Psicanalítica**. Porto Alegre: Artes Médicas, 1989.

FENICHEL, O. **Teoria Psicanalítica das Neuroses**. Rio de Janeiro/São Paulo: Atheneu, 1981.

FERENCZI, S. **Problemas y Metodos del Psicoanalisis**. Buenos Aires: Paidós, 1966 (orig. 1932).

FREUD, S. **Notas sobre um Caso de Neurose Obsessiva**. Em: *Obras Completas*, vol. X. Rio de Janeiro: Imago, 1996 (orig. 1909).

_____. **Recomendações aos Médicos que Exercem a Psicanálise**. Em: *Obras Completas*, vol. XII. Rio de Janeiro: Imago, 1996 (orig. 1912).

_____. **Totem e Tabu**. Em: *Obras Completas*, vol. XIII. Rio de Janeiro: Imago, 1996 (orig. 1913).

GABBARD, G. O. **Psiquiatria Psicodinâmica. Baseado no DSM-IV**. Porto Alegre: Artes Médicas, 1998.

GIL, A. C. **Como Elaborar Projetos de Pesquisa**. São Paulo: Editora Atlas, 2002.

HERRMANN, F. **Clínica Psicanalítica: A arte da interpretação**. São Paulo: Brasiliense, 1991.

_____. **A Psique e o Eu**. São Paulo: Editora Psique, 1999.

KHAN, M. M. R. **Psicanálise: teoria, técnica e casos clínicos**. Rio de Janeiro: Francisco Alves, 1977.

KERNBERG, O. F. **Transtornos Graves de Personalidade. Estratégias psicoterapêuticas**. Porto Alegre: Artes Médicas, 1995.

LAPLANCHE, J.; PONTALIS, J.-B. **Vocabulário da Psicanálise**. São Paulo: Martins Fontes, 1983.

LERNER, P. M. **Psychoanalytic Theory and Rorschach**. Hillsdale: Analytic Press, 1991.

MELTZER, D. **O Processo Psicanalítico. Da criança ao adulto**. Rio de Janeiro: Imago, 1971.

NASIO, J. D. **Os Grandes Casos de Psicose**. Rio de Janeiro: Zahar, 2001.

NUNBERG, H. **Princípios da Psicanálise**. Rio de Janeiro/São Paulo: Atheneu, 1989.

OGDEN, T. **Os Sujeitos da Psicanálise**. São Paulo: Casa do Psicólogo, 1996.

ORGANIZAÇÃO MUNDIAL DE SAÚDE. CID-10 — **Casos Clínicos de Adultos — as várias faces dos transtornos mentais**. Porto Alegre: Artes Médicas, 1998.

REVAULT d'ALLONES, C. **Os Procedimentos Clínicos nas Ciências Humanas. Documentos, métodos, problemas**. São Paulo: Casa do Psicólogo, 2004.

SILVA, R. A. S. da. **A Teoria dos Campos e a Violência Sexual: um estudo psicanalítico**. Dissertação de Mestrado, Faculdade de Psicologia, Pontifícia Universidade Católica de São Paulo. São Paulo, 2004.

TURATO, C. R. **Tratado da Metodologia da Pesquisa Clínico-Qualitativa**. Petrópolis: Vozes, 2003.

VILLEMOR-AMARAL, A. E. **Análise Fenômeno-Estrutural e Análise Simbólica: duas abordagens complementares numa perspectiva qualitativa**. Em: *Técnicas Projetivas* — produtividade em pesquisa. São Paulo: Casa do Psicólogo, 2004.

WEINER, I. B. **Princípios da Interpretação do Rorschach**. São Paulo: Casa do Psicólogo, 2000.

22 CAPÍTULO

Oficinas de criatividade com crianças de classe especial: relato de uma pesquisa[1]

DANIELLE JARDIM BARRETO[2]

O voo não pode ser ensinado.
Só pode ser encorajado.
RUBEM ALVES

INTRODUÇÃO

Antes de iniciarmos nosso percurso sobre uma das formas de se fazer uma pesquisa qualitativa, gostaria de me apresentar e consequentemente apresentar meu trabalho de mestrado, que se efetivou em uma classe especial para deficientes mentais da rede pública de ensino. A cidade escolhida foi no interior de São Paulo. Sou mestre em Psicologia e professora universitária, atualmente no curso de Psicologia, onde muitas das inquietações do mestrado ainda teimam em se transformar em temas para projetos de pesquisa e extensão, que executamos com nossos acadêmicos.

Este trabalho de pesquisa para o mestrado em Psicologia teve início em 1997, durante o quarto ano de graduação, e se efetivou em uma classe especial para deficientes mentais da rede pública de ensino, em uma cidade escolhida do interior de São Paulo. Tivemos então a oportunidade de ingressar em um Núcleo de Estágio Extracurricular, com classes especiais para deficiência mental, promovido pelo Centro de Psicologia Aplicada Dra. Betina Katzenstein — C.P.A. Unesp/Assis. Esse estágio desenvolveu-se em dois anos e foi coordenado e supervisionado pela psicóloga técnica Rosa Maria Rodrigues de Carvalho.

Inicialmente o objetivo do trabalho era o atendimento psicopedagógico a crianças da classe especial; porém, a permanente reflexão sobre nossa prática agenciou outras possibilidades de intervenção, que nos ajudaram a delinear o campo de estudos da pesquisa que ora apresentamos.

Nossa permanência na escola e as leituras direcionadas para o estudo das classes especiais aos poucos foram "desencaminhando" nosso olhar, nos conduzindo para outro plano teórico.

Fez-se então necessário efetivar um trabalho crítico e investigativo que nos permitisse abordar a emergência dessa prática no cenário escolar, que produz a classe especial e a construção de seus discursos, uma vez que, no rastro dessa prática, engendram-se táticas de individuação dos educandos como alunos ou indivíduos deficientes.

---

[1] Este capítulo faz parte da dissertação intitulada *Intensificando Novas Práticas de Subjetivação na Escola:* uma possibilidade de inclusão escolar, defendida na Unesp/Assis, em 2002, de minha autoria sob orientação da Dra. Maria Regina Ribeiro Salotti e financiada pelo Fundo de Amparo à Pesquisa do Estado de São Paulo (Fapesp).

[2] Mestre em Psicologia e Sociedade pela Unesp/Assis. Docente do curso de Psicologia da Unipar/Umuarama – Paraná.

E é sobre a questão da produção e análise desses discursos que a presente pesquisa se efetivou, apesar de no início não sabermos a quais discursos estaríamos atentos. Nesse caso, nos embasamos no método cartográfico, proposto por Gilles Deleuze e Felix Guattari (1995), em que funciona como a produção de um mapa em (des)construção, "por estar inteiramente voltado para o real [...]; o mapa é aberto, é conectável em todas as suas dimensões, desmontável, reversível, suscetível de receber modificações constantemente..." (Deleuze e Guattari, 1995, p. 22).

Mas o que seria essa análise da produção de discurso? Tentaremos sistematizar o que Michel Foucault apresentou em sua obra *Ordem do Discurso*, que nos serve de base para explicitar como procedemos em nossa pesquisa.

Os discursos podem ser divididos em discursos fundamentais, que são aqueles que se dizem, que produzem atos, produzem práticas e os discursos; criadores, que são aqueles que são ditos, que reformulam práticas, resgatam o já feito, o já dito.

Os discursos produzem verdades — sobre o outro e sobre as possibilidades de vir a ser. As verdades produzem territórios de subjetivação e objetivação dos indivíduos. Os discursos de verdades constituem os espaços de subjetivação como a escola, a família, o público e o privado.

Segundo Foucault (1996), é preciso analisar os discursos em suas condições, em seus jogos e em seus efeitos; é preciso, assim, assumir o papel de arqueólogo, que descreve as regras que regem os discursos, descreve o que os condiciona, seus limites e o que institucionaliza as práticas discursivas.

A análise proposta por Foucault (1996) tem que dispor de dois conjuntos inseparáveis: o conjunto crítico e o conjunto genealógico.

O conjunto crítico visa à desconstrução dos eventos tidos como naturais e normais, gerando no analista incômodos e inquietações quanto àquilo que se encontra e se analisa — ou seja, neste caso específico, do discurso institucional produzido sobre o aluno que tem necessidades educacionais especiais em classes especiais para deficiência mental.

O conjunto genealógico atende ao papel do próprio genealogista, qual seja, diferenciar e localizar as funções dos diferentes tipos de discursos. A genealogia diagnostica como a nossa cultura, como as tecnologias, as disciplinas tentam normalizar os indivíduos por meio da razão científica, tornando, assim, os sujeitos dóceis e úteis, através de práticas de controle e de objetivação.

"O discurso está na ordem das leis" (Foucault, 1996, p. 7). O discurso atende às demandas institucionais, produzindo poder e novos saberes, ao tempo em que contraria a ordem do desejo, pois este clama por transparência, fluidez e permeabilidade. Não há o que desvendar ou desvelar no discurso, mas sim buscar, pela desconstrução dos sistemas de exclusão que atingem o discurso, quais são as funções e as intenções que não se apresentam sob a ordem do desejo na produção de tais discursos institucionais.

Os sistemas de exclusão que atingem o discurso se apresentam da seguinte maneira:

- A palavra proibida, ou seja, o interdito, o que não pode e não deve ser dito;
- A segregação das diferenças, ou seja, levar à margem tudo o que não atender a norma e a produção no sistema vigente;
- Vontade de verdade, que, ao se manifestar, cristaliza enunciados e práticas sobre os sujeitos.

O método de análise deve atender a quatro princípios básicos, quais sejam:

1. *Princípio de inversão*, que reconhece os jogos constitutivos do discurso, em sua negatividade e rarefação;
2. *Princípio de descontinuidade*, que trabalha com a produção dos enunciados e práticas discursivas sem continuidade, que podem se cruzar, mas também se ignorar ou se excluir;
3. *Princípio de especificidade*, que reconhece a potência do discurso, enquanto produção de imposições nas práticas e na construção de verdades discursivas;
4. *Princípio de exterioridade*, que visa não buscar o oculto no discurso ou procurar um núcleo interior, mas, a partir de sua exterioridade, buscar as séries de acontecimentos aleatórios e as fronteiras da borda dos territórios de produção do desejo, que impõe a ordem da lei — do discurso de verdade (Foucault, 1996).

COMO FAZER PESQUISA

Fazer uma pesquisa qualitativa com seres humanos implica já sabermos de antemão que nem todas as variáveis poderão ser controladas meticulosamente como poderia ser com a análise de uma folha de amoreira. O método qualitativo não é melhor nem pior que o método quantitativo: é apenas um método diferente, que abordará os dados além da sua expressividade numérica, concreta.

A presente pesquisa ocorreu em uma escola pública, e nesse espaço de relações muitos caminhos desenhados no projeto inicial de pesquisa tiveram que ser revistos e refeitos, e muitos eventos inesperados acabaram por se tornar o principal alvo de análise.

Para ilustrar esses eventos e esses infindáveis percursos, passamos agora a descrever a pesquisa, sem deixar de lembrar que talvez esse percurso não possa ser repetido com os mesmos procedimentos metodológicos. Fica porém público o caminho percorrido por esta pesquisadora.

A parte teórica da pesquisa se fez ao mesmo tempo em que os dados eram coletados; o levantamento bibliográfico priorizou a produção dos discursos sobre escolarização em massa, produção do indivíduo excepcional e nascimento da educação especial.

Ao entrarmos na escola, após um expressivo número de ofícios, pedidos e negativas, o que nos dava a ver o território espinhoso em que estaríamos caminhando, pudemos sistematizar, mesmo que momentaneamente, observações e reconhecimento de nosso "objeto de estudos" — vide alunos da classe especial para deficiência mental. Tudo o que fora planejado foi desconstruído dia a dia, fazendo-nos percorrer o tal mapa proposto por Deleuze e Guattari (1995), e foi a partir desse mapa aparentemente desordenado que trabalhamos com oficinas de criatividade de maio de 2000 a junho de 2001, num total de 43 encontros semanais com dois grupos de alunos com oito componentes em média, em uma escola pública de ensino fundamental.

Os temas das oficinas eram escolhidos pelos componentes dos grupos, e a cada semana tínhamos que nos preparar para uma nova demanda e um novo caminho. A análise de dados acompanhou esse caminhar, e ao final selecionamos cenas do cotidiano das oficinas para problematizar o ser aluno de classe especial.

O que são as classes especiais para deficientes mentais? Vamos apresentar aqui um mapa desenhado na pesquisa, atendendo a princípios de especificidade e de descontinuidade que agenciam a produção de discursos.

AS CLASSES ESPECIAIS

As classes especiais na rede regular de ensino surgem no Brasil a partir de 1930, com o intuito de desfazer o caráter segregacionista que o atendimento ao excepcional adquiriu. O fato de os institutos e estabelecimentos atenderem exclusivamente a sujeitos excepcionais criou um espaço segregado e pouco voltado para a educação.

Diferentemente do que se imagina, a clientela da classe especial não advém desses espaços segregados: nasce nos bancos escolares da rede pública regular que, ao expandir seus domínios, atraiu um alunado advindo das camadas mais populares da sociedade.

Esse novo aluno não correspondia ao perfil de educando que a escola até então estava preparada para atender e educar.

O corpo docente se preocupava com os déficits culturais que acreditava serem empecilhos para a evolução da aprendizagem, caracterizando assim uma falta individual e inerente ao educando.

Essa falta só poderia ser preenchida ou contornada com instrumentos, pessoal e espaços especializados, criando-se assim a classe especial para uma clientela que adquiriu uma nova patologia psíquica mensurável — a deficiência mental leve.

Os sujeitos que lotam os serviços segregados de Educação Especial não têm o perfil adequado para usufruírem desse novo serviço, tendo assim a classe especial prestado "um duplo serviço ao sistema de ensino regular, ao evitar que cheguem a eles os deficientes mais característicos e necessitados de atendimento especial, e receber dele os alunos que fogem ao padrão, restabelecendo a normalidade" (Ferreira, 1994, p. 68).

O encaminhamento às classes especiais inicia-se com a percepção da professora acerca daqueles alunos mais "lentos", "imaturos", seguida de um laudo psicológico que, através de testes de inteligência e de alguns poucos testes projetivos, necessariamente diagnostica na criança uma idade mental defasada em relação à idade cronológica e um estado emocional fragilizado e imaturo, demandando um atendimento educacional individualizado e especializado.

Os diagnósticos psíquicos e pedagógicos produzem um roteiro de conteúdos possíveis ao excepcional e este necessariamente reduz suas funções educacionais a meros exercícios de prontidão, e que o diagnosticado apto à classe especial será sempre uma criança imatura, e não um possível aprendiz.

A não seriação da classe especial torna a existência estudantil infinita, ou seja, sempre se é aluno da classe especial, as turmas tendem apenas a receber mais um, raramente algum aluno deixa de ser aluno especial, os contornos do espaço especializado despotencializam modos diferentes de ser e de fazer-se educando.

O espaço da classe especial, apesar de estar dentro dos limites da educação, torna-se um outro campo de subjetivação, produzindo subjetividades singulares às práticas exercidas nesse espaço segregado.

Vários autores, em épocas diversas, abordaram criticamente esse espaço que reduz as possibilidades de ser do sujeito educacional. A esse propósito, Schneider (1974), Paschoalick (1981), Denari (1982), Cunha (1988), Machado (1994) e tantos outros teceram diversas linhas que compõem as práticas especializadas que agenciam a cristalização do modo de compor as classes especiais. Os encaminhamentos psicológicos exigidos por lei para o ingresso na classe especial, em muitos desses estudos, mostraram-se inadequados ou inexistentes, denunciando-nos as arbitrariedades das escolas em relação ao aluno desviante, tornando a classe especial um depósito do que é indesejado na produção de corpos estudantis.

Alguns autores, tais como Omote (2000), defendem a permanência da classe especial como recurso possível ao ingresso do excepcional no sistema educacional. O autor acredita que a classe especial não segrega o aluno, pois "não é o recurso que deve ser combatido, mas seu mau uso é que precisa ser reconhecido e urgentemente corrigido" (Omote, 2000, p. 52).

Apesar do empenho de diversos pesquisadores, nos mais diversos países, em criticar e recomendar a reflexão e as mudanças nos paradigmas do atendimento especializado, a legislação atual ainda prevê a criação da classe especial, como delibera o Plano Nacional de Educação (Lei 10.172/2001), cujas alternativas pedagógicas são especificadas no item 4, que recomenda que

> [se] redimensione conforme a clientela, incrementando, se necessário, as classes especiais, salas de recursos e outras alternativas pedagógicas recomendadas, de forma a favorecer e apoiar a integração dos educandos com necessidades especiais em classes comuns, fornecendo-lhes o apoio adicional de que precisam.[3]

O caminho da Educação Especial dentro dos muros governamentais — os muros do Estado — parece ser o mesmo da criança especial na escola. Entra-se pelo portão como aluno da escola, mas cria-se um lugar especial para ele dentro dos muros da própria escola. Sempre haverá um departamento especial para uma Educação Especial, um aluno especial para uma classe especial, fazendo parte de um Ministério da Educação que (ainda) não é Especial.

Parece que a universalidade da educação para os sujeitos diferentes termina na entrada do recinto escolar, para, uma vez dentro dele, os sujeitos serem hierarquizados, expedindo-se um certificado com a desigualdade na saída, o que dá lugar à exclusão dos escolarizados (Sacristán, 2001, p. 79).

Essas medidas agenciam problematizações sobre a insistência em se preservar a classe especial como recurso pedagógico possível, criando uma tensão entre o efeito das práticas especializadas e as novas propostas em Educação Especial.

---

[3] Plano Nacional de Educação, capítulo III, item 8, subitem 8.3, meta 4.

AS CRIANÇAS DA CLASSE ESPECIAL — NOSSAS PERSONAGENS

Para apresentar nossos sujeitos da pesquisa optamos por fazê-lo de uma forma que, além de não expor suas identidades, também não se atém à sua história psicológica, qual seja, anamnese com os pais e testes psicológicos, pois a nós não importava seu psicodiagnóstico, uma vez que, se estavam na classe especial, é porque já haviam passado por esse processo. A nós interessava que eles se apresentassem aos leitores desta pesquisa, e assim foi feito. Durante todo o processo, fomos desenhando suas características junto com eles, e assim podemos agora apresentar nossos sujeitos, os quais, sem dúvida alguma, fizeram esta pesquisa ter vida própria.

Diante desse cenário, nossa questão era: a quem dar escuta? Decidimos pelas crianças ditas especiais, que estavam em uma classe especial da rede pública de ensino em uma cidade do interior de São Paulo. Dizemos "ditas" porque muitas delas estavam na classe especial sem se sentirem ou se dizerem especiais, sendo esse um discurso produzido por outros. Gostaríamos de apresentar nossos sujeitos da pesquisa, mas, primeiramente, temos de ressaltar que, para nós, os acertos e/ou fracassos escolares não são necessariamente responsabilidade do sujeito ou do seu grupo primário, qual seja, a família. Entendemos que a escola tem uma função estabelecida *a priori* e espera que cada educando tenha clareza dessa função.

Nossos encontros se deram entre a pesquisadora e os sujeitos, Talita (12 anos), João Vítor (12), Edna (10), Rosângela (10), Wagner (19), Otávio (9), Natália (8) e Anderson (9). O segundo grupo era composto por Xande (12), Edson (10), Isael Louquinho (11), Sheila (12), Paola Espírito (10), Vítor (11), Guilherme (9), Lucas (9) e Felipe (9).[4] Muitas histórias familiares foram contadas; contudo, entendemos que elas não têm necessariamente relação de causalidade com os problemas escolares, são apenas momentos da experiência de vida de cada um dos sujeitos.

A família, que para alguns autores é a base do desenvolvimento e da aprendizagem infantil, para nós compõe um dos múltiplos territórios da existência dos homens.

Os enredos familiares não foram tomados como justificativas que poderiam impedir novos acontecimentos. Muitas foram as histórias, contadas pelas crianças, que envolviam alcoolismo, irmãos presos na Febem por uso de drogas ilícitas, pais separados, crianças que moram com os avós, crianças que não podem tomar banho todo dia por causa da conta de água e de luz, crianças que fogem da escola para esmolarem nas ruas, crianças sob tutela do Estado, famílias felizes, pais apaixonados, irmãos queridos ou rejeitados.

Não fez parte de nossas preocupações investigar a história familiar das crianças; tampouco as crianças foram objeto de juízo moral. Não as julgamos, e muito menos buscamos nas "famílias desestruturadas" respostas para as nossas questões.

Na verdade, é preciso desmitificar a relação de causalidade que as práticas escolares estabelecem entre aprendizagem–família–patologia.

Ao conhecermos essas crianças nos perguntamos: como iremos problematizar este lugar cristalizado e enrijecido da classe especial e ser aluno especial? Surge então a ideia — ou melhor, o mapa, das oficinas de criatividade.

OFICINAS COMO RECURSO PARA COLETA DE DADOS

Por que oficinas de criatividade para construir o mapa de produção de discursos sobre o ser aluno especial? Entendemos que as oficinas tinham o intuito de intensificar o jogo de forças, de poder e de resistência das relações escolares, e as oficinas facilitam encontros que podem intensificar as diferenças, movimentar relações, desatar as sempre prováveis maneiras de ser dos educandos. Tomadas como dispositivos[5] que incitam ação sem obrigatoriedade de tarefas a cumprir, sem demarcação de limites ou objetivos predeterminados, as oficinas de criatividade possibilitam

---

[4]   Nomes fictícios escolhidos pelos próprios componentes dos grupos de oficinas.

[5]   Segundo G. Baremblitt (1994), dispositivo "é uma montagem ou artifício produtor de inovação que gera acontecimento… Um dispositivo compõe uma máquina semiótica" (Baremblitt, G. 1994, p. 151).

a experimentação de territórios[6] que possam construir redes de investimentos que reativem nas crianças o desejo de aprender. Assim, pensamos que esses encontros não visavam a revelação de intenções ocultas, e menos ainda de princípios universais.

Pelas oficinas, pode-se acompanhar as linhas que marcam pontos de ruptura e enrijecimento, desdobrando e multiplicando a cada encontro novos modos de relacionamento e a produção dos discursos instituídos nesse espaço escolar, que não se diferencia do espaço social, pois a escola é o equipamento que melhor e mais rápido propaga o discurso de verdades instituídas sobre as díades que limitam nossa prática e nossa análise em Psicologia, quais sejam: normal/anormal; bom/mau; adequado/inadequado, e assim por diante. Acreditávamos que, a partir da escuta do discurso daqueles que eram interditados, estaríamos possibilitando um espaço de produção de subjetividade inédito até então.

ANÁLISE DE DADOS

A análise de dados foi feita pela análise da produção de discursos das crianças, em que pudemos desconstruir verdades sobre a já dita forma de ser especial e de estar na classe especial, pois, apesar de a escola desejar respostas homogêneas e sincronizadas, a multiplicidade das relações que se estabelecem no seu complexo campo agenciou forças que atravessam essa ordem modeladora, gerando movimentos alternativos como, por exemplo, quando as crianças relatam que estão na classe especial para *"passar de ano"*; *"para ler e escrever"*; ou então *"porque não consigo aprender"*, ou ainda *"porque eu tenho dificuldade de ler e escrever"*, ou simplesmente *"porque tomava remédio"*.

Outras foram as preferências e as experiências sobre a classe especial: *"gostar de fazer lição; estudar"*, contrapondo-se a: *"não gostar de escrever todo dia 'Botucatu' na lousa."*

Muitas são as tarefas que essas crianças gostam de realizar: *"fazer lição"*; *"estudar"*; *"fazer continha"*; *"ficar escrevendo na lousa"*. Paradoxalmente, são justamente essas as tarefas que os incapacitam nas avaliações pedagógicas, que visam seu encaminhamento às salas regulares.

O espaço escolar *"seria melhor"*, nos dizem as crianças, *"se houvesse brinquedos; mais gente; uma escola cheia de estrelas de colar; de bexigas; se não tivesse professora; só recreio; mais gente"*, configurando-se assim como espaço de alegria, fantasia, brincadeira, sorrisos, prazer.

Se as crianças, como atestam as falas transcritas, procuram na escola beleza, alegria, cor, magia, esta, com seus conteúdos programáticos homogeneizados, funciona como instrumento de contenção dos sujeitos.

Muitos são os projetos sobre o futuro: *"ser médica; professor; pedreiro; motorista de ônibus; trabalhar na Unesp; bombeiro; ter marido."*

Se esse emaranhado de desejos é sempre ignorado pela escola, foi preciso intensificar a problematização dos mecanismos que regulam as lógicas institucionais, fazendo da escola uma rede de agenciamentos que deem passagem a múltiplos modos de expressão, e dos alunos pontos de difusão dessas redes, uma vez que muitas são as possibilidades de ser aluno: ser aluno especial não é comunidade de destino dessas crianças. Foram as contingências da vida que as colocaram nesse lugar. Estar atento a quem é hoje o aluno especial nos mostra o desenho da imagem desse aluno, contornado pelo preconceito, pelas cristalizações e pelos estereótipos, mas também, com certeza, essa problemática coloca questões que pedem mudanças e provocam movimentos nesta ordem das coisas, pois, ao mesmo tempo que a disciplinarização submete e homogeneiza, engendram-se através dela funções libertadoras e contradições. Como nos diz Varela (1994), "ao lado de saberes normalizados existem saberes não totalmente disciplinados" (Varela, 1994, p. 95).

E foi sobre esses saberes não totalmente disciplinados que minha pesquisa pôde agenciar inúmeras oficinas de criatividade, como, por exemplo, a oficina de fotografia, com direito a exposição no corredor principal da escola, a oficina de argila, oficinas de histórias, a oficina de reportagens. Todas essas oficinas ofereceram a oportunidade para se coletar o discurso interdito, o lugar do não saber

---

[6] "O território pode ser relativo tanto a um espaço vivido quanto a um sistema percebido no seio do qual um sujeito se sente em casa... Ele é o conjunto dos projetos e das representações nos quais vai desembocar, pragmaticamente, toda uma série de comportamentos, de investimentos, nos tempos e nos espaços sociais, culturais, estéticos, cognitivos" (Guatarri e Rolnik 1986, p. 317).

se desconstruindo, a produção do discurso escolar tendo que se revisitar cotidianamente, pois as crianças, por meio de suas ações instituintes, teimavam em desfazer as ditas verdades o tempo todo.

Como transcrever a intensidade e os emaranhados de linhas que o trabalho das oficinas possibilitou? Eis uma questão que foi difícil resolver. Fomos cartografando tais linhas que constituíram motivos de expressão dos encontros grupais. Nesse embate de forças, um dos movimentos que se enunciou foi o pacto de silêncio da escola sobre o aluno da classe especial.

Pode-se perceber que as professoras, quando reunidas na sala do café, levavam consigo cadernos, desenhos ou trabalhos de seus melhores alunos. Discutiam sobre as atividades desenvolvidas, os resultados obtidos e os progressos conseguidos. Notamos também um certo desconforto quando as educadoras das classes especiais tomavam a palavra e tentavam contar às colegas o dia a dia de suas salas: os poucos comentários que faziam sobre seus alunos caíam no vazio ou eram seguidos por um indiferente *"É?"*, interrompendo-se aí qualquer possibilidade de troca entre elas.

Entendemos que essa estratégia seja uma das práticas escolares que opera produzindo não apenas a sujeição, mas também um trabalho sobre o corpo, um modo de olhar, um roteiro, uma relação de poder que se atualiza como silêncio.

Tomada como um dispositivo de poder, esta é uma das tecnologias que visa ordenar, administrar, distribuir os personagens da escola, hierarquizando e normatizando a circulação dos corpos, inscrevendo valores que dão referência ao trabalho pedagógico.

A arquitetura do prédio e a disposição dos materiais da sala possibilitam o isolamento desses alunos. A classe especial da nossa pesquisa dispunha de tevê, videocassete, aparelho de som, livros, tornando assim desnecessária a presença das crianças nos ambientes comuns aos outros alunos, como a sala de vídeo, a biblioteca e o pátio.

Não é apenas uma barreira de silêncio que cerca os alunos das classes especiais; eles também eram proibidos de circular livremente pelo ambiente da escola. Esse isolamento, para além de restringir seu espaço físico, dificulta seu convívio na comunidade escolar a que pertencem. A ordenação do espaço e das relações cotidianas cria um cenário que facilita o julgamento instantâneo dos personagens, simplificando as identificações, banalizando as diferenças, diminuindo as possibilidades de os atores institucionais experimentarem novos campos de subjetivação.

Se o aluno da classe especial é enredado pela escola no pacto de silêncio, esse mesmo funcionamento propicia que a escola funcione como uma caixa de segredos. O efeito dessas relações de poder, desses dispositivos de controle, se atualiza no seguinte diálogo, por meio do qual pudemos testemunhar o total desconhecimento das crianças sobre o funcionamento do espaço educacional.

> **Diretora:** — Qual o nome da diretora da escola?
> **Otávio:** — Dona Vilma.
> **Wagner:** — Não, Ana diretora.
> **Diretora:** — Quem não sabia o nome da diretora?
> **Otávio:** — Eu.

Esse fato deu ensejo para montarmos uma oficina que nos desse a chance de conhecer o espaço físico da escola, assim como os agentes educacionais que dela fazem parte. Organizamos então um passeio pela escola. Distribuímos os alunos em duplas e trios e fomos conhecer os funcionários da escola e seus respectivos lugares de trabalho. Durante esses passeios conhecemos a biblioteca e visitamos as salas de aula do 1º e do 2º anos.

Nossa circulação causou certo desconforto. A cada sala em que entrávamos, as crianças perguntavam e se apresentavam, e algumas funcionárias achavam graça em ter que se apresentar, ficaram desconcertados quando percebiam que muitos alunos não sabiam seus nomes e suas funções.

Os lugares que mais chamaram a atenção das crianças foram as salas do andar superior do prédio restaurado e a biblioteca, cuja existência e cuja importância para a escola muitos deles não conheciam.

Antes de iniciarmos nossos passeios, para que pudéssemos percorrer as dependências da escola a direção impôs algumas regras. Podíamos andar pela escola, porém os lugares e o tempo de permanência eram determinados por ela.

O poder disciplinar visa ordenar as multiplicidades, distribuindo os indivíduos em lugares e funções específicas. A delimitação física e o quadriculamento do espaço objetivam uma demarcação territorial pela qual a instituição, com seus códigos de ordenamento, possa reconhecer seus objetivos de modo a mantê-los sob vigilância constante.

Entendemos assim que a dinâmica institucional aprisiona com regras intensidades afetivas. Essencialmente, esses lugares, que deveriam ser repletos de magia, acabam pelas práticas burocratizadas tornando-se espaços obsoletos, sem magia, são lugares que despotencializam as vivências.

Em nossos passeios as crianças explicitaram o desejo de estudar nas muitas salas vazias do andar superior. Se antes não tinham conhecimento desse espaço desocupado, conhecê-lo permitiu-lhes constatar como as salas de aula que ocupam na instituição são distintas das outras salas da escola.

Essa ocorrência permitiu que efetuassem questionamentos sobre o sentido de ocupar esse lugar. Foram recorrentes manifestações como: *"Estou enjoado de ficar embaixo. Não gosto mais da parte de baixo, gostei mais da parte de cima"* (Vítor).

A classe especial em pesquisa fica em uma antiga sala de ciências. Sua localização foi planejada para ser utilizada eventualmente, mas as classes especiais instalaram-se ali definitivamente, ocupando um espaço isolado em relação às outras salas de aula, sendo humanamente desconfortável por se encontrar sob um piso de concreto. As salas são quentes, abafadas e pouco visíveis.

Quem vai visitar a escola não tem acesso ao piso inferior, local em que funcionam as classes especiais. São visíveis ao público apenas os prédios restaurados, os novos pavimentos; contudo, a escola mantém essas classes em permanente vigilância. Tudo é inspecionado e objeto de intervenção.

Por mais de uma vez, presenciamos a professora entregando desodorante e sabonete aos alunos. Invariavelmente, essa entrega era acompanhada por instruções sobre cuidados higiênicos. Nunca se questionou que o odor não era inerente às crianças, mas decorrente das péssimas condições de ventilação das salas. A intervenção sobre o mau cheiro (da sala) foca-se no corpo, no sujeito.

Se antes de percorrerem as dependências da escola as crianças diziam que a classe especial era bonita e legal, o passeio possibilitou novas inscrições. Como efeito dessa prática, foram renegociados os limites físicos, encontrando-se novas maneiras de compartilhar o espaço.

As crianças recusaram-se a permanecer na sala destinada aos grupos que, por coincidência ou não, ficava ao lado da classe especial. Queriam ir às salas do andar superior, que eram amplas, arejadas, e junto às quais funcionavam as outras salas. Eram comuns intervenções como: *"Vamos sair daqui? A gente pode ir para outra sala lá em cima?"*

Quando éramos impedidos de ocupar essas salas, íamos para o pátio ou para a cantina, sendo a praça em frente à escola também espaço para os encontros semanais.

Em cada encontro criamos formas de organização diferentes: ora ordenamos as carteiras em fila, ora sentamos em círculo no chão ou nos reunimos nos bancos dos jardins.

O passeio não foi um evento ingênuo: experimentamos como é o funcionamento das outras salas, entramos em contato com alunos e com funcionários e seus respectivos lugares de trabalho, interagimos com materiais pedagógicos diferentes dos da sala especial.

Caminhar pela escola serviu para construir, além de qualquer proibição geográfica, outro espaço de trânsito. Foi um acontecimento que abriu fissuras no campo do silêncio. As proibições impostas pela direção começaram a ser questionadas por outros modos de ser aluno da escola. Quem melhor do que os próprios atores institucionais para movimentar esse território?

"Por que não podemos estudar nas salas do corredor da 4a série? Estudar nas salas do prédio restaurado é possível?"

As crianças questionam assim as relações de poder que se estabelecem na instituição e que ordenam o uso do espaço físico, bem como planificam as possibilidades de convivência cotidiana da escola. O que antes era natural, tal como estudar nas salas de baixo, torna-se motivo para criticar, perguntar. Assim, esses passeios vão constituindo novos caminhos, construindo possibilidades para se experimentarem novas formas de convivência na escola, criando ocasião para negociar limites e propiciar oportunidades de estar em presença de outros atores institucionais. Essa proximidade foi possível quando as crianças da classe especial puderam compartilhar os mesmos espaços das outras crianças.

Esses acontecimentos promoveram curiosidades sobre quem eram os funcionários da escola. Tais curiosidades não se restringiram às funções escolares, mas se estabeleceram também sobre as outras possibilidades de ser dessas personagens. Tornou-se importante tentar dar vazão ao desejo de saber.

Para as crianças que não aprendem, a leitura e a escrita, que nada mais são do que instrumentos para ler o mundo, tornam-se mecanismos de restrição de campos de experimentação e, uma vez transmutados em impedimentos, impossibilitam as crianças de experimentarem uma das produções humanas mais intensas: a literatura.

Ao sujeito que não aprendeu a ler é vetado o acesso a todas as produções que pressupõem a alfabetização. O livro na escola está aprisionado pela aprendizagem da leitura, uma vez que esta se tornou um fim em si mesma.

EXEMPLO PASSO A PASSO DE UMA OFICINA: OFICINA COM LIVROS: OUTRAS HISTÓRIAS DE UMA VELHA HISTÓRIA

Diante dessa realidade, apresentamos agora outra experimentação vivenciada nesta pesquisa, ou seja: no espaço das oficinas, o livro tornou-se um dispositivo que pode intensificar processos de subjetivação. Diversas podem ser as maneiras de se experimentar um livro, e a leitura é apenas uma delas. As crianças foram, portanto, convidadas a multiplicar e a diversificar as práticas que tomam a leitura normativa do livro como um fim.

Problematizar as práticas que constrangem a relação entre o aluno e a literatura e criar novos territórios de subjetivação foram alguns dos percursos evidenciados nessa experimentação.

O ponto de partida dessa oficina foi uma visita à Biblioteca Municipal, que fica a poucos quarteirões da escola, o que possibilitou que fôssemos caminhando até lá.

Sair do espaço geográfico da escola se desenhou como um acontecimento inédito. Bastante envolvidos no passeio, todos falavam ao mesmo tempo, riam e brincavam. Ao chegarmos ao destino, encaminhamo-nos ao setor de livros infantojuvenis.

Após manusearmos vários livros, as crianças foram aos poucos escolhendo os prediletos.

Mapear as letras impressas é um movimento do olhar normatizado. Além desse movimento, porém, as crianças buscavam criar sentido através das ilustrações dos livros. Os maiores e mais coloridos serviram de molde para o exercício de representar em desenhos aqueles de que mais gostaram.

O espaço da biblioteca é amplo e cheio de outros atrativos, e as crianças buscaram explorá-lo. Quase ao final do encontro, uma funcionária nos perguntou que classe estávamos acompanhando. Informamos que eram alunos da classe especial. A expressão de surpresa e a fala da funcionária ilustram o modo como o estigma de ser aluno da classe especial marca as relações que se estabelecem com esses sujeitos: *"Mas são tão comportados, nem parecem da classe especial!"*

Se, em uma visita anterior, os alunos puderam percorrer a biblioteca livremente, sendo apenas visitantes e leitores, ao retornarmos em outro momento sentimos, logo em nossa entrada, o peso da discriminação e do preconceito, uma vez que regras e imposições antecederam nossa circulação pelo recinto: *"Vocês não podem retirar os livros das estantes; não podem circular pelo piso superior, não podem falar alto, não podem falar com as funcionárias."*

Os livros deixaram de ser atrativos e interessantes. Diante de tais manifestações e cerceamentos, as crianças rebelaram-se e, correndo, atravessaram a biblioteca e trancaram-se no banheiro.

Neste episódio, a cena que se destaca é a do comportamento das crianças, fazendo com que o entorno se desfoque, e a força do preconceito confirme a expectativa do público a respeito das "formas inadequadas" de se comportar dessas crianças. Somos então brindados com o olhar penalizado e com a solidariedade cristã de outros usuários e funcionários da biblioteca.

De volta à escola, problematizamos com as crianças o acontecido, pontuamos a dificuldade de novas práticas diante de tantos desafios. Intensificar a circulação da diferença demandava enfrentamentos ainda não experimentados.

Dando continuidade à experimentação com livros, fomos à biblioteca da escola, à qual muitos alunos ainda não tinham tido acesso, alguns sequer sabiam de sua existência.

A biblioteca da escola está sempre fechada, é pequena e não tem sala de leitura. Podemos dizer que não passa de um mero depósito de livros. Diante desse cenário, improvisamos um espaço para que pudéssemos continuar nossa experiência com os livros.

Diante do convite para nomearem os escolhidos nas prateleiras, diversas formas de leitura emergiram: algumas crianças leram sem dificuldade, outras soletraram, leram os desenhos, recitaram o alfabeto, inventaram histórias, dramatizaram o título, descreveram figuras. O que se intensificou nesse encontro foram as várias maneiras de ler, operando outras formas de expressão, em cartografias até então inexistentes.

Nessas experimentações, o contato com o lúdico intensificou a criatividade e a produção de espaços de invenção. As produções das oficinas foram levadas para casa, ampliando-se assim o espaço de aprendizagem e afetação.

As novas maneiras de ler os livros agenciaram ramificações de possibilidades de aprender. Novas propostas de oficinas com livros e histórias transbordavam dia a dia. Em um desses encontros, foi pedido que uma história fosse lida, e o livro escolhido foi *A Margarida Friorenta*.[7] Iniciamos a leitura: "Era uma vez uma margarida no jardim, quando ficou de noite, a margarida começou a tremer..." e, espontaneamente, as crianças começaram a dramatizar a cena, representando o tremor da margarida. Esse primeiro movimento disparou uma outra maneira de ler o livro: elas deram voz aos personagens, intervindo no rumo da narração.

Participar da trama dessa história deu ensejo à criação de um roteiro para encenarmos a história, com o objetivo de tornar pública a experimentação.

As oficinas seguintes foram organizadas a fim de que pudéssemos compor os figurinos, a sonorização, as falas e as marcas de cena. Os ensaios foram vários, passamos o texto muitas vezes, sempre acrescentando novas expressões e movimentos. O acontecimento vivificado nessas experiências pôde atualizar-se em uma apresentação com público escolhido pelos atores, que compartilharam esse momento com seus colegas de classe especial, e com as professoras especiais.

O deciframento do livro pelas ilustrações, o reconhecimento das letras, a criação dos personagens em massas de modelar e em dramatizações permitiram outra forma de relação com o objeto do saber. Assim, a impossibilidade de ler, que dificultava o encontro das crianças com os livros, foi se transformando em possibilidade de inventar histórias e personagens. No lugar da incompetência brotara a possibilidade de produção do desejo de aprender e a fabricação de novas realidades. O que antes era uma verdade inquestionável — *elas não podem aprender* — agora reinventava-se em *elas sabem aprender*.

CONSIDERAÇÕES FINAIS

Problematizar esses regimes de verdades, que tecem regras e conjuntos de procedimentos que dão forma às classes especiais, significou impor resistência aos privilégios do poder e às formas de saber que se exercem na vida escolar.

As oficinas de criatividade foram os dispositivos que nos auxiliaram nesse percurso. Se esse trabalho aconteceu em um embate de forças, tendo sido atravessado pelo conceito de aluno ideal, pelo ordenamento do espaço escolar, pela identidade do aluno especial e pelo uso adequado do material psicopedagógico, intensificou também a movimentação dessas práticas normalizadoras.

Destacamos nesse trabalho os movimentos, agenciados nas oficinas, que engendraram possibilidades de (re)inventar modos de ser aluno. Por meio dos dispositivos "oficinas de criatividade", ganharam visibilidade os acontecimentos que problematizam as relações estabelecidas na escola.

As cartografias que se teceram ao longo da experimentação (re)dimensionaram os espaços, os trajetos e as relações delimitadas pelas práticas escolares. Percorrendo novos limites, ganham visibilidade o aluno desbravador e o investigador, que transita pelas bordas do território, desdobrando o inexplorado e experimentando novos modos de ser aluno.

As práticas das oficinas movimentam o olhar da escola e toda a prática de objetivação aí frequente vai abrindo fissuras, preparando mutações em seu cotidiano e em seu funcionamento, produzindo um olhar estrangeiro que desnaturaliza o já visto e agencia produção de subjetividade.

Apresentamos um caminho possível para se fazer pesquisa e, embora a experiência em si conte, seu valor é limitado, a informação que dela se recolhe é, apesar de intensa, mutante e transpõe o tempo de ocorrência transmutando-se em criação e matéria de arte.

---

[7] Almeida, F. L. *A Margarida Friorenta*. São Paulo: Ática, 1995.

REFERÊNCIAS

ARIÈS, P. **História Social da Criança e da Família**. Rio de Janeiro: LTC Editora, 1981.

BAREMBLITT, G. **Compêndio de Análise Institucional e Outras Correntes**. Rio de Janeiro: Rosa dos Ventos, 1994.

BELTRÃO, I. R. **Corpos Dóceis, Mentes Vazias, Corações Frios**. São Paulo: Imaginário, 2000.

BIANCHETTI, L. **Aspectos Históricos da Educação Especial**. *Revista Brasileira de Educação Especial*, n.º 3, v. II, p. 7-20, 1995.

BIANCHETTI, L.; FREIRE, I. M. (org.) **Um Olhar sobre a Diferença**: interação, trabalho e cidadania. Campinas: Papirus, 1998.

BRASIL (CONGRESSO NACIONAL). In: **Estatuto da Criança e do Adolescente — Lei 8.069/1990**. Brasília, 1990.

_____. In: **Lei de Diretrizes e Bases da Educação Nacional — Lei 9.394/1996**. Brasília, 1996.

_____. In: **Plano Nacional de Educação — Lei 10.172/2001**. Brasília, 2001.

_____. In: **Diretrizes Nacionais para a Educação Especial na Educação Básica**. Brasília, 2001.

BUENO, J. G. S. **A Produção Social da Identidade do Anormal**. In: FREITAS, M. C. (org.) *História Social da Infância no Brasil*. São Paulo: Cortez, 1997.

COIMBRA, M. C. B. et al. **Pivetes**: viagem pelas engrenagens das máquinas de produção do menor. In: FERNANDES, A. M. P.; NASCIMENTO, M. L. **Anais do I Seminário de Pesquisa e Extensão — algumas trajetórias psi**. Niterói: UFF, 1998.

CROCHÍK, J. L. **Aspectos que Permitem a Segregação na Escola**. In: *Educação Especial em Debate*. São Paulo: Casa do Psicólogo (CRP/06), 1997.

CUNHA, B. B. B. **Classes de Educação Especial**: para deficientes mentais? Dissertação de Mestrado. São Paulo: USP, 1989.

DENARI, F. E. **Análise de Critérios e Procedimentos para a Composição de Classes Especiais para Deficientes Mentais Educáveis**. Dissertação de Mestrado. São Carlos: Universidade Federal de São Carlos, 1987.

DONZELOT, J. **A Polícia das Famílias**. Rio de Janeiro: Graal, 1986.

FERREIRA, J. R. **A Exclusão da Diferença**. Piracicaba: Unimep, 1994.

FERREIRA, J. R. **A Nova LDB e as Necessidades Educativas Especiais**. In: *Cadernos CEDES*, n.º 46, p. 7-15, 1998.

FOUCAULT, M. **Microfísica do Poder**. Rio de Janeiro: Graal, 1979.

_____. **Vigiar e Punir: o nascimento das prisões**. Petrópolis: Vozes, 1987.

_____. **A Ordem do Discurso**. São Paulo: Loyola, 1996.

FRANÇA, S. A. M.; SALOTTI, M. R. R. **Campos de Subjetivação do Portador de Deficiência**. Assis: Unesp, 1997 (mimeografado).

GUATTARI, F.; ROLNIK, S. **Micropolítica — Cartografias do Desejo**. Petrópolis: Vozes, 1986.

JANNUZZI, G. **A Luta pela Educação de Deficiente Mental no Brasil**. São Paulo: Cortez, 1985.

MAZZOTTA, M. J. S. **Educação Escolar: comum ou especial**. São Paulo: Editora Pioneira, 1987.

_____. **Educação Especial no Brasil: história e políticas públicas**. São Paulo: Cortez, 1999.

MEDEIROS, C. P. **A Disciplina Escolar. A (in)Disciplina do Desejo**. Uma reflexão acerca do fracasso escolar. In: ABRAMOWICZ, A.; MOLL, L. (org.) *Para Além do Fracasso Escolar*. Campinas — SP: Papirus, 1997.

PASCHOALICK, W. C. **Análise do Processo de Encaminhamento de Crianças às Classes Especiais para Deficientes Mentais Desenvolvido nas Escolas de 1º Grau da Delegacia de Ensino de Marília**. Dissertação de Mestrado. São Paulo: PUC, 1981.

POPKEWITZ, T. S. **História do Currículo, Regulação Social e Poder**. In: SILVA, T. T. (org.) *O Sujeito da Educação*. Petrópolis: Vozes, 1999.

OMOTE, S. **Classes Especiais: comentários à margem do texto de Torezan e Caiado**. In: *Revista Brasileira de Educação Especial*, v. 6, nº 1, p. 52. São Paulo: Unesp/Marília Publicações, 2000.

SACRISTÁN, J. G. **A Educação Obrigatória: seu sentido educativo e social**. Porto Alegre: Art-Med, 2001.

SALOTTI, M. R. R. **Breves Considerações sobre Práticas Educacionais**. In: CUNHA, B. B. B. (et al.). *Psicologia na Escola:* um pouco de história e algumas histórias. São Paulo: Arte & Ciência, 1997.

SCHNEIDER, D. **Alunos Excepcionais: um estudo de caso de desvio**. In: VELHO, G. (org.) *Desvio e Divergência*. Rio de Janeiro: Zahar, 1974.

VARELA, J. O. **Estatuto do Saber Pedagógico**. Em: SILVA, T. T. (org.) *O Sujeito da Educação*. Petrópolis: Vozes, 1999.

A Análise de Conteúdo na pesquisa qualitativa

DINAEL CORRÊA DE CAMPOS

Sentenças e palavras possuem somente os significados que possuem.

JOHN R. SEARLE

INTRODUÇÃO

Significado: o conceito em si. Segundo Lacan, a linguagem determina o sentido e gera as estruturas da mente, a linguagem não está constituída por palavras, mas sim por imagens, como se fossem hieróglifos a serem decifrados.

De fato, a pesquisa com o método de Análise de Conteúdo exigirá do pesquisador o trabalho arqueológico de desconstrução para a construção. Explicando melhor: analisar o conteúdo de uma entrevista, de uma fala, de uma observação realizada exigirá que o pesquisador esteja aberto para a compreensão de que as palavras têm muito mais a dizer do que dizem. Não se trata de adivinhar, ou mesmo de criar observações de estudo, mas, sim, de ver no conteúdo apresentado ao pesquisador, o que *de fato* o fenômeno observado apresenta, tornando visível o oculto.

A Análise de Conteúdo vem se caracterizando atualmente como mais um instrumento metodológico para a compreensão dos diversos discursos do ser humano. Quando me refiro a um instrumento metodológico, afirmo que a aplicação — ou, antes disso, a opção por — essa metodologia exigirá que o pesquisador realize passos de rigor científico-metodológico para que o método não seja questionado.

Muito se critica a Análise de Conteúdo por basear-se em "adivinhações", "achismos", "invenções", mas o fato é que, para analisarmos o conteúdo de uma entrevista, de uma observação que seja, o pesquisador, quando for trabalhar com o material coletado para apresentar seus resultados, se baseará na inferência; inferência essa advinda da dedução, da compreensão do significado no qual o pesquisador se debruça para, como que com uma lupa, desvendar a fala, as ações ocorridas.

Ao utilizar-me da palavra inferência, utilizo-a em seu conceito primeiro, que é "deduzir por meio de raciocínio, tirar por conclusão ou consequência" — e é nesse sentido que a Análise de Conteúdo serve ao pesquisador, possibilitar-lhe buscar na subjetividade do indivíduo o real significado do que ele realmente está falando, se expressando.

Não podemos deixar de mencionar outra crítica que se faz à Análise de Conteúdo, ou seja, a alegação de que tal análise se baseia na interpretação. De fato, é nisso que se encontra a força da Análise de Conteúdo: possibilitar que o pesquisador se sinta atraído pelo que está escondido, pelo latente, pelo que está pronto a se fazer presente, desde que haja habilidade por parte do ouvinte, do observador.

Contudo, esse desvendar do oculto não é feito levianamente, como podem pensar alguns pesquisadores e críticos desse método. Essa tarefa de tornar presente o que está escondido é realizada dentro dos rigores científicos de quem se propõe a fazer ciência. Porém, a Análise de Conteúdo, estando sob a égide do método qualitativo, privilegia o paradigma da fenomenologia, e não do positivismo, e entende que seu estudo pertence à ciência do homem e não às ciências da natureza.

Com isso quero afirmar que a atitude científica do pesquisador que utiliza a Análise de Conteúdo para entender o homem é uma opção de quem busca compreender o homem, e não a explicação das coisas a ele referentes.

Por sua vez, a compreensão do homem exige que o pesquisador tenha uma formação, ou mesmo uma visão de homem baseada na Psicanálise, ou mesmo nas disciplinas afins, como Sociologia, Filosofia, Antropologia e mesmo a Economia. A Análise de Conteúdo exige que o pesquisador possa se permitir ver o homem de outras dimensões que não seja só no seu microuniverso. A Análise de Conteúdo exige que se compreenda que o homem, mais do que fruto do meio, é agente que influencia, bem como é influenciado pelo meio.

Configura-se com isso que a Análise de Conteúdo tem um objetivo primeiro que é interpretar os significados dos fenômenos apresentados ao pesquisador, os quais tanto a pessoa como a sociedade não compreendem. É claro que, diante do exposto, não há como o projeto de pesquisa ser prefixado, o que exige uma certa flexibilidade por parte do pesquisador, uma vez que muitos dados que virão a ser coletados podem, sim, possibilitar diversas interpretações. É nesse sentido que o pesquisador é muito mais um instrumento que se utiliza para compreender os fatos do que alguém que manipula os experimentos e variáveis para observar os fatos.

A Análise de Conteúdo pressupõe ainda que o pesquisador domine as técnicas de entrevistas, dirigidas, semidirigidas ou abertas, bem como saiba como proceder em observações livres e até mesmo na coleta de informações em prontuários e testes psicológicos, para que possa preservar os dados coletados e observados para análise, seja dos elementos básicos, seja da rica narrativa do indivíduo, ou mesmo do pequeno grupo observado, pois o que realmente terá valor para a análise serão as palavras e ideias manifestas, porém nem sempre compreendidas.

Para que ocorra uma correta compreensão, a análise exige sempre leituras, e não apenas uma leitura dos dados coletados. Essas leituras possibilitam a substituição da leitura normal para que o pesquisador adquira o estado de cientista que, de olho no microscópio, detecta o que os olhos do leigo não veem na aparência.

É com o espírito de quem quer possibilitar rupturas que o pesquisador que trabalha com a Análise de Conteúdo se dispõe a interpretar, a ler nas entrelinhas o que foi falado, mas que não encontra significados aos olhos dos menos preparados.

A Análise de Conteúdo se dispõe a elucidar o sentido, desvelando as intenções, comparando, avaliando, descartando os acessórios, para que, reconhecendo o essencial, possa dar sentido às ações. Como afirma Laville e Dionne (1997, p. 214), "a Análise de Conteúdo consiste em desmontar a estrutura e os elementos desse conteúdo para esclarecer suas diferentes características e extrair sua significação".

A ANÁLISE DE CONTEÚDO — HISTÓRIA

Para compreendermos como se deu o início da importância da Análise de Conteúdo, gostaríamos de lembrar ao leitor que a interpretação dos textos sagrados, bíblicos, é uma prática milenar. Não é mistério para ninguém que esses textos trazem em si muito conteúdo passível de análise, pois foram escritos em linguagem metafórica e seu conteúdo só pode ser entendido através de interpretação.

Penso ter ficado claro que, por trás de um discurso aparente, de uma observação dirigida, pode ocultar-se uma mensagem que precisa ser desvendada, um conteúdo a ser analisado.

Contudo, para que possamos processar a Análise de Conteúdo, faz-se necessário compreender a retórica e a lógica — ou seja, a retórica no sentido de entendermos como a pessoa manifesta seu estilo de fala, e a lógica para compreendermos o modo de raciocínio observado (escutado ou lido). Sendo assim, tanto a retórica como a lógica são elementos anteriores à Análise de Conteúdo, formando a base para a compreensão do conteúdo. Essa análise só será digna de crédito se for sustentada por processos técnicos de validação, como veremos mais adiante.

O desenvolvimento da Análise de Conteúdo deu-se expressivamente nos Estados Unidos, apesar do rigor científico que dominava o país no início do século XX. Os primeiros materiais que tiveram seus conteúdos analisados foram os jornais, seguidos pela propaganda — os jornais, devido ao interesse em medir o sensacionalismo que estampavam em suas manchetes, e a propaganda devido à Segunda Guerra Mundial. A pessoa responsável por essas análises foi, no primeiro momento, H. Lasswell.

Finda a guerra, as atenções se voltaram para os conteúdos da simbologia da/na política, fruto ainda do clima de guerra no qual os analistas tinham como tarefa o desmascaramento dos jornais e periódicos, de propagandas suspeitas e/ou subversivas.

Também contribuíram para o desenvolvimento da Análise de Conteúdo, segundo Bardin, as críticas literárias que passaram a ser realizadas e publicadas, principalmente análises de romances autobiográficos, e um caso célebre centrado na personalidade de uma mulher neurótica. O caso célebre foi analisado por diversos clínicos, psicossociólogos, que emitiram suas análises e interpretações, revelando a necessidade de se ter uma metodologia para tal análise. Isso só veio ocorrer no final dos anos 1940-1950 por B. Berelson (Bardin, 1977), que também conceituou a Análise de Conteúdo como "uma técnica de investigação que tem por finalidade a descrição objetiva, sistemática e quantitativa do conteúdo manifesto da comunicação", o que faz com que ocorra uma expansão na utilização da técnica em diversas áreas.

Porém, nos anos 1950, segundo Bardina, a Análise parece ter chegado a um impasse, levando aos autores e realizadores de análises a se questionarem se, de fato, o resultado era mesmo significativo e se o método tinha qualidades suficientes. O que contribuiu para a retomada do método foram os diversos congressos realizados no sentido de se debaterem os problemas a ele referentes. Nessa retomada do método, outro nome desponta: I. de Sola Pool, que, juntamente com o contingente de debatedores e realizadores dos congressos, passou a perceber que a Análise de Conteúdo estava então contribuindo, agora para a psiquiatria, a psicanálise, a linguística, a ciência política e outras áreas.

Ainda segundo Bardin, a análise desenvolvia-se então tanto metodológica como epistemologicamente. Em termos epistemológicos, dois modelos de comunicação monopolizavam as atuações dos analistas: o modelo "instrumental" e o modelo "representacional". Comunicação instrumental caracteriza-se então como não sendo "aquilo que a mensagem diz à primeira vista, mas o que ela veicula". Por sua vez, a comunicação representacional advoga que o importante "é o conteúdo lexo" presente na comunicação. Ainda segundo a autora,

> no plano metodológico, a querela entre a abordagem quantitativa e a abordagem qualitativa absorve certas cabeças. Na análise quantitativa, o que serve de informação é a *frequência* com que surgem certas características do conteúdo; na análise qualitativa, é a *presença* ou a *ausência* de uma dada característica de conteúdo. (p. 21)

Tendo os aperfeiçoamentos técnicos presentes em sua aplicação, outras duas iniciativas fazem com que a Análise de Conteúdo se desenvolva mais ainda: a exigência de objetividade torna-se menos rígida na comunidade científica, e a compreensão clínica passa a ter maior aceitação. Essas iniciativas seriam primordiais para que, a partir dos anos 1960, outros três fenômenos básicos facilitassem a aceitação e aprovação da Análise de Conteúdo: os recursos que os analistas empregam para realizar a tarefa de analisar os diversos dados de que dispõem, entre eles a tecnologia da informática; a relevância que assumiram os estudos que se referem à comunicação não verbal; e, finalmente, a inviabilidade de precisão dos trabalhos linguísticos (para mais detalhes, consultar Bardin, 1977, p. 20ss).

Atualmente a Análise de Conteúdo vem sofrendo a influência de outras tendências que, ao mesmo tempo em que podem enriquecer o desenvolvimento do método, podem fazer com que o mesmo se perca cada vez mais. Refiro-me às constantes investidas de autores como Levi-Strauss, A. Greimas, R. Barthes, J. Kristeva e M. Pêcheux que, nas palavras de Bardin, "exploram a sua formação linguística para tentar a automatização da Análise do Discurso", fazendo com que ocorra uma nova investida no esvaziamento da Análise de Conteúdo — ou seja, parece haver uma necessidade de se afirmar que o discurso é mais importante que o conteúdo, quando sabemos que o discurso é uma das dimensões que compõem o conteúdo, sendo este muito mais amplo, abarcando outros tantos discursos, como, por exemplo, o discurso não verbal.

Há ainda nos meios acadêmicos autores e professores aos quais falta conhecimento teórico-metodológico para criticar a Análise de Conteúdo, e que o fazem sem ao menos possibilitar um *diálogo*. Penso que a análise do discurso, que, na conceituação de Gill (2000, p. 244), "é o nome dado a uma variedade de diferentes enfoques no estudo de textos, desenvolvida a partir de diferentes tradições teóricas...", comporta o estudo da linguística, ou mesmo o estudo do estruturalismo da linguagem, mas não há como fazer dessa ferramenta uma projeção mais ampla para que seja vista como Análise de Conteúdo. A Análise de Conteúdo pressupõe a compreensão da análise do discurso, entendendo tanto a expressão como o significado, em que o texto, a fala, é um meio de expressão.

ANÁLISE DE CONTEÚDO — DESENVOLVIMENTO

Para iniciarmos a elaboração de uma Análise de Conteúdo, faz-se necessário apresentar a história de *Zadig, ou o Destino*, escrita por Voltaire em 1759. É nela que podemos buscar os argumentos para a particularização de nossas observações. Mais do que uma história, o autor nos oferece um tratado, um método de investigação que vale a pena ser transcrito. Como veremos a seguir, Zadig pode ter inspirado a constituição do método psicanalítico proposto por Freud, e podemos encontrar aqui as bases para a constituição da pesquisa qualitativa. A saber:

> No tempo do rei Moabdar havia na Babilônia um jovem chamado Zadig. Ora, estando um dia a passear pelas proximidades de um bosque, acorreu-lhe ao encontro um eunuco da rainha, seguido de vários oficiais que demonstravam a maior inquietação e vagavam de um lado para outro, como pessoas desorientadas que houvessem perdido a maior preciosidade deste mundo.
>
> — Jovem — disse-lhe o primeiro eunuco —, não viste o cão da rainha?
>
> — É uma cadela, e não um cão — respondeu Zadig discretamente.
>
> — Tens razão — tornou o primeiro eunuco.
>
> — É caçadeira, e por sinal que muito pequena — acrescentou Zadig. — Deu cria há pouco; manqueja da pata dianteira esquerda e tem orelhas muito compridas.
>
> — Viste-a, então? — perguntou o primeiro eunuco, esbaforido.
>
> — Não — respondeu Zadig —, nunca a vi na minha vida nem nunca soube se a rainha tinha ou não uma cadela.
>
> Ao mesmo tempo, por um ordinário capricho da sorte, sucedeu escapar-se das mãos de um palafreneiro o mais belo exemplar das cavalariças do rei, extraviando-se nos campos da Babilônia. O monteiro-mor e todos os outros oficiais corriam à sua procura com mais inquietação do que o primeiro eunuco em busca da cadela. O monteiro-mor dirigiu-se a Zadig e perguntou-lhe se não vira por acaso o cavalo do rei.
>
> — É — respondeu Zadig — o cavalo de melhor galope; tem cinco pés de altura e os cascos pequenos; a cauda mede três pés e meio de comprimento; o freio é de ouro de vinte e três quilates; e as ferraduras, de prata de onze denários.
>
> — Que direção tomou ele? Onde está? — perguntou o monteiro-mor.
>
> — Não o vi — respondeu Zadig —, nem nunca ouvi falar nele.
>
> O monteiro-mor e o primeiro eunuco não tiveram mais dúvidas de que Zadig houvesse roubado o cavalo do rei e a cadela da rainha; levaram-no perante a assembleia do grande Desterham, que o condenou ao *knut* e a passar o resto da vida na Sibéria. Mal se encerrara o julgamento, foram encontrados o cavalo e a cadela. Viram-se os juízes na dolorosa obrigação de reformar sua sentença; mas condenaram Zadig a desembolsar quatrocentas onças de ouro, por haver dito que não vira o que tinha visto. Primeiro foi preciso pagar a

multa; depois concederam-lhe licença para se defender perante o conselho do grande Desterham. Zadig falou nos seguintes termos:

— "Estrelas de justiça, abismos de ciência, espelhos da verdade, vós que tendes o peso do chumbo, a dureza do ferro, o fulgor do diamante e tanta afinidade com o ouro! Já que me é dado falar perante essa augusta assembleia, juro-vos por Orosmade que jamais vi a respeitável cadela da rainha, nem o sagrado cavalo do rei dos reis. Eis o que me aconteceu. Passeava eu pelas cercanias do bosque onde vim a encontrar o venerável eunuco e o ilustríssimo monteiro-mor, quando vi na areia as pegadas de um animal. Descobri facilmente que eram as de um pequeno cão. Sulcos leves e longos, impressos nos montículos de areia, por entre os traços das patas, revelaram-me que se tratava de uma cadela cujas tetas estavam pendentes, e que portanto não fazia muito que dera cria. Outras marcas em sentido diferente, que sempre se mostravam no solo ao lado das patas dianteiras, denotavam que o animal tinha orelhas muito compridas; e, como notei que o chão era sempre menos amolgado por uma das patas do que pelas três outras, compreendi que a cadela de nossa augusta rainha manquejava um pouco, se assim me ouso exprimir. Quanto ao cavalo do rei dos reis, seja-vos cientificado que, passeando eu pelos caminhos do referido bosque, divisei marcas de ferraduras que se achavam todas a igual distância.

"Eis aqui — considerei — um cavalo que tem um galope perfeito." A poeira dos troncos, num estreito caminho de sete pés de largura, fora levemente removida à esquerda e à direita, a três pés e meio do centro da estrada. "Esse cavalo — disse eu comigo— tem uma cauda de três pés e meio, a qual, movendo-se para um lado e outro, varreu assim a poeira dos troncos." Vi debaixo das árvores, que formavam um dossel de cinco pés de altura, algumas folhas recém-tombadas e concluí que o cavalo lhes tocara com a cabeça e que tinha, portanto, cinco pés de altura. Quanto ao freio, deve ser de ouro de vinte e três quilates: pois ele lhe esfregou a parte externa contra certa pedra que eu identifiquei como uma pedra de toque. E, enfim, pelas marcas que as ferraduras deixaram em pedras de outra espécie, descobri eu que era prata de onze denários."

Todos os juízes pasmaram do profundo e sutil discernimento de Zadig, o que logo chegou aos ouvidos do rei e da rainha. Só se falava em Zadig nas antecâmaras, na câmara e no gabinete; e, embora vários magos opinassem que o deveriam queimar como feiticeiro, ordenou o rei que lhe restituíssem as quatrocentas onças de ouro a que fora multado [...]. (Voltaire, 1759)

Chamo a atenção do leitor para o método empregado por Zadig, pelo qual o personagem, através da observação do fenômeno, do fato observado, é capaz de esclarecer o ocorrido mesmo não tendo presenciado o fenômeno.

Voltaire nos propõe um método de observação baseado não em características vistosas, mas em sutilezas quase imperceptíveis: os pormenores, e são esses pormenores que denunciam o conjunto.

Ginzburg (1986, p. 143s) expõe um método semelhante, aplicado à análise de quadros, utilizado e descrito pelo médico italiano Giovanni Morelli que, segundo Ginzburg, teria sido o método empregado por Sherlock Holmes e Sigmund Freud. Como expõe Ginzburg, nas palavras de Morelli, "os nossos pequenos gestos inconscientes revelam o nosso caráter mais do que qualquer atividade formal, cuidadosamente preparada por nós".

Podemos supor que o "método morelliano" influenciou Freud a criar a Psicanálise. Quando Freud (1902) escreve em *O Moisés de Michelangelo* que

a atenção deveria ser desviada da impressão geral e das características principais de um quadro, dando-se ênfase à significação de detalhes de menor importância [...] [em que] cada artista executa à sua maneira própria e característica.

parece-nos (sem referência a Morelli) que seu método de investigação tem estreita relação com a técnica da Psicanálise, que também está "acostumada", por assim dizer, a "adivinhar" coisas secretas e ocultas a partir de aspectos menosprezados ou inobservados, do "monte de lixo" de nossas observações.

Observe a importância dada, tanto por Morelli quanto por Freud, aos dados marginais, pois são esses dados que revelam, no caso de Morelli, os signos pictóricos, e, para Freud, os sintomas. Transcrevendo as palavras de Ginzburg (1986, p. 150), temos:

> esses dados marginais, para Morelli, eram reveladores porque constituíam os momentos em que o controle do artista, ligado à tradição cultural, distancia-se para dar lugar a traços puramente individuais, "que lhe escapam sem que ele se dê conta".

Faz-se necessário apontar uma diferença: ao ressaltarmos a importância do processo do "decifrar" ou "ler" os pormenores reveladores, pode parecer que empregamos uma prática ilimitada no sentido de que tudo, ou quase tudo, pode vir a se tornar objeto de adivinhação. A diferença que quero ressaltar é que a adivinhação volta-se para o futuro, enquanto a decifração volta-se para o passado.

É conveniente continuarmos com Freud (1902, p. 22) que, em "Sobre a Psicopatologia da Vida Cotidiana", descreve o método que ele empregava ou sobre "o esquecimento de nomes próprios":

> tudo o que fizemos, em certos casos, foi acrescentar um motivo aos fatores reconhecidos desde longa data como capazes de promover o esquecimento de um nome [...] a possibilidade de se estabelecer uma associação externa entre o nome em questão e o elemento previamente suprimido.

Em *O Moisés de Michelangelo* (p. 104), Freud propõe que se analise o conteúdo expresso pelo autor como forma de entendê-lo, dizendo que

> para descobrir as verdadeiras intenções do artista, devemos primeiramente descobrir o significado e o conteúdo que se acha na obra representada, isto é, devemos iniciar nossa análise das intenções do artista pela interpretação da obra que ele produziu.

Para Freud, então, as obras literárias, as obras artísticas e as falas refletiam de modo inconsciente os dramas e traumas de seus autores. Ao produzirem uma obra, ao expressarem suas ideias, tanto o artista como o autor de um determinado discurso estariam procurando, ao expressar(-se) despertar a mesma atitude emocional que nele produziu o ímpeto de criar/manifestar-se.

É Ginzburg (1976, p. 21) quem diz que "o fato de uma fonte não ser 'objetiva' não significa que seja inutilizável". Em todas as suas obras (1976, 1986 e 1998), o autor privilegia o olhar para os fatos para se ter acesso à realidade. Mais ainda, afirma que a Psicanálise, como disciplina, pode revelar, através do discurso, fenômenos profundos de notável alcance. Anteriormente, Foucault (1970, p. 49) já havia se pronunciado sobre o discurso, afirmando que

> o discurso nada mais é que a reverberação de uma verdade nascendo diante de seus próprios olhos; e, quando tudo pode, enfim, tomar a forma do discurso, quando tudo pode ser dito e o discurso pode ser dito a propósito de tudo, isso se dá porque todas as coisas, tendo manifestado e intercambiado seu sentido, podem voltar à interioridade silenciosa da consciência de si.

Ante esse cenário ímpar, a pesquisa qualitativa vem posicionar-se contra a hegemonia das pesquisas positivistas que, segundo Chizzotti (1991, p. 78), "privilegiam a busca da estabilidade dos fenômenos humanos, a estrutura fixa das relações e a ordem permanente dos vínculos sociais".

Ginzburg (1986, p. 178s) nos auxilia a compreender a desvantagem da pesquisa qualitativa frente à pesquisa quantitativa que a Ciência pregava e julgava ser a única fonte de conhecimento da realidade. Segundo o autor,

> A orientação quantitativa e antiantropocêntrica das ciências da natureza a partir de Galileu colocou as ciências humanas num desagradável dilema: ou assumir

um estatuto científico frágil para chegar a resultados relevantes, ou assumir um estatuto científico forte para chegar a resultados de pouca relevância. [...] Ninguém aprende o ofício de conhecedor ou de diagnosticador limitando-se a pôr em prática regras preexistentes.

Ressaltamos que as pesquisas, em meados do século XX, objetivaram mostrar, diante do novo cenário em que se situava o Homem, a complexidade e as contradições de fenômenos singulares. Para isso os pesquisadores se debruçaram, segundo Chizzotti,

> [sobre a] análise dos significados que os indivíduos dão às suas ações, [sobre o] meio em que constroem suas vidas e suas relações, à compreensão do sentido dos atos e das decisões dos atores sociais ou, então, dos vínculos indissociáveis das ações particulares com o contexto social em que estas se dão. (1991, p. 78)

Os pressupostos da pesquisa qualitativa partem do fundamento de que, segundo Chizzotti (1991, p. 79), "há uma relação dinâmica entre o mundo real e o sujeito, uma interdependência viva entre o sujeito e o objeto, um vínculo indissociável entre o mundo objetivo e a subjetividade do sujeito".

Minayo (1992, p.10s) expõe que "as Metodologias de Pesquisa Qualitativa" são aquelas "entendidas como capazes de incorporar a questão do SIGNIFICADO e da INTENCIONALIDADE como inerentes aos atos, às relações e às estruturas sociais" [...]. A autora deixa claro que "o SIGNIFICADO é o conceito central para a análise", mas que essa corrente — a Análise Qualitativa:

> não se preocupa de quantificar, mas de lograr explicar os meandros das relações sociais consideradas essência e resultado da atividade humana criadora, afetiva e racional, que pode ser apreendida através do cotidiano, da vivência, e da explicação do senso comum.

ELABORAÇÃO DE UMA ANÁLISE DE CONTEÚDO

Tradicionalmente, a Análise de Conteúdo privilegia o trabalho, a interpretação de materiais textuais que tanto podem ser materiais já elaborados (cartas, documentos) como os textos que são construídos no processo da pesquisa. Para o exemplo ilustrativo, nos ateremos a um texto produzido a partir das respostas a um questionário contendo perguntas abertas, que será analisado posteriormente.

Como Deve Ser o Procedimento?

Após ter encaminhado o projeto de pesquisa e ter obtido a aprovação do Comitê de Ética para pesquisa com seres humanos, encaminhe o instrumento de coleta de dados aos participantes. No caso da pesquisa ilustrativa, o que se quis saber é como os recém-formados em psicologia vivenciam sua afetividade.

Participantes

Primeiramente, definiu-se o tempo para recém-formado — um ano de formados — e depois convidou-se os egressos de determinada universidade para participarem da pesquisa, um grupo de alunos egressos do curso de Psicologia, podendo ou não estar desenvolvendo atividades ligadas à área de Psicologia.

O Instrumento

Ao construir um questionário com questões norteadoras, o pesquisador se depara com um dilema: fazer perguntas fechadas, ganhando em objetividade porém limitando as respostas e, em consequência, perdendo informações; ou elaborar perguntas abertas, com as quais vai colher com toda riqueza as contribuições dos participantes porém, em muitos casos, dificultando a tabulação das respostas, para se ter uma visão de conjunto e possibilitar tratamento estatístico.

Opte pela elaboração de questões abertas, embora seja grande a possibilidade de se ter um grande volume de dados que precisem ser organizados e compreendidos. Porém, a utilização de tal técnica possibilita ao pesquisador organizar e compreender as respostas através de um processo contínuo de identificar dimensões, categorias, tendências, padrões, relações na possibilidade de se desvendar o significado das respostas.

Tal procedimento não pode ser concebido linearmente, mas implica um trabalho de redução, organização e interpretação dos dados que, uma vez organizados, poderão exigir novas questões, novas demandas que podem levar à busca de novos dados e novos significados observados. Como expõe Valéry (1919, p. 39),

> o observador está preso numa esfera que nunca se rompe; em que existem diferenças que serão os movimentos e os objetos, e cuja superfície se conserva fechada, embora todas as suas porções se renovem e se desloquem nela. O observador é, antes de tudo, a condição desse espaço finito: a cada instante ele é esse espaço finito.

Nesse sentido, o instrumento deverá conter tantas perguntas quantas forem necessárias para que você atinja seu objetivo, mas não deve ter um número exagerado. Uma sugestão: cinco questões norteadoras, que em nosso exemplo terão o objetivo de verificar, com cada uma delas, a forma de vínculos afetivos formados ou não por esses psicólogos recém-formados, bem como ter acesso ao modo como os mesmos vivenciam ou não suas experiências afetivas.

Exemplificando, uma primeira questão norteadora poderia ser: "Nos seus finais de semana, quais os lugares que você frequenta? Como você passa o tempo?"—cujo objetivo seria colher a experiência vivencial desses psicólogos nos finais de semana, questionando os lugares que frequentam ou como passam o tempo, ou seja, que vínculos afetivos estão, ou não, presentes quando eles não estão na rotina semanal.

Outra questão poderia ser: "Quais são suas formas de lazer?", que objetivará colher os relatos das formas de lazer que esses recém-formados praticam, podendo ser em qualquer dia da semana.

Ainda uma terceira e quarta questões — Qual o seu maior Medo/Receio para os tempos atuais? e Qual o seu maior Medo/Receio para os tempos futuros? — visariam, respectivamente, obter os relatos dos medos referentes ao tempo presente e ao tempo futuro, podendo este determinar as formas de vínculos.

Uma última questão: você desenvolve atividades relacionadas com a área de psicologia, e quais? teria como objetivo saber por qual área de atuação pela qual esses profissionais podem ter optado ou na qual estão podendo atuar profissionalmente.

O Procedimento

De posse de todos os endereços dos formandos, o pesquisador procedeu da seguinte maneira:

> — encaminhou a cada um dos participantes, após aprovação para a realização da pesquisa pelo Comitê de Ética da Universidade, correspondência contendo: carta de apresentação-convite do pesquisador, explicando do que tratam a correspondência e a pesquisa em questão;
> — termo de compromisso assinado pelo pesquisador garantindo o cumprimento das normas do Regimento Interno do Comitê de Ética da Universidade;
> — termo de consentimento do participante, no qual ele se compromete a responder e devolver, via correio ou meio eletrônico, o questionário de pesquisa anexo até uma data-limite que você julgar conveniente (sugiro uns 30 dias);
> — declaração sobre a publicação dos resultados da referida pesquisa;
> — instrumento de pesquisa solicitando o preenchimento de uma ficha de identificação, em que conste o estado civil e a indicação de como o participante gostaria de receber os resultados da pesquisa de que está participando

(sim, dar uma devolutiva, um *feedback* da conclusão da pesquisa, é tão importante quanto realizar uma pesquisa); e
— envelope selado para que os participantes enviem o instrumento de pesquisa respondido juntamente com o Termo de Consentimento.

Deixe nas instruções de respostas às questões norteadoras a opção de o participante responder de próprio punho. Para isso, anexe em todas as correspondências folhas pautadas. O participante pode ainda datilografar ou digitar as respostas, ou mesmo enviá-las por meio eletrônico: (para a última opção, disponibilize um endereço eletrônico e *site* no instrumento).

Encaminhe todas as correspondências no mesmo dia, para que o prazo seja suficiente para todos enviarem as respostas ao pesquisador.

Leve em consideração em seu planejamento feriados prolongados, finais de semana ou festas de fim de ano que possam comprometer seu cronograma e as datas.

Análise do Material

Quando se utilizam questões de resposta aberta, como é o procedimento dessa pesquisa? A tabulação não é feita considerando-se a pergunta como um todo, pois quanto mais ricas forem as perguntas, mais difícil será encontrar uma resposta exatamente igual à outra.

Neste caso a tabulação será feita por uma ideia básica que cada resposta contenha. É frequente encontrar, em uma resposta a uma pergunta aberta, mais de uma ideia e, às vezes, várias ideias que aparecem em respostas de diferentes pesquisados, porém não agrupadas da mesma maneira.

Para se fazer uma tabulação das ideias, cujo número geralmente é maior que o de participantes, lança-se mão da codificação das respostas, ou seja, o pesquisador lê todas as respostas e vai ressaltando nessas respostas os temas que julgar mais significativos como resposta ao tema de sua pesquisa.

Para evitar ao máximo o perigo de subjetivismo do pesquisador no cumprimento da análise, adote juízes (cegos, em número ímpar) para a análise do conteúdo, pois, segundo Anastasi e Urbina (1997), "um compromisso prático é identificar e definir conceitos, princípios [...] essenciais, através do julgamento de peritos". Esses juízes são, contudo, especialistas na sua área de pesquisa. Por exemplo, se sua pesquisa for sobre psicologia clínica, encaminhe-a a juízes clínicos; se for da área de trabalho, encaminhe a peritos da área de trabalho, e assim por diante.

Adote o seguinte procedimento:

Os juízes, separadamente, analisarão as respostas às perguntas do questionário, e ressaltarão as "falas" que julgarem mais pertinentes ao tema da pesquisa — ou seja, o pesquisador reproduzirá cópias de todas as respostas recebidas na forma como foram enviadas, e encaminhará todo o material para os outros dois juízes que, separadamente, irão analisar as respostas.

Posteriormente, os juízes remetem ao pesquisador suas respostas assinaladas, e o pesquisador procederá da seguinte maneira: quando metade mais um dos juízes tiver assinalado as mesmas respostas, essas respostas serão consideradas significativas e aptas a formarem um tema. Com esse procedimento de análise adotado, o pesquisador procede de forma cuidadosa e específica no trato do conteúdo das falas dos participantes da pesquisa para não incorrer nos riscos apontados por Anastasi e Urbina (1997), de que "os resultados [...] podem transformar-se em uma mixórdia idiossincrática e ininterpretável".

A adoção de juízes cegos em número ímpar deve-se ao fato de evitar empates que possam comprometer a análise por parte do pesquisador. Se não houve a concordância da maioria, as interpretações ressaltadas serão descartadas, podendo as mesmas ter sido fruto de uma interpretação subjetiva. A anuência de juízes, concordantes entre si, de maneira "cega" (não há comunicação entre os juízes), visa a dirimir a subjetividade dos mesmos.

Após a coleta de todas as falas apontadas pelos juízes, o pesquisador as classificará as falas em uma ou mais categorias que julgar conveniente, e as remeterá novamente aos demais juízes, buscando a concordância deles, agora para a formação das categorias cujos temas foram alocados pelo pesquisador. O procedimento solicita a anuência, ou não, da classificação das falas nas categorias propostas, e o que se busca mais uma vez com esse procedimento é dirimir a subjetividade do pesquisador.

Os procedimentos adotados e descritos possibilitarão a análise temática de cada uma das respostas emitidas e classificadas pelos participantes da pesquisa, as quais serão analisadas a seguir. Tendo em vista que a tabulação conforme a classificação das respostas, e para a análise dos dados, calculará os percentuais relativos à quantidade de sujeitos (BASE) e não ao total de ideias. Assim, normalmente a soma das porcentagens é maior que 100 %.

As respostas convertidas em temas referentes à primeira questão poderiam indicar que os lugares frequentados pelos participantes da pesquisa podem ser classificados nas categorias: lugares públicos e família, amigos. As respostas à questão de como se "passa" o tempo podem apontar para as categorias de atividades individuais ou atividades coletivas.

Quanto às categorias propostas aos temas referentes à segunda questão, sobre formas de lazer, as atividades enunciadas poderiam ser classificadas em atividades individuais e atividades coletivas.

As categorias referentes aos medos e receios atuais poderiam se configurar em situação profissional, violência, dependência financeira e morte.

No que se refere aos medos e receios para os tempos futuros, os temas poderiam ser agrupados nas categorias profissional/financeiro, violência e família.

Finalizando, as áreas apontadas como respostas na questão 5 poderiam ser: clínica/consultório, organizacional, institucional e educação.

Resultados

Ao se fazer uma pesquisa, devido à impossibilidade ou impraticabilidade de se trabalhar com todo o universo, trabalha-se com amostras tecnicamente retiradas do universo em vista. Porém, os resultados que se deseja não são os obtidos a partir da amostra, e sim aqueles que serão inferidos para o universo.

Embora o ideal fosse obter resultados totalmente isentos de erro, o que é impossível, uma vez que a estatística não é uma ciência exata e sim probabilística, elege-se o risco que será aceitável correr. Esse erro aceitável é definido pelo nível de significância com que se pretende trabalhar.

A escolha desse nível de significância não é fixo para cada tipo de ciência, e ao escolhê-lo tem-se de pensar nos prejuízos econômicos de vidas, ou danos psicológicos que serão causados caso os achados da pesquisa se mostrem incorretos — ou seja, caso a amostra escolhida seja muito inadequada e, em consequência, não seja representativa do universo que se pretende estudar.

Quanto menor o valor de alfa, mais rigoroso é o nível de significância com que se trabalha e menor o risco que se corre de os achados da pesquisa se mostrarem incorretos.

Diz-se que a amostra é representativa do universo que se pretende estudar quando a variável, ou as variáveis em estudo estão nela distribuídas da mesma maneira que no universo. Assim sendo, apesar de haver técnicas estatísticas para se testar a representatividade da amostra, é muito difícil estar frente a casos em que seja possível essa operação e, mesmo quando é possível, torna-se sem utilidade para a pesquisa, pois com ela se pretende conhecer algo que já se conhece.

Em casos muito especiais, pode-se conhecer as informações contidas no universo encontrando alguma variável importante que tenha grande influência sobre variáveis desconhecidas que se pretende inferir para esse universo.

Para a decisão nos testes de hipótese sugiro a adoção do nível de significância $\alpha = 0,05$, por julgá-lo adequado, uma vez que os achados de uma pesquisa não preconizam técnicas invasivas ou dolorosas, físicas ou psicológicas, e nem têm fim decisório.

Embora eleito o nível de significância $\alpha = 0,05$, ao se informarem os resultados dos testes de hipótese será apontada a probabilidade efetivamente associada aos mesmos, para que aqueles que lerem o presente trabalho possam, com base em seu próprio julgamento, decidir pela aceitação ou rejeição da hipótese nula (H_0).

Para a realização dos testes de hipótese, em princípio, sugiro utilizar o teste "t" de Student para diferenças de médias; e o teste "t" de Student para diferenças de porcentagem. Sendo necessário o emprego de outras técnicas estatísticas, elas serão oportunamente explicitadas.

Quando, na apresentação do resultado de um teste "t" de Student, for omitida a quantidade de graus de liberdade, ao se entrar nas tabelas de estatísticas os resultados destas devem ser comparados com o "t" crítico para infinitos graus de liberdade.

Inicialmente faça um estudo da amostra alcançada, em que sejam abordadas as variáveis sexo, idade e estado conjugal.

Análise das Respostas Dadas às Perguntas do Questionário

Na análise das respostas é possível que, inicialmente, sejam consideradas em cada pergunta duas ou mais categorias abrangentes e, dentro delas, as categorias específicas, objeto da presente pesquisa, que ilustramos a seguir.[1]

1. Que Lugares Você Frequenta?

Foram consideradas, para a primeira pergunta, duas categorias abrangentes, mostradas na Tabela 23.1.

TABELA 23.1 Lugares frequentados nos finais de semana, independentemente de gênero

Lugares Frequentados	Frequência
Lugares públicos*	26
Família, amigos	15
Quantidade de participantes	20

*Houve caso de frequência a mais de um lugar público pelo mesmo participante.

Observa-se que, nos finais de semana, há uma procura maior por "Lugares Públicos" (26 indicações), o que evidencia que há pesquisado que frequenta mais de um "Lugar Público". Outras 15 indicações apontam "Família, amigos".

A Tabela 23.2 mostra, especificamente, "Quais lugares" quando frequenta "Lugares públicos".

Observa-se que a maneira mais procurada de passar o tempo foi ir à "Igreja" (50,0 % dos pesquisados), seguido de "Restaurante" e "Cinema" (respectivamente, 30,0 % e 15,0 % dos pesquisados). O menos procurado é "Navegar na Internet" (5,0 % dos pesquisados), e, com a mesma procura (10,0 %), "Lanchonete", "Shopping" e "Passeios e viagens".

Estudando-se a significância estatística das diferenças de participação nas formas de passar o tempo frequentando lugares públicos, tomados dois a dois, verifica-se:

> — são significantes as diferenças entre a categoria "Igreja" e as demais, exceto Restaurante. Também é significante a diferença de participação entre "Restaurante" e "Navegar na Internet";
> — nas demais comparações, as diferenças de participação não se mostram significativas.

A Tabela 23.3 mostra, especificamente, "Quais Lugares" quando o participante frequenta "Família, amigos".

Observa-se que, das formas de passar o tempo, "Ficar em casa" é a mais procurada (40,0 % dos participantes), seguida de "Casa de amigos" (30,0 %). A menos procurada é passar o tempo com o Namorado (5,0 % dos participantes).

Estudando-se as diferenças de participação nas formas de passar o tempo com a "Família e amigos", tomados dois a dois, verifica-se:

> — são significantes as diferenças entre a categoria "Namorado" e as demais, sendo menor a participação da categoria "Namorado";
> — na comparação entre "Ficar em casa com a família" e "Casa de amigos", a diferença não se mostra significativa.

---

[1] Os dados apresentados dizem respeito à pesquisa "Recém-formados em Psicologia na Atualidade e Seus Vínculos Afetivos" (Campos, 2003).

TABELA 23.2 Quais são, especificamente, os lugares públicos que você frequenta?

Lugares Frequentados	Frequência (%)*
Igreja	50,0
Restaurantes	30,0
Cinema	15,0
Shopping	10,0
Passeios e viagens	10,0
Lanchonete	10,0
Navegar na Internet	5,0
BASE#	20

*As categorias não são mutuamente excludentes. A soma das porcentagens é maior que 100,0 %.
#Quantidade de participantes.

TABELA 23.3 Quais são, especificamente, os lugares quando frequenta família, amigos?

Família, Amigos Lugares Frequentados	Frequência (%)*
Ficar em casa	40,0
Casa de amigos	30,0
Namorado	5,0
BASE#	20

*As categorias não são exaustivas. A soma das porcentagens é menor que 100,0 %.
#Quantidade de participantes.

2. Como Você Passa o Tempo?

Foram consideradas duas categorias abrangentes, mostradas na Tabela 23.7, de como cada pesquisado passa o tempo.

TABELA 23.4 Como passa o tempo nos finais de semana, independentemente de gênero

Como Passa o Tempo	Frequência
Atividades Individuais*	24
Atividades coletivas	6
Quantidade de participantes	20

*Houve caso de frequência a mais de um lugar pelo mesmo pesquisado.

Observa-se que, nos finais de semana, há mais casos de participantes que realizam "Atividades individuais" (24 citações), o que evidencia que há casos de participantes que exercem mais de uma "Atividade individual". O exercício de "Atividades coletivas" teve apenas 6 citações.

A Tabela 23.5 mostra especificamente "Quais atividades" são praticadas por quem indica Atividades individuais.

Observa-se que as atividades individuais mais exercidas são assistir a vídeos e assistir tevê, cada qual com a participação de 30,0 % dos participantes. As menos exercidas, com a participação de 10,0 % cada, são: ir ao cinema, acessar a Internet, dormir muito e ler livros.

Foram incluídas na categoria "OUTROS" quatro atividades: "Ir ao shopping", "Estudar", "Não fazer nada" e "Ficar sozinho".

Estudando-se a significância estatística das diferenças de participação nas "Atividades individuais" específicas, tomadas duas a duas, verifica-se que elas não são significativas.

A Tabela 23.6 mostra, especificamente, "Quais atividades" são exercidas quando se refere a "Atividades coletivas".

TABELA 23.5 Quais são especificamente as atividades individuais exercidas?

Atividades Individuais	Frequência (%)*
Assistir a vídeo	30, 0
Assistir à tevê	30, 0
Ir ao cinema	10, 0
Acessar a Internet	10, 0
Dormir muito	10, 0
Ler livros	10, 0
Outras[+]	20, 0
BASE[#]	20

*As categorias não são mutuamente excludentes. A soma das porcentagens é maior que 100,0 %.
[+]A categoria Outros compreende quatro atividades diferentes, cada qual representando apenas 5,0 % dos participantes.
[#]Quantidade de participantes.

TABELA 23.6 Atividades exercidas especificamente quando se refere a atividades coletivas

Atividades Coletivas	Frequência (%)*
Namorar	15,0
Dançar	5,0
Jogar baralho	5,0
Ficar com a família	5,0
BASE[#]	20

*As categorias não são exaustivas. A soma das porcentagens é menor que 100 %.
[#]Quantidade de participantes.

Observa-se que, das atividades especificamente exercidas quando indicadas "Atividades coletivas", a mais frequente foi "Namorar" (15,0 % dos participantes). As demais, "Dançar", "Jogar Baralho" e "Ficar com a família", participaram com apenas 5,0 %.

Estudando-se a significância estatística das diferenças de participação nas atividades especificamente exercidas quando citadas "Atividades coletivas" específicas, tomadas duas a duas, verifica-se não serem significantes.

3. Quais são as suas formas de lazer?

Foram consideradas duas categorias abrangentes, mostradas na Tabela 23.7.

TABELA 23.7 Formas de lazer — independentemente de gênero

Atividades	Frequência
Atividades individuais[+]	30
Atividades coletivas	14
BASE[#]	20

[+]Houve caso de frequência a mais de uma atividade individual pelo mesmo pesquisado.
[#]Quantidade de participantes.

Observa-se que, nas formas de lazer apresentadas pelos participantes, há uma maior procura por "Atividades individuais" (30 indicações), o que evidencia haver pesquisado que pratica mais de uma "Atividade individual". Os que declararam praticar "Atividades coletivas" apontaram 14.

A Tabela 23.8 mostra, especificamente, quais são as "Atividades individuais" praticadas.

TABELA 23.8 Quais são especificamente as atividades individuais praticadas?

Atividades Individuais	Frequência (%)*
Ler livros	55,0
Assistir a filmes em vídeo	25,0
Navegar na Internet	15,0
Curtir TV	10,0
Ouvir música	10,0
Curtir a casa	10,0
Outras[+]	25,0
BASE[#]	20

*As categorias não são mutuamente excludentes. A soma das porcentagens é maior que 100 %.
[+]Em Outras estão compreendidas cinco atividades praticadas, cada qual por apenas 1 pesquisado, representando 5, 0 % da amostra.
[#]Quantidade de participantes.

Observa-se que as Atividades individuais mais praticadas são "Ler livros" (55,0 % dos participantes); "Assistir a filmes em vídeo" (25,0 %); e "Navegar na Internet" (15,0 % dos participantes). As atividades menos praticadas são "Curtir tevê", "Ouvir música" e "Curtir a casa", das quais participam, em cada atividade, 10,0 % dos participantes.

Em outras estão incluídas cinco categorias: "Meditar", "Deitar no sofá", "Escrever", "Ler revista" e "Ficar sem fazer nada".

Estudando-se a significância estatística das diferenças de participação nas atividades específicas individuais, tomadas duas a duas, verifica-se que são significantes as diferenças entre a categoria "Ler livro" e as demais, exceto "Assistir a filmes em vídeo".

A Tabela 23.9 mostra, especificamente, "As atividades coletivas" praticadas pelos participantes.

Observa-se que a Atividade Coletiva específica mais praticada é "Reunir amigos" (20,0 % dos participantes). As atividades menos praticadas, com a mesma participação (10,0 % dos participantes em cada uma delas), são: "Passear coma família", "Visitar sítio/fazenda", "Assistir a filme" e "Praticar esporte".

Em outras estão incluídas duas atividades praticadas, cada qual por apenas1 pesquisado, representando 5,0 % da amostra alcançada que são: "Passear na natureza" e "Ir a restaurante".

TABELA 23.9 Quais são, especificamente, as atividades coletivas praticadas pelos participantes?

Atividades Coletivas	Frequência (%)*
Reunir os amigos	20,0
Passear com a família	10,0
Visitar sítio/fazenda	10,0
Assistir a filmes	10,0
Praticar esporte	10,0
Outras[+]	10,0
BASE[#]	20

*As categorias não são exaustivas. A soma das porcentagens é menor que 100 %.
[+]Em Outras estão compreendidas cinco atividades praticadas, cada qual por apenas 1 pesquisado, representando 5,0 % da amostra.
[#]Quantidade de participantes.

Estudando-se a significância estatística das diferenças de opções de lazer de que lançam mão os participantes, tomadas duas a duas, verifica-se que não são significantes.

4. Qual é o seu maior Medo/Receio nos tempos atuais?

Foram consideradas quatro categorias abrangentes, mostradas na Tabela 23.10.

TABELA 23.10 Qual o seu maior Medo/Receio nos tempos atuais, independentemente de sexo

Medos/Receio nos Tempos Atuais	Frequência
Situação profissional	17
Violências	9
Dependência financeira	4
Morte	4
BASE#	20

#Quantidade de participantes.

Observa-se que, nos tempos atuais, há mais Medos/Receios entre os participantes a respeito da "Situação Profissional"(17 citações), seguidos dos relativos a "Violência" (9 citações). Aparecem em menor quantidade quatro citações em cada Medo/Receio a respeito de "Dependência Financeira" e da "Morte".

A Tabela 23.11 mostra, especificamente, "Quais são os Medos/Receios" a Respeito da Situação Profissional.

TABELA 23.11 Quais são, especificamente, os Medos/Receios no tocante a situação profissional?

Medos/Receios	Frequência (%)*
Desemprego	15,0
Concorrência profissional	10,0
Não exercer a profissão	10,0
Outros+	50,0
BASE#	20

*As categorias não são exaustivas. A soma das porcentagens é menor que 100 %.
+A categoria Outras compreende dez atividades diferentes, cada qual representando apenas 5 % dos participantes.
#Quantidade de participantes.

Observa-se que o Medo/Receio mais sentido pelos psicólogos recém-formados é quanto ao "Desemprego" (15,0 % dos participantes). Os menos sentidos são, com a mesma participação (10,0 % cada), a "Concorrência profissional" e "Não exercer a profissão".

As dez atividades incluídas na categoria OUTROS são: "Não ser excelente profissional", "Não ser reconhecido profissionalmente", "Não realizar projetos profissionais","Falta de trabalho digno", "Não conseguir realizar o que vem estudando", "Não desenvolver o trabalho de maneira certa","Comprometer a carreira profissional", "Não conseguir realizar e priorizar atividades", "Parar de se atualizar"e "Ser imediatista".

A Tabela 23.12 mostra, especificamente, "Quais Medos/Receios" são sentidos no tocante a "Violência".

TABELA 23.12 Medos/Receios especificamente sentidos no tocante à violência

Medos/Receios	Frequência (%)*
Violência	15,0
Ser assaltado	10,0
Outras+	20,0
BASE#	20

*As categorias não são exaustivas. A soma das porcentagens é menor que 100 %.
+A categoria Outros compreende quatro atividades diferentes, cada uma representando apenas 5 % dos participantes.
#Quantidade de participantes.

Observa-se que dos Medos/Receios especificamente sentidos no tocante a "Violência", o mais frequente é a "Violência em si" (15,0 % dos participantes). A ela se segue o Medo/ Receio de "Ser assaltado" (10,0 % dos participantes).

Os demais 4 Medos/Receios estão incluídos na categoria Outros: "Agressão/guerra", "Desrespeito ao homem", "Situação do país" e "Frieza espiritual".

Estudando-se a significância estatística das diferenças de participação dos Medos/Receios especificamente sentidos no tocante a Violência, verifica-se não serem significantes.

A Tabela 23.13 mostra "Quais são os Medos/Receios" a respeito da dependência financeira.

TABELA 23.13 Quais são, especificamente, os Medos/Receios no tocante à dependência financeira?

Medos/Receios	Frequência (%)*
Dependência financeira	5,0
Impossibilidade de pagar as contas	5,0
Enfrentar a miséria	5,0
Impossibilidade de entrar no mercado de trabalho	5,0
BASE#	20

*As categorias não são exaustivas. A soma das porcentagens é menor que 100,0 %.
#Quantidade de participantes.

Observa-se que Medo/Receio quanto à "Dependência financeira" são sentidos por relativamente poucos psicólogos recém-formados (apenas 5, 0 % deles) e que esses Medos/Receios são bastante variados, uma vez que apenas 5, 0 % dos participantes declararam sentir cada um dos citados.

A Tabela 23.14 mostra, especificamente "Quais são os Medos/Receios" sentidos no tocante à "Morte".

TABELA 23.14 Medos/Receios especificamente sentidos no tocante à morte

Medos/Receios	Frequência (%)*
Perder pessoas da família	15,0
Medo da morte	5,0
BASE#	20

*As categorias não são exaustivas. A soma das porcentagens é menor que 100,0 %.
#Quantidade de participantes.

Observa-se que, dos Medos/Receios especificamente sentidos no tocante à "Morte", o mais frequente é "Perder pessoas da família" (15,0 % dos participantes). A este se segue o Medo/Receio da "Própria morte"(5,0 % dos participantes).

Estudando-se a significância estatística das diferenças de participação dos Medos/Receios especificamente sentidos no tocante à morte, verifica-se não ser significante.

5. Qual o seu maior Medo/Receio para os tempos futuros?

Foram consideradas para essa pergunta três categorias abrangentes, mostradas na Tabela 23.15.

TABELA 23.15 Qual é o seu maior Medo/Receio para os tempos futuros, independentemente de sexo?

Medos/Receios	Frequência
Situação profissional/financeira#	21
Violências	15
Família	6
BASE	20

#Houve caso de frequência de mais de uma atividade individual pelo mesmo pesquisado.

Observa-se que, para os tempos futuros, há mais Medos/Receios entre os participantes a respeito da "Situação Profissional/Financeira", com 21 citações, seguido dos relativos a "Violência", com 15 citações. Aparecem em menor quantidade seis citações de Medos/Receios a respeito da "Família".

A Tabela 23.16 mostra, especificamente, quais são os Medos/Receios a respeito da situação profissional/financeira.

Observa-se que o Medo/Receio mais sentido pelos psicólogos recém-formados são "Não ser reconhecido profissionalmente", com 15,0 % dos participantes, seguido de "Desemprego", apontado por 15,0 % dos participantes. São menos sentidos, com igual participação (10,0 %), "Não conseguir tranquilidade financeira" e "Estagnar/parar no tempo".

A categoria Outros inclui dez atividades que são: "Medo de errar", "Passar necessidade", "Não conseguir exercer a profissão", "Ser expectador da vida", "Ter escolhido caminho errado", "Não conseguir persistir nos objetivos", "Não se realizar profissionalmente", "Não dar conta dos sonhos e projetos", "Não ampliar a visão das pessoas" e "Ficar para trás".

Estudando a significância estatística das diferenças de participação nos Medos/Receios a respeito da "Situação Profissional/Financeira", tomadas duas a duas, verifica-se que as diferenças de participação não são significativas.

TABELA 23.16 Quais são, especificamente, os Medos/Receios no tocante à situação profissional/financeira?

Medos/Receios	Frequência (%)*
Não ser reconhecido profissionalmente	20,0
Desemprego	15,0
Não conseguir tranquilidade financeira	10,0
Estagnar/parar no tempo	10,0
Outros[+]	50,0
BASE[#]	20

*As categorias não são mutuamente excludentes. A soma das porcentagens é maior que 100 %.
[+]A categoria Outros compreende 10 atividades diferentes, cada qual representando apenas 5,0 % dos participantes.
[#]Quantidade de participantes.

A Tabela 23.17 mostra, especificamente, quais são os Medos/Receios sentidos no tocante a "Violência".

TABELA 23.17 Medos/Receios especificamente sentidos no tocante à violência

Medos/Receios	Frequência (%)*
Violência	10,0
Desrespeito ao homem e sua dignidade	10,0
Outros[+]	55,0
BASE[#]	20

*As categorias não são exaustivas. A soma das porcentagens é menor que 100,0 %.
[+]A categoria Outros compreende 11 atividades diferentes, cada qual representando apenas 5,0 % dos participantes.
[#]Quantidade de participantes.

Observa-se que os Medos/Receios especificamente relacionados com tocante à Violência (10,0 % dos participantes) dos respondentes, e com a mesma participação, vêm "Violência" em si e "Desrespeito ao homem e a sua dignidade".

Na categoria Outros encontram-se 11 Medos/Receios que são: "Criminalidade", "Aumento da violência", "Desvalorização da vida", "Não solidariedade", "O ser humano destruir o outro", "Autodestruição do ser humano", "Escassez das fontes naturais", "Guerras", "Desrespeito ao ser humano", "Perda dos valores humanos" e "Perda de confiança no outro".

A Tabela 23.18 mostra, especificamente, quais são os Medos/Receios sentidos no tocante à "Família".

Observa-se que Medos/Receios no tocante à "Família" não são sentidos por muitos psicólogos recém-formados (apenas 30,0 % deles) e que esses Medos/Receios são bastante variados, uma vez que apenas 5,0 % dos participantes declararam sentir cada um dos Medos/Receios apontados.

6. Atividades Desenvolvidas na Área da Psicologia

A Tabela 23.9 apresenta a distribuição dos participantes pelas áreas em que desenvolvem atividades profissionais relacionadas com a Psicologia.

Observa-se que quase metade dos participantes (47,4 %) exerce atividade na área "Clínica/consultório", sendo seguida dos que exercem atividade na área "Organizacional" (36,8 %). As atividades desenvolvidas na área "Institucional" são da ordem de 15,8 % e, na área educacional, de 10,5 %.

TABELA 23.18 Medos/Receios especificamente sentidos no tocante à família

Medos/Receios	Frequência (%)*
Ficar sozinho	5,0
Não formar família	5,0
Não fornecer o melhor para os filhos	5,0
Filhos passarem maiores dificuldades	5,0
Sem tempo para a família	5,0
Não ver o sucesso dos filhos	5,0
BASE#	20

*As categorias não são exaustivas. A soma das porcentagens é menor que 100,0 %.
#Quantidade de participantes.

TABELA 23.19 Distribuição dos participantes pelas áreas de Psicologia em que desenvolvem atividades

Áreas	Frequência (%)*
Clínica/consultório	47,4
Organizacional	36,8
Institucional	15,8
Educacional	10,5
BASE#	19

*Um dos participantes não desenvolve atividade na área. As categorias não são mutuamente excludentes. A soma das porcentagens é maior que 100,0 %.
#Quantidade de participantes.

DISCUSSÃO DOS RESULTADOS

Os resultados obtidos neste estudo revelaram que pessoas do sexo feminino continuam a ser predominantes no curso de Psicologia, como apontaram diversas pesquisas anteriores. Muitos fatores têm contribuído para que tal fato ocorra, desde a emancipação da mulher do serviço doméstico até a sua inserção no mercado de trabalho, competindo com o homem em igualdade de condições. De certo, a taxa de matrícula de mulheres em cursos de nível superior vem crescendo nas últimas décadas, associada a fatores de socialização da mulher que as conduziram, como nos aponta Rosemberg (1984), "a privilegiar a área das ciências humanas em detrimento das técnicas ou exatas".

Outros dados que corroboram as pesquisas anteriores são que os recém-formados se situam na faixa etária de 25 a 29 anos, caracterizando profissionais jovens, e que o estado conjugal desses recém-formados é predominantemente o solteiro.

Observa-se que o lugar público mais frequentado pelos participantes é a instituição **Igreja**. Freud (1921, p. 89) já apontava que, "sob a influência da sugestão, os grupos também são capazes de elevadas realizações em forma de abnegação, desprendimento e devoção a um ideal". De fato, a Igreja configura-se desde a modernidade como um sistema que oferece uma boa dose de segurança à vida cotidiana, uma vez que a rotina cria novas formas de vulnerabilidade psicológica.

Por vulnerabilidade psicológica se entenda que é imposta ao homem a competição, fazendo com que ele tenha o outro como inimigo a ser superado, e o ideal de comunidade fica completamente comprometido. O dia a dia não é mais formado por "irmãos" em igualdade, mas a competitividade faz com que o ideal de compartilhamento fique comprometido. Segundo Enriquez (1994, p. 80), "a religião oferece ao indivíduo a oportunidade de se desembaraçar de seu narcisismo protetor e de suas mesquinharias cotidianas". Certamente a Igreja, através da religião, pode oferecer uma transcendência sobre as relações íntimas que os seres humanos, quando reunidos em comunidade, estabelecem com o Sagrado e com os irmãos.

Para as pessoas que frequentam a comunidade eclesiástica, pode ocorrer uma busca ao sentimento de coletividade, oposto ao sentimento de individualidade que se perpetua no cotidiano do homem pós-moderno. Segundo Enriquez (1994, p. 74), a comunidade a que o Homem pertence "assegura sua identidade, e pode livrar os homens do ódio inconsciente de si, jacente em todo ser humano, projetando-o nos outros; é assim que ela fornece a seus adeptos o sentimento de formar um nós".

A prevalência de lugares públicos em detrimento dos ambientes familiar e com amigos, como resposta dos participantes, pode indicar que esses participantes procuram evitar o desamparo que, no discurso freudiano, segundo Birman (1998, p. 43), "colocou a figura do desamparo, no fundamento do sujeito. Este agora assume uma feição trágica, marcado que seria pela finitude, pelo imprevisível, e sem ter qualquer garantia absoluta para se sustentar"; a igreja pode ser essa sustentação, proporcionando a comunidade que ampara, dando um sentido de pertencimento e de irmandade.

Quanto ao fato de a resposta de ficar em casa prevalecer sobre as demais, pode-se apontar a necessidade do sentimento de pertencimento, do aconchego do lar, que só não é significativo pelo fato de que a comunidade igreja é mais premente.

Em relação ao fato de as **atividades individuais** se sobressaírem entre as atividades coletivas, aponta-se que, ao se relacionar com o outro, o indivíduo tende a buscar o ponto de inter-relação entre suas crenças e valores que são intermediados pelo outro. Passar o tempo de que se dispõe em atividades isoladas pode se configurar como a concretização da incapacidade do homem pós-moderno de buscar vínculos significativos para com o outro.

Observa-se que o indivíduo produzido pela sociedade contemporânea (sendo ele também produtor da mesma) manifesta sentimentos vivenciais de desintegração do eu, assumindo atividades e, por conseguinte atitudes de passividade, seja assistindo a vídeos, seja assistindo à tevê, trocando a busca pelo outro ou as trocas de ideias e de percepções vivenciais pela passividade frente ao que a sociedade de consumo oferece, podendo resultar daí o comprometimento do destino da força pulsional que instiga a criatividade.

Tal comprometimento é enumerado por Freud (1915), ao afirmar que são "quatro os destinos da força pulsional no psiquismo: a passagem da atividade para a passividade, o retorno sobre a própria pessoa, o recalque e a sublimação", uma vez que, como afirma Birman (1998, p. 67), "o Outro seria fundamental para o estabelecimento dos destinos das pulsões", e a opção por atividades individuais não possibilita o encontro com o outro.

Pelas opções apresentadas nesta pesquisa, sobressai o comportamento em atividades individuais, o que ressalta o individualismo como centro do sujeito contemporâneo, contribuindo para o desaparecimento da alteridade como valor para dar lugar ao narcisismo, enaltecendo o próprio eu. Como afirma Birman (1998, p. 167), "o cuidado excessivo com o próprio eu se transforma assim em objeto permanente para a admiração do sujeito e dos outros, de tal forma que o sujeito realiza polimentos intermináveis para alcançar o brilho social". Isso pode explicar por que a área em que se observa o maior número de atuações da prática psicológica é a clínica, pelo *status* que a mesma possui no imaginário social do profissional autônomo.

Ressalta-se que o enaltecimento das atividades individuais em contraposição a atividades coletivas pode determinar o que Adler (1927, *apud* Hall, 1998, p. 23) conceituou como estilo de vida, ou seja, "a forma como a pessoa enfrenta seus problemas de vida", podendo comprometer o desenvolvimento do estilo de vida mais adequado ao homem apontado por Adler, que é o "socialmente útil", a pessoa ativa a serviço dos outros.

Ao privilegiar as atividades individuais, o Homem possibilita que haja maior predominância dos outros estilos de vida, ainda segundo Adler (1927, *apud* Hall, 1998, p. 123), seriam "o 'dominante', cuja pessoa tem muita atividade mas pouco interesse social; o 'obtentor', que espera que lhe deem tudo de que precisa; ou mesmo o 'evitante', que tenta não ser derrotado pelos problemas da vida, evitando os próprios problemas".

Contudo, no resultado apontado nas atividades exercidas especificamente quando se refere a atividades coletivas, o ato de namorar pode indicar a inclinação de que, mesmo havendo o enaltecimento de atividades individuais, busca-se a intimidade de um relacionamento a dois, mas não há, analisando-se socialmente, a preocupação com atividades que envolvam a família como um todo.

Semelhante dado é encontrado no que se refere às formas de lazer manifestadas pelos participantes, em que há também a predominância de **atividades individuais**, como ler livros e assistir a filmes em vídeo.

Observa-se que a atividade "ler livro" é vista como uma forma de lazer e não como a continuação da manutenção do cotidiano competitivo de que fazem parte, pois alguns dos participantes participam de cursos de especialização nos finais de semana.

É preciso que se ressalte que o conhecimento produzido pela ciência, como expõe Plastino (2001, p. 33), "não constitui a representação verdadeira do real ou de algum de seus estratos". Os participantes, ao optarem pela leitura de livros como forma de lazer, podem estar se ocultando atrás de um pseudo-saber, saber esse buscado através de livros como forma de conhecer a complexidade do real para assim poder dominá-lo e poder transformá-lo; portanto, quanto maior for a necessidade do Homem por conhecimento, mais racionais ficam os pensamentos e, em consequência, as atitudes e relações.

O lazer, que por definição possibilita ao Homem o tempo livre, o vagar, o ócio, é desprezado pelos participantes. Com tal atitude, os indivíduos ficam praticamente impossibilitados de praticar sua criatividade, abrindo mão da oportunidade do convívio em grupo, no qual pode haver um crescimento que possibilita o encontro de pessoas diferentes, que podem vir a questionar valores e emoções individuais e coletivas.

O ato de abrir mão da participação em atividades de grupo pode levar os indivíduos à exacerbação de uma defesa da proteção de suas feridas narcísicas, pois os membros pertencentes e participantes do grupo não querem correr o risco de vivenciar através do convívio coletivo, como afirma Anzieu (1984, p. 24), "os pontos fracos que preferem dissimular para si mesmos, e de desbotar sua própria imagem ideal que sustentam a grande custo".

Ao se verificar que o grupo, lugar privilegiado do sujeito, é relegado pelos participantes a um segundo plano, seguindo as formas vinculares pelo mesmo curso, observa-se que a pluralidade dos espaços, sejam da realidade psíquica ou das formas de subjetividade, também é relegada, pois nos grupos, como afirma Kaës (1997, p. 95), "conteúdos do inconsciente transitam de um sujeito a outro nas formas de vínculo e segundo mediações nada banais".

Por certo, as atividades em grupo podem ser encaradas como oportunidades de encontros entre as pessoas que poderão debater, questionar e vivenciar seus medos, anseios, valores e emoções. Pode-se pensar que o medo da vulnerabilidade se faz presente para os participantes, ou mesmo o medo do estrangulamento emocional que pode ser criado pela intimidade que o grupo pode proporcionar e, com isso, a opção por atividades individuais se sobressai.

Nas atividades coletivas aponta-se como resultado a reunião com os amigos, e esse dado vem corroborar os anteriores, que indicam que embora as atividades individuais se sobressaiam, há sim a busca pela proximidade, pelo aconchego, e a busca pelo sentimento de pertencimento. Contudo, como afirma Sennett (1976, p. 49), "qualquer relacionamento emocional somente pode ser significativo se for percebido como parte de uma rede de relações sociais, e não do 'solitário fim inexpressivo' do individualismo".

Quando se observa que os maiores medos quanto aos tempos atuais são o **desemprego** e a **concorrência profissional**, bem como a **violência**, conclui-se quanto a sociedade tecnológica contemporânea não possibilita maior segurança para aos indivíduos que a compõem.

Na sociedade pós-moderna, o indivíduo é reconhecido pelo sujeito que ele se torna, se auto-organizando significativamente, buscando com isso ser autônomo através do sentir-se produtivo.

O estar empregado assume o sentido de que se é melhor que o sujeito concorrente, que se adaptou melhor às regras do jogo social, mesmo que para isso tenha que resignificar suas relações, ou seja, no convívio com o chefe há o que se denomina a união entre o Ego e o Ideal.

Chasseguet-Smirgel (1973, p. 73) esclarece que "o chefe é aquele que ativa o antigo desejo de união do Ego e do Ideal. Ele é o promotor da Ilusão, aquele que faz refulgir diante dos olhos maravilhados dos homens, aquele pelo qual ela se cumprirá", a fusão primária à figura paterna. Os pressupostos de Bion (1961) podem auxiliar o entendimento, principalmente no que se refere a "dependência".

O estar empregado, submetido a um chefe, a um líder, pode proporcionar ao funcionário o poder de transferir para esse chefe as projeções dos aspectos desejados do seu próprio ego na figura desse líder.

O medo do desemprego também se configura como uma falha do indivíduo no que se refere à realização tanto do Ego ideal como do Ideal de Ego, podendo ocasionar nos indivíduos possíveis transtornos da personalidade narcisista, oriundos do medo de que sejam reveladas suas falhas e imperfeições, uma vez que, ao não corresponder à demanda do Ego Ideal, o indivíduo pode, segundo Zimerman (2001, p. 115), facilmente sentir "depressão e humilhação", bem como poderá ser acometido "de sentimento de vergonha, quando não consegue corresponder às expectativas dos outros, que passam a ser também as suas".

No que se refere à violência, é o reflexo de uma sociedade cujos valores estão sendo expurgados. A vida de muitos indivíduos se tornou vazia e, por conseguinte, eles não alimentam esperanças de dias melhores, o que pode comprometer a vida de outras pessoas também, pois, como afirma Tocqueville (1835), "cada pessoa, mergulhada em si mesma, comporta-se como se fora estranha ao destino de todas as demais. Seus filhos e seus amigos constituem para ela a totalidade da espécie humana".

A quinta pergunta norteadora sobre o maior Medo/Receio quanto aos tempos futuros aponta como respostas a área **profissional/financeira** e a **violência**. Uma vez mais os participantes podem estar demonstrando a preocupação com a imagem social, sua projeção de sucesso.

Tal discurso aponta para a possibilidade, caso fracassem profissionalmente, da instauração da culpa, que advém do superego, pois uma possível ameaça de infelicidade externa pode ser permutada por uma permanente infelicidade interna. Como afirma Freud (1930, p. 90), "cada agressão de cuja satisfação o indivíduo desiste é assumida pelo superego e aumenta a agressividade deste contra o ego".

Ao abrir mão de sua autêntica realização pessoal por meio do exercício de sua profissão, o indivíduo passa a perpetuar estados de isolamento, negligenciando as relações e os vínculos afetivos.

Há a premência de relações baseadas no egoísmo e não no enaltecimento do sentimento altruísta, e esse fato pode levar à concretização das palavras pessimistas dirigidas ao Homem por Freud (1930, p. 112), de que "não teriam dificuldades em se exterminarem uns aos outros, até o último homem".

Ao projetarem no futuro o medo do desemprego, os participantes podem estar querendo se prevenir contra a dor da rejeição, do abandono, da ansiedade, da falta de confiança (em si e na sociedade), de esperança e de coragem, que são o tripé para o comprometimento da restauração da confiança básica enunciada por Erikson (1997) e que ecoa em Winnicott (1965, 1979).

Talvez estejam nesse medo futuro as bases para as relações vinculares comprometidas em que vivem atualmente os indivíduos. Como afirma Pichon-Rivière (1980, p. 80), "quando a ansiedade básica é a angústia agora fóbica, ou seja, o temor ante o espaço aberto, o sujeito não avança no conhecimento nem no aprendizado". Ressalte-se que esse conhecimento é o conhecimento do Outro, sujeito que compartilha momentos e situações que possibilitem o aprendizado de vínculos e emoções significativas.

O medo da violência se faz presente mais uma vez, reflexo da atual sociedade em que vivemos, assim como o desrespeito ao homem e sua dignidade. Diversos são os medos apresentados pelos pesquisados que foram colocados na categoria "Outros". Os medos no tocante à família também obtiveram muitas respostas.

Finalmente, os dados mostraram que a área de atuação com maior número de recém-formados continua a ser a área **clínica**.

Conforme apontamos na introdução deste trabalho, e corroborando esses resultados, Sampaio (1998, p. 35) e Zanelli (2002, p. 38) expõem que a área clínica sempre se configurou como a área de maior empregabilidade de psicólogos.

Diante de uma sociedade pós-moderna que não possibilita encontros e relações significativas e significantes, pode-se ver de maneira quase natural os psicólogos fazerem da prática psicoterapêutica uma atuação individual, pois as demais áreas apontadas nos dados obtidos exigem a integração com outras áreas afins; exige o compartilhamento de ideias, objetivos, confrontos e, principalmente, de relacionamentos.

Com a prática clínica sendo ainda mais valorizada, a despeito de tudo que já se tem escrito, essa opção "trabalhador na clínica" vem ao encontro do enaltecimento do comportamento narcísico tão comum na sociedade pós-moderna. Como afirma Freud (1914), "o narcisismo, nesse sentido, não seria uma perversão, mas sim o complemento libidinal do egoísmo da pulsão de autoconservação; egoísmo que atribuímos justificadamente, em certa medida, a todo ser vivo".

Faz-se necessário ressaltar que a área de atuação em Psicologia Organizacional e do Trabalho vem crescendo. O último relatório do Conselho Federal de Psicologia (2001) indica que outras áreas também têm recebido a atuação de psicólogos, tais como as áreas de trânsito, jurídica e do esporte, apontando que a Psicologia, como ciência e profissão, pode deixar de lado o modelo médico e engajar-se no social. Isso oferece aos recém-formados uma chance de não se preocuparem em participar da sociedade do espetáculo em que se transformou o dia a dia das pessoas, não tendo de perpetuar o que Fromm (1976, 1989) designa ser "o modo ter de existir".

Outra necessidade dessa sociedade tem sido exigir cada vez mais que os profissionais mantenham sua alta performance, remetendo ao que Birman (1998, p. 168) chama de "psicopatologia da pós-modernidade", que se caracteriza como sendo "certas modalidades privilegiadas de funcionamento psicopatológico nas quais é sempre o fracasso do indivíduo em realizar a glorificação do eu e a estetização da existência" que se fazem presentes do cotidiano das pessoas.

Diante das cobranças impostas aos recém-formados e da necessidade que a sociedade tem de vê-los com sucesso, pois também se beneficia dessa condição, conclui-se que as vivências afetivas dos recém-formados em Psicologia são pautadas pelo individualismo das ações narcísicas, e seus vínculos afetivos merecem ser repensados no sentido de uma busca maior de atividades em grupo e coletivas.

O medo no presente referente à situação profissional, através do receio do desemprego, ou o comprometimento no futuro da situação profissional/financeira, atrelado ao medo de não ser reconhecido profissionalmente, pode estar incentivando esses recém-formados a se individualizarem cada vez mais, contribuindo para que a prática clínica ainda desponte como área de maior interesse para a atuação profissional.

CONSIDERAÇÕES FINAIS

Após o estudo das vinculações manifestas por ex-alunos do curso de Psicologia em seu cotidiano, um ano depois de formados, chega-se à conclusão de que mesmo um curso como o de Psicologia, no qual as relações humanas e afetivas são enaltecidas e há, independentemente da grade curricular que as instituições possam ter, grande número de disciplinas que visam a promoção do ser humano, os participantes manifestaram atitudes de individualismo, isolamento e narcisismo.

Pode-se apontar que as experiências relacionais não são vivenciadas no sentido do encontro com o outro, possibilitando a inter-relação e o fortalecimento de vínculos significantes e significativos mas, pelo contrário, seja em atividades para "passar" o tempo, seja nas formas de lazer adotadas pelos participantes, predominam as atividades individuais em detrimento daquelas que possibilitariam trocas afetivas e interação grupal.

Compreende-se que os aspectos da vida afetiva cotidiana desses psicólogos podem não possibilitar que haja um repensar de suas relações, lugares que frequentam e atividades coletivas que possam ser desenvolvidas para que haja maior interação entre os mesmos e seus pares.

No nível do imaginário, os medos atuais e futuros podem estar alicerçados na manifestação da insegurança no que diz respeito à confiança básica e à confiabilidade no ser humano. Pode-se observar que o lugar mais frequentado por esses psicólogos é a igreja, que oferece a todos que lá comparecem o sentido de unidade, resgatando a irmandade, a confiança e o amor, sentimentos que, na sociedade contemporânea, podem estar sendo observados por muitos como ilusórios.

É passível de enaltecimento a predominância da área clínica na atuação dos recém-formados, o que é condizente com o resultado dos lugares que frequentam, com a maneira como passam o tempo e com as formas de lazer que adotam: atividades solitárias, individuais.

Qualidade na Análise de Conteúdo

Como expõe Bauer (2000, p. 203s), "a metodologia da Análise de Conteúdo possui um discurso elaborado sobre a qualidade, sendo suas preocupações-chave a fidedignidade e a validade, [...] [às quais] acrescento coerência e transparência". Não há dúvidas de que muitas fraquezas foram ressaltadas no que se refere à Análise de Conteúdo, mas acredito que, tomando as devidas precauções éticas e metodológicas, o pesquisador que se utiliza dessa ferramenta poderá cumprir a contento a sua tarefa.

Penso ainda que, seguindo as orientações de Bardin, a organização da análise deverá basear-se na pré-análise, na exploração do material e no tratamento dos resultados, utilizando o pesquisador de sua inferência e interpretação, respaldado pelos juízes.

Queremos crer ter contribuído para que a Análise de Conteúdo possa ser vista como a reconstrução do sentido de um conteúdo; conteúdo esse que muitas vezes não é entendido nem por quem o prefere nem por quem o recebe.

Finalizo com Lacan, ao dizer que "as palavras têm vários sentidos, e os sentidos têm várias palavras". A Análise de Conteúdo tem este objetivo último: dar sentido às palavras.

REFERÊNCIAS

ADLER, A. **A Ciência da Natureza Humana.** Trad. Godofredo Rangel e Anísio Teixeira. 6.ª ed. São Paulo: Companhia Editora Nacional, 1927.

ALVES-MAZZOTTI, A. J.; GEWANDSZNAJDER, F. **O Método nas Ciências Naturais e Sociais** – pesquisa quantitativa e qualitativa. 2.ª ed. São Paulo: Thomson, 1998.

AMARAL, M. do. **O Espectro de Narciso na Modernidade** – de Freud a Adorno. São Paulo: Estação Liberdade, 1997.

ANASTASI, A.; URBINA, S. **Testagem Psicológica.** Trad. Heloída Stefan. 7.ª ed. Porto Alegre: Artes Médicas Sul, 1997.

ANDERSON, P. **As Origens da Pós-Modernidade.** Trad. Marcus Penchel. Rio de Janeiro: Jorge Zahar, 1998.

ANTUNES, M. A. M. Sobre a formação de psicólogos. **Psicologia da Educação,** 5, 2 semestre, p. 35-56, 1997.

ANZIEU, D. **O Grupo e o Inconsciente:** o imaginário grupal. Trad. Anette Fuks e Hélio Gurovitz. São Paulo: Casa do Psicólogo, 1984.

ARENDT, H. **Entre o Passado e o Futuro.** Trad. Mauro W. B. de Almeida. São Paulo: Ed. Perspectiva, 1954.

AUGÉ, M. **Não Lugares** – introdução a uma antropologia da supermodernidade. Trad. Maria Lúcia Pereira. 2.ª ed. Campinas: Papirus, 1992.

AZERÊDO, S. M. da M. O político, o público e a alteridade como desafios para a psicologia. **Psicologia, Ciência e Profissão,** 22 (4), p. 14-23, 2002.

BARBOSA, R. M.; SIGELMANN, E. Desafios à formação do psicólogo: complexidade e interdisciplinaridade. **Arquivos Brasileiros de Psicologia,** 53, 2, p. 7-22, 2001.

BARRETO, M. F. M. **Psicólogos:** a formação e o exercício profissional. Tese. Pontifícia Universidade Católica de Campinas, 1999.

BAUDRILLARD, J. **A Sociedade de Consumo.** Trad. Artur Morão. Lisboa: Edições 70, 1980.

_____. **Senhas.** Trad. Maria Helena Kuhner. Rio de Janeiro: Difel, 2000.

BAUER, M. W.; GASKELL, G. **Pesquisa Qualitativa com Texto, Imagem e Som** – um manual prático. Trad. Pedrinho A. Guareschi. 3.ª ed. Petrópolis: Vozes, 2002.

BAUMAN, Z. **Modernidade e Ambivalência.** Trad. Marcus Penchel. Rio de Janeiro: Jorge Zahar, 1991.

_____. **O Mal-Estar da Pós-Modernidade.** Trad. Mauro Gama. Rio de Janeiro: Jorge Zahar, 1997.

_____. **Globalização** – as consequências humanas. Trad. Marcus Penchel. Rio de Janeiro: Jorge Zahar, 1998.

_____. **Em Busca da Política.** Trad. Marcus Penchel. Rio de Janeiro: Jorge Zahar, 1999.

_____. **Modernidade Líquida.** Trad. Plínio Dentzien. Rio de Janeiro: Jorge Zahar, 2000.

BETTOI, W.; SIMÃO, L. M. Profissionais para Si ou para Outros?: algumas reflexões sobre a formação dos psicólogos. **Psicologia, Ciência e Profissão,** 20 (2), p. 20-31, 2000.

BION, W. R. **Experiências com Grupos:** os fundamentos da psicoterapia de grupo. Trad. Walderedo I. de Oliveira. 2.ª ed. Rio de Janeiro: Imago, 1961.

BIRMAN, J. **Mal-Estar na Atualidade** – a psicanálise e as novas formas de subjetivação. Rio de Janeiro: Civilização Brasileira, 1998.

BOCK, A. N. B. Formação do Psicólogo: um debate a partir do significado do fenômeno psicológico. **Psicologia, Ciência e Profissão**, 17, (2), 37-42, 1997.

BRANCO, M. T. C. Que Profissional Queremos Formar? **Psicologia, Ciência e Profissão,** 18 (3), p. 28-35, 1998.

CARVALHO, A. M. A. Modalidades Alternativas de Trabalho para Psicólogos Recém-Formados. **Cadernos de Análise do Comportamento**, v. 6, p. 1-14, 1984.

_____. Atuação psicológica: alguns elementos para uma reflexão sobre os rumos da profissão e da formação. **Psicologia, Ciência e Profissão,** ano 4, v. 2, p. 7-9, 1984.

_____. Formação Profissional e Atuação do Psicólogo: alguns dados a respeito de relações entre atividades extracurriculares desempenhadas por alunos de Psicologia e condições de atuação após a formatura. **Boletim de Psicologia,** 36 (85):31-39, 1986.

CARVALHO, A. M. A.; KAVANO, E. A. Justificativas de Opção por Área de Trabalho em Psicologia: uma análise da imagem da profissão em psicólogos recém-formados. **Psicologia,** v. 8 (3), p. 1-18, 1982.

CHARAUDEAU, P.; MAINGUENEAU, D. **Dicionário de Análise do Discurso.** Trad. Fabiana Komesu. São Paulo: Contexto, 2004.

CHASSEGUEL-SMIRGEL, J. **O Ideal do Ego.** Trad. Francisco Vidal. Porto Alegre: Artes Médicas, 1973.

CHAUÍ, M. Público, Privado, Despotismo. In: NOVAES, A. **Ética.** São Paulo: Companhia das Letras, p. 345-390. 1992.

CONSELHO FEDERAL DE PSICOLOGIA – Pesquisa Who, 2001. www.crp.org.br. Acessado em: 2 de maio de 2003.

DEL PRETTE, Z. P.; DEL PRETTE, A. Competência Técnica *versus* Compromisso Político: um dualismo sustentável na psicologia? **Psicologia, Ciência e Profissão,** 2, mar-abr, 1990.

DESSUANT, P. **O Narcisismo.** Trad. Ricardo Luiz Salily. Rio de Janeiro: Imago, 1983.

DICK, P. K. **Blade Runner** – perigo iminente. Trad. Raquel Martins. Portugal: Publicações Europa-América, 1968.

EAGLETON, T. **As Ilusões do Pós-Modernismo.** Trad. Elisabeth Barbosa. Rio de Janeiro: Jorge Zahar, 1996.

ENRIQUEZ, E. O Papel do Sujeito Humano na Dinâmica Social. Em LEVY, A. et al. **Psicossociologia:** análise e intervenção. Petrópolis: Vozes, 1994. p. 24-40.

ERIKSON, E. H. **O Ciclo de Vida Completo** – versão ampliada . Trad. Maria Adriana V. Veronese. Porto Alegre: Artes Médicas, 1997.

FREUD, S. **O Mal-Estar na Civilização.** Trad. José O. A. Abreu. Rio de Janeiro: Imago, 1930.

_____. **Psicologia de Grupo e Outros Trabalhos.** Trad. Christiano M. Oiticica. Rio de Janeiro: Imago, 1921.

_____. **Metapsicologia.** Trad. Christiano M. Oiticica. Rio de Janeiro: Imago, 1915.

_____. **Sobre o Narcisismo.** Trad. Christiano M. Oiticica. Rio de Janeiro: Imago, 1914.

FROMM, E. **Ter ou Ser?** Trad. Nathanael C. Caixeiro. 4.ª ed. Rio de Janeiro: Editora Guanabara, 1976.

_____. **Do Ter ao Ser.** Trad. Lucia Helena S. Barbosa. São Paulo: Manole, 1989.

GRUBITS, S.; NORIEGA, J. A. V. **Método Qualitativo** – epistemologia, complementaridades e campos de aplicação. São Paulo: Vetor 2004.

HALL, C. S.; LINDZEY, G.; CAMPBELL, J. B. **Teorias da Personalidade.** Trad. Maria A. V. Veronese. 4.ª ed. Porto Alegre: Artes Médicas Sul, 1998.

HARVEY, D. **Condição Pós-Moderna** – uma pesquisa sobre as origens da mudança cultural. Trad. Adail U. Sobral e Maria S. Gonçalves. 4.ª ed. São Paulo: Edições Loyola, 1989.

HERMANN, F.; LOWENKRON, T. **Pesquisando com o Método Psicanalítico.** São Paulo: Casa do Psicólogo, 2004.

JERUSALINSKY, A. et al. **O valor Simbólico do Trabalho** – e o sujeito contemporâneo. Porto Alegre: Associação Psicanalítica de Porto Alegre, 2000.

KAËS, R. **O grupo e o Sujeito do Grupo** – elementos para uma teoria psicanalítica do grupo. Trad. José de Souza e Mello Werneck. São Paulo: Casa do Psicólogo, 1997.

KLEIN, M. Sobre a Teoria da Ansiedade e da Culpa (1948). Em: **Inveja e gratidão e outros trabalhos (1946-1963).** 2.ª ed. Trad. Elias Mallet da Rocha e col. Rio de Janeiro: Imago, 1991.

LAVILLE, C.; DIONNE, J. **A Construção do Saber** – manual de metodologia da pesquisa em ciências humanas. Trad. Heloísa Monteiro e Francisco Settineri. Porto Alegre: Editora Artes Médicas Sul.

LIPOVETSKY, G. **A Era do Vazio** – ensaio sobre o individualismo contemporâneo. Trad. Miguel Serras Pereira e Ana Luísa Faria. Portugal: Antropos, 1983.

LYON, D. **Pós-Modernidade.** Trad. Euclides Luis Calloni. São Paulo: Paulus, 1998.

MAY, R. **O homem à Procura de Si Mesmo.** Trad. Áurea B. Weissenberg. 13.ª ed., Petrópolis: Vozes, 1953.

MORIN, E. A Noção de Sujeito. In: SCHNITMAN, D. F. (org). **Novos Paradigmas, Cultura e Subjetividade.** Porto Alegre: Artes Médicas, p. 45-56.

MOURA, E. P. G. de. A Psicologia (e os Psicólogos) que Temos e a Psicologia que Queremos: reflexões a partir das propostas de diretrizes curriculares (MEC/Sesu) para os cursos de graduação em psicologia. **Psicologia, Ciência e Profissão,** 19 (2), p. 10-19, 1999.

NEVES, M. M. B. da J.; ALMEIDA, S. F. C. de; CHAPERMAN, M. C. L.; BATISTA, B. de P. Formação e Atuação em Psicologia Escolar: análise das modalidades de comunicações nos congressos de psicologia escolar e educacional. **Psicologia, Ciência e Profissão,** 22, (2), p. 2-11. 2002.

NICOLIETO, J.; BASTOS, J. R. de M. Satisfação Profissional do Cirurgião-Dentista Conforme Tempo de Formado. **Revista da Faculdade de Odontologia de Bauru,** 10 (2): 69-74, abr-jun. 2002.

OVÍDIO. Narciso e Eco. Em: **Metamorfoses.** Rio de Janeiro: Tecnoprint, 1983.

OZELLA, S. Alguns Estudos sobre a Formação do Psicólogo – 1974-1994. **Psicologia da Educação,** 5, 2.º semestre, 1997. p. 57-71.

PALAHNIUK, C. **Clube da Luta.** Trad. Vera Caputo. São Paulo: Editora Nova Alexandria, 1996.

PARDO, M. B. L.; MANGIERI, R. H. C.; NUCCI, M. S. A. Construção de um Modelo para Análise da Formação Profissional do Psicólogo. **Psicologia, Ciência e Profissão,** 18 (3), p. 14-21, 1998.

PICHON-RIVIÈRE, E. **Teoria do Vínculo**. Trad. Eliane T. Zamikhouwsky. 6.ª ed. São Paulo: Martins Fontes, 1980.

PIRANDELLO, L. **Um, Nenhum e Cem Mil**. Trad. Maurício Santana Dias. São Paulo: Cosac & Naify Edições, 1926.

PLASTINO, C. A. **O Primado da Afetividade** – a crítica freudiana ao paradigma moderno. Rio de Janeiro: Relume-Dumará, 2001.

ROSEMBERG, F. Afinal, por que Somos Tantas Psicólogas? **Psicologia, Ciência e Profissão,** 4 (1), p. 6-12, 1984.

ROUSSEAU, J. J. **Os Devaneios do Caminhante Solitário**. Trad. Henrique de Barros. São Paulo: Edições Cotovia, 1982.

SAMPAIO, J. dos R.; GOULART, Í. B. **Psicologia do Trabalho e Gestão de Recursos Humanos:** estudos contemporâneos. São Paulo: Casa do Psicólogo, 1998.

SEARLE, J. R. **Expressão e Significado** – estudos da teoria dos atos da fala. Trad. Ana Cecília G.A. de Camargo e Ana Luiza Marcondes Garcia. São Paulo: Martins Fontes, 1979.

SENNETT, R. **A Corrosão do Caráter** – consequências pessoais do trabalho no novo capitalismo. Trad. Marcos Santarrita. 5.ª ed. Rio de Janeiro: Record, 1998.

_____. **Autoridade**. Trad. Vera Ribeiro. Rio de Janeiro: Record, 1980.

_____. **O Declínio do Homem Público:** as tiranias da intimidade. Trad. Lygia Araújo Watanabe. 7.ª reimpressão. São Paulo: Companhia das Letras, 1976.

SILVA, T. T. da. **Pan-Óptico**- Jeremy Bentham. Belo Horizonte: Autêntica, 2000.

SILVA, G. G. da; CAMPOS, L. F. L. Caracterização dos Alunos Ingressantes em Dois Cursos Recém-Abertos de Psicologia: um estudo comparativo sobre suas características, opiniões e expectativas. **Estudos de Psicologia,** N.º 2, maio-agosto, p. 92-110, 1992.

STRONGMAN, K. T. **A Psicologia da Emoção**. Trad. José Nunes de Almeida. Lisboa: Climepsi Editores, 1998.

TARNAS, R. **A Epopeia do Pensamento Ocidental** – para compreender as ideias que moldaram nossa visão de mundo. Trad. Beatriz Sidou. Rio de Janeiro: Bertrand Brasil, 1991.

TAYLOR, C. **As Fontes do Self** – a construção da identidade moderna. Trad. Adail U. Sobral e Dinah de A. Azevedo. São Paulo: Ed. Loyola, 1989.

TERZIS, A. I. A Importância da Cultura Grega na Construção dos Vínculos. **Estudos de Psicologia,** 14 (2), p. 81-84, 1997.

TOCQUEVILLE, A. de. **A Democracia na América.** Trad. Leônidas Gontijo et al. 3.ª ed. São Paulo: Abril Cultural, 1835.

TOURAINE, A. **Poderemos Viver Juntos?:** iguais e diferentes. Trad. Jaime A. Clasen e Ephraim A. Alves. Petrópolis: Vozes, 1997.

VALÉRY, P. **Introdução ao Método de Leonardo da Vinci.** Trad. Geraldo Gérson de Souza. São Paulo: Editora 34, 1919.

VEIGA, F. D. da. **O Aprendiz de Liberdade.** São Paulo: Companhia das Letras, 2000.

WILLIAMS, L. C. de A. A Atuação do Psicólogo em um Mundo Globalizado. A experiência de uma década de trabalho no Canadá. **Psicologia, Ciência e Profissão,** 19 (3), p. 32-39, 1999.

WINNICOTT, D. W. **O Ambiente e os Processos de Maturação** – estudos sobre a teoria do desenvolvimento emocional. Trad. Irineo C. S. Ortiz. Porto Alegre: Artes Médicas, 1979.

_____. **A Família e o Desenvolvimento Individual.** Trad. Marcelo B. Cipolla. São Paulo: Martins Fontes, 1965.

ZANELLI, J. C. **O Psicólogo nas Organizações de Trabalho.** Porto Alegre: Artmed, 2002.

ZIMMERMAN, D. E. **Fundamentos Psicanalíticos** – teoria, técnica e clínica – uma abordagem didática. Porto Alegre: Artmed, 1999.

_____. **Vocabulário Contemporâneo de Psicanálise**. Porto Alegre: Artmed Editora, 2001.

FILMES

BLADE Runner. Direção: Ridley Scott. Produção Michael Deeley. Intérpretes: Harrison Ford; Rutger Hauer; Sean Young e outros. Roteiro: Hampton Fancher e David Peoples. Música: Vangelis. Los Angeles: Warner Brothers, c.1991. 1 DVD (117 min), widescreen, color. Produzido por Warner Video Home. Baseado na novela "Do androids dream of electric sheep?", de Philip K. Dick.

CUBO, O. Direção: Vicenzo Natali. Produção: Canadá 1999. Intérpretes: Nicole DeBoer, Nicky Guadagni e outros. Roteiro: André Bijelic, Vicenzo Natali e Graeme Manso. Música: Mark Korven. EUA, Imagem Filmes. c1999. 1 DVD (90 min), son., color.

HOMEM de Família, Um. Direção: Brett Ratner. Produção: Marc Abraham, Tony Ludwing, Alan Riche e Howard Rosenman. Intérpretes: Nicolas Cage, Téa Leoni e outros. Roteiro: David Diamond e David Weissman. Música: Danny Elfman. EUA, Beacon Pictures/Howard Rosenman Productions/Riche-Ludwig Productions, c2000. 1 DVD (125 min).

MAGNÓLIA. Direção Paul Thomas Anderson. Produção: Paul Thomas Anderson e Joanne Sellar: Intérpretes: Pat Healy, Tom Cruise, Melinda Dillon e outros. Roteiro: Paul Thomas Anderson. Música: Jon Brion, Fiona Apple e Aimee Mann. EUA: New Line Cinema, c1999. 1 DVD (180 min).

NÁUFRAGO, O. Direção: Robert Zemeckis. Produção: Tom Hanks, Jack Rapke, Steve Starkey e Robert Zemeckis. Intérpretes: Tom Hanks, Helen Hunt e outros. Roteiro: Wlliam Broyles Jr. Música: Alan Silvestri. EUA: DreamWorks SKG/20th Century Fox/ Image Movers, c2000. 1 DVD (143 min).

RELAÇÃO Pornográfica, Uma. Direção: Frédéric Fonteyne. Produção: Patrick Quinet, Rolf Schmid e Claude Waringo. Intérpretes: Nathalie Baye, Sergi Lopes, Jacques Viala e Paul Pavel. Roteiro: Philippe Blasband. Música: André Dziezuk, Marc Mergen e Jeannot Sanavia. França: ARP Sélection/ Artémis Production/ Fama Film/ Le Studio Canal +, c1999. 1 DVD (80 min).

24

CAPÍTULO

A etnometodologia aplicada à pesquisa qualitativa em psicologia e educação

CLÉIA M. DA LUZ RIVERO

Por muito tempo acreditou-se que os fenômenos educacionais poderiam ser explicados através da pesquisa analítica, de cunho quantitativo. Hoje, porém, percebe-se que esses resultados não conseguem extrair uma compreensão maior da prática social, tendo em vista as inúmeras características a serem desveladas em cada fenômeno que depende, inclusive, do momento e do lugar em que ocorre.[1]

Um dos desafios da pesquisa educacional é, portanto, captar o dinamismo dessa realidade, desvencilhando a complexidade do seu objeto de estudo em sua realidade histórica. O fluxo linear da pesquisa já não responde à percepção do pesquisador atual, pois o que ocorre em educação é, quase sempre, a múltipla ação das variáveis do fenômeno, agindo e interagindo ao mesmo tempo.

Por sua complexidade, os fenômenos humanos e sociais distanciam-se das características dos fenômenos físicos e biológicos, o que justifica a busca de uma maior e mais ampla flexibilidade metodológica.

Acreditava-se também na perfeita separação entre o sujeito da pesquisa, o pesquisador e seu objeto de estudo e, ainda, na necessidade de o pesquisador manter-se o mais afastado possível desse objeto, para que seus valores e suas preferências não influenciem o ato de conhecer.[2]

Em educação, assim como em todos os campos das ciências sociais, compreende-se que não é bem assim que o conhecimento se processa. O conhecimento necessita da interrogação do pesquisador, o acumulado da teoria que conhece a respeito do assunto, interagindo como suporte na construção do conhecimento sobre o objeto de estudo, em sua realidade histórica.

Na pesquisa educacional, quase sempre é a múltipla ação das variáveis do fenômeno, agindo e interagindo ao mesmo tempo, que faz com que o pesquisador possa extrair de suas análises conclusões ou caminhos alternativos capazes de apontar novas propostas que levem à compreensão, inovação, definição ou esclarecimento de determinadas situações.

Entre as abordagens que surgem para se sobrepor à pesquisa positivista estão metodologias diferentes, na tentativa de superar limitações até então sentidas na pesquisa em educação, principalmente quando se parte para a análise do conhecimento escolar ou para qualquer outro alvo, no qual o pesquisador deve colocar-se necessariamente no meio da cena investigada.[3]

---

[1] A pesquisa quantitativa tipicamente emprega delineamentos experimentais ou correlatos para reduzir erros, vieses e outros ruídos que impedem a clara concepção dos fatos sociais, enquanto o protótico do estudo qualitativo é a etnografia [...]. O pesquisador quantitativo é desprendido para evitar viés, enquanto o pesquisador qualitativo fica imerso no fenômeno de interesse (Firestone, 1987, p. 16-17).

[2] André, Marli E. D. A. *Etnografia da Prática Escolar*. Campinas: Papirus, 1995.

[3] André, Marli E. D. A. A abordagem etnográfica: uma nova perspectiva na avaliação educacional. *Tecnologia Educacional*, ABT, n.º 24, set./out. 1978.

ENFOQUES QUALITATIVOS DA PESQUISA

A pesquisa qualitativa se caracteriza pelos enfoques definidos como pesquisa participativa, a pesquisa ação, a pesquisa etnográfica, o estudo de caso. Embora já exista disponível alguma literatura, não temos conhecimento de uma obra que reúna informações técnicas a respeito de princípios capazes de permitir que tais metodologias possam apresentar-se com uma identidade bem mais definida, e não apenas como um enfoque dentro da pesquisa denominada *qualitativa*.

Por essa razão, neste trabalho procuramos detalhar a etnometodologia, pelo que representa hoje para a pesquisa educacional e pelos estudos e experiências já comprovadas entre os pesquisadores na área dos Fundamentos da Educação (Sociologia, Psicologia, Filosofia etc.), assim como na própria Ciência da Educação.

De modo geral, pode-se dizer, do ponto de vista epistemológico, que as ciências sociais representam o problema filosófico das relações entre o pensamento e a ação da vida social, isto é, que põe em questão a própria estrutura da objetividade, particularmente na sociologia, considerando-se a relação entre a consciência e a práxis, e a estrutura da consciência.

Bogdan e Biklen sugerem algumas características básicas que orientam a pesquisa qualitativa, subsidiam e representam o suporte prioritário para procedimentos etnográficos. São elas:

- a pesquisa qualitativa tem o ambiente natural como fonte direta de dados e o pesquisador como seu principal instrumento, via de regra através de um intensivo trabalho de campo;
- os dados coletados são predominantemente descritivos.[4] Todos os dados da realidade são considerados importantes, incluindo-se as transcrições de entrevistas e de depoimentos, assim como outros tipos de documentos que comunicam informações valiosas para legitimar a investigação;
- a preocupação com o processo é muito maior do que com o produto. O interesse do pesquisador está em retratar como determinado problema se manifesta nas atividades e nas interações cotidianas;
- o significado que as pessoas dão às coisas e à sua vida é foco de atenção do pesquisador. Nesses estudos há sempre uma tentativa de capturar a maneira como os informantes encaram as questões que estão sendo focalizadas;
- a análise dos dados tende a seguir um processo indutivo. Os estudos se consolidam basicamente de baixo para cima. Por isso, são dispensáveis hipóteses antecipadas; mesmo assim, deve existir um quadro teórico que oriente a coleta e a análise dos dados.[5]

A pesquisa qualitativa envolve a descrição dos dados obtidos pelo pesquisador através do contato direto com a situação estudada, enfatiza mais o processo do que o produto e se preocupa em retratar a perspectiva dos participantes diante dos fatos que envolvem o contexto social, visto que suas raízes têm origem na fenomenologia, metodologia que apresenta diferentes variáveis investigativas.[6]

A PROPOSTA ETNOGRÁFICA

O cotidiano escolar torna-se cada vez mais um campo privilegiado de estudos. A partir dos anos 1950, o pesquisador vai buscar na convivência, nas manifestações espontâneas e nas relações que as pessoas criam no seu dia a dia o movimento determinante das variáveis presentes no objeto de investigação.

Nesse sentido, faz-se necessário salientar aqui as características histórico-sociais da época, na qual verifica-se uma grande ascensão de interesses de pesquisadores para com os movimentos sociais (discriminação racial, luta pela igualdade de direitos, entre outros), assim como a inquieta-

---

[4]   Tomamos o conceito de *descrição* como a ação que é dirigida a alguém e não somente como qualquer objeto passível de ser descrito.

[5]   Bodgan, R. e Biklen, S. K. *Qualitative Research for Education*, Boston, Allyn and Bacon, Inc., 1982.

[6]   *Fenomenologia:* abordagem metodológica que enfatiza os aspectos subjetivos do comportamento humano e preconiza que é preciso penetrar no universo conceitual dos sujeitos para entender como e que tipo de sentido eles dão aos acontecimentos e às interações sociais que ocorrem em sua vida diária (André, 1995, p. 18).

ção de pesquisadores educacionais pelos matizes do cotidiano escolar e pelas práticas específicas de sala de aula.

O exame da vida cotidiana da escola permite elaborar também uma concepção diversa a respeito de professores e alunos, as múltiplas formas construídas e/ou tomadas a partir de modelos tradicionalmente utilizados e determinantes da postura do professor, assim como a compreensão bem mais apurada da maneira pela qual o aluno apreende a sistematização do saber escolar.

A etnografia, utilizada pela antropologia para investigações das culturas sociais, aparece como procedimento passível de adequação a pesquisas educacionais, pelo seu caráter não só descritivo, mas capaz de permitir a compreensão dos processos educacionais. Em tais estudos, algumas das características etnográficas são utilizadas, tais como o registro descritivo de todos os dados disponíveis no contato direto com o campo de investigação, dispensando-se alguns, como "o contato com outras culturas e amplas categorias de análise de dados".[7]

Procurando aprofundar a compreensão sobre etnografia, Geertz diz que, para se compreender o que é ciência, é necessário olhar em primeiro lugar para as suas teorias ou descobertas e não para o que os apologistas dizem sobre elas; isto é, deve-se verificar o que os participantes da ciência fazem. Em antropologia social, o que os praticantes fazem é a etnografia, tomada como análise antropológica de uma forma de conhecimento que permite estabelecer relações, selecionar informações, transcrever textos, levantar genealogias, mapear campos, manter um diário e assim por diante.

Spradley[8] atribui à etnografia um conceito mais elementar, afirmando ser ela a "descrição de um sistema de significados culturais de um determinado grupo". O que interessa ao etnógrafo na área da educação é retirar da realidade vivenciada no processo de ensino e aprendizagem formas de interpretação da vida, para uma compreensão mais profunda em todas as variáveis que ela apresenta, seja na escola, seja em outros locais em que a escolaridade se efetiva.

Para cumprir um roteiro etnográfico, Spradley propõe uma caminhada circular que se inicia na delimitação do alcance da pesquisa, avança para a descoberta de indagações que vão se constatando na própria situação social estudada, analisada a partir de registros generalizados em um primeiro momento e, em uma segunda observação, com destaque em especificidades que determinam o objetivo do estudo. Nesse momento, diz ele, inicia uma intensa interação entre o pesquisador e os sujeitos participantes.

Assim, Spradley define os procedimentos etnográficos que ele utiliza, caracterizados em dois níveis e duas instâncias: a observação participante passiva (primeiro momento) e a observação participante ativa (segundo momento); e as entrevistas etnográficas informal e formal. O ritual aqui descrito demonstra a necessidade de o pesquisador etnógrafo ser capaz de ver uma situação social e transformá-la em palavras que descrevam fielmente essa realidade.

A ETNOMETODOLOGIA

Por ser este o principal foco deste estudo, embora o que foi dito até aqui seja indispensável ao contexto, a etnometodologia, corrente que surge na sociologia, vem influenciar a pesquisa qualitativa a partir da descrição e da observação, prioritárias para a explicação qualitativa do social.

Segundo Coulon,[9] mais do que teoria constituída, a etnometodologia é uma perspectiva de pesquisa, uma nova postura intelectual, que mostra que temos à nossa disposição a possibilidade de apreender de maneira adequada aquilo que fazemos para organizar a nossa existência social.

A etnometodologia não deve ser considerada um ramo separado do conjunto da pesquisa em Ciências Sociais; pelo contrário, acha-se diante de múltiplas ligações com outras correntes que, tal como a fenomenologia, o marxismo, o existencialismo e o interacionismo, alimentam a reflexão contemporânea sobre a nossa sociedade.

[7] Geertz, C. *The Interpretations of Cultures*. Nova York: Basic Books, 1973.
[8] Spradley, James P. *Participant Observation*. New York: Holt, Rinehart and Winston, 1980.
[9] Coulon, Alain. *Etnometodologia*. Petrópolis: Vozes, 1995.

Podemos dizer, então, que *etnometodologia* é um termo utilizado não apenas para definir procedimentos adotados pelo pesquisador, mas sim para definir o campo de investigação e os processos desenvolvidos pelos atores que serão estudados em seu dia a dia.

> A etnometodologia é a pesquisa empírica dos métodos que os indivíduos utilizam para dar sentido e ao mesmo tempo realizar as suas ações de todos os dias: comunicar-se, tomar decisões, raciocinar. Para os etnometodólogos, a etnometodologia será, portanto, o estudo dessas atividades cotidianas, sejam triviais ou eruditas, considerando-se que a própria sociologia deve ser considerada uma atividade prática.[10]

Coulon aproxima-se da etnografia tomando a si o projeto científico de Garfinkel, surgido nos anos 1950, que objetiva especificar uma teoria investigativa, cujo ponto de partida é analisar os métodos nas mais diferentes circunstâncias da vida cotidiana. Por isso, define a etnometodologia como "ciência dos etnométodos".

Garfinkel toma como fontes principais de sua obra os estudos de Talcott Parsons e Alfred Schütz, autores contemporâneos, mas com itinerários diferentes. O primeiro, nascido nos EUA, desenvolveu importante obra[11] que veio influenciar o pensamento americano. O segundo, imigrante, embora sem formação universitária, exceto no fim da vida, publicou muitos artigos, fez conferências, deixando a marca de suas ideias na sociologia contemporânea.

O trabalho de Parsons, pela profundidade e precisão de seu raciocínio sociológico prático, até hoje traz orientações importantes quanto aos meios possíveis de interpretação dos problemas de ordem social.

Parsons reabilitou a sociologia teórica de matriz europeia integrando à sua teoria de ação os trabalhos de Dürkheim e Weber, entre outros, tornando-se uma figura dominante na sociologia do século XX, opondo-se à corrente geral do seu tempo. Seus trabalhos foram favorecidos por reunir em seu departamento em Havard a sociologia, a psicologia social e a antropologia, estando H. Garfinkel entre os que aí realizaram seus estudos.

Ocupando-se das motivações dos atores sociais, isto é, a estabilidade da vida social e sua reprodução em cada encontro com o indivíduo, Parsons parte do pressuposto natural de que, para evitar castigos e angústias, temos tendência a nos conformar com as regras da vida em comum. Pergunta: "Como é que acontece que respeitamos em geral essas regras da vida em comum sem sequer refletir?" Para buscar resposta para esta interrogação, ele recorre a Freud.[12]

Para melhor compreensão, é necessário voltar, numa atitude retrospectiva deste estudo, e verificar que o pensamento de Schütz se coloca na confluência da fase final do pensamento de Husserl, procurando discutir o problema dos fundamentos das ciências sociais.

Do ponto de vista metodológico, Husserl parte do eu, depois da relação entre as pessoas, e finalmente chega à comunidade. Segundo Toulemont,[13] essa unidade pode ser comparada a um organismo. A relação entre pessoa individual e pessoa coletiva pode ser comparada à da célula, sendo, portanto, um organismo composto por células.

Transferindo essas colocações para a prática social, podemos dizer que o social comporta muitos *eus* operantes, estando uns em função dos outros, o que faz com que cada *eu,* como unidade simples, determine o que a soma destes faz em conjunto.

Segundo Schütz, há uma diferença básica entre a estrutura do mundo social e a estrutura do mundo natural. Na primeira, observa-se que a sua realidade é dificilmente mensurável e que a experimentação é quase impossível; já na segunda, a medida, a experimentação e a formulação de leis expressam proposições e princípios sem necessidade de se recorrer a provas.

---

[10] Coulon, Alain. *Etnometodologia*. Petrópolis: Vozes, 1995, p. 30.
[11] Parsons, T. *Eléments pour une sociologie de l'astion*. Paris: Plon, 1955.
[12] Coulon, A. *Curso de Extensão Universitária*. Seminário sobre Etnometodologia. Ufscar, São Carlos – SP, maio de 1995.
Nota: Freud, para explicar irregularidades da vida social, evoca o decurso da educação, durante o qual todas as regras da vida em sociedade são interiorizadas pelo indivíduo, constituindo o que denomina *superego*. O *superego*, comparado a um tribunal, uma vez transformado em um sistema interiorizado, governa, segundo Freud e Parsons, os nossos comportamentos e até mesmo nossos pensamentos.
[13] Toulemont, R. *L'essence de la société selon Husserl*. Paris: PUF, 1962.

O primeiro trabalho de Schütz foi, então, confrontar a fenomenologia com a sociologia de Weber, procurando descobrir a origem das categorias da consciência, próprias das ciências sociais.

Nos EUA, continuando com seus estudos na tentativa de compreender os fatos fundamentais da vida do ser humano, a interpretação de Schütz nos indica três tipos de compreensão (*verstehen*).[14] Um que se mostra como forma vivida e experimentada no conhecimento cotidiano e nos afazeres humanos; outro que se coloca como problema epistemológico; e o terceiro, que se coloca como um método particular em ciências sociais.

A primeira compreensão requer a análise do comportamento social em relação aos motivos e finalidades. A segunda (*epistemológica*) investiga o mundo vivido em seu plano transcendental (*eidético*). Finalmente, a terceira (*compreensão*), como método particular das ciências sociais, retoma a investigação do mundo da vida, diante de situações qualitativamente diferentes.

Com esta última colocação interpretativa de *compreensão*, anuncia-se um método sociológico capaz de melhor compreender as ações do ser humano, sejam estas claras ou obscuras, pois, de uma maneira ou de outra, nunca estará isolada ou divorciada do mundo. O importante para Schütz é a maneira pela qual *os atores* definem sua situação[15] e sua ação.

Desta forma, com os estudos de Garfinkel, a representação simbólica emanada de diferentes linguagens, que preexistem como sistemas de referência e como recursos eternos e estáveis, através da etnometodologia, vai posicionar-se de outro modo: a relação entre ator e situação não se deve a conteúdos culturais nem a regras, mas será produzida por processos de interpretação. Com este pensamento, diz ele, chegamos a um novo paradigma sociológico. A etnometodologia nos permite passar de um paradigma normativo para um paradigma interpretativo.

Garfinkel define a marca de seus estudos como circunstâncias práticas. Dada essa relevância, adota para suas investigações o exercício empírico de valorizar desde as atividades banais da vida cotidiana até os acontecimentos extraordinários. Não existe para ele diferença categorial, ou pesos e medidas, pois a análise é feita a partir do método usado pelos atores para definir e organizar suas ações, porque esta ou aquela situação ocorrem assim e não de outra maneira.

Portanto, busca-se a compreensão dos métodos de todas as práticas sociais, assim como do próprio método utilizado pelo pesquisador.

Neste ponto, explica Coulon, Garfinkel afasta-se das ideias de Dürkheim sobre os fatos sociais, não os considerando realidade objetiva, mas construções práticas do próprio indivíduo. O fato social deixa de ser um objeto estável para ser produto da atividade contínua dos homens quando estes se colocam em ações. Por isso a importância de analisar as atividades de todos os dias como se fossem métodos que os membros da sociedade utilizam para tornar essas atividades racionais a qualquer objetivo prático.

Seu primeiro trabalho se efetua observando a maneira pela qual, em um júri, os jurados formavam juízos de valor. Para isto, faz a seguinte indagação: *como podemos ser participantes de um júri, resolver sobre o verdadeiro e o falso e decidir sobre o que os outros falam, dizendo da pessoa a ser julgada, se culpada ou não?* Esta foi a interrogação que serviu de alicerce a Garfinkel, utilizando a etnometodologia. Percebe que os jurados, embora afirmem realizar suas interpretações de forma científica e neguem usar o senso comum, não o fazem nem cientificamente nem tão no senso comum.

Garfinkel parte então do pressuposto, para sua investigação, de que *etno* não significa fazer parte de um grupo. Só se é membro de um grupo quando dominamos a linguagem comum desse grupo.

Essas reflexões encontram eco diante dos registros e relatos de resultados obtidos com a utilização da pesquisa etnometodológica ou mesmo de procedimentos etnográficos, utilizados para desvendar o cotidiano escolar ou mesmo outros momentos e episódios do dia a dia da prática social.

Podemos dizer, então, que etnometodologia é o estudo científico de formas de fazer comuns que os indivíduos comuns utilizam, para bem fazer suas ações cotidianas. O problema é descobrir como os atores fazem suas coisas comuns, trazer à luz do dia o modo como os atores sociais fabricam o seu social.

---

[14]   Van Breda, H. L. *Préface* (Collected papers II), p. IX (Phaenomenologica, vol. 11). The Hague, 1971.
[15]   A expressão *situação*, aqui tomada por Schütz, refere-se ao agente (ator), a seus problemas. A interpretação de uma dada situação é função da subjetividade do ator e corresponde aos elementos de sua situação biográfica.

A. Cicourel acrescenta aos estudos etnometodológicos outra propriedade, que ele chama de *procedimentos interpretativos* e que vêm trazer grandes contribuições à etnometodologia. Seus trabalhos, muitas vezes, trazem a marca dos estudos de Garfinkel, porém em outros momentos podem ser atribuídos, com mais nitidez, ao pensamento de Schütz.

> Os procedimentos interpretativos e seus traços reflexivos fornecem, em permanência, instruções aos participantes de tal modo que se possa dizer que os membros programam suas ações recíprocas à medida que a ação se desenrola."[16]

Assim, torna-se um tanto difícil distinguir o interacionismo simbólico da etnometodologia, pois toma-se como princípio, em primeiro lugar, o ponto de vista dos atores, seja qual for o objeto de estudo, pois é através dos sentidos que eles atribuem aos objetos, às situações, aos símbolos que os cercam a construção do seu mundo social.

Difere, portanto, de outras teorias da ordem social que pressupõem significações sociais escondidas sob o mundo das aparências fenomenais. A interação é estudada por si mesma; por isso o interacionismo tem como preocupação imediata o mundo social visível, tal como é movido pelos atores.

O ETNOMÉTODO NA PRÁTICA EDUCACIONAL

A adequação de trabalhos etnometodológicos nas relações que se efetivam no âmbito escolar deve-se à presença de complexos rituais que regem tais relações. No cotidiano escolar, no interior da sala de aula e da aula propriamente dita em sua especificidade, existem jogos, códigos, tradições, leis e regras normatizadoras, entre outros, que constituem conflitos interativos entre as pessoas que compõem os grupos de professores e alunos.

Coulon busca em Waller[17] a chave para tentar explicar, através do estudo etnometodológico, as interações sociais que se realizam na escola e de seus atores, uma vez que este indica como principais mecanismos as experiências empíricas dos professores. Não se trata, porém, apenas de descrever tais experiências, mas de compreender cientificamente a escola e tentar pensar nos elementos necessários para se conseguir uma eficácia maior dos professores.

Os conflitos culturais, inclusive os vivenciados pela escola, segundo Waller, são de duas espécies: de um lado estão aqueles que opõem os professores (representando a cultura em sentido amplo) aos alunos, que, por sua vez, estão impregnados pelos valores da comunidade; de outro lado, existem conflitos clássicos de geração entre professores e alunos, porque uns são adultos e os outros não, os adultos procuram impor sua cultura no lugar da cultura peculiar das crianças e dos jovens.

A partir dessas posições comuns, com efeito, as pesquisas em educação que se inscrevem na perspectiva interacionista apoiam-se sempre nas diversas formas de observação participante. Neste ponto, se identificam com os estudos etnometodológicos, por vezes com algumas variantes ligadas ao próprio campo de pesquisa e à natureza dos grupos estudados.

Assim, Coulon define os objetivos da etnografia na linguagem do interacionismo simbólico: *trata-se de descobrir o sentido que os membros do grupo social considerado dão às situações que estão enfrentando ou para a construção das quais contribuem em sua vida cotidiana.*

Como para a etnometodologia é preciso que o pesquisador seja testemunha do que se dispõe a investigar, pois do contrário seu acesso será apenas aos resíduos da ação dos atores, o que parece diferir da abordagem interacionista é o abandono da atitude natural. Esse procedimento, segundo Coulon, é *adotar um certo estado de espírito, deixarmo-nos penetrar pelo estranhamento das coisas e acontecimentos que nos rodeiam, tentar nos subtrairmos à força da atitude natural que apresenta uma tendência constante para levar a melhor.* Procedimento que significa "ver o mundo às avessas", segundo Garfinkel, não utilizado pelos interacionistas.

---

[16] Cicourel, A. Cognitive Sociology: Language and Meaning in Social Interaction. Nova York: Free Press, 1972, p. 192 (citado por Coulon, A. *Etnometodologia e Educação*, 1995, p. 23).

[17] Waller, W. *The Sociology of Teaching*. Nova York: John Wiley & Sons, 1932 (citado por A. Coulon em *Etnometodologia e Educação*, 1995, p. 63). Waler é o autor da primeira obra interacionista em educação.

Achamos interessante mencionar o trabalho de Paul Willis, pesquisa publicada com o nome de *Aprendendo a ser trabalhador*, 1991. Ele diz que a metodologia por ele utilizada é a etnografia, e, após utilizá-la, faz uma crítica a esse procedimento no final de seu livro sem aprofundar os comentários.

Quanto à crítica realizada por Willis,[18] parte do pressuposto de que, mesmo com modificações na observação participante e os métodos sob a égide da pesquisa qualitativa, a descrição etnográfica é, de forma suprema, um produto da incerteza real da vida, apresentando tendências naturalistas e, portanto, tendendo para o conservadorismo. Sente também ser este método paternalista e condescendente em alguns aspectos.

No entanto, logo Willis também reconhece que não podemos inventar formas de investigação para nossos estudos antes de seu tempo e é preciso abordar o real *agora,* de uma forma ou de outra. Portanto, a descrição etnográfica, apesar de todos os seus defeitos, registra um nível relevante das experiências e, através de seus vieses, enfatiza um nível da agência humana que é persistentemente negligenciado ou negado.

Willis acredita também na impossibilidade de que o mundo seja diretamente *conhecível,* de maneira que a descrição etnográfica, embora muitas vezes não possa sugerir soluções, pelo menos poderá sempre registrar na teoria, para que esta se aposse da relevância de tais aspectos e seja julgada em relação à compreensão do fenômeno que ela pretende explicar, não em relação a si mesma.

A etnometodologia não nega as estruturas sociais, porém permite que o ator do senso comum, não importa quem, seja capaz da objetivação, e isto representa uma necessidade vital.

O importante é nos colocarmos como sociólogos no estado prático, para compreendermos o processo social no qual estamos inseridos. Em nenhum momento devemos confundir o conhecimento prático e o conhecimento científico. Há objetivações que têm a mesma natureza, mas não têm o mesmo objetivo. A questão não é fazer microssociologia.

Uma teoria é científica quando o grupo que a compõe assim a considera. A questão é saber se um processo é científico ou não. Podemos dizer, portanto, que a objetividade se dá quando um grupo social confere o mesmo significado a um determinado momento ou objeto.

As generalizações, embora sejam realizadas, não são o ponto importante e mais expressivo neste tipo de investigação, por não serem o seu objetivo primeiro. Sua meta é descobrir partículas mínimas das particularidades das formas de fazer. Considera-se essa a melhor forma de minimizar os equívocos em análises nas ciências sociais e na educação.

Acrescenta Cicourel ser necessário jogar no futuro para poder analisar o presente. Assim, ele explica o caráter introspectivo e retrospectivo do processo, pois, na medida em que se tem uma interação verbal com alguém, pode-se fazer uma retrospectiva.

No mundo escolar há milhares de instruções que o estudante deve seguir. Todas elas têm uma aplicação prática que se apresenta com muitos problemas.

A etnometodologia não faz a triagem entre acontecimentos previstos e não previstos. Preocupa-se com a ação ou estratégias utilizadas pelos atores, por esta razão vai ao encontro das psicologias e das sociologias, principalmente da sociologia cognitiva.

Fica evidente que a etnometodologia é importante para o conhecimento de culturas diferentes, mais tolerante principalmente para compreender e não entrar em conflitos com as diferenças. Já foi dito que os fatos sociais são produzidos pelos atores no interior das inter-relações e no contexto. Aqui, interacionismo e fenomenologia se aproximam, embora seja levantada a crítica de que tais procedimentos, no processo etnográfico, negligenciam as estruturas sociais para uma maior valorização do sujeito que realiza a ação.

A abordagem etnográfica, esteja ela ligada à tradição interacionista ou etnometodológica, permite demonstrar, por exemplo, os processos do fracasso escolar, a orientação e seleção das práticas pedagógicas de professores na condução de suas aulas, enquanto a sociologia positivista da educação limita-se a identificar seus efeitos.

Além disto, metodologicamente, ao servir-se da observação participante, consegue um acesso direto ao fenômeno que pretende estudar, inserindo-se bem mais perto das realidades cotidianas dos atores do ensino e da aprendizagem.

---

[18] Willis, Paul. *Aprendendo a ser trabalhador.* Trad. Tomaz T. da Silva e Daise Batista. Porto Alegre: Artes Médicas, 1991, p. 233-234.

Por isso, a "espionagem" etnográfica é uma possível solução para o problema da posição do observador diante da diversidade dos comportamentos sociais. Permite não só observá-los, mas também descobrir o que dizem os participantes a seu respeito.

Esta estratégia de pesquisa apoia-se na ideia de que:

> enquanto a sociologia tradicional vê nas situações instituídas o quadro restritivo de nossas práticas sociais, a teoria etnometodológica, fundamentalmente construtivista, valoriza, pelo contrário, a construção social, cotidiana e incessante das instituições em que vivemos. O segredo da aglutinação social não reside nas estatísticas produzidas pelos "especialistas" e utilizadas por outros "especialistas sociais" que acabam esquecendo seu caráter reificado. Pelo contrário, o segredo do mundo social desvenda-se pela análise dos etnométodos, isto é, dos procedimentos que os membros de uma forma social utilizam para produzir e reconhecer seu mundo, para o tornar familiar ao mesmo tempo que o vão construindo.

REFERÊNCIAS

ANDRÉ, Marli Elisa D. A. de. Etnografia da Prática Escolar. Campinas-SP: Papirus, 1995.

CAPALBO, C. Metodologia das Ciências Sociais: A fenomenologia de Schültz. Rio de Janeiro: Antares, 1979.

COULON, A. Etnometodologia e Educação. Petrópolis: Vozes, 1995.

COULON, A. Notas de Aula no Seminário de Etnometodologia. Curso de Extensão Universitária. Ufscar, São Carlos – SP, maio de 1995.

COULON, A. Etnometodologia. Petrópolis: Vozes, 1995.

DARTIGUES, A. O que É a Fenomenologia? Trad. Maria José J. G. de Almeida. Rio de Janeiro: Eldorado, 1973.

GARFINKEL, H. Studies in Ethnomethodology. Engllewood Cliffs, NJ: Prentice-Hall, 1967.

GEERTZ, C. The Interpretations of Cultures. Nova York: Basic Books, 1973.

LÜDKE, M.; ANDRÉ, Marli Elisa D. A. de. Pesquisa em Educação: abordagens qualitativas. São Paulo: E.P.U., 1986.

MOREIRA, M. A. Pesquisa em Ensino: o vê epistemológico de Gowin. São Paulo: E.P.U., 1990.

PRADLEY, J. Participant Observation. New York: Holt, Rinehart and Winston, 1980.

TOULEMONT, R. L'essence de la société selon Husserl. Paris: PUF, 1962.

VAN BREDA, H. L. Préface (Collected papers II). The Hague, 1971.

WILLIS, P. Aprendendo a Ser Trabalhador. Trad. Tomaz T. da Silva e Daise Batista. Porto Alegre: Artes Médicas, 1991.

Apêndice

TÓPICOS IMPORTANTES DE CADA CAPÍTULO

Como expresso na apresentação do livro, este apêndice tem como objetivo mostrar ao leitor algumas frases de destaque em cada um dos capítulos. É importante lembrar que os próprios autores fizeram essa seleção e acreditam que são pontos relevantes, devendo o leitor, ao ler os trechos, tentar analisar criticamente cada um deles. Esperamos que esses trechos possam amalgamar alguns conhecimentos já adquiridos na leitura do capítulo inteiro.

Capítulo 1 — Os dilemas do presente

- Toda produção científica interfere no cotidiano das pessoas, que buscam se livrar do incomensurável mal-estar de que julgam estar possuídas.
- O homem contemporâneo está diante de um grande desafio: individualizar-se! — e, em o fazendo, precisa continuar a participar de uma sociedade, grupos, instituições e organizações que muitas vezes o empurram para se tornar nada.
- A ciência na modernidade nascia para emancipar o homem de todas as amarras que o impediam de tornar-se o que quer que seja, pois "tudo o que era sólido estava se desmanchando no ar"; os velhos conceitos estavam todos caindo por terra.
- Com o desamparo da ciência a humanidade foi (e por que não dizer está?) se individualizando cada vez mais, perdendo, com isso, sua identidade, que, como sabemos, remete a três ideias essenciais: permanência, unidade e similaridade.
- Os serviços da Psicologia talvez estejam sendo cada vez mais requisitados, porque pode possibilitar ao homem uma nova fé, ou, melhor dizendo, um caminho para a "cura da alma", permitindo-o uma não alienação, um novo alento, uma nova chance para o encontro da humanidade com ela mesma.

Capítulo 2 — Iniciando uma pesquisa: dicas de planejamento e execução

- Planejar uma pesquisa, além de ser um ótimo treino para quem gosta do assunto, é também um ótimo "treino" para o exercício de qualquer profissão.
- Os pesquisadores mais bem-sucedidos são aqueles que desenvolvem, no decorrer de sua prática, uma boa capacidade para planejar suas pesquisas.
- Toda criança pode ser considerada cientista nata, pois a noção da descoberta e da ciência está profundamente associada ao ser humano.
- Um planejamento malconduzido pode comprometer todo o trabalho, da mesma forma que um bom planejamento poderá evitar muitos contratempos.
- A revisão da literatura é uma atividade que não acaba enquanto o trabalho não está concluído e for apresentado.
- A execução da pesquisa é a prova de fogo para o seu planejamento.
- O texto científico tem características bastante distintas de textos literários, jornalísticos ou publicitários.
- Um bom escritor em ciência não nasce pronto: se faz com muito estudo, com prática e com paciência.

Capítulo 3 — Conhecimentos básicos sobre referências e citações

- O plágio consiste na utilização de palavras ou ideias de outro(s) autor(es), de forma direta ou indireta, sem que se identifique a devida autoria (autor original).De modo semelhante, o autor não deve apresentar seu próprio trabalho, já publicado, como se fosse resultante de um novo conhecimento (autoplágio). Tais práticas, além de crimes, afetam a credibilidade e confiabilidade do(s) autor(es) que as cometeram, desvalorizam o trabalho produzido pela fonte original e, inevitavelmente, enfraquecem o debate acadêmico e o desenvolvimento científico.

- Existem dois tipos de citação: a *direta* e a *indireta* ou *livre*. Na *citação direta*, ocorre a transcrição exata, literal, de um texto de outro autor, ou de parte dele, o que significa que houve uma "cópia" do original, com a mesma grafia e pontuação. Nesse caso deve-se apresentar o texto citado sempre entre aspas, acompanhado do(s) sobrenome(s) do(s) autor(es), ano da publicação e número da página na qual aparece.

- As *citações diretas* podem ser classificadas em *citação direta curta* ou *citação direta longa*. A *citação direta curta* é composta de, no máximo, três linhas (ABNT) ou aproximadamente quarenta palavras (APA), mantendo-se os mesmos tipo e tamanho de fonte utilizados no texto onde está localizada.

- A *citação direta longa* (ABNT) é caracterizada por quatro ou mais linhas. Nesse caso, a transcrição se faz em parágrafo independente, com recuo de 4 cm da margem esquerda, com entrelinhas simples e fonte de tamanho menor, deixando-se uma linha em branco entre a citação e o parágrafo anterior e o posterior.

- No caso da APA, a *citação direta longa* ocorre quando a citação excede 40 palavras, sendo a transcrição realizada em parágrafo independente, com recuo de 5 toques a partir da margem esquerda, empregando-se a mesma fonte, tamanho e entrelinhas do texto.

- A *citação indireta* ou *livre* envolve a reprodução das ideias de outro autor, porém sem transcrição literal. Nela o sentido original do texto é preservado, sem que haja distorção de seu conteúdo. Deve ser escrita sem aspas, utilizando-se o mesmo tipo e tamanho de fonte e entrelinhas adotados no trabalho e vir acompanhada do(s) sobrenome(s) do(s) autor(es) e ano de publicação.

- A *citação indireta* ou *livre* pode ser apresentada sob dois tipos, quais sejam, a *citação indireta em forma de paráfrase* e a *citação indireta condensada*. A *citação indireta em forma de paráfrase* é construída quando o autor do trabalho interpreta a ideia, o conceito ou a expressão da fonte original e, mediante uma redação própria, a reescreve, mantendo fidelidade ao teor e ao tamanho do texto original.

- A *citação indireta condensada*, por sua vez, é garantida quando a ideia, o conceito ou a expressão interpretados pelo autor do trabalho são expressos preservando a ideia da fonte original, porém de maneira resumida.

Capítulo 4 — Construção de instrumentos de avaliação: operacionalizando construtos para pesquisa

- Um dos aspectos importantes ao se planejar uma pesquisa é a decisão pelo instrumento que o pesquisador usará para coletar os dados.

- Se o instrumento de coleta de dados não for capaz de levantar os dados de forma eficiente e segura, os resultados serão, irreversivelmente, frágeis.

- A necessidade de formulação de um instrumento para coleta de dados, portanto, aparecerá quando, ao especificar seu objetivo, o pesquisador se der conta de que não existe nenhum outro já disponível para sua coleta de dados.

- A definição do formato do instrumento ou da chave de resposta é diretamente dependente do construto ou da variável que se pretende avaliar.

- É de fundamental importância que o profissional tenha conhecimentos mínimos em avaliação psicológica, estatística, psicometria e especificamente nos procedimentos para o desenvolvimento de testes psicológicos, e evidente conhecimento no construto a ser avaliado, bem como na literatura científica já existente tratando sobre a avaliação desse construto.

- Todos os formatos implicam erros, de modo que o objetivo do profissional não deve ser eliminar o erro, mas diminuí-lo e evitar erros de mensuração já conhecidos que prejudicam o uso da ferramenta em determinados contextos.
- Os estímulos que compõem um teste psicológico são comumente referidos como itens, e o modo de apresentação desses estímulos é bastante variável.
- A adequação de um teste psicológico é investigada pela óptica da psicometria; especificamente, busca-se conhecer as propriedades psicométricas do instrumento.
- Somente nos casos em que se verifica que o teste avalia o construto pretendido pode-se concluir que as interpretações que o profissional faz acerca das respostas de indivíduos a esse instrumento são adequadas.
- A lógica da ciência é de um senso de acúmulo de conhecimento, no sentido de que cada novo estudo contribua com um novo pequeno passo sobre o assunto pesquisado, mas isso só é possível quando o trabalho é amplamente divulgado.

Capítulo 5 — Composição de um trabalho de conclusão de curso (TCC)

- A Monografia é o tipo de trabalho mais comumente utilizado nos níveis de educação superior, e se refere a todo trabalho científico que aborda apenas um assunto ou problema, conduzindo o pesquisador a olhar e pensar realidades comuns a partir de uma apropriação de conhecimento.
- Ou seja, a monografia de conclusão de curso trata o tema de forma mais superficial que uma dissertação, que por sua vez estuda menos intensamente um tema quando comparada a uma tese de doutorado.
- O detalhamento da abordagem metodológica é característica essencial para a organização das explicações encontradas pela investigação do problema. Portanto, uma escolha metodológica não acontece *a priori* à delimitação do problema.
- A pesquisa quantitativa pode ser denominada pesquisa convencional, e a qualitativa, pesquisa não convencional.
- A literatura já evidencia a "triangulação" como uma estratégia de investigação na qual diferentes formas metodológicas são combinadas, formando metodologias por "métodos mistos", "modelos mistos" ou "métodos múltiplos".
- Fazer uma pesquisa requer do estudante uma série de quesitos que necessitam ser cumpridos para que o êxito da investigação seja satisfatório, como por exemplo a revisão da literatura, a organização lógica do trabalho e a elaboração do texto monográfico.
- A delimitação de um assunto pertinente à escolha profissional do aluno, ou, ainda, aquele que possa ampliar suas habilidades profissionais contribuem na motivação do estudante durante a produção de seu trabalho.
- Deve-se refletir sobre a contribuição que o trabalho pode promover tanto na sociedade quanto para a comunidade científica, ou ainda para o crescimento pessoal do pesquisador e da instituição ao qual está filiado.
- Vale ressaltar que a amostra, ou, ainda, o objeto de estudo da pesquisa, pode ser constituída por produtos químicos, animais, documentos, leis etc., além de pessoas (pacientes, populações específicas), como é comum nos estudos realizados nas ciências sociais e naturais.
- A construção do instrumental para coleta de dados deve ser cuidadosa, atentando para aspectos como a definição da variável que se pretende medir. É necessário que o pesquisador saiba definir o que pretende medir ou descrever e justifique a elaboração de seu instrumento.

Capítulo 6 — Relação entre metodologia e avaliação psicológica

- Tomando inicialmente como referência a avaliação psicológica, vale destacar que ela não é uma atividade recente, pois há registros na literatura de instrumentos de avaliação rudimentares, chamados psicofísicos, elaborados já no século XIX.

- A prática de avaliação psicológica no Brasil, por sua vez, teve início antes mesmo do reconhecimento da profissão em 1962, tendo sido considerada a primeira atividade desenvolvida por psicólogos nos vários contextos de atuação.
- Acredita-se que a melhora da área de avaliação psicológica, mais especialmente da qualidade e quantidade de seus instrumentos de medida, está diretamente vinculada a uma formação mais consistente.
- A avaliação pressupõe o emprego de conhecimentos teóricos de instrumentos e técnicas de medida, sendo embasada por teorias psicológicas, que o profissional aprende e domina ao longo de sua formação.
- A avaliação psicológica é uma atividade profissional que representa e difunde a Psicologia na sociedade, e o esmero na construção de instrumentos justifica-se em razão da representatividade adequada da categoria profissional.
- Como se observa até aqui, a criação de um instrumento não garante inicialmente que ele possua as condições necessárias para avaliar o que diz que avalia.
- É interessante notar que um instrumento nunca está terminado em termos de evidência de validade. Como apontam Anastasi e Urbina (2000), um teste necessita de avaliações periódicas para se comprovar se, no decorrer do tempo e com diferentes populações, normas e padronizações, não necessita ser modificado e/ou atualizado.
- Como se pode observar, o processo de validação de um teste não se constitui em uma atividade corriqueira, sendo necessário um conhecimento aprofundado das técnicas e dos preceitos teóricos já anunciados.
- Mais especialmente no que se refere ao ensino de avaliação psicológica na graduação, observa-se que tem sido privilegiado o ensino da técnica pela técnica, muitas vezes sem vinculação com a construção e com os pressupostos que serviram de base para sua construção.

Capítulo 7 — Apresentando sua pesquisa: dicas para a defesa do TCC

- O momento da defesa do TCC é o momento em que você defenderá suas ideias, seus objetivos estudados e amplamente debatidos por você ao longo de todo o trabalho, ou seja, conteúdo que você e seu grupo dominam.
- Se você e seu grupo, desde o início, viram o TCC como mais uma matéria a ser estudada para tirar nota, a tarefa fica ainda mais árdua. Tente ver o TCC como uma oportunidade de um aprendizado novo.
- A defesa consiste em um diálogo, que se inicia deixando os professores à vontade, caso eles não sejam "da casa".
- Cuide para que você se expresse corretamente, e atenção a possíveis erros gramaticais e cacoetes.
- O conhecimento é para ser difundido. Pode ser que outros profissionais se utilizem do conhecimento produzido por você (e seu grupo) para a produção de outros conhecimentos. Assim se faz ciência, assim ocorre o progresso da humanidade.

Capítulo 8 — Divulgação dos resultados de uma pesquisa e disseminação do conhecimento científico

- Os avanços técnicos alcançados pela espécie humana só foram possíveis a partir da atividade intrinsecamente interdependente de indivíduos que, em diversos locais do planeta e ao longo de toda a história humana, buscaram compreender os diferentes aspectos da realidade e foram capazes de comunicar os seus achados de maneira clara, objetiva, imparcial e honesta aos outros indivíduos com interesses semelhantes.
- No entanto, não é exagero afirmar que o trabalho científico só está realmente "pronto" quando os pesquisadores compartilham o conhecimento produzido e dispõem seus dados e métodos à rigorosa apreciação cética dos outros pesquisadores.

- Uma característica dos trabalhos apresentados em congressos é a sua atualidade, pois geralmente são produtos de pesquisas recém-concluídas ou são resultados preliminares de pesquisas em andamento.

- Por não haver uma norma amplamente aceita para o formato ou o conteúdo dos resumos apresentados em congressos, as próprias entidades que organizam os eventos estabelecem e divulgam as suas normas para a elaboração dos resumos, incluindo o número máximo de palavras, o tipo e tamanho das letras, entre outras.

- Embora o objetivo da maior parte dos pesquisadores seja publicar os seus resultados, interpretações e hipóteses em alguma revista científica, é leviano imaginar que toda e qualquer pesquisa será aceita para publicação.

- No Brasil, a Coordenação de Aperfeiçoamento de Pessoal de Nível Superior (Capes), órgão ligado ao Ministério da Educação e responsável pela avaliação dos programas de pós-graduação brasileiros, utiliza o sistema Qualis para conceituar os diferentes meios de divulgação da produção intelectual dos docentes e estudantes ligados aos programas de pós-graduação *stricto sensu* existentes no país.

- Mesmo com as crescentes críticas, tanto o Qualis quanto o fator de impacto ainda são muito utilizados para fins classificatórios de pesquisadores em diferentes processos seletivos de instituições públicas ou privadas.

- Um fato aparentemente óbvio, mas a que muitos não atendem, é que a rigorosa atenção às instruções apresentadas pela revista é fundamental. Também é útil fazer uma lista de checagem com todas as normas da revista e anotar aquelas que já foram atendidas. O uso dessa estratégia é útil para você não se esqueça de seguir nenhuma das muitas instruções.

- Além disso, os métodos pedagógicos historicamente empregados no Brasil pouco valorizam a autonomia intelectual dos estudantes e não fomentam o confronto de ideias no ambiente escolar e, dessa forma, não contribuem para que os futuros universitários e pós-graduandos adquiram ou aprimorem suas habilidades argumentativas, essenciais para a discussão de um trabalho científico.

- Além de ter impacto positivo sobre o currículo do pesquisador, a divulgação dos resultados de uma pesquisa representa a contribuição e o compromisso ético do pesquisador com a comunidade científica e, por extensão, com a sociedade em geral.

- Embora mais rigorosos, eventos e periódicos que utilizam processos de revisão e avaliação por pares são mais confiáveis do que aqueles que fazem poucas exigências e requerem pouco trabalho na elaboração dos textos a serem publicados. Em virtude das diversas mudanças que ocorreram ao longo das últimas décadas, divulgar os resultados de uma pesquisa em um congresso ou em um periódico científico se tornou uma tarefa quase obrigatória para muitos professores e estudantes de graduação e de pós-graduação.

- Os iniciantes em pesquisa, bem como outras pessoas não familiarizadas com o fazer científico, têm dificuldade em distinguir pesquisas metodologicamente bem delineadas e capazes de produzir conhecimentos dignos de crédito daquelas que não têm nenhum valor científico, seja pela inadequação metodológica ou por relatar resultados equivalentes à enésima redescoberta da roda.

Capítulo 9 — Delineamento de levantamento, ou survey

- O modelo tradicional das Ciências Naturais é a quantificação, e, com o advento das Ciências Sociais, apresentaram-se algumas particularidades que nem sempre facilitam essa quantificação, mostrando que o rigor científico não é necessariamente relacionado com números. O que se busca, tanto por parte dos cientistas naturais como dos sociais, é a regularidade e a ordem, sendo o objeto de pesquisa a diferença entre esses dois modelos.

- O delineamento é a maneira de se conseguirem os dados, ou seja, a forma estabelecida para se coletarem os dados de um determinado problema com a melhor condição. Esses dados podem ser quantitativos ou qualitativos, sendo considerados tanto o ambiente em que ocorre o fato quanto as formas de controle das variáveis que aparecem naquele contexto.

- As pesquisas de levantamento são as que mais atendem a partidos políticos, organizações educacionais e comerciais e instituições públicas e privadas, por identificarem comportamentos e atitudes. Os dados são informados diretamente pelas próprias pessoas que respondem às solicitações do pesquisador e costumam ser feitas por meio de um instrumento de pesquisa.
- Por meio da pesquisa de levantamento objetiva-se chegar à descrição, explicação e exploração do fenômeno proposto. Ao fazer um levantamento, frequentemente se descreve como aparece naquela amostra aquele comportamento ou atitude. Pode-se chegar também a uma explicação para a presença daquele fenômeno e consegue-se explorar um tema que não está claro para o pesquisador.
- A mensuração permite calcular a temperatura, o número de pessoas, a quantidade de água durante a chuva; também se podem medir atitudes. No entanto, quando se medem atitudes não se usam medidas absolutas, e sim medidas relacionais.
- A pesquisa de levantamento é descritiva: o que se quer (objetivo da pesquisa) é descrever um grupo de pessoas para identificar suas queixas, condições socioeconômicas etc. Por exemplo, quando se quer organizar a prestação de um serviço de uma clínica-escola de Psicologia e planejar os tipos de atendimento a serem disponibilizados a essa clientela.
- Há dois tipos gerais de amostras: as não probabilísticas ou intencionais e as probabilísticas ou estatísticas. As amostras não probabilísticas seguem basicamente os critérios do pesquisador, e alguns tipos são: por cotas, por julgamento e por conveniência.
- As amostras probabilísticas são caracterizadas pelo fato de que todos os elementos da população têm a mesma chance de ser escolhidos, implicando a seleção aleatória dos respondentes e a eliminação da subjetividade da amostra.
- Ao se utilizar um questionário ou entrevista, é imprescindível que a aplicação seja padronizada, ou seja, todas as pessoas que forem submetidas a eles serão abordadas da mesma maneira, com as mesmas palavras, o mesmo procedimento.
- Os testes são prerrogativa dos psicólogos e podem, junto a outras estratégias, ser bons veículos para se chegar a respostas de pesquisa. O uso de testes também exige alguns cuidados, como validade, precisão, padronização e aferição.

Capítulo 10 — Delineamento correlacional: definições e aplicações

- Por meio do delineamento correlacional podem ser estabelecidas relações entre variáveis, ou diferenças entre grupos.
- Se o objetivo da pesquisa é investigar o grau de associação entre as variáveis de interesse, o delineamento mais apropriado é o correlacional. Se o objetivo é investigar se uma variável influencia ou afeta outra variável, o delineamento ideal é o experimental.
- Entre variáveis sempre há, isto é, é muito difícil pensar em duas variáveis que apresentem "nada"ou "zero" de covariação.
- Uma correlação pode variar de –1 a 1, e o valor obtido dessa análise é o chamado **coeficiente de correlação**, que é representado pela letra "r".
- Quando o resultado indica uma pequena probabilidade, diz-se que o resultado é **estatisticamente significativo**. Isso significa que se alguém realizasse infinitos experimentos idênticos encontraria resultados semelhantes em apenas 5% das vezes ou menos.
- As informações mais importantes para interpretar uma análise correlacional do ponto de vista prático são: (a) o coeficiente de correlação, (b) a magnitude e (c) a significância estatística.
- Os dois testes mais usados para comparar grupos são o teste t de Student e a análise de variância (ANOVA). Enquanto o primeiro destina-se à comparação de dois grupos, a ANOVA pode ser usada em situações que apresentam mais grupos.
- A correlação de Pearson, o teste t de Student e ANOVA são conhecidos como testes paramétricos.
- A utilização de testes não paramétricos é recomendada sobretudo em amostras pequenas ($N < 30$) e para variáveis ordinais.

- A correlação de Spearman pode substituir a correlação de Pearson. No caso de distribuições não normais, o teste Mann-Whitney pode ser mais eficiente que testes *t* para comparações de médias de dois grupos.

Capítulo 11 — Delineamento de caso-controle

- A comparação entre grupos é um dos aspectos essenciais do desenho caso-controle. Por isso, reitera-se que são comparados subgrupos considerados casos, com a doença ou com a condição de interesse, e controles, que têm características semelhantes às dos casos, porém não possuem a doença ou condição em estudo.
- O tipo de população-alvo utilizada em um ECC está diretamente relacionado com a validade da pesquisa.
- A população-fonte ideal é aquela proveniente da população geral ou de um grupo populacional.
- As características da amostra, assim como dos critérios diagnósticos adotados, são fundamentais para a aplicabilidade da informação produzida nos ECC.
- Os casos devem ser representativos das pessoas com o evento de interesse, e de preferência devem ser casos incidentes (casos novos).
- O ideal seria que o grupo dos casos reunisse todos os doentes ou indivíduos oriundos de uma região geográfica determinada que apresente o evento de interesse.
- O grupo de controles é composto pelos participantes cujo evento de interesse não está presente; são os não casos ou os não doentes.
- É importante que o grupo de casos e o grupo de controles sejam semelhantes em relação a todos os outros aspectos que não o evento estudado.
- O pareamento ou emparelhamento é uma forma de amostragem que se adota para controlar variáveis confusionais que poderão distorcer os resultados finais da pesquisa, isto é, a associação entre uma doença ou condição e uma situação de risco.
- A escolha dos fatores a serem emparelhados merece atenção especial, pois estes não poderão ser analisados no tratamento estatístico, já que estarão igualados entre os grupos de comparação.
- A restrição refere-se à limitação de características que serão aceitas nos sujeitos do estudo.
- A estratificação é uma maneira de se analisar os vieses pela comparação dos resultados, que são rearranjados em subgrupos ou estratos.
- Nos delineamentos de caso-controle seria ideal que os participantes controles fossem escolhidos de forma aleatória, e provenientes da mesma população-fonte que os casos selecionados.
- Uma seleção diferenciada e que satisfaça os critérios necessários para uma seleção adequada dos controles pode ser feita por um modelo de caso-controle peculiar, designado caso-controle aninhado.
- Especificamente em relação aos pacientes de saúde mental, existem impedimentos característicos em relação à lembrança e ao relato das informações a respeito da exposição a fatores de risco.
- **Limitações**
  1. A difícil seleção de controles;
  2. A inadequação para exposições raras;
  3. Os vieses de memória e de seleção;
  4. A impossibilidade de calcular a incidência; e
  5. A dificuldade para determinar a sequência dos eventos (O que aconteceu primeiro? A doença? Ou a exposição ao risco?).

  Vantagens
  1. A rapidez e a facilidade de execução;
  2. A adequação para doenças ou condições raras;
  3. A necessidade de uma amostra relativamente pequena;
  4. A possibilidade de estudar uma ampla gama de fatores de risco;
  5. A alta utilidade para gerar hipóteses etiológicas; e
  6. A relação custo-benefício.

Capítulo 12 — Delineamento de coorte

- Epidemiologia pode ser definida como "o estudo das distribuições e dos determinantes dos estados de saúde nas populações humanas" (MacMahon, 1975).
- Seu ciclo, como qualquer problema de pesquisa, envolve uma hipótese causal; coleta de dados referentes a variáveis independentes, e, assim, baseia-se primordialmente em estudos observacionais; de controle e medidas de ocorrência das doenças (prevalência e incidência); cálculo das medidas de associação e controle de variáveis estranhas à associação em estudo.
- Em relação ao viés de aferição, o controle é efetuado quando todos os observadores desconhecem o grupo ao qual os pacientes pertencem, se estabelecem regras criteriosas para a determinação do desfecho do experimento e o dispêndio de energia para a descoberta dos resultados é igual nos diversos pacientes.
- Em relação ao viés de suscetibilidade, o controle é efetuado de maneiras diferentes, procurando-se considerar as diferenças observadas no prognóstico dos grupos estudados como devidas a só um ou a vários fatores.

Capítulo 13 — Delineamento quase experimental

- Uma forma simples de começar a distinção entre ambos os planejamentos seria verificar se o experimento ocorre em situação natural ou em laboratório.
- É mais comum e mais fácil coletar os dados em situações naturais do que convencer as pessoas a se agruparem tal como desejaríamos.
- O delineamento quase experimental tem como característica a *manipulação de variáveis.*
- Utilizar uma medida prévia (o pré-teste) para ter um parâmetro do quanto a manipulação da VI alterou a VD não é um elemento indispensável para que um delineamento seja identificado como experimental ou quase experimental.
- Alguns cuidados essenciais devem ser tomados, especialmente no que se refere à *generalização indevida*, com base em uma pesquisa que não permite aquele tipo de conclusão.
- A validade interna diz respeito à segurança que a pesquisa pode assegurar que o resultado obtido é resultante da manipulação da variável independente (VI) que provocou efeitos específicos sobre a variável dependente (VD).
- A validade externa refere-se à generalização dos resultados obtidos numa dada pesquisa para outras situações.
- O delineamento quase experimental é uma excelente alternativa para você desenvolver projetos de pesquisa na área da Psicologia.
- A ideia é alertá-lo quanto à necessidade de um planejamento rigoroso (que antecipe e controle todas as variáveis intervenientes/confundidoras) e, ao lado disso, lembrá-lo de ficar atento ao perigo de se confiar cegamente nos resultados, sem olhar para as limitações que toda pesquisa contém.

Capítulo 14 — Delineamento experimental

- Três condições devem estar presentes para que uma pesquisa possa ser considerada experimental, quais sejam, a manipulação de variáveis, o controle das variáveis e a randomização dos grupos.
- Validade interna se refere à capacidade do pesquisador em planejar um experimento capaz de sinalizar que a variável independente é a única explicação para a alteração nos resultados da variável dependente.
- A validade externa está principalmente relacionada com a possibilidade de o pesquisador poder generalizar seus resultados para outros estudos e/ou situações.
- Quanto mais diferentes forem os sujeitos ou situações do que normalmente se observa no dia a dia, ou seja, quanto maior o controle de variáveis do pesquisador, mais difícil será generalizar os resultados para as situações cotidianas.

- É importante escolher instrumentos (inventários, entrevistas, testes) que realmente meçam aquilo que você está se propondo a medir, além de serem precisos nas medidas (validade e precisão).
- A avaliação cega ocorre quando os pacientes ou participantes da pesquisa não sabem em qual grupo estão alocados, e a avaliação duplo-cega ocorre quando, além dos participantes, os avaliadores também não sabem em quais grupos estarão os participantes.
- O pesquisador deve padronizar o que for preciso para evitar hipóteses concorrentes para a explicação do fenômeno. Quanto mais controle houver, menores as chances de variáveis intervenientes turvarem as explicações de eficácia.
- O cientista não deveria dar tanto crédito para as percepções dos clientes e psicoterapeutas sobre a psicoterapia, mas não deve desconsiderar completamente essa fonte.
- Outro tipo de pesquisa proposto poderia ser para avaliar o que se denomina dose-resposta em delineamentos de ensaio clínico controlado e randomizado em medicina.

Capítulo 15 — A importância da revisão sistemática na pesquisa científica

- A *revisão sistemática* é uma revisão de literatura científica, com objetivo pontual, que utiliza uma metodologia padrão para encontrar, avaliar e interpretar diversos estudos relevantes disponíveis para uma questão particular de pesquisa, área do conhecimento ou fenômeno de interesse.
- As revisões sistemáticas necessitam de metodologia específica definida *a priori* por um protocolo, o qual deve ter como objetivo central sintetizar os resultados de estudos primários com o uso de estratégias que diminuam a ocorrência de erros aleatórios e sistemáticos, bem como possibilitem a enumeração de evidências científicas.
- As revisões sistemáticas podem ser qualitativas ou quantitativas: as qualitativas são aquelas que sumariam os dados de estudos primários, mas sem a preocupação de combinar esses estudos. São também chamadas revisões *narrativas*; já as sistemáticas quantitativas, também conhecidas como *metanálise,* utilizam técnicas estatísticas para combinar os estudos e avaliar seus resultados.
- A revisão sistemática pode ser entendida como o referencial teórico que sustenta uma pesquisa científica. Antes de realizar a pesquisa propriamente dita, é necessário e importante conhecer os estudos existentes sobre a variável de interesse, e que foram desenvolvidos por outros pesquisadores.
- Para a construção de um referencial teórico consistente que defina e descreva não somente a variável de interesse de um determinado estudo, mas também os fatores que aparecem associados a essas variáveis, é importante considerar as referidas etapas e alguns critérios que envolvem, inicialmente, um questionamento acerca do que tenha sido eleito como objeto de pesquisa.
- As dez etapas relatadas explicitam a cientificidade de uma revisão sistemática, a qual reflete um recurso que pode ser atualizado sempre que forem propostos protocolos de pesquisa que abordem um problema de pesquisa de uma determinada área, como por exemplo a clínica, a avaliação psicológica, as intervenções precoces e comunitárias.
- Uma revisão sistemática, depois de publicada (havendo ou não metanálise), estará sujeita a um novo processo de avaliação, pelo qual receberá críticas e sugestões que possibilitarão novas revisões, o que a caracteriza como um estudo vivo, passível de atualização a cada vez que surgem estudos sobre o tema.

Capítulo 16 — Modelos animais e pesquisa experimental em Psicologia

- Muito do conhecimento existente atualmente nas mais diversas áreas da saúde foi obtido graças ao emprego criterioso de animais nos mais diversos tipos de estudo.
- O emprego de animais em experimentos nos permite fazer pesquisas com abordagens mais invasivas do que seriam possíveis em estudos com seres humanos.
- Animais podem ser utilizados em experimentos que têm como objetivo estudar questões básicas relacionadas com o comportamento, a cognição, a emoção e com outras funções do sistema nervoso.

- Alguns sintomas de transtornos psiquiátricos ou condições neurológicas podem ser mimetizados em animais com o emprego de diversas técnicas, como as lesões seletivas de áreas do sistema nervoso, seleção ou manipulação genética, administração de drogas, exposição crônica a estímulos aversivos, entre outras.
- Os modelos animais são utilizados tanto para o estudo das bases neurobiológicas da depressão quanto no desenvolvimento e teste de novos medicamentos antidepressivos.
- Os modelos animais para a esquizofrenia tentam ou produzir alterações morfológicas do sistema nervoso ou aumentar a atividade de algumas vias dopaminérgicas.
- A experimentação com animais é somente mais uma das "utilidades" que nossa espécie encontrou para os outros seres que dividem o planeta conosco.
- A maior parte dos pesquisadores sabe que proteger os animais contra maus-tratos e estresse desnecessários, além de ser uma atitude eticamente adequada e uma obrigação moral, também tem valor metodológico.
- Apesar de muitas pesquisas gerarem desconforto e até mesmo grande sofrimento para os animais utilizados, os conhecimentos gerados por tais estudos têm sido empregados no desenvolvimento de tecnologias que beneficiam o ser humano e também outras espécies animais.

Capítulo 17 — Estatística e delineamentos de pesquisa

- Em Psicologia, os precursores e os que desenvolveram a psicometria eram estatísticos de formação.
- A estatística pode se tornar uma poderosa ferramenta de análise, mas é importante que ela esteja presente desde o início de uma investigação científica.
- Um experimento realizado para a observação dos objetos de estudo ou fenômenos é denominado *experimento aleatório*. Quando repetido sob condições uniformes (o mais homogêneas possível) apresenta variabilidade e incerteza de resultados.
- Uma *hipótese* é um enunciado formal das relações esperadas entre pelo menos uma variável independente e uma variável dependente e passível de comprovação.
- As hipóteses podem ser classificadas em: *dedutivas,* quando decorrem de um determinado campo teórico e procuram comprovar deduções implícitas das mesmas teorias; ou *indutivas,* quando surgem da observação ou de reflexões sobre a realidade.
- Os fenômenos aleatórios podem ser observados na população ou amostra por diferentes níveis de mensuração (escalas): nominal, ordinal, intervalar e proporcional ou de razão.
- A análise exploratória de dados é utilizada para organizar, medir, analisar e apresentar os dados referentes às variáveis de uma pesquisa.
- Os procedimentos estatísticos, disponíveis na análise exploratória de dados, conhecida também como estatística descritiva, podem ser aplicados a qualquer conjunto de dados (qualitativos ou quantitativos).
- A falta de familiaridade com métodos de análise quantitativa de variáveis categóricas pode levar os pesquisadores a tratar os dados apenas de forma discursiva.
- A análise univariada é a descrição das variáveis independentemente da ocorrência de outras.
- Os procedimentos estatísticos utilizados nas análises estatísticas variam de acordo com a formulação das hipóteses e com o nível de mensuração das variáveis.
- Para o uso adequado de qualquer procedimento estatístico, é fundamental verificar inicialmente os seus pressupostos.

Capítulo 18 — Um olhar qualitativo sobre a contemporaneidade

- É urgente que façamos ciência, mas que saibamos quem é o sujeito, o objeto de nossa pesquisa e em que situação se encontra.

- Vivemos certamente outra grande crise — a da autoridade. Em todos os setores estamos desprovidos de antigos referenciais, o que, só agora, nos damos conta de que nos fazem muita falta.
- A pesquisa em Psicologia pode ser vista, então, como uma cavilha, e, em se configurando como tal, não devemos assumir uma posição pan-óptica, mas, pelo contrário, a de estarmos inseridos na sociedade contemporânea, compreendendo-a e apontando as situações especiosas que vivemos.
- É preciso que compreendamos o tempo em que vivemos, para que possamos compreender o homem que nele vive, para assim, como pesquisadores, realizarmos um trabalho ainda mais significativo.
- É a inquietação de Freud em questionar os ideais iluministas que faz com que o Homem seja pensado em como está vivendo em sua sociedade, ou, melhor dizendo, no que a sociedade está tornando o homem.
- Hoje sabemos que os detentores do conhecimento são quem domina os meios de produção e o comércio global através de suas patentes salvaguardadas.
- A pós-modernidade tem muitos significados, entre os quais o que me chama mais a atenção é esse papel que ela pode vir a tomar: o de questionar a "realidade".
- No mundo atual sofremos da vertigem da relatividade, temos medo, receios de encontrar o abismo da incerteza.
- Você **tem** que poder estar mudando, sempre, a qualquer hora, para qualquer lugar.
- A análise qualitativa se apresenta como mais uma ferramenta para possibilitar que nós, pesquisadores, aprendamos a ouvir de fato as agruras da contemporaneidade para propormos soluções condizentes com a demanda social.

Capítulo 19 — A pesquisa fenomenológica em Psicologia

- O psicologismo impossibilita o conhecimento científico enquanto conhecimento universal, uma vez que a universalidade do psicologismo se reduz à generalidade abstrata e à repetição dos eventos observados.
- Nos diferentes períodos da história da humanidade parece ter havido, como ainda há, uma necessidade de o ser humano buscar uma verdade que responda os seus questionamentos sobre o mundo e sobre sua existência.
- No entanto, no século XIX, surge a primeira grande crise da ciência moderna, sendo questionados o próprio conceito de ciência e seus pressupostos e critérios de verdade.
- Existe um lema para a Fenomenologia que é o retorno "às coisas mesmas".
- Diante da escolha do tema, tendemos, quase sempre, a trazer à nossa consciência certo conhecimento que já possuímos sobre ele, seja do senso comum, seja científico, enfim, por vezes, não só o conhecimento como também nosso juízo de valor sobre ele.
- Com relação à teoria do conhecimento, só conseguiremos atingir a evidência do fenômeno na concordância entre a intuição e a significação.
- Para um pesquisador, como para qualquer coisa que façamos em nossa vida, há sempre um sentido dado.
- O pesquisador, desde a escolha do tema, deve refletir sobre que valores, conhecimentos, preconceitos etc. seus estão implicados nessa escolha.
- Um pesquisador com base fenomenológica deve vislumbrar todas as possibilidades do existir, inclusive as que podem, em princípio, não fazer sentido para si próprio.
- Quanto mais pluralidade de concepções houver, mais enriquecedor ficará esse momento, e a mais possibilidades de inquietações se exporá o pesquisador.
- Toda escolha pressupõe uma meta, um objetivo. Nossas opções no momento atual dependerão da expectativa que lanço no futuro.
- É mister que tenhamos claros nossos objetivos, para que depois também possamos fazer a escolha de nosso método, nossos instrumentos e procedimentos.

- A experiência relatada deverá ser obtida por meio de entrevistas abertas, individuais e/ou em grupo.
- Outros tipos de questões que se fazem necessárias são aquelas em que organizamos nosso pensamento para melhor compreender a fala do entrevistado.
- A proposta da redução fenomenológica é colocada, fundamentando-se na crença de que o pesquisador não está imune de interferir nos resultados de sua pesquisa.

Capítulo 20 — Vozes dos adolescentes em conflito com a lei: um estudo sobre a produção de sentidos

- Considerando as condições sociais, culturais, afetivas e econômicas da sociedade em que estão inseridos os adolescentes em estudo, levando em conta as peculiaridades da região e da cidade onde moram.
- Na maioria das vezes o adolescente não é compreendido; pelo contrário, é estigmatizado como uma pessoa intolerante. Tal comportamento, muitas vezes, é apenas uma resposta de quem busca um lugar no mundo.
- A proposta de análise e compreensão dos dados da pesquisa abordada foi feita com base nos pressupostos teóricos e metodológicos da produção de sentidos, dentro do paradigma do Construcionismo Social.
- É comum em pesquisas que buscam entender os sentidos dos fenômenos sociais, a análise iniciar-se com uma imersão no conjunto de informações coletadas, procurando deixar aflorar os sentidos.
- A explicação mais frequente a ser dada quando um adolescente comete atos de infração é a relação causa e efeito, mas, por não trazer em si uma infinidade de colocações fundamentais para o entendimento da fenomenologia infantojuvenil, tornam-se cruciais a exposição e a compreensão dos sentidos produzidos por esses atos.
- Tanto sujeito quanto objeto são construções sócio-históricas.
- Na análise feita pela fala dos jovens em questão, é de fato esclarecedor que o sentido do ato infracional gera no adolescente expectativas com relação a uma vida melhor.
- Os sentidos de abandono mencionados pelos jovens estão retratados nas suas condições de vida familiar, apontando para dois aspectos diferenciados do abandono: o físico e o afetivo.
- A análise da fala do jovem sobre o abandono é deveras esclarecedora, permitindo identificar a tendência de justificar seus procedimentos como fruto do não recebimento de informações.
- O sentido aqui produzido em relação à ausência da família e à influência dessa ausência em sua construção social denuncia a necessidade de ter um lugar nesse meio social.
- Os discursos dos adolescentes ilustram que por detrás dos sentidos de abandono afetivo e físico encontram-se famílias abandonadas, destituídas de seus direitos sociais básicos.
- Importante elemento para a análise do conteúdo que é verbalizado está na falta de emprego que atinge a ele e a sua família.
- Devemos buscar o sentido de abandono no discurso desse jovem, porque a contradição é a resposta para a justificativa de preconceito.
- A análise das falas dos adolescentes sobre o sentido produzido permite identificar a forte presença dos discursos dos meios sociais.

Capítulo 21 — Pesquisa qualitativa com estudo de caso

- Os termos estudo de caso ou caso clínico se equivalem, e o estudo aprofundado e prolongado de casos individuais marcou positivamente a história da Medicina e da Psicologia, sendo inúmeros os relatos de casos que constituíram verdadeiros marcos na elaboração de teorias.
- O ser humano pode ser considerado um texto a ser lido. Sendo assim, deve-se buscar nele evidências textuais e, a partir delas, abranger o que quer que haja subjacente e que promove mobilizações de toda ordem na superfície do psiquismo, ou seja, no ego, o agente que possibilita o contato com o mundo exterior.

- O desenvolvimento erógeno vai do erotismo oral até a genitalidade, podendo ser concebido como um conjunto organizado de desejos amorosos e hostis, vivido com a máxima intensidade na fase fálica do desenvolvimento psicossexual, com seu declínio demarcando a entrada da criança no período de latência.

- As descobertas da Psicanálise tornam totalmente insustentável a hipótese de uma aversão inata à relação sexual incestuosa. Elas demonstram, pelo contrário, que as mais precoces excitações sexuais dos seres humanos muito novos são inevitavelmente de caráter incestuoso.

- O mecanismo de corte conduz a uma linguagem esquemática, simplificada, na qual as palavras são mais abstratas e as imagens e respostas fazem referência constante ao corte, à separação e à dissociação. Já o mecanismo de ligação é responsável por uma visão rica em imagens e pela tendência em unir partes da figura que aparecem isoladas para outras pessoas.

- Cada caso resume uma vida, e uma vida não dá para ser contada em todos os seus detalhes, não só por ser única, singular, apesar de conter o que existe de universal, comum, arquetípico em todos os seres humanos.

Capítulo 22 — Oficinas de criatividade com crianças de classe especial: relato de uma pesquisa

- Fez-se necessário efetivar um trabalho crítico e investigativo que nos permitisse abordar a emergência dessa prática no cenário escolar, que produz a classe especial e a construção de seus discursos.

- Fazer uma pesquisa qualitativa com seres humanos implica já sabermos de antemão que nem todas as variáveis poderão ser controladas meticulosamente.

- Durante todo o processo, fomos desenhando suas características junto com eles, e assim podemos agora apresentar nossos sujeitos que, sem dúvida nenhuma, fizeram esta pesquisa ter vida própria.

- Pelas oficinas, pode-se acompanhar as linhas que marcam pontos de ruptura e enrijecimento, desdobrando e multiplicando a cada encontro novos modos de relacionamento e a produção dos discursos instituídos.

- Ao sujeito que não aprendeu a ler é vetado o acesso a todas as produções que supõem a alfabetização.

- Problematizar as práticas que constrangem a relação entre o aluno e a literatura e criar novos territórios de subjetivação foram alguns dos percursos evidenciados nessa experimentação.

- Problematizar esses regimes de verdades, que tecem regras e conjuntos de procedimentos que dão forma às classes especiais, significou impor resistência aos privilégios do poder e às formas de saber que se exercem na vida escolar.

Capítulo 23 — A análise de conteúdo na pesquisa qualitativa

- Possibilitar ao pesquisador que ele se sinta atraído pelo que está escondido, pelo latente, pelo que está pronto a se fazer presente, desde que haja habilidade por parte do ouvinte, do observador.

- Tanto a retórica como a lógica são elementos anteriores à Análise de Conteúdo, formando a base para a compreensão do Conteúdo.

- Tendo os aperfeiçoamentos técnicos presentes em sua aplicação, outras duas iniciativas fazem com que a Análise de Conteúdo se desenvolva mais ainda.

- O autor nos oferece um tratado, um método de investigação que vale a pena ser transcrito.

- Por meio da observação do fenômeno, do fato observado, é capaz de esclarecer o ocorrido, mesmo não tendo presenciado o fenômeno.

- A Análise de Conteúdo privilegia o trabalho, a interpretação de materiais textuais, que tanto podem ser os já elaborados como os textos que são construídos no processo da pesquisa.

- O instrumento deverá conter tantas perguntas quantas forem necessárias para que você atinja seu objetivo.

- Para se fazer uma tabulação das ideias cujo número geralmente é maior que o dos participantes, lança-se mão da codificação das respostas.

- Ao se fazer uma pesquisa, devido à impossibilidade ou impraticabilidade de se trabalhar com todo o universo, trabalha-se com amostras tecnicamente retiradas do universo em vista.
- Pelas opções apresentadas nesta pesquisa, sobressai o comportamento para as atividades individuais, o que ressalta o individualismo como centro do sujeito contemporâneo.
- É preciso que se ressalte que o conhecimento produzido pela ciência "não constitui a representação verdadeira do real ou de algum de seus estratos".
- Há a premência de relações baseadas no egoísmo e não ao enaltecimento do sentimento altruísta.
- "A metodologia da Análise de Conteúdo possui um discurso elaborado sobre a qualidade, sendo suas preocupações-chave a fidedignidade e a validade (...)."

Capítulo 24 — A etnometodologia aplicada à pesquisa qualitativa em Psicologia e Educação

- Entre as abordagens que surgem para se sobrepor à pesquisa positivista estão metodologias diferentes, na tentativa de superar limitações.
- O pesquisador vai buscar na convivência, nas manifestações espontâneas e nas relações que as pessoas criam no seu dia a dia.
- A necessidade de o pesquisador etnógrafo ser capaz de ver uma situação social e transformá-la em palavras que descrevam fielmente essa realidade.
- Do ponto de vista metodológico, Husserl parte do eu, depois da relação entre as pessoas, e, finalmente, chega à comunidade.
- Etnometodologia é o estudo científico de formas de fazer comuns que os indivíduos comuns utilizam.
- O importante é nos colocarmos como sociólogos no estado prático para compreendermos o processo social no qual estamos inseridos.